纳米科学与技术

纳米孔材料化学：催化及功能化

于吉红　闫文付　主编

科学出版社
北　京

内 容 简 介

“纳米孔材料化学”汇集了国内科技工作者在纳米孔材料科学领域所取得的优秀研究成果。本册主要介绍纳米孔材料的催化及功能化，包括分子筛催化的重要工业应用进展及 DMTO 技术，杂原子分子筛与环境友好选择氧化催化，孔材料的多级复合及催化，介孔材料的催化，金属-有机框架化合物非均相催化，无机-有机杂化纳米孔材料的功能化组装，光物理性质及应用，介孔材料表面性质的设计与控制，纳米孔主客体材料，仿生智能纳米通道，介孔二氧化硅纳米材料的生物医学应用与生物学效应以及生物基纳米孔材料等内容。

本书可供高等院校以及科研院所相关专业的研究生和教师参考，也可供化工、生物医药、环境、材料与其他高新技术领域从事开发应用研究及在厂矿企业工作的科技工作者、工程技术人员参考。

图书在版编目(CIP)数据

纳米孔材料化学：催化及功能化 / 于吉红，闫文付主编. —北京：科学出版社，2013.3

(纳米科学与技术/白春礼主编)

ISBN 978-7-03-036938-3

Ⅰ.纳… Ⅱ.①于…②闫… Ⅲ.纳米材料-应用化学-研究 Ⅳ.TB383

中国版本图书馆 CIP 数据核字(2013)第 042377 号

责任编辑：张淑晓　张　星 / 责任校对：郭瑞芝

责任印制：钱玉芬 / 封面设计：陈　敬

科学出版社 出版

北京东黄城根北街 16 号

邮政编码：100717

http://www.sciencep.com

北京凌奇印刷有限责任公司 印刷

科学出版社发行　各地新华书店经销

*

2013 年 3 月第　一　版　开本：B5 (720×1000)

2013 年 3 月第一次印刷　印张：25 1/2

字数：493 000

POD定价： 148.00元

(如有印装质量问题，我社负责调换)

《纳米科学与技术》丛书序

在新兴前沿领域的快速发展过程中，及时整理、归纳、出版前沿科学的系统性专著，一直是发达国家在国家层面上推动科学与技术发展的重要手段，是一个国家保持科学技术的领先权和引领作用的重要策略之一。

科学技术的发展和应用，离不开知识的传播：我们从事科学研究，得到了“数据”(论文)，这只是“信息”。将相关的大量信息进行整理、分析，使之形成体系并付诸实践，才变成“知识”。信息和知识如果不能交流，就没有用处，所以需要“传播”(出版)，这样才能被更多的人“应用”，被更有效地应用，被更准确地应用，知识才能产生更大的社会效益，国家才能在越来越高的水平上发展。所以，数据→信息→知识→传播→应用→效益→发展，这是科学技术推动社会发展的基本流程。其中，知识的传播，无疑具有桥梁的作用。

整个20世纪，我国在及时地编辑、归纳、出版各个领域的科学技术前沿的系列专著方面，已经大大地落后于科技发达国家，其中的原因有许多，我认为更主要的是缘于科学文化的习惯不同：中国科学家不习惯去花时间整理和梳理自己所从事的研究领域的知识，将其变成具有系统性的知识结构。所以，很多学科领域的第一本原创性“教科书”，大都来自欧美国家。当然，真正优秀的著作不仅需要花费时间和精力，更重要的是要有自己的学术思想以及对这个学科领域充分把握和高度概括的学术能力。

纳米科技已经成为21世纪前沿科学技术的代表领域之一，其对经济和社会发展所产生的潜在影响，已经成为全球关注的焦点。国际纯粹与应用化学联合会(IUPAC)会刊在2006年12月评论：“现在的发达国家如果不发展纳米科技，今后必将沦为第三世界发展中国家。”因此，世界各国，尤其是科技强国，都将发展纳米科技作为国家战略。

兴起于20世纪后期的纳米科技，给我国提供了与科技发达国家同步发展的良好机遇。目前，各国政府都在加大力度出版纳米科技领域的教材、专著以及科普读物。在我国，纳米科技领域尚没有一套能够系统、科学地展现纳米科学技术各个方面前沿进展的系统性专著。因此，国家纳米科学中心与科学出版社共同发起并组织出版《纳米科学与技术》，力求体现本领域出版读物的科学性、准确性和系统性，全面科学地阐述纳米科学技术前沿、基础和应用。本套丛书的出版以高质量、科学性、准确性、系统性、实用性为目标，将涵盖纳米科学技术的所有领域，全面介绍国内外纳米科学技术发展的前沿知识；并长期组织专家撰写、编辑出版下去，为我国纳米科技各个相关基础学科和技术领域的科技工作者和研究生、本科生等，提供一套重要的参考资料。

这是我们努力实践“科学发展观”思想的一次创新，也是一件利国利民、对国家科学技术发展具有重要意义的大事。感谢科学出版社给我们提供的这个平台，这不仅有助于我国在科研一线工作的高水平科学家逐渐增强归纳、整理和传播知识的主动性（这也是科学研究回馈和服务社会的重要内涵之一），而且有助于培养我国各个领域的人士对前沿科学技术发展的敏感性和兴趣爱好，从而为提高全民科学素养作出贡献。

我谨代表《纳米科学与技术》编委会，感谢为此付出辛勤劳动的作者、编委会委员和出版社的同仁们。

同时希望您，尊贵的读者，如获此书，开卷有益！

白春礼

中国科学院院长

国家纳米科技指导协调委员会首席科学家

2011 年 3 月于北京

前　言

以分子筛为代表的纳米孔材料具有大的比表面积、规整的孔道结构以及可调控的活性中心和功能基元，作为催化、吸附分离以及离子交换材料在石油化工、精细化工和日用化工等领域有极其重要的应用。按照国际纯粹与应用化学联合会(IUPAC)的分类，孔径在 2 nm 以下的称为微孔(micropore)，孔径为 2～50 nm 的称为介孔(mesopore)，而孔径在 50 nm 以上的则称为大孔(macropore)。传统的纳米孔材料主要是指硅铝酸盐沸石分子筛。自 1940 年人类首次合成人工沸石以来，经过七十余年的研究与开发，纳米孔材料的范围得到了极大的扩展，骨架元素涵盖了元素周期表中的绝大多数元素，骨架组成从纯无机成分，即传统的分子筛和无机介孔材料，扩展至无机-有机杂化成分，如配位聚合物、金属-有机框架化合物以及由纯有机成分组成的共价骨架化合物。这些纳米孔材料展现出一系列优异的性能，在能源、环境、生命、材料等领域显示出广阔的应用前景。

近年来，国内科技工作者围绕纳米孔材料开展了大量卓有成效的研究。为了集中展现这些突出的研究成果，促进国内纳米孔材料研究领域的学科交叉，《纳米科学与技术》丛书编委会与国家自然科学基金委员会化学科学部特委托我们主编了“纳米孔材料化学”系列图书。同以往出版的有关纳米孔材料的专著相比，本系列书力图涵盖纳米孔材料领域的各个方面。

“纳米孔材料化学”包括 4 个分册：(1)合成与制备(Ⅰ)；(2)合成与制备(Ⅱ)；(3)NMR 表征、理论模拟及吸附分离；(4)催化及功能化。每一分册的不同章节分别由国内该领域的著名专家撰写。

《纳米孔材料化学：合成与制备(Ⅰ)》分册包括 7 章，涉及分子筛微孔晶体、含骨架氮/碳杂原子分子筛、有序介孔碳、手性介孔材料、非氧化硅介孔材料、大孔径有序介孔材料以及多孔有机材料的合成与制备，主要由吉林大学于吉红教授、南开大学关乃佳教授、复旦大学赵东元院士、上海交通大学车顺爱教授、上海师范大学万颖教授、复旦大学邓勇辉教授、兰州大学王为教授和华中科技大学谭必恩教授等撰写。

《纳米孔材料化学：合成与制备(Ⅱ)》分册包括 10 章，涵盖无机-有机杂化纳米孔材料的合成与制备以及纳米孔材料的特殊聚集态的制备，涉及多孔配位聚合物晶体工程、发光金属-有机框架材料、氧合簇单元构建的多孔晶体化合物、多级孔沸石分子筛材料、多级孔材料的制备、特殊形貌的分子筛材料、分子筛膜、特殊形貌的介孔材料、金属-有机框架化合物膜以及纳米孔聚合物膜等，主要由中山大学陈小明院士、浙江大学钱国栋教授、中国科学院福建物质结构研究所杨国昱研究员、浙江大学肖丰收教授、武汉理工大学苏宝连教授、复旦大学唐颐教授、中国科学院大连化学物理研究所杨维慎研究员、华东理工大学卢冠忠教授、吉林大学朱广山教授和浙江大学徐志康教授等撰写。

《纳米孔材料化学：NMR 表征、理论模拟及吸附分离》分册包括 7 章，涉及纳米孔材料结构与性能的固体核磁共振（NMR）研究、分子筛的理论计算和分子模拟、介孔材料的理论模拟以及金属-有机框架材料中气体吸附与分离的分子模拟、微孔分子筛材料的吸附与分离、介孔材料的吸附与分离以及金属-有机框架化合物的吸附与分离等内容，主要由中国科学院武汉物理与数学研究所邓风研究员、中国科学院山西煤炭化学研究所王建国研究员、中国石油大学（北京）陈玉教授、上海交通大学孙淮教授、辽宁石油化工大学宋丽娟教授、南京大学朱建华教授和中国科学院福建物质结构研究所曹荣研究员等撰写。

《纳米孔材料化学：催化及功能化》分册包括 11 章，涵盖了纳米孔材料的催化及功能化两大部分。催化部分包括 5 章，涉及分子筛催化的重要工业应用进展及 DMTO 技术、杂原子分子筛与环境友好选择氧化催化、孔材料的多级复合及催化、介孔材料的催化以及金属-有机框架化合物非均相催化等内容，主要由中国科学院大连化学物理研究所刘中民研究员、华东师范大学吴鹏教授、中国石油化工集团公司谢在库研究员、中国科学院上海高等研究院孙予罕研究员和浙江大学吴传德教授等撰写。功能化部分包括 6 章，涵盖无机-有机杂化纳米孔材料的功能化组装、光物理性质及应用、介孔材料表面性质的设计与控制、纳米孔主客体材料、仿生智能纳米通道、介孔二氧化硅纳米材料的生物医学应用与生物学效应以及生物基纳米孔材料等内容，主要由同济大学闫冰教授、中国科学院化学研究所杨振忠研究员、上海交通大学陈接胜教授、中国科学院化学研究所江雷院士、中国科学院上海硅酸盐研究所施剑林研究员和吉林大学徐雁教授等撰写。

本系列书涉及的内容比较广泛，相关章节内容有一定交叉，难免有部分重复之处。另外，一些内容已经有综述和专著专门论述，本书并未涉及。尽管本书试图涵盖纳米孔材料研究领域的各个方面，但由于编者水平及认知有限，难免有疏漏之处，请广大读者见谅，并提出宝贵意见。

感谢科学出版社同志细致、认真的工作，感谢国家出版基金的资助。

于吉红
吉林大学无机合成与制备化学国家重点实验室
2012 年 9 月于长春

目　录

第1章　分子筛催化的重要工业应用进展及DMTO技术

1.1 引　　言

1962年FAU(Faujasite)分子筛在催化裂化过程中的应用成为石油炼制发展史上的一个里程碑，它使得催化裂化工艺发生了质的飞跃[1]。20世纪70年代，美孚(Exxon Mobil)公司开发的ZSM-5分子筛催化剂成功应用于多种炼油和石油化工过程，标志着分子筛的催化工业应用进入了新的发展阶段[2]。此后，80年代和90年代钛硅沸石的发展和应用成为高选择性催化氧化体系的典范[3]。进入21世纪，分子筛材料的催化应用拓展到煤化工和天然气化工领域，甲醇转化制烯烃过程的工业化开拓了以煤和天然气原料转化制备石油化工产品的新途径[4]。本章首先概述分子筛材料在石油炼制、石油化工和精细化学品生产方面的工业应用进展，然后详细介绍近年来分子筛工业应用方面最为重要的突破——甲醇制烯烃的发展历程，最后对分子筛工业催化的未来进行展望。

1.2　近年来分子筛催化工业应用的重要发展

近年来，石油炼制和石油化工生产过程的环保要求不断提高，油品质量标准更加严格，这些都促使人们致力于开发新型环境友好的催化剂，改进石油炼制和石油化工生产工艺。分子筛具有催化活性好、选择性高和容易再生等特点，并且对人体无害，使用后不会造成新的环境污染，这使其在各种烃类转化反应中显示出优势。分子筛在石油炼制和石油化工生产过程中的应用，降低了燃料油燃烧后尾气对环境的污染，减少了石化生产过程中有毒、有害副产物和废弃物的排放和处理，为石化工业实现绿色环保目标提供了大量可靠的技术支持[5]。同时分子筛在精细化学品生产过程中的应用也为化工过程的高效清洁生产作出了贡献。

目前分子筛作为多相催化反应催化剂已被广泛应用于石油炼制和石油化工中的催化裂化、加氢裂化、异构脱蜡、重整、异构化、芳构化、烷基化、聚合、歧化和精细化学品生产等多个工业过程中(表1-1)。下面将分节详述这些分子筛催化过程的最新进展。

表 1-1 分子筛在工业催化过程中的应用

工业催化过程	工艺过程	目标产物	分子筛催化剂
催化裂化	FCC	汽油、柴油、煤油等成品油	REY,USY,ZSM-5 等
加氢异构	MIDW,MDDW,MLDW,MSDW	优质燃料油、高档润滑油	ZSM-5，ZSM-22，SAPO-11 等
二甲苯异构化	MLPI,MVPI,MHTI,XyMax,Isomar,Octafining	对二甲苯	ZSM-5,Pt/Al_2O_3/MOR 等
甲苯歧化	Tatoray,MTDP,S-TDT,PxMax^{SM}	苯和二甲苯	ZSM-5,MOR 等
重芳烃烷基转移	TransPlus^{SM},Tatoray,HAP	二甲苯	ZSM-5，MOR，Beta 分子筛等
乙苯的合成	MEB,EBMax^{SM},EB One	乙苯	ZSM-5，Y 型，Beta，MCM-22 等分子筛
异丙苯的合成	Mobil-Badger,Q-Max,CDCumene,3DDM,MP	异丙苯	MCM-22，USY，MgAPSO-31，MOR，Beta 分子筛，MCM-56 等
低值烯烃裂解制丙烯	FCFCC，INDMAX，DCC，Superflex，MOI，PCC，OCP，PROPYLUR,OCC	丙烯	ZSM-5,Y 型分子筛等
选择催化氧化	丙烯环氧化,苯水合氧化	环氧丙烷,苯酚	TS-1,TS-2,TS-MWW
甲醇制烯烃	MTO/MTP,DMTO/DMTP,SMTO/SMTP	烯烃	SAPO-34,ZSM-5
甲醇制汽油	MTG	汽油	ZSM-5

1.2.1 石油炼制

1.2.1.1 催化裂化

催化裂化(FCC)是最早的分子筛工业应用过程，主要用于生产汽油、柴油、煤油等成品油，同时生产少量的丙烯和乙烯等低碳烯烃。随着社会经济的快速发展，对丙烯和异丁烯的需求量持续增长，多产低碳烯烃的工艺和催化剂成为 FCC 技术发展的热点。催化剂的改进方式主要以在 FCC 催化剂中添加 ZSM-5 分子筛作为提高丙烯收率的途径[6]。通过向原有的 Y 型分子筛催化剂中添加具有择形催化作用的 ZSM-5 分子筛，催化裂化过程中在 Y 型分子筛上发生裂化反应的烃类碳正离子扩散到 ZSM-5 分子筛上进一步反应生成低碳烯烃，从而增加低碳烯烃收率[7]。

对USY分子筛催化剂的外表面进行改性处理能够增强其催化活性。Engelhard公司通过精确控制合成条件成功合成出微小USY分子筛晶体，该催化剂可以促进脱烷基反应，同时抑制聚合反应和积碳，提高汽油产量[8]。Grace Davison和Exxon Mobil公司最近商业化的一系列催化剂中含有活性氧化铝，该系列催化剂通过引入高比表面氧化铝促进裂化反应从而提高汽油产量并减少积碳[9]。

中国石油化工股份有限公司石油化工科学研究院（以下简称石科院）成功开发了USY和REHY双分子筛复合和改性的Orbit-300及Lanet-35催化剂以及以USY、REHY和ZSM-5三种分子筛复合而成的Comet-400催化剂等。催化剂含有的多个分子筛组分在性能上可以互补，使其具有良好的抗重金属污染能力和很强的重油裂解能力[10]。通过采用REY型分子筛异晶导向的方法，成功实现将大于ZSM-5分子筛孔口的Re^{3+}引入ZSM-5分子筛中，从而合成一种具有优异水热稳定性的新型分子筛，命名为ZRP[11,12]。ZRP分子筛中含有稀土元素（Re），骨架中含有磷元素，从而增强了其热稳定性和水热稳定性[13]。ZRP-1分子筛作为活性组分的催化裂化催化剂，在工业应用中显示出良好的裂化活性和产品选择性[14]。

1.2.1.2　加氢异构

烷烃加氢异构化反应主要用于生产优质燃料油和高档润滑油。2008年由中国科学院大连化学物理研究所（以下简称中科院大连化物所）与中国石油天然气股份公司石油化工研究院合作开发、具有自主知识产权的润滑油基础油加氢异构脱蜡催化剂及成套技术在中国石油大庆炼化分公司20万t/a高压加氢装置上成功应用[15]。该技术采用担载贵金属的分子筛催化剂，利用分子筛的十元环一维直孔道的空间约束作用限制了双取代和多取代碳正离子的生成，抑制多取代产物和裂化产物等副产物的生成[16]。

1.2.2　石油化工

1.2.2.1　二甲苯异构化

重整获得的碳八芳烃中，对二甲苯的含量仅占混合二甲苯总量的1/4左右，并且含有乙苯。对二甲苯异构化工艺是将混合二甲苯中的邻二甲苯和间二甲苯转化为价值较高的对二甲苯，同时将乙苯转化或脱除。20世纪90年代UOP公司推出了双功能催化剂Ⅰ-9和Ⅰ-100，实现了对碳八芳烃中二甲苯组分的异构化和乙苯的处理。Ⅰ-9为Pt/Al_2O_3和氢型丝光沸石催化剂，可将乙苯转化为二甲苯；Ⅰ-100为ZSM-5分子筛催化剂，可使乙苯脱去乙基生成苯和乙烯[17]。

石科院在二甲苯异构化催化剂的研制上处于世界前列，已经开发了 SKI 系列催化剂[18]。最新一代 SKI-400 型二甲苯异构化催化剂已经应用于中国石油扬子石油化工有限公司工业装置，该催化剂是以氧化铝、丝光沸石为载体的载铂双功能催化剂，沸石为异构化提供酸性功能，贵金属提供加氢性能[19]。新开发的乙苯脱烷基型催化剂 SKI-100 已应用于中国石油吉林石化公司炼油厂联合芳烃装置，该催化剂也是分子筛/贵金属双功能催化剂[20]。

1.2.2.2 甲苯歧化

分子筛能够催化转化芳烃混合物中的甲苯和碳九芳烃使其发生歧化反应生成应用价值更高的二甲苯。甲苯歧化工艺分为两类，传统的甲苯歧化工艺一般使用丝光沸石催化剂，采用固定床临氢气相反应[21]；另一类是选择性甲苯歧化工艺。Exxon Mobil 公司开发了新一代甲苯歧化的 PxMax℠工艺，于 1998 年实现工业化。该工艺通过对 ZSM-5 分子筛进行硅改性钝化外表面和缩小孔口来提高催化剂选择性，对二甲苯选择性高于 90%[22]。

中国石油化工集团公司（以下简称中石化）上海石油化工研究院开发了高对二甲苯收率的甲苯选择性歧化催化剂，于 2005 年在（中石化天津分公司）进行了工业应用试验。结果表明，在甲苯转化率为 30%时，对二甲苯选择性为 90%，苯/二甲苯比例小于 1.4，该催化剂还在中国石油扬子石油化工有限公司工业应用推广，运转情况良好[23]。该催化剂由非贵金属和特殊的高硅沸石组成，采用专有的方法把金属均匀分散在高硅沸石上[24]。

1.2.2.3 重芳烃烷基转移

分子筛被用于催化 C_9 芳烃与苯或甲苯的反应合成混合二甲苯。1997 年 Exxon Mobil 公司的 TransPlus℠工艺实现了工业化[25]，该工艺采用精确调变酸性的催化剂，通过脱除乙基和更高碳数烷基并保留甲基，同时通过甲苯歧化和烷基转移生产接近平衡浓度的二甲苯和甲苯或苯。UOP 公司开发了先进的 Tatoray 催化剂用于重芳烃烷基转移过程，采用的 TA 系列催化剂主要成分为丝光沸石。该催化剂主要有两个功能：甲苯歧化生成高附加值的苯和二甲苯，甲苯和三甲苯烷基转移生成混合二甲苯[26]。UOP 公司最新推出的新一代金属加氢脱烷基 TA-20 型催化剂，已于 2004 年在印度尼西亚投入工业化应用[27]。

1.2.2.4 乙苯的合成

乙苯主要用于合成苯乙烯，工业上大部分过程采用苯与乙烯烷基化生产乙苯，该过程使用的催化剂经历了从 BF_3/Al_2O_3、三氯化铝到高效无污染分子筛催化剂的发展过程[28-33]。1980 年 Exxon Mobil 公司和 Badger 公司联合开发基于 ZSM-5

分子筛催化剂的乙苯生产工艺并成功将其工业化[34]。1995年，Exxon Mobil公司成功开发了基于MCM-22分子筛催化剂的液相烷基化EBMax[SM]工艺。MCM-22分子筛具有十二元环和十元环两种孔道，改善了扩散性能，提高了催化活性[33]。其他乙苯生产工艺有ABB Lummus公司开发的基于改性Y型分子筛催化剂的液相EB One工艺[35]，CDTech公司开发的基于Y型分子筛催化剂的乙苯生产工艺[36]。

石科院开发的苯和乙烯液相烷基化合成乙苯催化剂的工艺技术已经工业化，并建成了多套工业装置[37]。中科院大连化物所开发的超细晶粒Beta分子筛和ZSM-5/ZSM-11共结晶分子筛催化剂成功应用于石化企业催化裂化干气制乙苯过程，并在石化行业大规模推广应用[38]。

1.2.2.5　异丙苯的合成

异丙苯是一种重要的有机化工原料，主要用于生产苯酚并联产丙酮。在工业上异丙苯的合成主要以苯和丙烯为原料，在催化剂作用下经烷基化反应制得。目前采用分子筛作为催化剂合成异丙苯的工艺技术主要有Q-Max工艺[39,40]、Mobil-Badger工艺[41,42]、Dow/Kellogg工艺[43]、EniChem工艺[44,45]、CDTech工艺[46]等。

UOP公司开发的Q-Max工艺采用将磷酸铝分子筛AlPO-31中的一部分骨架用少量Mg同晶取代后的MgAPSO-31作为催化剂，并于1996年8月首次实现了工业化。Mobil-Badger工艺首次应用在美国Georgial Gulf公司位于得克萨斯州帕萨迪娜的异丙苯装置上。该工艺采用Exxon Mobil公司开发的MCM-22分子筛作为催化剂[47]，该催化剂具有十元环和十二元环的孔道结构，同时具有高的异丙苯选择性和活性、低的苯烯比(苯/丙烯<3∶1)、高稳定性和容易再生等优点。Exxon Mobil公司随后又成功研制出具有层状结构的MCM-56分子筛并用于异丙苯的合成。MCM-56具有与MCM-22分子筛相似的孔道结构，但是MCM-56的外表面积占总表面积的比例较大，且酸性较强，因此能够吸附更多的分子直径较大的化合物，进一步改善孔道的扩散性能。Dow/Kellogg工艺采用陶氏化学公司开发的高性能脱铝丝光沸石作为催化剂[43]。EniChem工艺采用60%～80%(质量分数)硼处理的Beta分子筛作为催化剂，Beta分子筛是一种高硅分子筛，骨架含有Al—Si—B结构，含有适量的碱土金属或碱金属[44]。CDTech公司开发了使用Y型分子筛催化剂的CDCumene工艺[46]。中石化上海石油化工研究院开发了用于苯与丙烯液相烷基化反应的催化剂MP-01，该催化剂主要组分为Beta分子筛[48]。

1.2.2.6　低值烯烃裂解制丙烯

C_4～C_8烯烃是蒸气裂解、催化裂化和费托合成等工艺的副产物，通过选择性裂化可将其转化为丙烯和乙烯等高附加值产品。目前已开发的工艺包括：Total/UOP公司的OCP工艺[49]、Exxon Mobil公司的MOI工艺及PCC工艺[50]、Lurgi公司的Propylur工艺[51]、KBR公司的Superflex工艺[52]、Asahi公司的Omega工艺[53]和中石化的OCC工艺[54]等。这些过程均采用改性ZSM-5分子筛催化剂以获得高丙烯选择性。反应机理是促进分子筛催化的裂解反应，同时抑制氢转移和芳构化反应[55]。

由陕西煤化工技术工程中心有限公司、中科院大连化物所与上海河图石化工程有限公司合作开发的混合C_4催化裂解制丙烯工业化技术于2010年在千吨级工业化试验装置上顺利运行，该技术以混合C_4为原料，采用流化床反应工艺和自主开发的分子筛催化剂生产丙烯和乙烯产品[56]。

1.2.3　精细化学品生产

钛硅分子筛新催化材料的发明为实现高选择性的烃类氧化反应和开发环境友好工艺奠定了基础。目前钛硅分子筛在精细化学品的高效清洁生产过程中也获得了广泛应用。

钛硅分子筛具有催化选择性氧化功能，而且这种催化剂及工艺具有环境友好的特点。EniChem、BASF、Dow等公司正在开发以钛硅分子筛（TS-1）为催化剂、H_2O_2为氧化剂的丙烯环氧化工艺[57]。

己内酰胺是生产尼龙-6的中间体，由环己酮肟发生Beckmann重排生成。生产己内酰胺的传统工艺使用有毒的羟胺及腐蚀性强的硫酸，副产的大量硫酸铵危害环境。EniChem公司于1995年和1996年开发了钛硅分子筛，并用于环己酮肟生产过程[58]。新开发的己内酰胺生产工艺首先将苯部分加氢生成环己烯，生成的环己烯在HZSM-5分子筛催化剂作用下水合生成环己醇；接着环己醇脱氢生成环己酮，然后在钛硅分子筛（TS-1）催化剂上与H_2O_2和NH_3反应生成环己酮肟；最后环己酮肟重排生成己内酰胺。

作为高附加值精细化工产品的重要中间体，吡啶广泛应用于医药、农药、染料、饲料添加剂等诸多领域。中科院大连化物所在国内率先成功合成MCM-22、MCM-49、ZSM-35等新型分子筛催化材料，针对乙醛-甲醛-氨合成吡啶碱性催化反应体系的规律和特点，成功开发了具有独特酸性和孔结构的合成吡啶新型复合分子筛催化剂及生产技术，并成功应用于安徽国星生物化学公司新建的25kt/a吡啶生产装置[59]。

1.3　甲醇制烯烃分子筛催化剂及基础研究进展

甲醇转化到高级烃类过程的发展始于20世纪70年代Exxon Mobil公司研究

小组两个偶然的发现。在使用 ZSM-5 催化剂研究甲醇转化为其他含氧化合物及甲醇和异丁烷的烷基化这两个反应中，都收获到了意想不到的处于汽油馏分的烃类产物，由此发明了甲醇制汽油(methanol to gasoline, MTG)过程[60,61]。此后，Exxon Mobil 公司又报道了甲醇在分子筛上转化为烯烃的过程(methanol to olefin, MTO)[62]。这两个过程的相继报道，使得能够以甲醇为原料合成出原本以石油为原料的石化产品[63]。

1973 年和 1979 年爆发的世界范围的两次能源危机为合成油品和合成其他化学品的技术带来了发展契机。随着 MTG 技术和 MTO 技术的开发，Exxon Mobil 公司结合烯烃转化技术，又发展了以 ZSM-5 分子筛催化的甲醇制汽油和馏分油过程(MOGD)[64]。在甲醇转化的商业化进程中，1979 年新西兰政府在 Fischer-Tropsch 过程(SASOL)和 MTG 过程(Exxon Mobil)之间选择了当时尚未商业化的 MTG 过程，利用固定床甲醇制汽油技术，率先建成了全球首个天然气制汽油工厂，1986 年其生产能力达到 60 万 t/a，占到新西兰全国汽油需求的 1/3，后因经济原因生产汽油的工厂停产[64]。针对甲醇制烯烃过程，国际上的一些知名石化公司，如 Exxon Mobil、BASF、UOP、Norsk Hydro 等公司也都投入巨资进行技术开发。Exxon Mobil 公司以该公司开发的 ZSM-5 催化剂为基础，最早研究甲醇转化为低碳烯烃并在德国韦瑟灵(Wesseling)进行 4000t/a 甲醇制烯烃的示范试验[65]。20 世纪 90 年代环球油品公司(UOP)与挪威海德鲁(Norsk Hydro)公司合作开发了以 SAPO-34 分子筛为催化剂的 MTO 过程和工艺[66]。

中科院大连化物所早在 20 世纪 80 年代初期，就把非石油路线制取低碳烯烃列为重要研究方向并完成了甲醇制烯烃的实验室小试。在此基础上，1994 年采用改性 ZSM-5 催化剂和固定床反应工艺完成了 300t/a 甲醇处理量的中试试验。随着新型 SAPO 分子筛的发明，又开展了 SAPO-34 分子筛催化甲醇制烯烃的探索研究，在世界上首次报道了以微孔 SAPO 分子筛为催化剂的甲醇转化试验结果[67]。此外，在 1995 年和 2006 年分别完成了流化反应工艺的中试和工业性试验，与企业合作发展了成套的工业化技术(工艺名称：DMTO)，并成功应用于神华包头年产 60 万 t 烯烃的世界首套甲醇制烯烃工业化装置，DMTO 技术成功的基础之一就是性能优异的催化剂的研制和开发。

1.3.1 甲醇转化制烯烃催化剂的发展

甲醇转化制烯烃催化剂经历了介孔沸石分子筛、微孔沸石分子筛和硅磷铝微孔分子筛的发展过程。

1977 年美国 Exxon Mobil 公司的 Chang 等首次报道了采用 ZSM-5 沸石分子筛作为 MTO 催化剂的工作。ZSM-5 沸石是具有十元环交叉孔道结构的硅铝分子筛，其独特的孔道结构和酸性质在甲醇转化反应中表现出优良的反应活性和稳定性。但是 ZSM-5 分子筛的酸性太强，烯烃的生成选择性较低[68,69]。通过引入金属杂原子和表面修饰对 ZSM-5 催化剂进行改性，可使其酸性降低，空间结构限制增加，从而可以提高 MTO 反应中的低碳烯烃选择性[70-74]。

除了十元环的 ZSM-5 分子筛外，其他孔径的沸石分子筛材料也被应用于 MTO 反应研究。大孔沸石（如 Y、X、Beta 和丝光沸石等）的反应产物中低碳烯烃的选择性较低，同时还生成芳烃等副产物[75-78]。微孔沸石（如 CHA、毛沸石、T 型沸石、ZK-5、TMA-OFF、ZSM-34、ZSM-35 等），在低甲醇转化率条件下主要生成低碳烯烃（乙烯、丙烯和丁烯），而在高转化率下得到的是大量的低碳烷烃。这主要是因为狭窄孔口不但对产物生成具有择形效应，也使得积碳产物更易生成和停留于催化剂孔道或笼中，同时生成小分子烷烃[79-81]。

1984 年，美国联合碳化物公司（UCC）开发了新型硅磷铝系列分子筛（SAPO-n，其中，n 代表结构类型）[82,83]。SAPO 系列分子筛具有从六元环到十二元环的孔道结构，孔径为 0.3～0.8nm，并且具有中等强度的酸性，可适应不同尺寸分子吸附、扩散和反应的要求。随着 SAPO 分子筛的问世，研究人员开始将这类酸性适中的分子筛用于包括 MTO 在内的多个催化反应[84-87]。中科院大连化物所梁娟等发现，以具有 CHA 结构的 SAPO-34 分子筛（图 1-1）为催化剂的甲醇转化过程可获得极高的低碳烯烃选择性，特别是乙烯和丙烯的选择性可达到 90%，而丁烯及 C_4 以上产物的生成则被极大地抑制[67]。经过近 20 年的工作积累，结合流化床反应工艺的要求，中科院大连化物所实现了 SAPO-34 分子筛合成和 MTO 催化剂成型的工业化生产，并成功应用于 DMTO 工业化过程。

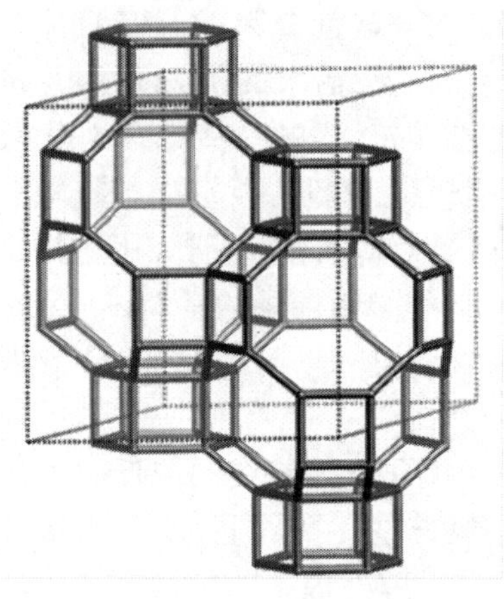
图 1-1　SAPO-34 的空间结构图

1.3.2　分子筛催化甲醇转化反应机理研究

自从 20 世纪 70 年代 Exxon Mobil 公司的研究人员意外地发现甲醇能够在 ZSM-5 分子筛上转化为烃类产品（多为汽油组分）[62]，分子筛催化甲醇转化的反应机理就引起了人们的极大兴趣[88,89]。该反应是从只有一个碳原子的甲醇分子出发得到具有 C—C 键的烃类产物，这在当时是非常出乎人们意料的。为了解释 C—C 是如何从甲醇中产生的，人们提出了 20 多种可能的机理模型[63]，如卡宾机理、碳正离子机理、自由基机理、氧叶立德机理等。通常称这些机理为直接机理，即初始的产物直接来自甲醇或相关 C_1 物种之间的反应。大多数直接机理的实验证据并不充分，其中 Hunger 等[90]通过固体核磁、紫外吸收等手段对甲氧基直接生成含 C—C 键的物种做了大量研究。迄今，第一个 C—C 键的生成仍然是一个谜，但这似乎并没有影响人们探究甲醇转化反应机理的研究进程。近 20 年来最为重要的进展是一种被称为烃池机理的间接机理的提出，该机理得到大量实验事实的支持[91-93]。本小节将从以下几个方面对分子筛催化甲醇转化反应的机理研究进行阐述：烃池机理的提出、烃池物种的确认、烯烃生成途径的研究及分子筛结构对反应机理和产物选择性的影响。

1.3.2.1　烃池机理的提出

在初期甲醇转化反应机理研究中，人们研究的焦点是第一个 C—C 键究竟是如何生成的。早期的研究已经发现，甲醇与酸性分子筛催化剂接触后，部分甲醇脱水生成二甲醚，并发现催化剂表面产生了大量的甲氧基物种[63]。进一步研究证明，烯烃是甲醇在 ZSM-5 上转化生成汽油的中间产物，并且发现反应具有自催化的特征，存在反应诱导期[63]。因此，研究人员提出了多种生成初始 C—C 键的直接机理[63]。在此基础上，又提出了其他产物的生成途径，即甲醇通过与最初产生的含有 C—C 键的物种（烯烃）进行串联烷基化反应生成高级烃类，高级烃类再进一步发生裂解、氢转移、环化等反应，从而形成最终的产物分布[94]。

然而，一些研究人员认为甲醇通过直接机理产生 C—C 键是非常困难的[95]，初始的含有 C—C 键的物种可能来自反应体系中微量的杂质[93]。进一步的研究发现，向反应体系中加入少量的芳烃（如甲苯）能够大幅提高甲醇在 ZSM-5 上的转化率，因此称芳烃为反应的“共催化剂”[93]。当 SAPO-34 分子筛被应用于甲醇转化反应后，发现乙烯和丙烯的选择性得到大幅提高。为了研究乙烯、丙烯在 SAPO-34 上的甲醇转化反应中的作用，Dahl 和 Kolboe 等[91,92]将乙醇和丙醇（脱水生成相应的乙烯、丙烯）分别与^{13}C-甲醇进行共进料反应，他们发现 SAPO-34 上烯烃的反应活性很低，大部分的产物直接来自甲醇。据此，Dahl 和 Kolboe 等提出在 SAPO-34上有一个被吸附的烃池，它不停地与甲醇反应，并连续地生成乙烯、丙烯、丁烯等产物。这就是最初的烃池机理模型（图 1-2）[91]，该模型中的烃池是一个模糊的概念，对它的组成、结构、作用机理等均没有具体的描述。

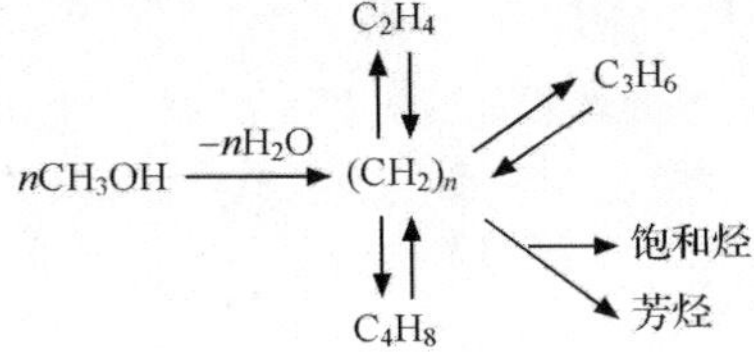

图 1-2　MTO 反应的烃池机理模型[91]

1.3.2.2 烃池物种的确认

烃池机理提出以后，第一个 C—C 键是如何生成的似乎已经不是十分重要，人们的兴趣被吸引到研究烃池究竟是什么物种，它是如何发挥作用等一系列问题上。在接下来的研究中，来自不同小组的科研人员对甲醇反应过程中催化剂上产生的积碳物种及其反应活性进行了详细的表征，并与产物的生成进行了关联。

通过向反应体系中通入液氮，将处于不同反应阶段的催化剂快速冷却到室温，Haw 等[96]和 Hunger[97]等研究小组利用固体核磁发现催化剂上存在大量的芳烃物种，而且随催化剂上芳烃物种含量的增加，甲醇的转化率上升。Kolboe 等[98]采用同位素标记结合 HF 溶解、CH_2Cl_2 萃取积碳物种的方法，研究了被限制在SAPO-34纳米笼中的有机物种的反应活性，发现多甲基取代的芳烃是活泼的反应中间体。另外，在 ZSM-5 分子筛上，Haw 等[99]通过固体核磁发现了二甲基环戊二烯碳正离子。随后的研究发现在其他分子筛上，芳烃也是比较活泼的反应中间体。中科院大连化物所的刘中民等[100]在详细研究了分子筛结构对甲醇转化反应影响的基础上，采用该实验室合成的新型分子筛材料 DNL-6，在真实甲醇转化反应体系中同时观察到七甲基苯基碳正离子（heptaMB$^+$）及其去质子化产物（HMMC）的存在，并验证了其在 MTO 反应过程中的作用。

1.3.2.3 烯烃生成途径的研究

将原位固体核磁和$^{12}C/^{13}C$瞬时切换等手段应用于甲醇转化反应的研究中，对烃池物种与烯烃的生成进行考察和关联，可以进一步明确甲醇通过烃池转化成烯烃产物的反应途径。另外，理论计算也在研究 MTO 反应中烯烃的生成机理方面起到了非常重要的作用[101-104]。

在基于芳烃物种的烃池机理中，烯烃可以通过两种反应途径生成：苯环侧链烷基化机理和苯环修边机理。在侧链烷基化机理中，甲醇与苯环外双键发生烷基化反应生成长链烷基，进而烷基裂解生成相应的烯烃（图 1-3 右侧）[102]。修边机理是指通过环收缩-扩张的方式将烃池物种上的烷基脱除而产生烯烃的反应途径（图 1-3左侧）[102]。上述两种机理都在一定程度上得到实验事实的支持和理论计算的验证[96,105]。虽然目前还不能明确判断在特定分子筛的纳米超笼或孔道内的烯烃究竟是通过哪种途径生成的，但是在含有较大体积的超笼分子筛中，侧链烷基化机理可能占主导地位[100]。

1.3.2.4 分子筛结构对反应机理和产物选择性的影响

虽然已经有多种不同结构和组成的分子筛被用于 MTO 反应中，但 ZSM-5 和 SAPO-34 仍然是性能最好的催化剂。因此，大量机理方面的研究工作也是围绕这

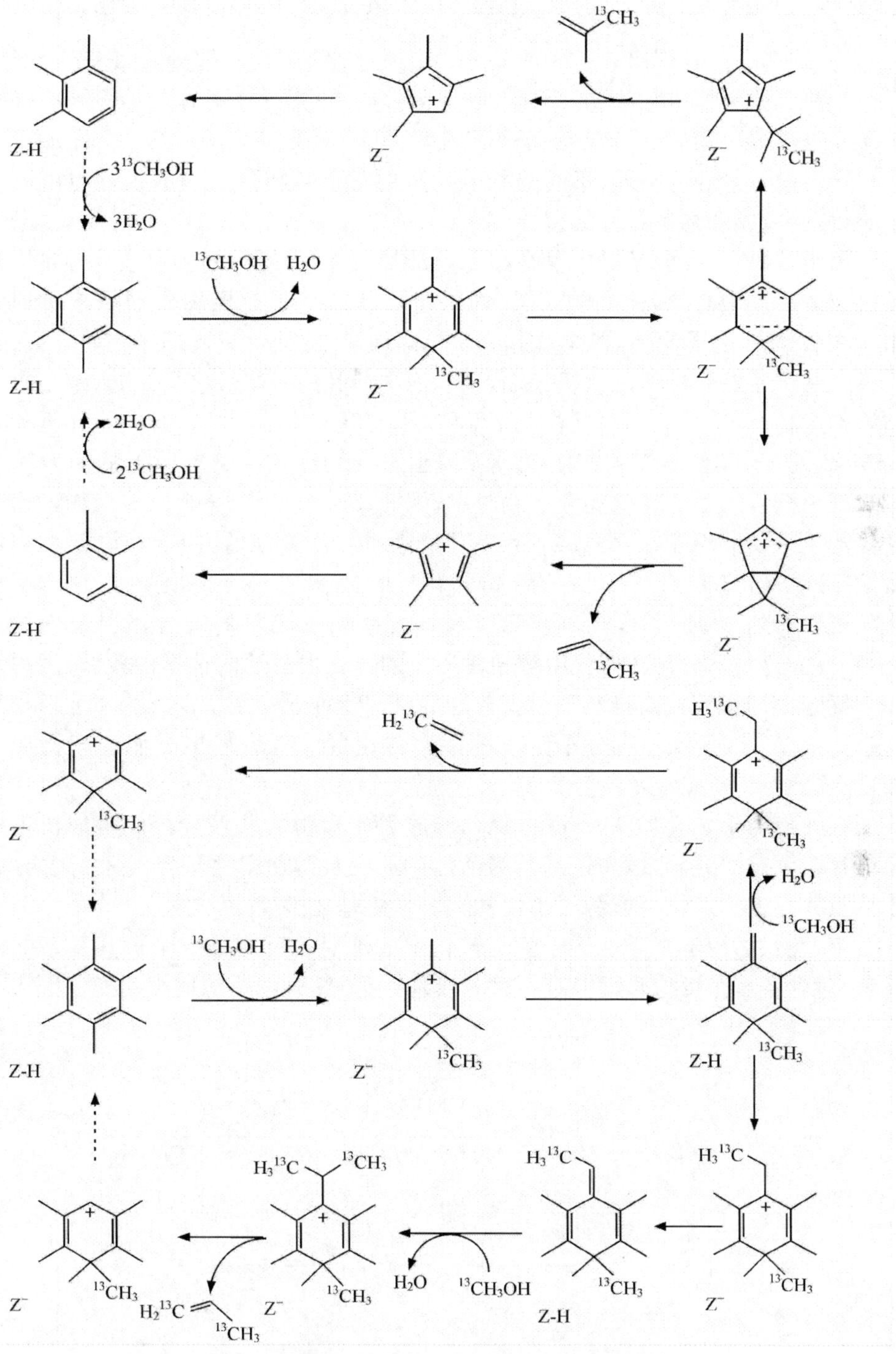

图 1-3　修边机理和侧链烷基化机理示意图[102]

两种分子筛上甲醇的转化反应开展的。当不同结构的分子筛应用于甲醇转化反应时，产物的选择性表现出非常大的差异。造成这种差异的一部分原因来自分子筛孔径对产物形状的择形效应，如 ZSM-5 和 SAPO-34 的孔口分别为十元环（～5.6Å）和八元环（～3.8Å），因此，芳烃是 ZSM-5 上甲醇转化反应的产物之一，而 SAPO-34 的产物中没有芳烃。另外，不同的分子筛结构对甲醇转化反应的机理也可能产生影响，从而造成产物选择性的差异。

由于 SAPO-34 分子筛中存在超笼，被限制在纳米笼中的多甲基芳烃是甲醇转化反应的活性中心，因此产物乙烯、丙烯主要通过基于芳烃物种的烃池机理而产生。在 ZSM-5 分子筛上，乙烯、丙烯（及更高级烯烃）的生成机理存在差异：乙烯主要通过基于芳烃物种的烃池机理而产生，而丙烯和高级烯烃主要通过烯烃甲基化-裂解的途径产生[106]。而在孔径与 ZSM-5 相当但结构不同的一维十元环直孔道的 ZSM-22 分子筛上，甲醇的转化反应表现出不同的现象。高空速下的甲醇转化反应表现出极低的甲醇转化率和产物收率，因此，Song 等[107]认为以芳烃物种为基础的烃池机理反应不能在 ZSM-22 的直孔道中进行。其他研究小组[108-110]在相对较低的空速下研究了 ZSM-22 上的甲醇转化反应，发现在适当的反应温度下，甲醇转化率可以达到 100%。另外，同位素实验研究表明烯烃甲基化-裂解是反应的主要途径[111]。这与 ZSM-22 催化甲醇转化反应的产物中乙烯的选择性较低，丙烯及其以上烯烃的选择性较高且几乎没有芳烃的反应特征相一致。同样为十元环一维直孔道的 ZSM-23 和 EU-1 分子筛上的甲醇转化反应也表现出类似的产物选择性特征[112]。

在孔口为十二元环（～7Å）的 Beta 分子筛上甲醇转化及烯烃的生成机理途径可能存在一定的差异，以多甲基苯为活性中心的烃池机理主要产生乙烯、丙烯，而丁烯及其以上的产物可能源于烯烃的进一步烷基化-裂解反应[113]。

综上所述，甲醇在酸性分子筛上转化生成烯烃的反应是一个极其复杂的催化过程，包含了多个反应步骤并存在多种反应途径，整体的反应网络示意于图 1-4。

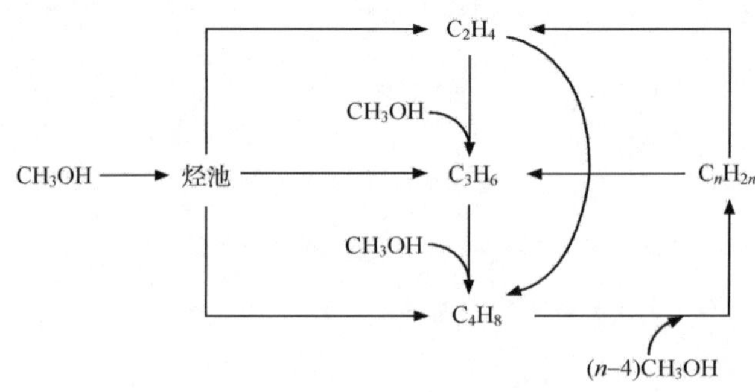

图 1-4 甲醇在分子筛上转化反应网络示意图

1.3.3　分子筛催化甲醇转化的积碳研究

甲醇转化是酸性分子筛催化的反应。在分子筛的孔道和笼的空间内，甲醇转化反应中活性的烃池物种和所产生的烯烃产物的进一步反应都可能产生体积更大、具有微弱反应活性甚至不具有反应活性的积碳物种。催化剂寿命和积碳失活是甲醇转化过程的重要问题。

在讨论催化剂的积碳失活时，引起失活的物种通常指能够堵塞孔道和覆盖活性中心的石墨化的碳物种。然而，在包括甲醇转化反应在内的分子筛酸催化反应中，一些体积过大的产物分子或者具有强的质子亲和能的分子，由于不能扩散出分子筛的孔道而停留于孔道或者笼中，和石墨化的碳物种一样，能够引起催化剂传质的限制或占据分子筛的酸性中心，导致反应失活。分子筛催化剂的积碳生成和失活方式与分子筛结构和反应温度等条件密切相关。

1.3.3.1　与分子筛结构相关的积碳物种的生成

在甲醇转化的机理研究中，对于三维孔道和笼结构分子筛来说，多甲基苯是公认的有利于提升甲醇转化速率的反应活性中间体，而生成的双环芳烃与甲醇作用的反应活性却很低。双环或者多环芳烃是这类分子筛催化甲醇转化反应引起失活的物种。对多环芳烃生成的研究表明，在甲醇转化反应中，多甲基苯活性中间体不但是生成气相烯烃等烃类产物的中间体，也是稠环芳烃积碳物种生成的中间体。Sassi观察甲醇和甲基苯在H-Beta上共进料反应时发现，萘环中的一个环来自于甲基苯而另一个环则由这个苯环上的两个异丙基偶联生成[114,115]。Bjørgen等也研究了甲醇和六甲基苯在H-Beta上的反应，发现催化剂上六甲基苯烷基化生成的七甲基苯通过碳正离子的重排和氢转移作用能够生成二氢三甲基萘，由此说明大孔和笼结构分子筛的积碳主要来自于笼内初始的甲基苯芳烃活性物种的转化，同时初始烯烃接受转移来的氢转变为烷烃[116]。

不同于具有宽阔孔道或具有笼结构的分子筛[116-118]，HZSM-5催化甲醇转化的研究表明积碳主要来源于分子筛外表面的石墨化碳沉积。由于HZSM-5具有十元环交叉孔道结构，其孔道内仅能形成取代数目较低的单环芳烃，无法形成七甲基苯或稠环芳烃等需要大的反应空间的芳烃物种，空间限制决定ZSM-5孔内基本没有积碳生成[119,120]。细致的研究表明，十元环交叉孔道的分子筛由于空间结构的差异也会带来在积碳失活方面的不同特征。Bleken在对四种具有三维孔道结构的分子筛(IMF、TUN、MEL和MFI)催化甲醇转化的比较研究中发现，虽然它们都具有十元环交叉孔道，并由此产生非常接近的反应产物分布，但由于IMF和TUN结构中孔道交叉的位置产生了宽阔的空间结构，可以容纳大的积碳物种生成，因此具有IMF和TUN结构的IM-5和TUN-9分子筛上甲醇转化反应出现了快速失活的现象，而十元环交叉程度较弱的 MEL 和 MFI 结构的 ZSM-11 和 ZSM-5 则表现出较长的反应寿命，孔道内部没有大的碳物种沉积，缓慢的失活源于外表面上积碳物种的生成[120]。

1.3.3.2 与反应温度相关的失活和反应寿命

催化剂结构空间限制的差异会产生不同的积碳物种，反应温度也对积碳物种在分子筛内部空间的生成和催化剂的反应寿命有重要影响。

在微孔笼结构分子筛催化甲醇转化的积碳研究中，一般认为与其他笼结构分子筛的失活方式类似，分子筛笼中在反应活性阶段生成的甲基苯会在反应过程中逐步转化成甲基萘并进一步生成菲的衍生物和体积更大的芘[117-119]。当大部分分子筛笼被稠环芳烃物种所占据时，反应物的传质就会受到限制，由此导致甲醇转化为烃类产物的活性骤然下降。对具有 CHA 笼结构的 SAPO-34 和 SSZ-13 催化甲醇转化的反应过程和催化剂上形成的积碳物种进行研究发现，虽然所使用的硅铝分子筛和硅磷铝分子筛的酸性中心强度不同，但随反应温度改变，两种催化剂在反应寿命和积碳物种生成方面都表现出一致的变化趋势[121]。在 300～425℃内存在一个优化的反应温度条件，催化剂表现出相对长的反应寿命，而在较低或者较高反应温度，催化剂都存在相对快速的失活现象。两种催化剂的失活都源自于催化剂上多环芳烃的生成。差异在于具有强的酸性中心的 SSZ-13 在完全失活时能够产生大体积的三环和四环芳烃菲和芘以及更大体积的不溶解于有机溶剂的积碳物种，而在相同的温度区间，完全失活的 SAPO-34 则主要生成萘和萘的衍生物。

Schulz 在研究 HZSM-5 催化甲醇转化反应时发现，在低温 270～300℃，会产生大体积的烷基苯分子（乙基-三甲基苯和异丙基-二甲基苯），占据分子筛孔道导致催化剂失活。但对上述失活催化剂进行程序升温反应时发现，在相对较高的温度条件下（350℃），这些停留在分子筛孔道中的大的芳烃物种会释放出烯烃而转化成小分子芳烃，此时 HZSM-5 孔道中不再存在导致失活的芳烃物种。在反应温度高于 350℃时，外表面积碳成为 HZSM-5 催化剂的失活方式。孔道填充和外表面覆盖两种失活方式也使得反应在催化剂积碳量和反应寿命上存在相当大的差异。在 290℃反应时，反应寿命仅为 0.5h，而积碳量却达到 10%；而在 380℃反应时，反应寿命延长至 400h，而积碳量却仅为 0.3%[122]。

1.3.3.3 SAPO-34 分子筛催化甲醇转化的反应积碳及与积碳相关的反应性能

SAPO-34 分子筛作为催化剂在甲醇制烯烃（MTO）过程中表现出非常优秀的性能，甲醇能够完全转化，同时获得接近 80%的低碳烯烃选择性。对于这一采用具有 CHA 笼结构和狭窄八元环孔道的分子筛催化的反应过程，SAPO 分子筛催化剂相有机物种的生成和沉积具有非常重要的作用。一方面，积碳会导致反应失活，碳资源转化为积碳物种也是甲醇转化过程中碳资源的主要损失；另一方面，催化剂结构中生成的不饱和环状有机物种作为反应的活性中间体，装配 C_1 原料甲醇成为具有 C—C 键的烃类产物，因此催化剂相有机物种的生成及其在甲醇转化中的作用是多相催化甲醇转化机理的核心和关键。

SAPO-34 分子筛催化甲醇转化反应时，高温和低温呈现不同的反应特征[123]。低温反应具有明确的诱导期和快速的失活。升高反应温度，诱导期变短，并且在较高和较低的反应温度，反应都呈现积碳快速沉积导致的催化剂快速失活的现象，而在较为温和的反应条件(400～450℃)，反应具有缓慢的积碳生成和长的反应寿命。对应气相产物的生成考察催化剂相有机物种的沉积，发现虽然在较高温度条件下反应时，SAPO-34 的积碳失活可以归因于稠环芳烃在笼中的形成，但低温发生快速失活时催化剂上并未沉积稠环芳烃物种。完全失活的催化剂基本呈现白色，而通过分子筛骨架溶解和有机溶液萃取获得的有机相也基本为无色。但是实验证实，白色的失活催化剂和无色的萃取液中含有大量的有机物种，详细的研究表明低温反应失活来自于一种饱和的烷烃积碳物种——金刚烷类化合物(图 1-5)[124]。不同于可以作为烃池活性中心的甲基苯等芳烃物种，金刚烷化合物不具有将 C_1 原料甲醇装配成为高级烃类的能力，这些饱和的环烷烃物种在笼中的占据产生了对原料甲醇的传质限制并由此抑制了烃池物种的连续生成，造成了低温条件下甲醇转化的快速失活。进一步程序升温条件下的甲醇转化研究表明，低温生成的金刚烷化合物会在较高温度转化为萘的衍生物并最终生成稠环芳烃——菲和芘，催化剂相积碳物种随温度的演变过程对应了甲醇转化的失活—活性的部分恢复—再次失活这种特殊的催化活性演变过程[125]。

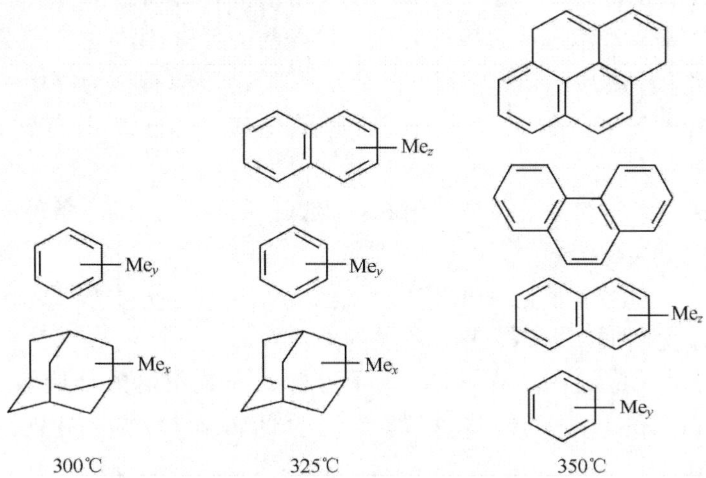

图 1-5　300℃、325℃和 350℃甲醇转化反应后失活催化剂沉积的积碳物种[124]

1.4　甲醇制烯烃技术及其工业应用

煤或天然气制烯烃技术的研究开发最初源于20世纪70年代两次石油危机对世界经济的严重冲击。世界主要发达国家和一些发展中国家均加大投入开辟非石油资源制取低碳烯烃的技术路线，由此发展的甲醇制烯烃过程成为联系煤/天然气化工和石油化工的桥梁(图1-6)。以煤或天然气为原料进行非石油路线烯烃生产包含制备合成气、制备甲醇、甲醇制烯烃、烯烃聚合等多个反应步骤，由于从天然气或煤制合成气再生产甲醇的技术已经成熟并大规模化，甲醇逐渐发展成为世界最大宗的化工商品之一，且烯烃聚合也是成熟的工艺，因此开发重点和技术难点就是甲醇制取低碳烯烃的过程。

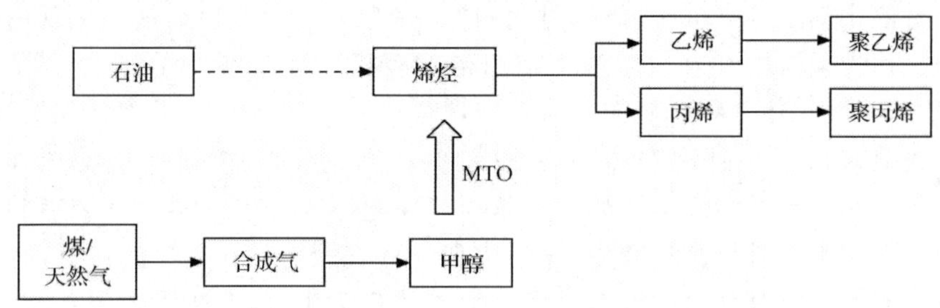

图1-6　甲醇制烯烃是石油化工和煤/天然气化工的桥梁

1.4.1　甲醇转化为烯烃的反应特征

(1) 酸性催化特征。甲醇的化学性质非常活泼，甲醇转化为烯烃的反应包含甲醇转化为二甲醚和甲醇或二甲醚转化为烯烃两个反应，固体酸是有效的催化剂。通常的无定形固体酸如 Al_2O_3、Al_2O_3-SiO_2，即可使甲醇转化为二甲醚，但生成低碳烯烃的选择性较低。采用合适的分子筛催化剂可以显著提高低碳烯烃的选择性。

(2) 高转化率。以分子筛为催化剂时，在高于400℃的温度条件下，甲醇或二甲醚很容易完全转化为烃类。

(3) 低压反应。原理上，甲醇转化为低碳烯烃反应是分子数量增加的反应，因此低压有利于提高低碳烯烃尤其是乙烯的选择性。

(4) 强放热反应。在200～300℃，甲醇转化为二甲醚的反应热为－10.9～－10.4kJ/mol。在400～500℃，甲醇转化为低碳烯烃的反应热为－22.4～－22.1kJ/mol。

(5) 快速反应。甲醇转化为烃类的反应速度非常快。实验研究证实，反应时间最短可在毫秒级，通常的反应条件下，反应接触时间短至0.04s便可以达到100%的甲醇转化率。从反应机理推测，采用短的反应接触时间，可以有效地避免烯烃进行二次反应，提高低碳烯烃的选择性。

(6) 分子筛催化的形状选择性效应及结焦。原理上，低碳烯烃生成的高选择性是通过使用具有择形催化作用的酸性分子筛来实现的。对于具有快速反应特征并以烯烃为主要产物的甲醇转化反应，所带来的副作用是催化剂上的积碳。积碳的产生将造成催化剂活性的降低，同时又反过来对产物的选择性产生影响。

MTO催化剂及技术开发应充分考虑和利用上述反应特征。

1.4.2　国外甲醇制烯烃技术发展情况

1.4.2.1　UOP/Hydro的MTO技术及与烯烃裂解的联合技术

环球油品公司(UOP)在SAPO-34分子筛的基础上开发出了甲醇转化制烯烃的专用催化剂MTO-100，并与挪威海德鲁(Norsk Hydro)公司联合开发了天然气经合成甲醇后进一步生产烯烃(乙烯、丙烯及丁烯)的MTO过程。在挪威Prosgrann建立了甲醇进料量为0.75t/d的试验装置，用于验证MTO流化床工艺和催化剂。1995年首次公布了其MTO工艺的中试结果，并称通过该试验已取得可放大至乙烯生产能力为30万～50万t/a的工业化装置的设计基础数据。据称，MTO-100催化剂具有优良的耐磨性，其磨耗低于标准的FCC催化剂，且具有良好的稳定性，经450次反应—再生循环后仍可保持稳定的活性和选择性，在连续运行90天后，甲醇转化率仍保持接近100%。乙烯和丙烯选择性(碳基)为75%～80%[126]；通过改变反应条件，乙烯/丙烯的比例可以在0.75～1.25内进行调节。当乙烯、丙烯选择性接近时，乙烯和丙烯的总选择性达到最高[127]。UOP/Hydro的MTO工艺流程简图如图1-7所示。

为进一步提高乙烯和丙烯的选择性，UOP公司提出了结合MTO和烯烃裂解过程(olefin cracking process，OCP)的新工艺。OCP工艺是使高碳数烯烃在固体酸催化剂上进行催化裂解，得到乙烯和丙烯等低碳烯烃。此前，OCP工艺已于1998年得到验证，并在此后由道达尔石化公司进一步开发。据称，MTO结合OCP工艺后，乙烯和丙烯的选择性可以达到85%～90%。丙烯/乙烯的比例可以调节至2.1。从技术角度看，MTO与OCP的结合实质上是进一步利用MTO反应副产的C_4以上烃类，将其催化裂解制乙烯和丙烯。由于催化裂解在原理上更有利于丙烯产物的生成，因此可以提高最终产物中丙烯/乙烯的比例[127](图1-8)。OCP工艺采用固定床反应器，催化剂为沸石类催化剂。反应原料为烯烃含量较高的C_4～C_7混合物料，产物为低碳烯烃(丙烯和乙烯)。OCP工艺的特点包括空速高、反应压强低(0.1～0.3MPa)、反应温度较高(560～600℃)[128]。

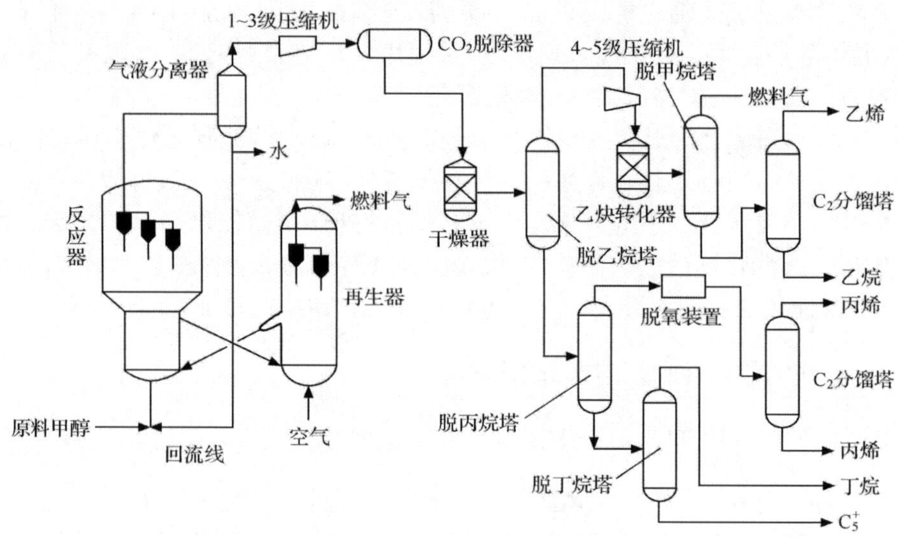

图 1-7　UOP/Hydro MTO 工艺流程示意图[126]

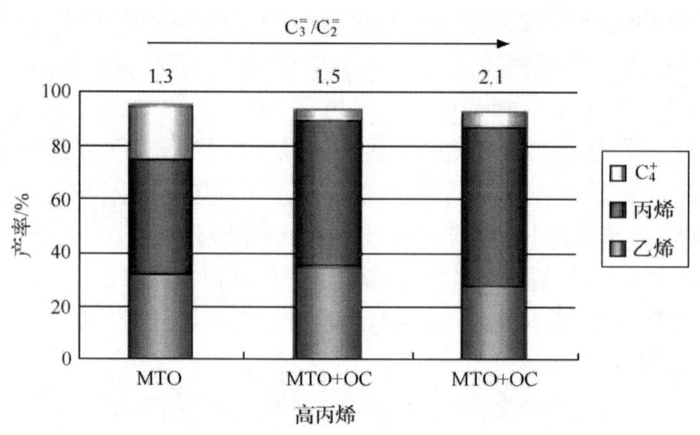

图 1-8　UOP/Hydro MTO 工艺结合 OCP 工艺前后的烯烃收率和丙烯/乙烯比例[127]

Total 公司和 UOP 公司在 Total 位于比利时费卢依(Feluy)的研发中心建设了一套 MTO 和烯烃裂解一体化工艺验证装置。该装置由 UOP/Hydro 的 MTO 工艺和 Total/UOP 的 OCP 工艺组成。2010 年，道达尔石化官方网站宣布，上述示范项目自 2008 年 10 月落成以来运行成功。

1.4.2.2　Exxon Mobil 公司的 MTO 技术

Exxon Mobil 公司持有大量 MTO 工艺及催化剂方面的专利，尽管其并未公开宣传或推广其 MTO 技术。Exxon Mobil 公司在专利中公开了一种从甲醇等含氧化合物制烯烃的流化床工艺[129]，催化剂为 SAPO 分子筛，专利中披露的数据应该代表了该公司 MTO 工艺的技术开发水平和放大规模。图 1-9 是该专利给出的一种 MTO 反应—再生系统方案。与 UOP/Hydro MTO 不同，Exxon Mobil 公司的 MTO 工艺采用了提升管反应器，用于反应工艺放大的装置其催化剂总藏量为 300kg，甲醇进料量为 550kg/h，反应温度为 490℃，再生温度为 685℃。该专利称，提高反应区催化剂藏量相对于反应区和循环区催化剂总藏量的比例，可以改善产品质量(降低副产品含量)。典型的反应结果如表 1-2 所示。

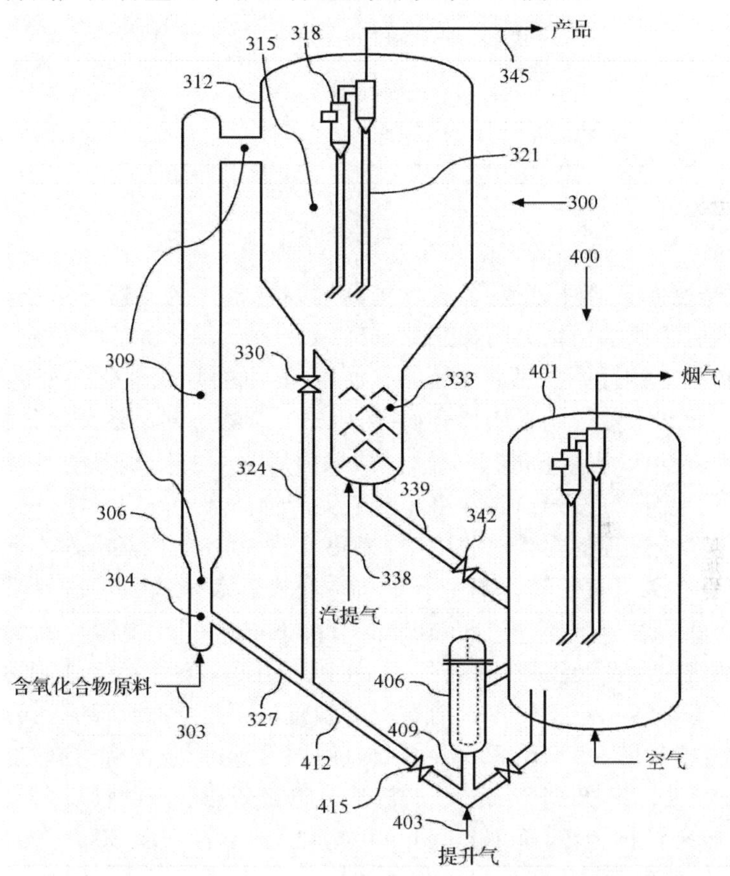

图 1-9　Exxon Mobil 公司的 MTO 反应—再生系统示意图[129]

315. 沉降区；318. 旋风分离；312. 沉降器；300. 反应系统；400. 再生系统；309. 反应区；330，342，415. 控制阀；306. 反应器；304. 入口区；406. 热交换器；333. 催化剂气提；401. 再生器；321. 料腿；324，303，327，338，339，412，409，345，403. 输送管线

表 1-2 Exxon Mobil 公司公开的 MTO 反应结果[反应温度 490℃，再生温度 685℃，催化剂总量 300kg，反应区催化剂量 36kg，甲醇（95%）进料 550kg/h][129]

取样点		a	b	c
烃类及未转化甲醇/(kg/h)		235	14.2	249
选择性/%（质量分数）	乙烯	36.7	26.2	35.6
	丙烯	39.8	31.3	39.4
	甲烷＋乙烷	2.04	5.67	2.37
	丙烷	2.77	8.43	3.46
	C_4	12.5	14.8	12.8
	C_5 以上	6.19	13.6	6.37

1.4.2.3 德国鲁奇公司的 MTP 工艺技术

德国鲁奇（Lurgi）公司开发了具有较高丙烯选择性的改性 ZSM-5 催化剂，在此基础上，发展了甲醇转化制丙烯（methanol-to-propylene，MTP）工艺。该工艺包括：甲醇原料首先经过一个固定床预反应器，在其中的酸性催化剂上进行反应，生成二甲醚、甲醇和水蒸气的平衡化合物；然后该混合物进入一系列串联的固定床反应器，在 450～500℃条件下进行转化，生成以丙烯为主的低碳烯烃混合物；最后将上述低碳烯烃混合物进行分离，并将非丙烯类产物循环回反应系统，进一步转化生成丙烯，以提高全过程的丙烯总收率，预期可实现 71%的丙烯收率（碳基收率，基于甲醇），甲醇和二甲醚的转化率大于 99%。在实验室小试的基础上，鲁奇公司于 2001 年在挪威国家石油公司（Statoil）的 Tjeldbergodden 甲醇联合企业建造了 MTP 工艺的中试示范装置，2002 年 1 月，示范厂开车，2004 年 5 月，据称该试验的主要目的均已达到，示范工作宣告结束。试验验证了催化剂经 500～600h 反应后切换再生，在线使用寿命满足 8000h 的商业使用目标；产物丙烯选择性大于 60%，纯度达到聚合级水平，并副产高品质的汽油。鲁奇公司公布的针对大型化的 MTP 装置的产品收率数据为：对于 167 万 t/a 甲醇处理能力（甲醇 5000t/d）的 MTP 装置，可产出聚合级丙烯 47.4 万 t/a（28.38%，质量分数）、汽油 18.5 万 t/a（11.08%，质量分数）、液化气 4.1 万 t/a（2.46%，质量分数）、乙烯 2 万 t/a（1.20%，质量分数）及少量自用燃料气、水 93.5 万 t/a（56.00%，质量分数）[130-132]。推荐的 MTP 工艺流程见图1-10[131,132]。

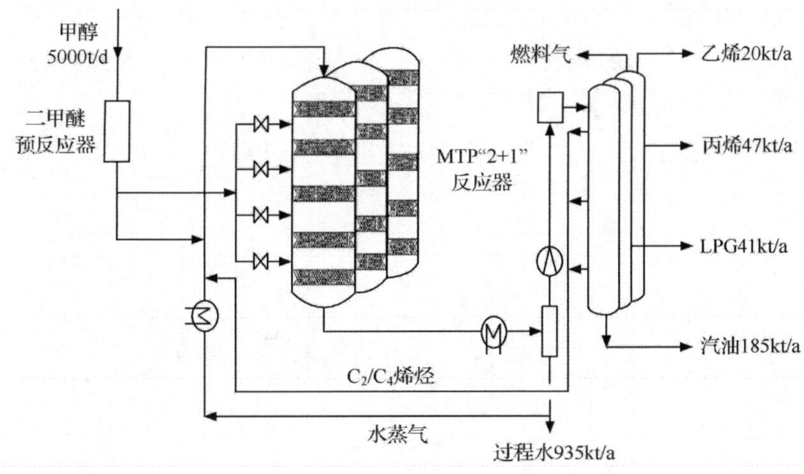

图 1-10　Lurgi 公司推荐的 MTP® 工艺流程[131,132]

1.4.3　国内甲醇制烯烃技术发展情况

中科院大连化物所从 20 世纪 80 年代初开始长期坚持甲醇制烯烃的研究，发展出了甲醇制烯烃的 DMTO 工艺技术，并应用于世界首套工业装置[4]。近期，清华大学基于微孔 SAPO 分子筛和流化床技术发展了甲醇制丙烯的 FMTP 工艺，并完成了 100t/d 甲醇进料的工业性试验[133]。中石化基于微孔分子筛发展了甲醇制烯烃的 SMTO 技术，完成了工业性试验，据称已经应用于中原油田的乙烯装置扩能改造[133]。限于篇幅及翔实资料来源的制约，这里仅主要介绍 DMTO 技术。

1.4.3.1　中科院大连化物所 MTO 研究历程及 DMTO 技术发展

1. 固定床 MTO 技术的研究与开发

中科院大连化物所在 20 世纪 80 年代初便率先开展了由天然气或煤等非石油资源制低碳烯烃的研究工作，研究的重点集中在 MTO 方面。"六五"期间，甲醇制烯烃催化剂研制曾被列为中国科学院重大课题，以改性 ZSM-5 分子筛为基础，发展了 5200 系列多产乙烯催化剂(乙烯选择性～30%)和 M792 系列高丙烯催化剂(丙烯选择性 50%～60%)，完成了实验室小试。在此基础上，进行催化剂中试放大和固定床反应工艺中试放大。为此，在中科院大连化物所建成了甲醇中试试验楼和甲醇处理量 300t/a 的 MTO 中试装置，最终于 1993 年全面完成了中试工作。

固定床 MTO 中试流程简图如图 1-11 所示。为了避免反应器床层温升过大并能及时移出反应热，采用稀释的甲醇(30%，质量分数)为反应原料，同时利用甲醇脱水反应器(Al_2O_3催化剂，后改为分子筛催化剂)先将甲醇转化为二甲醚(实际物料为甲醇、水、二甲醚的平衡混合物)以预先去除部分反应热。尽管如此，催化剂仍采用了分段装填的方式，以达到合理的床层温度分布。利用固定床 MTO 中试装置，验证了催化剂性能，优化了反应工艺，并结合催化剂间歇再生(7 个周期)完成了 1000h 稳定性试验。代表性的结果见表 1-3。

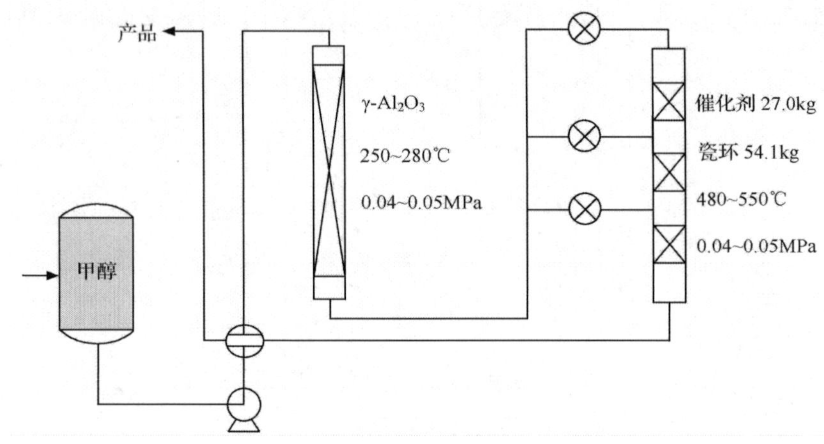

图 1-11　中科院大连化物所 300t/a 甲醇制烯烃中试流程简图

表 1-3　中科院大连化物所 300t/a 甲醇制烯烃(MTO)中试结果

周期	TOS /(h)	甲醇空速/h^{-1}	MeOH 水溶液/%(质量分数)	产物分布/%(质量分数)							$C_2^=$ ~$C_4^=$ 选择性/%(质量分数)
				CH_4	$C_2^=$	$C_3^=$	$C_4^=$	C_2^0~C_4^0	C_5^+	CO_x	
1	162	1.54	34.5	1.75	24.8	39.6	20.7	5.90	5.46	1.61	85.2
2	324	1.49	36.4	1.69	23.8	39.2	21.7	5.34	6.77	1.49	84.6
3	486	1.55	33.9	1.95	24.3	39.6	20.9	5.44	5.87	1.79	84.8
4	638	1.58	36.9	2.07	23.8	40.2	20.9	5.07	6.05	1.86	84.9
5	744	1.56	44.3	1.82	23.3	39.3	22.0	5.51	6.26	1.72	84.6
6	890	1.56	34.6	2.37	24.2	40.3	20.7	5.50	4.70	1.91	85.2
7	1022	1.52	34.5	2.04	23.3	40.0	21.3	5.38	6.24	1.59	84.6

以改性 ZSM-5 催化剂为基础的固定床 MTO 技术，总体上乙烯的选择性并不十分理想，但丙烯的选择性在高温时也可以达到 40%(质量分数)，改变反应条件(如降低反应温度)，结合工艺的改进，为多产丙烯技术的发展奠定了良好的基础。

2. 流化床 MTO 技术的研究与开发

甲醇转化制烯烃的核心技术之一是催化剂，催化剂的性质和性能将主要决定 MTO 新工艺技术的发展方向。前期的固定床 MTO 技术基于改性 ZSM-5 催化剂，虽然证明是成功的，但是乙烯的选择性以及乙烯和丙烯的总选择性偏低。从分子筛催化的形状选择性原理分析，以介孔ZSM-5分子筛改性发展的催化剂对于进一步大幅度提高低碳烯烃尤其是乙烯的选择性是非常困难的。探索和应用新型微孔分子筛催化剂，是实现MTO技术总体再次突破的关键。

20世纪80年代，美国联合碳化物公司的分子筛研究人员发现了新型磷酸硅铝类分子筛(SAPO)并于1984申请了美国专利[82]。SAPO类分子筛的发现对于分子筛及其相关的催化领域具有里程碑的意义。中科院大连化物所从事MTO催化剂研究的指导者，从SAPO分子筛的结构和酸性作用原理出发，敏感地认识到了SAPO类分子筛作为新催化材料对甲醇转化具有的特殊意义，成功合成了SAPO-34分子筛，并首次报道了SAPO-34分子筛在甲醇转化制烯烃反应中的应用[67]：在转化率为100%时，C_2～C_4烯烃选择性达到89%，乙烯选择性达到57%～59%。随后的众多研究将MTO催化剂的研制集中在微孔SAPO分子筛尤其是SAPO-34分子筛方面。

“八五”期间，中科院大连化物所研制出了具有我国特色的、廉价的新一代微球微孔磷硅铝(SAPO)分子筛型催化剂(DO123型)，在实验室和常压、500～550℃及二甲醚(或甲醇)质量空速6h^{-1}的反应条件下，取得二甲醚(或甲醇)转化率约100%、$C_2^=$～$C_4^=$低碳烯烃选择性85%～90%、乙烯选择性50%～60%和$C_2^=$～$C_3^=$烯烃选择性约80%的优异结果。对于DO123型催化剂及其基质微孔SAPO-34分子筛，成功地进行了接近工业规模的放大制备试验，该放大催化剂在小型流化床反应装置上及在反应温度550℃与二甲醚质量空速6h^{-1}的条件下，取得了二甲醚转化率约100%，$C_2^=$～$C_4^=$烯烃选择性90%及乙烯选择性约60%的结果，表明在接近工业级条件下制成的DO123催化剂的性能完全达到小试水平。

在流化反应工艺方面，中科院大连化物所在上海青浦化工厂相继建设和改造建设了下行式稀相并流流化反应装置(Ⅰ型和Ⅱ型，二者的差别在于一级气固分离采用了不同的分离器，Ⅰ型为轴流式导叶旋风，Ⅱ型为旋风分离器)和密相流化反应装置，对多种流化反应方式进行了考察。在综合分析反应特点、工艺放大难度、能否借鉴FCC成熟经验等因素的基础上，最终决定采用密相循环流化反应作为MTO工艺的研究重点。利用中型密相循环流化反应装置，优化了反应工艺条件，确定了最佳反应参数，为流化反应工艺的进一步放大奠定了基础。

3. DMTO工业性试验

为了验证和优化甲醇制烯烃技术和工艺，为大型工业装置建设提供设计基础，2004年8月，中科院大连化物所与陕西新兴煤化工科技发展有限责任公司、中石化洛阳石油化工工程公司三方合作，启动建设世界上第一套万吨级DMTO(Dalian methanol-to-olefins)工业性试验装置(甲醇进料：50～75t/d)。试验装置包括反应—再生部分、取热部分、急冷汽提部分、空压机部分、动力站部分。工业性试验装置流程简图如图1-12所示。通过近1200h的运行试验，2006年6月完成了工业性试验，获得了设计大型工业装置的基础数据，实践检验了催化剂及技术的可行性。典型工况条件下的反应结果如图 1-13 所示。

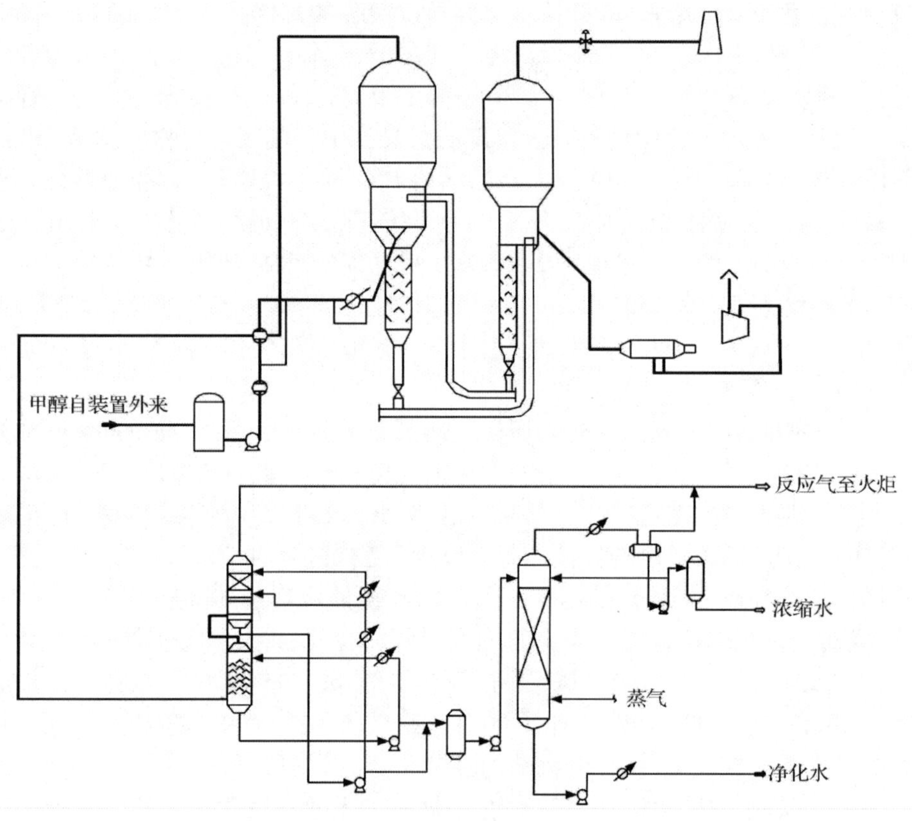

图 1-12　DMTO 工业性试验装置流程示意图

4. DMTO-Ⅱ及工业性试验

为了进一步提升甲醇制烯烃过程的经济性，中科院大连化物所发展了甲醇转化和 C_4^+ 组分进一步反应生产乙烯和丙烯的新一代 DMTO 技术(DMTO-Ⅱ)。甲醇转化制烯烃和 C_4^+ 催化裂解是两类不同的反应，反应原理虽有差别，但均可以采用分子筛类固体酸催化剂进行催化反应。在充分分析原理和技术可行性的基础上，中科院大连化物所在发展 DMTO 工艺时，就开始着手 DMTO-Ⅱ技术的研发，特别是所研制的 DMTO 催化剂已经兼顾了 C_4^+ 转化反应性能。甲醇转化制烯烃与其产物 C_4^+ 催化裂解的反应及工艺特征对比列于表 1-4。

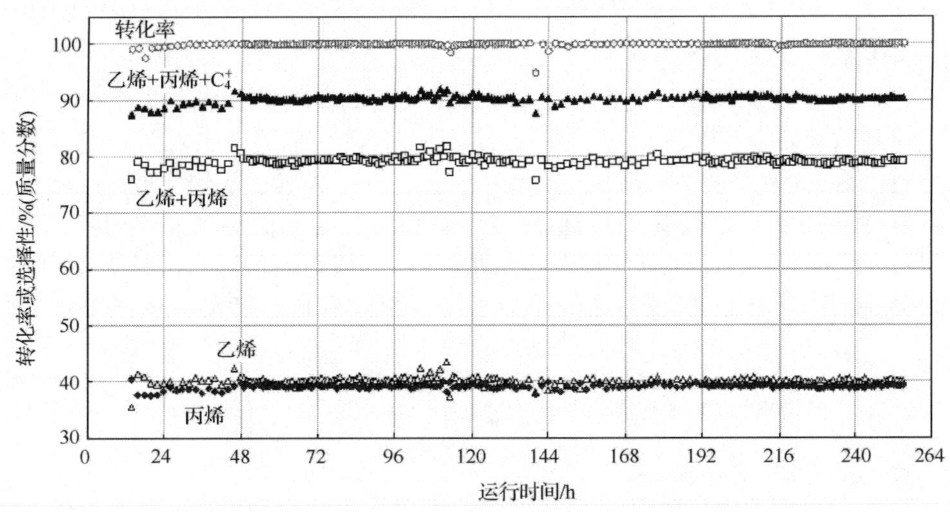

图 1-13　DMTO 工业性试验反应结果

表 1-4　甲醇转化制烯烃与其产物 C_4^+ 催化裂解的反应及工艺特征对比

	内容	甲醇转化	C_4^+ 转化	备注
反应原理	反应原料	甲醇(C_1 原料)	C_4～C_6烃类(直链烯烃为主)	差别极大
	反应机理	烃池机理，碳链增长反应	碳正离子机理，碳链断裂反应	
	诱导期	有	无	
	反应热	强放热反应	强吸热反应	
	催化剂	酸性催化	酸性催化	可分子筛催化
	反应压力效应	低压有利	低压有利	类似
反应及工艺特征	进料	易气化进料	易气化进料	类似
	目的产物	低碳烯烃	低碳烯烃	相同
	产物分布	C_1～C_6	C_1～C_6	类似
	转化难易程度	易 100%转化	难转化	差别大
	剂油比/剂醇比	0.1～0.5	>5	
	反应温度	400～550℃	550～650℃	
	反应压力	0.15MPa	0.15MPa	相当
	再生温度	550～700℃	600～700℃	接近
	生焦量	1%～2%	2%～3%	有差别
	热平衡	自平衡，反再均取热	需供热	差别大
	反应器形式	床层反应器	床层或提升管	

DMTO-Ⅱ工业性试验装置在DMTO流程基础上，新增建设了C_4^+转化反应—再生系统、压缩干燥系统和C_4^+分离系统，甲醇处理能力50t/d。通过近千小时的运行，完成了DMTO-Ⅱ工业性试验，验证了DMTO-Ⅱ工艺的可行性、先进性及工业性试验的必要性，验证了工业化生产的专用催化剂的性能，获取了工业化设计的可靠数据，为建设DMTO-Ⅱ大型工业生产装置奠定了基础。现场72h的考核标定结果表明：甲醇转化率达到99.97 %；每吨乙烯和丙烯的原料甲醇消耗为2.67t。说明DMTO-Ⅱ工业性试验技术指标、催化剂磨损指标和试验规模均处于世界领先水平。与DMTO技术相比，DMTO-Ⅱ技术吨烯烃甲醇消耗降低10%以上。

1.4.3.2 DMTO和DMTO-Ⅱ工艺特点

1. DMTO工艺特点

1) 与分子筛催化甲醇转化相适应的连续反应—再生的密相循环流化反应

甲醇制烯烃催化剂基于微孔SAPO分子筛的酸催化特点，利用了该分子筛的酸性和较小的孔口直径的形状选择性作用，可以高选择性地将甲醇转化为乙烯、丙烯，同时SAPO分子筛结构中笼的存在和酸催化的固有性质也使得该催化剂因结焦而失活较快。对失活催化剂的频繁烧碳再生是必要的。综合反应的各要素，试验证明流化床是与催化剂和反应特征相适应的反应方式。

DMTO工艺采用循环流化反应方式具有如下特点：

(1) 可以实现催化剂的连续反应—再生过程；

(2) 有利于反应热的及时导出，很好地解决反应床层温度分布均匀性的问题，实践证明，在流化床反应器的密相区内，反应温度梯度可以控制在1℃之内；

(3) 合适地控制反应条件和再生条件，可以方便地实现反应体系的自热平衡；

(4) 可以实现较大的反应空速，缩小反应器体积；

(5) 合适地设定物料线速度，可以控制反应接触时间接近理想的范围；

(6) 反应原料可以是粗甲醇、甲醇、二甲醚或上述的混合物；

(7) DMTO的反应温度为400～550℃，再生温度为550～700℃，对反应、再生设备材质要求适中。

2) 与循环流化反应工艺相适应的专用催化剂

新一代甲醇制烯烃催化剂专门针对DMTO工艺发展，不仅具有优异的催化性能、高的热稳定性和水热稳定性，适用于甲醇和二甲醚及其化合物等多种原料，也具有合适的物理性能。特别是用于流化床反应的微球催化剂，其物理性能和粒度分布与工业催化裂化催化剂相似，流态化性能也相近，是DMTO工艺可以借鉴已有的流态化研究成果和成熟流化反应(如FCC)经验的基础。表1-5给出了DMTO工艺和FCC工艺的对比情况，也说明了DMTO工艺所具有的特点。

表 1-5　DMTO与FCC工艺特点对比

序号	内容	DMTO技术	FCC技术	备注
1	反应原料	甲醇或二甲醚	蜡油、常渣、减渣等	DMTO进料轻且纯净
2	原料进料温度	185～320℃	180～250℃	相当
3	原料进料状态	气相	液相	DMTO进料条件好
4	反应热	放热反应	吸热反应	相差非常大
5	剂油比或剂醇比	0.1～0.5	6～8	差别大
6	反应温度	400～550℃	500～520℃	相当
7	反应压强	0.15MPa	0.2～0.3MPa	相当
8	再生温度	550～700℃	600～700℃	相当
9	生焦量	1%～2%	5%～9%	差别大
10	热平衡	自平衡，取热	自平衡，取热	差别大
11	两器形式	高低并列式	同轴，高低并列式	相近
12	反应器形式	床层反应器	提升管	不同
13	进料分布方式	分布板	喷嘴，分布板	不同
14	催化剂输送方式	立管，斜管，滑阀	立管，斜管，滑阀	相同
15	主风机出口压强	～0.22MPa	0.3～0.4MPa	相近
16	主风风量	小	大	有差别
17	催化剂颗粒特点	A类粒子	A类粒子	差别不大
18	流化介质	黏度稍小	黏度稍大	稍有差别

3）乙烯/丙烯比例在适当的范围内可以调节

在不改变催化剂的情况下，通过改变反应和再生条件，可以适当地调节乙烯/丙烯比例，以适应市场的变化。根据工业性试验，考虑到大型工业化装置的操作弹性，乙烯/丙烯比例可在0.8～1.2内调节。

4）DMTO工艺对原料和工艺设备的特殊要求

DMTO工艺技术采用酸性分子筛催化剂，为了保证催化剂性能的长期稳定性，对原料甲醇中的杂质含量有特别的指标要求，以防止催化剂的中毒性永久失活。另外，由于甲醇的化学性质比较活泼，一些金属（如镍）可造成甲醇向合成气的分解反应，因此，与甲醇接触的高温部位应避免采用能使甲醇分解的材质。

2. DMTO-Ⅱ工艺特点

DMTO-Ⅱ的技术特征是利用同一种催化剂同时实现甲醇和 C_4^+ 向目标产品烯烃的高效转化，并且两个反应均采用流化反应工艺。DMTO-Ⅱ除具有DMTO的技术特征外，还具有如下新的特征：

（1）甲醇转化反应与 C_4^+ 转化反应采用同一种催化剂（DMTO催化剂），在保障甲醇转化效果的同时，实现 C_4^+ 的高选择性催化裂解，可以显著提高低碳烯烃选择性。

(2) 甲醇转化和 C_4^+ 转化均采用流化反应方式，分别在不同的反应区进行，可以共用再生器，构成完整的系统；利用 C_4^+ 转化反应强吸热的特点，在高温区进行 C_4^+ 转化反应，既符合该反应的转化要求，也能实现热量的耦合。

(3) 甲醇转化和 C_4^+ 转化目的产物一致，产物分布类似，可以共用一套分离系统。

(4) DMTO-Ⅱ技术的乙烯/丙烯调节范围为 0.7～1.1。

DMTO-Ⅱ技术可用于新建装置，也可用于 DMTO 工业装置的改造和技术升级换代。

1.4.3.3 DMTO 技术工艺流程

对于 DMTO 工艺，甲醇经甲醇-蒸气换热器、甲醇-反应气换热器换热后进入反应器，与来自再生器的高温再生催化剂直接接触，在催化剂表面迅速进行放热反应。反应气经旋风分离器除去所夹带的催化剂，经甲醇-反应气换热器降温后送至后部急冷塔。反应积碳后的待生催化剂进入待生汽提器汽提。汽提后的待生催化剂经待生提升管向上进入再生器。在再生器内烧焦后进入再生汽提器。汽提后的再生催化剂经再生提升管送回反应器。再生后的烟气经旋风分离器除去所夹带的催化剂后，经余热锅炉回收热量后排放。反应气经急冷、水洗后送至分离压缩机。汽提塔用于甲醇不能完全转化的工况，从水洗水中提取浓甲醇回用。DMTO-Ⅱ工艺与 DMTO 工艺类似，差别在于反应—再生部分。DMTO-Ⅱ新设了 C_4^+ 裂解反应器，其催化剂与甲醇转化催化剂相同，来源于同一再生器。DMTO 和 DMTO-Ⅱ工艺可以和多种烯烃分离工艺结合。烯烃分离根据目的产物要求的精度不同，可采用顺序分离、前脱乙烷、前脱丙烷、前加氢脱炔、后加氢脱炔等不同流程，温度也有一定的差别。

1.4.3.4 DMTO 技术工业应用情况

DMTO 技术在 2006 年完成工业性试验后，中华人民共和国国家发展和改革委员会核准中国神华集团在包头建设煤制烯烃项目。该项目是世界首次利用煤炭资源生产乙烯、丙烯等基础化学产品的工业化尝试，也是甲醇制烯烃技术的首次工业化。装置包括年产 180 万 t 煤基甲醇联合化工装置，年产 60 万 t 甲醇基聚烯烃联合石化装置，以及配套建设的热电站、公用工程装置、辅助生产设施等。主要产品为 30 万 t/a 聚乙烯和 30 万 t/a 聚丙烯。副产品约 15 万 t/a，其中硫黄 2.2 万 t/a、混合 C_4～10 万 t/a，混合 C_5～2.5 万 t/a。煤制烯烃项目主要装置流程如图 1-14所示，采用的主要工艺技术见表 1-6。从煤出发制备聚合烯烃的主要反应步骤，包括煤制合成气、合成气制甲醇、烯烃分离、烯烃聚合均采用了国外公司的成熟技术，而这一过程最为关键的甲醇制烯烃则采用了自主创新的 DMTO 技术。DMTO 技术的开发成功，解决了煤或天然气制烯烃过程的技术瓶颈，使非石油资源生产烯烃成为现实。

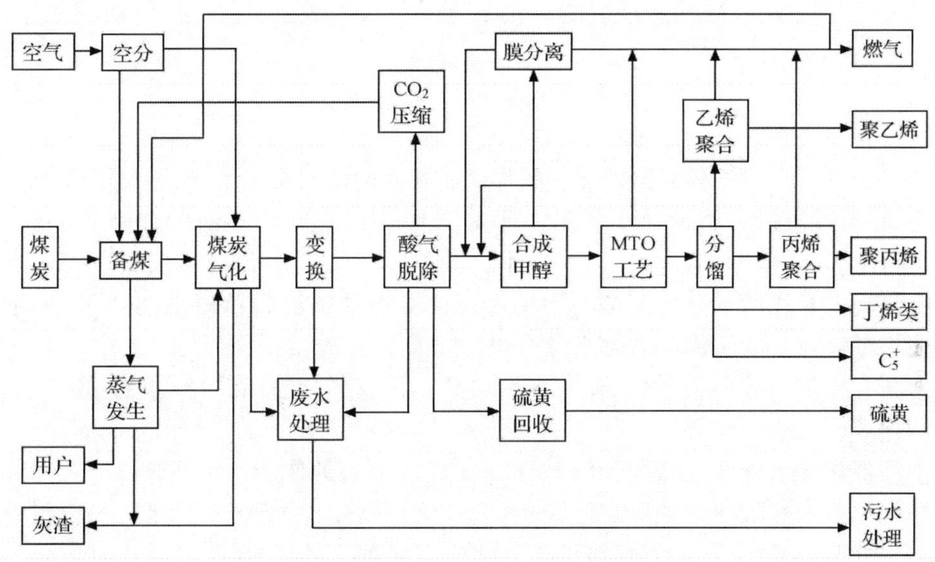

图 1-14　煤制烯烃项目主要装置流程

表 1-6　神华包头煤制烯烃装置所采用的主要技术

装置	技术来源	技术特征
煤气化	美国 GE 公司	水煤浆气化
净化	德国林德	低温甲醇洗
甲醇合成	英国 Davy 公司	
甲醇制烯烃	中科院大连化物所，新兴能源科技公司，洛阳石油化工工程公司	DMTO 技术
烯烃分离	美国 Lummus 公司	前脱丙烷后加氢、丙烷洗工艺
聚乙烯	美国 Univation 公司	UNIPOL 单反应器低压气相流化床聚乙烯技术
聚丙烯	美国 Dow 公司	UNIPOL 气相流化床聚合技术

2010 年 8 月 8 日，联合石化装置的甲醇制烯烃装置甲醇投料，8 月 13 日烯烃分离装置产出合格乙烯和丙烯，8 月 15 日生产出合格聚丙烯颗粒产品，8 月 21 日生产出合格聚乙烯颗粒产品。经长周期运转后，2011 年 5 月有关单位对神华包头

煤制烯烃装置进行了 72h 标定，其中甲醇制烯烃部分结果为：甲醇转化率 99.99%，吨烯烃甲醇消耗 2.96t，其他各项工艺指标均在设计范围内。该装置的长周期运行证明了 DMTO 技术的工业可行性，财务数据也表明煤制烯烃具有经济可行性。除神华包头装置外，DMTO 技术已经签订多家技术实施许可合同。DMTO-Ⅱ技术正在陕西蒲城新能源化工有限公司实施工业化。

1.5 结论与展望

大约在半个世纪前，曾经仅作为博物馆展品的沸石分子筛进入大规模的工业应用，在石油炼制和石油化工领域发挥着重要作用。经历不断的突破和创新，迄今，结合了科学层面的催化作用和应用层面的化工技术的分子筛催化过程仍是石油资源高效利用的最基本和最有力的保障。在石油资源日益短缺的今天，分子筛催化将继续在石油资源的合理转化和利用方面发挥重要作用。

面对原油资源的重质化、杂质含量增高和日益严苛的环保要求的挑战，石油炼制和化工行业迫切需要发展相关的新技术，而这些新技术的创新和发展都离不开分子筛催化在节能降耗、原子经济、环境友好等方面的作用。一直以来，FCC 催化剂在催化裂解过程中起到决定性作用，但其所用高硅 Y 型分子筛催化剂的制备通常需要复杂的脱铝步骤，其直接廉价合成仍然是 FCC 催化剂重要的发展方向。近期发表的 EMT 分子筛的低温绿色合成给学术界和工业界带来重要的启示[134]。在这个工作中，具有六方堆积八面沸石骨架的 EMT 结构分子筛能够通过无模板剂方法合成并制备出纳米级分子筛晶粒，这不但实现了催化剂的绿色合成，而且通过这种方法制备的具有的三维孔道和两种笼结构的 EMT 分子筛也极有可能发展成为石油化工领域重要的新型催化材料。

在传统分子筛催化剂的合成和催化过程发展的同时，多级孔材料在 21 世纪第一个十年也成为催化材料领域新的研究方向，中微孔分子筛复合材料在传统的酸催化反应、加氢脱硫、氧化、制备精细化学品等过程中展示出应用潜力，在改善微孔沸石催化剂传质限制、提升活性中心可接触性和延缓催化剂失活方面表现出独到的性能[135,136]。微孔和介孔的结合为 one-pot 合成催化裂化催化剂带来了希望，也可能在未来为加氢裂化和加氢脱硫等大分子反应物的处理提供催化剂或者催化剂的载体。

甲醇制烯烃技术的发展带动了煤化工和天然气化工生产技术的进步，是近年来分子筛工业催化最为成功的案例之一。对比更为成熟的石油化工过程，以合成气或甲醇为平台产品生产石化产品的过程存在着更为广阔的提升空间，其生产效率的改进、产品的拓展都有赖于新的高效分子筛催化材料的发展及其在甲醇转化过程中的成功应用。五十年前发展起来的催化裂化曾给人类社会带来巨大变迁，在石油资源短缺矛盾日益突出的今天，资源可持续利用的迫切要求也再一次为分子筛催化改变工业结构进而改变人类生活和社会带来了机遇。

（中国科学院大连化学物理研究所：刘中民、魏迎旭、李金哲、陈景润、徐舒涛）

参考文献

[1] Milton R M. Molecular Sieves. London：Society of the Chemical Industry，1968：199.
[2] Chen N Y，Garwood W E. Catal Rev Sci Eng，1986，28：185-264.
[3] Notari B. Stud Surf Sci Catal，1988，37：413-425.
[4] Ondrey G. Chem Eng，2011，118：16-20.
[5] 杨学萍．工业催化，2003，11：19-24.
[6] Buchanan J S. Catal Today，2000，55(3)：207-212.
[7] Sundaram K，Chan T，Venner R. Proc AIChE Spring Nat Meet，Houston，1999.
[8] Stockwell D M，Liu X，Nagel P，et al. Stud Surf Sci Catal，2004，149：257-285.
[9] Schuette W L，Schweitzer A E. Stud Surf Sci Catal，2001，134：263-278.
[10] 侯芙生．炼油设计，1998，28：1-6.
[11] Shu X T，Fu W，He M Y，et al. US Ratent，5 232 675. 1993.
[12] 舒兴田，何鸣元，傅维，等．中国专利，1 052 290. 1991.
[13] 龙军．石油炼制与化工，1997，28：24-28.
[14] 闵恩泽．世界科技研究与进展，2002，24：7-13.
[15] 田志坚．http://kjc.dicp.ac.cn/show.php? id=43[2009-9-4].
[16] 田志坚．催化学报，2009，30：705-710.
[17] Sherman J D. Proc Natl Acad Sci，1996，96：3471-3478.
[18] 于深波，侯强．石油化工，2012，41：190-193.
[19] 杨纪．化工设计通讯，2004，30：57-60.
[20] 王广胜，王承学．化工科技，2007，15：39-41.
[21] 米多，王玉辉，王广胜．化工技术经济，2006，24：13-16.
[22] Degnan T F. 15th International Zeolite Conference，Beijing，2007：12-17.
[23] 谢在库等．新结构高性能多孔催化材料．北京：中国石化出版社，2009：7.
[24] 程文才，孔德金，杨德琴，等．石油化工，1999，28：107-111.
[25] Stachelczyk D A. TransPlus SM：A Flexible Approach for Upgrading Heavy Aromatics//NPRA Annual Meeting，Paper No. AM-00-60，San Antonio，TX，2000：26-28[2012-4-20].
[26] UOP LLC. http://www.uop.com/objects[2012-8-18].
[27] 沈菊华．化工科技市场，2006，29：12-15.
[28] Grate H W. Oil Gas J，1958，56：73.
[29] Dwyer F G，Lewis P T，Schneider F H. Chem Eng，1976，83：90.
[30] Harvest G L，Grove D，Limn C B. US Patent，2 939 890. 1960.
[31] Dwyer F G. US Patent，4 107 224. 1978.
[32] Hegelian C R，Lewis P J，McDonald J J. Hydrocarbon Process，1983，62：45.
[33] 杨立英，王志良，张吉瑞，等．化学世界，2001，10：545-556.

[34] Carlo P, Patrizia I. Catal Today, 2002, 73: 3-22.
[35] 刘剑平．石油化工见闻，1999，35：15.
[36] Lawrence A, Smith Jr. US Patent, 4 849 569. 1989.
[37] 慕旭宏，王殿中，王永睿，等．石油学报（石油加工），2008，增刊：01-07.
[38] 陈福存，朱向学，谢素娟，等．催化学报，2009，30：817-824.
[39] UOP Inc. US Patent, 5 522 984. 1996.
[40] Patton R L, Wilson S T, Gajda G J. US Patent, 5 240 891-A. 1993.
[41] Kushnerick J D, Marler D O, Mcwilliams J P, et al. US Patent, 4 992 626. 1991.
[42] Mobil Oil Corp. US Patent, 5 453 554. 1995.
[43] 陶氏化学公司．中国专利，90 106 037. 1991.
[44] Enchem Spa. EP Patent, 0 629 599. 1994.
[45] Girotti G, Cappellazzo O, Bencini E, et al. US Patent, 6 034 291. 1994.
[46] Smith L A. EP Patent, 189 683. 1985.
[47] Degnan T F, Smith C M, Venkat C R. Appl Catal A, 2001, 221: 283-294.
[48] 谢在库，等．新结构高性能多孔催化材料．北京：中国石化出版社，2009：9.
[49] Vermeiren W, Wei D H, James R B, et al. Hydrocarbon Eng, 2003, 8: 79.
[50] Ruziska P A, Steffens T R. AIChE Spring Meeting, Houston, 2001.
[51] Koss U. Hydrocarbon Eng, 66, May 1999.
[52] Tallman M, Borsos S. EPTC, Prague, June 2000.
[53] Tsunoda T, Sekiguchi M. Cata Surv Asia, 2008, 12: 1-5.
[54] Teng J, Xie Z. ERTC petrochemical conference, Brussels, 2007.
[55] Vermeiren W, Gilson J P. Top Catal, 2009, 52: 1131-1161.
[56] 袁龙．http://www.dicp.ac.cn/xwzx/kjdt/201012/t20101203_3036984.html[2010-12-03].
[57] 沈菊华．石油化工快报，2001，18：3-6.
[58] Taramasso M, Perogo G, Notari B. US Patent, 4 410 501. 1983.
[59] 谢素娟．http://www.dicp.ac.cn/xwzx/kjdt/200909/t20090904_2465550.html[2009-04-27].
[60] Chang C D. US Patent, 3 894 103. 1975.
[61] Chang C D. US Patent, 3 928 483. 1975.
[62] Chang C D, Silvestri A J. J Catal, 1977, 47: 249-259.
[63] Stöcker M. Micro Meso Mater, 1999, 29: 3-48.
[64] Meisel S L. Chemtech, 1988, 1: 32-37.
[65] Chang C D, Silvestri A J. Chemtech, 1987, 17: 624-631.
[66] Vora B V, Marker T L, Barger P T, et al//de Pontes M, Espinoza R L, Nicolaides C P, et al. Stud Surf Sci Catal. Amsterdam: Elsevier, 1997, 107: 87-98.
[67] Liang J, Li H Y, Zhao S Q, et al. Appl Catal, 1990, 64: 31-40.
[68] Rajadhyaksha R A, Anderson J R. J Catal, 1980, 63: 510-514.
[69] Choudhary V R, Nayak V S. Zeolites, 1985, 5: 15-20.
[70] Givens E N, Plank C J, Rosinski E J. US Patent, 4 079 096. 1978.
[71] Dehertog W J H, Froment G F. Appl Catal, 1991, 71: 153-165.
[72] Kaeding W W, Butter S A. US Patent, 3 911 041. 1975.
[73] Kaeding W W, Butter S A. J Catal, 1980, 61: 155-164.

[74] Balkrishnan I, Rao B S, Hegde S G, et al. J Mol Catal, 1982, 17: 261-270.
[75] Cormerais F X, Chem Y S, Kern M, et al. J Chem Res-S, 1981: 290-291.
[76] Sodesawa T. React Kine Catal Lett, 1986, 32: 251-255.
[77] Marchi A J, Froment G F. Appl Catal A: General, 1993, 94: 91-106.
[78] Mikkelsen O, Kolboe S. Micro Meso Mater, 1999, 29: 173-184
[79] Inui T, Morinaga N, Takegami Y. Appl Catal, 1983, 8: 187-197.
[80] Olson D H, Chang C D, Vartuli J C, et al. US Patent, 5 491 273. 1996.
[81] Occelli M L, Innes R A, Pollack S S, et al. Zeolites, 1987, 7: 265-271.
[82] Lok B M, Messina C A, Patton R L, et al. US Patent, 4 440 871. 1984.
[83] Lok B M, Messina C A, Patton R L, et al. J Am Chem Soc, 1984, 106: 6092-6093.
[84] Chen J, Wright P A, Natarajan S, et al. Stud Surf Sci Catal, 1994, 84: 1731-1738.
[85] Kladis C A, Bhargava S K, Akolekar D B. J Mol Catal A-Chem, 2003, 203: 193-202.
[86] Hocevar S, Batista J, Kaucic V. J Catal, 1993, 139: 351-361.
[87] Nawaz S, Kolboe S, Stöcker M. Stud Surf Sci Catal, 1994, 81: 939-398.
[88] Chang C D. Catal Rev Sci Eng, 1983, 25: 1-118.
[89] Chang C D. Catal Rev Sci Eng, 1984, 26: 323-345.
[90] Wang W, Hunger M. Acc Chem Res, 2008, 41: 895-904.
[91] Dahl I M, Kolboe S. J Catal, 1994, 149: 458-464.
[92] Dahl I M, Kolboe S. J Catal, 1996, 161: 304-309.
[93] Haw J F, Song W G, Marcus D M, et al. Acc Chem Res, 2003, 36: 317-326.
[94] Dessau R M. J Catal, 1986, 99: 111-116.
[95] Lesthaeghe D, van Speybroeck V, Marin G B, et al. Angew Chem Int Ed, 2006, 45: 1714-1719.
[96] Haw J F, Marcus D M. Top Catal, 2005, 34: 41-48.
[97] Hunger M. Catal Today, 2004, 97: 3-12.
[98] Arstad B, Kolboe S. J Am Chem Soc, 2001, 123: 8137-8138.
[99] Haw J F, Nicholas J B, Song W G, et al. J Am Chem Soc, 2000, 122: 4763-4775.
[100] Li J Z, Wei Y X, Chen J R, et al. J Am Chem Soc, 2012, 134: 836-839.
[101] van Speybroeck V, van der Mynsbrugge J, Vandichel M, et al. J Am Chem Soc, 2011, 133: 888-899.
[102] Lesthaeghe D, Horre A, Waroquier M, et al. Chem Eur J, 2009, 15: 10 803-10 808.
[103] McCann D M, Lesthaeghe D, Kletnieks P W, et al. Angew Chem Int Ed, 2008, 47: 5179-5182.
[104] Wang C M, Wang Y D, Xie Z K, et al. J Phys Chem C, 2009, 113: 4584-4591.
[105] Olsbye U, Bjørgen M, Svelle S, et al. Catal Today, 2005, 106: 108-111.
[106] Svelle S, Joensen F, Nerlov J, et al. J Am Chem Soc, 2006, 128: 14 770-14 771.
[107] Cui Z M, Liu Q, Song W G, et al. Angew Chem Int Ed, 2006, 45: 6512-6515.
[108] Li J Z, Qi Y, Liu Z M, et al. Catal Lett, 2008, 121: 303-310.
[109] Li J Z, Wei Y X, Qi Y, et al. Catal Today, 2011, 164: 288-292.
[110] Teketel S, Svelle S, Lillerud K-P, et al. ChemCatChem, 2009, 1: 78-81.
[111] Li J Z, Wei Y X, Liu G Y, et al. Catal Today, 2011, 171: 221-228.
[112] Teketel S, Skistad W, Benard S, et al. ACS Catal, 2012, 2: 26-37.
[113] Bjørgen M, Joensen F, Lillerud K P, et al. Catal Today, 2009, 142: 90-97.
[114] Sassi A, Wildman M A, Haw J F. J Phys Chem B, 2002, 106: 8768-8773.

[115] Sassi A, Wildman M A, Ahn H J, et al. J Phys Chem B, 2002, 106: 2294-2303.
[116] Bjørgen M, Olsbye U, Kolboe S. J Catal, 2003, 215: 30-44.
[117] Fu H, Song W G, Haw J F. Catal Lett, 2001, 76: 89-94.
[118] Marcus D M, Song W G, Ng L L, et al. Langmuir, 2002, 18: 8386-8391.
[119] Bjørgen M, Svelle S, Joensen F, et al. J Catal, 2007, 249: 195-207.
[120] Bleken F, Skistad W, Barbera K, et al. Phys Chem Chem Phys, 2011, 13: 2539-2549.
[121] Bleken F, Bjørgen M, Palumbo L, et al. Top Catal, 2009, 52: 218-228.
[122] Schulz H. Catal Today, 2010, 154: 183-194.
[123] Wei Y X, Yuan C Y, Li J Z, et al. ChemSusChem, 2012, 5: 906-912.
[124] Wei Y X, Li J Z, Yuan C Y, et al. Chem Commun, 2012, 48: 3082-3084.
[125] 袁翠峪，魏迎旭，李金哲，等. 催化学报，2012，33: 367-374.
[126] Voraa B V, Markera T L, Bargera P T, et al. Stud Surf Sci Catal, 1997, 107: 87-98.
[127] Chen J Q, Bozzano A, Glover B, et al. Catal Today, 2005, 106: 103-107.
[128] 钱伯章. 炼油技术与工程，2006，36: 40.
[129] Coute N P, Kuechler K H, Chrisholm P N, et al. US Patent, 6 673 978. 2004.
[130] Rothaemel M, Holtmann H D. Erdol Erdgas Kohle, 2002, 118: 234-237.
[131] 何海军，韩金兰，王乃计，等. 煤质技术，2006，3: 45-47.
[132] Koempel H, Liebner W. Stud Surf Sci Catal, 2007, 167: 261-267.
[133] 张惠明. 化学反应工程和工艺，2008，24: 178-182.
[134] Ng E-P, Chateigner D, Bein T, et al. Science, 2012, 335: 70-73.
[135] Cejka J, Mintova S. Catal Rev, 2007, 49: 457-509.
[136] Holm M S, Taarning E, Egeblad K, et al. Catal Today, 2011, 168: 3-16.

第2章 杂原子分子筛与环境友好选择氧化催化

2.1 引　言

80%以上的化学化工过程涉及催化反应，尤其在炼油与石化过程中，多相催化剂更是必不可少，而沸石分子筛是其中重要一员[1]。沸石分子筛是由硅氧四面体和铝氧四面体通过氧桥相连所构成的具有确定晶体结构、高比表面积、均匀规则孔道以及可调变骨架的一种无机多孔材料[2]。骨架四配位状态 Al^{3+} 的存在使其具有与硫酸等液体强酸可匹敌的酸性，超大的晶内比表面积为反应物分子的催化反应提供了足够的空间，1 nm 以下的孔道窗口以及均匀微孔使其对分子有优异的筛分或择形作用，这些独特的性质使得硅铝分子筛作为一种优良的固体酸多相催化剂被广泛应用于石油化工过程中。

沸石分子筛功能材料的研发经历了三次具有里程碑意义的革命。第一次是分子筛在工业催化中的应用，始于 20 世纪 60 年代，Exxon Mobil 公司首先发现并采用八面沸石结构（FAU）Y 型分子筛替代无定形硅铝催化剂，应用于催化裂化（FCC）过程，大大提高了炼油能力和汽油馏分中的辛烷值[3-5]。目前，仅作为 FCC 催化剂一项，沸石分子筛催化剂的销售额就占全球催化剂的 18.5%。与传统的无定形硅铝材料相比，Y 型分子筛因结晶性的骨架结构和十二元环的孔道体系而具有独特的固体酸性质。通过脱铝[6]和稀土离子交换[7]等方法可以对其进行结构修饰和化学组分改性，使骨架 Al^{3+} 处于高分散和相对孤立的状态，从而提高了每个酸性位的酸强度以及结构的水热稳定性。第二次革命是 20 世纪 70 年代 Exxon Mobil 公司开发出 ZSM-5 这种具有十元环孔道的 MFI 拓扑结构的沸石分子筛，并将其应用于 FCC 过程中作为助剂[8]。ZSM-5 分子筛具有相互交叉的双十元环孔道，一为十元环直型孔道，另一为正弦形的十元环孔道。如此独特的孔道体系使得 ZSM-5 分子筛可以作为高效助催化剂应用于 FCC 过程，提高汽油品质，同时作为择形催化剂提高高附加值化工产品（如对二甲苯等）的收率和选择性。至今，除 Y 型分子筛和 ZSM-5 沸石分子筛外，MOR 分子筛、MWW 分子筛等也被大量应用于石油化工行业。例如，具有 MWW 拓扑结构的 MCM-22 硅铝分子筛已在苯的烯烃烷基化制备乙苯和异丙苯过程中实现了工业化应用，并在催化裂化、异构化、芳构化和醚化等过程中显示出良好的应用前景。第三次具有里程碑意义的分子筛革命发生于 20 世纪 80 年代，EniChem 公司首次成功合成出与 ZSM-5 沸石分子筛具有同晶结构的新一代钛硅分子筛 TS-1，将分子筛的应用由固体酸催化领域扩展到液相选择性催化氧化领域[9]。TS-1 分子筛中的 Ti^{4+} 处于高分散的四配位状态，可以在温和条件下活化过氧化氢，进而催化烃类的选择性氧化反应。TS-1 分子筛自问世以来，已被迅速应用到一系列重要的催化氧化反应中。其中以 TS-1 为催化剂的苯酚羟化反应过程早在 1986 年就被成功工业化。随后，以环己酮、氨水、过氧化氢为原料，TS-1 为催化剂的一步合成环己酮肟工艺也被成功工业化，从而大大改善了传统工艺中设备腐蚀严重、铵盐副产物量大、环境负荷重等问题。另外，由 BASF 公司和陶氏化学公司联合开发的 TS-1/H_2O_2 体系催化氧化丙烯制环氧丙烷的绿色化工艺已于 2009 年在比利时投产。由此看来，TS-1 分子筛成功推进了催化氧化工业绿色化的新进程。

现代石油化工行业的主流反应过程之一是将来源于石油化石资源的碳氢化合物等化工原料经选择性氧化赋予官能团，转化为相应的具有高附加值的含氧化合物，使其作为制备聚合物的单体以及农药和医药品的基本原料。传统的氧化过程主要依赖化学计量的化学氧化试剂，不仅因 O 原子的利用率低而导致原子经济性差而且副产大量低价值的甚至对环境有害的废弃物。环氧丙烷、己内酰胺、苯二酚和丁酮肟等含氧化学品是重要的基本化工原料，其年需求量有的高达 700 万 t，而且呈逐年增长的趋势。然而，这些大宗含氧化学品的传统制备工艺都存在着工艺落后、步骤复杂、采用有毒有害原料、副产大量低价值化学品、“三废”排放严重、能耗高等问题，亟待研发环境友好的选择性氧化过程，以达到绿色化的目标。随着我国经济的发展和人民生活水平的提高，人们对大宗含氧化学品的需求量越来越高，同时化工过程对环境的危害也越来越受到人们的重视，如何在降低环境污染的前提下尽可能多地得到高功能化和多样化的化学品是一个紧迫的课题。钛硅分子筛 TS-1 的出现使传统氧化过程的绿色化改革成为可能。TS-1/H_2O_2 体系不仅能在温和条件下完成烃类的选择性氧化而且副产对环境无污染的水。继 TS-1 分子筛被发现之后，大量的钛硅分子筛被合成出来，越来越多环境友好的选择性氧化过程得到了工业化，在真正意义上实现了氧化过程的绿色化，达到了原子经济化的目的。其他一些过渡金属元素，如 Zr、Sn 等也可以被掺杂入分子筛骨架，作为活性组分有效地催化有机化学反应，如 Baeyer-Villiger 氧化反应等[10-12]。本章以钛硅分子筛为主概述杂原子分子筛的合成、表征、结构修饰及其在大宗含氧化学品和精细有机化学品绿色化生产过程中的应用。

2.2 钛硅分子筛表征、合成及后处理改性

钛硅分子筛 TS-1 的发现将分子筛的应用从酸催化的领域扩展到了选择性氧化的领域，开创了液相选择性氧化领域的新纪元，其催化体系环境友好的特点推动

了更有效的分子筛氧化催化材料的研发。

TS-1 作为第一代钛硅分子筛虽然在直链烯烃的环氧化和苯酚羟基化等小分子底物的选择性氧化反应中显示出较好的活性，但是当底物分子变成甲苯、环烯烃等大分子时，由于双十元环孔径的限制，底物分子很难扩散进入孔道接近 Ti 活性位从而导致 TS-1 的活性较低。另外，TS-1 合成过程中用到大量昂贵的有机结构模板剂和有机硅源，导致制备成本昂贵，在一定程度上影响和制约了其在工业上的大规模应用[13]。TS-1 分子筛用于烯烃环氧化反应时，若以甲醇为溶剂极易导致目标产物环氧化物发生水解开环，降低反应的选择性。新型的钛硅分子筛的研发大多是围绕着克服第一代钛硅分子筛 TS-1 存在的不足展开的。到目前为止，至少已有 13 余种微孔钛硅分子筛被报道(表 2-1)，这些不同晶体结构的钛硅分子筛大多含有十二元环或更大的孔道体系，从而在一定程度上缓解了 TS-1 分子筛的孔道限制性造成的不足[14-23]。

表 2-1　迄今已报道的主要微孔钛硅分子筛

钛硅分子筛	晶体结构	孔道结构	合成方法①	文献
TS-1	MFI	10-10-10	HTS	[9]
TS-2	MEL	10-10-10	HTS	[14]
Ti-ZSM-48	* MRE	10	HTS	[15]
Ti-FER	FER	10-8	HTS	[16]
Ti-Beta	* BEA	12-12-12	HTS, F^-, DGC	[62-67]
TAPSO-5	AFI	12	HTS	[17]
Ti-ZSM-12	MTW	12	HTS	[18]
Ti-MOR	MOR	12-8-8	PS	[32,67]
Ti-MCM-68	MSE	12-10-10	PS	[19]
Ti-ITQ-7	ISV	12-12-12	HTS	[20,21]
Ti-MWW	MWW	10-10, 10-10	HTS, PS, DGC	[90-93]
Ti-UTD-1	DON	14	HTS	[22]
Ti-CDS-1	CDO	10-8	HTS	[23]

① HTS：水热合成法；DGC：干胶转化合成法；PS：后处理合成法；F^-：氟化物法。

这些钛硅分子筛的合成方法繁简不一，主要包括直接水热合成法、干胶法、后处理原子植入法等。紫外-可见光谱、红外光谱等物性表征表明，这些钛硅分子筛骨架中的 Ti^{4+} 均处于高分散的四配位状态。但是由于合成方法的不同以及本身孔道的特点，这些钛硅分子筛在烃类选择性氧化反应中的表现各有差异。

Ti-Beta 分子筛含有双十二元环孔道，孔径大于 TS-1 分子筛的十元环孔道，在大分子底物的选择性氧化反应中显示出了优势，但是由于其多晶的分子筛结构，导致结构缺陷位较多疏水性差进而影响其在工业上的进一步推广应用。Ti-MWW 分子筛不仅具有内部十元环的开口超笼结构还有表面碗状十二元环空穴，从而有效地增加了底物分子与活性位的可接近性。Ti-MWW 独特的层状结构使得它可以通过后处理法，如剥离、插层、柱撑等方法进一步增大外表面积，提高其在大分子环氧化反应中的活性。这些新型的钛硅分子筛无论是在小分子还是大分子烯烃的选择氧化反应中均显示出比 TS-1 分子筛更高的活性和更好的选择性，此外重复利用性良好，成为了新一代的钛硅分子筛。

随着介孔分子筛的兴起，Ti 原子也被通过后处理嫁接的方法引入到介孔孔道中合成介孔的钛硅分子筛，如 Ti-MCM-41、Ti-SBA-15 等，但是由于介孔孔壁无定形，不仅导致 Ti^{4+} 无法以四配合状态存在于骨架中，而且使得含钛的介孔材料具有较强的亲水性，结果是这类材料只能在无水条件下于大分子底物(如环己烯等)的选择性氧化反应中显示出优势。

2.2.1　钛硅分子筛的活性中心及其表征

钛硅分子筛的钛活性中心常见的表征手段有 X 射线衍射(XRD)、紫外-可见光谱、傅里叶变换红外光谱、紫外共振拉曼光谱、核磁共振、^{18}O 同位素交换、近边结构衍射等。

由于 Ti—O 的键长比 Si—O 的键长长，所以当 Ti 原子被引入到分子筛骨架中时，分子筛晶胞相应变大。理论上这会导致 X 射线衍射图像有相应的变化，但是由于钛含量有限，这种晶胞的增长太细微，很难通过 X 射线衍射精确测量。然而相对于 MFI 构型的全硅分子筛 silicalite-1，同样属于 MFI 构型的钛硅分子筛 TS-1 因为骨架含有 Ti 原子，分子筛的晶体对称性发生了变化，即由 silicalite-1 的单斜对称晶系变成了 TS-1 的正交对称晶系。这在 X 衍射图像上表现为在衍射角 $2\theta = 24.3°$ 和 $29.3°$ 处，silicalite-1 的双衍射峰变成 TS-1 的单衍射峰[9]。此现象也经常被用来判断 Ti 原子是否进入到 TS-1 分子筛的骨架中。但是这一现象目前为止只有在 TS-1 这种钛硅分子筛上发现，其他晶型结构钛硅分子筛大多很难采用 X 射线衍射表征技术判断 Ti 原子是否已被引入分子筛骨架。

钛硅分子筛骨架中 O 原子 2p 轨道上的电子会跃迁到骨架四配位状态 Ti^{4+} 的 3d 空轨道中，由此钛硅分子筛的紫外-可见光图像在 220nm 附近出现一个吸收峰[24,25]。对不同的钛硅分子筛进行紫外-可见光谱表征，均可发现它们在 220nm 附近有一个吸收峰，这说明紫外-可见光谱表征技术是一个普遍适用的表征技术。但是有些钛硅分子筛不仅在 220nm 附近出现一个吸收峰，还会在 260nm 或者 330nm 处出现吸收峰。260nm 处的吸收峰归属于六配位状态的 Ti 原子[26,27]，一般存在于分子筛的外表面。而 330nm 处的吸收峰归属于非骨架钛物种(一般以 TiO_2 的形式存在)[28,29]。六配位状态和非骨架 TiO_2 的存在会导致液相选择性氧化反应中过氧化氢无效分解，进而影响钛硅分子筛的催化活性，所以在制备钛硅分子筛的过程中要尽量避免这两种形式的钛物种。如图 2-1 所示，不同硅钛比 TS-1 分子筛的紫外-可见光谱中，随着硅钛比的降低即钛含量的提高，TS-1 分子筛中不仅含有骨架四配位状态的钛离子，还于 260nm 处出现了六配位状态以及 330nm 处出现了锐钛矿的吸收峰。这是因为 TS-1 分子筛骨架能够容纳离子半径较大的钛活性中心的能力是一定的，当 TS-1 分子筛的硅钛比不断降低，多余的 Ti 原子就会以六配位状态或者 TiO_2 的形式存在。

对各种钛硅分子筛进行红外技术表征发现，它们在 $960cm^{-1}$ 附近均有一个明显的吸收峰，其位置不因分子筛的晶体结构不同而不同(图 2-2)。

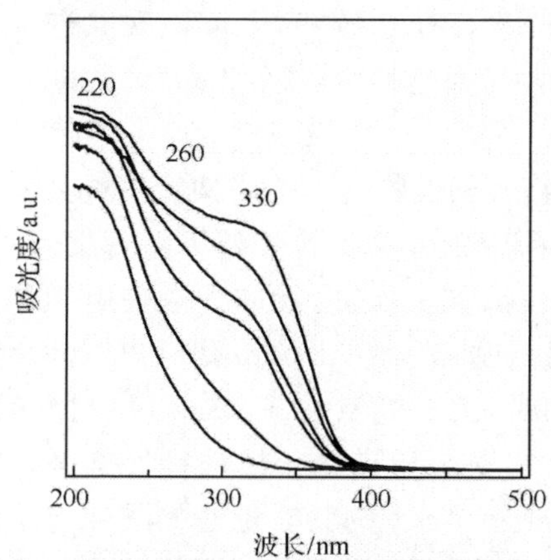

图 2-1　不同硅钛比的 TS-1 分子筛的紫外-可见光谱图

从下而上 Si/Ti 比分别为 100，70，50，40，30 和 20

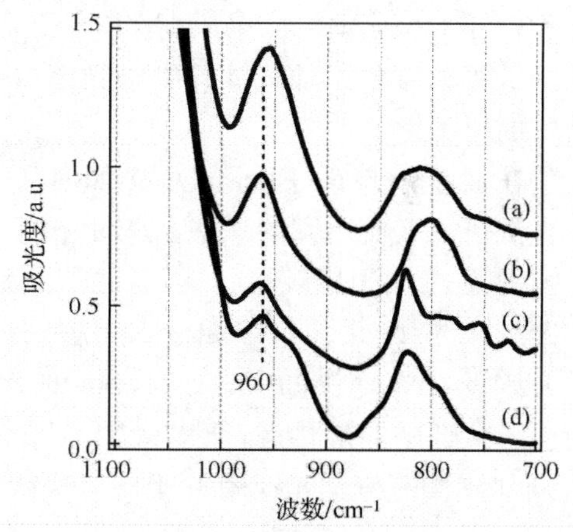

图 2-2　不同钛硅分子筛的骨架振动区红外光谱图

(a) Ti-Beta；(b) TS-1；(c) Ti-MOR；(d) Ti-MWW

由于骨架上不含钛同时晶格缺陷位少的全硅分子筛不显示该吸收峰，且钛硅分子筛中 $960cm^{-1}$ 处的吸收峰强度随着钛含量的增加而增强，因此，该吸收峰经常用作钛原子被引入分子筛骨架的判据，同时其强度的高低可用于不同样品之间钛含量的半定量比较。如图 2-3 所示，属于 $960cm^{-1}$ 处的红外振动峰的主要归属有三种。

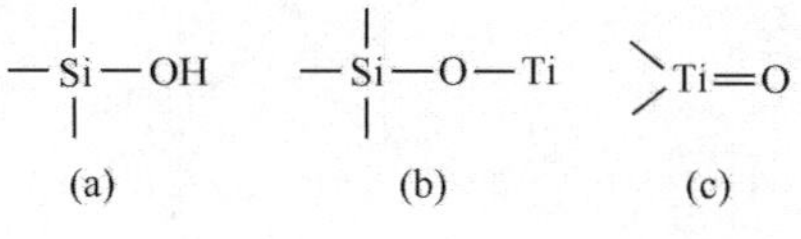

$$\begin{array}{ccc} -\overset{|}{\underset{|}{Si}}-OH & -\overset{|}{\underset{|}{Si}}-O-Ti & >Ti=O \\ (a) & (b) & (c) \end{array}$$

图 2-3　$960cm^{-1}$ 处红外振动峰的可能归属

Boccuti 等[30]通过紫外-可见光谱证明了 Ti═O 的结构不可能存在，并认为骨

架中的 Ti^{4+} 以四配位的状态与周围的 O 原子成键形成[TiO_4]结构单元。用 D_2O 对 TS-1 进行同位素处理后，960cm^{-1} 的吸收峰没有变化，因而将此峰归属于 Si—OH 也不合理[31]。当分子筛结构中含有较多晶格缺陷位和骨架硅羟基时，即使不含钛以及其他过渡金属杂原子，也有可能在红外光谱 960cm^{-1} 附近出现类似吸收峰。这主要是由硅羟基上物理吸附的水引起的，但是这种干扰可以通过对钛硅分子筛进行抽真空前处理排除[32]。因此文献倾向于将钛硅分子筛中 960cm^{-1} 的吸收峰归属于 Si—O—Ti 结构的伸缩振动。Wu 等[32]在对 ^{18}O 交换的含钛丝光分子筛研究中发现，经 ^{18}O 同位素标记的 Ti-MOR 分子筛的归属于 Si—O—Ti 结构的振动峰由 963cm^{-1} 的位置向低波数方向移动至 928cm^{-1}。这是由于 ^{18}O 优先与 Ti 原子相邻的反应活性较高的 ^{16}O 原子进行同位素交换所致，这个实验现象进一步支持了将钛硅分子筛的红外吸收光谱中 960cm^{-1} 附近的吸收峰归属于 Si—O—Ti 结构的正确性。

在钛硅分子筛的表征过程中如何明确地将骨架钛物种与非骨架钛物种区分开一直是研究人员研究的课题。李灿小组首次利用紫外共振拉曼技术将骨架 Ti 原子与骨架 Si 原子以及非骨架 Ti 原子区别开[33]。如上所述，钛硅分子筛由于骨架中四配位的 Ti 原子和 O 原子之间的 pπ-dπ 电子跃迁会在 220nm 附近出现一个紫外光谱吸收峰。当采用波长 244nm 的光激发时，由于能量与 Ti 原子和 O 原子之间电子跃迁的能量接近，所以骨架 Ti 原子的共振拉曼谱峰会被选择性增强。在 244nm 波长的激发光作用下（图 2-4），钛硅分子筛 TS-1 的共振拉曼的图像与全硅的 silicalite-1 分子筛相比，明显多出三个谱峰，分别为归属于骨架 Ti—O—Si 物种的弯曲振动（490cm^{-1}）、对称伸缩振动（530cm^{-1}）和不对称伸缩振动（1125cm^{-1}）。

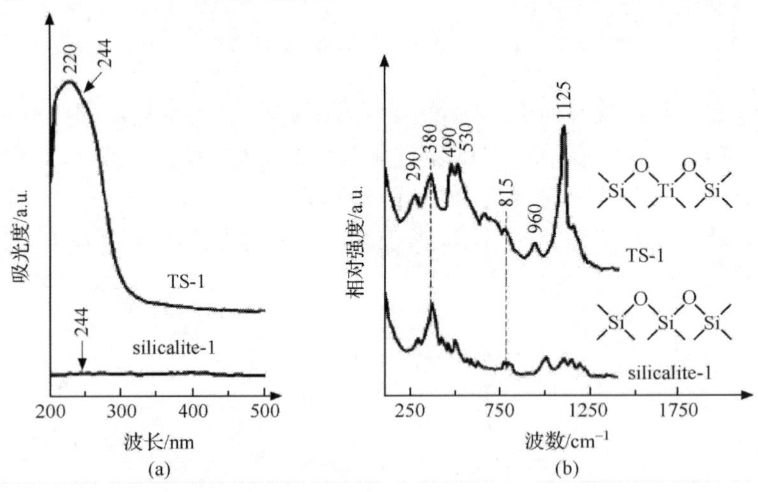

图 2-4 (a)TS-1 和 silicalite-1 的紫外-可见光谱图；(b) 经 244nm 光源激发后的 TS-1 和 silicalite-1 紫外拉曼光谱图[33]

由于骨架 Ti—O—Si 物种的不对称伸缩振动模式相对于其他两种振动模式对电子跃迁更为敏感，所以在紫外共振拉曼图像中，1125cm^{-1}处谱峰的强度也最强。紫外共振拉曼技术也可以用来跟踪考察钛硅分子筛的晶化过程，随着晶化时间的延长，由骨架 Ti—O—Si 物种的振动所引起的三个共振拉曼谱峰的强度在不断增强，说明共振拉曼谱峰的强度在一定程度上也可以表示骨架中的含钛量。

共振拉曼技术不仅可以表征骨架钛物种，还可以用来表征非骨架的钛物种。当采用波长为 325nm 或 488nm 的激发光时，TS-1 的共振拉曼图像上出现了归属于 TiO_2 的谱峰，即位于 144cm^{-1}、390cm^{-1}和 637cm^{-1}处的谱峰[34]。这说明 TS-1 分子筛中不仅存在着骨架钛物种同时还存在非骨架钛物种。因此，利用可见光共振拉曼技术可以很容易地检测出钛硅分子筛中是否含有非骨架钛物种。而紫外共振拉曼技术则对骨架钛物种很敏感，由此可以通过共振拉曼技术明确地对骨架钛物种和非骨架钛物种加以区分。

另外，李灿小组通过共振拉曼技术解决了一直备受争议的红外光谱中 960cm^{-1}处谱峰的归属问题。如上文所述，在红外光谱中 960cm^{-1}处的吸收峰被普遍认为是由 Si—O—Ti 的振动引起的。虽然骨架硅羟基也会在 960cm^{-1}附近有吸收峰，但是可以通过预先抽真空处理样品除去骨架硅羟基的干扰。对钛硅分子筛 TS-1 的骨架钛以及非骨架钛物种进行表征可以发现，随着激发光源波长的变化，960cm^{-1}处谱峰的强度并不随之变化，表明这个谱峰并不是与共振拉曼现象相关的峰。因为共振拉曼现象是基于骨架 Ti 原子与 O 原子之间的电子跃迁，所以 960cm^{-1}处的谱峰并不是与 TS-1 中骨架钛直接相关的峰，很可能是由与 Ti—O—Si 紧密相连的 Si—O—Si 的振动引起的。共振拉曼表征技术不仅为表征钛硅分子筛中 Ti 物种的存在状态提供了一种新的途径，还为含其他过渡金属分子筛的表征提供了可能性。

^{29}Si NMR 核磁共振技术也可以用来表征钛硅分子筛。当 Ti 原子被引入分子筛骨架时，相应地在－116ppm 处应该出现归属于 Si—O—Ti 的共振峰[35,36]。但是由于进入分子筛骨架的 Ti 原子的量很少，且 Si—O—Ti 共振峰的位置与分子筛中 Q^4 的 Si 原子共振峰重合，所以很少利用^{29}Si NMR 来判断 Ti 原子是否被引入分子筛骨架中。

Wu 等利用 $C^{18}O$ 交换技术表征进入分子筛骨架的 Ti 原子的含量。这种方法是基于与 Ti 原子相邻的^{16}O 原子与硅氧四面体中^{16}O 原子相比有更高的活泼性，两者的交换反应速率常数之间存在数量级的差异。$C^{18}O$ 分子中的^{18}O 原子与钛硅分子筛骨架^{16}O 原子的交换反应可以给出与钛配位的 O 原子数目，从而间接地检测出分子筛骨架中的含钛量[32]。还有很多种有效表征钛硅分子筛的技术得到报道，由于篇幅的限制，在此不再赘述。

2.2.2 钛硅分子筛的合成

2.2.2.1 TS-1 的合成及改性

TS-1 与硅铝分子筛 ZSM-5 拥有相同的拓扑结构，含有两套独立的十元环孔道，其中一个为直型孔道，而另一个为 Z 型孔道。由于十元孔道的限制作用，只有比孔道开口尺寸小的分子才能扩散进入孔道发生反应，同样只有小于孔径的产物才能扩散出孔道，所以 TS-1 是一个对反应具有择形性的分子筛。骨架中因含有四配位的 Ti^{4+} 可以接受电子对而可以活化过氧化氢从而使底物分子发生选择性氧化反应。TS-1 作为一个具有择形性的氧化催化剂，一经发现就在催化氧化领域得到了广泛的应用，其中很多反应过程都已工业化，如环己酮肟化、苯酚羟化和丙烯环氧化等。

TS-1 分子筛的合成方法主要有两种：一是经典的水热合成法，二是后处理二次合成法。20 世纪 80 年代 EniChem 公司最初研发的 TS-1，采用的是水热合成方法[9]。该法采用正硅酸四乙酯(TEOS)作为硅源，钛酸四乙酯(TEOT)作为钛源在有机胺模板剂四丙基氢氧化铵(TPAOH)的作用下水解和晶化得到 TS-1 分子筛。但是这种方法中所使用的有机钛酯和硅酯以及有机胺模板剂 TPAOH 都比较昂贵，使得 TS-1 的合成成本较高，在一定程度上影响其大规模工业应用。研究人员针对这一问题，重点研究了其他价格低廉的硅源、钛源以及模板剂对 TS-1 分子筛合成的影响。

硅溶胶或者固体硅胶等无机硅源等可以用来替代有机硅源 TEOS 晶化得到 TS-1 分子筛。硅溶胶作为硅源的优点在于价格低廉，在老化过程中不需要除去因硅脂水解产生的醇类物质，从而使得合成过程操作简单[37]。但是硅溶胶中常因含有少量的 Na^+ 而导致合成的 TS-1 分子筛活性较低。周继承等[38]用硅溶胶和三氯化钛水溶液为原料，少量的 TPABr 为模板剂，氨水为碱源，同时采用了无机硅源、钛源和价格低廉的 TPABr，成功地降低了 TS-1 的合成成本，且过程中无需赶醇操作。吴巍等[39]以廉价的无机固体硅胶小球和 TiF_4 为原料快速简便地合成了 TS-1 分子筛。高涣新等[40,41]采用 $TiCl_3$ 水溶液为钛源快速合成了性能较好的 TS-1，他们认为用三价钛源来代替有机钛酯，可以避免 TiO_2 的生成，因为 Ti^{3+} 间相互不易聚合，而只有氧化为 Ti^{4+} 后才会聚集形成 TiO_2，因此可以控制钛离子均匀地进入到硅氧四面体中。

目前文献报道，ZSM-5 硅铝分子筛可由很多种有机胺(或铵)结构导向剂合成得到，但是其中能应用于合成 TS-1 钛硅分子筛的体系仅有少数几种。尽管很多廉价的有机模板剂被用来合成 TS-1 分子筛，但 TPAOH 还是被认为是导向 TS-1 分子筛合成的最好模板剂。TPAOH 在合成过程中的用量比较大，有时 TPAOH/

Si物质的量比大于0.3，但是其中被用于导向MFI结构的部分只占少量，大部分TPAOH消耗在水解硅脂、钛酯过程和提供晶化碱性条件[42]。因此，很多研究人员采用其他有机碱来帮助水解硅脂和钛酯以及提供碱性，从而减少TPAOH的用量，降低TS-1的合成成本[43-46]。万颖等[47]以TEAOH帮助水解，氨水调节体系pH，少量TPAOH作为模板剂导向MFI结构成功合成了TS-1分子筛。但是该法合成得到的TS-1分子筛粒径比TPAOH经典合成法得到的样品更大，且晶体形状不规则、大小不均匀，可能对底物分子的扩散产生影响继而造成催化剂性能不高。另有Padovan等提出用TPAOH水溶液浸渍SiO_2-TiO_2共沉淀物（凝胶状）来制备TS-1，减少了水解硅脂和钛酯的过程从而降低了TPAOH的用量[48]。与之类似，Uguina等提出了使用两步法首先通过有机硅酯和有机钛酯的水解得到SiO_2-TiO_2共胶物，再将TPAOH注入该凝胶中进行水热晶化，得到TS-1，也可以达到降低TPAOH用量的目的[49]。张海娇等[50]也基于首先构建Si—O—Ti键这一思路，根据无机盐在多孔材料表面自发分散的原理，以无机盐硫酸钛为钛源，多孔固体硅胶为硅源制得SiO_2-TiO_2前躯体，然后再以四丙基氢氧化铵为模板剂，经过水热晶化，合成出的高度晶化TS-1分子筛在苯酚的羟化中显示出了优异的性能。另有研究表明，在TS-1合成体系中加入非离子表面活性剂，如吐温20、吐温40等，可以明显地降低有机胺模板剂TPAOH的用量，有效地抑制非骨架钛的形成[52-54]。原因是非离子表面活性剂可降低水溶液的表面张力，使分子筛更容易从凝胶中成核和生长。

钛硅分子筛的性能不仅取决于分子筛的晶粒度大小，还取决于骨架含钛量的多少。为更好地匹配钛酯和硅酯的水解速度，使得更多的Ti原子进入分子筛骨架，Thangaraj等选择水解活性较弱的钛酞四丁酯（TBOT）为钛源，得到的TS-1的骨架含钛量约为每个晶胞1.62个Ti原子[55]。Fan等[56]在TS-1分子筛合成过程中加入$(NH_4)_2CO_3$作为晶化助剂，成功地将骨架钛含量提高到了约每个晶胞2.73个Ti原子。经典的水热晶化合成TS-1过程的机理研究表明，大部分的Ti原子在分子筛骨架完全晶化之后进入骨架，由于扩散的限制，进入骨架的钛含量较少，硅钛比最少能降低到58。如果在合成凝胶中加入$(NH_4)_2CO_3$，合成清液立即固化形成大量有机-无机复合的尺寸较大的颗粒。这些较大尺寸的颗粒经重组变成二级凝胶，并在内部生长出晶核进一步晶化成一级粒子并相互堆积成为类似船型的二级粒子（图2-5）。

红外光谱和^{29}Si固体核磁共振等表征手段显示，$(NH_4)_2CO_3$助晶化合成体系的晶化机理是以固相转化为主，有别于经典水热的液相转化机理。体系中$(NH_4)_2CO_3$的加入使得体系固化时将钛物种固定在晶化凝胶中，在体系晶化初期，Ti原子就容易进入骨架。另外，$(NH_4)_2CO_3$的加入有效降低了晶化体系的

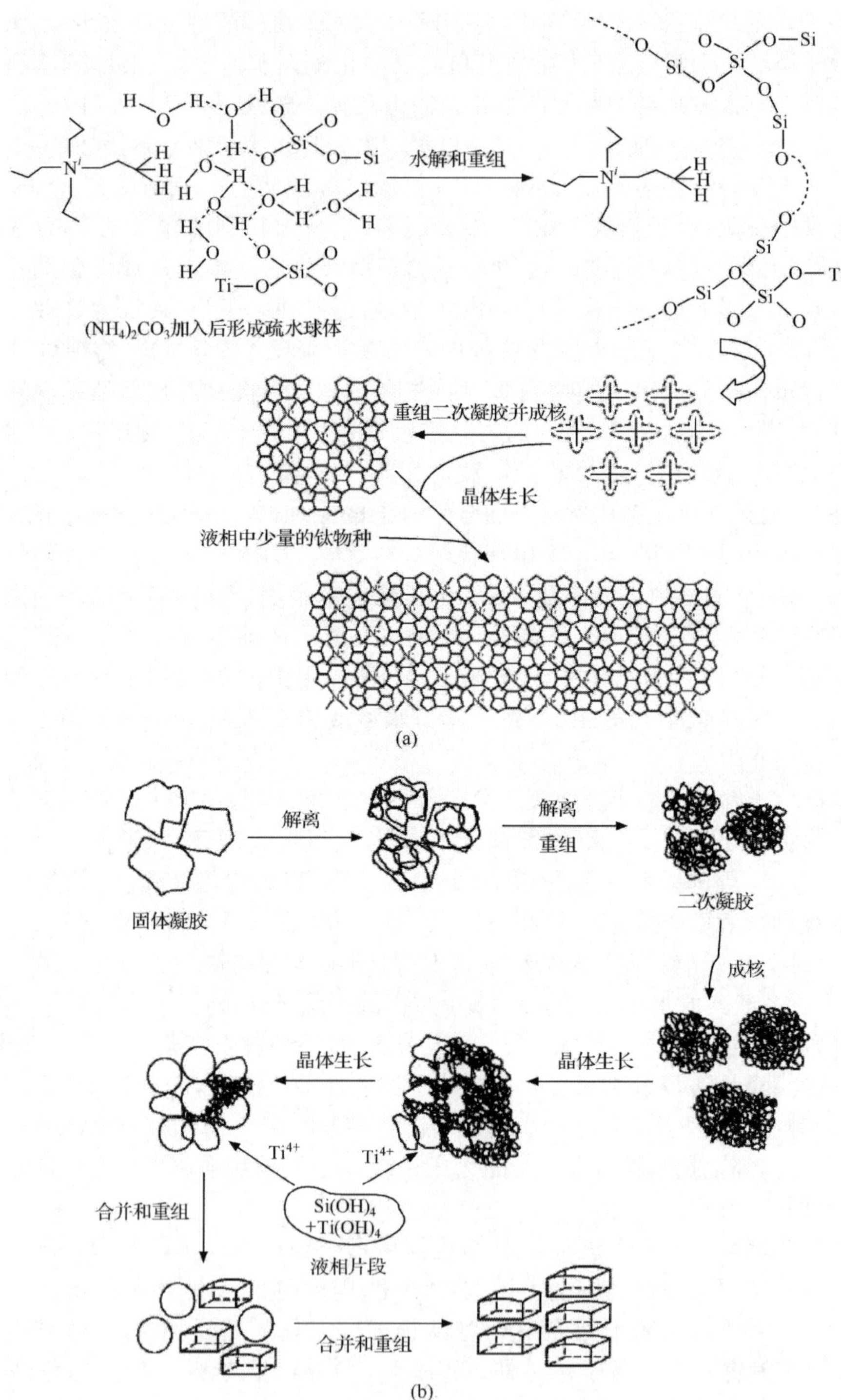

图 2-5 $(NH_4)_2CO_3$助晶化法合成 TS-1 机理图[56]

酸度,减缓了晶体的生长,使得 Ti 进入骨架的速率与晶体生长的速率更好地匹配,有利于更多的 Ti 原子进入分子筛骨架。尽管采用$(NH_4)_2CO_3$助晶化合成体系得到的 TS-1 分子筛的晶粒尺寸大于经典水热合成的 TS-1 分子筛,但是由于其含有较多的钛活性位,所以在链状烯烃的环氧化、苯乙烯的环氧化和苯的羟化中均显示出较高的活性。

后处理二次合成法主要是气固相或液固相后补钛的方法。对 TS-1 分子筛而言,该法首先由 Kraushar 等[57]提出,分为 $TiCl_4$ 作钛源的气相法和$(NH_4)_2TiF_6$作钛源的液相法。对于气相法,目前有两种不同的机理:一是"原子植入机理",认为分子筛母体经酸洗脱除骨架 Al 原子或者 B 原子等形成骨架羟基巢,Ti 原子与羟基巢发生反应进入骨架;二是"同晶取代机理",认为 Ti 原子与骨架 Al 原子或 B 原子直接发生置换反应进入分子筛骨架。相比于经典水热合成方法,二次合成法具有操作简单、合成成本低等特点。但是其大规模的推广使用还存在着诸多因素的制约,如分子筛母体的选择,选择性脱除骨架 Si、B、Al 等元素创造缺陷位的有效手段,气固相制备条件(反应间、温度、载气)等。

TS-1 分子筛在小分子(如链状烯烃和苯等)的氧化反应中显示出了优异的性能,但是当反应底物变成有支链的烯烃、环状烯烃或者有取代基的苯分子时,TS-1 的活性明显下降,这是由于其孔径的限制使得大分子底物难以扩散进入孔道。不仅 TS-1 分子筛遇到了这一发展的瓶颈,大多数的微孔分子筛都在大分子反应中无用武之地。将介孔孔道引入微孔分子筛体系中得到多级孔道分子筛,介孔孔道可以减少对大分子的扩散限制,从而提高反应性能。合成多级孔道分子筛的主要方法有两种:一种为模板剂法,另一种为无模板剂法。其中模板剂法又分为软模板法[58]、硬模板法[59]和间接模板法[60,61]。无模板剂法主要采用溶硅或脱铝[62]以及晶体生长控制法[63]等引入介孔。Tsai 等[64]采用碱溶硅的方法将介孔引入到 TS-1 分子筛中。经 TPAOH 和 NaOH 处理过的 TS-1 分子筛在苯酚的羟化中性能明显提高,这主要得益于骨架溶硅使得单位质量的催化剂中钛活性中心的含量增加以及介孔的引入大大减少了底物分子的扩散限制。Reichinger 等[65]利用TS-1晶种在表面活性剂 CTAB 的作用下晶化得到孔壁为部分晶化的 TS-1 分子筛的介孔材料,在环己烯环氧化反应中显示出远高于传统 TS-1 分子筛的催化性能。赵忠林等[66]在经典水热合成 TS-1 的体系中加入的软模板两亲性有机硅烷化试剂也成功地引入了介孔孔道。如图 2-6 所示,与常规 TS-1 相比,含介孔分子筛 *meso*-TS-1 的 SEM 表征显示它由纳米晶体颗粒堆集而成,同时在比压 p/p_0 为0.4～0.8 时出现了明显的多层吸附和滞后环,孔径分布的数据表明引入的介孔孔径约为 4nm。含介孔的 *meso*-TS-1 在环己烯环氧化反应中的 TON 值比传统的 TS-1 分子筛高,主要是由于介孔的引入有利于环己烯扩散进入孔道接触到 Ti 活性位进而发生环氧化反应。

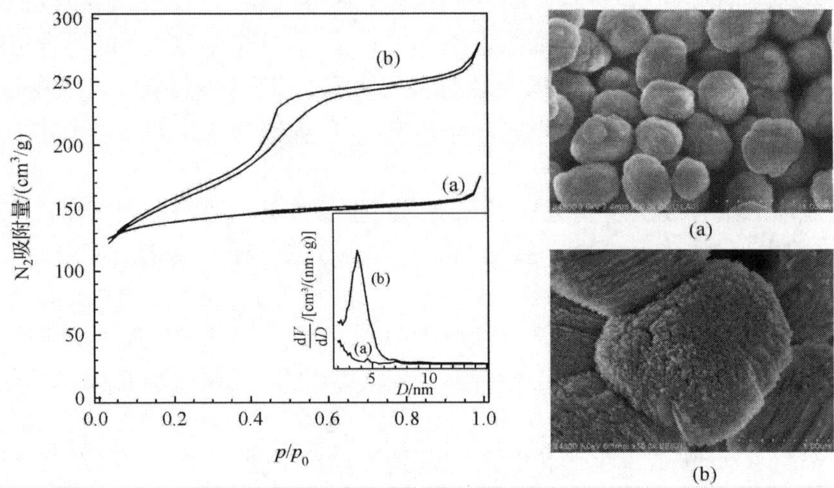

图 2-6 常规 TS-1 和两亲性有机硅烷化试剂作为软模板制备的多级孔道 TS-1 的吸附等温线、孔分布以及扫描电镜图

(a) 常规 TS-1；(b) 多级孔道 TS-1

虽然越来越多的钛硅分子筛被研发出来，但是 TS-1 作为第一代钛硅分子筛，具有结晶度高、钛物种不易流失、寿命高等优点，在工业化反应中仍占据不可取代的地位。但是如何克服自身孔道限制这一瓶颈，并开发出更多环境友好的绿色化反应过程是科研人员努力的方向。

2.2.2.2 Ti-MOR 的合成及后处理修饰

丝光结构(MOR)硅铝沸石作为传统的固体酸催化剂，因其骨架中丰富的酸性位以及十二元环开口的直型孔道结构，已在甲苯歧化以及芳烃的烷基化等化工过程中得到广泛应用。由于孔径限制 TS-1 在大分子底物的选择性氧化反应中无能为力，科研人员将目光转向丝光沸石这一含有十二元环较大孔径的分子筛材料，并期望将 Ti 活性位引入丝光分子筛骨架中。由于 MOR 晶体结构中存在着四元环结构，理论计算显示晶化过程中 Al 原子优先占据四元环，当 Al 原子占据四元环对角位时，晶体结构的能量最为稳定。这些晶体结构特点决定了很难实现丝光结构全硅分子筛的水热合成，因此，含钛丝光分子筛的直接水热合成是在硅铝分子筛体系中开展的。

Kim 等[67]尝试了三种不同的方法合成得到含钛的 MOR 分子筛：一是以钛酸四丁酯为钛源辅以过氧化氢稳定钛物种，在传统水热合成丝光沸石的体系中晶化得到含铝的 Ti,Al-MOR 分子筛；二是经脱铝的丝光沸石与气相 $TiCl_4$ 发生气固相反应得到 Ti-MOR 分子筛；三是将氢型丝光沸石静置于 $TiCl_4$ 的溶液中，得到

TiO_2 负载的丝光分子筛 TiO_2/MOR。经红外表征发现，只有气固相反应法得到的Ti-MOR在归属于骨架 Si—O—Ti 振动的 960cm^{-1}处有一吸收峰。另外，^{29}Si NMR 图像显示经脱铝造成的硅羟基的 Q^3 的峰在与气相 $TiCl_4$ 反应后明显降低，而在－116ppm 处出现了归属于骨架 Si—O—Ti 的峰，进一步说明了采用气固相法合成 Ti-MOR 可以成功地将 Ti^{4+} 引入骨架中。Wu 等[32]对气固相法合成 Ti-MOR的合成条件以及机理进行了详细的考察，并且利用^{18}O 同位素交换的方法证明了 Ti^{4+} 以四配位的状态存在于骨架中。在考察气相 $TiCl_4$ 的不同处理温度时发现，随着温度的升高，引入 Ti 的量反而有所降低，但是所有处理温度(400～500℃)条件下 Ti 的引入量均于 2h 左右达到了饱和。同时对气固相 $TiCl_4$ 处理过程中骨架中 Al 元素和 Si 元素量的变化分析发现：随着 Ti 引入量的不断增加，这两种元素的量并没有发生明显变化，表明 Ti^{4+} 进入 MOR 骨架并不是通过同晶取代的方法而是通过与骨架中由于脱铝而造成的 Si—OH 发生脱水缩合反应进入 MOR 骨架。这一点可以通过采用红外表征方法对骨架中硅羟基的变化进行考察得到进一步验证。经脱铝的样品，因骨架元素 Al 的脱除而在 3500cm^{-1} 和 3700cm^{-1}处出现了归属于内部硅羟基的吸收峰。随着气相 $TiCl_4$ 处理温度的提高，3700cm^{-1}和 3500cm^{-1}处的吸收峰逐渐消失，说明 Ti^{4+} 通过与骨架硅羟基发生反应而进入骨架。而骨架中因微量 Al 的存在出现的桥式羟基在 3610cm^{-1}处的吸收峰强度并没有随着 Ti^{4+} 的引入而降低。通过^{18}O 的同位素交换实验发现，随着 Ti 引入量的不断增加，与 $C^{18}O_2$ 分子进行同位素交换的能力也越来越强，说明 Ti^{4+}被进入骨架引入到 MOR 分子筛的骨架中。因此，气固相法 $TiCl_4$ 后处理法对于合成含钛的 MOR 分子筛来说是一个有效的合成手段。

硅铝的丝光沸石不仅可以通过水热合成的方法得到，还可以通过对天然矿石进行提取得到。我国浙江省的缙云拥有丰富的天然丝光沸石，如果能够充分地利用天然丝光沸石将其应用到工业催化等领域，那么将会大大改变天然沸石应用领域单一的现状。杨靖等[68]通过对精选天然丝光沸石进行多步脱铝-多次液固相置换反应将钛同晶取代到天然丝光沸石的骨架上。但是天然丝光沸石中可能存在有一定量的杂质金属离子，同时晶体颗粒无法调控，这些将对得到的含钛丝光分子筛在催化反应中的应用造成一定的影响。

在丝光分子筛传统水热合成体系中，存在大量的 Na^+ 和 Al^{3+}，导致 Ti^{4+} 很难进入 MOR 骨架。尽管 Fernández 等[69]采用了不同的钛源(钛酸四乙酯和六氟钛酸)，利用传统水热合成的方式合成得到了含钛的 MOR 分子筛，但是紫外-可见光谱表征显示，合成得到的含钛 MOR 分子筛中含有大量的骨架外 Ti 物种，这会造成催化氧化反应中过氧化氢的大量无效分解，使得催化剂的活性降低。Ryoo 小组[70]为避免强碱性体系无法得到高性能的钛硅分子筛，采用了在酸性条件下将钛源和硅源预先水解然后在碱性条件下晶化的方法得到了含钛的 MOR 分子筛，并在环己烯的环氧化反应中显示出了一定的活性。

MOR 分子筛虽然含有十二元环的大孔孔道，但是此孔道体系为一维孔道，孔道之间缺乏连通性，造成分子在其中的扩散受到一定影响，从而导致骨架中的 Ti 活性位不能得到充分利用。Xu 等[71]利用碱溶硅的方法对预先脱铝的丝光沸石骨架进行部分脱硅，在 MOR 微孔的体系中引入介孔，使得一维的十二元环孔道之间相互连接，减少了底物分子的扩散限制。然后利用气固相 $TiCl_4$ 后处理的方法向含有介孔的 MOR 骨架中引入 Ti 活性位(图 2-7)，制备得到了含介孔的 Ti-MOR 分子筛。该催化剂在环己酮肟化反应和甲苯羟化反应中显示出了优异的反应性能，在活性和寿命上均优于不含介孔的 Ti-MOR 分子筛。这主要得益于介孔的引入不仅减少了底物分子的扩散限制，还减少了反应过程中高沸点副产物的积聚。

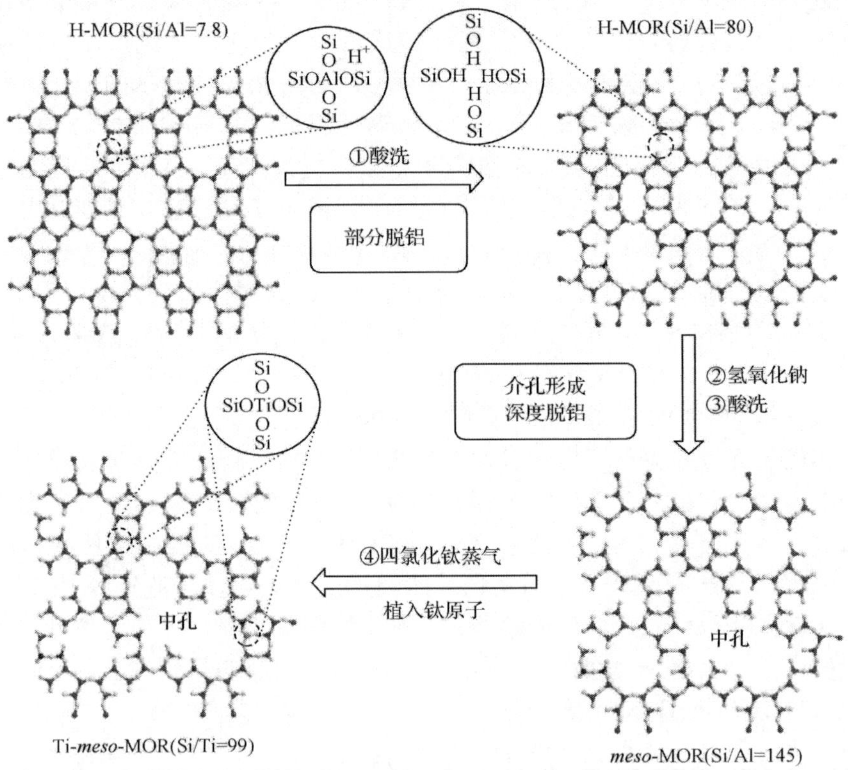

图 2-7　碱溶硅法和 $TiCl_4$ 气相补钛法制备含介孔 Ti-MOR 的机理图[71]

目前，高活性的含钛丝光沸石只能通过后处理的方法得到，但是因为气相后处理法装置的问题，造成了 Ti-MOR 在工业上无法得到大规模的推广应用。鉴于 Ti-MOR 在环己酮肟化反应中显示出的优异反应性能，研究人员也在研究更加有效的合成 Ti-MOR 的方法，以使其在工业上得到更多的应用。

2.2.2.3　Ti-Beta 的合成

Ti-Beta 是* BEA 型结构的分子筛，拥有互相贯通的三维十二元环孔道体系，比十元环孔道体系的 TS-1 更为开放，有利于底物分子扩散进入孔道在活性位上发生反应，同时也有利于产物分子及时地扩散出孔道避免进一步发生副反应降低目标产物的选择性。20 世纪 90 年代后期，Ti-Beta 分子筛合成的研究达到了巅峰，合成方法大量涌现，主要包括液固相后补法[72]、气固相后补法[73]、晶种辅助晶化法[74]、F^- 辅助晶化法[75]、干胶转化法[76]和水蒸气辅助晶化法[77]等。

液固相后补法过程比较简单，主要是将传统水热合成得到的硅铝 Beta 分子筛（记作 OX-Ti-β）在室温下置于草酸钛铵溶液中搅拌 24h 即可得到[72]。在处理过程中，草酸根可以与骨架中的 Al^{3+} 配位造成 Al 原子部分脱除，在骨架上形成空缺位有助于 Ti 原子的植入进而得到含钛的 Beta 分子筛。经紫外-可见光谱表征发现其OX-Ti-β 在 220nm 处有一较宽的峰，表明 Ti^{4+} 在 Beta 分子筛中主要以四配位的形式存在。OX-Ti-β 在链状烯烃正己烯和大分子环状烯烃降冰片烯的环氧化反应中都显示出了一定的活性。

传统水热法合成 Ti-Beta 的过程中 Al^{3+} 因为有助于晶核的形成而作为晶化助剂存在且不可或缺。但是 Al^{3+} 的引入造成了 Ti-Beta 分子筛体相中存在酸性位，在烯烃的环氧化反应中极易造成目标产物（环氧化物）的水解从而导致选择性降低。Camblor 等发现采用高效的 Beta 晶种代替 Al^{3+} 在晶化过程中的作用，也可以得到 Ti-Beta 分子筛[74]。进一步考察发现，晶种的含铝量并不影响 Ti-Beta 的晶化速度，原因可能是晶化液中较高的 Si 物种浓度使得晶种不需要溶解于其中就可起到助晶化的作用。因此，如果采用脱铝程度较高的 Beta 作为晶种合成 Ti-Beta 即可得到几乎无 Al 的 Ti-Beta 分子筛（Si/Al＞10 000）。但是在对 1，2-环氧正己烯开环反应的考察中发现，无 Al 的 Ti-Beta 仍然显示出了一定的活性。而同样采用晶种法得到的无 Al 的纯硅 Beta 分子筛不会对 1，2-环氧正己烯造成水解。因此，Ti 与过氧化氢在溶剂的帮助下形成的酸性物种以及与 Beta 分子筛多晶结构相关的缺陷位硅羟基可能催化 1，2-环氧正己烯的开环反应。

Camblor 等还采用了 F^- 替代 Al^{3+} 作为助晶化剂合成无 Al 的 Ti-Beta 分子筛（记作 Ti-Beta-F）[75]。如果合成液的 pH 接近中性，Ti 的引入明显导致晶化时间延长，且最终也只有 50％的 Ti 能够进入骨架，上限为每个晶胞 2.3 个 Ti^{4+} 。这是因为 F^- 会与 Ti^{4+} 配位造成大量的 Ti^{4+} 滞留在液相中而无法进入 Beta 分子筛骨架中。但是如果合成液的 pH＞11，OH^- 的存在会造成 Ti^{4+} 与 F^- 的配合物不稳定从而使得 Ti^{4+} 大量进入 Beta 晶格中。所以 pH 越高越有利于 Ti^{4+} 进入骨架，并且理论上 Ti^{4+} 的引入量并无上限[78]。F^- 助晶化合成 Ti-Beta 过程中，Ti 的引入造成 Ti-Beta 的 X 射线衍射图像中第一个宽峰峰形的变化，这可能是由于 Ti 的引入改变了晶系的对称性，也有可能是由于 Ti 的引入使得 A 相 Beta 减少。经 X 射线吸收近边结构光谱（XANES）表征可以发现，Ti-Beta-F 在有水和无水的条件下前峰的强度和半峰宽无明显差别，而 OH^- 体系合成得到的 Ti-Beta 分子筛（记作 Ti-Beta-OH）在有水的条件下前峰强度明显降低、半峰宽明显变宽，这是由于 Ti^{4+} 吸水而造成配位状态变化，说明 Ti-Beta-OH 的亲水性明显强于 Ti-Beta-F。另外由 ^{1}H-^{29}Si 的交叉极化核磁谱图可以发现，F^- 体系合成得到的无论是全硅的 Beta 分子筛还是含钛的 Ti-Beta-F 分子筛都几乎没有 Q^3 峰出现。而 Ti-Beta-OH 分子筛有很强的 Q^3 峰，甚至存在 Q^2 峰。Ti-Beta-OH 分子筛中 Q^3 峰随着 Ti 含量的增加明显增强，说明骨架中的 Si—O—Ti 物种很容易发生水解变成 Si—OH，这也是其亲水性强的一个原因。对 H_2O、甲苯和正己烷吸附性能的比较进一步证明了 Ti-Beta-F 分子筛具有很强的疏水性，但是其对水分子的吸附能力随着骨架含钛量的增加而呈现递增的趋势，说明尽管 F^- 体系合成的 Ti-Beta 骨架具有疏水性，但是其四配位 Ti^{4+} 可以接受电子与给电子基团配位从而吸附一定量的水分子。Ti-Beta-F 分子筛利用自身的疏水性在油酸的环氧化反应中显示出了远高于 Ti-Beta-OH 分子筛的特性。因为长链的油酸分子末端有一个亲水的羧基，极易吸附亲水性强的 Ti-Beta-OH 分子筛，导致双键区域无法接近 Ti 活性位而造成环氧化反应性能降低。

F^- 辅助晶化实现了无铝条件下合成高结晶度高疏水性的 Ti-Beta 分子筛，但是该催化剂在烯烃的环氧化反应中并没有显示出预期的高活性。一方面，因为 F^- 体系得到的 Ti-Beta 分子筛的晶粒尺寸较大，不利于反应物分子的扩散。另一方面，Goa 等研究发现 F^- 不利于烯烃的环氧化，但是可以通过适当的后处理除去进而有效地减小 F^- 的负面影响[79]。如表 2-2 所示，Ti-Beta（F^-）经过吡啶/盐酸

表 2-2　后处理改性对 Ti-Beta 催化烯烃液相环氧化反应的影响①

编号	合成体系	处理方式	F^- 含量		环己烯		正己烯	
			/%（质量分数）	F^-/Ti	TOF② /h^{-1}	H_2O_2 效率/%	TOF② /h^{-1}	H_2O_2 效率/%
1	F^-	焙烧	0.5	1.32	30	63	6	54
2		吡啶/盐酸	0.16	0.42	46	78	9	62
3		焙烧/季铵盐	0.09	0.24	63	83	14	67
4	OH^-	焙烧			61	91	10	48
5		焙烧/氢氟酸	0.10	0.11	37	71	6	38
6		焙烧/氢氟酸-季铵盐	0.008	0.01	50	84	11	44

① 反应条件：温度 333K；时间 1h（环己烯）和 3h（正己烯）；8.25mmol 底物，2.5mmolH_2O_2（质量分数为 31%的双氧水溶液），5mL 甲醇溶剂，50mg 催化剂。

② 翻转频率（每小时）。

或者季铵盐离子处理后，对正己烯和环己烯环氧化反应的活性均有所提高，主要是因为这些后处理有效地脱除了分子筛中与 Ti^{4+} 配位的 F^- 。当 Ti-Beta-OH 经过含氟的溶液处理后，其在烯烃环氧化反应中的活性明显降低，进一步证明了 F^- 的存在会造成 Ti 中毒，而后处理改性除去 F^- 则有助于得到高活性的 Ti-Beta 分子筛。

干胶转化法也是一种有效的合成分子筛的方法，此方法将晶化液蒸干变成凝胶后与水分开放置进行晶化。Tatsumi 等[76]发现在少量 Na^+ 的存在下，可以采用干胶转化法得到低铝含量的 Ti-Beta(DGC)分子筛。传统水热合成 Ti-Beta 方法的收率只有 15%左右，而干胶转化法可以大大提高收率达 95%以上。Na^+ 在干胶转化中不可或缺，当其摩尔分数低于 0.4%时，会有部分非晶相出现，但是 Na^+ 含量太高则会降低 Ti-Beta 收率[80]。干胶转化法得到的 Ti-Beta 分子筛经 1mol/L 的 H_2SO_4 于室温下搅拌可除去大部分的 Na^+ 和 Al^{3+}，在环己烯的环氧化反应中显示出了明显高于 TS-1 的活性。随后，Ogura 等在此基础上增加 Na^+ 的含量合成得到无铝的 Ti-Beta 分子筛，并在使用之前经过 NH_4NO_3 交换除去 Na^+，减少了缺陷位，提高了材料的疏水性[77]。

与 TS-1 相比，Ti-Beta 分子筛在小分子底物的液相选择性氧化反应中并没有太大的优势，只有在大分子底物，如环状烯烃和带侧链的烯烃等的环氧化反应中显示出绝对的优势，所以对目标产物的选择性还是 Ti-Beta 分子筛在应用中的一个软肋。这是由于 Beta 分子筛为多晶结构，两种不同晶体结构在叠加和堆积的过程中不可避免地产生了大量的缺陷位和丰富的晶格内羟基，从而显示出了较强的酸性质。

为进一步提高 Ti-Beta 的活性，提高其对环氧化产物的选择性，可利用季铵盐对 Ti-Beta 分子筛进行离子交换改性。经季铵盐交换后的 Ti-Beta 分子筛在红外光谱中归属于 $3610cm^{-1}$ 的桥式羟基的振动峰消失了，说明季铵盐吸附在 Ti-Beta 的桥式羟基上，降低了催化剂的酸性进而提高了其在环氧化反应中的活性和选择性[81]。季铵盐离子交换对 Ti-Beta 进行改性的机理可以通过图 2-8 得到解释[82]。

在未经改性的 Ti-Beta 中，骨架 Ti 活性位与过氧化氢作用形成五元环中间体，进而催化烯烃的环氧化反应。但是与 Ti 相邻的羟基具有较强的酸性，会催化环氧化产物的溶剂化开环反应从而导致选择性降低。而 Ti-Beta 经离子交换之后与 Ti 活性位紧邻的硅羟基上的质子 H^+ 被交换，其酸性得到了抑制，大大提高了目标环氧化产物的选择性。K^+ 也可以被用来交换质子 H^+，但是 K^+ 会造成 Ti 活性中心的中毒，导致烯烃环氧化反应活性降低。对不同的季铵盐离子进行考察时发现四甲基季铵盐的效果最好。若用 NH_4^+ 进行离子交换，其在反应过程中会被过氧化氢氧化而分解，起不到降低酸性的作用。而选择其他离子半径太大的季铵盐进行离子交换时，可能会发生堵孔现象不利于底物分子在 Ti-Beta 分子筛孔道

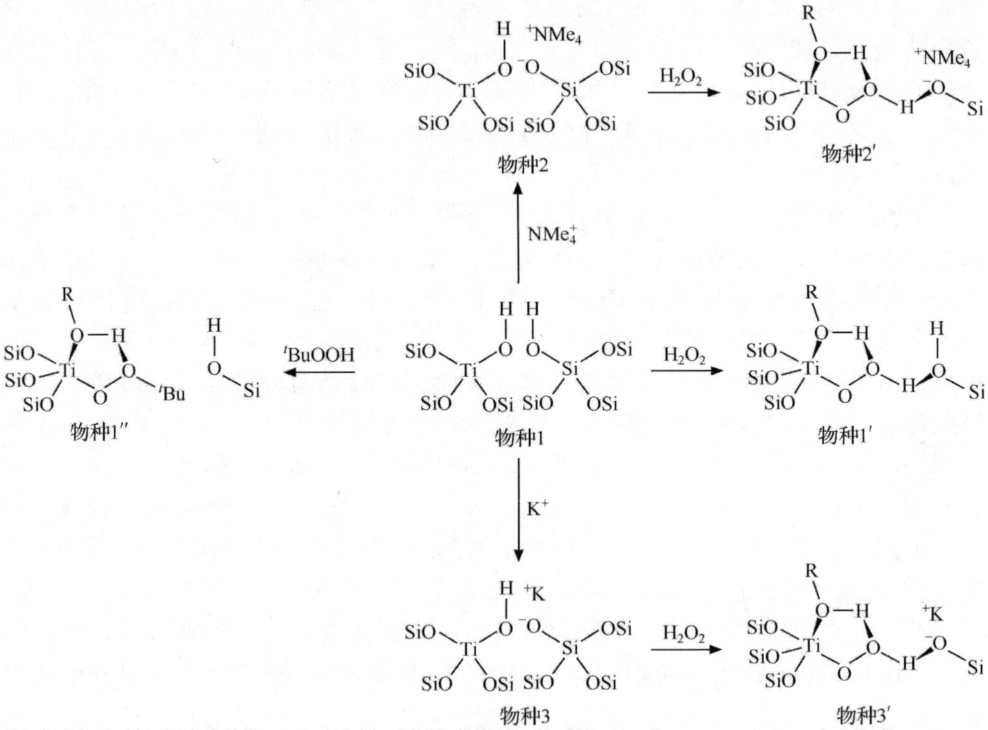

图 2-8 Ti-Beta 的 Ti 活性中心的酸性抑制机理[82]

中的扩散。

Ti-Beta 分子筛因在实际催化过程中存在 Ti 活性中心流失、Ti 配位状态容易改变以及重复使用性和稳定性差等问题，而最终没能在工业上得到大规模的应用[83]。

2.2.2.4 Ti-MWW 的合成及后处理改性

1. Ti-MWW 的合成

MWW 构型的分子筛，拥有两套相互独立的十元环孔道，一个为层内二维的十元环正弦孔道，其中含有十二元环超笼结构；晶体表面还具有入口为十二元环的碗状空穴[84]。这种分子筛最初是通过 MCM-22 层状前躯体经高温焙烧层间硅羟基发生脱水缩合形成的。经典的水热合成法得到的硅铝型的 MWW 分子筛作为固体酸在苯的烷基化制备乙苯和异丙苯过程中实现了工业化应用。随着钛硅分子筛的逐渐发展，研究人员也一直在探索如何将 Ti 活性物种引入 MWW 构型的分子筛骨架中，并期望得到高性能的钛硅分子筛材料。虽然很多研究小组都在致力于这方面的研究，但是传统的水热合成方法只能将 Al[85]、Fe[86,87]、B[88] 等三价的离子引入 MWW 分子筛骨架中，同样的条件下 Ti^{4+} 无法与 Si 物种一起晶化成为钛硅分子筛。含硼的 MWW 构型分子筛 ERB-1[89] 可以在没有碱金属作为晶化助剂的条件下晶化，这很可能是由于 B^{3+} 自身具有辅助晶化的作用。基于 ERB-1 的合成体系，Wu 等将大量硼酸引入合成体系中作为晶化助剂，以哌啶(PI)或六亚甲基亚胺(HMI)作为结构导向剂利用传统水热合成的方法合成得到了高结晶度的 Ti-MWW 分子筛(记作 Ti-MWW-HTS)[90]。对不同配比的合成凝胶考察时发现(表 2-3)，Ti 含量可以在较大的范围内进行调变，且凝胶中的 Ti 原子几乎能够全部进入 MWW 分子筛骨架。

表 2-3　硼酸助晶化法合成的 Ti-MWW 分子筛

编号	凝胶组成①		产物组成和比表面积 (SA)					
			Ti-MWW-PI			Ti-MWW-HMI		
	Si/B	Si/Ti	Si/B	Si/Ti	SA/(m^2/g)	Si/B	Si/Ti	SA/(m^2/g)
1	0.75	∞	11.8	∞	616	13.6	∞	601
2	0.75	100	12.6	120	625	16.3	138	621
3	0.75	70	12.2	63	612	14.2	79	628
4	0.75	50	11.4	51	621	12.4	53	—②
5	0.75	30	11.0	31	623	11.6	31	613
6	0.75	20	12.7	21	540	11.4	22	—②
7	0.75	10	13.6	10	537	11.5	9.6	541

① 其他组成：PI 或者 $HMI/SiO_2=1.4$；$H_2O/SiO_2=19$。

② 未测定。

当进入骨架 Ti 含量增加时会造成 MWW 分子筛的结晶度有一定程度的降低。晶化凝胶中的 Si/B 比远小于最终的 Ti-MWW-HTS 分子筛骨架中的 Si/B 比，这说明大量的 B 在晶化过程中并没能进入分子筛骨架。但是当 Si/B 提高至 1.5 时，则无法得到高结晶性的 Ti-MWW 型分子筛，说明合成体系中过量硼酸的存在必不可少。直接水热晶化得到的 Ti-MWW-HTS 中 Ti 的状态有两种：四配位的骨架 Ti^{4+} 和六配位的外表面 Ti^{4+}；在紫外-可见光谱中分别对应于 220nm 和 260nm 的吸收峰。高温焙烧去除模板剂的同时，外表面的六配位状态的 Ti^{4+} 会相互缩合变成无定形 TiO_2 物种吸附于分子筛的外表面，且无法通过酸洗等后处理方法去除。这种无定形 TiO_2 在含有过氧化氢的环氧化反应中会导致过氧化氢无效分解而造成催化剂的性能下降。若在 Ti-MWW-HTS 焙烧之前，对其进行酸洗处理则可除去外表面的六配位状态的 Ti^{4+} 和部分的 B^{3+}，焙烧之后进一步酸洗处理基本可以除去骨架中 B^{3+}，不仅避免了表面无定形的 TiO_2 形成，还减少了骨架中由 B^{3+} 引起的酸性位。

硼酸的引入虽然有助于 Ti-MWW 分子筛的晶化，但是 B^{3+} 的引入容易在骨架中形成弱的酸性位并增加骨架的电负性，影响材料在反应过程中的活性和选择性。虽然后处理可以除去部分 B^{3+}，但是研究人员还是期望能够合成出不含硼的 Ti-MWW 分子筛。Wu 等利用 MWW 分子筛独特的层状特性采用结构可逆的方法首次在无硼体系下合成出了 Ti-MWW 分子筛(记作 Ti-MWW-PS)[91]。该法从传统水热法合成得到的 B-MWW 分子筛出发，经过深度脱硼和焙烧得到几乎全硅的三维立体结构的 MWW 分子筛，并在 PI 或者 HMI 有机胺的水溶液中，将 Ti 引入分子筛骨架。在后处理的过程中，MWW 分子筛的孔口被有机胺分子撑开有利于 Ti 物种扩散进入孔道和占据由脱硼造成的骨架空缺位，同时三维立体 MWW 结构变成了层状结构(图 2-9)。这种后处理方法合成凝胶中 Ti 几乎能够全部进入 MWW 分子筛骨架中，与传统水热合成法一样 Ti^{4+} 在骨架中有四配位和六配位两种状态，其中六配位的 Ti^{4+} 可以通过温和的酸洗处理除去得到高活性的 Ti-MWW-PS 钛硅分子筛催化剂。在钛含量相当的条件下，Ti-MWW-PS 在烯烃环氧化反应中的活性和选择性均高于水热合成的 Ti-MWW-HTS，这可能是由于后处理合成体系中不含有 B^{3+}，减少了骨架酸性位和电负性。

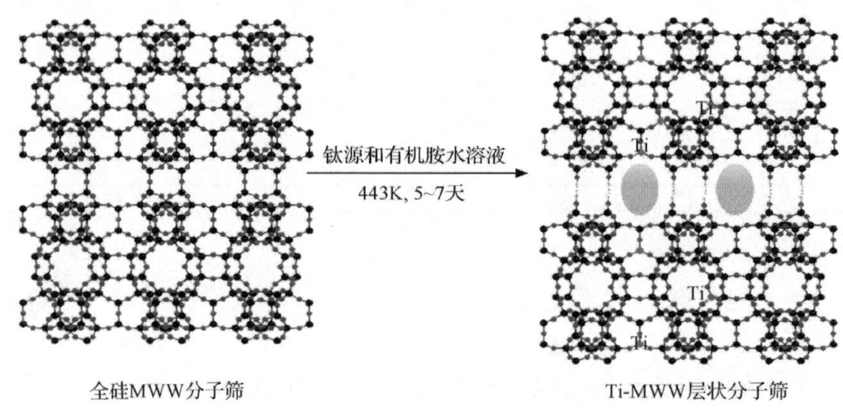

图 2-9　结构可逆变换法合成 Ti-MWW 分子筛

在合成 Ti-Beta 时，利用干胶转化法可以大大地降低助晶化剂 Al 的用量，且得到的 Beta 分子筛的晶粒小于水热合成体系的 Ti-Beta 分子筛的晶粒[76]。Wu 等同样将干胶法用于合成 Ti-MWW 分子筛(记作 Ti-MWW-DGC)[92]，并且将硼酸的用量成功地降低到水热合成法用量的 1/5。B^{3+} 半径较小，相对于 Si^{4+} 较难进入骨架，在水热合成体系中，合成凝胶中大量的硼酸有利于 B^{3+} 进入骨架。而干胶合成体系中含水量较少同样达到了提高硼酸浓度的目的，有利于 B^{3+} 进入骨架帮助晶化形成 MWW 结构，所以两种合成方法得到的 Ti-MWW 分子筛最终骨架中含 B 量是相当的。在干胶合成体系中加入 10%的 MWW 分子筛作为晶种可进一步提高合成凝胶中的 Si/B 比至 12，晶种量提高至 50%时，Si/B 比甚至可达到 92，但是此时 MWW 晶种进入合成体系后重新晶化成为 Ti-MWW 分子筛还是作为后处理的母体进一步晶化成为 Ti-MWW 分子筛是无法解释的。令人遗憾的是，无论如何调节合成凝胶的配比，干胶法合成得到的 Ti-MWW-DGC 分子筛的晶粒尺寸都要比水热合成得到的大(图 2-10)，这也是造成 Ti-MWW-DGC 分子筛在液相选择性氧化反应中活性较低的原因。

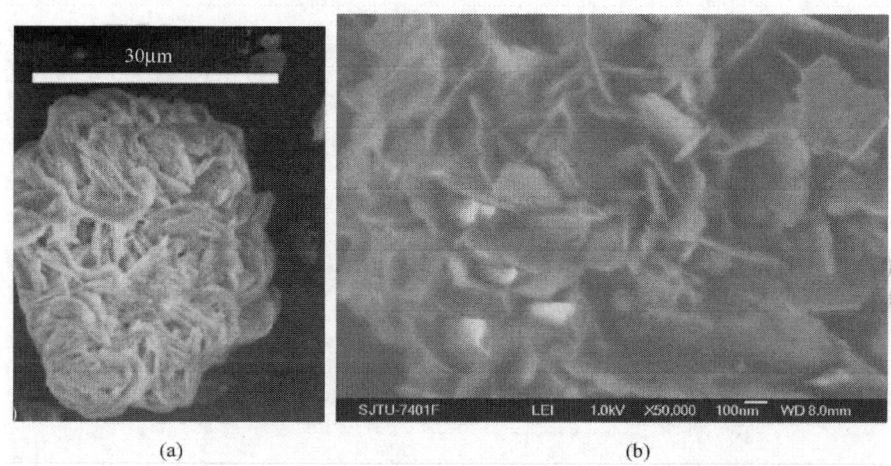

图 2-10　干胶法和水热合成法合成的 Ti-MWW 分子筛的扫描电镜图
(a) 干胶法；(b) 水热合成法

虽然利用结构可逆变换后处理的方法可以在无硼体系中合成出具有高性能的 Ti-MWW-PS 分子筛，但是这种合成方法操作过程太烦琐。如何能在无硼的体系中直接水热合成得到高度结晶的 Ti-MWW 分子筛一直是研究人员的共同目标。根据 MWW 具有两套不同大小孔道结构的特点，采用双模板法可以在无硼体系下直接水热合成 Ti-MWW 分子筛[93](记为 Ti-MWW-Dou)。该合成过程中，采用两种不同尺寸的有机胺分子 *N*，*N*，*N*-三甲基-1-金刚烷酮铵离子(1-TMAda^+)和 HMI 分别填充在不同的孔道中，以达到稳定 MWW 分子筛结构的作用。经考察发现合成过程中需要加入一定量的碱金属 K^+ ($Si/K^+=7$)，否则 Ti-MWW 结构的分子筛无法晶化。合成过程中引入的 K^+ 可利用温和的酸洗后处理除去。Ti-MWW-Dou 分子筛的晶粒尺寸与以 PI 作为模板剂直接水热合成的 Ti-MWW-HTS(PI)相当，但是在正己烯的环氧化反应中其活性却比 Ti-MWW-HTS(PI)高两倍多，原因可能是在双模板法合成体系中没有 B^{3+} 与 Ti^{4+} 竞争，Ti^{4+} 更容易进入骨架。

2. Ti-MWW 的后处理结构修饰

三维立体结构的 Ti-MWW 分子筛是由其层状前躯体在高温焙烧的条件下经层间硅羟基脱水缩合形成的。层状分子筛的层板之间通过氢键相连而非化学键，所以可以通过溶胀、层剥离、柱撑等操作对其结构进行后处理修饰，以期达到提高材料在催化反应中性能的目的[94]。常见的后处理方式如图 2-11 所示。

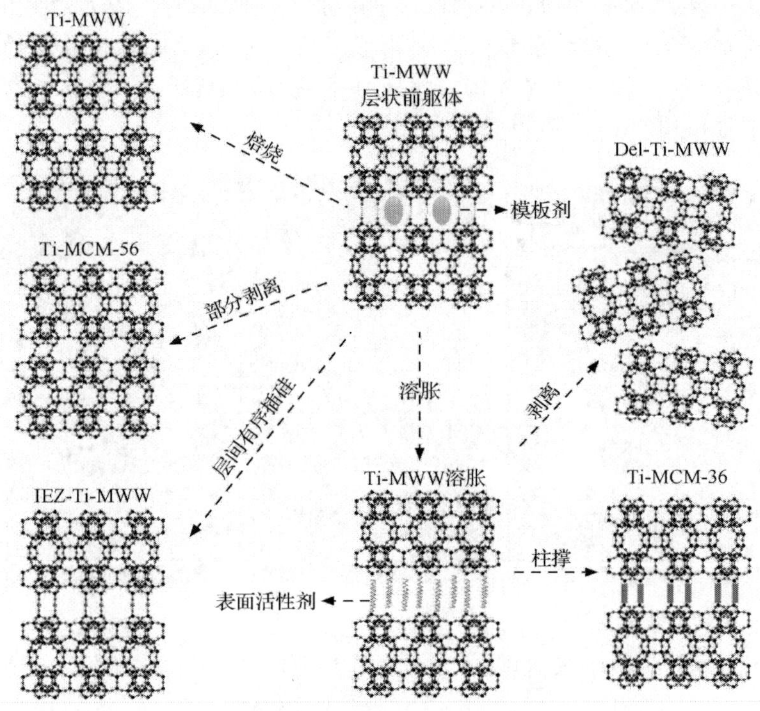

图 2-11　Ti-MWW 分子筛的后处理结构修饰方法

层状分子筛可以在表面活性剂(十六烷基溴化胺)和有机胺(四丙基氢氧化铵)的作用下发生溶胀，并随后辅助以超声处理，可以得到完全层剥离的分子筛材料，大大地提高了材料的外比表面积[95]。层剥离技术首先在 MCM-22[96] 分子筛上得以实现随后被推广至 PREFER 层状分子筛、Nu(6)-1 等多种分子筛材料。该法也应用于 Ti-MWW 分子筛，采用结构互逆变换后处理法合成得到的 Ti-MWW-PS 在表面活性剂和有机胺水溶液的共同作用下，层间发生溶胀，层间距从 2.7nm 增加到 4nm 以上，再辅助以超声处理进一步将层与层进行剥离得到 Del-Ti-MWW 分子筛材料。X 射线衍射表征显示，与层排列方向有关的特征衍射峰都消失了。同时红外表征数据也显示 Ti-MWW 分子筛中出现了大量的硅羟基，这说明 Ti-MWW 分子筛被成功地剥离开，得到具有比面积远高于常规 Ti-MWW 分子筛的完全层剥离的结构。高分辨透射电镜显示，Del-Ti-MWW 是厚度约为 2.5nm 的 MWW 单层片状结构。相比于常规的 Ti-MWW 分子筛，Del-Ti-MWW 分子筛在链状烯烃尤其是大分子环状烯烃的环氧化反应中显示出了绝对的优势，这得益于其较高的外比表面积使得更多的 Ti 活性位暴露于外表面易于底物分子的接触。

完全层剥离的后处理过程中使用的碱性有机胺水溶液，很容易对层状结构造成破坏，导致 Ti-MWW 分子筛的结晶度下降。Wu 等采用温和的酸处理部分去除 Ti-MWW 层间的有机模板剂，使得层间有序结构发生错位和扭曲，得到部分层剥离的 Ti-MCM-56 分子筛[97]。部分层剥离技术造成 MWW 结构的层板排列发生错乱，焙烧之后造成部分堵孔，导致总比表面积降低。但是在氮气吸、脱附图的高比压区，Ti-MCM-56 的吸附量高于常规的 Ti-MWW 分子筛，说明其外比表面积较常规的 Ti-MWW 分子筛高，这也是其在烯烃环氧化反应中拥有较高反应活性的原因。

为提高底物分子在 Ti-MWW 分子筛中的扩散性能，韩国 Ahn 小组对 Ti-MWW 溶胀后的样品进行后处理修饰：将正硅酸四乙酯在层间水解成无定形氧化硅柱撑层板，得到层间含有 2.8nm 介孔的结构 Ti-MCM-36[98]。而这种层间柱撑并没有对层板造成任何影响，所以 Ti-MCM-36 是一个微孔-介孔复合材料，从而促进了分子的传输和扩散，有效提高了其催化反应性能。

上述利用无定形氧化硅进行层间柱撑的后处理修饰的确在一定程度上提高了 Ti-MWW 分子筛的性能，但是这种层间无序的插硅处理会降低材料整体的结晶度。另外，柱撑前需要经过溶胀处理，不可避免地对层板结构产生破坏。Wu 等利用有机硅烷化试剂对层状分子筛的层间结构在分子水平上进行有序插硅，也可以得到层间扩孔的柱撑材料[99]。这种方法已在多种层状分子筛（如 PREFER、MCM-47、PLS-1 等）的后处理修饰中得到成功应用。Ti-MWW 层状前驱体与硅烷化试剂在酸性和高温条件下反应最终得到了层间为十二元环孔道的 IEZ-Ti-MWW 分子筛。在此过程中，层间有机模板剂在酸的作用下逐渐扩散出孔道，而带有两个硅羟基的有机硅烷化试剂扩散进入层间与层板上的硅羟基发生缩合，将上下两个层板连接起来形成了一个新的十二元氧环。高分辨透射电镜（HRTEM）图像显示（图 2-12）[100]，扩孔结构的 IEZ-Ti-MWW 分子筛结构与三维立体结构的 Ti-MWW 分子筛在 a 轴和 b 轴方向上是一样的，呈现六方排列的晶体结构；同样 IEZ-Ti-MWW 分子筛的晶胞结构显示 a 轴和 b 轴方向的晶胞参数变化不明显，说明层间扩孔对层板结构没有造成太大影响。而沿着层板的排列方向即 c 轴方向上，层间距从原来的 2.5nm 增加到 2.75nm，说明硅烷化试剂成功地插入了层间形成氧桥连接上下两个层板，在层间形成了十二元环的大孔道。经考察带有两个硅羟基的硅烷化试剂最有利于有序的层间扩孔后处理，若含有三个或四个硅羟基则会在酸性条件下发生自缩合，形成无定形硅物种附着于 MWW 分子筛表面；若只含有一个硅羟基则会导致扩孔效率降低。IEZ-Ti-MWW 在大分子环状烯烃的环氧化反应中的活性高于常规的 Ti-MWW 分子筛，说明层间十二元环的结构大大降低了对底物分子扩散的限制，最大程度地利用了催化剂的活性位。

与 TS-1 相比，Ti-MWW 分子筛合成成本低廉，合成方法多种多样，层状结构独特的优点使其具有结构可修饰性，在链状烯烃和环状烯烃的环氧化反应中均显

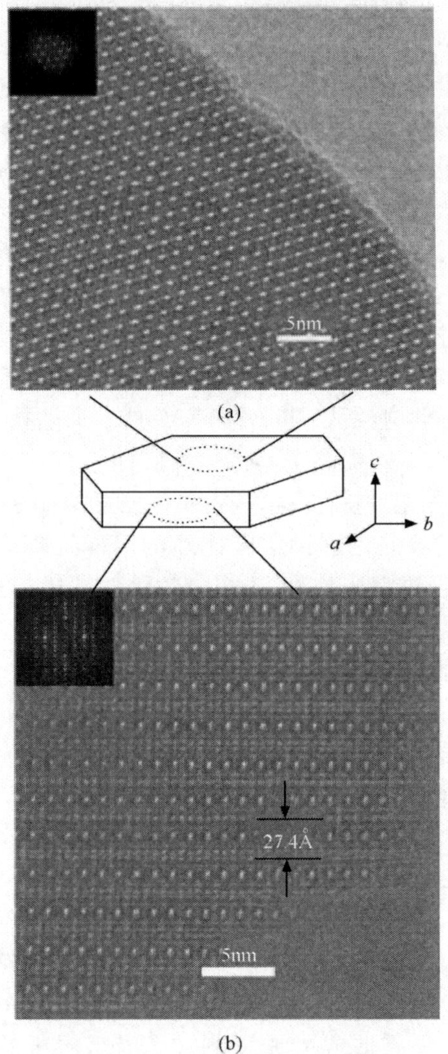

图 2-12 IEZ-Ti-MWW 的 TEM 图[100]

(a) 沿(001)方向；(b) 沿(100)方向

示出较高的活性，Ti 状态稳定、不易流失、可重复利用，成为了新一代的钛硅分子筛，有望在工业上应用于大宗含氧化学品和精细化学品的合成。

2.3 钛硅分子筛的催化应用

钛硅分子筛骨架中含有四配位的 Ti 原子，可以有效地活化双氧水分子，进而催化氧化一系列反应(图 2-13)。例如,烯烃的环氧化反应、芳香烃的羟化反应、酮类与氨气的氨肟化反应等。钛硅分子筛/双氧水体系的出现使得传统的氧化过程迅速摆脱了过程烦琐、能耗高、污染严重的落后面貌,其中很多反应已经工业化。本节将详细地阐述钛硅分子筛催化氧化苯酚的羟化反应、酮的氨肟化反应以及丙烯的环氧化反应的绿色化工艺。

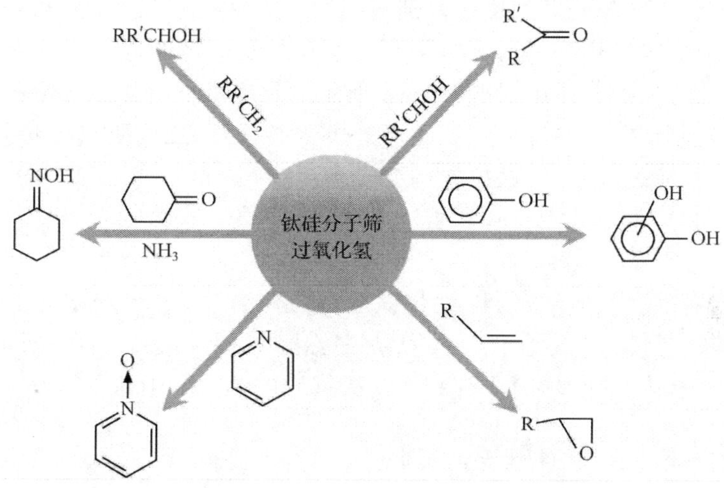

图 2-13　钛硅分子筛/H_2O_2 体系催化液相氧化反应

2.3.1　苯酚的羟化

苯二酚有三个同分异构体,分别是邻苯二酚、对苯二酚和间苯二酚,其中邻苯二酚和对苯二酚是合成医药品和香精等多种精细化学品的基本原料,具有重要的工业价值。邻苯二酚和对苯二酚的传统生产方法主要有邻氯苯酚或邻二氯苯水解法、愈创木酚水解法、苯胺氧化法、二异丙苯氧化法。以上工艺过程复杂、副产物多、环境污染严重、生产成本高,已逐步被淘汰。因此,开发高选择性的一步法直接合成邻苯二酚和对苯二酚的新工艺成为研究的热点。

Eni 公司采用 TS-1 作为催化剂过氧化氢作为氧化剂一步氧化苯酚合成邻苯二酚和对苯二酚,大大推动了邻苯二酚和对苯二酚制备工艺绿色化的进程。此过程中过氧化氢是唯一的副产物且操作简单、设备少、投资低,因此被认为是环境友好的催化过程。以 TS-1 催化苯酚羟化可以使苯酚的转化率达到 25%,过氧化氢的有效利用率达到 75%,苯二酚的选择性高于 90%。TS-1 的焙烧条件、反应的溶剂效应、反应温度、过氧化氢的加料方式以及晶粒大小等都被认为是影响 TS-1 催化苯酚羟化性能的重要因素。Wilkenhöner 等[101]研究了不同晶粒大小的 TS-1 分子筛对苯酚转化率以及产物选择性的影响。由于 TS-1 分子筛的十元孔径以及钛活性中心形成五元环过渡态导致部分孔道堵塞，邻苯二酚的扩散遭到限制所以TS-1分子筛更有利于对苯二酚的生成。而相对于十元环孔道的TS-1，Ti-Beta分子筛拥有较大的十二元环孔道更有利于邻苯二酚的形成。小晶粒的TS-1分子筛中底物的扩散路径短，大大提高了苯酚的转化率，而外表面积大更有利于提高邻苯二酚的选择性。对反应速率常数的分析发现，苯酚在TS-1孔道内部更倾向于生成对苯二酚，而在外表面发生反应得到的产物则主要取决于溶剂效应：在水和甲醇这样的质子溶剂中，对苯二酚为主要产物；而在丙酮这样的非质子溶剂中，苯酚更倾向于生成邻苯二酚。这可以从图2-14所示的反应机理解释，当溶剂为质子溶剂时，质子溶剂会与Ti活性位形成五元环的过渡态，而苯二酚则通过羟基与质子溶剂作用，以羟基端远离Ti活性位的构型发生反应，从而生成对苯二酚。然而当选择非质子溶剂时，苯二酚则会起到质子溶剂的作用与Ti活性位络合形成五元环的中间态从而生成邻苯二酚。

采用甲醇作为溶剂不仅可以优化钛活性位，还能有效地抑制焦油的生成，使TS-1催化苯酚羟化这一绿色化过程得以工业化。目前在意大利和我国(连云港三吉利化学工业有限公司)均有千吨到万吨级规模的苯二酚生产工艺在运行。

2.3.2 酮类氨氧化(肟化)反应

酮肟如环己酮肟和丁酮肟(也称为甲乙酮肟)等是重要的化工原料。环己酮是己内酰胺合成过程中一种重要的中间体。世界上90%的己内酰胺是通过环己酮肟Beckmann重排反应制得的，而己内酰胺目前国际生产和消费市场已超过400万t/a，因为它可以用来合成尼龙-6纤维和尼龙-6工程塑料的单体。同样，丁酮肟也是一种重要的精细化工产品，由于其毒性和抗结皮性能而被广泛用作油漆的抗氧化剂和抗结皮剂，用作大型火力发电厂锅炉供水的除氧剂，替换对人体有毒的水合肼和丙酮肟，另外还被用作有机中间体合成一些农药、医药和助剂等产品，其市场需求量正在逐年递增。传统的酮肟制备方法以酮与羟胺的非催化反应为主，存在着反应过程复杂、设备腐蚀严重、铵盐(如硫酸铵等)副产量大、环境负荷重等问题，亟待绿色化改革。Eni公司开发了以TS-1钛硅分子筛为催化剂由环己酮、氨水、过氧化氢一步合成环己酮肟的新工艺，为酮肟的生产开辟了新的绿色化路径。TS-1催化环己酮液相氨氧化制备环己酮的工艺已由中石化和日本住友化学公司于2003年工业化，分别建立了年产量7万t和6万t规模的工业装置。中石化的淤浆床氨氧化工艺技术在中国石化巴陵石油化工有限责任公司的7万t年产规模的装置上得到应用并已经扩能到20万t年产的规模。而住友化学公司研发出了采用全硅ZSM-5分子筛为催化剂的环己酮气相Beckmann重排反应制备己内酰胺的新工艺，将其与TS-1催化环己酮氨肟化工艺相结合，形成了硫酸铵零排放的己内酰胺生产的绿色化新技术。

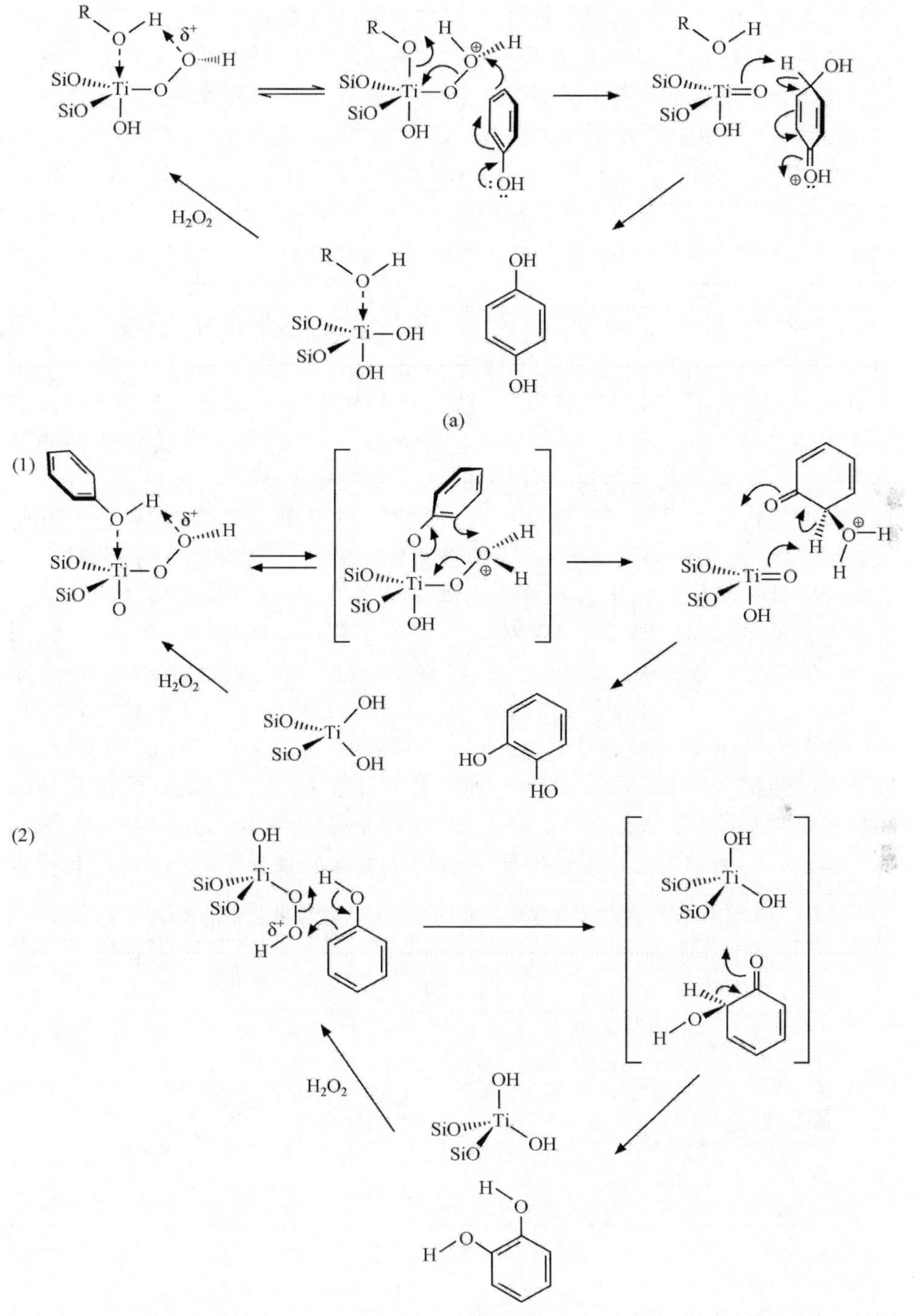

图 2-14　钛硅分子筛催化苯酚羟化反应中对苯二酚和邻苯二酚的生成机理[101]

(a) 对苯二酚；(b) 邻苯二酚

虽然 TS-1 在催化环己酮氨肟化反应中显示出了较高的环己酮转化率、环己酮肟选择性和反应过程环境友好等特点，但是 TS-1 分子筛仍存在着生产成本高和必须使用有机溶剂叔丁醇和水的混合溶剂才能具有高活性等缺点。为克服上述缺点，研究人员又相继研发了 Ti-MOR、Ti-Beta 和 Ti-MWW 等钛硅分子筛。其中，气相后补法合成的 Ti-MOR 分子筛在环己酮的氨肟化反应中显示出了较高的活性和选择性[102]，但是由于其制备过程烦琐而很难在工业中推广使用。Ti-Beta 分子筛由于其多晶结构，在晶体内有大量的缺陷位和丰富的晶格内硅羟基，造成环己酮氨肟化反应的转化率和选择性均较低。而 Ti-MWW 作为新一代的钛硅分子筛，拥有独特的孔结构，稳定的 Ti 活性位，无论是在环己酮肟的釜式反应还是淤浆床连续反应中显示出的性能均优于 TS-1 钛硅分子筛。另外，相比于 TS-1 必须在叔丁醇和水的混合溶剂中才能显示高活性，Ti-MWW 分子筛可以在纯水溶液中高效地催化环己酮氨氧化反应。吴鹏小组[103]开发了以 Ti-MWW 为催化剂的环己酮氨肟化反应的新工艺，首先在环己酮的釜式反应中发现其活性高于 TS-1，但是过氧化氢的加料方式必须采用逐滴加入的方式。这是因为 Ti-MWW 分子筛中 Ti 原子的活性比 TS-1 中的高，所以当反应体系中含有过多的双氧水分子时，会造成生成的羟胺被过氧化氢氧化生成氮氧化物等副产物，使环己酮的转化率下降。经系统地考察反应过程发现，Ti-MWW 分子筛催化环己酮肟化反应的机理为，双氧水分子与氨气分子首先吸附在 Ti 活性位上生成羟胺中间体，然后与环己酮分子发生非催化反应生成环己酮肟，环己酮分子无须进入孔道即可发生反应。在模拟工业化反应条件的淤浆床连续反应中，Ti-MWW 分子筛显示出了较高的反应寿命，当催化剂的装填量为 3.2g 时，寿命达到了 214h；而 TS-1 分子筛在其优化条件下相同的催化剂装填量时，反应寿命只有 120h[104]。赵松等进一步研究了催化剂失活的原因，如表 2-4 所示，与新鲜的催化剂相比失活的催化剂，比表面积和孔容大

表 2-4　Ti-MWW 催化环己酮肟化反应过程中催化剂的表征

编号	样品	比表面积 /(m^2/g)	孔容 /(cm^3/g)	重量损失①/%	Si/B②	Si/Ti②	Q^2 /%	Q^3 /%
1	原样	552	0.27	2	30	26	1.5	8
2	反应 30h	297	0.17	5.1	76	24	—	—
3	反应 60h	291	0.17	6.7	95	22	—	—
4	反应 90h	263	0.16	7.8	114	20	—	—
5	反应 93h③	157	0.13	17.7	114	20	1.7	12.6
6	再生 1④	486	0.26	1.0	—	—	—	—
7	再生 2⑤	530	0.26	—	—	—	1.3	7.4

① 由 TG-DTG 方法测得。

② 由 ICP 方法测得。

③ 失活的 Ti-MWW 样品。

④ 通过在空气气氛中于 500℃焙烧的方法再生。

⑤ 通过先酸洗(0.3mol · L^{-1} HNO_3，固液比为 1∶10)，然后在 PI 作用下重排并焙烧的方法再生。

大减小，同时，在催化剂中有机物的含量也从 2% 提高到了 17.7%，这是由 Ti-MWW 催化剂的积碳造成堵孔引起的。

大量的有机物分子堵塞催化剂孔道以及吸附在 Ti 活性位上，羟胺无法正常生成和扩散出孔道与环己酮发生反应，从而造成催化剂失活。环己酮氨肟化反应体系为碱性体系，在反应过程中钛硅分子筛不可避免会发生溶硅现象，体系中 Si/Ti 比的降低也从侧面证明了溶硅现象的发生。Si 原子从骨架中脱落，一方面造成了催化剂的结晶度降低，另一方面造成骨架中的硅羟基增加从而使催化剂的亲水性增强，这两方面也是催化剂失活的原因。Ti-MWW 分子筛在使用过程中骨架中的 B 原子由于其原子半径较小很容易从骨架中脱落，造成分子筛的骨架上形成了大量的空缺位。^{29}Si NMR 分析表明失活后的 Ti-MWW 催化剂中含有的 Q^2 和 Q^3 基团明显多于新鲜催化剂的，表明失活后的催化剂中含有大量的硅羟基。工业催化剂除了需要拥有较高的转化率和选择性以及长寿命以外，还需要能够重复使用。Ti-MWW 的重整不仅需要除去催化剂孔道中存在的大量有机物分子，还需要减少催化剂骨架中由于溶硅和 B 原子脱落造成的硅羟基从而提高催化剂的疏水性。吴鹏小组通过先酸洗除去孔道中吸附的有机物以及骨架外 Ti 物种，然后通过 PI 重排反应减少骨架硅羟基的重整过程，可使失活催化剂的寿命提高至新鲜催化剂的 70%。

虽然 TS-1 催化环己酮肟化的过程已经工业化，但是到目前为止丁酮肟化反应还没有工业化。这是因为相比于环己酮肟化，TS-1 催化丁酮肟化的过程中容易副产 2-硝基丁烷。丁酮属于线型分子，相比于环己酮分子更容易扩散进入孔道与羟胺中间体反应，但反应后由于无法及时扩散出孔道极易吸附在 Ti 活性位上被进一步氧化成 2-硝基丁烷造成丁酮肟化反应的选择性降低。虽然大幅度增加反应体系中 NH_3 的含量可以抑制 2-硝基丁烷的产生，但是在淤浆床敞开式的反应体系中 NH_3 的溶解度是有限的，且体系碱度过大会加速 TS-1 分子筛的溶硅过程，导致其寿命过低。吴鹏小组[105]首先发现，Ti-MWW 在釜式反应中对丁酮的肟化反应不仅有较高的转化率，还能有效地抑制 2-硝基丁烷的生成，另外可以避免使用叔丁醇作为溶剂，在纯水中即可高效地催化丁酮肟化反应。

在 TS-1 和 Ti-MWW 分子筛各自的优化条件下，于淤浆床连续反应中比较两者的性能发现：TS-1 催化丁酮肟化的转化率和选择性的初始值分别为 83% 和 87% 左右，且反应至 7h，催化剂明显失活；Ti-MWW 的丁酮肟化的转化率和选择性分别高于 95% 和 99%，催化剂寿命达到了 100h 左右[106]。而 Ti-MWW 分子筛经过结构重排后，不仅提高了丁酮肟化反应的转化率和选择性，还将催化剂的寿命延长至 320h，这是因为重排的过程中大大减少了骨架的硅羟基，从而有效提高了催化剂的疏水性和催化活性。Ti-MWW 分子筛作为新一代的钛硅分子筛在催化丁酮的氨氧化反应中显示出了一定的应用前景。

2.3.3 环氧丙烷的合成

环氧丙烷是重要的基本化工原料，不仅可以生产聚醚多元醇、丙二醇，还可以用来合成非离子表面活性剂、油田破乳剂、农药乳化剂等。目前全世界的产量接近600万t/a，而且在逐年递增。生产环氧丙烷的传统方法为氯醇法，现在仍占全球生产能力的一半左右，此过程拥有流程短、工艺成熟、操作负荷弹性大、选择性好、收率高等优点。但是生产过程中使用有毒的氯气为原料，同时产生大量含氯副产物和废水，设备腐蚀严重且环境污染严重，所以将生产环氧丙烷这一过程绿色化一直是学术界和产业界关注的热点。

在TS-1/H_2O_2/甲醇体系中丙烯环氧化在温和的条件下就可以获得90%以上的产率[107]，而且反应可以通过连续的方式进行。反应主要的副产物为1,2-丙二醇或其单醚以及微量的甲醛。水的存在会造成环氧化的速率降低以及产物的稳定性差;但是在甲醇作为溶剂时，体系中水的含量低于50%，不会对环氧丙烷产率造成影响。甲醇作为溶剂时，可以与Ti活性中心共同作用形成五元环的过渡态，促进丙烯环氧化反应的进行。另外，如果用乙酸钠或者碱性盐对TS-1催化剂进行预处理，环氧丙烷可以获得97%的产率。

BASF公司与Dow公司联合研发了TS-1催化丙烯和过氧化氢制备环氧丙烷的固定床(HPPO)工艺，主要包括丙烯环氧化核心步骤以及产物分离提纯和循环使用几个过程。2009年3月，BASF公司与Dow公司合作在比利时的安特卫普首次建成了30万t/a的世界级规模的环氧丙烷生产装置，开创了环氧丙烷清洁氧化的新纪元。另外，Degussa公司和Uhde公司也联合开发了HPPO工艺，韩国SKC公司利用这一技术于2008年在蔚山建立了年产10万t的工厂。我国虽然也较早开展了TS-1催化丙烯过氧化氢制备环氧丙烷的固定床工艺并取得了一定意义的研究成果[108]，但是最终没能实现工业化。

虽然以TS-1为催化剂，过氧化氢为氧化剂可以高效催化，但是过氧化氢的生产成本较高也是制约这一过程发展的重要原因。针对这一不足，采用氢气和氧气作为原料原位合成过氧化氢，进而在Ti活性中心的作用下催化丙烯环氧化的过程成为研究人员关注的重要课题之一。其中研究最多的是将Au负载在钛硅分子筛TS-1上作为催化剂催化丙烯环氧化合成环氧丙烷。这一催化过程的机理如图2-15所示，氢气和氧气经过Au催化生成过氧化氢，然后转移到附近的Ti活性上，与之形成五元环的过渡态，进而催化丙烯环氧化生成环氧丙烷[109]。目前，氢气和氧气原位合成过氧化氢催化氧化丙烯环氧化过程中，丙烯的转化率能达到10%左右[110]。采用氢气和氧气作为原料催化丙烯环氧化，大大降低了合成成本而且避免了储存过氧化氢的问题。作为环氧丙烷制备的新工艺，如何设计合成更有效的催化材料，进一步提高这一反应过程的转化率将是今后研究的重要课题之一。

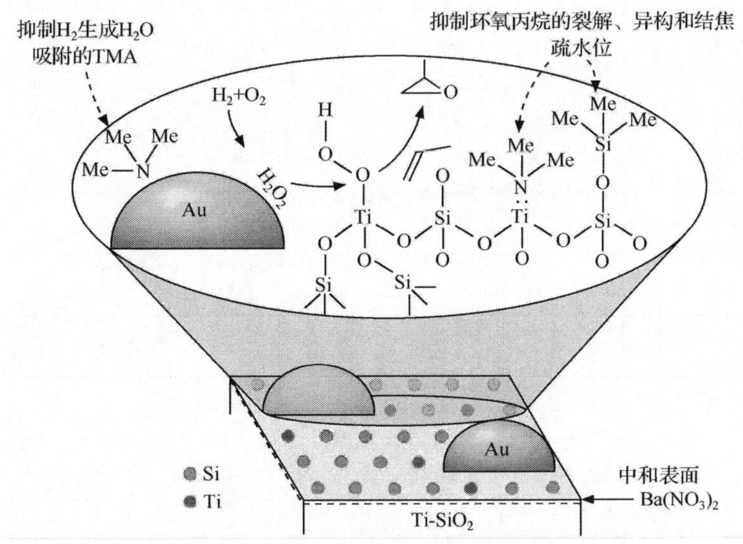

图 2-15　Au/钛硅分子筛催化气相丙烯环氧化机理图[109]

2.4　结论与展望

以 TS-1 为代表的钛硅分子筛使以过氧化氢为氧化剂的烃类液相选择氧化成为可能。经过近 20 年世界范围内的研究努力，这些绿色化的新工艺逐渐在一些关系到国计民生大宗含氧化学品和精细化学品的环境友好合成过程中得到了大规模的工业化应用，改观了催化氧化的面貌。尤其是 TS-1 催化环己酮胺氧化过程与全硅分子筛催化环己酮肟气相 Beckmann 重排反应的结合，开辟了合成己内酰胺的清洁合成路线，堪称绿色化学的典范。今后，基于 TS-1 催化剂的绿色氧化工艺过程将进一步得到推广使用，同时除 TS-1 外的钛硅分子筛（如 Ti-MWW）的工业应用也将继续发展。随着对钛硅分子筛的需求趋于多样化，具有双功能新型钛硅分子筛材料的开发和研究也成了一大热点，其中将钛硅分子筛催化剂与钯碳催化剂耦合，从氢气和氧气出发实现烯烃的直接氧化是需要解决的课题之一，由此可望开发出经济效益更好的环境友好氧化过程。

（华东师范大学：徐　浩、刘月明、吴　鹏）

参 考 文 献

[1] Dingerdissen U, Martin A, Herein D, et al. Handbook of Heterogeneous Catalysis. 2ed. Weinheim: WILEY-VCH, 2008: 57-66.

[2] Moscou L. Stud Surf Sci Catal,1991，58:1-12.
[3] Al-Khattaf S. Applied Catalysis A：General，2002，231：293-306.
[4] Liu H，Zhao H，Gao X，et al. Catal Today，2007，125：163-168.
[5] Brown S M，Durante V A，Reagan W J，et al. US Patent，4 493 902. 1985.
[6] Xu B，Bordiga B，Prins R，et al. Appl Catal A，2007，333：245-253.
[7] 于善青，田辉平，朱玉霞，等. 物理化学学报，2011，11：2528-2534.
[8] Kokotailo G T，Lawton S L，Olson D H，et al. Nature，1978，272：437-438.
[9] Taramasso M，Perego G，Notari B. US Patent，4 410 501. 1983.
[10] Corma A，Nemeth L T，Ren M，et al. Nature，2001，412：423-425.
[11] Torre de la O，Renz M，Corma A. Appl Catal A. 2010，380：165-171.
[12] Moliner M R，Leshkov Y，Davis M E. Proc Natl Acad Sci，2010，107：6164-6269.
[13] 张义华，王祥生，郭新闻. 化学进展，2001，5：382-391.
[14] Reddy J S，Kumar R，Ratnasamy P. Appl Catal，1990，58：L1-L4.
[15] Serrano D，Li H X，Davis M E. Chem Commun,1992:745-747.
[16] Ahedi R K，Kotasthane A N. J Mater Chem，1998，8：1685-1686.
[17] Tuel A. Zeolites，1995，15：228-235.
[18] Tuel A. Zeolites，1995，15：236-242.
[19] Kubota Y，Koyama Y，Yamada T，et al. Chem Commun，2008:6224-6226.
[20] Dı́ñaz-Cabañas M J，Villaescusa L A，Camblor M A. Chem Commun，2000:761-762.
[21] Corma A，Dı́ñaz-Cabañas M J，Domine M E，et al. Chem Commun，2000:1725-1726.
[22] Balkus Jr K J，Gabrielov A G，Zones S I. Stud Surf Sci Catal，1995，97：519-525.
[23] 吴蕾蕾，刘月明，何鸣元，等. 化学学报，2008，66：141-144.
[24] Zhou J，Wang X. Chin J Chem，2000，18：42-48.
[25] Jorda E，Tuel A，Teissier R，et al. Zeolites，1997，19：238-245.
[26] 李钢，郭新闻，王祥生. 大连理工大学学报，1998，38:359-362.
[27] Balducci L，Bianchi D，Bortolo R，et al. Angew Chem Int Ed，2003，42：4937-4940.
[28] Wang X，Guo X. Catal Today，1999，51:177-186.
[29] Bordiga S，Damin A，Bonino F，et al. Top Organomet Chem，2005，16：37-66.
[30] Boccuti M R，Rao K M，Zecchina A，et al. Stud Surf Sci Catal，1989，48：133-144.
[31] Bellussi G，Carati A，Clerici M G，et al. J Catal，1992，133：220-230.
[32] Wu P，Komatsu T，Yashima T. J Phys Chem，1996，100：10 316-10 322.
[33] Li C，Xiong G，Xin Q，et al. Angew Chem Int Ed，1999，38：2220-2222.
[34] Li C，Xiong G，Liu J，et al. J Phys Chem B，2001，105：2993-2997.
[35] 赵琦，韩秀文，刘秀梅，等. 催化学报，1999，1：56-60.
[36] Li，G，Wang，X S，Guo，X W，et al. Mater Chem Phys，2001，71：195-201.
[37] 王乐夫，郭建维，李雪辉. 茂名学院学报，2011，11：1-7.
[38] 周继承，王祥生. 分子催化，2000，5：363-368.
[39] 吴巍，程时标，闵恩泽. 石油炼制与化工，2000，2：33-37.
[40] Gao H X，Suo J H，Li S B. J Chem Soc Chem Commun，1995，8：835-835.
[41] 高涣新，索继栓，李树本，等. 分子催化，1996，1：25-32.
[42] 郭新闻，李钢，王祥生. 大连理工大学学报，1998，3：354-358.

[43] Tuel A. Zeolites，1996，16：108-117.
[44] Shibata M，Gabelica Z. Zeolites，1997，19：246-252.
[45] Müller U，Steck W. Stud Surf Sci Catal，1994，84：203-210.
[46] Tuel A，BenTaârit Y. Zeolites，1994，14：169-176.
[47] 万颖，卢冠忠 . 华东理工大学学报，1997，2：249-253.
[48] Padovan M，Leofanti G，Roffia P. EP,031 1983. 1989.
[49] Uguina M A，Serrano D P，Ovejero G，et al. Chem Commun，1994:27-28.
[50] 张海娇，刘月明，何鸣元，等. 催化学报，2006，9：749-751.
[51] 邓鹏. 上海:复旦大学，2001.
[52] 陈晓晖，蔡丽蓉，魏可镁 . 燃料化学学报，2005，1：112-116.
[53] Khomane R B，Kulkarni B D，Paraskar A，et al. Mater Chem Phys，2002,76：99-103.
[54] Wang L Q，Wang X S，Guo X W，et al. 催化学报，2003，3：161-162.
[55] Thangaraj A，Sivasanker S. Chem Commun，1992:123-124.
[56] Fan W，Duan R，Yokoi T，et al. J Am Chem Soc，2008，130：10 150-10 164.
[57] Kraushar B，van Hooff J H C. Catal Lett，1988，1：81-84.
[58] Choi M，Cho H S，Srivastava R，et al. Nature Mater，2006，5：718-723.
[59] Tao Y，Kanoh H，Kaneko K. J Am Chem Soc，2003，125：6044-6045.
[60] Chung K H. Micro Meso Mater，2008，111：544-550.
[61] Jin F，Tian Y，Li Y D. Ind Eng Chem Res，2009，48：1873-1879.
[62] Verboekend D，Pérez-Ramírez J. Catal Sci Technol，2011，1：879-890.
[63] Yang H Q，Liu Q，Liu Z C，et al. Micro Meso Mater，2010，127：213-218.
[64] Tsai S，Chao P，Tsai T，et al. Catal Today，2009,148：174-178.
[65] Reichinger M，Schmidt W，van den Berg M W E，et al. J Catal，2010，269：367-375.
[66] 赵忠林，刘月明，何鸣元，等. 石油学报,2008，10：33-38.
[67] Kim G J，Cho B R，Kim J H. Catal Lett,1993，22：259-270.
[68] 杨靖，周慧，肖丽萍，等. 浙江大学学报，2010，5：556-559.
[69] Fernández R，Cardoso D. Catal Today，2005，107-108：844-848.
[70] Kwak J H，Cho S J，Ryoo R. Catal Lett,1996，37：217-221.
[71] Xu H，Zhang Y T，Wu H H，et al. J Catal，2011，25：263-272.
[72] Reddy J S，Sayari A. Chem Commun，1995，23-24.
[73] Rigutto M S，De Ruiter R，Niederer J P M，et al. Stud Surf Sci Catal，1994:84：2245-2252.
[74] Camblor M A，Costantini M，Corma A，et al. Chem Commun，1996:1339-1340.
[75] Blasco T，Camblor M A，Corma A，et al. Chem Commun，1996，2367-2368.
[76] Tatsumi T，Jappar N. J Phys Chem B 1998，102：7126-7131.
[77] Ogura M，Nakata S，Kikuchi E，et al. J Catal，2001,199：41-47.
[78] Blasco T，Camblor M A，Corma A，et al. J Phys Chem B，1998，102：75-88.
[79] Goa Y，Wu P，Tatsumi T. J Phys Chem B，2004，108：4242-4244.
[80] Jappar N，Xia Q，Tatsumi T. J Catal，1998，180：132-141.
[81] Goa Y，Wu P，Tatsumi T. Chem Commun，2001:1714-1715.
[82] Goa Y，Wu P，Tatsumi T. J Phys Chem B，2004，108：8401-8411.
[83] Levin D，Chang C D，Luo S，et al. US Patent,6 114 551. 2000.

[84] Leonowicz M E, Lawton J A, Lawton S L, et al. Science, 1994, 264: 1910-1913.
[85] Corma A, Corell C, Pérez-Pariente J. Zeolites, 1995, 15: 2-8.
[86] Wu P, Liu H, Komatsu T, et al. Chem Commun, 1997:663-664.
[87] Testa F, Crea F, Diodati G D, et al. Micro Meso Mater, 1999, 30: 187-197.
[88] Komura K, Murase T, Sugi Y, et al. Chem Lett, 2010, 39: 948-949.
[89] Millini R, Perego G, Parker Jr W O, et al. Micro Mater, 1995, 4: 221-230.
[90] Wu P, Tatsumi T, Komatsu T, et al. J Phys Chem B, 2001, 105: 2897-2905.
[91] Wu P, Tatsumi T. Chem Commun, 2002:1026-1027.
[92] Wu P, Miyaji T, Liu Y M, et al. Catal Today, 2005, 99: 233-240.
[93] Liu N, Liu Y M, Xie W, et al. Stud Surf Sci Catal, 2007, 170: 464-469.
[94] Roth W J, Čejka J, Catal. Sci Technol, 2011, 1: 43-53.
[95] Roth W J, Stud. Surf Sci Catal, 2007, 168: 221-240.
[96] Corma A, Fornes V, Pergher S B, et al. Nature,1998, 396: 353-356.
[97] Wang L, Wang Y, Liu Y, et al. Micro Meso Mater, 2008,113: 435-444.
[98] Kim S Y, Ban H J, Ahn W S. Catal Lett, 2007,113: 160-164.
[99] Wu P, Ruan J, Wang L,et al. J Am Chem Soc, 2008, 130: 8178-8187.
[100] Wang L, Wang Y, Liu Y, et al. J Mater Chem, 2009, 19: 8594-8602.
[101] Wilkenhöner U, Langhendries G, van Laar F, et al. J Catal, 2001, 203: 201-212.
[102] Wu P, Komatsu T, Yashima T. J Catal, 1997,168: 400-411.
[103] Song F, Liu Y, Wu H, et al. J Catal, 2006, 237: 359-367.
[104] Zhao S, Xie W, Yang J, et al. Appl Catal A, 2011, 394: 1-8.
[105] Song F, Liu Y, Wang L, et al. Appl Catal A, 2007, 327: 22-31.
[106] 赵松，谢伟，刘月明，等. 催化学报，2011，1：179-183.
[107] Clerici M G, Bellussi G, Romano U. J Catal, 1991, 129: 159-167.
[108] 卢冠忠，张国斌，刘文孝，等. 分子催化，1997，3：191-195.
[109] Chowdhury B, Bravo-Suárez J J, Daté M, et al. Angew Chem Int Ed, 2006, 45: 412-415.
[110] Lee W S,Akatay M C, Stach E A, et al. J Catal, 2012, 287: 178-189.

第 3 章　孔材料的多级复合及催化

3.1 引　　言

在化学工业中，80%以上的过程涉及催化技术，其中多孔类的催化材料，包括沸石分子筛、多孔氧化硅、多孔金属氧化物、多孔碳、多孔陶瓷等，在石油化工、环保、汽车尾气处理等领域中的应用非常广泛。按孔径的大小分类，多孔材料一般可分为微孔材料(孔径小于 2nm)、介孔材料(孔径为 2～50nm)和大孔材料(孔径大于 50nm)三大类。由于不同催化反应对多孔催化材料的孔道和表面结构及性质有不同的要求，几十年来，科研人员不断探索合成新型结构的多孔材料，通过改变多孔材料的孔径以适应不同尺寸分子的催化转化，并通过改变多孔材料的骨架组成等使其具有特殊的催化性能。

多孔催化剂参与的气-固相催化反应或液-固相催化反应过程，主要经历以下七个阶段：①反应物分子由气流主体向催化剂颗粒外表面扩散；②反应物分子由催化剂外表面向微孔内表面扩散；③反应物分子在催化剂内表面上被吸附；④吸附的反应物分子在催化剂内表面上发生化学反应，转化成产物；⑤反应后的产物分子从催化剂内表面脱附下来；⑥脱附下来的产物分子从微孔内向催化剂外表面扩散；⑦产物分子从催化剂外表面向物流主体扩散。整个过程涉及催化剂孔内表面上的分子吸附与化学反应、孔道内的分子扩散和颗粒内向外部物流主体的传输过程，它们各自的速率分别在纳秒(或皮秒)、毫秒和秒以上的量级(图 3-1)。其中，催化剂的孔道类型、结构及大小等对催化剂的性能有举足轻重的影响。

在多孔催化材料中，孔道性质，包括孔道类型、大小、形状等，是影响材料催化性能的重要因素，它与催化反应过程中分子的吸附、扩散及择形筛分作用等密切相关，从而影响材料的催化活性、选择性以及积碳失活行为。因此，选择、构造或调变多孔材料的孔道性质是实现材料高催化性能的重要手段。对于多孔催化材料，孔道对催化性能的影响主要起四大作用：一是比表面积增加效应，孔道的存在可使催化剂的比表面积大大增加，则单位体积或质量的催化剂可担载的活性中心的数量大大增加。例如，20g ZSM-5 沸石分子筛的比表面积大约相当于一个足球场那么大，因此其催化活性和致密相无孔的材料相比将会大大提高。二是孔道的扩散效应，孔道的存在有利于反应过程中物质的传输，包括反应物分子扩散到活性中心以及产物分子扩散而离开催化剂表面。三是孔道的择性限域效应，尤其针对的是纳

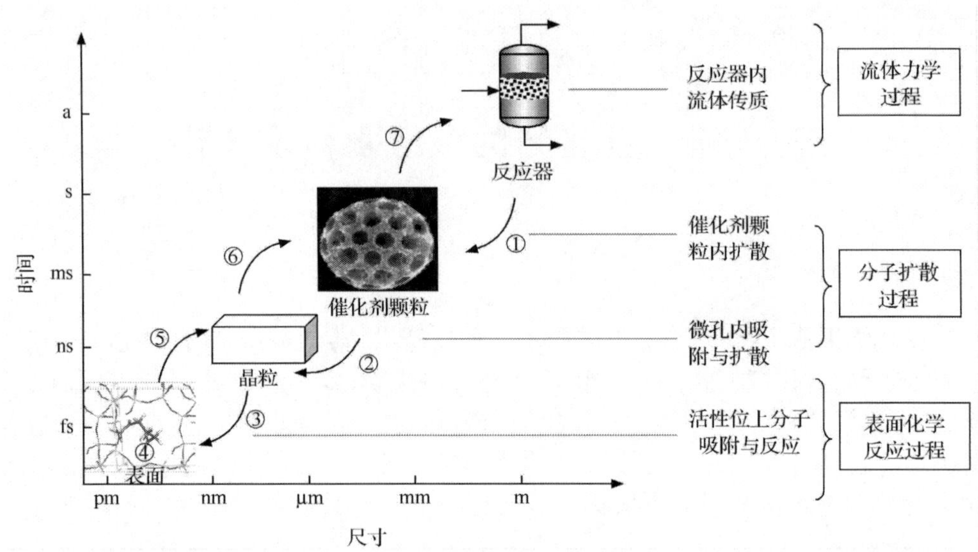

图 3-1　工业催化反应过程中涉及的反应、扩散、传输主体的尺度与时间量级的对应关系

米级的微孔，一定孔道大小的微孔若与反应分子或产物分子大小相当，会起到择性筛分的作用，从而提高催化剂的催化选择性。例如，ZSM-5 的微孔孔道对邻二甲苯、间二甲苯和对二甲苯有很好的择形筛分效应，正是利用这一点，工业上甲苯制造对二甲苯的高选择性择形催化剂以 ZSM-5 沸石分子筛为主要成分。四是孔道对催化剂积碳的影响，适当的孔道结构可抑制积碳的生成或提高对积碳的容碳能力，从而可提高催化剂的寿命。例如，具有三维孔道或二维孔道的催化剂比只具有一维孔道的催化剂更不易积碳而失活。一般带有小的微孔笼状结构的微孔催化剂比较容易积碳失活，而带有大的超笼或介孔结构的材料则不易积碳，容碳能力高，失活速度也慢，如 MCM-22 分子筛。

对于绝大多数的工业催化反应，反应物及产物为烷烃、烯烃、芳烃、醇、醛、醚、酸、酯等有机分子以及 H_2、O_2、CO、CO_2、H_2O 等无机小分子，其尺寸一般小于 1nm，因此微孔材料作为催化剂的应用最为广泛。其中，沸石分子筛材料是应用最广泛的微孔材料。沸石分子筛材料是具有多孔骨架结构的硅酸盐化合物，即它的三维骨架是由 TO_4(T=Si、Al 或杂原子)四面体构成，四面体中的四个氧原子与另一个四面体共用，若干四面体连接先形成次级结构单元(SBU)，再组成不同拓扑结构的各种沸石。其中最常见的沸石是硅铝酸盐，B、Ga、Ge、Fe、Ti 等杂原子部分取代 Si 或 C、N、P 等取代 O 即为杂原子沸石。迄今已有近 190 种拓扑结构的沸石被合成和发现，除 40 余种沸石存在于自然界的天然矿物中外，其他均为人工合成。目前，在炼油与石油化工催化剂中占市场份额最大的是 Y 型沸石分子筛催化剂，应用于炼油催化裂化(FCC)过程；其次是 ZSM-5 和 MOR 沸石催化剂，应用于重整、歧化、异构化和烷基化等石油化工过程。此外，β 沸石（BEA）、MCM-22（MWW）、TS-1（MFI）、SAPO-34（CHA）等十多种沸石分子筛已在芳烃烷基化、烯烃选择氧化、甲醇制烯烃等工业催化过程中实现工业应用[1-4]。

沸石分子筛催化剂之所以在石油化工方面有较好的表现以及广泛应用，是因为它们具有规整的孔道结构、孔道具有筛分作用和择形性、阳离子交换性能、高的比表面积、酸性可调、易改性、水热稳定性较高等特点。但是，通常沸石的微孔较小，它们对较大分子（如重油分子、重芳烃等）的催化则显得无能为力或效果不佳。另外，较小的孔径也使分子扩散受到限制，物质传输速率、反应物分子与活性位的接触较慢，从而使其催化效率受到影响，许多情况下未能发挥其最大的催化效率。此外，随着原油的重质化、劣质化和重油深度加工的需求，以及石油工业行业对催化剂效能和对原料“吃干榨净”要求的不断提高，当前和未来一段时间内，在沸石分子筛这类传统微孔材料的研究开发方面有如下几个发展趋势[5]：一是朝大孔、超大孔方向发展，如各种中、大、超大微孔沸石分子筛（孔径＜2nm）、介孔分子筛（孔径为 2～50nm）和大孔材料（孔径＞50nm）等，以满足重质原油的炼制，重芳烃的催化转化和生物、有机大分子工业发展的需求。例如，近年来许多新型的大孔沸石分子筛，如 VPI-5、UTD-1、ECR-34、ITQ-21、ITQ-33、SSZ-35、SSZ-44 等以及介孔分子筛 M41S 和 SBA-15 等被发现或合成。但是，目前介孔分子筛等由于孔壁为无定形结构导致酸性及结构水热稳定性较差，使得它们要实现工业应用还有许多困难。二是朝着功能化方向发展，如手性沸石、各种杂原子沸石、各种负载或改性沸石等，以满足不同合成业对沸石催化剂的特殊要求。三是朝微细化方向发展，如各种纳米沸石、纳米沸石膜等，但由于它们粒子很小，过滤分离比较困难，所以要实现工业应用必须解决分离这一难题。四是朝孔道调变与复合方向发展，即发展多级复合孔材料，以提高催化剂的传质和分子扩散性能。本章将围绕近年来多级复合孔材料的合成与催化方面的主要研究进展进行阐述和讨论。

3.2　多级复合孔概念及其分类

多级复合孔结构（hierarchical porous structure）是指材料中拥有多级的孔道体系，同时包含微孔、介孔和大孔，或其二者以上的复合（图 3-2）。其中，微孔孔道为反应物提供活泼的活性中心和反应场所，而介孔/大孔孔道为反应物和产物提供足够的扩散通道，从而使得这种材料不仅具有介孔或大孔材料的高扩散和沸石分子筛的高活性，同时又避免了两者的不足，真正发挥各级孔结构的优势[6]。实际上，一个成型的工业分子筛催化剂颗粒本身就是多级孔复合的：其中，分子筛晶粒含有微孔，晶粒间的孔为介孔，造孔剂烧除后形成大孔（图 3-3），但这些介孔、大孔往往不可控。本章所指的多级复合孔材料的概念比原先的分子筛催化剂颗粒复合孔的概念更广、内涵更深，更加注重可控构建。

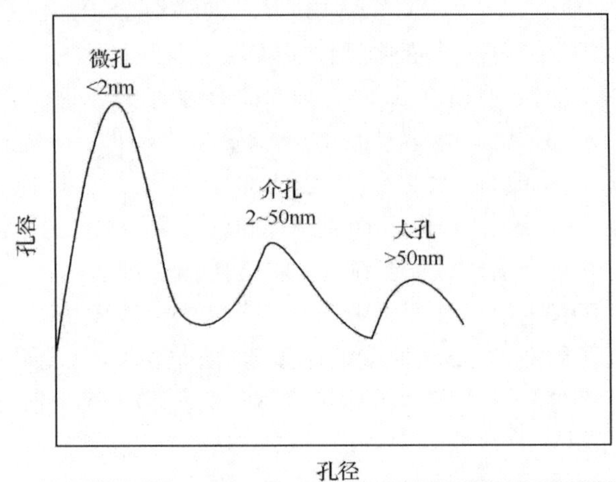

图 3-2　多级复合孔材料孔径分布示意图

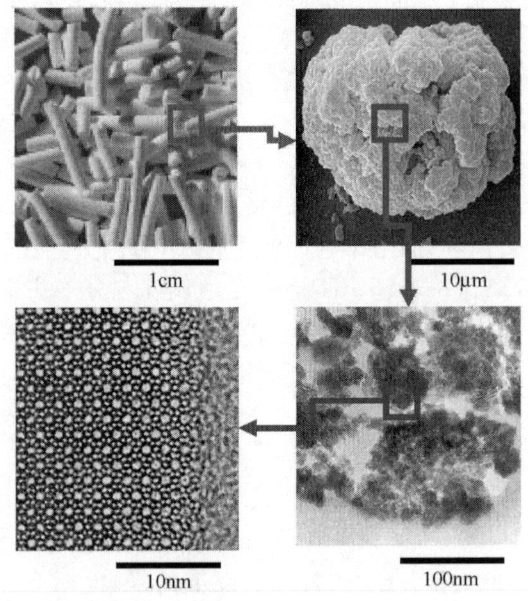

图 3-3　工业催化剂颗粒中的多级孔：大孔、介孔与微孔

按照孔道结构类型，多级复合孔材料大致可分为三类：①微孔/微孔复合。这类材料的孔结构由两种或两种以上微孔孔道复合形成，如两相共结晶分子筛、核壳结构分子筛等，具有特殊孔结构性质和特殊的酸性，有可能带来某些特异的催化性能。②微孔/介孔复合，有时也可称为介孔沸石。这类材料同时具有微孔与介孔两

种孔道体系，其中微孔孔道是催化反应的主要场所，而介孔的存在可大大提高材料的扩散(物质传输)性能，同时有望提高大分子的催化转化能力，并抑制结焦失活。③微孔/大孔以及微孔/介孔/大孔复合。这类材料同时拥有微孔、介孔和/或大孔，具有不同尺度多级孔道系统有利于提高物质的传输与扩散性能，便于进行改性处理，从而在催化转化中可能表现出独特的催化性能。

综合近年来的文献报道[7]，微孔/微孔复合分子筛的合成方法与一般沸石分子筛的水热晶化合成方法类似，只是须在特殊的共结晶生长条件下合成。而微孔/介孔、微孔/介孔/大孔多级复合孔材料的合成方法主要有：①微孔分子筛二次造孔法；②重结晶组装法；③层状柱撑法；④孔壁转晶法；⑤组装生长法；⑥模板法等。以上六种方法中，二次造孔法属于“从大到小”的蚀解致孔法，其余五种属于“从小到大”的多级孔孔道构建法(表 3-1)。

表 3-1　多级复合孔材料及其合成方法

复合孔类型	合成方法/特点		材料组成	文献
微孔/微孔	水热晶化合成	共同结晶生长	X/A, MFI/MEL, STF/SFF, BEA/MOR, MWW/FER	[9-29]
		外延生长	MFI/silicalite-1, FAU/EMT, SOD/CAN	[31-39]
		二次生长	MFI/silicalite-1, MOR/MFI, SOD/LTA, BEA/LTA, FAU/MFI, MFI/BEA	[40-44]
微孔/介孔	二次造孔法	高温脱铝＋酸洗	Y, MFI	[45-47]
		水蒸气脱铝＋酸洗	Y, USY, MFI, MOR, FER, BEA, MAZ	[48-61]
		其他化学试剂脱铝	Y, MFI, MOR, BEA	[62-69]
		碱脱硅	MFI, MOR, BEA, ZSM-12, FER, MCM-22, ITQ-4, silicalite-1	[70-74]
		其他(脱 B、脱 Ti、金属烧蚀等)	ETS-10, TS-1, B-ZSM-5 等	[75,76]
	重结晶组装法	含表面活性剂的碱性溶液	Y(或 MFI, MOR, BEA)/MCM-41(或其他介孔材料)	[77-80]
	层状沸石分子筛柱撑法	表面活性剂溶胀，无机氧化物柱撑	MCM-36(MWW), ITQ-2, ITQ-6, MFI, SRZ-21	[81-92]
	孔壁晶化法	引入有机胺模板剂	PNA-1, PNA-2 UL-ZSM-5 和 UL-TS-1 等	[93-98]
		引入晶种	Y, ZSM-5/MCF	[99]

续表

复合孔类型	合成方法/特点		材料组成	文献
微孔/介孔	组装生长法	表面活性剂和有机胺双模板直接组装	MSU,BEA,FAU	[100-106]
		晶核组装	BEA,FAU,ZSM-5,TS-1,L	[107-119]
		沸石组装	silicalite-1,FAU,BEA,MOR,Kaolin	[107-119]
	模板法	介孔碳模板	MFI,silicalite-1	[121-125]
		炭黑、碳管、碳酸钙等纳米颗粒模板	MFI,silicalite-1	[127-135]
		聚电解质、淀粉、高分子等大分子模板	BEA,MFI,MEI,	[137,138,145-148]
		有机硅烷模板	MFI,LTA,TS-1,CrAPO-5	[139-144]
微孔/介孔/大孔	模板法	大孔树脂、高聚物胶体晶微球、大孔生物矿物等为模板	silicalite-1,MFI,Y,BEA,A,TS-1 ZrO_2,Fe_2O_3,磷酸盐,金属氧化物等	[150-175]
		微乳液、反相微乳液为模板	silicalite-1	[176]
	孔壁转晶法	气相转晶	BEA,ZSM-5,SAPO-34	[178-186]
		水热转晶	BEA,ZSM-5,TS-1	[188,189]
	组装法	借助 PEG、P123 等表面活性剂自组装	多级孔 ZrO_2,$CeZrO_2$,磷酸盐等	[190-194]

3.3 微孔/微孔复合孔材料及其催化应用

在合成分子筛时，同一个反应体系中也经常会有多种晶体生成，这就是分子筛合成中的混晶、共生或共晶现象。两种或两种以上的微孔晶体结构共生复合在一起，即可形成微孔/微孔复合孔材料。一般共生复合的两相的基本结构具有相似性，甚至是具有相同的结构单元，只是结构单元的排列方式不同。根据共生分子筛的微观结构和两相结合方式的不同，可以分为多型共生、外延共生和蔓生三种形态(图 3-4)。多型共生(polytypical intergrowth)即结构均一的不同沸石区域规整交错层叠在独立的沸石晶粒中，外延共生(epitaxial intergrowth)则为结构或组成不同的一种沸石相附着生长在另一种沸石相上[8]，而蔓生(overgrowth)是指两种晶体无序地生长成聚晶形态。共生会带来层错和缺陷，其类型有对映层错(twin fault)、转动层错(rotational fault)、剪切层错(shear fault)和包夹层错(inclusion fault)等[9]。每个层错的次序，不管它是单个的、随机的、成群的还是共生的，都有可能带来材料本体性质的变化。由于共生晶体结构或复合孔结构的特点，微孔/微孔复合孔材料有时不同于两种分子筛的简单机械地混合，而可能具有独特的性质，在某些化学反应中也可能表现出独特的催化行为。例如，ZSM-5/ZSM-11(MFI/MEL)共结晶分子筛应用于甲醇制汽油(MTG)反应可大范围调节汽油组分[10]。共结晶分子筛的催化本质实际上是孔道与酸性的精细调变，是实现提高催化剂性能的一种手段。

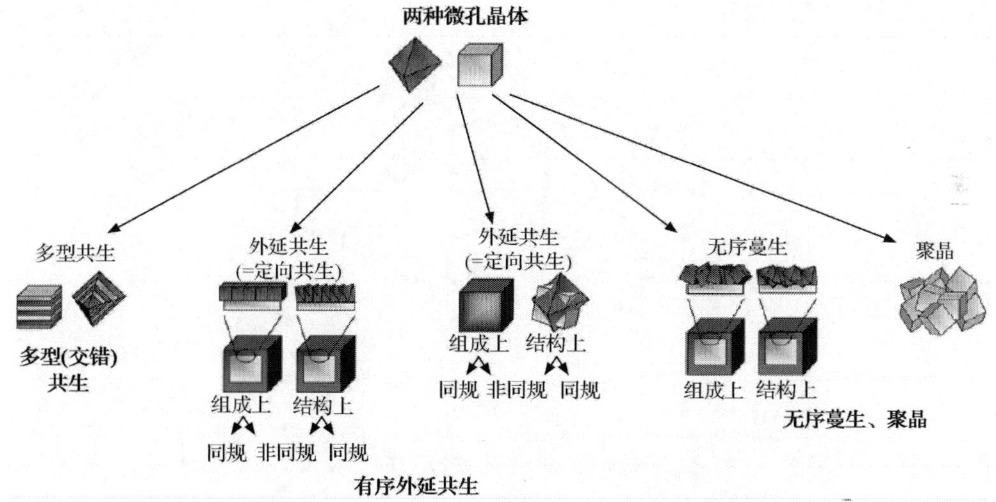

图 3-4　微孔/微孔复合孔材料的共生复合方式[8]

到目前为止，一些微孔/微孔共结晶分子筛，如 MFI/MEL[9,11,12]、FAU/EMT[13-15]、MAZ/MOR(ECR-1)[9,16]、MAZ/MFI[17]、MWW/FER[18]、BEA/MOR[19,20]、MOR/MFI[21,22]和 MFI/FAU[23]等，已被研究和报道。

微孔/微孔复合分子筛的合成方法与一般沸石分子筛的水热晶化合成方法类似，只是需要加入特殊的有机结构导向剂或需要寻找合适的共结晶生长条件。按照生长方式的不同，其合成方法大致可分为共同结晶生长法(co-crystallization method)、外延生长法(epitaxial or overgrowth method)和二次生长法(second overgrowth method)。

3.3.1　共同结晶生长法

共同结晶生长法是在水热晶化体系中两种微孔结构同时并复合生长的方法。ZSM-5/ZSM-11(MFI/MEL)是最早研究的微孔/微孔复合分子筛之一[24]。它是通过在合成液中加入两种有机胺阳离子(TPA^+ 和 TBA^+)的结构导向剂合成而得，其中 TPA^+ 诱导 MFI 晶相，而 TBA^+ 诱导 MEI 晶相，TPA^+ 和 TBA^+ 组合则可诱导出 MFI/MEL 共生复合晶相，其在结构上属于交错共生。

类似地，一些新结构分子筛，如 ECR-1、ZSM-23 和 SSZ-47 等，它们同样属于共生复合分子筛。ECR-1 实际上是 MAZ 与 MOR 结构共生复合[图 3-5(a)]；ZSM-23 是 Theta-1 结构孪晶共生复合[图 3-5(b)]；SSZ-47 分子筛是 EUO、NES 和 NON 三种结构的共生结构，而其中 NON 结构的存在可大大降低分子筛吸附容量和分子扩散速率。Zones 等[25]用双有机胺法合成了 SSZ-47B，与采用单有机胺合成的 SSZ-47 相比，SSZ-47B 的 NON 结构含量大大降低，因此其吸附容量和分子扩散速率也大大提高。

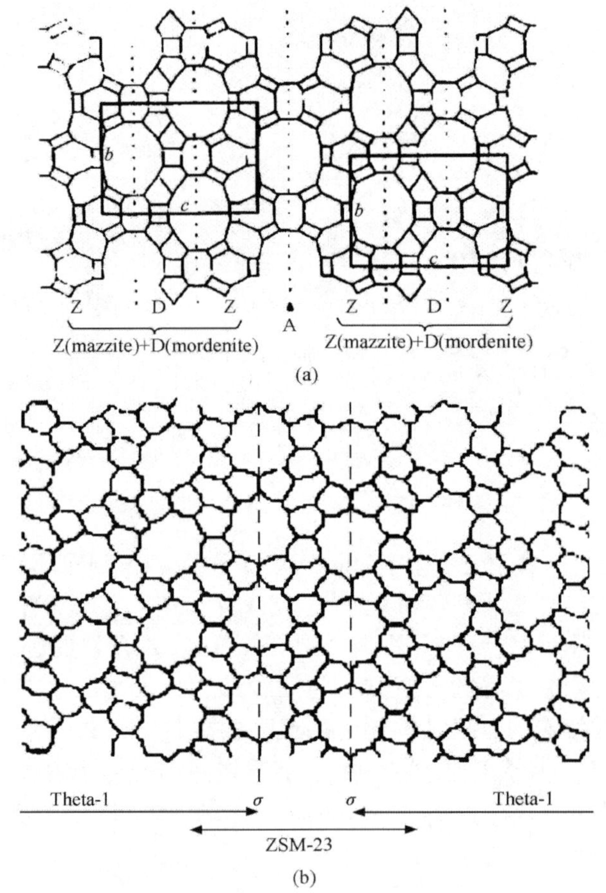

图 3-5 微孔/微孔共生复合分子筛

(a)ECR-1：MAZ 与 MOR 结构共生复合；(b)ZSM-23：Theta-1 结构孪晶共生复合[8]

FER 和 MWW 是两种具有层状结构的分子筛。近年来，中科院大连化物所徐龙伢研究小组对 FER/MWW 微孔/微孔复合分子筛进行了大量细致的研究。

他们发现[26]，在六亚甲基亚胺-环己胺(CHA)双有机胺体系，更容易获得MCM-49/ZSM-35共生复合分子筛，通过控制反应条件，可以获得从纯MCM-49到组成不同的MCM-49/ZSM-35共结晶直至纯ZSM-35的一系列分子筛。通过晶化机理研究发现，首先在六亚甲基亚胺作用下形成相对开放的介稳相MWW结构的MCM-49分子筛，接着在环己胺作用下逐渐转晶得到组成不同的MCM-49/ZSM-35共结晶分子筛直至纯ZSM-35(图3-6)。紫外拉曼光谱、红外光谱以及超极化[129]Xe NMR谱等表征显示(图3-7)，这些共生分子筛结构不同于机械混合分子筛[27]。最近，谢素娟等考察了MCM-49转晶法和双有机胺结构导向剂体系下MCM-49/ZSM-35共结晶分子筛的合成、表征与催化，实验发现该共结晶分子筛的结构不同于机械混合分子筛。催化裂化汽油改质反应评价结果显示，MCM-49/ZSM-35共结晶分子筛不是MCM-49与ZSM-35分子筛的简单叠加，而是在催化反应中表现出更强的协同效应，显示出高于纯MCM-49分子筛的芳构化性能[28]。此外，在1-丁烯的芳构化反应中，MCM-49/ZSM-35共结晶分子筛中的MCM-49与ZSM-35同样存在显著的协同效应，即使含少量MCM-49的MCM-49/ZSM-35共结晶分子筛也可显示较高的芳构化性能[29]。

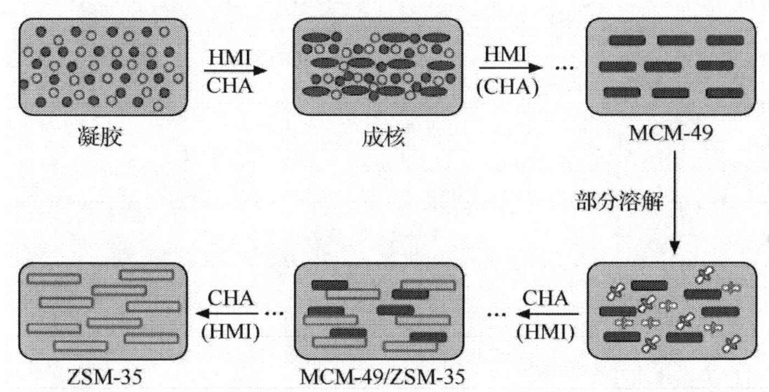

图3-6　FER/MWW微孔/微孔复合分子筛形成机理

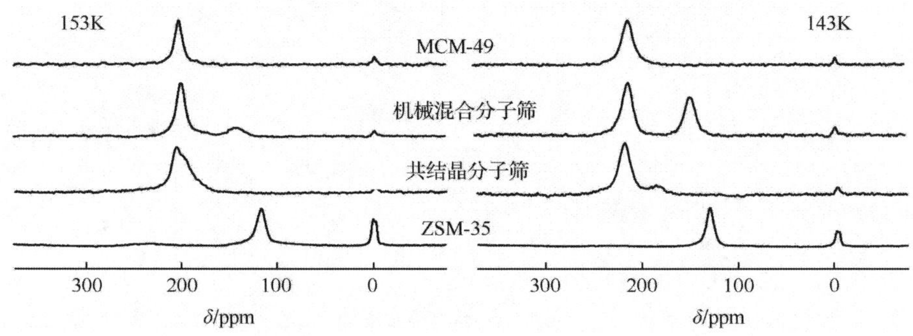

图3-7　153K和143K时吸附在MCM-49、机械混合物、共晶以及ZSM-35分子筛的超极化^{129}Xe核磁共振谱[27]

β沸石与丝光沸石是石油工业催化上常用的两种分子筛。上海石油化工研究院祁晓岚等[20]采用氟化物-TEA 复合模板剂体系，以硅溶胶为硅源，合成了不同硅铝比及不同相组成的β沸石-丝光沸石两相共生复合分子筛（BEA/MOR）。实验发现，对于 BEA/MOR 共生分子筛，其酸性和催化活性均与丝光沸石含量呈火山形曲线关系［图 3-8(a)和图 3-8(b)］。与此相反，机械混合物的酸性和催化活性与丝光沸石的含量基本呈线性关系。对 BEA/MOR 共生复合分子筛晶体结构的表征［图 3-8(c)和图 3-8(d)］也显示了共生的结构特征。这些研究表明，共生复合分子筛与两种纯分子筛机械混合物的结构及酸性质明显不同。鉴于 BEA/MOR 共生复合分子筛特殊的共生复合孔结构以及特异的酸性，上海石油化工研究院谢在库领导的研究组以此新型共结晶分子筛为催化剂活性组分，进一步优化了催化剂

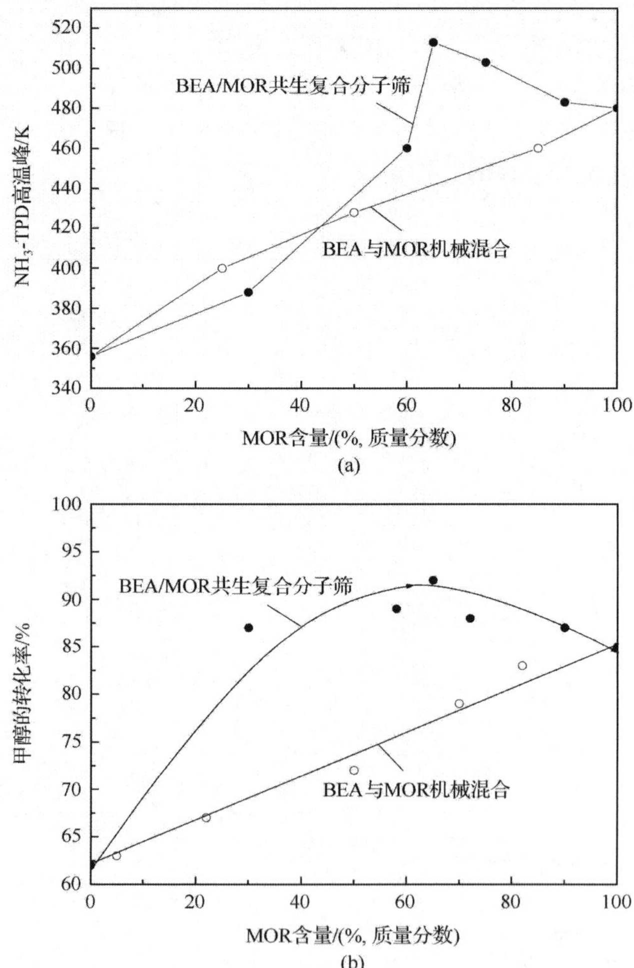

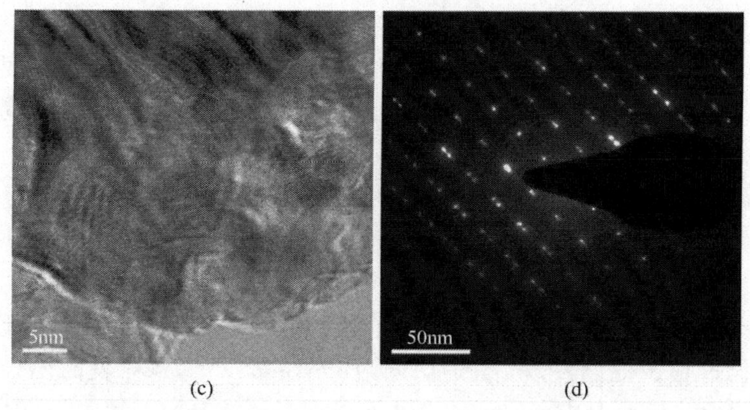

(c) (d)

图 3-8 (a) NH_3-TPD 高温峰(代表酸性强弱)随 MOR 含量的变化;(b) 甲醇脱水反应催化活性随 MOR 含量的变化;(c) BEA/MOR 共生分子筛的透射电镜;(d) BEA/MOR 共生分子筛的晶体衍射表征[20]

制备技术,成功开发了适合 S-TDT 工艺的新一代甲苯歧化与烷基转移催化剂 MXT-01。研究结果表明,在空速 $2.5h^{-1}$ 条件下,MXT-01 催化剂具有产物 X/B 高、产物中乙苯含量低、重芳烃转化率高的优点,反应进料中的 $C_{10}A$ 含量可达 10%。该催化剂现已工业应用于上海石油化工股份有限公司增产对二甲苯的芳烃联合装置上,运行稳定,性能指标优异[30]。

3.3.2 外延生长法

外延生长法是在一种微孔晶体材料的表面上外延生长另一种结构或组成不同的微孔材料,形成核壳复合结构的方法。其中,对 ZSM-5/silicalite-1 核壳复合分子筛的研究比较多。因为 ZSM-5 与 silicalite-1 晶体拓扑结构相同,而仅是铝含量不同,所以,silicalite-1 壳层比较容易从核晶 ZSM-5 晶粒表面直接外延生长而成。最早,Exxon Mobil 公司的 Rollmann 等在专利中报道了 ZSM-5/silicalite-1 的合成[31],他们在 ZSM-5 晶化完成后,直接在母液中补充添加硅酸钠、有机铵盐等原料,再让它继续晶化生长壳层。Exxon Mobil 公司 Chu 等[32]合成了壳层含氟的 ZSM-5/silicalite-1 和 ZSM-23/silicalite-1 复合分子筛,他们声称,在壳层晶化体系中加入 NH_4F 等含氟化合物有利于外延生长出无酸性位的壳层。此外,他们考察了复合沸石分子筛在烯烃制汽油反应中的催化性能,认为无酸性位的壳层对降低副反应(非择形的裂化或异构化反应)和提高择形性是有利的。日本 Idemitsu Kosan 公司的 Sato 等通过类似的原位生长法合成了以硼硅沸石为核、silicalite-1 为壳的复合沸石分子筛[33],其中硼硅沸石的 SiO_2/B_2O_3 一般在 25~500,将硼硅沸石核晶加入到含氧化硅、季铵盐的水溶液中水热晶化可以生长 silicalite-1 壳层，通过改变投料比例可使最终产物的壳与核的质量比在 0.1～5 调变。他们考察了这些核壳沸石分子筛在甲醇(或二甲醚)制烯烃和甲苯与甲醇制对二甲苯等催化反应中的性能，发现其选择性有所提高。

Vu 等[34]以不同硅铝比 H-ZSM-5 为晶种采用原位生长法合成了一系列聚晶 ZSM-5/silicalite-1，其内核为不同硅铝比的 H-ZSM-5 分子筛，晶粒大小约十几微米，其壳层由聚晶 silicalite-1 组成，silicalite-1 晶粒大小约为 1～3μm。

Miyamoto 等[35]合成了壳层较薄的单晶 ZSM-5/silicalite-1，并用 SEM 研究了壳层的生长过程。他们发现，晶化初期，首先在 ZSM-5 晶粒表面出现许多小于 100nm 的壳分子筛小晶粒；随后，这些小晶粒生长连接最终包裹整个 ZSM-5 晶核；最终晶粒间的边界也消失，形成完整的单晶 silicalite-1 壳层。

孔德金等[36]采用外延生长法在 ZSM-5 沸石晶粒上生长 silicalite-1 壳层，得到 ZSM-5/silicalite-1 核壳复合孔分子筛，如图 3-9 所示。从图中可以看到，壳层在核晶粒上包裹生长，并随着壳层的多次生长，晶粒不断长大。他们采用 XRD、SEM、低温氮气吸附、NH_3-TPD 以及异丙苯(IPB)和三异丙苯(TIPB)探针裂化反应等表征手段研究了核壳分子筛的壳层覆盖度和孔道内外表面酸性等物化性质。结果表明，该核壳复合孔分子筛内部保持 ZSM-5 的中强酸性，而外壳因由 silicalite-1 层完全覆盖，所以没有酸性或酸性极弱，从而抑制了外表面的异构化等副反应发生，因此，该核壳复合孔分子筛在甲苯歧化和甲苯甲基化等反应中显示了对二甲苯产物择形选择性的较大提高(图 3-10)。

(a)

(b)

(c)

图 3-9 外延共生法合成 ZSM-5/silicalite-1 核壳复合孔分子筛[36]

(a) 分子筛核；(b) 一次生长核壳分子筛；(c) 二次生长核壳分子筛

利用外延共生方法也可以合成一些结构类型相似的微孔/微孔复合分子筛。Goossens 等报道了 EMT 沸石晶体外表面外延生长 FAU 沸石外壳的合成与结构[13,37](图 3-10)，其中 EMT 与 FAU 结构单元相同，但晶系不同，EMT 为六方晶系($P6_3/mmc$)，FAU 为立方晶系($Fd\bar{3}m$)。此外，Okubo 等报道了 SOD 晶体上外

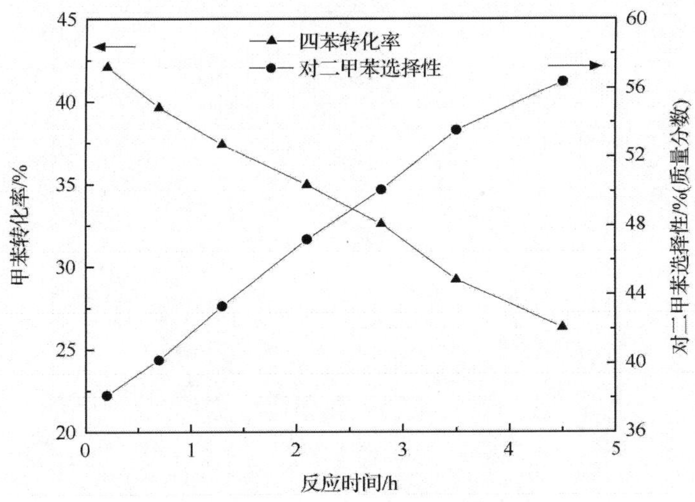

图 3-10　核壳复合孔 ZSM-5/silicalite-1 的甲苯甲基化活性和选择性随时间的变化曲线[36]

延定向生长 CAN 沸石[38]。Jeong 等报道了 ETS-4 晶体上外延生长 ETS-10 分子筛[39]。

3.3.3　二次生长法

二次生长法是在一种分子筛晶粒的外表面黏附了另一种分子筛晶种后再二次晶化生长的方法。Bouizi 等报道了用二次生长法合成 β/silicalite-1 复合沸石分子筛[40]。他们首先在 β 大晶粒表面吸附一层带正电的聚电解质，然后在其表面通过静电作用吸附一层带负电荷的 silicalite-1 纳米晶种，最后将其在母液中水热晶化一段时间，即可得到 β/silicalite-1 复合沸石分子筛。这种先吸附沸石纳米晶种再二次生长的方法是借鉴分子筛膜的合成方法。此外，他们用类似的二次生长法合成了 MOR/MFI、SOD/LTA、BEA/LTA、FAU/MFI、MFI/BEA 等核壳复合沸石分子筛[41]。

采用二次生长法，童伟益等合成了 ZSM-5/silicalite-1[42]、ZSM-5/Nano-β[43]、MFI/MFI[44]等核壳复合沸石分子筛。其中，ZSM-5/Nano-β 核壳复合分子筛对 1,3,5-三甲苯裂化性能比其各自及混合的催化活性都高，尤其是在低温下核壳复合分子筛的优势更加明显(图 3-11)。这些结果预示着核壳复合分子筛有可能在重芳烃催化转化方面有一定的应用前景。

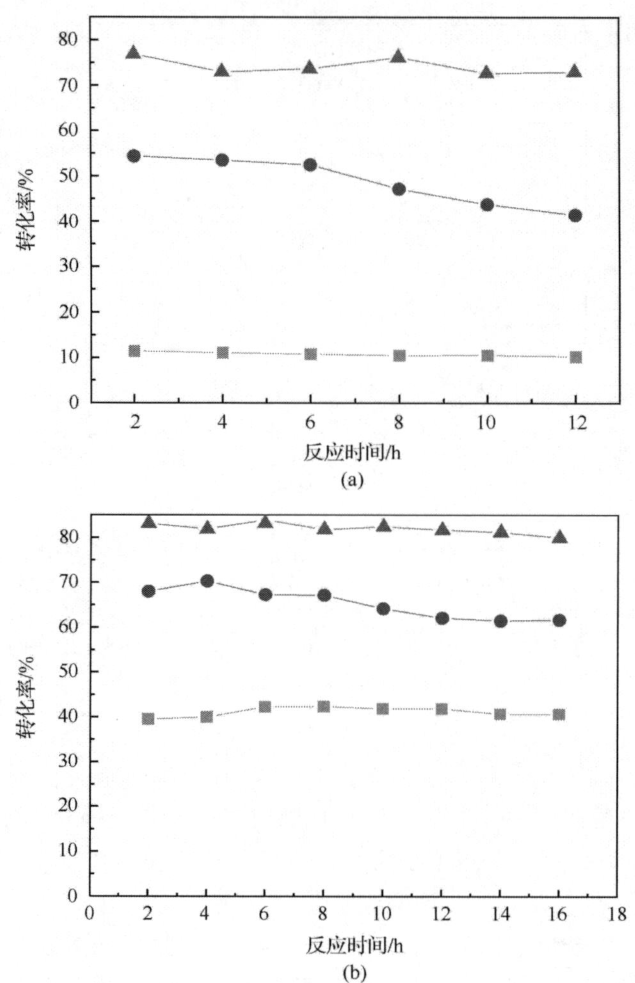

图 3-11　在(a)300℃和(b)380℃下催化剂的 1,3,5-三甲苯裂化性能[43]

(图中曲线自上而下分别为：ZSM-5/Nano-β 核壳复合分子筛，ZSM-5 与 Nano-β 机械混合，ZSM-5 核分子筛)

3.4　微孔/介孔复合孔材料及其催化应用

微孔/介孔复合孔材料是研究得最多的一类多级孔材料，是微孔沸石分子筛与介孔材料的有机复合。它兼具了二者的优点，是一类有工业应用前景的催化材料。由基本的硅、铝源出发，获得微孔/介孔复合孔材料的路线主要有三条(图 3-12)。第一条路线，首先硅、铝源通过常规的水热晶化得到微孔沸石分子筛，然后以微孔分子筛为原料，通过二次造孔法、重结晶组装法或层状分子筛柱撑法合成得到微孔/介孔复合孔材料。第二条路线，首先硅、铝源通过表面活性剂自组装得到介孔分子筛材料，然后通过孔壁晶化的方法，使无定形的介孔墙壁晶化成结晶的微孔材料，而原先的介孔在一定程度保持，最终得到微孔/介孔复合孔材料。第三条路线，将硅、铝源在微孔结构导向剂和介孔表面活性剂或模板剂共同作用下直接通过原位组装生长法或模板法一步得到微孔/介孔复合孔材料；或者将硅、铝源首先初步晶化一下得到晶核基本单元或纳米沸石，然后经过组装生长法或模板法得到微孔/介孔复合孔材料。

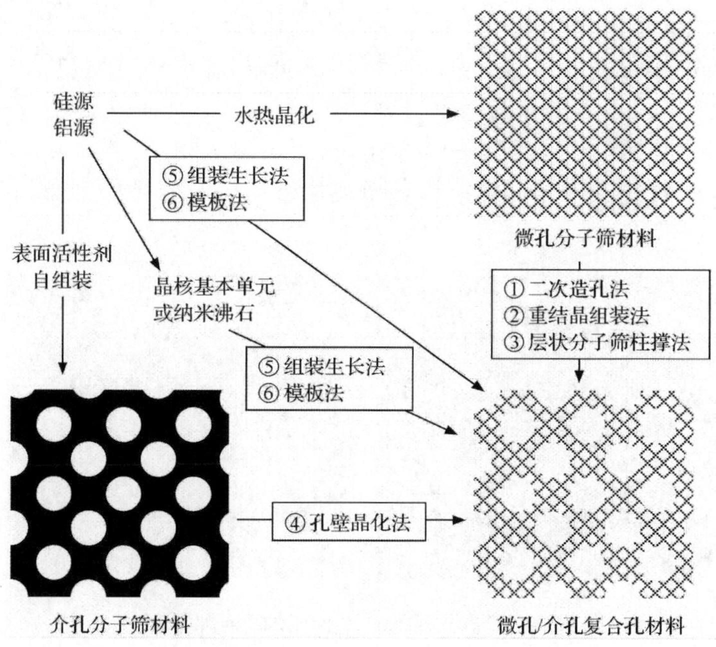

图 3-12　微孔/介孔复合孔材料合成路线、方法示意图

3.4.1　二次造孔法

二次造孔法是最早也是目前应用最广泛的一种方法，它一般是通过水蒸气、酸、碱和其他化学试剂[$SiCl_4$、EDTA、$(NH_4)_2SiF_6$或H_2O_2]等对微孔分子筛材料进行处理，造成微孔晶体骨架中硅、铝、钛、硼等原子的脱除和局部的破坏，从而在微孔晶体内形成不规则的介孔孔洞。

3.4.1.1　脱铝法

高温脱铝法是较常见的一种方法：沸石分子筛经过高温焙烧，有部分铝会从分子筛骨架中脱除，形成超骨架铝[45]，然后通过温和的酸洗（硝酸、盐酸、硫酸、乙二酸、柠檬酸等）可将超骨架铝溶解出来[46]，在分子筛结构中超骨架铝脱除的位置即可形成介孔[47]。此外，由于骨架的脱铝，还会造成骨架硅铝比的升高。

高温水蒸气脱铝法是一种简易的在工业上得到应用的产生晶内介孔的方法，它比高温脱铝法更有效，产生的介孔更多。相关的文献报道中，研究 Y、USY 和 ZSM-5 沸石的最多[48]。水蒸气的温度一般在 500℃以上。在高温水蒸气作用下，分子筛骨架中 Si—O—Al 键会水解破坏，造成局部的结构破坏和缺陷，最后通过酸洗可将超骨架铝溶出，形成约 5～50nm 的介孔孔洞，孔洞形状多为球形或柱状（图 3-13）。最开始人们将沸石分子筛用水蒸气或酸处理时发现：在脱除铝原子的同时也能在微孔晶体中产生一些介孔。这些介孔孔洞在一定程度上可促进分子扩散，并可以提高催化性能。这种方法操作比较简单，产生的效果也很明显，在工业上得到了应用。但是这种方法只限制于特定结构的分子筛，大多数是硅铝比较低的分子筛，如 Y 型分子筛。该方法生成的介孔孔洞不均匀，并且较难控制孔洞的大小和分布，另外还会带来晶体结构和超笼被破坏以及连锁的部分活性位被破坏等问题。

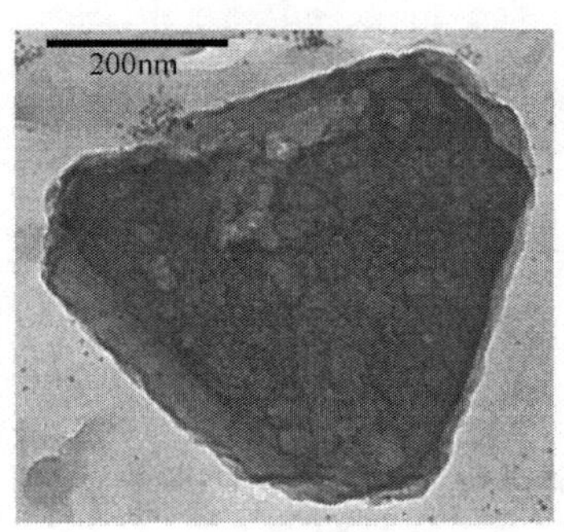

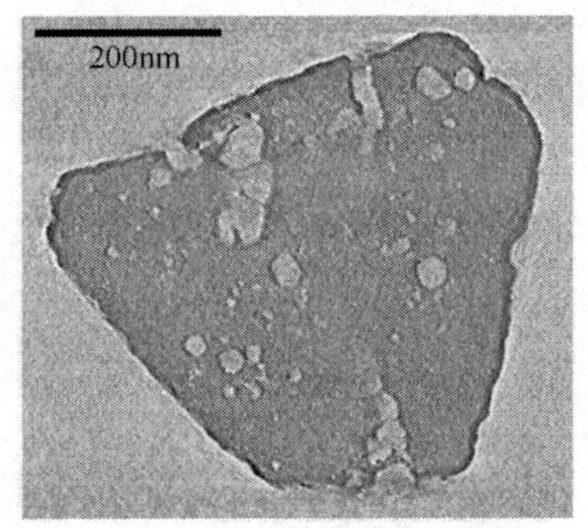

图 3-13 二次孔制造技术合成的 HMVUSY[48]

Y 型沸石分子筛是工业流化床催化裂化（FCC）催化剂的主要组分之一，主要用于重油组分的催化裂化。Nace 等[49]研究表明，重油大分子到达 Y 型分子筛微孔存在扩散限制，因此，通常催化剂中需含有一部分无定形组分，使大分子预先裂解成较小的分子。另外，为了进一步提高分子扩散性能和防止原料中重金属或大分子覆盖或阻塞微孔孔道，还要求 Y 型分子筛晶粒中包含一定量的介孔。工业上通过水蒸气脱铝的方法在 Y 型沸石晶体内产生一些介孔。研究表明，介孔的存有利于分子扩散传质速率提高，这不仅可以提高整个催化裂化的速率[50]，而且实验发现催化剂的失活速度也减缓了[51]。Hakuli 等[52]发展了测量扩散性能的方法，并发现随着催化剂扩散性能的提高，FCC 过程的催化转化率和汽油产率提高了、油浆产率减少了（图 3-14）。另外，Corma 等研究发现[53]，介孔化的 Y 型沸石分子筛对小分子（如正庚烷）的催化裂化没有优势，但对大分子（如蜡油）的催化裂化性能有较大提高。Sato 等[54]和 Falabella 等[55]也发现，介孔 Y 型沸石对三苯甲烷或

1,3,5-三异丙苯等大分子的裂化活性比一般的Y型沸石要高几倍。

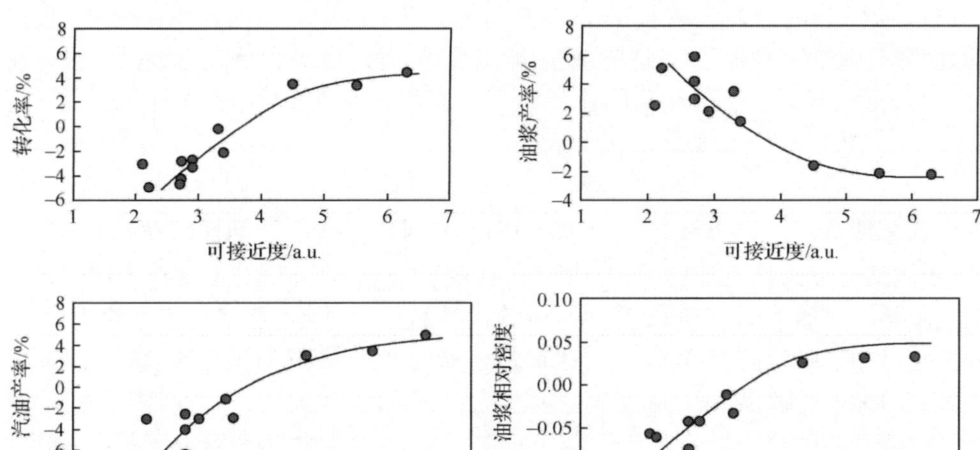

图3-14 FCC催化剂性能与扩散性能的关系[52]

此外,据报道,精细化学品3,4-二甲氧基苯乙酮的工业合成中也应用了脱铝法合成的介孔Y型分子筛[56]。杜邦公司研究发现,脱铝法合成的介孔Y型分子筛也是芳基聚酮单体1,4-二(4-苯氧基苯甲酰基)苯的高选择性催化剂[57]。Hölderich等[58]研究报道了酸脱铝合成的介孔Y型分子筛用于蒎烯异构化液相催化反应,结果显示介孔Y型分子筛比常规Y型分子筛活性高得多。Beer等发现[59],Beta或Y型分子筛的苯甲醚与辛酸酰化反应的性能可通过优化分子筛Si/Al比和提高介孔化程度来实现。Camblor等发现[60],对于葡萄糖的乙酰化制烷基多糖苷反应,介孔Beta分子筛能提高其产物选择性。

丝光沸石分子筛在工业上用于苯和丙烯制异丙苯,Pt负载后可用于烷烃的加氢异构。但是由于其孔道为十二元环的直孔道,非常容易失活,因此工业上都需要将丝光沸石进行深度酸处理或水蒸气处理,以提高其活性和稳定性。研究表明[61],其催化性能提高的原因中除了酸性活性中心的酸强度提高、酸量减少外,另一个重要原因是酸处理或水蒸气处理使分子筛结构脱铝,并产生许多介孔,而这些介孔连通了十二元环的直孔道,使得分子扩散性能大大提高,另外介孔的存在使催化剂的容碳能力也得到提高。

除了水蒸气和酸,其他化学试剂,如$SiCl_4$、EDTA[62]、$(NH_4)_2SiF_6$[63]或H_2O_2等,也可用于微孔分子筛骨架金属原子的脱除。用$SiCl_4$脱铝常用于Y型沸石[64],也有BEA[65]、MOR[66]、ZSM-5[67]沸石的报道,用$SiCl_4$作脱铝试剂有时会出现脱铝后并不产生介孔的情况,因为它在脱铝的同时有补硅的作用,硅原子会取代脱除的铝原子。用$(NH_4)_2SiF_6$作脱铝试剂也有类似的硅沉积问题，该试剂的破坏作用很大，有时会造成结构较大的破坏，外比表面积和微孔孔容都有较大幅度降低，而介孔数量也不多[68]。此外，采用类似脱铝的方法，对含钛或含硼的分子筛用H_2O_2或酸处理的方法可在钛硅分子筛[69]或硼硅分子筛晶粒中产生介孔。

3.4.1.2 脱硅法

在碱性条件下（如 NaOH、Na_2CO_3溶液）处理沸石分子筛同样也能产生一些介孔，不同的是此条件下硅原子被选择性地溶解了[70]，而同时微孔结构得到一定程度的保持。实验表明：经碱处理的分子筛样品的比表面积和孔容均有所增大，并且随着处理用的碱浓度的增加，其比表面积逐渐增大；分子筛的微孔比表面积及微孔孔容却呈减小的趋势，说明碱处理破坏了分子筛的部分微孔；碱处理以后，分子筛的外比表面积及分子筛的介孔孔容有了明显增大，说明微孔遭到破坏的同时形成了一部分介孔。脱硅法除了产生介孔外，还会由于脱硅作用造成骨架硅铝比的降低。值得一提的是，沸石分子筛结构中骨架铝对硅原子有保护其免受氢氧根离子进攻的作用，即不同硅铝比沸石分子筛的耐碱性是不同的，由于铝元素的分布不均匀，碱能选择性地腐蚀铝元素含量低区域的硅。例如，对于 ZSM-5 来说，硅铝比高（Si/Al＞200）的沸石耐碱度低，碱处理容易造成结构大范围的破坏而形成较大的孔；反之，硅铝比降低（Si/Al＝25～50），沸石耐碱度提高，则碱处理脱硅形成相当数量的介孔；但硅铝比过低（Si/Al＜15），则不易脱硅产生介孔（图 3-15）。当然，该

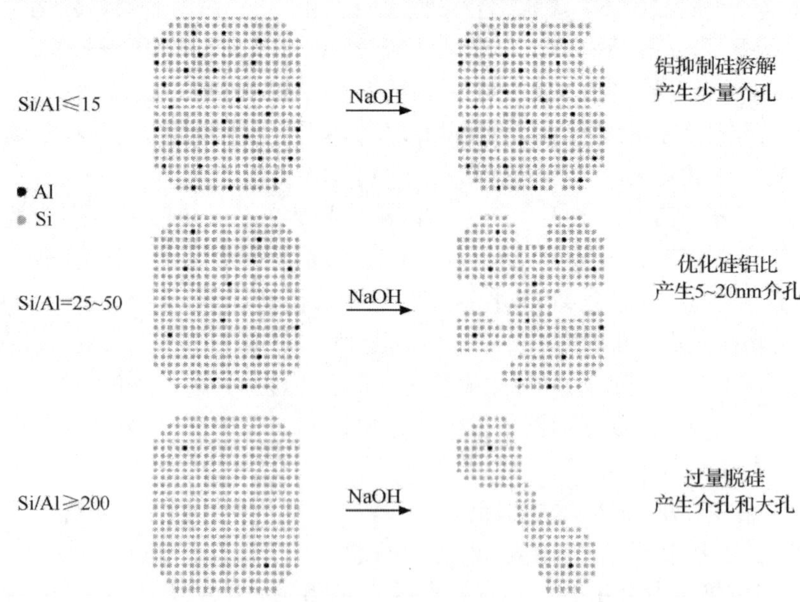

图 3-15 碱处理脱硅法作用于不同硅铝比 ZSM-5 沸石分子筛产生的效果示意图[71]

过程还与碱的种类、浓度、碱处理温度和时间以及沸石分子筛的种类等因素有关。因此，要通过碱处理法获得介孔数量多且结晶度保持度高的多级孔分子筛需要仔细地控制好合成条件。

中国石油大学申宝剑研究组[72]研究了用碱处理脱硅法合成的介孔 ZSM-5 沸石在大庆重油原料裂解反应中的催化性能，发现碱处理后得到的介孔沸石对轻质烯烃的产率尤其是丙烯的产率有一定提高。

另外，碱处理除了用 NaOH、KOH、Na_2CO_3等无机碱性试剂外，也有用有机季铵碱(如 TPAOH、TBAOH 等)作为碱处理试剂的研究报道。与无机碱性试剂相比，有机季铵碱的碱性弱，碱溶出作用弱且选择性溶硅作用差，所以碱处理过程需要高温和更长的时间，并且只对高硅铝比的分子筛有效。因此，有机碱在使用过程中通常都与无机碱混合使用，用于调控介孔的大小和数量等。

此外，由于有些沸石分子筛结构中铝是梯度分布的(晶体中间区域的铝含量低，而近表面的外层铝含量高)，因此，通过碱处理方法还可以得到空心结构的微孔/介孔沸石分子筛(图 3-16)[73]。另外研究发现，该空心结构的微孔/介孔沸石分子筛对异丙苯裂化和蒎烯异构化反应的催化活性有较大提高。

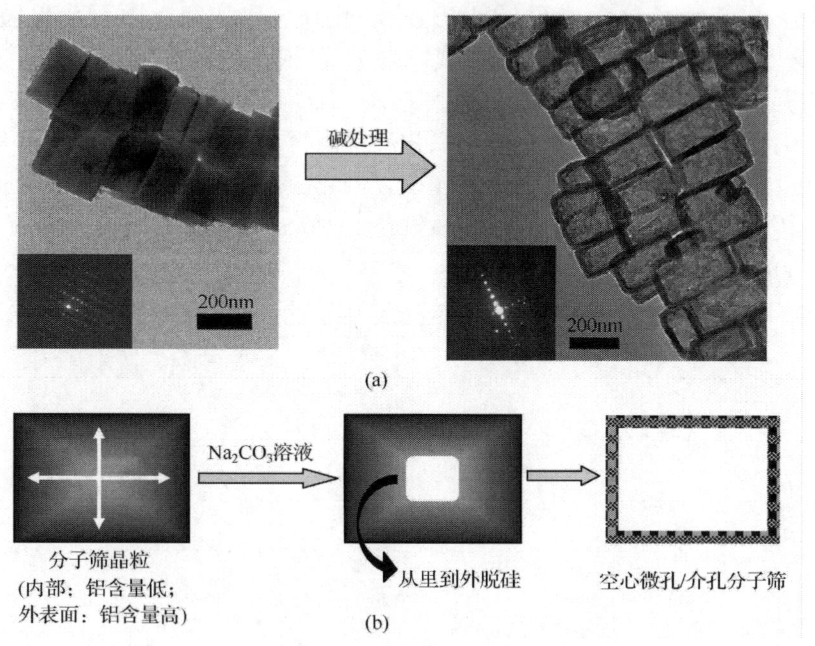

图 3-16　碱处理法合成空心微孔/介孔分子筛[73]

(a) 碱处理前后 TEM 表征对比；(b) 合成示意图

石科院林民等[74]在创建钛硅分子筛配方模型和研究硅酸酯水解规律、钛硅分子筛晶化规律的基础上，发明了重排工艺处理方法，合成了具有新颖空心构型的钛硅分子筛 HTS 分子筛(图 3-17)。该方法将钛硅分子筛中间体活化后，在有机胺类碱性化合物和表面活性剂等助剂水热作用下脱硅，并重新结晶，同时促使分子筛中硅钛羟基进一步缩合，形成 Si—O—Ti 键。这个过程不仅增加了四配位骨架钛活性中心的数量，同时形成有利于反应分子扩散的晶内空心结构，是一种在晶粒上扩孔(二次孔)的新方法。

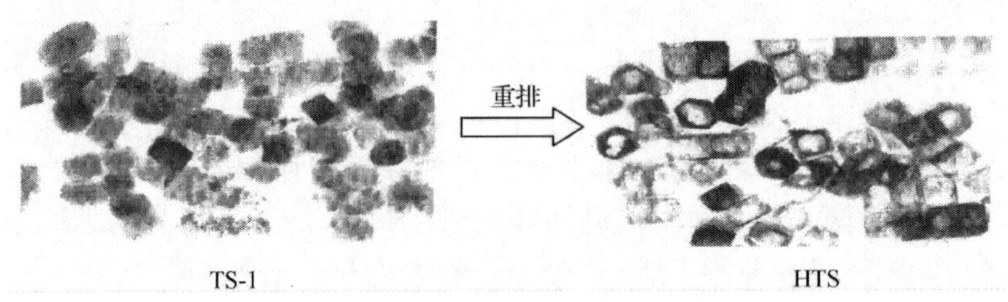

图 3-17　重排工艺处理方法合成空心钛硅分子筛 HTS

与常规钛硅分子筛(TS-1)相比，HTS 型分子筛在催化氨氧化环己酮为环己酮肟过程中，表现出反应条件温和、活性高、稳定性好和无污染物产生的特点(图 3-18)，属于绿色化学过程。HTS 型分子筛产品已经在中石化巴陵分公司 600t/a 环己酮氨氧化为环己酮肟中试装置上成功工业试用。分析其催化效果好的原因，是因为重排工艺生产的空心钛硅分子筛 HTS，具有晶内空心结构和较多的骨架钛活性中心，而对于液相催化氧化反应而言，内扩散是影响反应速率的主要因素，由于加快了反应分子的内扩散速率，从而提高了反应速率；另外，较多的骨架钛活性中心提高了催化氧化活性。活性中心和晶内空心的共同作用，导致 HTS 具有优异的催化氧化性能。

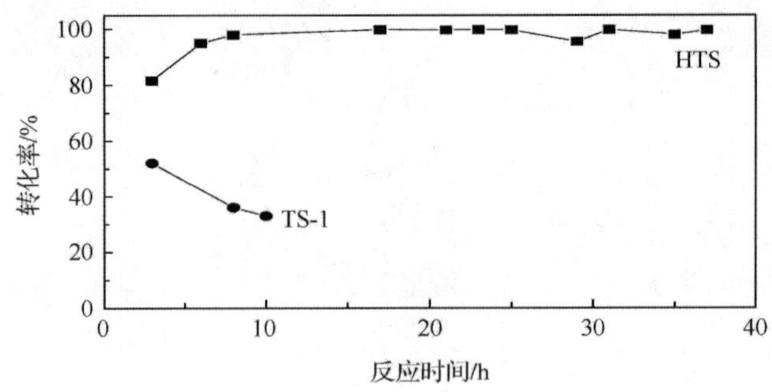

图 3-18　TS-1 与 HTS 对环己酮氨氧化制肟反应催化评价比较

3.4.1.3　其他二次造孔法

此外，金属颗粒烧蚀也是一种二次造孔法。Kato 等[75]将 Pt 担载的 ZSM-5 在近似汽车尾气组成（0.11%～1.75% CO，0.03%～0.11% C_3H_6，0.19%～0.23% NO，0.03%～2.52% O_2，15% CO_2，3.0% H_2O，在 N_2 中）的气氛中于800℃温度下处理 100h 后，发现沸石表面的 Pt 纳米粒子会烧蚀并贯穿沸石晶体内部，并且于烧蚀的轨迹上形成介孔（图 3-19）。据推测，Pt 纳米粒子所起的作用可能是催化还原，与 Pt 纳米粒子接触的沸石基体会在 Pt 纳米粒子的催化作用下还原为 SiO_2 气体而被烧蚀，形成介孔。另外，也有其他一些方法通过产生贵金属颗粒而在沸石晶体内产生介孔的报道[76]，由于该方法不常用，在此不再赘述。

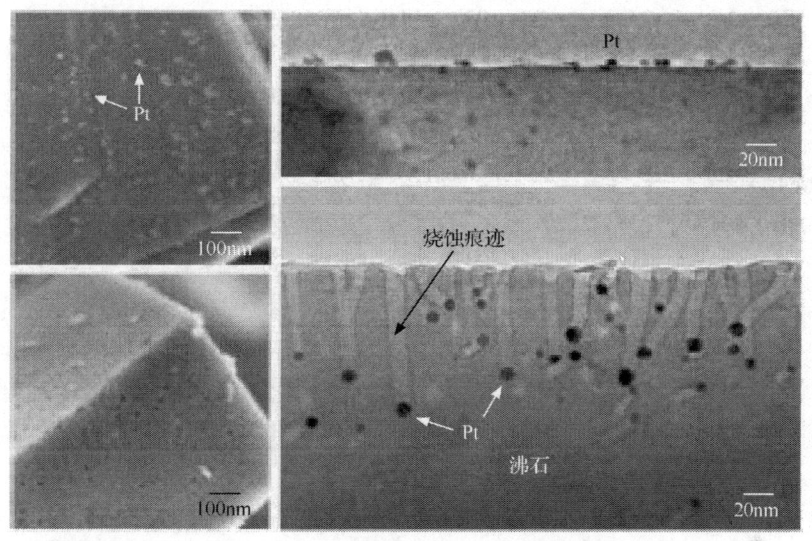

图 3-19　Pt/ZSM-5 在催化还原过程中金属颗粒烧蚀制造二次孔[75]

3.4.2　重结晶组装法

Ivanova 等[77]首先发明了重结晶组装法，即将微孔分子筛加入到含有表面活性剂（如十六烷基四甲基溴化铵，CTAB）的碱性溶液（如 NaOH、TMAOH 或氨水）中晶化，则微孔分子筛首先在碱性试剂作用下部分脱硅溶解，随后在表面活性剂和碱性结构导向剂的作用下重新结晶并组装形成微孔/介孔复合孔材料（图 3-20）。他们随后又研究了 Beta 分子筛的晶化组装得到 Beta/MCM-41 复合孔分子筛，发现随着 NaOH 溶液浓度提高，介孔数量有所增加，而其 Brönsted 酸的强度和数量有所降低而 Lewis 酸的数量增加[78]。Wang 等[79]将丝光沸石在含 CTAB 的碱性溶液中低温水热处理，得到了包含丝光沸石基本单元的微孔/介孔复合孔材料，并且发现其水热稳定性和酸性均得到了提高。Ying 和 Garcia-Martinez 等[80]的专利报道中发展了该方法，在更浓的体系晶化组装 FAU、MOR 和 MFI 等微孔/介孔分子筛。

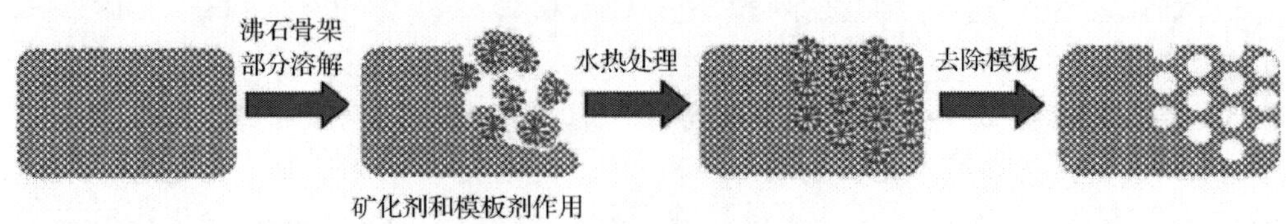

图 3-20 重结晶组装法示意图[77]

3.4.3 层状柱撑法

层状柱撑分子筛[81]是分子筛催化剂中的一类重要材料，它是将黏土或层状分子筛(磷酸铝、MCM-22 等)等的单层结构用有机物撑开后，将无机物填塞其中制备得到。该类材料合成与催化的研究已经有二三十年历史，有些催化剂已经应用于工业催化[82]。

20 世纪 90 年代初，MCM-22 类沸石分子筛的发现[83]为该领域注入了新的活力。MCM-22 属于 MWW 型层状结构[84]，层内包含二维、正弦、交叉十元环椭圆形孔道系统(孔道自由直径 0.41nm×0.51nm)，层间为十二元环超笼(孔道自由直径 0.71nm×0.71nm×1.82nm)，与传统沸石分子筛不同的是，它的表面存在较大的孔穴[85]。由于该类分子筛具有特殊的结构、微孔率高、水热稳定性好以及温和的酸性，因此该类材料对烷基化、甲苯歧化、芳构化等许多反应都具有优异的催化性能[86]。

将新合成的 MCM-22 沸石用长链有机胺或表面活性剂溶胀后，加入 TEOS、TBOT 或磷酸锆等水解形成无定形的“柱子”，可以得到层状柱撑分子筛 MCM-36 (图 3-21 和图 3-22)。该材料层内为微孔结构，层间为介孔结构，因此 MCM-36 也

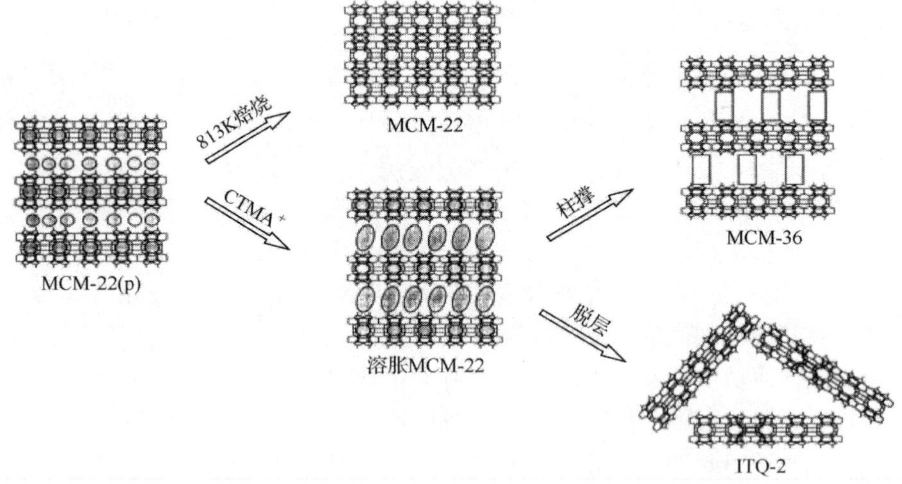

图 3-21 由 MCM-22(p)合成 MCM-22、ITQ-2、MCM-36 的示意图[88]

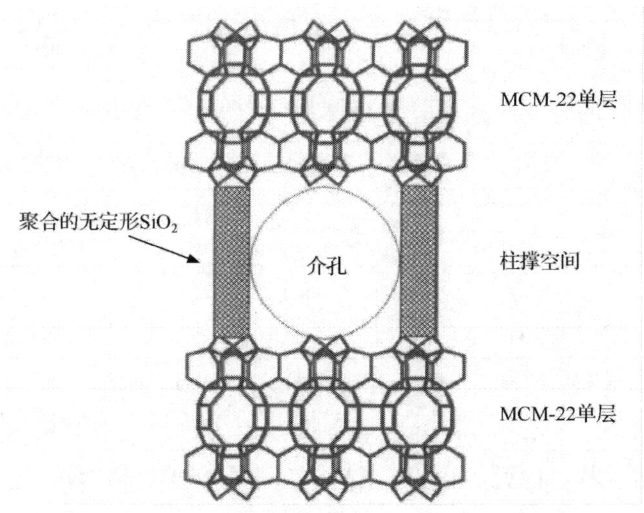

图 3-22　MCM-36 结构示意图[89]

属于一种微孔、介孔复合的材料[87]。

上海石油化工研究院高焕新等发明了有机硅原位分层的方法[90]，即在 MWW 分子筛合成过程中加入有机硅烷试剂，在生长过程中 MWW 晶粒由于表面原位硅烷化限制了层状分子筛在垂直方向上的生长，而只是保持单层结构，随后这些片状晶粒继续二维生长，形成鸟巢状的大孔/介孔复合孔结构(图 3-23)，称为 SRZ-21 分子筛。表 3-2 给出了以 SRZ-21 为催化剂，催化丙烯和苯的液相烷基化制异丙苯的反应结果。研究发现，与常规 MCM-22 相比，使用 SRZ-21 催化剂获得的异丙苯

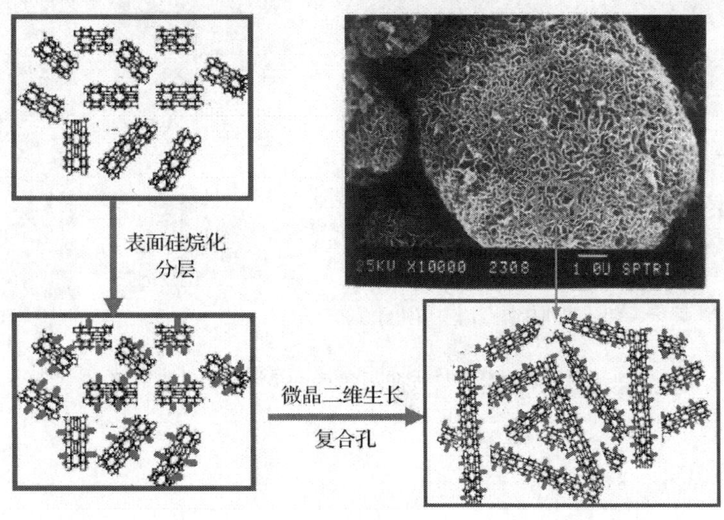

图 3-23　有机硅原位分层法合成具有稳定层状 MWW 结构的多级孔 SRZ-21 分子筛

产物的收率提高 2.55%，苯的转化率也有提高，此外，催化剂稳定性也有较大提高。该催化剂性能的提高应与大孔/介孔复合孔结构有很大关系，尤其是对于液相催化反应，复合孔的存在对液相分子在催化剂内部的扩散传输是有很大帮助的。

表 3-2　SRZ-21 用于丙烯和苯液相烷基化制异丙苯的催化性能

催化剂	产物分布/%				丙烯转化率/%	异丙苯选择性/%（摩尔分数）	正丙苯/ppm①
	苯	异丙苯	二异丙苯	三异丙苯			
SRZ-21	57.72	37.34	4.63	0.35	100	91.13	74
常规 MCM-22	59.0	34.79	4.63	0.78	100	89.85	60

注：苯和丙烯的物质的量比 2.5，丙烯质量空速 $5.2h^{-1}$，反应温度 170℃。

一般来说，对于 ZSM-5 分子筛，通常方法合成得到的晶粒的三维尺寸相差不大，很难合成出片状、针状的形貌。最近，韩国科学技术院 Ryoo 教授研究组报道了采用双功能表面活性剂 $C_{22}H_{45}$-$N^+(CH_3)_2$-C_6H_{12}-$N^+(CH_3)_2$-C_6H_{13}（简称 C_{22-6-6}），它的双头季铵盐基团可引导微孔形成，而长的碳链基团则限制沸石晶体生长，合成得到厚度只有一个晶格单位的微孔沸石纳米层（图 3-24）[91]。将此沸石纳米层采用层状柱撑的方法，可获得微孔/介孔复合孔材料[92]。他们考察了该多级孔 ZSM-5 纳米片在甲醇脱水制汽油反应的催化性能，结果发现其寿命是常规 ZSM-5 沸石的 3～4 倍。进一步研究发现，多级孔 ZSM-5 纳米片由于多级孔的存在，其微孔外部的碳容量比常规 ZSM-5 沸石高得多，而微孔内积碳量却很少。

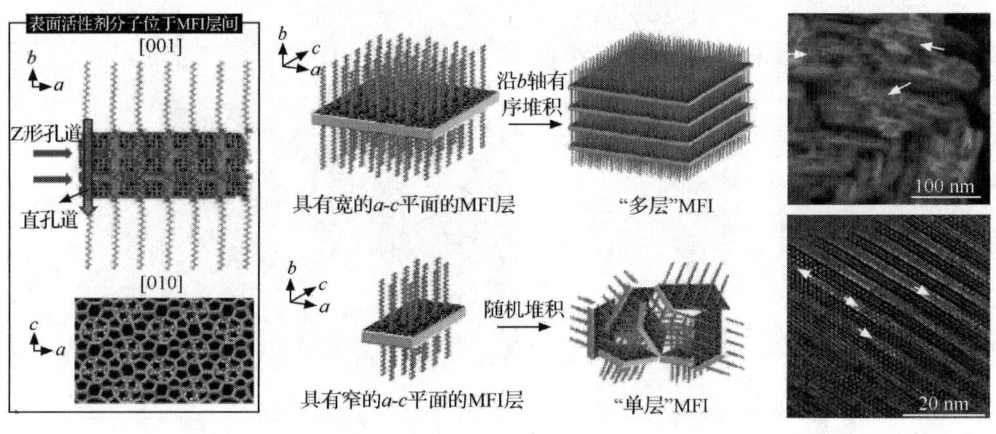

图 3-24　采用双功能表面活性剂合成的 MFI 沸石纳米层（片）[91]

① ppm，量级为 10^{-6}。

3.4.4　介孔分子筛孔壁晶化法

20 世纪 90 年代，以 MCM-41 为代表的介孔材料的出现，引起了工业界和科学界的轰动，人们似乎看到了大分子催化的曙光。然而，这类材料在提供人们期望的规整介孔的同时，也暴露出了孔壁呈无定形的特征以及与其伴生的大量表面硅羟基存在的先天弊病，结果导致其结构和酸性的水热稳定性较差，因此较难用于实际的工业催化过程。尽管研究人员设法通过掺铝、提高墙体聚合度或其他后处理改性等方法来改进，但效果不甚明显。因此，许多研究人员就设想是否可将介孔分子筛的孔壁晶化，以获得微孔/介孔复合孔材料。

孔壁晶化法是利用合成微孔的有机模板剂（如 TPAOH、TEAOH 和 TPABr 等）的结构导向作用，或引入晶种诱导，使介孔材料的无定形孔壁发生晶化。

3.4.4.1　引入有机胺模板剂诱导孔壁晶化

Kloetstra 等[93]首次报道将有机模板剂 TPAOH 浸渍到焙烧后的介孔 MCM-41 孔道中，然后通过水热或水蒸气转化，使孔壁部分晶化得到 PNA-1 和 PNA-2。一般来说，在介孔孔道、表面或墙体内均有沸石纳米晶存在。由于合成过程一般在强碱或高温条件下进行，加上介孔孔壁较薄，所以一旦孔壁晶化，介孔孔道就会很快变形或坍塌，其比表面积随沸石相的形成而迅速减小，当能检测到明显的微孔分子筛的 XRD 谱峰时，介孔材料最终变为沸石纳米晶体的聚集体。

Do 等[94]报道了在介孔前驱物中引入 TPAOH 进行晶化，从而形成具有半结晶态的类沸石骨架的介孔材料 UL-ZSM-5 和 UL-TS-1。与 PNA-1 和 PNA-2 不同的是，UL-ZSM-5 和 UL-TS-1 的孔壁中含有沸石纳米晶体颗粒，它们包埋在连续的无定形基质中一起构成了半结晶态的孔壁，而介孔材料的孔结构仍然保留着。

有的研究人员以结构更加稳定、孔壁更厚的介孔 SBA-15 分子筛为前驱体[95]，采用更低的反应温度和甘油等溶剂[96]，以限制沸石的晶化速度和墙体的溶解速度，对该方法进一步改进，取得了一定的效果。

此外，为了保持晶化后介孔的孔道，Fang 和 Joo 等[97]还通过采用先将介孔孔道中的有机物裂解碳化后形成孔结构支撑，再将介孔分子筛孔壁进行晶化的方法来提高介孔的保持度。

除了对有序的介孔分子筛墙壁晶化外，Majano 等[98]对无序介孔分子筛进行晶化研究，并结合孔道浸渍糖类等碳水化合物后裂解碳化的方法，合成得到具有介孔特征的沸石纳米晶聚集体。

3.4.4.2　引入晶种诱导孔壁晶化

将沸石晶种的胶体溶液或前驱体溶液浸渍到介孔分子筛孔道中，然后高温晶化处理可得到墙壁半晶化的介孔/微孔分子筛。

Do 等[99]最早报道了将沸石纳米簇(ZSM-5、Y)涂覆于介孔分子筛(SBA-15、MCF)孔壁表面，然后水热晶化，得到孔壁含沸石纳米微晶的介孔材料。在晶化过程中介孔骨架很好地保留下来。此法可使介孔分子筛的酸强度和水热稳定性大大提高(20%水蒸气，800℃处理 2h，结构基本不变)，同样是由于介孔孔壁具有了微孔分子筛的特性。

3.4.5 组装生长法

组装生长法是指在一个合成体系中同时加入诱导沸石晶化的小分子有机模板结构导向剂和诱导介孔形成的表面活性剂，两种模板同时作用，最终合成出介孔/微孔分子筛。

3.4.5.1 直接组装生长

根据模板剂的用法和晶化过程的连续性，分为单模板一步合成法[100]、单模板二步合成法[101]和双模板二步合成法[101-105]。原位合成中采用了添加不同模板剂和/或控制不同反应时间和温度的技术，来实现微孔沸石和介孔材料两者的复合，产物中两种材料或呈包覆结构，或呈镶嵌结构，或为两者的聚集体。一般来说，在低温(60～120℃)长链烷基季铵盐的导向下生成介孔材料；在较高的温度(120～180℃)，添加短链烷基季铵盐或者沸石引导剂有利于生成微孔沸石。在双模板二步合成中，可以采用先低温后高温的模式[102,103]，也可以采用相反的模式，即先高温后低温[104]，还有在同一温度下分阶段晶化。例如，Prokesova 等[105]在 100℃下将 β 沸石的前驱体溶液晶化 3 天，然后取出冷却到室温，立即与新鲜制备的 MCM-48 的前驱物溶液混合，再在 100℃下晶化 8～11 天，得到平均半径为 110～140nm 的微孔/介孔复合分子筛材料。

复旦大学 Huang 等[106]发展了两步晶化方法，为了增强无机物种与小分子有机模板剂及表面活性剂的相互作用，首先将小分子有机模板剂与无机物种在较低的温度(100℃)和较低的酸度(pH＝11)的条件下晶化 2 天，合成出规整的介孔材料 MCM-41；然后在较高的温度(125℃)和较高的酸度(pH＝9.5)下进行第二步晶化，在其孔壁上生长出 ZSM-5 微孔相，得到 ZSM-5/MCM-41 复合孔分子筛。该晶化时间控制比较重要，晶化时间过长则 ZSM-5 晶粒长大，三维介孔结构转变为层状结构导致介孔减少。

3.4.5.2 利用沸石前驱体或晶核的组装生长

该法是先培养出沸石的初级和次级结构单元，然后利用硅铝纳米簇与表面活性剂胶束进行自组装，从而形成孔壁含有沸石结构单元的介孔结构材料。Pinnavaia 研究组[107]首先实践了这一思想，他们利用 FAU 沸石、ZSM-5 沸石或 β 沸石晶种溶液与 CTAB 胶束自组装成功制备出具有六方介孔结构的 MSU-S 复合材料。其中，由 FAU 沸石晶种溶液组装的材料具有较好的水热稳定性和强酸性，经 800℃水热处理后仍保持 90%的表面积和 75%的骨架孔容。

吉林大学肖丰收研究组[108]报道了 β 沸石和 L 沸石初级和二级基本结构单元的硅铝纳米簇在碱性条件下与 CTAB 胶束的自组装，从而制备了具有规则介孔结构的 MAS-5 和 MAS-3 分子筛，显示出很好的水热稳定性和类似沸石的酸强度。XRD 表征结果表明 MAS-5 分子筛在 800℃下水蒸气处理 2h 和沸水中煮 300h 后仍然是稳定的。随后他们又报道了在酸性条件下，分别利用 ZSM-5 导向剂、β 沸石导向剂、L 沸石导向剂与三嵌段高分子共聚物 P123 自组装制备了六方介孔结构的分子筛材料 MAS-7、MAS-8 和 MAS-9[109]。同样，MAS-7、MAS-8 和 MAS-9 也显示出高水热稳定性和强酸性的特征。另外，他们还在酸性体系中利用 TS-1 纳米粒子与 P123 三嵌段高分子共聚物自组装，制备出高水热稳定性的具有六方介孔结构的钛硅分子筛 MTS-9[110]，并且 MTS-9 在 2,3,6-三甲基苯酚羟基化反应中显示出较高的活性(18.8%)。而 Ti-MCM-41 和 TS-1 的活性都很低，前者是由于无定形孔壁中的 Ti 物种不活泼，后者是由于孔径狭小(TS-1 的孔径为 0.55nm，而 2,3,6-三甲基苯酚的直径远超过 0.55nm)。可见，利用沸石纳米簇在表面活性剂胶束导向下自组装形成的复合材料，结合了微孔沸石与介孔材料的优点，即同时具有较高的酸强度和较大的孔径，因此在大分子的催化反应中具有明显的优势。

此外，郭万平等[111]通过控制结晶时间，得到了同时含有 β 沸石微晶和 β 沸石次级结构单元的硅铝酸盐凝胶，随后在其中加入表面活性剂 CTAB，通过凝胶在表面活性剂周围的自组装形成介孔材料，其中凝胶中含有的 β 沸石次级结构单元被引入到介孔分子筛的孔壁中，而 β 沸石晶体与孔壁含沸石结构单元的介孔结构材料共存。Goto 等[112]报道了利用微孔沸石为硅铝源合成了微孔/介孔复合分子筛。阚秋斌等[113]也利用 β 沸石初级结构单元和 CTAB 自组装合成了孔壁含沸石结构单元的六方介孔材料 HMB。上海硅酸盐研究所李永生等[114]利用沸石前驱体溶液与表面活性剂自组装合成出了立方相介孔空心球，其水热稳定性较高。

以上合成过程中，虽然由于沸石前驱体或晶核由于尺寸很小无法用 XRD 检测出来，但它可以用透射电镜(TEM)、动态光散射(DLS)、X 射线小角散射(SAXS)等表征手段研究和证实，Kirschhock 等对该合成机理进行了研究(图 3-25)[115]，Tosheva 等综述了这方面的研究进展[116]。

3.4.5.3　利用微孔沸石的组装生长法

该法将微孔沸石加入到制备介孔材料的反应混合物中，从而实现两种材料的复合生长。根据实现两种材料的复合时所采用方式的不同，可分为离子交换

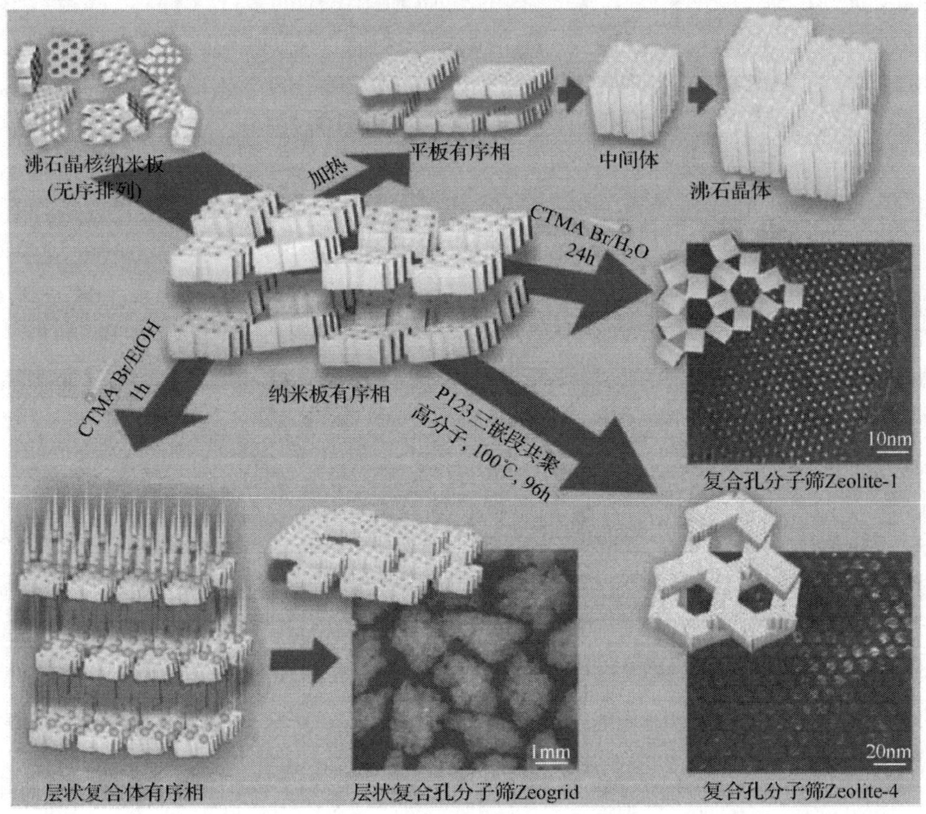

图 3-25　以沸石前驱体或晶核为结构单元合成微孔/介孔复合孔分子筛[115]

法[20]、静电匹配法和包埋法(或滚雪球法)[117]等。

Kloetstra 等[20]将预先制备好的 NaY 或 NaX 用十六烷基三甲基氯化铵溶液交换后，加入到制备介孔材料 MCM-41 的新鲜凝胶中搅拌，水热合成得到 FAU/MCM-41 复合分子筛。申宝剑等[26]将常规合成的沸石分子筛直接加入或加水打浆后加入到合成介孔分子筛的反应母液中，然后水热晶化得到多级孔的复合分子筛。

中国石油大学鲍晓军研究组等[118]开展了更复杂复合体系的研究，他们首先将高岭土晶化得到 Kaolin/NaY 的复合物，然后将其与表面活性剂进行离子交换，再加入 MCM-41 的合成体系中，与表面活性剂进行组装和水热晶化，得到 Kaolin/NaY/MCM-41 复合产物，该产物具有微孔、介孔和大孔多级孔复合结构(图 3-26)。他们考察了其重油裂化催化性能，结果发现比其物理混合物(Y-MCM-41-Kaolin)、无介孔的样品(Y/Kaolin 和 Y-Kaolin)和无大孔的样品(Y/MCM-41)的汽柴油产率都高、干气生成量和积碳更少(表 3-3)，催化性能的优越性应归功于其多级孔道体系分子扩散性能的提高。

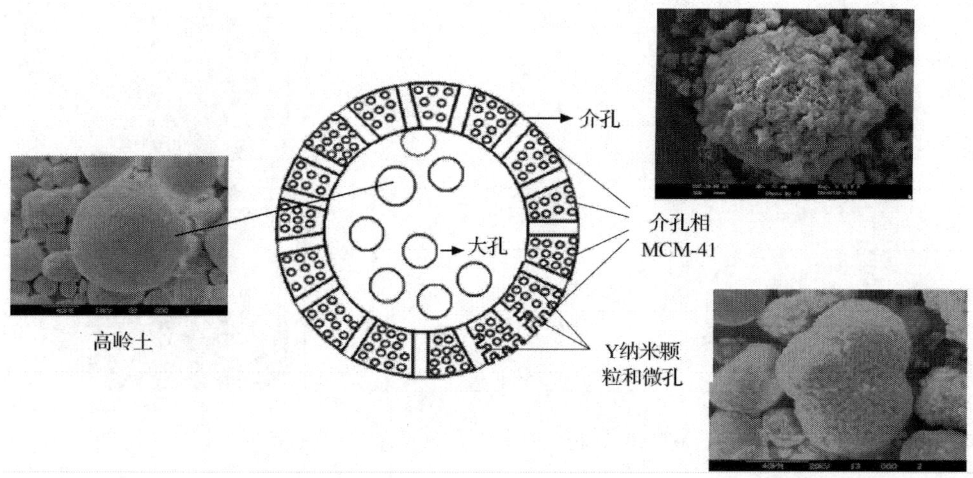

图 3-26　Kaolin/NaY/MCM-41 复合产物的三级孔道结构及其示意图[118]

表 3-3　大孔/介孔/微孔复合分子筛与相关对比样品的重油催化裂化性能对比[118]

样品	产物产率/%(质量分数)						
	干气	液化气 C_3+C_4	汽油	柴油	HCO	积碳	汽油+柴油
Kaolin/NaY/MCM-41	1.5	10.8	43.8	30.6	6.4	6.9	74.4
Y/Kaolin	2.5	12.9	39.6	28.5	7.9	8.7	68.1
Y-Kaolin	2.7	13.1	40.8	28.4	6.6	8.4	69.2
Y/MCM-41	1.9	12.1	43.2	29.4	7.3	6.1	72.6
Y-MCM-41-Kaolin	2.2	13.5	41.8	29.3	6.0	7.2	71.1

石科院周继红等采用原位晶化合成的方法，在高温焙烧处理后的高岭土晶粒上原位生长 NaY 分子筛，得到了双孔结构 Y 型分子筛复合材料[119]，它含有丰富的二级孔道，可有效改善和优化催化剂的孔道结构(图 3-27)。该新型催化剂表现出良好的活性、重油裂化能力和焦炭选择性，具有较优的汽油选择性和高轻质油收率。该催化剂在湛江东兴石油化工有限公司 500kt/a 重油催化裂化装置上的工业应用结果表明，与常规 Y 型分子筛催化剂相比，该催化剂在原料掺渣率提高 4.57 百分点，大于 500℃馏出率增加 2.7 百分点，残炭提高 0.43 百分点的情况下，具有优异的焦炭选择性和重油转化能力，油浆产率降低了 0.24 百分点，焦炭产率相当，总液体收率增加了 0.30 百分点，其中汽油收率提高了 4.16 百分点(表 3-4)。

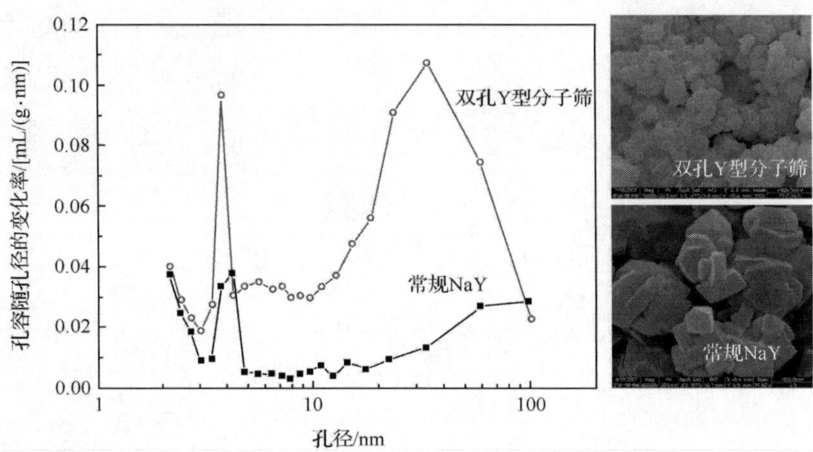

图 3-27　双孔结构 Y 型分子筛复合材料与常规 NaY 型分子筛的孔径分布与晶粒形貌

表 3-4　双孔结构 Y 型分子筛复合材料与常规 NaY 型分子筛催化剂工业应用结果对比

催化剂	常规 NaY 型分子筛	双孔结构 Y 型分子筛	差值
混合原料组成/%			
减压渣油	16.91	21.48	+4.57
减四	46.35	41.18	
加氢尾油	36.74	37.34	
产品分布/%			
H_2S	0.16	0.19	+0.03
干气	3.87	3.73	−0.14
液化气	19.09	18.23	−0.86
汽油	41.07	45.23	+4.16
柴油	19.53	16.53	−3.00
油浆	8.19	7.95	−0.24
焦炭	7.43	7.45	+0.02
(液化气+汽油+柴油)收率/%	79.69	79.99	+0.30

3.4.6　模板法

模板法是合成多级复合孔分子筛最常用的一类方法。它是在合成过程中加入小分子有机模板剂的同时，利用另一种介孔或大孔模板试剂的空间占位作用(或模板作用)来形成介孔或大孔。其中，模板试剂包括硬模板和软模板两类，其中硬模板为介孔碳、介孔氧化硅、纳米颗粒(纳米炭黑、纳米碳管、纳米碳酸钙等)等无机物,软模板为聚电解质、淀粉、表面活性剂、高分子、有机硅烷等有机大分子或超分子。

3.4.6.1　硬模板法

模板法最早用于微孔/大孔复合孔材料的合成,Holland 等[120]将聚苯乙烯小球排列成密堆积阵列,然后以此为模板在其模板阵列的间隙中生长纳米 silicalite-1 分子筛,烧除模板后即形成以纳米沸石为墙壁的大孔材料。

Tao 等[121]发展了该方法,采用含丰富介孔的碳气凝胶硬模板(由甲苯二酚-甲醛树脂热裂解而制得)为模板来合成微孔/介孔复合孔分子筛材料。他们将 Y 型沸石前驱体溶液或 ZSM-5 沸石前驱体溶液装入碳气凝胶硬模板中进行水热晶化,沸石纳米晶在碳气凝胶的孔中限制性生长,得到具有规整介孔结构的 Y 型 (介孔孔径为 23nm) 和 ZSM-5 (介孔孔径为 11nm)的沸石块体材料(图 3-28)。后来,他们采用甲苯二酚-甲醛树脂为模板则合成出了含介孔的 A 型沸石[122],但以酚醛树脂为模板合成的材料的介孔孔径分布较宽,平均孔径也较大。Pinnavaia 等[123]利用胶体印刻碳为模板合成出了介孔约为 13nm、22nm、42nm 和 90nm 的介孔结构的纳米 ZSM-5 材料。当然,树脂、聚合物种类很多,如密胺-甲醛树脂(melamine-formaldehyde resin)、二环氧二胺(diepoxy diamine)等一些工业上常用的树脂和聚合物,均可以用来合成类似的多级孔沸石材料,并可以通过改变这些模板的孔结构来调变多级孔材料的孔结构。

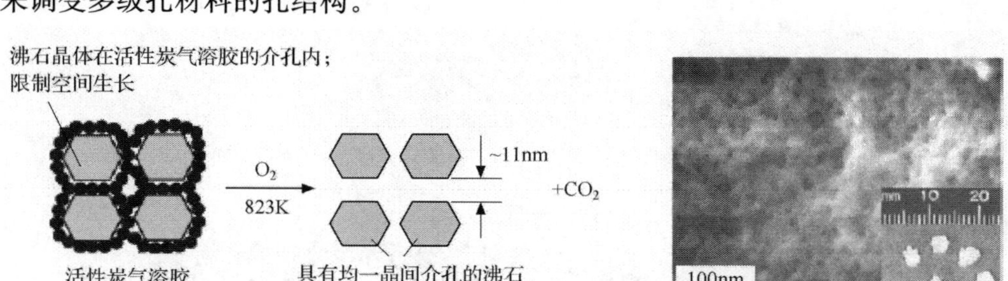

图 3-28　以碳气凝胶为模板合成 ZSM-5 沸石纳米晶块体示意图及 SEM 照片[121]

Sakthivel 等[124]和 Yang 等[125]则探索了以有序介孔碳为模板合成的沸石纳米晶块体或膜,产物具有微孔/介孔或微孔/超微孔复合的孔结构(图 3-29)。Schmidt 等[126]报道了用介孔炭黑为模板剂制备具有微孔/介孔性质的纳米 β、ZSM-5、X 和 A 型分子筛。需要说明的是,在以上合成过程中,一般要控制纳米沸石的体积小于模板的空体积,以保证纳米沸石在介孔碳模板的孔道中限制性生长,最终组成以纳米沸石构建的多级孔材料,其烧除介孔碳模板后形成的介孔属于沸石纳米晶之间的晶间孔。

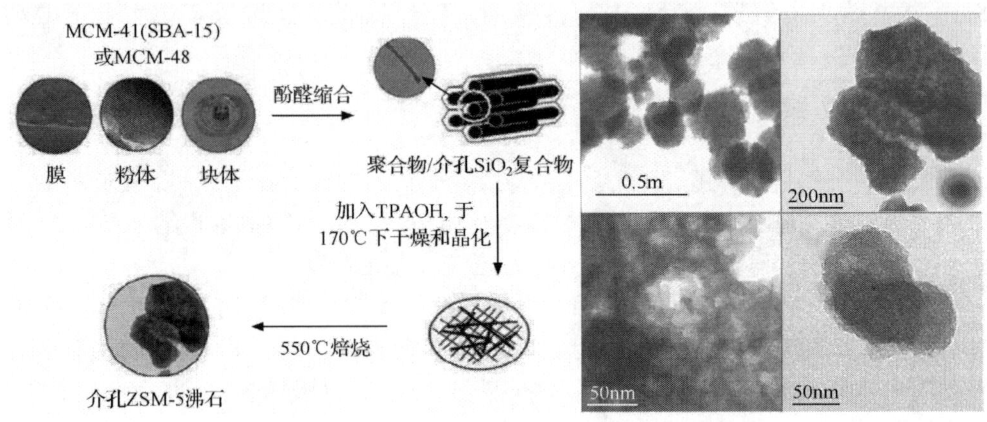

图 3-29 以有序介孔碳为模板合成的沸石多级孔材料[125]

此外，与前面的模板间隙限域生长的方法不同，丹麦托普索公司 Jacobsen 等[127]发明了微孔沸石晶粒包裹纳米模板生长的新方法。该法需要于纳米炭黑粉末模板多次浸渍合成胶体溶液和挥发溶剂，并使胶体溶液的体积略大于纳米模板的孔容，这样晶化时有利于微孔沸石晶体在纳米模板之间成核并包裹模板颗粒生长；晶化完成后，焙烧除去碳模板，就会获得具有晶内介孔的微孔沸石材料，又称为介孔沸石（图 3-30）。该法合成的介孔沸石孔容比常规沸石的孔容要大 1～4 倍，它

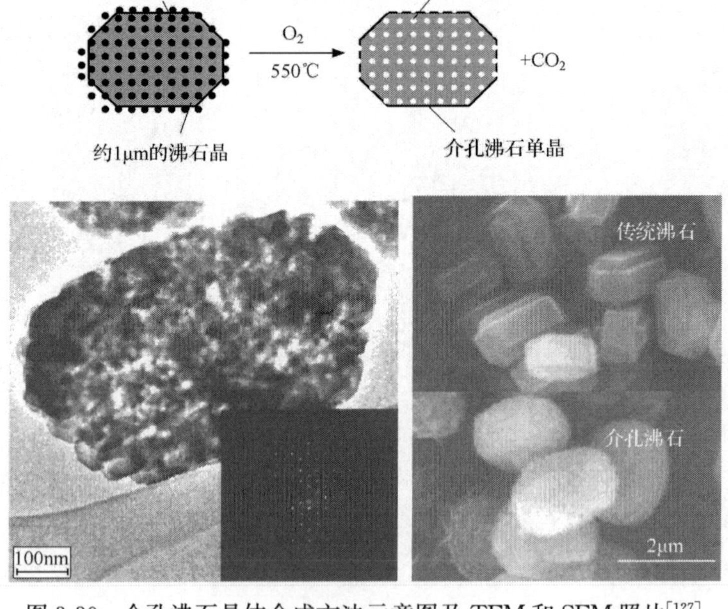

图 3-30 介孔沸石晶体合成方法示意图及 TEM 和 SEM 照片[127]

主要包含晶内介孔，而非晶间孔。该法合成过程中，若要合成的是介孔沸石晶体而不是纳米沸石，控制凝胶的过饱和度，控制成核和生长速率非常重要，并且纳米碳基体间必须有一定大小的孔隙让沸石晶体在其间生长。他们还以碳纳米管[128]和碳纤维[129]为模板合成了具有直的介孔孔道的 ZSM-5 分子筛以及介孔 TS-1 钛硅分子筛[130]等。以碳纳米管合成的介孔沸石材料中的介孔复制了碳纳米管的现状，属于直型介孔，且直达晶体外表面，介孔孔径也比较均匀。

Christensen 等[131]对用纳米炭黑模板法合成出的介孔 ZSM-5 沸石晶体进行了苯与乙烯的烷基化制乙苯反应催化性能的考察（采用与工业化非常接近的反应条件），并与传统沸石进行了比较。他们的研究结果表明，视苯的转化率而定，介孔沸石的催化选择性要高出传统沸石 5%～10%，反应表观活化能从 77kJ/mol 下降到 55kJ/mol（图 3-31 和图 3-32）。他们认为，这些催化性能的改善应该归功于传输性能的改善，即介孔的存在。众所周知，当反应生成乙苯时，其中一部分作为产品流出，另一部分则会进一步烷基化。因为介孔沸石晶体中扩散程比传统沸石短得多，从而抑制乙苯的进一步烷基化，所以乙苯的选择性提高。

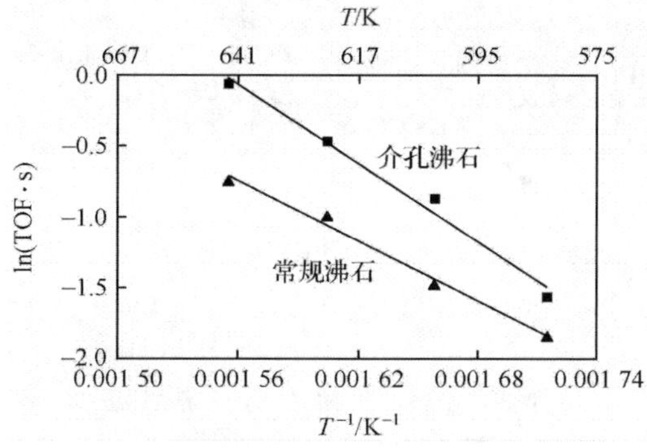

图 3-31　介孔沸石晶体与传统沸石表观活化能曲线比较[131]

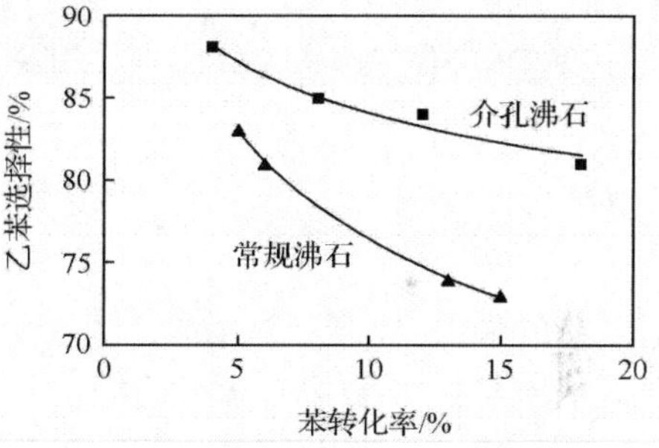

图 3-32　介孔沸石晶体与传统沸石催化性能比较[131]

含过渡金属离子 Cu、Fe、V 等的沸石分子筛催化剂，如 Cu/SAPO-34、Cu/Beta 或 Fe/Beta、Cu/ZSM-5 等，它们对选择性地还原消除贫燃发动机和柴油机尾气中的 NO_x（SCR 反应）有较好的催化性能，近年来成为分子筛催化领域研究的热点[132]。Kustova 等[133]用炭黑模板法合成了介孔 Cu-ZSM-5 和介孔 Cu-ZSM-11 并考察了它们脱除 NO 的性能，发现介孔沸石的催化活性高于常规的非介孔过渡金属沸石分子筛。另外发现，介孔 Cu-ZSM-11 的催化性能略高于介孔 Cu-ZSM-5，这是由于 ZSM-11 孔道是直的，反应分子更容易扩散通过。

Johannsen 等用炭黑模板法合成了介孔 TS-1 钛硅分子筛[134]，并对 1-辛烯、环己烯的环氧化反应进行了催化性能表征，发现其活性和选择性均较传统 TS-1 分子筛有所提高，这应归功于介孔对分子扩散性能的提高，尤其是液相反应条件下。

除了炭黑模板外，纳米无机盐颗粒也可作为硬模板。上海石油化工研究院谢在库研究组[135]以纳米碳酸钙为模板，控制调变合适的生长条件，合成出了介孔silicalite-1（图3-33），其介孔大小与模板尺寸相当。不过，与纳米炭黑为模板不同的是，这里需要用盐酸溶液来去除纳米碳酸钙模板。他们还对纳米碳酸钙的模板机理进行了探讨，尝试用一种亲水性的纳米碳酸钙和另一种疏水性的纳米碳酸钙为模板进行合成，结果发现只有亲水性的纳米碳酸钙合成的沸石分子筛的晶体内有介孔。这说明纳米碳酸钙表面的羟基对纳米碳酸钙的模板作用至关重要，纳米碳酸钙通过表面的羟基与 SiO_2 物种发生相互作用，从而使其能共生在沸石的晶体中。

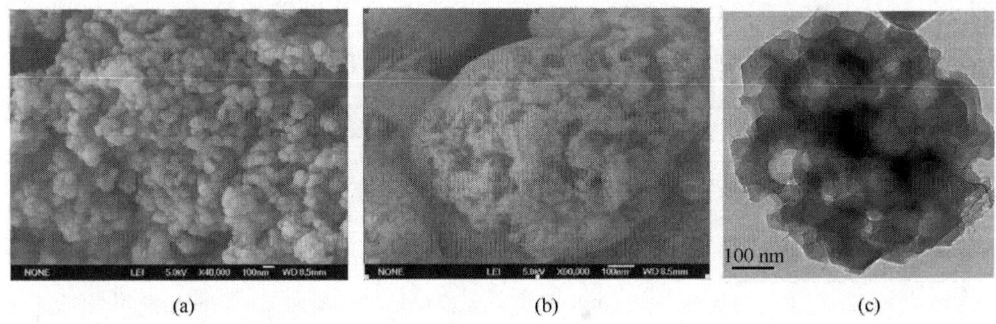

图3-33　纳米碳酸钙模板(a)及介孔silicalite-1的SEM(b)和TEM(c)照片[135]

总的来说，硬模板法有两个主要优点：一是介孔的大小、形状和弯曲情况可以根据纳米模板大小和形状来调控；二是该方法合成的介孔与沸石分子筛组成无关，不受微孔沸石硅铝比的限制，这点不同于二次孔制造技术。

另外，值得一提的是，介孔沸石中介孔的形状、大小以及孔的连通情况，对催化反应产生的效果有可能不同。谢在库研究组[136]合成和比较了两种介孔ZSM-5沸石，其中一种用炭黑模板法合成的沸石晶粒内包含圆形的介孔，而另一种用碱处理脱硅法得到的是表面介孔化的介孔沸石。它们在甲醇脱水制丙烯（MTP）反应中的催化性能尤其是丙烯选择性差别很大（表3-5）：可以发现内部介孔化HZSM-5样品的丙烯选择性比常规HZSM-5样品的略微提高，丙烯/乙烯（P/E）比从3.66提高到3.91，而表面介孔化HZSM-5的丙烯/乙烯选择性则有很大提高，P/E比可达10.1。据初步分析，这是因为表面介孔化的沸石比内部介孔化的沸石的介孔连通性更好、分子扩散性能更优，从而造成丙烯/乙烯选择性的差异。这一研究表明，同样是介孔沸石，孔结构与连通性不同，催化性能也有差异。

表 3-5　不同沸石催化剂样品的 MTP 反应结果

催化剂	转化率/%	选择性/%(摩尔分数)						P/E 值
		$C_{1\sim4}$①	C_2H_4	C_3H_6	C_4H_8	C_5^+②	芳烃	
常规 HZSM-5	99.6	9.55	10.1	37.0	20.5	17.1	5.75	3.66
表面介孔化 HZSM-5	99.6	5.72	4.18	42.2	21.4	23.9	2.60	10.1
内部介孔化 HZSM-5	99.8	8.82	9.92	38.8	21.8	17.0	3.66	3.91

① $C_{1\sim4}$饱和烃。

② C_5及 C_5以上烃类。

注：反应条件为 $T=470℃$，WHSV $=1h^{-1}$，$p_{CH_3OH}=0.5atm$（$1atm=1.01325\times10^5Pa$），$H_2O:CH_3OH=1:1$。

3.4.6.2　软模板法

软模板法是合成介孔沸石中另外一类非常重要的方法。软模板一般是结构可变性大的柔性有机高分子和表面活性剂胶束，软模板法合成过程中主客体间的相互作用力对最终的造孔作用是至关重要的因素。可以充当软模板的材料必须具备以下条件：①在水中有一定的溶解度；②水溶液中的模板凝聚态的尺寸必须在介观范围内(2～50nm)；③模板在水热条件下稳定；④应当与氧化硅物种或硅铝物种有强的相互作用。此外，这些材料还必须容易得到，对环境无毒害，这样才有实用价值。

阳离子型聚合物烯丙基二甲基氯化铵(PDADMAC)是一种具有特殊性能的高分子。它水溶性好，更重要的是带正电的高分子与二氧化硅有很强的静电作用。这种高聚物作为软模板可合成 ZSM-5、Beta、X 型和 Y 型等介孔沸石晶体[137,138]。重要的一点是，介孔的孔径可以根据高分子的聚合度进行调节。绝大多数的水溶性高分子与二氧化硅的作用力很弱或者没有作用力，因而这些高分子在沸石的合成中不能共生到沸石晶体中。聚乙烯亚胺和聚丙烯亚胺是一种树形高分子，分子的形状接近于球形。但这类高分子与二氧化硅间的作用力很弱，不能直接作为合成介孔沸石的模板。Pinnavaia 等巧妙地设计了一条合成路线，他们将聚乙烯亚胺和聚丙烯亚胺进行修饰，使高分子链连上有机硅官能团，以这种有机硅修饰的高分子为模板合成介孔沸石的步骤如图 3-34 所示。经过有机硅官能团修饰的聚乙烯亚胺和聚丙烯亚胺能与无机二氧化硅形成共价键，显著增强了高分子与沸石骨架间的作用力[139,140]。由于此作用力，聚乙烯亚胺和聚丙烯亚胺在沸石的晶化中连入到沸石晶体中，在沸石晶体内形成介孔。

由一般表面活性剂分子自组装形成的胶束超分子在沸石合成的水热条件下是不能稳定存在的，在高温下这些胶束聚集体会散开。韩国科学技术院 Ryoo 教授研究小组在 *Nature Materials* 上报道了他们的工作：对表面活性剂进行改性，使表

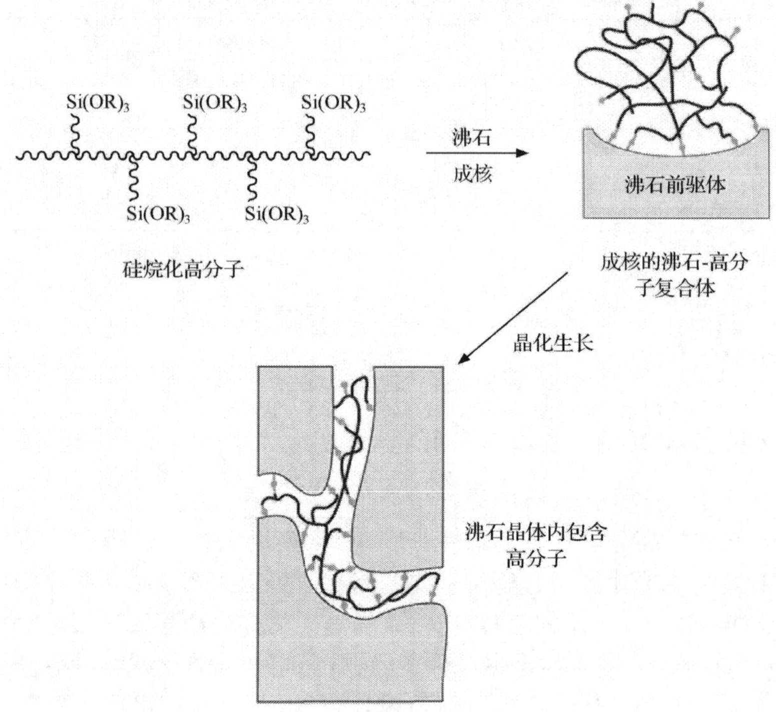

图 3-34　有机硅官能团修饰聚乙烯亚胺为模板合成介孔沸石的示意图[139]

面活性剂分子上连接有机硅基团[141-144]。改性过的表面活性剂形成的纳米胶束不仅能稳定存在，而且还与二氧化硅之间有强的作用力，在沸石的晶化过程中能植入到沸石相中。去除这些表面活性剂能在沸石的晶体形成介孔，从而形成一定数目的晶内二次孔。这种方法合成的介孔沸石最显著的特点是最后的产物不是单晶体而是多晶体。此方法所合成的介孔沸石孔径可以根据晶化时间进行控制，孔容也是可控的。据报道，该介孔沸石材料应用于一些大分子的催化反应中（如大分子醇醛缩合反应）有优异的表现，其催化性能比单纯的微孔分子筛或介孔分子筛都高，说明该介孔沸石集中了微孔分子筛与介孔分子筛的优点。此外，磷酸铝 $AlPO_4$-n系列介孔分子筛也可以用此方法进行制备，可见该方法具有普遍的适用性。

为了降低模板剂的成本，上海石油化工研究院刘志成等[145]以淀粉为软模板合成了介孔 ZSM-5 分子筛（图 3-35），并首次采用变温 HP^{129}Xe NMR 对介孔微孔复合材料[146]进行了表征。他们测定了介孔 ZSM-5 分子筛中 Xe 原子在微孔和介孔结构中的交换时间，为 0.2～1ms，而对于 ZSM-5 与介孔 SiO_2 机械混合物样品，Xe 原子在微孔和介孔结构中的交换时间，为 5～10ms。这表明在介孔 ZSM-5 分子筛中微孔与介孔之间的结合更加紧密并有着一定的连通性，介孔在晶体内，内部连通的介孔有利于 Xe 原子在分子筛晶体内的扩散。

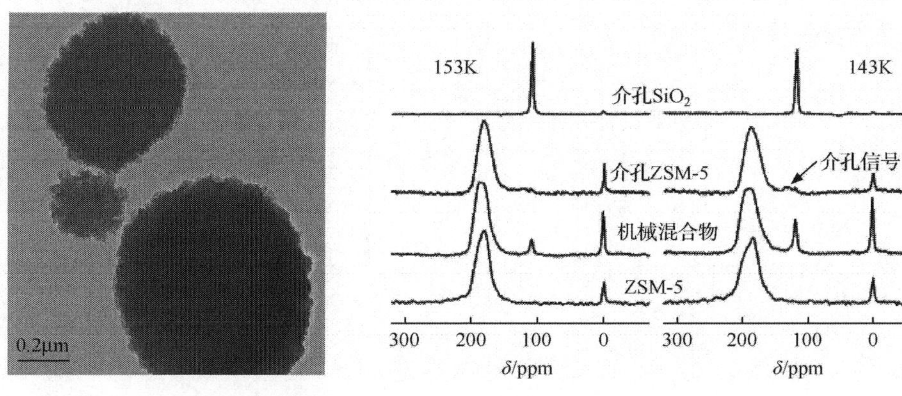

图 3-35　以淀粉为软模板合成的介孔 ZSM-5 及其 HP ^{129}Xe NMR 谱[145,146]

另外，朱海波等则以高分子聚乙烯缩丁醇(PVB)等为软模板合成出了介孔 Beta[147]、ZSM-5 和 ZSM-11[148]等分子筛。他们还研究对比了多级孔沸石与常规微孔沸石在 1,2,4-三甲苯催化裂解反应中的性能，实验结果发现多级孔沸石的稳定性优于常规微孔沸石，积碳失活较慢(图 3-36)。

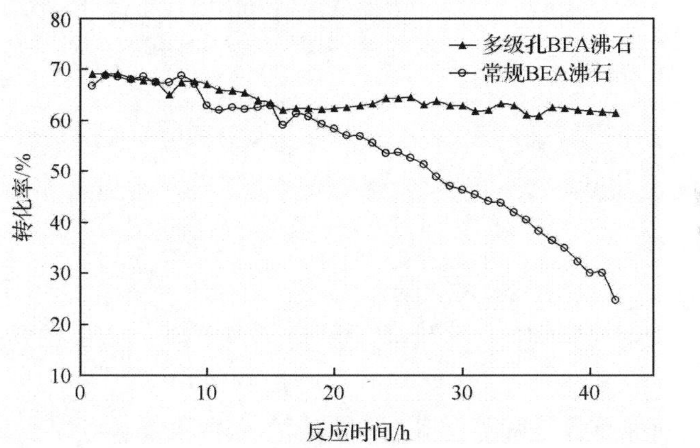

图 3-36　介孔与常规 Beta 沸石在 350℃下催化 1,2,4-三甲苯裂解反应失活速度的对比图[147]

此外，他们还考察了 PVB 模板合成的介孔 ZSM-5 在甲苯歧化与重芳烃烷基转移反应中的催化性能[148]。该反应中三种反应物甲苯、C_9A 和 C_{10}A 芳烃的转化率对比如图 3-37 所示。从结果可以发现，甲苯在介孔沸石中的转化率基本上没有大的提高，但对 C_9A 和 C_{10}A 芳烃的转化能力有较大提高。说明介孔沸石在较大分子、重芳烃的转化方面有潜在的应用价值。

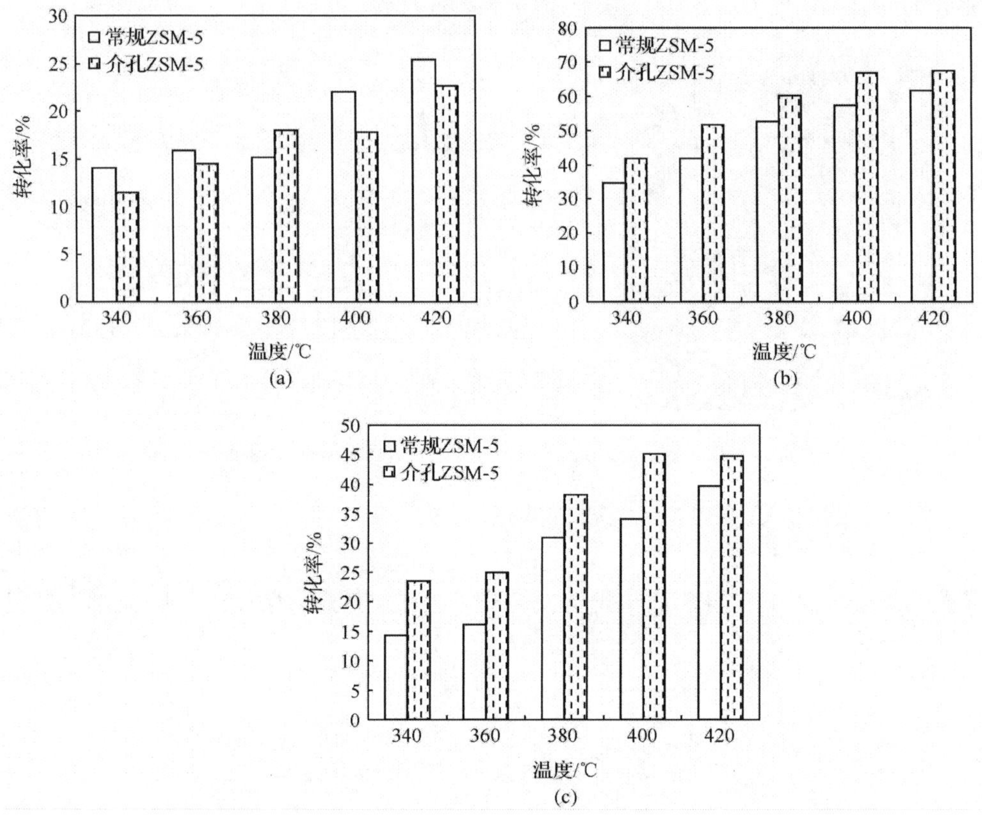

图 3-37　甲苯、C_9A 和 $C_{10}A$ 在介孔 ZSM-5 与常规 ZSM-5 沸石中转化率的对比图[148]
(a) 甲苯；(b) C_9A；(c) $C_{10}A$

3.5　微孔/介孔/大孔复合孔材料及其催化应用

直接合成的沸石分子筛等微孔材料是较为松散的晶体粉末，在实际应用中，通常需要加入各种黏结剂（如黏土或硅酸盐等）成型为球状、片状、柱状等，但其结果往往使材料的有效成分减少，而且成型过程不可避免地会导致活性位点的包埋或扩散通道的堵塞从而影响孔道利用率。

微孔/介孔/大孔复合孔材料在保持微孔沸石材料原有特性的基础上，同时具有丰富的大孔和介孔，将有可能减小扩散阻力，获得更高的微孔利用率。

微孔/介孔/大孔复合孔材料的合成方法与 3.4 节中微孔/介孔复合孔材料有许多相近之处，包括模板法、孔壁转晶法、晶化组装法等。

3.5.1 模板法

3.5.1.1 成型过程中模板剂造孔

众所周知，工业催化剂成型过程中往往需要加入一些造孔剂(如羧甲基纤维素等)，以便焙烧后产生一些大孔，从而有利于反应时反应分子的扩散。另外，在催化剂制备过程中，催化剂的模板剂造孔也很重要。上海石油化工研究院谢在库领导的研究组[149]在制备甲苯歧化择形催化剂时就采用了该技术，他们采用有机物高分子化合物调变手段，以硬模板方法在催化剂体系内构建发达的复合孔道体系，使比表面积和介孔孔容得到显著提高，微孔孔容基本保持不变，如表 3-6 所示。在随后浸渍改性过程中，这些二次孔道保证了改性剂有效扩散到沸石晶粒表面，从而提高改性效果。此外提高了沸石孔道内活性中心的有效利用率，从而最终提高了催化剂的性能，如表 3-6 所示，复合孔催化剂的甲苯转化率有所提高，B/X(苯/二甲苯)值显著降低。

表 3-6　甲苯择形催化剂中复合孔调变对催化剂物化性质及催化性能的影响

催化剂类型	物化性质			催化性能		
	比表面积/(m^2/g)	每克催化剂中的介孔孔容/(cm^3)	每克催化剂中的微孔孔容/(cm^3)	甲苯转化率/%	p-X 选择性/%	B/X
传统催化剂	331	0.13	0.12	29.7	91.4	1.48
复合孔催化剂	376	0.21	0.12	30.5	94.8	1.33

3.5.1.2 在大孔基质上涂敷沸石层

有研究人员曾尝试直接将沸石前驱体涂敷在大孔基质(如大孔氧化铝、陶瓷泡沫[150]或海绵[151]等材料)上来制备复合孔沸石材料。但是，这种涂敷技术存在着沸石层分布不均匀，沸石层与基质连接作用不紧密，使用过程易脱落等问题。

3.5.1.3 纳米沸石粒子的模板组装

利用自然沉积、离心沉积和垂直沉积三种方式可将尺寸均一的聚合物微球或 SiO_2 微球等自组装为具有蛋白石结构的胶体晶模板。20 世纪末，Velev[152]、Wijnhoven[153]和 Stein 等[154]以金属醇盐为前驱体，利用溶胶-凝胶技术对胶体晶模板进行填充，成功制备了一系列孔径均一、三维有序的大孔(3DOM)氧化物材料。这以后，大孔材料得到了广泛的研究和关注。

此外，利用胶体晶模板法，Holland 等在聚苯乙烯小球模板中填充硅源和小分子有机胺的混合物，经水热晶化处理、焙烧除去模板剂后可制得骨架半结晶的微孔/大孔材料[155]。Huang 等[156]将含有沸石纳米晶的前驱体溶胶渗透，填充到排列规整的聚苯乙烯小球的缝隙中，干燥、焙烧除去聚合物模板后得到微孔/大孔结构的沸石材料。Valtchev 等[157]用聚苯乙烯微球作大孔模板剂，利用层叠层(LBL)自组装和二次生长相结合的方法制备出具有规则大孔的 silicalite-1 整体材料[158](图 3-38)。

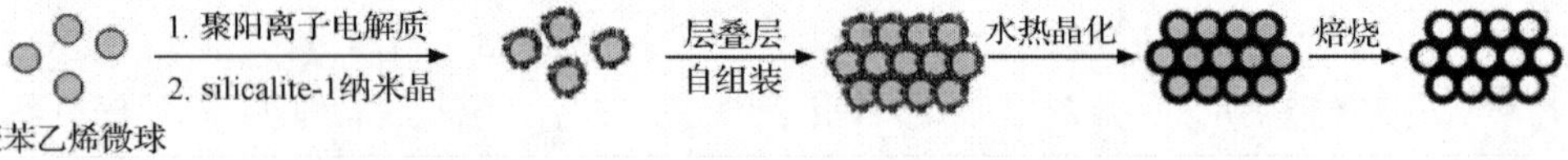

1. 聚阳离子电解质
2. silicalite-1纳米晶
聚苯乙烯微球
层叠层自组装
水热晶化
焙烧

图 3-38　聚苯乙烯微球为模板合成具有规则大孔的 silicalite-1 整体材料的示意图[158]

Dong[159]和 Wang 等[160]用纳米沸石晶粒对排列成胶晶的介孔氧化硅小球进行包覆，然后通过液固相转晶的方法进行处理后得到具有三维大孔的 silicalite-1 沸石材料。

利用胶体晶模板并结合表面活性剂自组装方法及微刻技术等[161]，可以合成出许多大孔/介孔/微孔材料(图 3-39)。

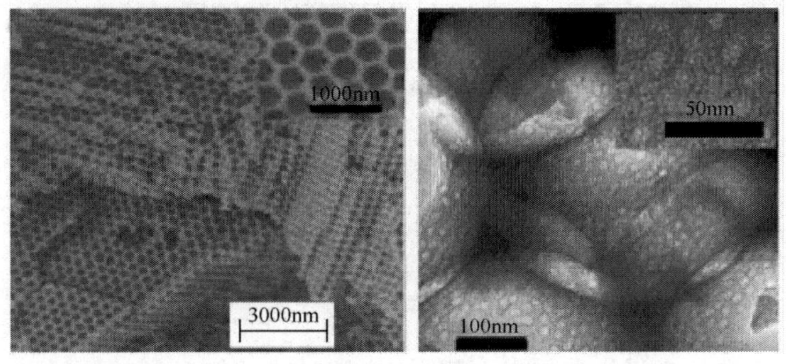

图 3-39　利用胶体晶模板并结合表面活性剂自组装法合成的大孔/介孔氧化硅材料[162]

柴油机的炭黑颗粒排放量是汽油机的几十倍，极大地危害了人类健康，控制柴油机尾气炭黑颗粒的排放已成为环境催化研究的重要课题之一。由于炭黑颗粒一般较大(约 25nm)，因此采用大孔多级孔催化剂催化炭黑燃烧是一个可行的解决途径(图 3-40)。近年来，中国石油大学赵震研究组开展了大孔多级孔催化剂的研究，他们采用羧基改性胶体晶为模板并结合模板碳化的方法，制备了三维大孔多级孔 $La_{1-x}K_xCoO_3$ 氧化物催化剂，它对炭黑颗粒的催化氧化活性与目前所报道的活性最好的担载型 Pt 催化剂相当[163]。

除了上述材料外，一些天然存在的植物纤维和人工合成的高分子材料，如竹叶[164]、荆树叶[165]、淀粉[166]、生物细菌[167]和聚氨酯[168]等，也可以作为模板剂合成复合孔结构的沸石材料。例如，Tosheva[169]以阴离子交换树脂 MSA-1 为模板合

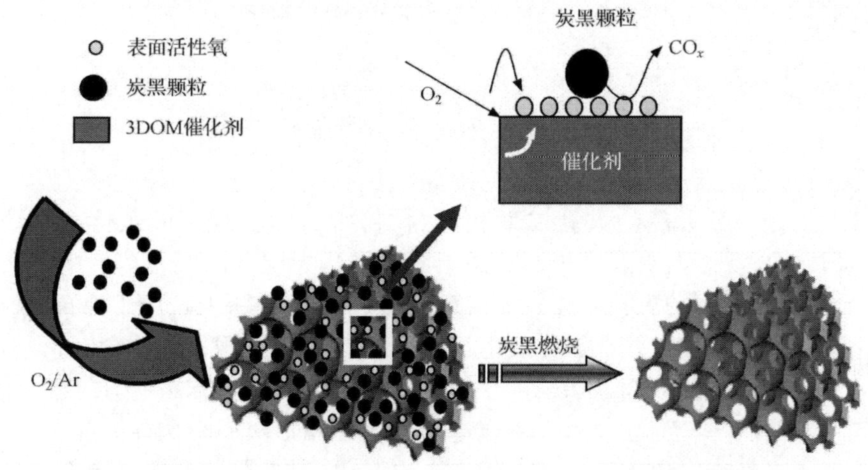

图 3-40　3DOM 催化剂消除炭黑颗粒的催化反应模拟图[163]

成了 sililcalite-1 微孔大孔复合微球。Dong 等[170]报道了以木质细胞(雪松或竹子)为模板合成了由沸石纳米晶组成的大孔/微孔复合孔材料(图 3-41)。Zhang 等[171]报道了以细菌为模板合成了沸石纳米晶组成的大孔/微孔复合孔材料。

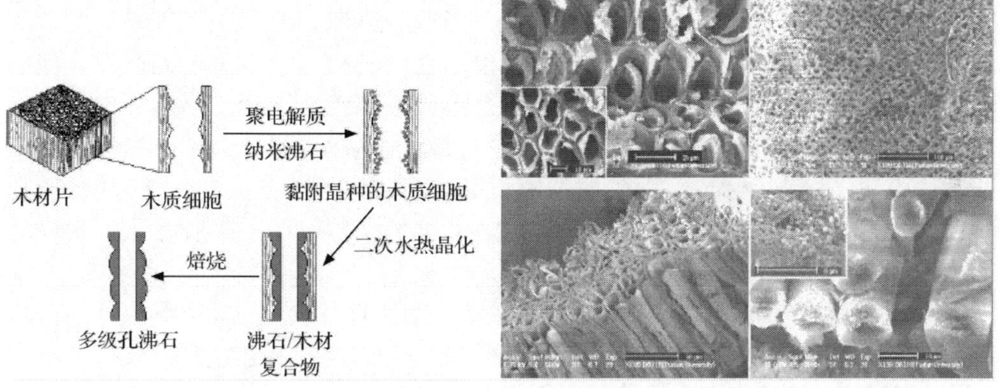

图 3-41　以木质细胞为模板合成的由沸石纳米晶组成的大孔/微孔复合孔材料[170]

通过选择不同的模板材料，还可以控制组装体的形貌，生成微球、独石[172,173]、壳层结构[174]、仿生态[175]等特殊形貌的微孔/大孔沸石材料。

除了固体模板外，液相微乳液也可以作为模板进行合成，Kulak 等[176]就曾研究了在甲苯、水和阴离子表面活性剂组成的微乳液中，结合超声技术，将纳米沸石组装成了微孔/大孔沸石材料。

虽然利用纳米沸石粒子的自组装和模板的支撑作用能获得具有较高结晶度的微孔/大孔材料，但是该方法受到所能使用模板材料种类、形状等的限制，同时在移除模板剂后产物表现出较差的机械强度，这将限制材料的实际应用。

3.5.2 大孔材料的孔壁晶化

将大孔的以无定形二氧化硅、硅铝胶、磷铝胶等为化学组成的材料进行孔壁晶化是合成微孔/介孔/大孔复合孔材料的重要方法之一。

硅藻土是一类天然的大孔二氧化硅材料，常作为催化剂的载体。Anderson等[177]尝试将硅藻土浸在含有外加硅或铝源及结构导向剂的混合溶液中直接水热处理，希望将无定形的大孔基体转晶成微孔沸石基体，结果发现由于沸石晶粒的不均匀生长导致即使是大孔孔道也发生了严重的堵塞。为了减少沸石化过程对硅藻土原有的大孔结构的破坏，唐颐等[178]借鉴了干凝胶晶化的方法，选择挥发性的结构导向剂，使其在一定温度、压力下通过气相与硅藻土作用来诱导结晶[179]。结果发现硅藻土本身难以通过气相转晶的方法沸石化，而当在硅藻土上涂敷一层纳米沸石晶种后，这些晶种能发挥生长基元的作用诱导硅藻土的进一步结晶。通过延长处理时间可以得到沸石含量高达50%，同时仍能维持原有硅藻土基质形貌和大孔特征的产物。

硅胶整体材料是一类具有双连续结构和双孔分布的二氧化硅材料，由于其独特的结构特点，可作为一类新型的催化剂载体或色谱分离材料。其独特结构的形成源于反应体系溶胶-凝胶过程和相分离过程的协同作用[180]。北京理工大学的赵天波等[181]针对硅胶整体材料进行了孔壁晶化(或沸石化)的一系列研究。他们借鉴了介孔材料的转晶方法，通过在硅胶孔内原位积碳来维持晶化过程中结构的稳定性。虽然硅胶的独石结构在晶化后没有被显著破坏，但是由于硅物种在水热过程中发生了溶解-再结晶，而生成的沸石晶粒堵塞住了部分大孔孔道，导致产物的孔结构遭到破坏。为保持孔结构不被破坏，他们又借鉴了干凝胶晶化技术中的水蒸气辅助转晶法，先将铝源和结构导向剂浸渍到硅胶上，再将干的混合物置于水热釜中，利用釜底少量水产生的蒸气参与无定形孔壁的转晶过程[182]。由于反应在蒸气相中进行，避免了硅物种的溶解-再结晶，从而能在一定程度上维持独石的原有孔道结构，但是该方法得到的产物沸石化程度较低。

因为大多数种类的沸石骨架中含铝，而上述硅胶整体材料不含铝，所以，其孔壁转晶成微孔沸石的种类就很少。为了改进上述方法，上海石油化工研究院谢在库研究组仔细地调变凝胶速度和相分离速度，合成得到了双连续孔的大孔/介孔硅铝胶整体材料[183]。然后他们以此为对象，采用干凝胶气相转晶技术将大孔孔壁进行转晶，合成得到了多级孔 Beta 分子筛材料[184](图 3-42)，其大孔孔壁由20～50nm 的 Beta 纳米晶粒组成。将其应用于苯与丙烯的芳烃烷基化或烷基转移反应，结果发现：与常规水热法合成的 Beta 沸石相比，多级孔 Beta 分子筛催化剂对多异丙苯烷基化转移反应具有更高的转化率和稳定性(图 3-43)。另外，通过催化反应结果还可发现，具有小晶粒的 Beta 分子筛优于大晶粒的分子筛；而对于晶粒大小相同的材料，含有复合孔的分子筛性能优于没有复合孔的分子筛性能。这些研究结果说明，减小沸石晶粒和制备多级复合孔结构是获得高性能催化材料的有效手段。

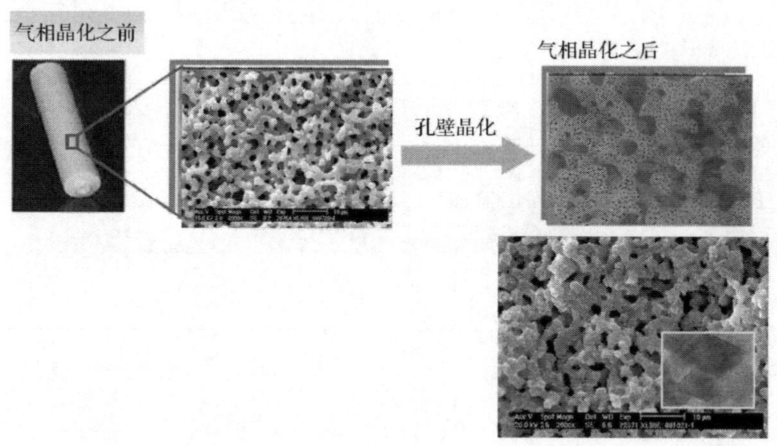

图 3-42　大孔/介孔硅铝胶整体材料通过干凝胶气相转晶方法合成的多级孔 Beta 分子筛材料

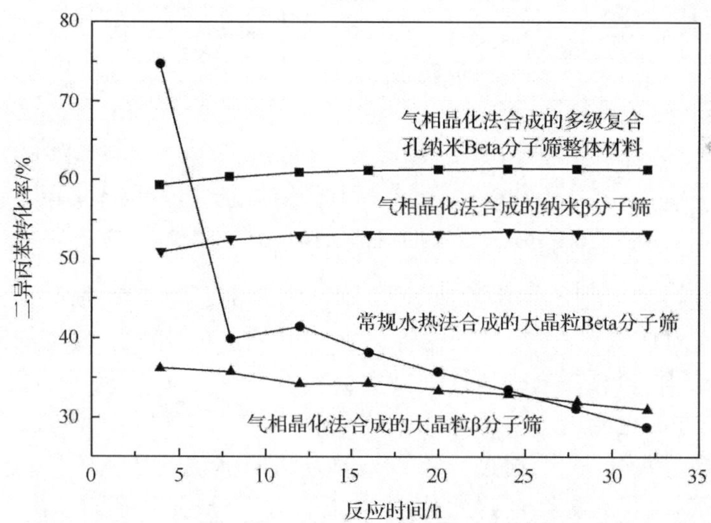

图 3-43　各种不同形貌、孔结构 Beta 分子筛的多异丙苯烷基化转移反应性能对比

此外，他们还用类似的方法合成了磷酸硅铝基的整体材料，并将其孔壁转晶成功获得多级孔 SAPO-34 分子筛材料[185]。SAPO-34 分子筛是甲醇制烯烃（MTO）反应的工业催化剂材料。由于 MTO 反应受分子扩散控制，因此分子筛形貌和孔道对烯烃产物的收率和催化剂寿命等有较大影响。他们采用气相晶化法，以聚甲

氧基醚为模板剂制备得到复合孔结构的无定形大孔 SAPO 整体材料，然后气相晶化将孔壁晶化，可制得不同形貌和聚集状态的多级孔 SAPO-34 分子筛。对它们的 MTO 催化反应性能考察结果表明，与常规的 SAPO-34 相比，小晶粒比大晶粒的催化剂性能好；片状的、具有复合孔的 SAPO-34 的烯烃收率较高，失活速度较慢(图 3-44)。这些结果说明，调变晶粒形貌和构建复合孔结构是提高扩散控制反应催化性能的有效手段。

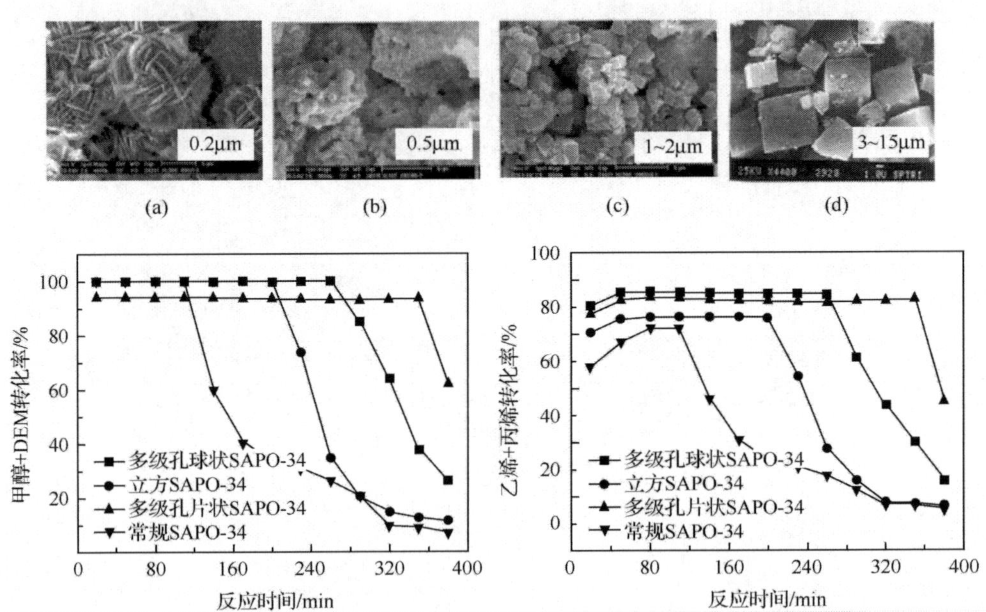

图 3-44　不同形貌 SAPO-34 分子筛 MTO 反应催化性能对比

(a) 多级孔片状晶粒；(b) 多级孔球状晶粒；(c) 立方小晶粒；(d) 常规大晶粒

烯烃裂解技术可把乙烯装置或 FCC 副产中经丁二烯抽提、醚化后的 1-丁烯和 2-丁烯转化为附加值较高的丙烯、乙烯。常规的工业催化剂因成型的需要都含有一定量的黏结剂，但黏结剂的加入一方面引入了惰性组分，降低了催化剂有效组分的含量；另一方面也会堵塞分子筛孔道的孔口，影响反应物和产物的扩散。上海石油化工研究院滕加伟等[186]通过气相转晶的方法使催化剂孔壁中无定形的黏结剂转化为分子筛，制得无黏结剂的微孔/大孔复合孔 ZSM-5 分子筛催化剂(图 3-45)。它不仅具有更高的微孔孔容，而且具有一定量的大孔，其中微孔为反应提供大面积的反应区域，大孔为反应物和产物提供了快速扩散的通道，从而改善了催化剂的扩散性能。采用重量吸附仪(IGA)对常规分子筛催化剂和无黏结剂复合孔分子筛催化剂进行邻二甲苯吸附性能测试，结果表明，无黏结剂复合孔分子筛催化剂的吸附量远高于传统的分子筛催化剂(图 3-46)，说明无黏结剂分子筛催化剂的微孔比表面更高，反应可接近的活性位更多。利用无黏结复合孔分子筛技术开发的 OCC-100 催化剂可在比普通催化剂高 3～10 倍的空速条件下操作，可大大减小反应器的体积并降低投资和操作费用，另外催化剂的稳定性和选择性明显高于常规催化剂。该催化剂已于 2009 年在中原石油化工有限责任公司烯烃裂解工业装置得到了工业应用，目前装置运行稳定，总体技术指标达到国际领先水平[187]，企业通过该技术不仅提高了 C_4 副产附加值，也增加了丙烯和乙烯的产量，经济效益显著。

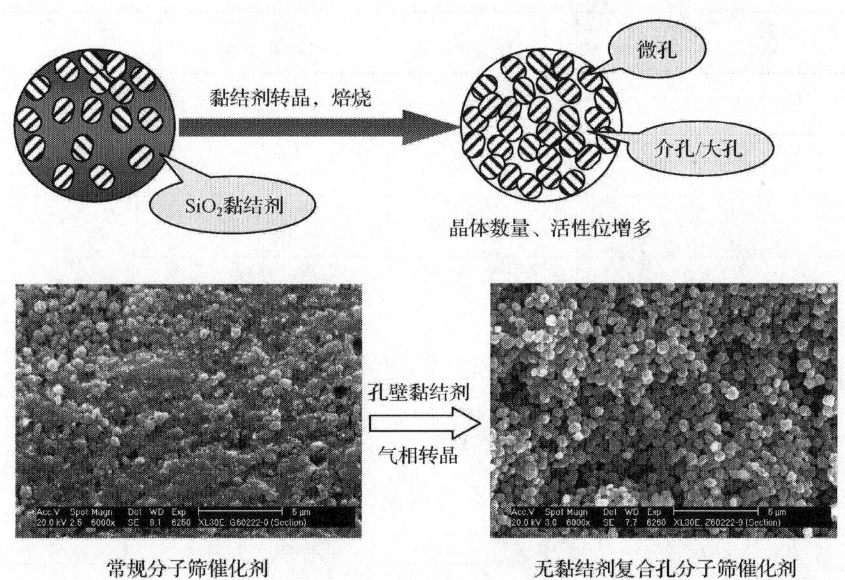

图 3-45　通过气相转晶法合成无黏结复合孔烯烃裂解催化剂

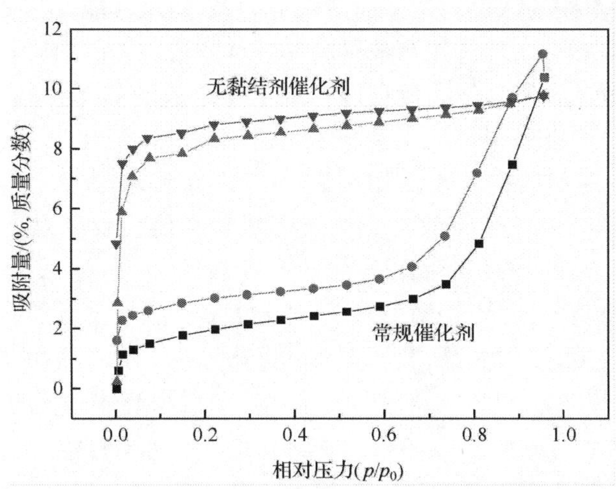

图 3-46　无黏结复合孔催化剂与常规催化剂的邻二甲苯吸附/脱附等温线

孔壁转晶除了上述气相转晶法外，还可以通过液相转晶的方法实现。比利时苏宝连研究组研究了将硅基或钛硅基的整体材料，通过孔壁液相转晶的方法获得了多级孔 Beta、ZSM-5[188]和 TS-1 分子筛[189]（图 3-47）等。研究显示，多级孔 TS-1 分子筛对大分子烯烃（如 2，4，6-三甲基苯乙烯）的环氧化有较高的催化活性。

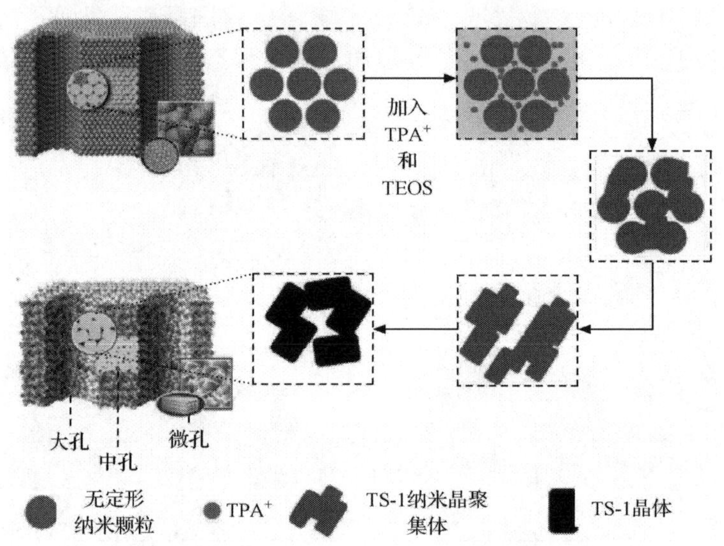

图 3-47　孔壁液相转晶合成多级孔 TS-1 分子筛示意图[189]

3.5.3　组装法

表面活性剂自组装法是利用表面活性剂的亲/疏水性能，与无机物种的相互作用，溶胶凝胶以及相分离等作用合成材料的一种方法。它的内涵非常丰富，可调变的因素非常多，利用这种方法不仅可以合成不同组成、不同结构的介孔材料，还可以用来合成大孔/介孔材料。比利时苏宝连研究组就比较早地发现利用聚氧化乙烯（PEO）表面活性剂的自组装作用可以一步法合成大孔/介孔金属氧化物[190]。他们发现，PEO 表面活性剂不仅可自组装形成较小的胶束以充当介孔模板，而且同时可以聚集形成较大的超级胶束充当大孔模板（图 3-48）。利用该法，他们合成了大孔/介孔 ZrO_2、TiO_2[191]和磷酸盐[192]等材料。

在此基础上，上海硅酸盐研究所 Chen 等采用 PEO 表面活性剂 Brij56 和非嵌段表面活性剂 P123 复合，自组装后通过焙烧可合成出墙体晶化的大孔/介孔 ZrO_2 材料[193]（图 3-49）。其中，P123 不仅可促进形成介孔的有序性，而且可促进无定形氧化锆墙体的晶化，提高其热稳定性。这些多级孔氧化物催化材料在汽车尾气处理方面也有较好的应用前景和价值[194]。

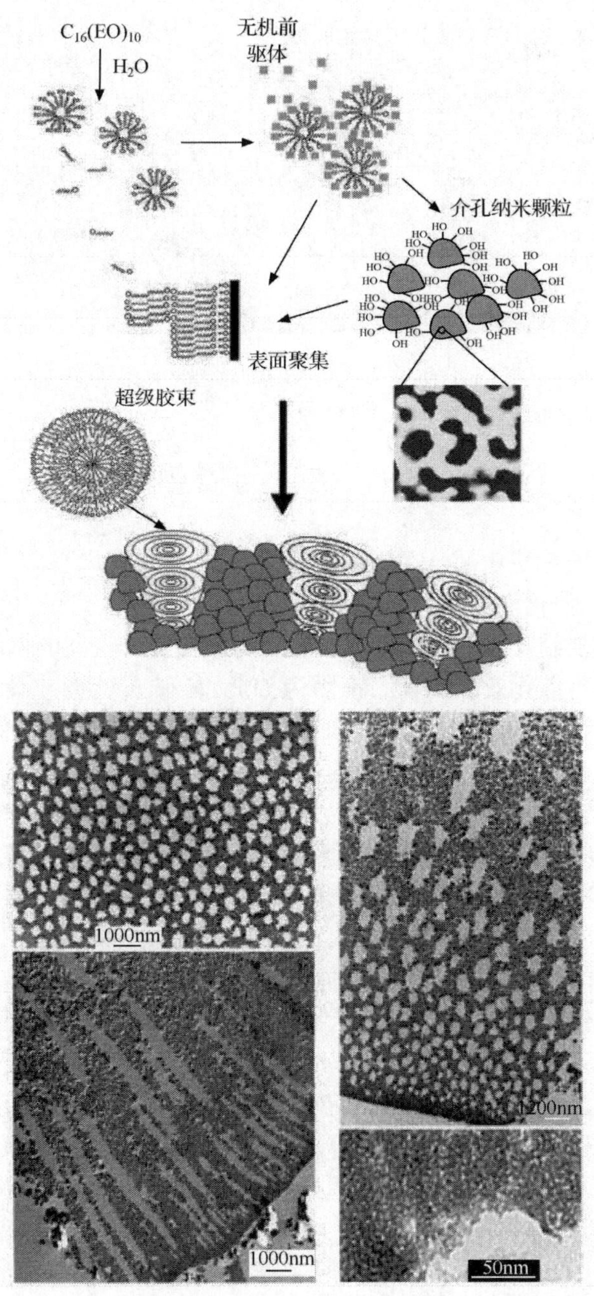

图 3-48 聚氧化乙烯(PEO)表面活性剂自组装法合成大孔/介孔金属氧化物[190]

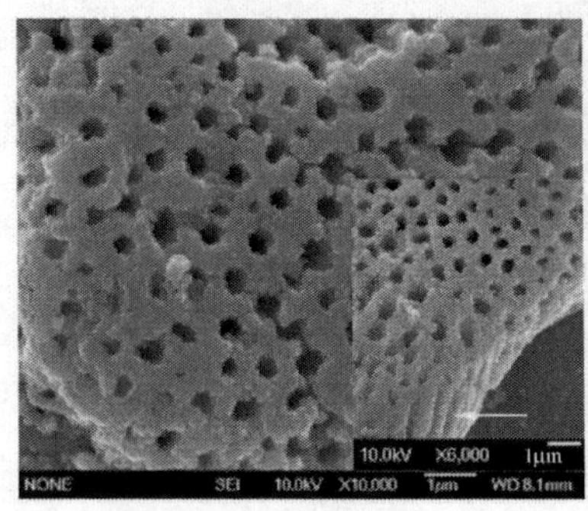

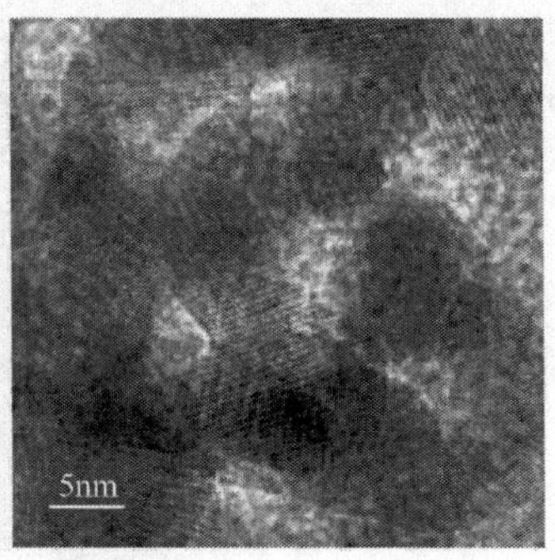

图 3-49　表面活性剂自组装法合成的墙体晶化的大孔/介孔 ZrO_2 材料[193]

3.6　结论与展望

微孔沸石分子筛催化剂已在炼油与石油化工领域有广泛的应用，尤其对于小分子的催化反应，催化性能优良；但是，由于其较小的微孔孔径，有可能在催化过程中受到分子扩散限制，因此它们在一些对扩散性能要求较高的催化反应或者较大分子的催化反应中催化效果不佳。正因为如此，科研人员想方设法合成各种各样的多级复合孔材料，希望其不仅具有微孔材料强酸性、高选择性和稳定性的特点，而且还具有介孔/大孔分子扩散性好的优点，从而集高活性、高选择性和高稳定性于一体。

多孔催化材料上发生的多相催化反应是一个复杂的过程，涉及吸附、脱附、扩散和活性中心上的分子反应，而大孔、介孔、微孔组成的多级孔道体系是一个实现高效催化的理想的微反应器模型体系。多级孔道的墙体上分布了大量的活性中心，而多级孔道体系构建了分子扩散的通道。这样，不仅小分子扩散速率大且容易到达微孔内的活性中心，而且介孔和大孔也为大分子的催化提供了反应的场所，因此，与其他孔道不发达的催化剂相比，不论对于小分子还是大分子反应，多级孔催化剂的活性较高。此外，大量介孔、大孔的存在也使产物分子更容易扩散出来，减少了二次反应和积碳的可能性，而且容碳能力和空间也提高了，微孔也不容易被积碳所堵塞，因此多级孔催化剂的产物选择性和稳定性也较高。

从多级孔材料的制备来说，以往工业催化剂制备中通过加入一些高分子的造孔剂焙烧后也会形成一些介孔、大孔，但是，这些孔往往是不可控的，尽管对提高扩散性也能起到了一定作用，但其孔径分布并不是最优化的。在最近的十几年中，如前所述，研究人员有意识地构建多级复合孔体系，围绕多级孔的可控构建合成开展了大量的研究工作，针对微孔/微孔、微孔/介孔、微孔/介孔/大孔等体系已经发展了十余种新方法，从不可控到可控制备取得了很大的进展。而在未来，可以想象，随着催化剂制造技术、多级孔构造技术不断发展与成熟，人们可根据不同的催化反应设计和实现最优化的多级孔道体系，使其更加可设计化和可控，甚至从微反应器的角度设计优化和改变反应路径，实现催化剂的高效率、高选择性和高稳定性。从这个角度来看，要达到这个理想目标，多级孔材料的研究还有很长的路要走。

此外，从对多级孔材料结构和性质的表征来看，目前许多问题仍未研究清楚，如微孔/微孔共晶复合分子筛的复合结构表征、多级孔材料的分子扩散表征、活性位数量、分布与强度的表征、孔道结构复合生长机理表征、形貌-孔道-分子扩散-催化性能(活性、选择性、稳定性)关系等。这些问题的解决需要靠新的物化表征技术的发展，尤其在多级孔材料特征性方面。另外，多级孔材料属于组合或复合型的新材料，有别于纯的微孔或介孔或大孔材料，如何通过一些特征表征手段结果制定出一定的标准或规范仍需要研究。

目前，在催化应用方面多级孔催化材料在炼油或重油裂化催化剂、甲苯歧化与烷基转移催化剂、C_4烯烃裂解催化剂、异丙苯催化剂、环己酮氨氧化制环己酮肟催化剂、汽车尾气处理催化剂和一些精细化学品催化制备等方面已经得到了实际应用。随着多级孔材料研究的不断深入和拓展，其应用面也将不断拓展，而在这过程中，关于多级孔材料的工业化制备与新的催化应用研究还有很多工作值得去做。

总而言之，多级孔催化体系的构建也是科研人员开发高效催化剂的重要思路之一，与单纯的微孔或介孔或大孔催化剂相比，多级孔催化剂集合了它们各自的优点，同时克服了一些缺点。它具有微孔、介孔、大孔，无论对小分子还是大分子催化转化作用是全方位的，而且孔道更加优化分布。正因为如此，多级孔催化材料的催化性能往往优于现有常规的催化剂，在炼油、石油化工、精细化工以及环保催化等方面有着广阔的应用前景，不仅可能超越和取代现有同样用途的工业催化剂，而且可能开发出用于大分子催化转化等新反应类型的新型催化剂和工艺。我们期待其科学内涵的不断拓展和更广泛的实际应用。

(中国石油化工集团公司：谢在库；中国石化上海石油化工研究院：刘志成、王仰东)

参考文献

[1] Thomas J M. Philos Trans R Soc London A, 1990, 333: 173; Thomas J M. Chem-Eur J, 1997, 3: 1557.
[2] Thomas J M. Angew Chem Int Ed, 1999, 38: 3588.
[3] Corma A. Chem Rev, 1995, 95: 559.
[4] Ferey G. Chem Mater, 2001, 13: 3084.
[5] Davis M E. Nature, 2002, 417: 813.
[6] Kortunov P, Vasenkov S, Karger J, et al. J Am Chem Soc, 2005, 127: 13 055-130 59.
[7] Lynch J, Raatz F, Dufresne P. Zeolites, 1987, 7: 333; van Donk S, Janssen A H, Bitter J H, et al. Catal Rev, 2003, 45: 297; Hartmann M. Angew Chem Int Ed, 2004, 43: 5880; Tao Y, Kanoh H, Abrams L,

et al. Chem Rev,2006，106：896；张瑛，窦涛，康善娇，等. 化学通报网络版,2005，68：1；李玉平，潘瑞丽，李晓峰，等. 石油化工，2005，34:188.

[8] Goossens A M，Wouters B H，Grobet P J，et al. Eur J Inorg Chem，2001，1167；Thomas J M，Terasaki O，Gai P L，et al. Acc Chem Res 2001，34：583-594.

[9] Szostak R. Molecular Sieves Principles of Synthesis and Identification. 2 ed. London：Blackie Academic & Professional，1998:62.

[10] Thomas J，Ramdas S，Millward B. New Scientist，1982：435.

[11] Gregory A J，Sand L B. Zeolites，1986，6：396.

[12] Wang Q X，Zhang S R，Cai G Y，et al. US Patent,5 869 021. 1999.

[13] Goossens A M，Wouters B H，Buschmann V，et al. Adv Mater，1999，11：561.

[14] Hanif N，Anderson M W，Alfredsson V，et al. Phys Chem Chem Phys，2000，2：3349.

[15] González G，González C S，Stracke W，et al. Micro Meso Mater，2007，101：30.

[16] Leonowicz M E，Vaughan D E W. Nature,1987,329：819.

[17] Wang P，Shen B，Gao J. Catal Commun，2007，8：1161.

[18] Niu X L，Song Y Q，Xie S J，et al. Catal Lett，2005，103：211.

[19] 刘希尧,祁晓岚,林炳雄，等. 中国专利,02 120 815. 8. 2003.

[20] 祁晓岚，李斌，李士杰，等. 催化学报，2006，27：228.

[21] Bouizi Y，Rouleau L，Valtchev V P. Micro Meso Mater，2006. 91：70.

[22] 马忠林，赵天波，宗保宁 . 石油学报，2004，20：21 .

[23] Chen H L，Shen B J，Pan H G. Chem Lett，2003，32：726.

[24] Illwards G R，Mdas U，Thomas J M. J Chem Soc Faraday Trans，1983,79：1075-1082.

[25] Lee G S，Nakagawa Y，Zones S I. US Patent,6 156 290. 2000.

[26] Xie S，Liu S，Liu Y，et al. Micro Meso Mater，2009，121：166.

[27] Liu Y，Zhang W P，Xie S J，et al. J Phys Chem B，2008，112：1226-1231.

[28] Niu X L，Song Y Q，Xie S J，et al. Catal Lett，2005，103：211.

[29] 谢素娟，刘盛林，张玲，等. 石油学报(石油加工)，2009，25：37.

[30] 王晓芳，张彩娟. 石油化工技术与经济，2011，27:48-51.

[31] Rollmann L D，Princeton N J. US Patent,4 088 605. 1978.

[32] Chu P，Garwood W E，Schwartz A B. US Patent,4 788 374. 1988；Chu P，Schwartz A B. US Patent，4 868 146. 1989.

[33] H Sato. US Patent,4 503 164. 1985.

[34] Li Q H，Wang Z，Hedlund J，et al. Micro Meso Mater，2005,78：1-10.

[35] Miyamoto M，Kamei T，Nishiyama N，et al. Adv Mater，2005,17：1985-1988.

[36] 孔德金,刘志成，房鼎业. 催化学报，2009，30：885-890.

[37] Goossens A M，Wouters B H，Martens J A. Eur J Inorg Chem，2001：1167-1181.

[38] Okubo T，Tsapatsis M，Davis M E. Angew Chem Int Ed，2001,40:1069-1071.

[39] Jeong H K，Krohn J，Sujaoti K，et al. J Am Chem Soc，2002,124：12 966-12 968.

[40] Bouizi Y，Rouleau L，Valtchev V P. Adv Func Mater，2005,15：1955-1960.

[41] Bouizi Y，Rouleau L，Valtchev V P. Chem Mater,2006，18：4959-4966.

[42] 童伟益，孔德金,刘志成,等. 催化学报，2008，29：1248-1252.

[43] 童伟益,刘志成，孔德金,等. 高等学校化学学报，2009，30：959-964.

[44] 孔德金，邹薇，童伟益，等. 化学学报，2009，67：1765-1770；孔德金，邹薇，郑均林，等. 物理化学学报，2009，25：1921-1927 .

[45] Hong Y，Fripiat J J. Micropor Mater，1995，4：323-334；Moreno S，Poncelet G. Micro Mater，1997，12：197-222；Miiller M，Harvey G，Prins R. Micro Meso Mater，2000，34：135-147.

[46] Marques J P，Gener I，Ayrault P，et al. Chem Commun，2004：2290-2291.

[47] Zhang C，Liu Q，Xu Z，et al. Micro Meso Mater，2003，62：157-163.

[48] Maher P K，McDaniel C V. US Patent，3 293 192. 1966；Eberly Jr P E，Robson H E，Laurent S M. US Patent，3 506 400. 1968；Dai P S E，Sherwood Jr D E，Martin B R. US Patent，5 069 890. 1991；Lynch J，Raatz F，Dufresne P. Zeolites，1987，7：333-340；Zukal A，Patzelova V，Lohse U. Zeolites，1986，6：133-136；Choi-Feng C，Hall J B，Huggins B J，et al. J Catal，1993，140：395-425；Corma A，Diaz-Cabanas M J，Martinez-Triguero J，et al. Nature，2002，418：514-517；Janssen A H，Koster A J，de Jong K P. J Phys Chem B，2002，106：11 905-11 909.

[49] Nace D M. Ind Eng Chem Prod Res Dev 1970，9：203.

[50] Corma A. Stud Surf Sci Catal，1989，49：49；O'Connor P，Gevers AW，Humphries A P，et al. ACS Symp Ser，1987，375：318；Kung H H，Williams B A，Babitz S M，et al. Top Catal 2000，10：59；Falabella S-Aguiar E，Murta-Valle M L，Sobrinho E V，et al. Stud Surf Sci Catal，1995，97：417.

[51] O'Connor P，Imhof P，Yanik S J. Stud Surf Sci Catal，2001，134：299；Kuehler C W，Jonker R，Imhof P，et al. Stud Surf Sci Catal，2001，134：311.

[52] Hakuli A K，Imhof P，Kuehler C W. Proc. Akzo Nobel Catalysts Symposium，Noordwijk，2001.

[53] Corma A. Stud Surf Sci Catal，1989，49：49；Corma A. Chem Rev，1997，97：2373.

[54] Sato K，Nishimura Y，Shimada H. Catal Lett，1999，60：83.

[55] Falabella S-Aguiar E，Murta-Valle M L，Sobrinho E V，et al. Stud Surf Sci Catal，1995，97：417.

[56] Spagnol M，Gilbert L，Benazzi E，et al. WO Patent，9 635 655. 1996.

[57] Corbin D R，Kumpinsky E，Vidal A. EP Patent，316 133. 1989.

[58] Hölderich W F，Röseler J，Heitmann G，et al. Catal Today，1997，37：353.

[59] Beers A E W，Nijhuis T A，Kapteijn F，et al. Micro Meso Mater，2001，48：279.

[60] Camblor M A，Corma A，Iborra S，et al. J Catal，1997，172：76.

[61] Meima G R. Cattech，1998，2：5.

[62] Eberly Jr P E，Robson H E，Laurent S M. US Patent，3 506 400. 1968；Kerr G T，Chester A W. US Patent，4 093 560. 1978；Corma A，Diaz-Cabanas M J，Martinez-Triguero J，et al. Nature，2002，418：514-517.

[63] Ribeiro Carrott M M L，Russo P A，Carvalhal C，et al，Micro Meso Mater，2005，81：259-267；Lopez-Fonseca R，de Rivas R B，Gutierrez-Ortiz J I，et al. Stud Surf Sci Catal，2002，144：717-722.

[64] Beyer H K，Belenykaja I. Stud Surf Sci Catal，1980，5：203-210；Goyvaerts D，Martens J A，Grobet P J，et al. Stud Surf SciCatal，1991，63：381-395；Corma A，Navarro M T，Aiello G G R，et al. Stud Surf Sci Catal，2002，142：487-492.

[65] Ribeiro Carrott M M L，Russo P A，Carvalhal C，et al. Micro Meso Mater，2005，81：259-267.

[66] Muller M，Harvey G，Prins R. Micro Meso Mater，2000，34：135-147.

[67] Kim J，Choi M，Ryoo R. J Catal 2010，269：219-228.

[68] Wang Q L，Torrealba M，Giannetto G，et al. Zeolites，1990，10：703-706.

[69] Pavel C C，Schmidt W. Chem Commun，2006：882-884.

[70] Groen J C, Bach T U, Ziese A M, et al. J Am Chem Soc,2005, 127: 10 792-10 793; Groen J C, Peffer L A A, Moulijn J A, et al. J Mater Chem, 2006, 16: 2121-2131; Groen J C, Peffer L A A, Moulijn J A, et al. Chem-Eur J,2005, 11: 4983-4994; Groen J C, Maldonado L, Moulijn J A, et al. Stud Surf Sci Catal,2006, 162: 267-274; Johan C G, Sònia A, Luis A V, et al. Micro Meso Mater, 2008, 114: 93-102.

[71] Groen J C, Jansen J C, Moulijn J A, et al. J Phys Chem B,2004, 108: 13 062-13 065.

[72] Zhao L, Shen B, Gao J,et al. J Catal, 2008, 258: 228-234.

[73] Mei C S, Liu Z C, Wen P Y, et al. J Mater Chem, 2008, 18: 3496-3500.

[74] Lin M, Shu X, Wang X, et al. US Patent, 6 475 465B2. 1999;林民，舒兴田，汪燮卿，等．中国专利，99 126 289. 1. 1999; 林民，舒兴田，汪燮卿，等. 中国专利,98 101 357. 0. 1998.

[75] Kato H, Minami T, Kanazawa T, et al. Angew Chem Int Ed,2004, 43: 1251.

[76] Jaeger N I, Rathousky J, Schulz-Ekloff G, et al. Zeolites: Facts, Figures, Future B, Amsterdam, 1989:1005-1013.

[77] Ivanova I I, Kuznetsov A S, Yuschenko V V, et al. Pure Appl Chem,2004, 76: 1647-1658.

[78] Ordomsky V V, Murzin V Y, Monakhova Y V, et al. Micro Meso Mater, 2007, 105: 101-110;Ordomsky V V, Monakhova Y V, Knyazeva E E, et al. J Phys Chem A, 2009, 83: 1012-1017.

[79] Wang S, Dou T, Li Y, et al. Catal Commun,2005, 6: 87-91.

[80] Ying J Y, Garcia-Martinez J. US Patent,20 050 239 634. 2005;Garcia-Martinez J. WO Patent,2006 031 259. 2006; Garcia-Martinez J. US Patent,20 080 138 274. 2008;Garcia-Martinez J, Johnson M M. US Patent,20 090 110 631. 2009.

[81] Mitchell I V. Pillared Layered Structure: Current Trends and Applications. London: Elsevier, 1990; Clearfield A, Kuchenmeister M. //Bein T. Pillared Layered Materials. Washington: American Chemical Society,1992; Pinnavaia T J. Science, 1983, 220: 365.

[82] Armor J N. Appl Catal, 1991, 78: 141; Davis M E. Ind Eng Chem Res,1991, 30: 1675.

[83] Rubin M K, Chu P. US Patent,4 954 325. 1990.

[84] Leonowicz M E, Lawton J A, Lawton S L, et al. Science, 1994, 264: 1910.

[85] Lawton S L, Leonowicz M E, Partridge R D, et al. Micro Meso Mater, 1998, 23: 109-117.

[86] Corma A, Corell C, Flopis F, et al. Appl Catal, 1994, 115, 121; Corma A, Martínez-Triguero J. J Catal, 1997, 165: 102; Wu P, Komatsu T, Yashima T. Micro Meso Mater, 1998, 22: 343.

[87] Corma A, Fornes V, Pergher S B, et al. Nature,1998, 396: 353-356;Corma A, Diaz U, Domine M E, et al. Angew Chem Int Ed,2000, 39: 1499-1501.

[88] Corma A, Fornes V, Guil J M, et al. Micro Meso Mater, 2000, 38: 301.

[89] He Y J, Nivarthy G S, Eder F, et al. Micro Meso Mater, 1998, 25: 207.

[90] 高焕新，周斌，魏一伦．中国专利,200 610 117 871. 7. 2006; 中国专利,200 610 029 980. 3. 2006; 中国专利,200 710 037 242. 8. 2007.

[91] Choi M, Na K, Kim J, et al. Nature, 2009, 461: 246-250.

[92] Na K, Choi M, Park W, et al. J Am Chem Soc,2009, 132: 2010.

[93] Kloetdtra K R, Bekkum H V, Jansen C. Chem Commun,1997: 2281.

[94] Do T O, Kaliaguine S, Angew. Chem Int Ed, 2001, 40: 3248.

[95] Trong On D, Lutic D, Kaliaguine S. Micro Meso Mater, 2001, 44-45: 435-444;Trong On D, Kaliaguine S. Angew Chem Int Ed, 2001, 40: 3248-3251.

[96] Trong On D，Kaliaguine S. Angew Chem Int Ed，2002，41：1036-1040；Kloestra K R，van Bekkum H，Jansen J C. Chem Commun，1997：2281-2282；Dougherty J，Iton L E，White J W. Zeolites，1995，15：640-649.

[97] Fang Y，Hu H. J Am Chem Soc，2006，128：10 636-10 637；Joo S H，Choi S J，Oh I，et al. Nature，2001，412：169-172.

[98] Majano G，Mintova S，Ovsitser O，et al. Micro Meso Mater，2005，80：227-235；Kustova M，Egeblad K，Zhu K，et al. Chem Mater，2007，19：2915-2917；Hidrobo A，Retuert J，Araya P，et al. J Porous Mater 2003，10：231-234.

[99] Do T O，Kaliaguine S. J Am Chem Soc，2003，125：618；Do T O，Nossov A，Springuel M A. J Am Chem Soc，2004，126：14324.

[100] Kloetstra K R，Zandbergen H W，Jansen J C. Micropor Mater，1996，6：287；张晔，吴东，孙予罕，等. 燃料化学学报，2001，29(增刊)：28.

[101] 马广伟，葛学贵，黄少云. 工业催化，2003，11：40.

[102] Poladi R H P R，Christopher C L. J Solid State Chem，2002，167：363.

[103] Poladi R H P R，Christopher C L. Micro Meso Mater，2002，52：11.

[104] Karlsson A，Stocker M，Schmidt R. Micro Meso Mater，1999，27：181.

[105] Prokesova P，Mintova S，Cejka J，et al. Micro Meso Mater，2003，64：165.

[106] Huang L M，Guo W，Deng P. J Phys Chem B，2000，104：2817；Huang L M，Chen H Y，Li Q Z. 第九届全国催化学术会议论文集. 北京：海潮出版社，1998：500-501.

[107] Liu Y，Zhang W，Pinnavaia T J. J Am Chem Soc，2000，122：8791；Liu Y，Zhang W，Pinnavaia T J. Angew Chem Int Ed，2001，40：1255.

[108] Zhang Z，Han Y，Zhu L，et al. Angew Chem Int Ed Engl，2001，40：1258；Zhang Z T，Han Y，Xiao F S，et al. J Am Chem Soc，2001，123：5014.

[109] Di Y，Yu Y，Sun Y Y，et al. Micro Meso Mater，2003，62：221；Han Y，Wu S，Sun Y，et al. Chem Mater，2002，14：1144.

[110] Xiao F S，Han Y，Meng X J，et al. J Am Chem Soc，2002，124：888.

[111] Guo W，Huang L，Deng P，et al. Micro Meso Mater，2001，44-45：427；Guo W，Xiong C，Huang L，et al. J Mater Chem，2001，11：1886.

[112] Goto Y，Fukushima Y，Ratu P，et al. J Porous Mater，2002，9：43.

[113] 李工，阚秋斌，吴通好，等. 化学学报，2002，5：759.

[114] Li Y S，Shi J L，Hua Z L，et al. Nano Lett，2003，3：609.

[115] Kirschhock C E A，Kremer S P B，Vermant J，et al. Chem-Eur J 2005，11：4306-4313.

[116] Tosheva L，Valtchev V P. Chem Mater 2005，17：2494-2513.

[117] 申宝剑，黄海燕，李海丽，等. 中国专利，1 393 404A. 2003.

[118] Tan Q F，Bao X J，Song T C，et al. J Catal 2007，251：69-79.

[119] 周继红，闵恩泽，舒兴田，等. 中国专利，20 081 022 7657. 6. 2008.

[120] Holland B T，Abrams L，Stein A. J Am Chem Soc，1999，121：4308-4309.

[121] Yao T，Kanoh H，Kaneko K. J Am Chem Soc，2003，125：6044；Yao T，Kanoh H，Kaneko K. J Phys Chem B，2003，107：10974.

[122] Yao T，Kanoh H，Kaneko K. Langmuir，2005，21：504-507.

[123] Kim S S，Shah J，Pinnavaia T J. Chem Mater，2003，15：1664.

[124] Sakthivel A, Huang S, Chen W, et al. Chem Mater,2004, 16: 3168.

[125] Yang Z, Xia Y, Mokaya R. Adv Mater,2004, 16: 727.

[126] Schmidt I, Madsen C, Jacobsen C J H. Inorg Chem, 2000, 39: 2279.

[127] Jacobsen C J H, Madsen C, Houzvicka J, et al. J Am Chem Soc,2000, 122: 7116; Schmidt I, Krogh A, Wienberg K, et al. Chem Commun,2000, 2157; Schmidt I, Boisen A, Gustavsson E, et al. Chem Mater,2001, 13: 4416; Jacobsen C J H, Houzvicka J, Carlsson A, et al. Stud Surf Sci Catal 2001, 135: 471; Hartmann M. Angew Chem Int Ed, 2004, 43: 5880.

[128] Schmidt I, Boisen A, Jacobsen C J H, et al. Chem Mater, 2001, 13: 4416.

[129] Janssen A H, Schmidt I, Jacobsen C J H, et al. Micro Meso Mater,2003, 65: 59.

[130] Johannsen K, Boisen A, Brorson M, et al. Stud Surf Sci Catal,2002, 142: 109.

[131] Christensen C H, Johannsen K, Schmidt I, et al. J Am Chem Soc,2003, 125: 13 370.

[132] Grossale A, Nova I, Tronconl E. Top Catal, 2008, 62: 1827-1841.

[133] Kustova M Yu, Rasmussen S B, Kustov L A, et al. Appl Catal B, 2006, 67: 60-67.

[134] Johannsen K, Boisen A, Brorson M, et al. Stud Surf Sci Catal,2002, 142: 109.

[135] Zhu H B, Liu Z C, Kong D J, et al. Chem Mater, 2008, 20: 1134.

[136] 谢在库，王仰东，孔德金，等. 中国工程院第七届学术会议论文集(上册). 北京:化学工业出版社，2009:402-406.

[137] Xiao F X, Wang L F, Yin C Y, et al. Angew Chem Int Ed,2006, 45: 3090-3093.

[138] Liu S, Cao X, Li L, et al. Physicochem Eng Aspects, 2008, 318: 269-274.

[139] Wang H, Pinnavaia T J. Angew Chem Int Ed,2006, 118: 7765-7768.

[140] Wang H, Pinnavaia T J. Stud Surf Sci Catal,2007, 170: 1529-1534.

[141] Choi M, Cho S H, Srivastava R, et al. Nature Mater, 2006, 5: 718-723.

[142] Chmelka B F. Nature Mater, 2006, 5: 681-682.

[143] Choi M, Rrivastava R, Ryoo R. Chem Commun, 2006, 4380-4382.

[144] Rrivastava R, Choi M, Ryoo R. Chem Commun, 2006, 4489-4491.

[145] 刘志成，孔德金，王仰东，等. 石油学报(石油加工), 2008, 24:124.

[146] 刘勇，张维萍，韩秀文，等. 催化学报, 2006, 27: 827.

[147] Zhu H B, Liu Z C, Kong D J, et al. J Phys Chem C,2008, 112: 17 257.

[148] Zhu H B, Liu Z C, Kong D J, et al. J Coll Inter Sci, 2009, 331:432-438.

[149] 谢在库，朱志荣，李为，等. 中国专利,200 410 067 614. 8. 2004.

[150] Scheffler F, Zampieri A, Schwieger W, et al. Adv Appl Ceram,2005, 104: 43-48.

[151] Zampieri A, Mabande G T P, Selvam T, et al. Mater Sci Eng C,2006, 26: 130-135.

[152] Velev O D, Jede T A, Lobo R F, et al. Nature, 1997, 389: 447-448.

[153] Judith E G J, Wijnhoven,Willem Vos L. Science,1998,281:802-804.

[154] Holland B T, Blanford C F, Stein A. Science, 1998, 281: 538-540.

[155] Holland B T, Abrams L, Stein A. J Am Chem Soc,1999, 121: 4308-4309.

[156] Huang L, Wang Z, Sun J, et al. J Am Chem Soc, 2000, 122: 3530-3531.

[157] Valtchev V. J Mater Chem, 2002, 12: 1914-1918.

[158] Valtchev V. Chem Mater, 2002, 14: 4371-4377.

[159] Dong A, Wang Y, Tang Y, et al. Adv Mater, 2002, 14: 1506-1510.

[160] Wang Y J, Caruso F. Adv Funct Mater, 2004, 14: 1012-1018.

[161] Yang P, Deng T, Zhao D, et al. Science, 1998, 282: 2244; Holland B T, Abrams L, Stein A. J Am Chem Soc, 1999, 121: 4308; Zhang B J, Davis S A, Mann S. Chem Mater, 2002, 14: 1369; Antonietti M, Berton B, Glltner C, et al. Adv Mater, 1998, 10: 154; Lebeau B, Fowler C E, Mann S, et al. J Mater Chem, 2000, 10: 2105; Caruso R A, Antonietti M. Adv Funct Mater, 2002, 12: 307.

[162] Kuang D B, Brezesinski T, Smarsly B. J Am Chem Soc, 2004, 126: 10 534.

[163] Xu J F, Liu J, Zhao Z. J Catal, 2011, 282: 1-12; Xu J F, Liu J, Zhao Z. Catal Today, 2010, 135:136.

[164] Dong A G, Wang Y J, Tang Y, et al. Adv Mater, 2002, 14: 926-929.

[165] Valtchev V P, Smaihi M, Faust A, et al. Chem Mater, 2004, 16(7): 1350-1355.

[166] Zhang B, Davis S A, Mann S. Chem Mater, 2002, 14: 1369-1375.

[167] Zhang B J, Davis S A, Mendelsonb N H, et al. Chem Commun, 2000:781-782.

[168] Lee Y J, Lee S, Park Y S, et al. Adv Mater, 2001, 13: 1259-1263.

[169] Tosheva L. Luleå Tekniska Universitet, Luleå, Sweeden, 1999.

[170] Dong A, Wang Y, Tang Y, et al. Adv Mater, 2002, 14: 926; Daw R. Nature, 2002, 418: 491.

[171] Zhang B J, Davis S A, Mendelsonb N H, et al. Chem Commun, 2000:781.

[172] Dong A, Ren N, Yang W, et al. Adv Funct Mater, 2003, 13: 943-948.

[173] Li W, Lu A, Palkovits R, et al. J Am Chem Soc, 2005, 127: 12 595-12 600.

[174] Rhodes K H, Davis S A, Caruso F, et al. Chem Mater, 2000, 12: 2832-2834.

[175] Valtchev V P, Smaihi M, Faust A C, et al. Chem Mater, 2004, 16: 1350-1355.

[176] Kulak A, Lee Y J, Park Y S, et al. Adv Mater, 2002, 14, 526-529.

[177] Anderson M W, Holmes S M, Hanif N, et al. Angew Chem Int Ed, 2000, 39: 2707-2710.

[178] Matsukata M, Ogura M, Osaki T, et al. Top Catal, 1997, 9: 77-92.

[179] Wang Y, Tang Y, Dong A, et al. J Mater Chem, 2002, 12: 1812-1818.

[180] Nakanishi K. J Porous Mater, 1997, 4: 67-112.

[181] Tong Y, Zhao T, Li F, et al. Chem Mater, 2006, 18: 4218-4220.

[182] Lei Q, Zhao T, Li F, et al. Chem Commun, 2006: 1769-1771.

[183] Yang H, Liu Q, Liu Z, et al. Micro Meso Mater, 2010, 127: 213-218.

[184] Yang H Q, Liu Z C, Gao H X, et al. Appl Catal A, 2010, 379: 166-171.

[185] Yang H Q, Liu Z C, Gao H X, et al. J Mater Chem, 2010, 20: 3227-3231.

[186] 滕加伟，赵国良，金文清．中国专利，200 510 029 462. 7. 2005.

[187] Teng J W, Xie Z K. Hydrocarbon Asia, 2006, 16(3):26-32.

[188] Yang X, Tian G, Chen L, et al. Chem-Eur J, 2011, 17: 14 987-14 995.

[189] Chen L, Li X, Tian G, et al. Angew Chem Int Ed, 2011, 50: 11 156-11 161.

[190] Blin J, Leonard A, Yuan Z, et al. Angew Chem Int Ed, 2003, 42: 2872-2875.

[191] Yuan Z Y, Ren T, Su B L. Adv Mater, 2003, 15:1462-1465.

[192] Yuan Z Y, Su B L. J Mater Chem, 2006, 16: 663-677.

[193] Chen H R, Gu J L, Shi J L. Adv Mater, 2005, 17: 2010-2014.

[194] 陈航榕，施剑林，严东生．中国专利，03 115 708. 4. 2003; Wang N, Chen Y, Ye Z, et al. Chin J Chem, 2011, 29: 483-488.

第 4 章　介孔材料的催化

4.1 背　　景

通过构筑催化剂表面活性位(active site)和调控催化剂的结构参数(texture property),开发具有高活性和选择性的催化剂是研究人员一直努力的目标,介孔材料为此提供了新的思路。

介孔材料具有较高的比表面积,有利于足够多表面活性位的构筑;尺寸均一的孔道提供了良好的纳米限域空间;介观尺度上可调的孔径(2～50nm)扩展了介孔材料在多种类型催化反应尤其是大分子催化反应中的应用。此外,认识介孔材料有序的孔道也有利于理解催化反应的过程,为催化剂的设计提供参考。目前,已有多篇综述从不同角度阐述了介孔材料在催化反应中的应用[1-10]。

本章将着重综述介孔催化材料的制备及其催化应用。依据介孔材料骨架是否具有催化活性,简单将其分为两类。对于不具有催化活性的介孔材料,可以通过在介孔材料孔道内客体负载、表面接枝、表面涂覆或骨架掺杂的方法引入催化活性组分,从而赋予介孔材料催化活性(图 4-1)。需要指出的是,在实际情况中,这些方法并不是单一使用的,往往是两种或多种方法结合在一起,使得介孔材料具有优异的催化性能。

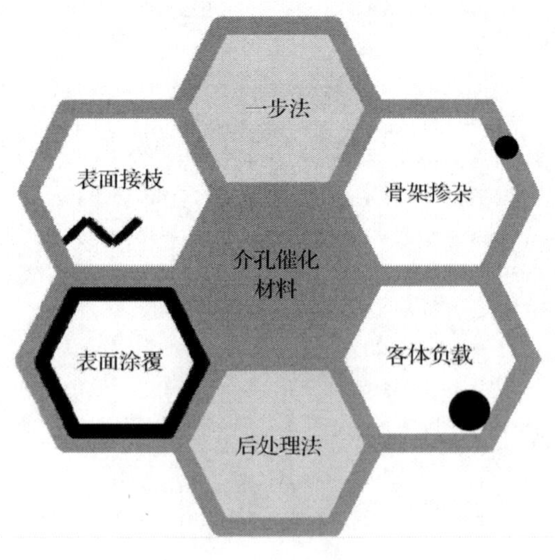

图 4-1　介孔催化材料

我们将从以下三个方面综述介孔催化材料：①介孔材料作为具有高比表面积和有序孔道结构的主体材料，负载具有催化活性的客体，得到主客体催化材料；②介孔材料骨架本身没有催化活性，经过骨架掺杂(取代)或表面官能化后实现催化活性，简称为官能化介孔催化材料；③介孔骨架材料本身有催化活性，同时具有有序的介观结构，简称为功能型介孔催化材料。此外，我们将针对介孔催化材料独特的空间结构，并结合一些特殊结构，如多级孔结构和核壳结构，讨论它们在催化反应中的限域效应。

4.2　主客体介孔催化材料

介孔材料是一种优异的主体(host)材料，其较高的比表面积和均一的孔径有助于实现并稳定客体(guest)材料的高度分散[1]。将具有催化活性的客体引入介孔材料的孔道内形成主客体介孔催化材料，客体高度分散在主体的介孔孔道中，从而实现了构筑高表面活性位的目标。同时，介孔材料纳米尺寸上可调的介孔孔道可以有效调变客体分子的尺寸并阻止催化活性组分的团聚，提高催化剂的稳定性。

具有催化活性的客体组分可以在合成介孔材料的同时引入(一步法)，也可以在得到介孔材料后，通过沉积沉淀法(deposition-precipitation，DP)、浸渍法(wetness impregnation)、离子交换法、气相沉积法、接枝法等引入(后处理法)。一步法合成中，客体和介孔材料主体前驱体或结构导向剂之间的相互作用决定了客体在主体中的负载和分散。同样，在各种不同后处理法中，主客体之间的相互作用也决定了客体在主体介孔孔道内的负载量、分散度、稳定性和催化性能。因此，如何提高主客体的相互作用是制备高性能介孔催化材料的关键。

4.2.1　介孔氧化硅主客体催化材料

介孔氧化硅是报道最早且最多的介孔材料，制备条件相对简单、重复性高、可大规模制备。介孔氧化硅的骨架结构无定形，因此本身催化活性很弱或几乎不具有催化活性。然而，多样的介观结构(层状、二位六方、三位立方)，介观尺寸上可调的孔径(2～10nm)，丰富的形貌(球形、纤维、空心球、棒状、薄膜、单片等)使它非常适合作为主体制备主客体催化材料[2]。

4.2.1.1　贵金属客体

Pt 是一类性能优异的加氢催化剂。采用传统的等体积浸渍法(incipient wetness impregnation，IWI)和离子交换法将 H_2PtCl_2、$Pt(NH_3)_4(NO_3)_2$ 引入介孔氧化硅材料，进一步还原可以得到 Pt/MCM-41 介孔催化材料。研究表明，相对于分子筛主体，客体 Pt 在介孔氧化硅 MCM-41 中具有较高的分散度，所得Pt/MCM-41

介孔催化材料对芳环化合物(苯、萘和菲等)[11-13]的催化加氢以及烯烃和 1,3,5-三异丙苯的氢化裂解[14]都具有较高的催化活性。此外，实验证明 Pt/MCM-41 介孔催化材料具有较好的耐硫能力(200 ppm)，与耐硫催化剂 Pt/USY 相当[15,16]。一步法也可用于制备 Pt 介孔材料，Schuth 研究小组[17]在合成 MCM-41 的过程中引入中性络合物[$Pt(NH_3)_2Cl_2$]，通过和结构导向剂的疏水端相互作用，Pt 组分被引入到 MCM-41 的孔道中，一步法制备得到 Pt/MCM-41 介孔催化材料。虽然 Pt 以 4.0nm 尺寸分散在 MCM-41 的孔道中，负载量可以达到 5%(质量分数)，遗憾的是，传统的 IWI 法制备得到的 Pt/MCM-41 具有更高的分散度和催化氧化 CO 活性。Somorjai 等[18]采用低功率超声浸渍法将不同尺寸(1.7～7.1nm)的 Pt 胶体粒子引入 SBA-15 的孔道内，制备得到了负载不同尺寸 Pt 粒子的 Pt/SBA-15 介孔催化材料，超声有效地降低了 Pt 在孔道外的沉积并有利于 Pt 在 SBA-15 孔道内的分散。乙烯加氢反应对这类 Pt/SBA-15 介孔催化材料表现为结构不敏感，而在乙烷氢解反应则表现为结构敏感，Pt/SBA-15 的催化活性随 Pt 胶体粒子尺寸的减小而增加。他们进一步在合成介孔氧化硅的水热过程中加入已制备得到的 Pt 胶体粒子，通过 Pt 胶体粒子和结构导向剂的相互作用，一步法直接将不同尺寸 Pt 纳米粒子封装在 SBA-15 孔道内(图 4-2)，并研究了 Pt 纳米粒子尺寸对 Pt/SAB-15 在环己烯加氢/脱氢反应中选择性的影响[19,20]。包兴和研究小组[21]通过在合成 SBA-15 过程中加入 $HS(CH_2)_3$-$Si(OCH_3)_3$ 以提高 Pt 前驱体 H_2PtCl_2 和硅源的相互做用，利用一步法制备了高分散的 Pt/SBA-15 介孔催化材料，进一步考察了该介孔催化材料在甲基环己烷脱氢反应中的性能，研究发现在反应过程中 SBA-15 的介孔孔道有效限制了 Pt 纳米粒子的长大。最近，Cortés-Jácome 等[22]将 SBA-15 和乙酰丙酮铂一起研磨，通过固态浸渍的方法将 Pt 负载在 SBA-15 的孔道内，Pt 粒径约为 2nm，均匀地分散在 SBA-15 主体中，在萘加氢反应中的活性远高于传统浸渍法得到的 Pt 介孔催化材料。

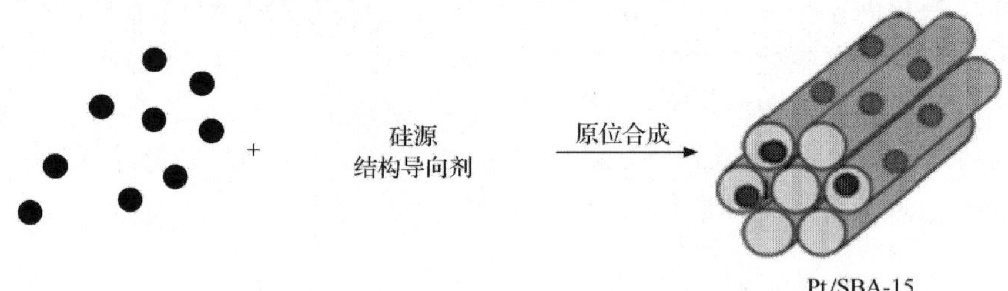

图 4-2 一步法将 Pt 胶体粒子封装在介孔氧化硅 SBA-15 的孔道内[20]

与负载型 Pt 介孔催化材料一样，Schuth 研究小组[23]也分别采用一步法、IWI 法和离子交换法制备了 Pd/MCM-41 介孔催化材料。其中，离子交换法得到的 Pd 分散度最高，对 CO 催化氧化的活性也最好。李建功等[24]通过甲醛还原首先制得嵌段共聚物稳定的Pd胶体粒子，然后以该胶体为模板制备出SBA-15，Pd纳米粒子均匀地负载在SBA-15孔道内，且有效地扩大了SBA-15的孔道。虽然样品的比表面积有所下降，但重复使用5次以后，该介孔催化材料对碘苯和丙烯酸丁酯的反应仍保持93%的转化率和98%的选择性。高连勋等[25]以$PdCl_2$为前驱体，采用一步法制备了Pd/SBA-15，Pd的负载量可达1.5%～19.6%。该材料对碘苯与丙烯酸丁酯的偶联反应具有较高的催化活性，且重复使用5次仍保持有90%的收率；而且对于苯乙烯与卤代芳烃的反应具有更高的顺式产物选择性。Ying等[26]采用化学气相沉积(CVD)的方法将Pd络合物接枝在MCM-41上，进一步用氢气还原得到Pd/MCM-41。该材料用于催化4-溴苯乙酮和丙烯酸丁酯的碳-碳偶联反应，1h后产率可以达到99%。Ying等认为介孔材料开放的孔道结构、较大的介孔孔径和高度分散的活性位(30%)有利于较大的底物分子扩散和反应，从而大大提高了反应的活性。然而该介孔催化材料稳定性较差，重复使用3次后，Pd粒子发生团聚，且MCM-41结构被破坏。Kiwi-Minster等[27]用溶剂萃取脱除介孔氧化硅的模板，通过离子交换法将$[Pd(NH_3)_4]^{2+}$负载在介孔氧化硅孔道内，制备得到Pd/HMS和Pd/SBA-15介孔催化材料。相对于高温焙烧法，溶剂萃取脱除模板使得氧化硅的表面保留大量的Si—OH，有利于提高Pd的负载量，且在较高的温度下(550℃)，Pd纳米粒子在介孔氧化硅HMS和SBA-15中可以保持较好的分散度。施剑林课题组[28,29]用Si—H修饰介孔材料SBA-15的孔道表面，Si—H可以原位还原Pt离子。在该材料中Pd以纳米胶粒的形式均匀附着于介孔孔壁上，使介孔材料高比表面积的优点得以充分利用，在碳-碳偶联反应中该催化材料的TOF值是其他介孔材料的负载型Pd催化剂的5～10倍。Demel等[30]分别用3-氯丙基三乙氧基硅烷、2-(*N*,*N*-二乙胺基)乙胺和*N*,*N*,*N*-三(2-氨基乙基)胺对SBA-15孔道表面改性，然后负载Pd。结果表明，Pd/SBA-15催化剂对溴苯与丙烯酸丁酯的催化活性随着N/Pd物质的量比的增大而明显升高，这是由于表面含N基团增加了Pd组分和介孔材料SBA-15的相互作用，这种强相互作用有利于Pd在SBA-15孔道中的高度分散，同时在反应过程中有效地阻止了由于反应活性位的聚集而导致的失活。高秋明等[31]首先用氨基修饰SBA-15的表面，进而在氨基上生长聚酰胺-胺型树枝状高分子PAMAM，将Pd(Ⅱ)离子引入SBA-15的孔道并用BH_4^-还原得到Pd/SBA-15，该材料在烯醇加氢反应中具有较高的催化活性，且反应速率和选择性与树枝状高分子的代数有关。韩步兴研究小组[32]利用介孔氧化硅表面的弱酸性，在其孔道表面涂覆一层碱性离子液体1,1,3,3-四甲基乳酸胍，通过胍基和Pd的强配位作用将Pd纳米粒子高度分散并稳定在SBA-15孔道内(图4-3)。实验结果表明，Pd纳米粒子、离子液体和SBA-15之间的协同效应大大提高了该Pd介孔催化材料在无溶剂烯烃加氢反应中的活性、选择性和稳定性。他们进而将这种Pd介孔催化材料应用于无溶剂Heck反应中[33]，同样表现出高的活性和稳定性，对比实验结果表明，离子液体修饰介孔氧化硅的表面对于稳定 Pd 纳米粒子有重要的作用。此外，韩步兴等[34]进一步将带有不同长度烷基链的离子液体与Pd(Ⅱ)配位后，通过一步法将将 Pd 负载在介孔氧化硅上(图 4-3)，这系列材料在丙烯醇选择性加氢制丙醇的反应中具有较高的活性和选择性，且选择性随着烷基链的增长而增高，这可以归因于空间效应。

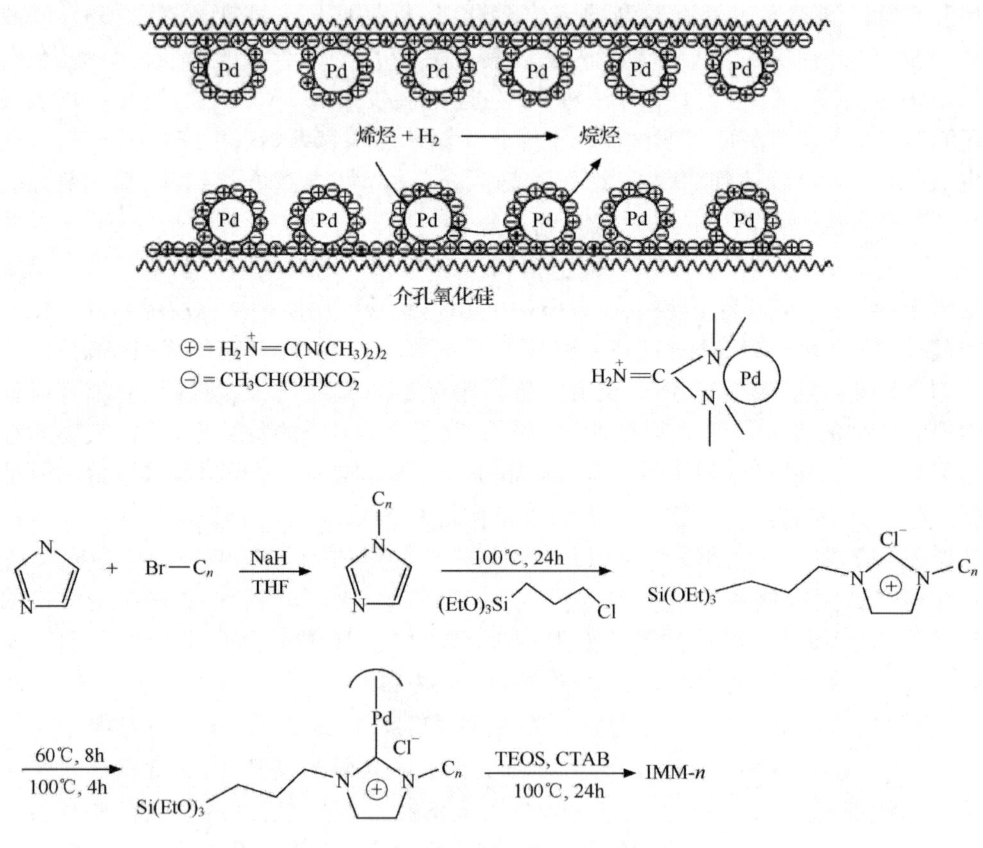

图 4-3　离子液体 Pd 固载介孔催化材料[32,34]

Haruta 等[35]采用气相沉积的方法将二甲基(乙酰丙酮)Au(Ⅲ)负载在 MCM-41 上，经过 H_2 还原后得到 Au/MCM-41 介孔催化材料，该材料对 CO 低温氧化具有优异的催化活性。此外，他们[36,37]还通过 DP 法将 Au 负载在 Ti-MCM-48 上，用于气相催化环氧化丙烯。实验结果表明，相对于二维结构载体 Ti-MCM-41，采用三维结构载体 Ti-MCM-48 的催化材料具有更高的催化性能，这是因为三维结构更有利于物质传输，可以有效抵抗孔道阻塞。近期，研究人员发现具有三维笼状孔道结构的介孔氧化硅 SBA-16[38](图 4-4)和 FDU-12[39]相对于具有二维柱状孔道结构的 SBA-15 可以有效降低 Au 纳米粒子的团聚程度，从而提高负载 Au 介孔催化材料的稳定性。与 Pt 和 Pd 的前驱体不同，Au 的常见前驱体 $AuCl_4^-$ 带有负电荷。Schuth 研究小组[40]采用[$(CH_3O)Si(CH_2)_3N(CH_3)_3^+$]官能化 SBA-15 的表面，从而使 SBA-15 的表面带正电，然后通过离子交换法将 $AuCl_4^-$ 引入孔道，再用 $NaBH_4$ 还原制得 Au/SBA-15。牟中原等[41]则采用 $NH_2(CH_2)_3Si(OCH_3)_3$(APTES)和$HS(CH_2)_3Si(OCH_3)_3$官能化 SBA-15(Ti-SBA-15、Al-SBA-15)表面，通过氨基和巯基对 Au 的配位能力，将 Au 负载 SBA-15 上，制备了 Au/SBA-15 和 Au-Cu/SBA-15 介孔催化材料。戴胜等[42]采用 DP 法，利用二乙胺的去质子化反应将 Au 的阳离子络合物[$Au(en)_2$]$^{3+}$固定在 SBA-15 的负电荷表面上，H_2 还原后制备得到高分散的 Au/SBA-15。该材料在 273K 对 CO 氧化表现出极高的催化活性，远高于其他方法制备得到的 Au/SBA-15，而且 SBA-15 的介孔孔道有效阻止了 Au 纳米粒子的团聚。在 DP 法中，载体的等电点对 Au 组分的负载和分散有重要的影响。氧化硅的等电点较低(2)，这意味着在沉积沉淀过程中其表面为电负性，不利于同样带负电荷的 $AuCl_4^-$ 在表面沉积并达到较高的分散度。戴胜等[43]提出利用表面溶胶-凝胶(surface sol-gel process，SSP)工艺改变介孔氧化硅表面的性质。他们通过逐层自组装(layer-by-layer)技术在 SBA-15 孔道表面涂覆氧化钛，从而提高表面的等电点，得到超小尺寸(<1 nm)且分散度较高的 Au 纳米粒子。此外，通过调节涂覆氧化钛的层数可以精确控制 SBA-15 的孔径。

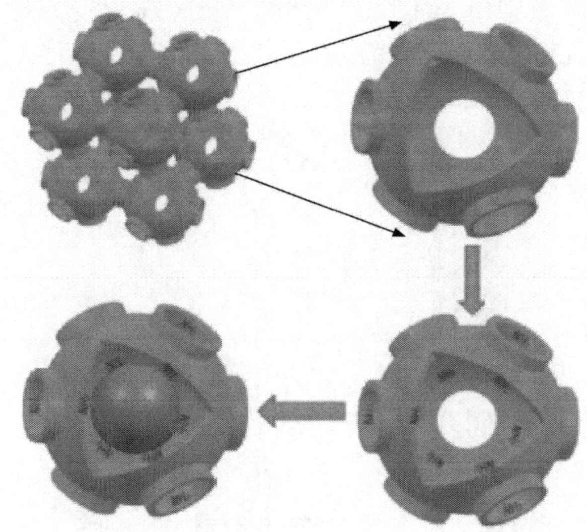

图 4-4 具有三维笼状孔道结构的 SBA-16 负载 Au 纳米粒子[38]

与 Pt、Pd 和 Au 不同，若采用传统的浸渍法或离子交换法将 Ru 负载在介孔氧化硅 MCM-41 孔道内，Ru(Ⅲ)很难被完全还原，Kaliaguine 等[44]认为 Ru 的还原度和介孔氧化硅的表面性质有关，介孔氧化硅表面的硅羟基可以稳定 Ru(Ⅱ)，使得 Ru 很难被完全还原。Gedanken 等[45]采用微波辅助乙二醇还原法原位合成了 Ru/SBA-15 介孔催化材料，微波有助于 Ru(Ⅲ)的还原，并驱使 Ru^0 纳米粒子进入 SBA-15 的孔道。该 Ru/SBA-15 在催化甲烷部分氧化反应中表现出较高的活性和 CO 选择性。过渡金属羰基化合物可以和硅羟基反应，有助于过渡金属客体在介孔氧化硅中的负载和分散。利用混合金属羰基络合物为前驱体可以制备双金属介孔催化材料。Johnson 小组[13]以双金属羰基簇为前驱体，合成了一系列 MCM-41 负载的含 Ru 的双金属纳米簇(Ru-Pt、Ru-Pd、Ru-Cu、Ru-Sn 等)。具有相同 Ru/Pt 物质的量比的双金属 Ru-Pt 介孔催化剂 Ru_5Pt/MCM-41 和 $Ru_{10}Pt_2$/MCM-41 在苯甲酸加氢的反应中表现出不一样的活性和催化性，$Ru_{10}Pt_2$/MCM-41 表现出更高的催化活性和对环已烷甲酸的选择性(图 4-5)。研究结果表明，这是由于在除去羰基时，双金属簇的结构发生了很大变化，Ru_5Pt 和 $Ru_{10}Pt_2$ 具有不同的结构。乔明华等[46]采用双溶剂浸渍法将 Ru 负载在 HSM、MCM-41 和 SBA-15 上，并考察了它们在液相苯加氢制环已烯反应中的催化性能。韩步兴研究小组[47]利用离子液体制备了 Ru/SBA-15 介孔催化材料，该材料在苯加氢制环已烷反应中的活性与 Ru 金属簇催化剂相当。Au 等[48]报道了将 Ru 负载在 MCM-41 和 SBA-15 主体上用于氨分解反应，它们的催化效果优于一般的氧化硅主体。Ru/MCM-41 具有较大的介孔孔道，可以催化大分子前列腺素 F 中间体的非对映异构氢化反应[49]。李金林等[50]分别用 $NH_2(CH_2)_3SiO$—和$(CH_3)_3SiO$—修饰 SBA-15 的内外表面后，将 Ru 负载该表面修饰的 SBA-15 上，研究了不同孔径和不同 Ru 粒径

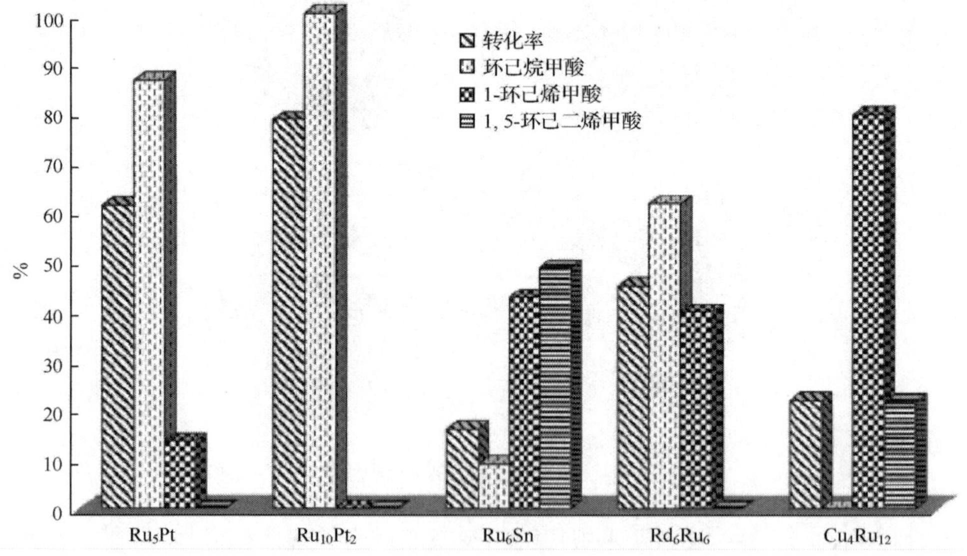

图 4-5　MCM-41 负载 Ru 基双金属介孔催化材料在苯甲酸加氢反应中的活性和选择性[13]

的 Ru/SBA-15 介孔催化材料在 Fischer-Tropsch 合成中的性能。研究结果表明，与 Ru 粒径等因素相比，主体 SBA-15 孔径对 Fischer-Tropsch 合成产物分布的影响更大。

4.2.1.2　过渡金属客体

过渡金属 Cu、Ni、Fe、Co 等在介孔孔道内的负载可以采用与贵金属相同的方法。Zhang 等[51]用 APTES 修饰的 SBA-15 为主体，通过 IWI 法制备了 Cu/SBA-15 介孔催化材料，并与以未修饰 SBA-15 为主体制备的 Cu 介孔材料作了比较。Cu 纳米粒子均匀地分散在修饰后的 SBA-15 的孔道中，且尺寸较小，分散度较好，在 CO 氧化反应中的活性较高；而在未修饰的 SBA-15 中，Cu 粒子尺寸较大，且大都位于 SBA-15 的孔道外，反应活性较低。Qiao 等[52]对比了 IWI 法、接枝法(APTES 修饰 SBA-15)、DP 法和均相沉积沉淀法(homogeneous deposition precipitation，HDP)制备的 Cu/SBA-15 介孔催化材料。其中，IWI 法得到的 Cu 分散度最差；采用 IWI 法、DP 法和 HDP 法得到的 Cu/SBA-15 介孔催化剂中 Cu 组分主要以 Cu^0存在，而在接枝法中 Cu 主要以 Cu^+ 存在；这些差异使得 HDP 法制备的 Cu/SBA-15 在马来酸二乙酯氢解制丁二醇反应中具有最高的催化活性和选择性，而且时空产率高于传统的 $Cu/ZnO/Al_2O_3$催化剂一个数量级。

Co 作为 Fischer-Tropsch 合成催化剂被广泛研究，研究人员采用介孔氧化硅材料为载体，期望通过对介孔材料孔道的调变实现对 Fischer-Tropsch 产物分布的调控[53,54]。研究人员采用浸渍法[55-57]、离子交换法[58]、气相沉积法[59]等将 Co 负载于介孔催化材料上并研究其在 Fischer-Tropsch 合成中的催化性能。介孔材料均一的孔道可以有效控制 Co 纳米粒子的尺寸[60,61]，并阻止 Co 纳米粒子的团聚[62,63]。研究结果表明，介孔氧化硅的孔径越大，Co 纳米粒子的尺寸越大，Fischer-Tropsch 合成反应速率越大(图 4-6)[63]。与传统的氧化硅载体相比，介孔分子筛大大增加了 Co 的分散度，这一现象在 Co 含量较高时尤为明显[53]。介孔氧化硅主体材料独特的孔道结构对 Co 基催化剂制备和反应物传质产生影响，从而改变 Fischer-Tropsch 合成产物的分布。研究人员选用不同孔径、不同形貌的介孔氧化硅材料为主体，考察其对 Co 基催化剂性能的影响。Khodakov 等[64]发现介孔氧化硅孔径大小决定了 Co 物种颗粒的大小和还原度，当介孔氧化硅孔径大于 3.0nm 时，还原度较高有利于 Fischer-Tropsch 合成反应速率的提高和 C_5^+ 烃的形成。介孔氧化硅的表面具有丰富的羟基，特别是小孔径载体易于 Co 形成难还原的硅酸钴物种，从而导致催化剂还原度较低，活性较差。孙予罕研究小组[65]通过表面接枝的方法，用疏水基团—CH_3修饰氧化硅的表面，降低表面 Si—OH 的浓度，减弱钴硅之间的相互作用。研究结果表明，随着氧化硅表面疏水程度的增加，CO 转化率和 C_5^+ 烃的选择性逐渐升高。

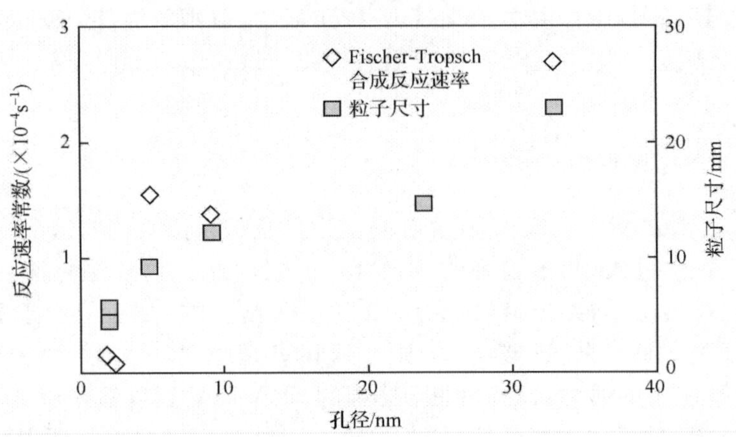

图 4-6　介孔氧化硅载体孔径、负载Co_3O_4粒子尺寸和 Fischer-Tropsch 反应速率之间的关系[63]

季生福等[66]采用浸渍法将 Ni 活性客体组装在 SBA-15 孔道中，制备出对二氧化碳重整甲烷制合成气具有良好催化性能的 Ni/ SBA-15 催化剂，特别是在高温反应条件下这种催化剂相当稳定，SBA-15 的孔道结构有效阻止了 Ni 组分的团聚。刘忠民研究组[67]采用 DP 法制备得到 Ni/SBA-15，Ni 纳米粒子(4～7nm)稳定并高度分散在 SBA-15 孔道内，在氨分解制氢反应中表现出优异的催化活性，甚至超过了 Ru 基催化材料。

值得注意的是，在制备负载过渡金属介孔催化材料时大都经过氧化物还原过程，然而过渡金属氧化物和氧化硅有较强的相互作用，易反应生成难以还原的硅酸盐，且过渡金属氧化物的尺寸越小，越容易和氧化硅反应。这种相互作用使得过渡金属氧化物的还原温度提高，还原度降低，最终影响材料的催化性能。

4.2.1.3　金属氧(硫)化物客体

利用金属醇盐等前驱体和 Si—OH 之间的反应或相互作用来实现金属氧化物在介孔氧化硅上的负载。通过接枝法将二氯二茂钛[68]、$TiCl_4$[69]、$Ti(OEt)_4$[70]、$Ti(OPr^i)_4$[71]等钛源接枝到介孔氧化硅的表面，进一步高温焙烧后得到负载 TiO_2 的介孔催化材料；或是控制 $Ti(OPr^i)_4$ 在介孔氧化硅的孔道水解，将 TiO_2 负载在 MCM-41 的孔道表面[72]。Stein 等[69]将 $TiCl_4$ 和未脱模板的 MCM-41、FSM-16 反应，在高温焙烧脱除模板的同时水解 $TiCl_4$，得到在介孔材料中高度分散的 TiO_2 纳米簇。负载 TiO_2 的介孔催化材料被作为催化剂用在以 H_2O_2 为氧化剂的氧化反应和光催化反应中。施剑林等[73]通过浸渍法将 $Zr(OPr^i)_4$ 负载在 MCM-41 上，得到的 ZrO_2/MCM-41 介孔催化材料对胆固醇氧化反应的催化活性可与均相催化剂 $Zr(OPr^i)_4$ 相比拟。负载在 SBA-15 介孔孔道内的四方相 ZrO_2 具有较高的热稳定性(>900℃),对硫酸根的吸附能力是 ZrO_2 块体的 3 倍以上。

除了过渡金属羰基化合物,过渡金属的乙酰丙酮盐也是气相沉积法制备介孔催化材料常用的前驱体。Stucky 等[74]采用气相沉积法将 $VO(acac)_2$ 负载在 MCM-48 上,$VO(acac)_2$ 通过配体交换或氢键的形式和 Si—OH 结合(图 4-7,其中 M 代表金属),焙烧后 VO_x 以四面体形式负载于介孔孔道中。此外,还可以用二氯二甲基硅烷修饰介孔氧化硅的表面,水解后生成—$Si(CH_3)_2OH$,进一步沉积 $VO(acac)_2$ 并高温焙烧后可得到表面疏水的具有高水热稳定性的 VO_x 介孔催化材料[75]。类似地,Rao 等[76]将 $Cr(acac)_2$ 引入 Al-MCM-41 孔道,焙烧后得到 Cr_2O_3/Al-MCM-41 作为乙烯聚合催化剂。

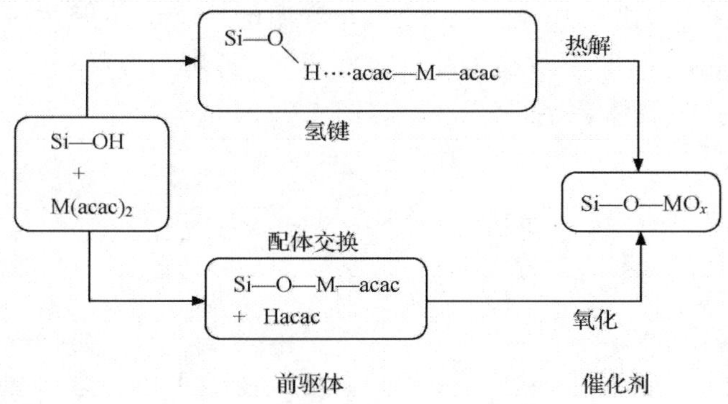

图 4-7　过渡金属乙酰丙酮盐通过配体交换或氢键和介孔氧化硅表面硅羟基相互作用[74]

采用浸渍法将 $Fe(NO_3)_3$ 引入 MCM-41 和 MCM-48 的介孔孔道中,得到负载 Fe_2O_3 的介孔催化材料[77]。负载 Fe_2O_3 的介孔催化材料表面存在酸性位,可以高效催化苯和氯苯的苯基化反应[78],Badamali 等[79]认为在形成 Fe_2O_3 纳米粒子的同时,一部分 Fe(Ⅲ)取代了介孔氧化硅的骨架硅原子。Schuth 研究小组[80]制备的 Fe_2O_3/MCM-41 介孔催化材料在 SO_2 氧化反应中表现出较高的催化活性。负载 MnO_x 的介孔催化材料对丙烯和 CO 氧化反应具有很高的催化活性[81],负载 CuO_x 的介孔催化材料是一种高性能的甲醇脱氢催化剂[82]。Ga_2O_3/MCM-41 和 In_2O_3/MCM-41 介孔催化材料可用于苯和氯苯的苯基化反应[83]。

碱性氧化物作为客体负载在介孔氧化硅孔道内,是制备高效固体碱催化剂的一种重要方法[84]。朱建华等[85]直接在 SBA-15 的合成体系中加入$(CH_3COO)_2Mg$,一步法合成了介孔强碱 MgO/SBA-15。他们认为 Mg^{2+} 和模板剂亲水端之间存在相互作用;在焙烧过程中,Mg 前驱体转化为碱性物种 MgO 镀饰在 SBA-15 的孔道内,形成光滑涂层,从而得到介孔强碱材料 MgO/SBA-15。为了进一步提高介孔材料的碱强度,Kloetstra 等[86,87]以 CH_3COOCs 作为碱前驱体,通过浸渍和后续的焙烧处理,把碱性更强的 Cs 物种引入到介孔氧化硅 MCM-41 上。所得固体碱

材料 CsO_x/MCM-41 能催化 Knoevenagel 缩合和 Michael 加成反应。遗憾的是，CsO_x/MCM-41 的热稳定性和化学稳定性较差，主要是因为碱性 Cs 组分和载体氧化硅发生化学反应生成类似 Cs_2SiO_3，破坏了载体的结构。类似地，研究人员以 KNO_3为前体，高温处理分解 KNO_3后不仅检测不到碱性氧化物，SBA-15 的介观结构也被破坏[88]（图 4-8）。为了避免强碱性物种和载体 SiO_2 反应而破坏孔道结构，朱建华等[89]先在 SBA-15 孔道负载了一层 MgO，然后再引入超强碱前驱体 KNO_3。在热处理分解 KNO_3的过程中，由于 MgO 的保护作用，分解产生的超强碱性物种 K_2O 不会破坏载体的介孔结构。为了揭示碱性客体种类对介孔固体碱材料性质的影响，他们选择了一系列碱金属和碱土金属硝酸盐对 SBA-15 进行改性[88]，发现经碱金属硝酸盐改性的样品，在高温活化过程中载体 SBA-15 的有序介孔结构被彻底破坏，样品的碱强度相对较低；而经碱土金属硝酸盐改性的样品，经过活化后保持了载体有序的介孔结构（图 4-8）。

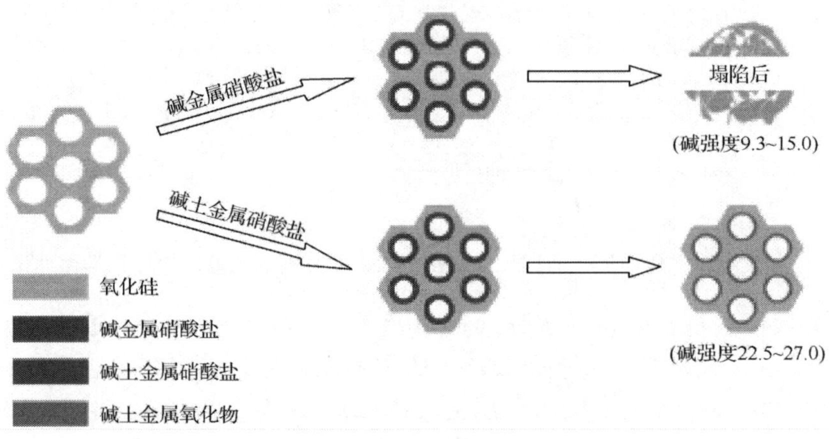

图 4-8 SBA-15 负载碱金属和碱土金属氧化物的结构和碱性能[88]

介孔材料较大的孔径使其可以负载大尺寸的杂多酸分子，实现杂多酸的高度分散，从而大大增加杂多酸表面的酸性活性位。例如，将钼酸铵负载在介孔氧化硅上，其烯烃复分解反应中的活性大大提高[90]；将 $CuH_3[PMo_{10}V_2O_{40}]$负载在介孔氧化硅 HSM 上催化丙烯环氧化制酮，转化率由负载前的 9.2%提高到负载后的 17.2%[91]。虽然将杂多酸负载在介孔材料上提高了它们的催化活性，但是杂多酸在负载和反应过程的状态还是未知的，而且杂多酸的分散性和稳定性不能很好地控制，在负载过程中常出现杂多酸结构的变形，在高负载量时甚至会被破坏。研究人员指出，若要提高介孔材料负载杂多酸的催化性能，必须严格控制杂多酸在介孔孔道内的分布[92,93]。Peden 等[94-96]提出了一种有效使杂多酸在介孔主体上具有较高分散性的方法，他们首先将 $CsCO_3$ 盐沉积到介孔氧化硅的表面，进一步焙烧使碱金属 Cs 接枝到氧化硅表面，然后通过杂多酸和碱金属的相互作用形成金属杂多酸盐($Cs_xH_{3-x}PW_{12}O_{40}$)，该酸性物种具有较高的稳定性，且在酸催化烷基化反应中具有较好的性能。

硫化物是优异的加氢脱硫(HDS)和加氢脱氮(HDN)催化剂，通过浸渍法将 $(NH_4)_2MoS_4$ 引入 MCM-41 孔道中，在 H_2/H_2S 气氛下原位活化得到 MoS_2/MCM-41 介孔催化材料，它是一种优良的二苯并噻吩加氢脱硫催化剂[97]。采用超声将 $W(CO)_6$ 负载在 SBA-15 上，进一步硫化后得到高性能加氢脱硫催化剂 WS_2/SBA-15，其催化二苯并噻吩加氢脱硫的活性是商业化 Co-Mo/Al_2O_3 催化剂的 1.4 倍[98]。利用 MoO_3 和 WO_3 在热处理过程中可以在其他氧化物的表面分散形成单层 MoO_3 和 WO_3，将 MoO_3 和 SBA-15(或 MCM-41)机械混合后加热，经过硫化处理最终得到高分散的 MoS_2/SBA-15 介孔催化材料[99]。

4.2.1.4　主客体的组装

主体介孔氧化硅和客体的组装方法大致分为两类：一步法和后处理法[1]。

一步法是指在主体-介孔氧化硅的合成过程中引入客体(或客体前驱体)，通过客体(或客体前驱体)和主体前驱体或结构导向剂的相互作用，将客体引入介孔氧化硅的孔道中，直接制备得到负载客体的介孔催化材料。常用客体(或客体前驱体)和结构导向剂的相互作用方式有两种：一是利用客体(或客体前驱体)和结构导向剂之间的相互作用(静电、氢键等)将客体引入氧化硅孔道[17,25]；另一种是先合成表面活性剂稳定的客体纳米粒子，再以此为结构导向剂合成介孔氧化硅，由此客体被限制在氧化硅的孔道内[19-21,24]。此外，还可以在合成过程中加入可以和客体(或客体前驱体)相互作用的有机硅烷，通过带有官能团的有机硅烷和正硅酸乙酯共同水解，将客体(或客体前驱体)引入介孔氧化硅主体[21]。一步法合成较为简便，且结构导向剂是一种良好的分散剂，可以实现客体在主体氧化硅孔道内的高度分散。然而，这种方法对客体的负载量有限，若负载量过高，容易导致介孔氧化硅的有序度下降。

后处理法相对于一步法可以有效提高客体的负载量，可选用的客体(或客体前驱体)的种类也较为丰富，客体可以以液态、固态或是气态引入介孔氧化硅的孔道。然而，如何避免客体在介孔氧化硅外表面富集是后处理法需要解决的一个关键问题。等体积浸渍法是最常用的负载客体的方法，选用与主体体积相当的客体溶液有效避免了客体在孔道外的富集。进一步采用双溶剂法，利用溶剂和介孔氧化硅孔道极性的差异将客体引入[46]。介孔氧化硅表面有大量 Si—OH，可以和客体(或客体前驱体)形成氢键，有助于客体的引入[27,30]。此外，通过 Si—OH 和有机硅烷反应可以在氧化硅孔道表面修饰—NH_2 或—SH 等官能团，利用—NH_2 和—SH 与客体的强相互作用将客体引入孔道[41]。近年来，超声辅助浸渍法成为一种有效手段，可以帮助客体扩散到介孔氧化硅的孔道中，并高度分散[18]。

对于后处理法，如何实现客体的高分散，从而构筑较多的活性位是另外一个关键问题。主客体之间的相互作用强，客体不易在孔道内迁移聚集，分散度高。通过增加介孔氧化硅表面的 Si—OH 或在表面修饰—NH_2、—SH 等基团，加强主体和客体的相互作用可以提高客体在主体氧化硅孔道内的分散度和稳定性。此外，客体前驱体的种类对其分散度有一定影响，若客体前驱体是络合物，如羰基化合物、乙酸盐、乙酰丙酮盐，经过热处理后通常得到尺寸较小、分散度较高的客体纳米粒子[13,100]；而硝酸盐前驱体得到的客体粒子容易聚集，尺寸较大。研究人员发现通过控制热分解的气氛，可以有效调控客体纳米粒子的尺寸（图 4-9）[101]。然而，若主体和客体的相互作用过强，如前面提到的介孔氧化硅和氧化钴，氧化钴很难被还原成具有催化活性的 Co 金属。研究人员采取表面修饰的方法减少表面 Si—OH，降低主体和客体之间的相互作用，提高 Co 的还原度，从而提高材料的催化活性[65]。

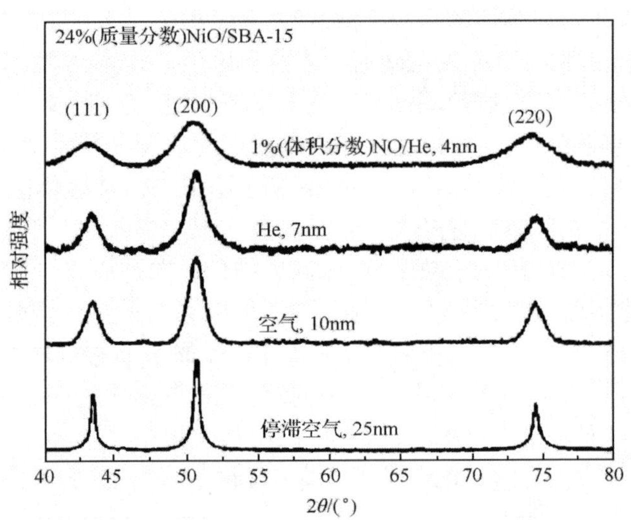

图 4-9　$Ni(NO_3)_2$/SBA-15 在不同气氛下经过 450℃热分解得到的 24%（质量分数）NiO/SBA-15 的 XRD 谱图[101]

在实际情况中，制备高分散的主客体介孔催化材料，单一的方法往往不能满足，多种方法结合并选择合适的客体前驱体和反应条件才能制备得到性能优异的催化材料。

4.2.2　介孔碳主体

随着自组装（self-assembly）技术和纳米浇铸（nanocasting）技术不断的成熟发展，介孔碳材料继介孔氧化硅后成为另一大类介孔材料，介孔碳材料独特的表面性质、优异的机械和热稳定性以及良好的导电导热性质使其成为异类新型的催化剂载体[102-104]。

介孔碳材料被广泛用于燃料电池的电催化剂载体，相比传统的炭黑载体，无论是氧化还原反应还是甲醇氧化反应，介孔碳载体都表现出较高的金属分散度和催化活性。Ryoo等[105]采用介孔碳CMK-5(内径6nm，外径9nm)为载体，通过简单的等体积浸渍方法负载Pt得到Pt/CMK-5介孔催化材料。Pt纳米粒子在CMK-5中的分散度非常高，即使负载量高达50%，Pt纳米粒子的尺寸仍然<3nm，而在其他微孔碳载体(炭黑、活性炭)上Pt纳米粒子的尺寸已经达到了30nm。Pt纳米粒子的高分散性使得Pt/CMk-5对氧化还原反应表现出优异的电催化活性。Yu等[106]利用光子晶体为模板制备介孔碳材料，与商用的碳载体相比，这种介孔碳材料具有三维贯通的孔道结构，利于客体的分散以及反应物和产物的扩散。通过硼氢化还原的方法将2～3nm的Pt-Ru纳米粒子负载在该介孔材料，并应用于甲醇燃料电池中，催化活性较传统碳载体提高了15%。与无定形碳相比，石墨化的碳具有更高的导电率和更好的抗氧化性，更适于燃料电池的应用。Zhao等[107]将Pt负载在石墨化的介孔碳材料CMK-3上，所得Pt纳米粒子的尺寸大于商品化催化剂中的Pt粒子。虽然，Pt/CMK-3具有相对较低的电化学活性比表面积，然而该介孔催化材料在室温甲醇氧化反应中的催化活性高于商品化催化剂E-TEK。Lei等[108]采用石墨化的CMK-5负载Pt纳米粒子后，表现出很高的甲醇氧化活性。Pak等[109]考察了介孔碳载体石墨化程度对甲醇燃料电池电催化性能的影响，研究发现石墨化程度高的介孔碳载体具有更高的导电率，负载Pt纳米粒子后，表现出更高的电催化活性。

除燃料电池外，铂碳催化剂也用于制备乙酰氨基酚。Ryoo研究组[110]发现将Pt负载在介孔碳CMK-1和CMK-3得到的催化剂比商品化的Pt/C催化剂具有更优异的性能，CMK-1负载2% Pt和商品化5% Pt/C的反应活性相当，但乙酰氨基酚的选择性从72%提高到了84%。这种高活性归因于Pt在介孔碳载体上的高度分散和反应物在较大的介孔孔道内具有较低的扩散阻力。

通过对介孔碳骨架的掺杂或表面修饰，可以赋予介孔碳催化材料特定的功能。Schuth研究组[111]将Co纳米粒子沉积在SBA-15孔道内，经过填充—碳化—除模板等步骤后得到具有磁性的介孔碳材料，进一步将Pd纳米粒子负载其上得到的材料对辛烯加氢反应有很高的活性。此外，这种催化材料可以通过外加磁场有效地分离，并且经过多次反应，催化活性几乎没有降低。Pak等用导电聚合物选择性地修饰介孔碳CMK-3的外表面，进一步提高碳材料的电导率，负载Pt纳米粒子后所得介孔催化材料在直接甲醇燃料电池中的催化性能大大高于商用的催化剂[112]。

与氧化硅不同，介孔碳材料表面惰性且疏水，与客体的相互作用力弱。

Tsoncheva 等[113]对分散于介孔碳和介孔硅载体中的过渡金属氧化物的还原性进行了研究。TPR 结果表明，对结构类似的介孔硅（SBA-15、MCM-48）和相应的介孔碳（CMK-3、CMK-1）负载氧化铁，碳载体上的氧化铁更容易还原，这是因为碳载体的还原性和其与氧化铁之间较弱的相互作用。在甲醇分解反应中，与以介孔硅为载体的催化剂相比，以介孔碳为载体的催化剂表现出更高的 CO 和 H_2 选择性。然而，碳载体和客体之间的弱相互作用使得客体分子容易团聚长大，不利于客体的分散。研究人员通过修饰介孔碳的表面，改善客体在碳载体上的分散状态。Zhu 等[114]将介孔碳 CMK-3 用 H_2SO_4 处理，以提高其表面的亲水性，然后浸渍$KMnO_4$并通过超声还原，制备了 MnO_2/CMK-3。CMK-3 表面的亲水化处理确保了$KMnO_4$能够进入孔道中，并使得生成的 MnO_2 纳米粒子均匀地分布于 CMK-3 的孔道内，最大负载量可以达到 40%。Qiao 等[115]研究发现酸处理的 CMK-3 可以提高 Ru 纳米粒子的单分散性。除了表面酸处理以外，在介孔碳中引入杂原子或氧化物从而改变表面性质，也可以提高客体在介孔碳主体中的分散度。Schuth 研究组[116]在介孔碳骨架中引入 N 原子，通过 $Pd(NO_3)_2$ 与 N 之间的配位作用提高 Pd 在介孔碳中的分散度，得到分子级分散的 Pd，在超临界 CO_2 中的醇氧化反应中可以高选择性（>99%）的将苯甲醇、苯乙醇和肉桂醇氧化为相应的醛。Dai 等[117]利用无电沉积法在介孔碳孔道内修饰 MnO_x，可以提高 Au 纳米粒子的分散度，得到的 Au/MnO_x/C 介孔催化材料在 CO 氧化反应中表现出较好的催化活性（图 4-10）。赵东元研究组[118]采用骨架掺杂 SiO_2 的介孔碳材料负载 Pd 作为氯苯偶联反应的催化剂，该催化剂具有优异的催化性能，在氯苯和苯乙烯的 Heck 偶联反应中对二苯乙烯的产率可以达到 60%；在氯苯的 Ullmann 偶合反应中对联苯的产率可以达到 46%。他们认为 Pd 离子和碳骨架上均匀分布的 SiO_2 相互作用，选择性地吸附在 SiO_2 表面，而碳骨架在分散 SiO_2 的同时将 Pt 组分均匀地分散开来，避免 Pt 粒子的团聚。Pd 纳米粒子（<3nm）高度分散在孔道内，且非常稳定，在反应过程中几乎没有流失，可以重复使用 20 次以上。类似地，Zhang 研究组[119]采用Al_2O_3掺杂的介孔碳为主体负载 Pt 纳米粒子，所得介孔材料可以高效地催化转化纤维素到己糖醇，产率为 47.5%。他们同样认为这种有机-无机杂化的方法可以调变介孔碳骨架的表面性质，对客体的分散及催化性质有重要的影响。

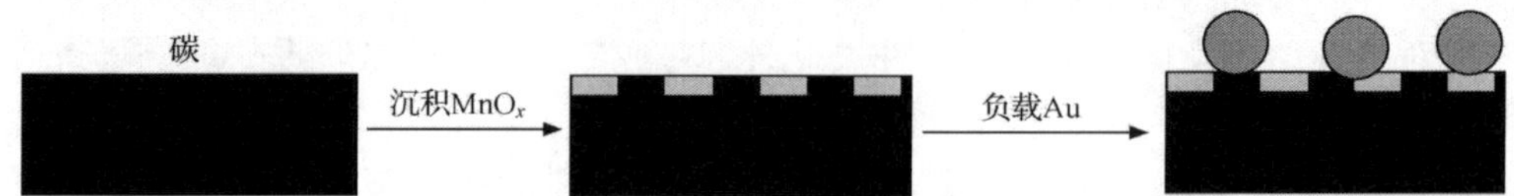

图 4-10　Au/MnO_x/C 介孔催化材料的制备示意图[117]

4.2.3 介孔氧化铝

和氧化硅相同，氧化铝也是传统的催化剂载体。然而，与氧化硅相比，氧化铝和金属、金属氧化物客体的相互作用强，容易实现并稳定客体的高度分散。此外，氧化铝具有表面酸碱性（表面的配位不饱和 O 原子和 Al 原子分别构成了 Lewis 酸和 Lewis 碱氧化硅），表面 Al—OH 为 Brönsted 酸有较高水热稳定性。由于介孔氧化铝的制备条件苛刻，产物热稳定性差，迄今介孔氧化铝在催化上的应用局限于少数几类反应，包括加氢脱硫、加氢脱氯、复分解反应和一些氧化反应等[120]。在这些反应中，以介孔氧化铝为载体的催化剂比以商业化的氧化铝为载体的催化剂具有更高的活性、选择性和稳定性。

Mo/Al_2O_3是一类重要的加氢脱硫催化剂，Cejka 等[121]采用等体积浸渍法，将MoO_3负载在介孔氧化铝和普通氧化铝上，用噻吩的加氢脱硫反应作为模型反应，考察载体对催化性能的影响。研究发现传统氧化铝仅能分散低于 15%（质量分数）的 MoO_3，而具有较高比表面积的介孔氧化铝可分散高达 30%（质量分数）MoO_3，对噻吩加氢脱硫的催化活性较传统氧化铝载体提高了近 1 倍。Cejka 等选用不同孔径的介孔氧化铝为载体，考察了介孔氧化铝孔径对催化性能的影响，发现在 MoO_3负载量相同的情况下，噻吩的转化率随着氧化铝孔径的增加而增加，这可能是由于较大的孔径有利于反应物的扩散。Kim 等[122]研究发现介孔氧化铝负载 Ni 在 1,2-二氯丙烷的加氢脱氯反应中的活性优于 γ-Al_2O_3负载的 Ni。研究发现，负载在介孔氧化铝上的氧化铼在烯烃的复分解反应中表现出的活性和选择性要大大优于负载在 γ-Al_2O_3上的氧化铼。负载 7%（质量分数）Re_2O_7的介孔氧化铝催化剂可以在温和的条件下催化 7-十六烯复分解反应生成 7-十四碳烯和 9-十八烯，转化率为 50%，并无副反应发生；而将同样量的 Re_2O_7负载在 γ-Al_2O_3上，转化率仅为 30%，且有副产物出现[123]。此外，研究还发现介孔氧化铝的孔径越大，负载 Re_2O_7催化活性越高[124]。通过对介孔氧化铝表面性质的研究发现，与传统氧化铝载体相比，负载 Re_2O_7的介孔氧化铝表面有大量的 Lewis 酸，推测是由 Re 组分和介孔氧化铝表面的弱 Lewis 酸性位相互作用产生的[125]。

负载 Cu 介孔氧化铝在肉桂醛选择性加氢生成不饱和醇的反应中表现出优异的选择性和活性。这是由于纳米尺寸的 Cu 与介孔氧化铝有较强的相互作用，不易形成大的 Cu 粒子，从而不利于碳-碳双键加氢反应[126]。Al_2O_3 易水解生成 Al—OH，因此制备方法会影响介孔氧化铝的表面性质，进而影响材料的催化性能。研究表明采用气相沉积方法得到的 Ni/Al_2O_3 介孔催化材料的活性要高于采用浸渍法得到的材料，这是由于浸渍过程中使用的溶剂 H_2O 和 Al_2O_3反应生成大量的表面 Al—OH，Ni 组分和 Al—OH 相互作用生成了很难还原的铝酸镍，使得浸渍法制备的材料还原度下降，导致较低的催化活性[122]。Khaleel[127]研究发现，负载 Ni 的介孔氧化铝在催化四氯化碳加氢脱氯的反应中，当有 H_2O 存在时，产物主要为 CO_2 和 HCl，且催化剂性能稳定，不易因氯化作用而失活。其原因是 H_2O 的存在有利于活性基团 Al—OH 形成，而 Al—OH 有效地抑制了副产物 C、Cl_2 和 $COCl_2$ 的生成。

与传统 γ-Al_2O_3 相比，介孔氧化铝的表面碱性位更为丰富，研究发现 Au 的分散度和粒子尺寸依赖于氧化铝载体表面的碱性基团的数目。Au 在介孔氧化铝表面的分散度较高，对乙烯环氧化反应性能较优[128]。秦亮生等[129]的研究同样表明，Au 粒子在表面碱性较丰富的介孔氧化铝孔道中的分布较均匀且粒径较小(3.1～3.2nm)，在 CO 完全氧化反应中催化活性也较高。

4.2.4 介孔氧化锆

氧化锆的热稳定和机械稳定性高，具有氧化还原性和表面酸碱双功能性，是一类优异的催化剂载体。与氧化硅和氧化铝相比，氧化锆和金属或金属氧化物客体的相互作用相对较弱。孙予罕研究组[130,131]采用介孔氧化锆为载体负载 Co 制备 Fischer-Tropsch 合成催化剂。相对于氧化硅和氧化铝载体，氧化锆和 Co 的相互作用较弱，有利于提高 Co 还原度；同时，介孔氧化锆较高的比表面积保证了 Co 的分散度。因此，Co/ZrO_2 介孔催化材料在 Fischer-Tropsch 合成反应中表现出较好的催化性能，甲烷的选择性下降，C_5^+ 和 C_{18}^+ 的选择性提高。

Au/ZrO_2 是一种常用的氧化反应催化剂，研究结果表明，ZrO_2 载体和 Au 客体之间的协同效应大大提高了 Au 催化性能[132]。Su 等[133]将 Au 负载于介孔 ZrO_2，用于低温催化水煤气变化反应。ZrO_2 的介观结构有利于 Au 纳米粒子的高度分散和稳定，因此 Au/ZrO_2 表现出较高的催化活性。同样的，Zhang 等[134]将 CuO 负载在介孔 ZrO_2 载体上用于 CO 低温催化氧化反应，他们认为 ZrO_2 的介观结构提高了 CuO 的分散度，有利于 CuO 和 ZrO_2 之间的协同作用。

4.3 官能化介孔催化材料

对于本身不具有催化活性的介孔氧化硅和碳材料，通过骨架掺杂或表面接枝进行表面改性，构筑催化活性位，开发催化性能。介孔氧化硅和碳的高比表面积为构筑较多的催化活性位并保持其分散提供了保障。此外，较 4.2 节中讨论的主客体催化材料，官能介孔材料的活性基团和介孔材料基底之间形成稳定的化学键，活性组分在反应中不易团聚和流失。

4.3.1 骨架掺杂

本节讨论的介孔材料骨架掺杂有两种情况，一是杂原子取代硅原子或碳原子掺杂在骨架中，从而改变了骨架的酸碱性或氧化还原性质；二是催化活性组分以纳米粒子的形式存在于骨架中，介孔材料的骨架有效地阻止了催化活性组分的团聚，同时开放的介孔孔道为反应物接触催化活性中心提供了可能。

4.3.1.1　杂原子掺杂介孔氧化硅

掺杂杂原子取代介孔氧化硅骨架中的硅原子可以精确地调控介孔氧化硅表面的酸碱性，并赋予氧化硅骨架氧化还原性质。杂原子掺杂通常是采用一步法合成的，即在介孔氧化硅的合成过程中直接引入杂原子。

介孔氧化硅表面只存在 Si—OH 基，因此表面酸性很弱。采用三价阳离子（Al^{3+}、B^{3+}、Ga^{3+}、Fe^{3+}）取代骨架硅原子可以在介孔氧化硅的骨架上产生酸性中心。大量的研究表明[135-137]，对于 Al、Ga 和 Fe 掺杂的 MCM-41 和 MCM-48，酸强度和催化活性依次降低。其中，Fe-MCM-41 和 Fe-MCM-48 具有较弱的 Lewis 酸[137]，而 Al 掺杂介孔氧化硅显示出很强的酸性，同时具有 Lewis 和 Brönsted 酸性位。

目前，Al 掺杂介孔氧化硅是构筑酸性位最常用的方法。Al 在介孔氧化硅中以四配位和六配位状态存在，四配位的 Al(Ⅳ)产生 Brönsted 酸位，六配位的 Al(Ⅵ)产生 Lewis 酸。通常情况下，Al 掺杂介孔氧化硅的酸性位数量与骨架中的铝含量成正比，增加骨架中的铝含量可以增加酸性位，然而增加骨架中的铝含量会导致介孔氧化硅骨架的有序度降低[3]。改变铝源可以改变 Al 在氧化硅骨架中的状态，继而影响其酸性和稳定性。Reddy 等[15]分别采用铝酸钠(SA)、异丙醇铝(AI)、硫酸铝(AS)和拟薄水铝石(PB)为 Al 源掺杂介孔氧化硅，介孔材料骨架的稳定性和酸强度按 SA>AI>AS>PB 的顺序依次降低，说明溶胶中以单个离子存在的 Al(如铝酸钠)要比以多聚体形式存在的 Al(如硫酸铝)更容易进入骨架。

Al 掺杂的介孔氧化硅虽然具有 Brönsted 酸性位，但是无论是数量上还是强度上都比分子筛材料弱。相对于分子筛，Al 掺杂的介孔氧化硅的优点是比表面积和孔径较大。研究发现，对于丁烯、正己烷、正庚烷等小分子反应物的裂化反应，Al-MCM-41 的催化活性远低于 USY 或 Beta 分子筛，与无定形的多孔硅铝催化剂类似[138,139]。然而对于大分子反应物，如聚乙烯，Al-MCM-41 的催化活性和 USY 相当，高于无定形硅铝多孔材料。虽然，Al 掺杂介孔氧化硅相对较弱的酸性限制了其在催化裂化的应用，但是对一些需要弱酸性催化剂的反应，如 Friedel-Crafts 烷基化反应，Al 掺杂介孔氧化硅是一种优异的催化剂。精细化工反应，常涉及单分子反应物，介孔材料的较大孔径有利于这些大分子反应物在孔道内的扩散。Armengol 等[140]用 H-MCM-41 催化 2,4-二丁基苯酚与苯丙烯醇的烷基化反应，转化率为 35%。尽管 HY 分子筛的酸性也可以催化此反应，但是反应物分子较大无法进入孔道，转化率低于 1%。此外，Al 掺杂的介孔氧化硅在有机大分子的

Diels-Alder 反应中表现出优于 ZSM-5、HY 分子筛的催化活性[141]。Al-MCM-41 的弱(或是中等强度)酸性也可以催化 Beckmann 重排反应[142,143]。

三价阳离子掺杂介孔氧化硅不仅在骨架上产生酸性位，同时也产生了离子交换位，质子可以被其他阳离子置换。新的抗衡阳离子引入的同时也赋予了介孔氧化硅新的性能，如 Zn^{2+} 置换的 Al 掺杂介孔材料可以高效催化环戊二烯和甲基丙烯酸酯的 Diels-Alder 反应[144]。若采用碱性阳离子置换，可得到碱性介孔催化材料。Kloetstra 等[145]首先将 Na^+、Cs^+ 置换到 Al 掺杂的介孔氧化硅上，研究发现碱性位的数量与介孔骨架中 Al 的含量有关，Al 含量越高，离子交换产生的碱性位越多，碱强度越高。H-Al-MCM-41 不能催化苯甲醛和氰基甲酸乙酯的 Knoevenagel 缩合反应，置换 Na^+ 后得到的 Na^+-Al-MCM-41 可以催化该反应，Cs^+-Al-MCM-41 碱强度更高，催化活性更好。

过渡金属 Ti、Zr、V、Cr 掺杂后，介孔氧化硅材料表现出优越的氧化还原性能。Corma 研究组[16]最早成功地制备了 Ti-MCM-41 介孔催化材料，发现该材料可以催化烯烃选择性氧化生成环氧化合物。与 Al-MCM-41 类似，Ti-MCM-41 相对于钛硅分子筛优点在于较大的介孔孔道，可以催化那些不能进入分子筛孔道的大分子反应物的氧化反应，如 Ti-MCM-41 在叔丁基过氧化氢氧化萜品醇和降冰片烯反应中的催化活性优于 Ti-β 分子筛。Pinnavaia 研究组[146]发现，Ti-HMS 和 Ti-MCM-41 催化氧化苯为苯酚的选择性高于钛硅分子筛 TS-1。此外，由于 Ti-HMS 的孔道较大，有利于反应物的扩散，Ti-HMS 对大分子液相氧化反应的催化活性高于 Ti-MCM-41[147]。Zr 掺杂的介孔氧化硅材料[148,149]在 H_2O_2 和叔丁基过氧化氢存在下对降莰烯、苯胺和环己烯等的氧化反应有较高的催化活性和选择性，但其在环氧化反应中的选择性较 Ti 掺杂的介孔氧化硅低，研究人员认为这与 Zr^{4+} 在骨架中形成的强 Lewis 酸性有关。Wang 等[14]发现 Zr-MCM-41 中同时存在 Lewis 酸性位和 Brönsted 酸性位，且酸性位密度和骨架中 Zr 含量成正比。因此，Zr 掺杂的介孔氧化硅材料不仅可以用于氧化还原反应，可以用于酸催化反应。V 掺杂的介孔氧化硅材料 V-HMS 在 H_2O_2 和叔丁基过氧化氢存在时对苯酚、萘和环十二醇的氧化反应具有高的催化活性[150]。Cr-MCM-48 对三氯乙烯氧化反应具有优异的催化活性，350℃时转化率可达 100%[151]。Sn-MCM-41 可催化芳烃的氧化反应以及苯酚和 1-萘酚的羟基化反应[152]。Mo-SBA-1 可作为甲烷部分氧化的催化剂，催化活性高于负载型 Mo/SBA-15[153]。

和介孔氧化硅一样，周期性介孔有机-氧化硅杂化材料(periodic mesoporous organosilicas，PMO)具有高的比表面积和均一的孔径，同时骨架中均匀分布的有机组分修饰了氧化硅表面的亲水/疏水性能，增加了材料的机械和水热稳定性。通过骨架掺杂也可以实现 PMO 的催化性能。Yang 等[154]用 Al 掺杂含有乙基的 PMO，研究发现 Al-PMO 在催化 2,4-二叔丁基苯酚和肉桂醇烷基化反应中的活性高于 Al-MCM-41,其原因可能是 PMO 中的乙基增加了孔道的疏水性,有利于反应物进入孔道和活性位接触。此外,他们进一步对比了乙基的 PMO 和苯基的 PMO,发现在相同 Al 掺杂的情况下,前者的骨架具有较多的酸性活性位[155]。Kapoor 等[156]将 Ti 掺杂在含有乙基的 PMO 骨架中,所得介孔材料具有较高的疏水性,可以在 H_2O_2 存在下选择性环氧化 α-蒎烯。Melero等[157]研究发现在 1-辛烯环氧化反应中,Ti-PMO 的活性高于 Ti-SBA-15,且 TOF 随有机组分的增加而增加。这是因为 SBA-15 表面对烯烃底物和环氧化合物产物类似的亲和性,而 PMO 骨架中的有机组分增加了表面的疏水性能,使得催化活性上升。类似地,相对于 V-MCM-41 和 Cr-MCM-41,V-PMO[158] 和Cr-PMO[159] 在液相环氧化反应中表现出较高的催化活性。由此可见,表面疏水性使得杂原子掺杂的 PMO 较相应的介孔氧化硅具有较高的催化活性[160]。

4.3.1.2　介孔碳骨架掺杂

N 掺杂是常用的修饰碳骨架的方法,Thomas 等[161] 以胶体二氧化硅纳米颗粒为硬模板,以氰胺为前驱物,制备了具有均匀孔道的高比表面积石墨碳化氮材料 mpg-C_3N_4。该材料是一种固体碱催化剂,在苯的 Friedel-Crafts 酰化反应中表现出卓越的催化性能,Antonietti 研究组[162] 随后又发现 mpg-C_3N_4 可以化学活化 CO_2。在 mpg-C_3N_4 存在下,CO_2 分解成氧双自由基(Ö),同时在足够强的碱存在下,可以氧化苯生成苯酚,反应过程中没有苯甲酸的生成,在大量苯的存在下,还有联苯副产物的生成。

与介孔氧化硅不同,金属掺杂碳骨架并不形成化学键,金属粒子被包埋在碳骨架中,有效地避免了催化反应过程中金属纳米粒子的流失和团聚。Li 等[163] 将 H_2PtCl_6 和蔗糖负载在 SBA-15 的孔道内,碳化并除去 SBA-15 模板,得到 Pt@C/MC(MC 表示介孔碳)(图 4-11)。碳化过程中,H_2PtCl_6 被蔗糖还原成金属 Pt 高度分散在介孔碳骨架中,且 Pt 纳米粒子的表面被一层微孔碳包覆,使得 Pt 只能与 O_2 接触,而不能与甲醇接触,因此该催化材料在甲醇燃料电池的氧化还原反应中表现出很好的耐甲醇性。Zhao 研究组[164] 采用类似的方法将[$Pt(NH_3)_4Cl_2 \cdot xH_2O$]均匀地负载在 SBA-15 孔道内,并以此为模板以甲烷为碳源通过 CVD 方法制备了石墨化介孔碳材料。Pt 离子在碳化过程中被原位还原成金属 Pt 并包埋在碳骨架中,得到 Pt@GC(GC 代表石墨化介孔碳)介孔催化材料。该研究组将 Pt 纳米粒子用后处理的方法负载在用同样 CVD 方法制备的石墨化介孔碳上,制备得到 Pt-GC,并比较了两种介孔催化材料在氧气还原反应中催化性能,研究发现 Pt@GC 的催化活性较高,且耐受性和抗甲醇性能远远高于 Pt-GC,研究人员认为石墨化的碳骨架提高了该介孔催化材料的抗氧化和腐蚀性能,介孔碳骨架的微孔性质使得 O_2 可以扩散到 Pt 表面而甲醇不能。Zhang 研究组[24] 在用有机-有机自组装的方法制备介孔碳时加入 Ir 或 Ru 的前驱体，制备了骨架掺杂 Ir 或 Ru 的介孔碳催化材料Ir-OMC或 Ru-OMC。Ir 和 Ru 纳米粒子高度分散在介孔碳骨架中，在肼分解反应和肉桂酰胺加氢反应中具有较高的催化活性和稳定性。

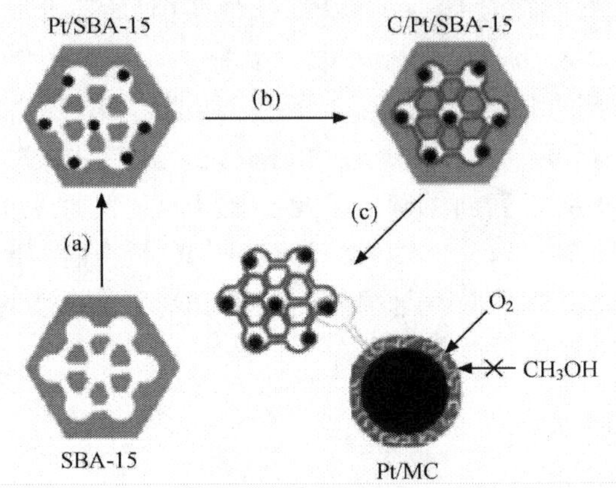

图 4-11 Pt@C/MC 合成示意图[163]

(a) Pt 沉积在 SBA-15 孔道中；(b) 蔗糖在 SBA-15 孔道内聚合；(c) 碳化并除去 SBA-15 模板

金属氧化物和碳化物也可以掺杂在介孔碳的骨架中，Zhang 研究组[165]在制备介孔碳的过程中加入 $Mo_7O_{24}^{6-}$，通过其与树脂间的相互作用，碳化后形成碳化钼掺杂的介孔碳材料 MoC-OMC。3～5nm 的 MoC 纳米粒子均匀地镶嵌于介孔碳的骨架中，负载 4% Mo 的 MoC-OMC 介孔催化材料在低温 30℃对肼分解反应的转化率就达到 100%，其催化性能远高于负载 Mo_2C 介孔碳材料。Zhao 研究小组[166]通过类似的方法合成了 ZrO_2 掺杂的介孔碳，该材料在乙苯脱氢制苯乙烯的反应中表现出较高的催化活性(转化率 59.6%)和选择性(90.4%)。

4.3.2 表面接枝

介孔氧化硅的表面接枝可以通过带有催化活性官能团的有机硅烷实现。有机硅烷可以在合成介孔氧化硅的过程中加入(一步法)，也可以在合成介孔氧化硅后，通过和 Si—OH 反应接枝到介孔氧化硅孔道表面(后处理法)。

Chauvel 等[167-169]首先将氯丙氧基-三乙氧基硅烷接枝到 MCM-41 孔道内，通过氯丙氧基和胺反应，将伯胺和叔胺接枝到 MCM-41 孔道内，得到有机碱官能化的介孔材料[图 4-12(a)]。然而，在合成过程中生成的 HCl 会使有机碱中毒，因此 Rao 等[84,170]采用了环氧甲氧丙基三甲氧基硅烷，避免 HCl 的生成[图 4-12(b)]。Corma 研究组[171,172]采用 3-三甲氧基硅丙基三甲基氯化铵和 MCM-41 反应，并用 OH^- 置换生成的 Cl^-，得到的固体碱[图 4-12(c)]可以在相对温和的条件下催化 Knoevenagel 缩合和 Michael 加成反应。Sun 研究组[173]将—NH_2、

—$NH(CH_2)_2NH_2$和 2,4,6-三氨基嘧啶接枝到介孔氧化硅表面,所得固体碱催化剂可以催化甲醇和环氧丙烯反应生成丙二醇甲醚醋酸酯。

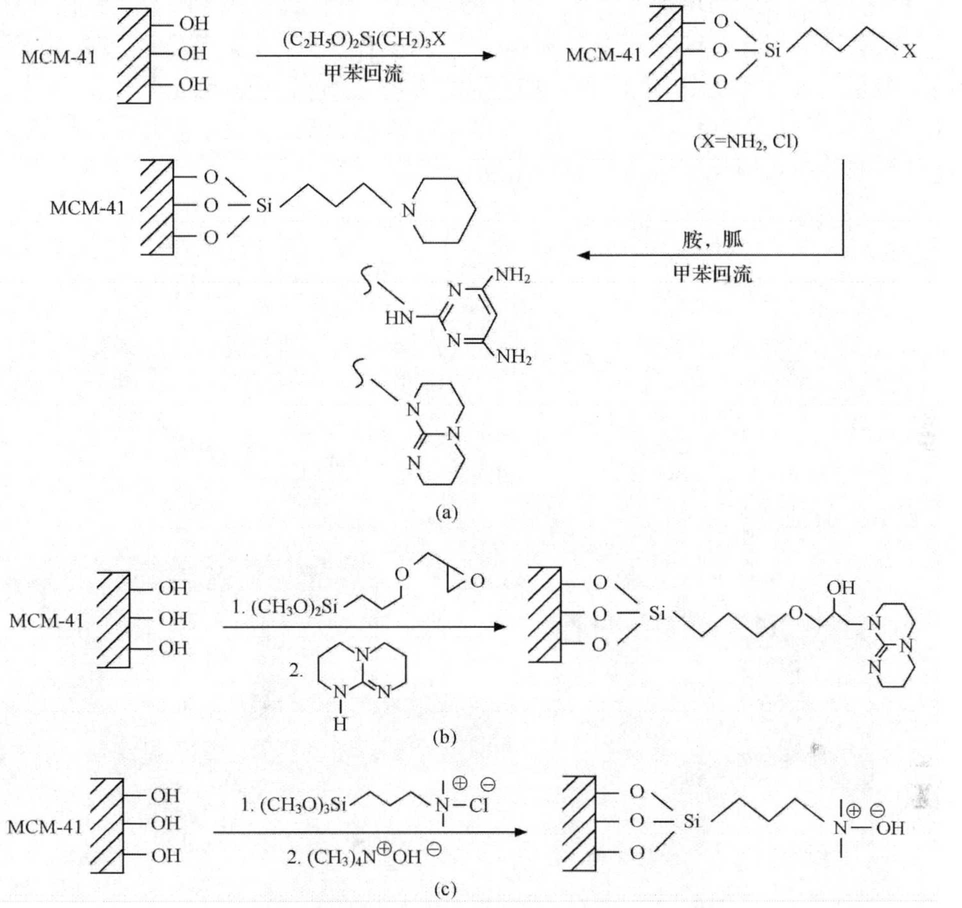

图 4-12　MCM-41 上接枝有机碱示意图[167]

将磺酸基接枝到介孔氧化硅的表面可以得到固体酸催化剂,这类材料对酯化反应有较好的催化活性。采用巯基硅烷修饰介孔氧化硅的表面,然后用 H_2O_2 或硝酸将巯基氧化为磺酸基即可得到介孔固体酸[174,175](图 4-13)。研究人员发现采用甲基和磺酸基同时接枝在介孔氧化硅的孔道表面,介孔催化材料的活性提高。这是因为甲基的引入使得孔道表面的疏水性能增加,有利于脱除酯化反应生成的水,从而平衡推动反应的进行[176,177]。Melero 等[178]分别将—$(CH_2)_3$—SO_3H 和—C_6H_5—SO_3H 接枝在介孔氧化硅和 PMO 的表面,并考察了介孔固体酸材料在香草醇和正己醇酯化反应中的催化活性,研究发现—$(CH_2)_3$—SO_3H 较—C_6H_5—SO_3H疏水性强但酸性弱,前者总体的催化活性高于后者[175]。Yang

等[179]采用后处理的方法磺酸化 PMO 得到介孔固体酸，该材料在乙醇和脂肪酸的酯化法反应中具有较高的催化活性，且当脂肪酸的碳链增长时，催化活性随 PMO 中有机组分的增加而增加。该研究组也采用一步法合成了 SO_3H-PMO，在考察这类介孔固体酸催化苯酚和丙酮制备双酚 A 的缩合反应中，发现乙基 PMO 的活性高于苯基 PMO，其原因可能是乙基 PMO 具有较好的水热稳定性[180]。Fukuka 等[181]采用后处理法和一步法制备了 SO_3H-PMO，发现一步法合成的介孔固体酸在蔗糖或淀粉水解反应中有较高的活性。

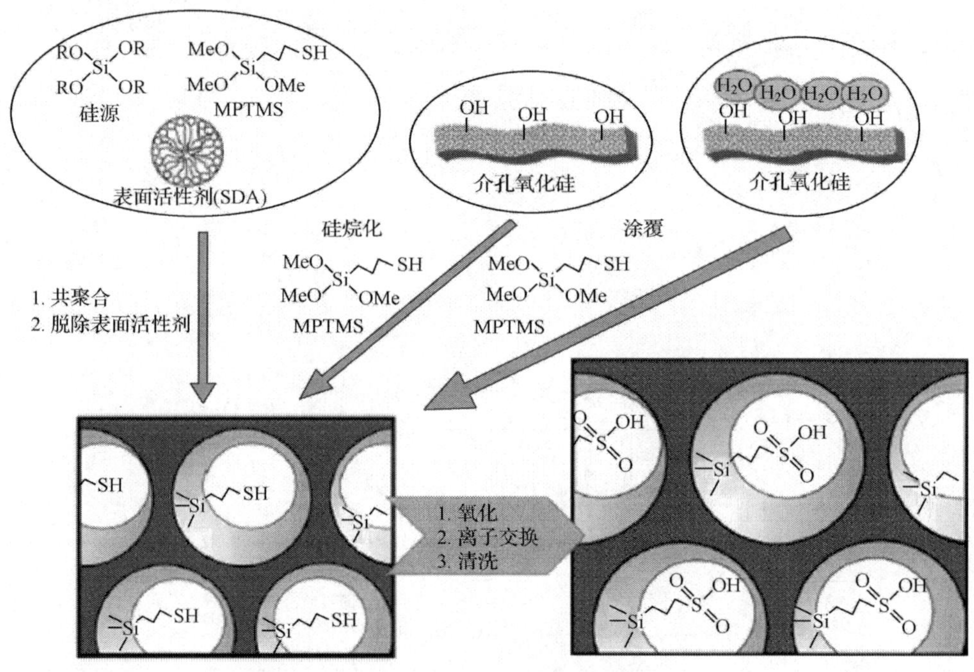

图 4-13 介孔氧化硅表面接枝磺酸基示意图[175]

介孔氧化硅孔径较大，有利于酶和有机金属络合物等大分子均相催化剂的接枝，实现均相催化剂的异相化。利用介孔氧化硅表面丰富的 Si—OH，具有催化活性的大分子可以通过离子键、共价键和配位键与硅烷偶联剂结合，从而稳定地接枝在介孔氧化硅的表面。硅烷偶联剂可以预先接枝在介孔氧化硅孔道的表面，也可以预先接枝在具有催化活性的大分子上(图 4-14)[1]。

介孔氧化硅在纳米尺度上高度有序的孔道结构对接枝在其孔道表面的有机金属络合物催化剂有限域作用(confinement effect)，与均相反应不同的是，催化反应必需发生在活性中心、配体和介孔氧化硅墙壁之间严格限制的空间内(图 4-15)，这会导致手性导向基团受到较大的影响[182]。例如，图 4-14(a)中的介孔催化剂在催化苯甲胺和乙酸肉桂酯的烯丙基胺化反应中，支链产物的选择性为 51%。同样

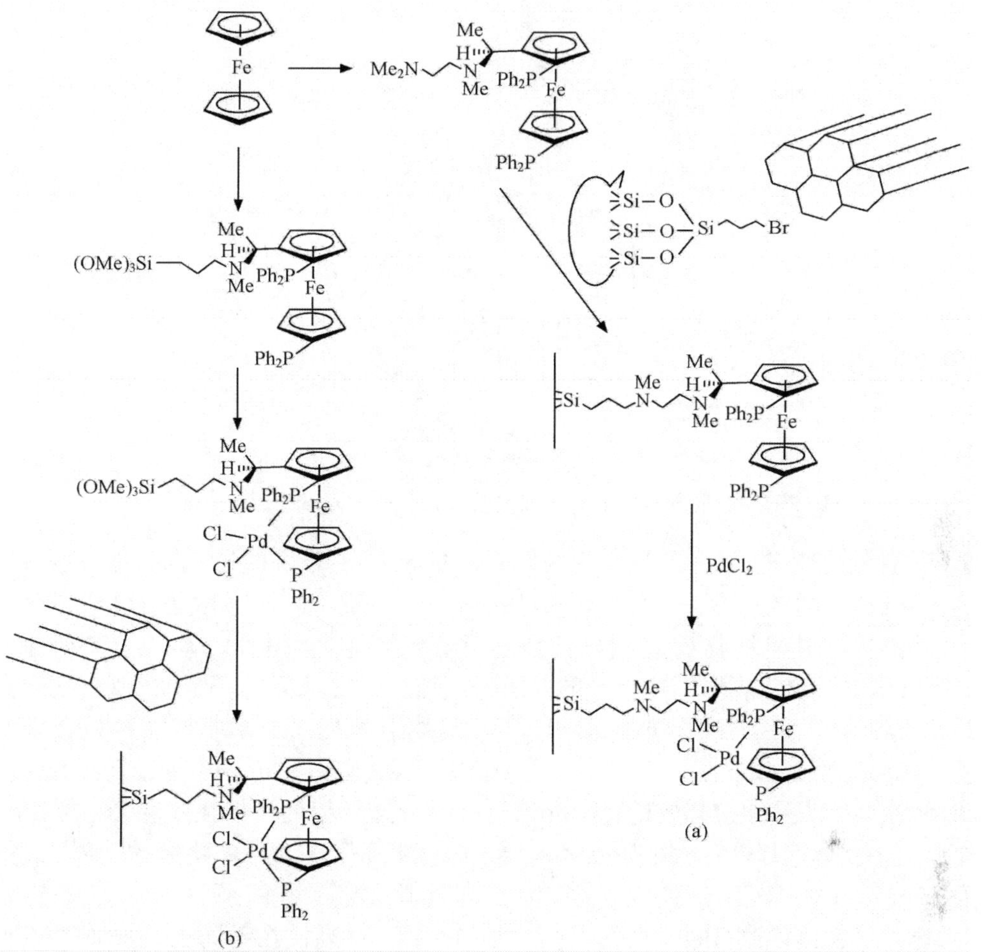

图 4-14　有机金属络合物 Pd-1,1′-双(二苯基膦)二茂铁接枝在 MCM-41 示意图[1]

(a) 二苯基膦修饰的二茂铁和预先接枝到 MCM-41 上的有机硅烷反应,然后再络合 $PdCl_2$;(b) 二苯基膦和有机硅烷反应,并络合 $PdCl_2$,然后通过有机硅烷和表面 Si—OH 反应接枝到 MCM-41 上

的金属络合物若不接枝或接枝到无序的氧化硅表面,支链产物的选择性是 0 或 2%[183]。此外,介孔催化剂的对映体选择性为 43%,而以无序氧化硅为基体的催化剂为 100%。因此介孔氧化硅的孔道限域作用大大提高了金属有机络合物催化剂的空间选择性和对映体选择性。

有机金属络合物催化剂通过表面接枝的方法固载在介孔氧化硅材料上,得到介孔催化材料可应用于 Diels-Alder 双烯合成、羰基化、Friedel-Crafts 反应、酯化、烯丙基氨化、烷基化、加氢、氧化和各种缩合反应。Sun 研究组将 Cr(salen)Schiff 配合物嫁接到—NH_2 修饰的不同介孔氧化硅(MCM-41、SBA-15)上制备成非均相

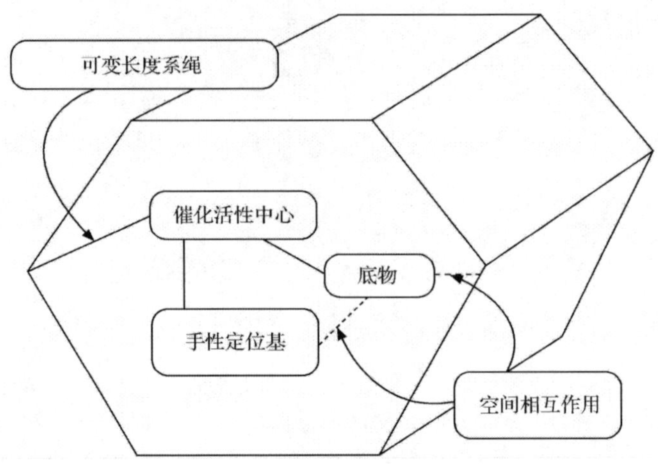

图 4-15 介孔材料对有机金属络合物催化剂的限域作用示意图[182]

Schiff 碱催化剂，以 30%的过氧化氢为氧化剂，考察了非均相催化剂对选择性氧化苯甲醇合成苯甲醛反应的性能。固载后 Schiff 碱的催化性能依赖于介孔氧化硅的孔结构，对苯甲醇氧化反应催化性能较好，苯甲醇的产率为 52.5%，选择性为 100%，这与孔道结构对活性组分的分散程度和反应物以及反应产物的吸附能力有关。Bigi 等[184]将手性的 Mn(salen) Schiff 碱络合物通过三嗪基连接接枝在丙氨基—$(CH_2)NH_2$修饰的 MCM-41 孔道表面上，丙氨基有利于 Mn(salen) 自由构型的保留，而三嗪基连接有效避免了分子链折叠。该异相催化剂在苯基环己烯环氧化反应中立体选择性(ee 值为 84%)，接近未固载 Mn(salen)催化剂的性能(ee 值为 89%)。Li(李灿)研究组[185]采用不同连接基团[苯氧基(PhO—)、苯磺基($PhSO_3^-$—)、丙磺基($PrSO_3^-$—)]将手性 Mn(salen)接枝在不同孔径的 MCM-41 和 SBA-15 上，并考察了所得材料在 6-氰基-2,2-二甲基苯并吡喃环氧化反应中的活性。研究结果显示载体的孔结构对环氧化反应的立体选择性有重要的影响。顺式和反式环氧化合物产物的比例从均相催化剂 Mn(salen-b)Cl 的 0.46 提高到 11.1。该研究组采用带有手性配体的有机硅烷为硅源合成了手性的介孔有机-无机杂化物，进一步通过配体交换将 Rh(cod) Schiff 碱固载在介孔有机-无机杂化物孔道内[186]。该催化剂在苯丙酮不对称加氢反应中的活性远高于纯硅骨架的介孔催化剂。类似地，Corma 研究组[187]最近也报了手性介孔有机-无机杂化物固载的 VO(salen) Schiff 催化剂。

Lei 等[188]利用静电相互作用将有机磷酸水解酶接枝在带有负电荷的羧基修饰的 SBA-15，该催化剂可以高效催化磷酸二乙基对硝基苯基酯的水解，反应活性是未固化酶的 2 倍。离子液体作为催化剂具有活性高、选择性等优点，但在重复使用过程中，黏度变小，活性降低较快。Shi 研究组[189]将季铵盐接枝到 SBA-15 孔道表面[图 4-16(a)]，得到一种优异的相转移催化剂，该催化剂重复多次使用后仍具有较高的活性。Sun 研究小组[190]采用相同方法将离子液体固载在介孔氧化硅材料上[图 4-16(b)]，在无溶剂情况下催化丙烯和 CO_2 的环氧化加成。

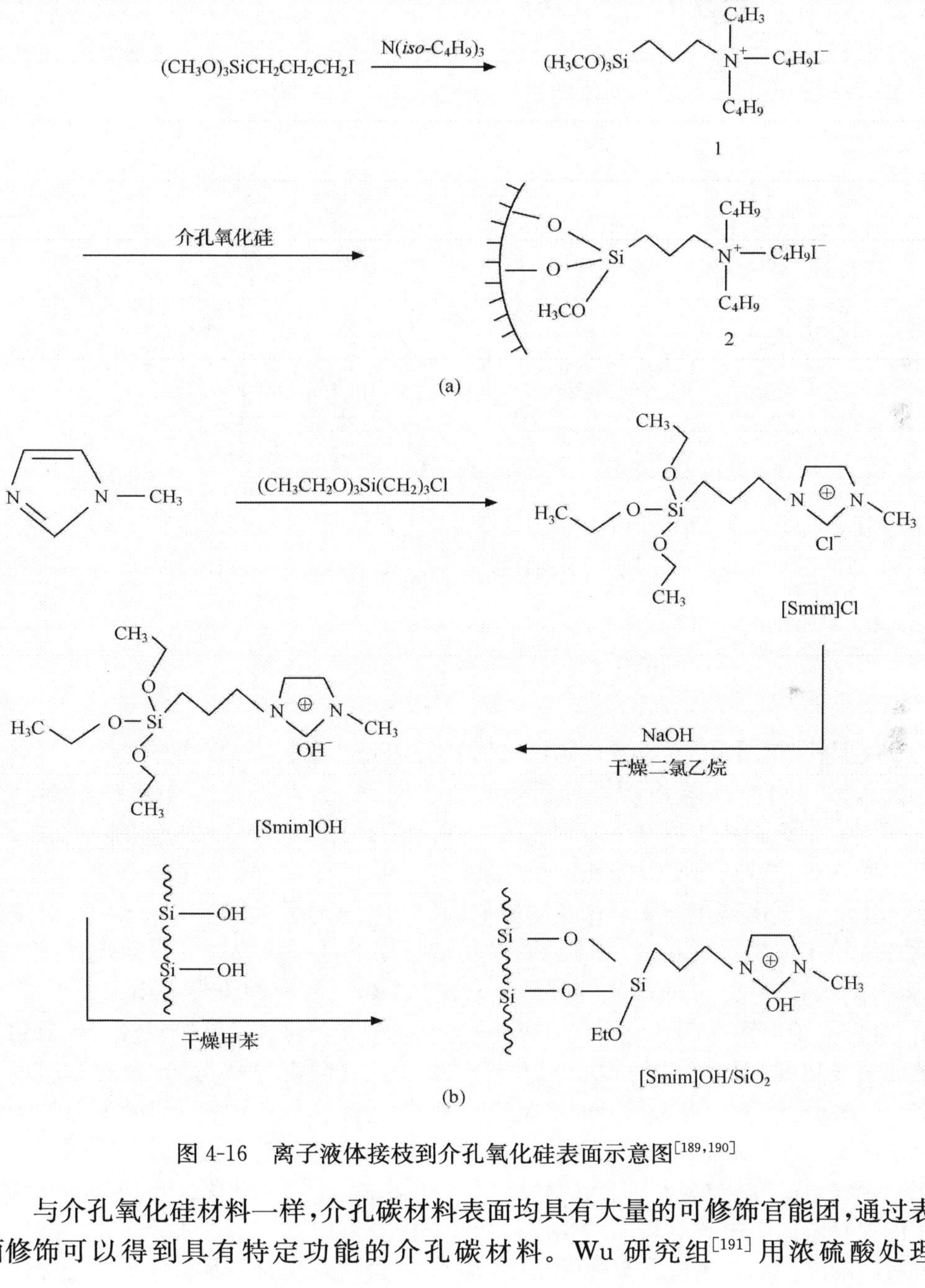

图 4-16　离子液体接枝到介孔氧化硅表面示意图[189,190]

与介孔氧化硅材料一样，介孔碳材料表面均具有大量的可修饰官能团，通过表面修饰可以得到具有特定功能的介孔碳材料。Wu 研究组[191]用浓硫酸处理

CMK-3 得到酸化的介孔碳 SO_3H-CMK-3，可作为固体超强酸催化环己酮 Beckmann 重排反应。该研究组采用同样的方法制备了固体超强酸 SO_3H-FDU-14[192]，该催化材料在乙二醇和醛的缩合反应中表现出优异的酸催化性能，优于分子筛、磺酸化树脂等传统的固体酸催化剂(图 4-17)。介孔 SO_3H-FDU-14 较大的孔径有利于大尺寸的芘酸醛在孔道内的扩散，因此其催化活性远大于孔径较小的分子筛材料；而对于尺寸较小的苯甲醛，这种差距大大缩小。

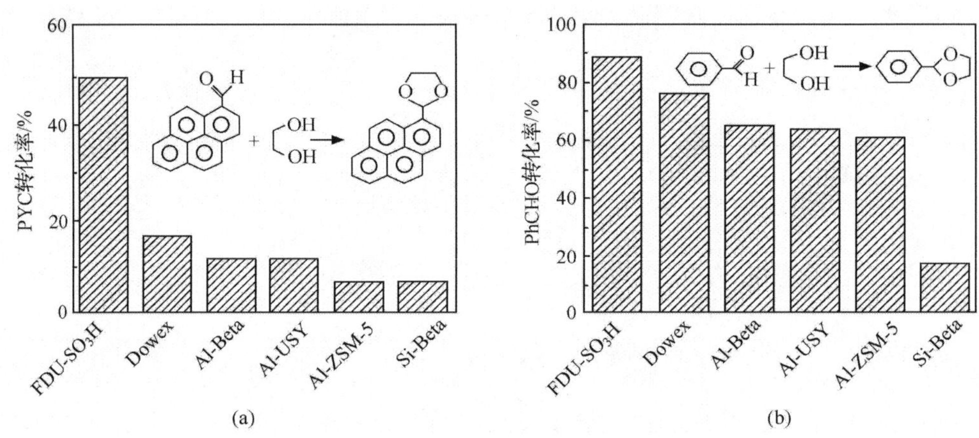

图 4-17　磺酸化介孔碳的催化性能[192]

4.4　功能型介孔催化材料

将具有催化性能的过渡金属氧化物制备成介孔结构，一方面可以大大提高过渡金属氧化物的比表面积，增加反应活性位，另一方面由于介孔材料的骨架小于 10nm，这种特殊的纳米阵列结构可能会赋予过渡金属氧化物新的催化性能。

纳米氧化钛具有优异的光催化性能，引起研究人员广泛的兴趣。Davis 等[193]研究了介孔氧化钛光催化氧化 2-丙醇制丙酮的催化性能，发现介孔氧化钛的催化活性远低于体相材料，这是由于介孔氧化钛骨架的低晶化程度和骨架中存在磷酸(来自结构导向剂)。低晶化度导致过多的表面缺陷，从而使得表面电子-空穴复合，降低电子传输的能力。因此，要想获得优异的光催化性能必须提高介孔氧化钛的骨架晶化度，而介孔氧化钛在晶化过程中往往伴随着骨架坍塌，介观有序度下降，比表面积降低。在大部分的文献报道中，所得晶化的介孔氧化钛材料骨架大都是由 TiO_2 纳米晶组成的，且不具有有序的结构或介观有序度较低。Yu 等[194]采用超声辐射的方法，制备了介孔氧化钛，其骨架由锐钛矿和板钛矿的纳米晶组成，在丙烷降解反应中具有较高的光催化活性，优于商品化的 P25。此外，Yu 等[195]通过旋涂的方法制备了介孔氧化钛薄膜，700℃处理后发现材料具有优异的光催化降解丙酮性能，优于传统的氧化钛薄膜。研究发现制备的介孔 TiO_2 骨架为锐钛矿和金红石混晶，金红石结构的存在降低了 TiO_2 表面电子-空穴的复合，提高光催化活性。最近，Zimny 等[196]在未脱除模板之前用 NH_3 处理介孔氧化钛，350℃处理后骨架锐钛矿 TiO_2 纳米晶有序的介孔结构得以保留。该作者指出，介孔 TiO_2 的光化学活性和焙烧温度有关，虽然 350℃焙烧后材料的比表面积最大，但是 450℃处理材料的光催化降解甲基橙的性能最好(96%，3 h)。由此可见，介孔 TiO_2 骨架的晶化度是决定光催化活性的重要因素。

与介孔氧化钛相似，介孔氧化锆在骨架晶化过程中伴随着介孔结构的坍塌，研究发现掺杂硫酸和磷酸可以提高介孔氧化硅的热稳定性。此外，掺杂后可以产生较强的酸性，催化正丁烷异构化和裂解等反应。Jentoft 等[197]制备了介孔硫酸氧锆，并考察了其在正丁烷异构化中的催化性能，发现这种有序的介孔硫酸氧锆材料随着反应的进行逐渐达到较高的催化活性，且在考察期间没有失活，该作者认为这种高活性与骨架中存在晶化的 ZrO_2 有关。Xiao 等[198]制备了有序的介孔硫酸氧锆 MSZ-5，并对比了传统的硫酸氧锆在正丁烷异构化反应中的催化性能。MSZ-5 的骨架是四方相晶体，酸强度和传统的硫酸氧锆相当，反应活性高于传统的硫酸氧锆。然而，MZS-5 的介观结构热稳定性和抗失活能力较差。

纳米浇铸法可以用于制备具有晶化结构的有序介孔金属氧化。Schuth 研究组[199]采用纳米浇铸的方法制备了介孔 Co_3O_4，该材料在 CO 氧化中具有较高的催化活性，在高空速(18 000 h)下 CO 的室温转化率可以达到 100%。研究发现介孔 Co_3O_4 的活性依赖于结构，比表面积越大活性越高。Bruce 研究小组[200]采用纳米浇铸的方法合成了一系列介孔金属氧化物，包括 CeO_2、Co_3O_4、Cr_2O_3、CuO、α-Fe_2O_3、β-MnO_2、Mn_2O_3、Mn_3O_4、NiO 和尖晶石 $NiCoMnO_4$，并考察这些材料在 CO 氧化中的催化活性。考评结果(表 4-1)表明介孔 Co_3O_4、β-MnO_2 和 NiO 在 0℃

表 4-1　介孔氧化物催化氧化 CO 的性能[200]

金属氧化物	金属氧化物的 T_{50}/℃			
	200℃预处理的介孔材料	400℃预处理的介孔材料	400℃预处理的块体材料	400℃预处理的纳米材料
CeO_2	272	203	>430	—
Co_3O_4	126	−64	201	—
Cr_2O_3	151	147	369	—
CuO	134	136	190	—
α-Fe_2O_3	244	227	218	—
β-MnO_2	65	39	397	90
Mn_2O_3	133	107	156	—
Mn_3O_4	149	136	209	—
$NiCoMnO_4$	137	114	—	—
NiO	181	39	143	135

注：T_{50}即 CO 转化率为 50%时的温度。

以下表现出一定的催化活性，介孔 Co_3O_4 的催化活性远高出 Schuth 小组报道的数据。然而由于介孔 Co_3O_4 对预处理温度敏感且催化活性不稳定，相对而言，介孔 β-MnO_2 活性高、价格便宜且环境不敏感，是一种优良的 CO 氧化催化剂。

4.5 限域效应

介孔材料较大的比表面积有助于构筑足够多的表面活性位，并实现表面活性位的高度分散。此外，有序均一的孔径在制备和反应过程中有效限制了客体的尺寸。很多催化反应中，活性分组的尺寸对转化率和选择性有重要的影响，Fischer-Tropsch 合成就是其中一种。Li 等[201]用不同孔径的 SBA-15 为载体负载 Co，考察其在 Fischer-Tropsch 合成反应中的催化性能。研究结果表明，随着 SBA-15 孔径的增大，Co_3O_4 颗粒尺寸增加，CO 转化率先增加后降低，C_5^+ 的选择性增加。Co_3O_4还原到 CoO 较容易，不受孔径的限制；而 CoO 还原到 Co 过程中，孔径越小越不易还原，导致 Co 的还原度下降，催化活性降低。此外，相对于小孔径的介孔催化材料，大孔径介孔催化材料表面具有更多的 CO 吸附位（包括桥式和线型）。Sun 研究组[131]研究了不同孔径的介孔氧化锆载体对催化性能的影响，发现结果与不同孔径的 SBA-15 相似，即孔径增加，Co 粒子的尺寸增加，Fischer-Tropsch 合成反应活性、C_5^+ 的选择性、$C_{12\sim18}$烷烃的选择性上升，而 C_1的选择性下降。

介孔材料的孔结构对反应物的扩散和传输有重要的影响，构筑微孔/介孔/大孔复合的多级孔材料，有利于提高反应物在催化剂内的反应和扩散。合成带有介孔的分子筛是多级孔结构中的一个研究热点[202]。分子筛材料具有优异的催化性能，然而较小的孔道限制了其在很多大分子反应中的应用。利用炭黑颗粒合成的具有丰富介孔的 ZSM-5 作为催化剂在苯与乙烯的烷基化反应中表现了比常规沸石更高的反应活性和产物乙苯的选择性（图 4-18）[202,203]。一方面，苯与乙烯的烷基化反应中乙苯的扩散是该反应的控制因素，乙苯在介孔沸石催化剂中较大尺寸的孔道里具有较高的传质速率，因此提高了反应活性；另一方面，乙苯产生以后可以继续进行乙基化或者外扩散离开活性中心，而在介孔沸石催化剂中由于较短的扩散通道产物乙苯快速外扩散离开活性中心，因此抑制了乙基化的深度反应，提高了乙苯产物的选择性。Xiao 等[204]采用阳离子聚合物和有机铵盐作为模板合成了 Beta、ZSM-5、Y 型和 TS-1 介孔分子筛。其中介孔 Beta 和 ZSM-5 在苯烷基化反应中的催化活性、选择性和寿命都高于传统的 Beta 和 ZSM-5。Tang 研究组[205]采用定向生长纳米棒的方法合成了多级孔道 ZSM-5 沸石，在苯酚烷基化反应中，表现出了比常规沸石更为优良的苯酚转化率和对位产物的产率以及良好的稳定性。王野研究组利用碱处理的方法制备了具有介孔结构的 ZSM-5，并作为载体负载 Ru 纳米粒子催化 Fischer-Tropsch 合成反应制备异构烃，实验结果表明介孔结构提高

了催化剂对 $C_{5\sim11}$ 的选择性，降低了对轻质烷烃选择性。

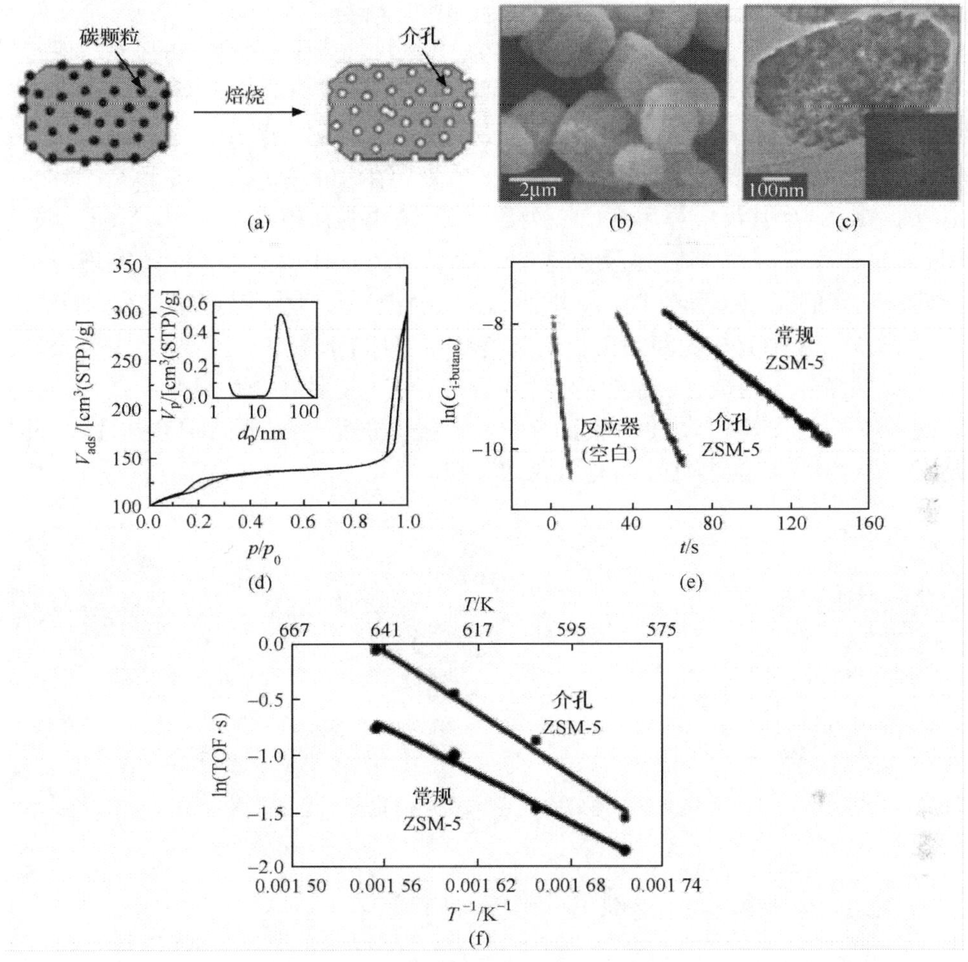

图 4-18 利用碳模板合成介孔 ZSM-5 及其在苯烷基化反应中的催化性能[202]

(a) 介孔 ZSM-5 合成示意图；(b) 介孔 ZSM-5 的电镜照片；(c) 介孔 ZSM-5 的氮吸附图；
(d) 异丁烷在介孔 ZSM-5 洗脱性能；(e) 烷基化反应在气相中的反应频率；
(f) 介孔 ZSM-5 对苯烷基化反应的催化性能

将催化活性组分作为核，介孔材料作为壳构筑的核壳结构可以有效避免活性组分在反应过程中的团聚和流失，是制备高稳定性和活性催化剂常用的方法[206,207]。Yang 等[208]将 Pt 纳米粒子包埋在介孔氧化硅小球中，得到 Pd@mSiO_2 核壳结构材料(图 4-19)，该材料具有较高的热稳定性，克服了 Pt 催化剂在高温条件下易团聚和变形的缺点。Park 等采用类似的方法拓展制备了 Pd@SiO_2 核壳结构材料，其在 CO 氧化反应中的活性高于传统的介孔氧化硅负载的 Pd 纳米粒子。

最近，Schuth 小组[209] Fe/FeN$_x$@p-SiO$_2$ 核壳结构材料，在氨分解反应中表现出较好的活性和较高的热稳定性。Sun 研究小组[210]制备了 Co@p-SiO$_2$ 核壳介够材料，介孔 SiO$_2$ 壳层在 Fischer-Tropsch 合成中有效避免了 Co 组分的分散，保持了较高的催化活性。York/shell 是核壳结构中的一种，结构可描述为核@空腔@壳，可作为高性能的纳米反应器[211]。Lee 等[212]报道了 york/shell 结构的 Au@SiO$_2$，该材料可以催化对硝基苯酚的还原反应，与核壳结构的 Au/SiO$_2$ 相比，york/shell 结构的 Au/SiO$_2$ 其反应速率高出一个数量级，这说明在核壳结构中，Au 的部分表面被氧化硅覆盖，大大抑制了反应速率。在后期的工作中，Lee 等[213]发现合理地调节 SiO$_2$ 壳的孔隙率和修饰 Au 的表面，可以进一步将反应速率提高一个数量级。Li 等[108]采用有机囊泡为模板制备了介孔 Pd 纳米中空小球，纳米中空小球的壳由 Pd 纳米粒子组成，反应物和产物可以通过 Pd 壳层的介孔离开或进入。相对 Pd 纳米粒子，该材料在苯酚加氢反应中具有极高的活性和环己酮选择性，由此可见空腔结构对材料的催化性能有重要的影响。

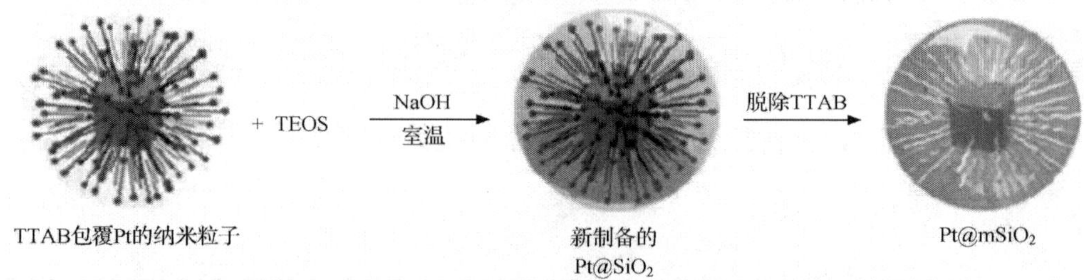

图 4-19 核壳结构 Pt@mSiO$_2$ 催化剂示意图[208]

4.6 结论与展望

介孔材料特有的巨大比表面积和尺寸均一、结构有序且可供大分子自由出入的介孔孔道使其在催化领域具有美好的应用前景。已报道的制备介孔催化材料的方法有很多，前面我们已经提到骨架掺杂、表面接枝或涂覆、负载具有催化活性的客体等。值得注意的是，单一的方法往往不能满足介孔催化材料的功能，在实际制备介孔催化材料过程中，常是两种或多种方法结合以达到期望的高催化活性、选择性以及稳定性。

介孔催化材料已经在酸碱催化、氧化还原催化和负载均相催化剂方面实现了一些应用。关于酸催化反应，尽管一些文献报道具有中等酸强度的介孔催化材料在精细有机合成中表现出不俗的催化活性，但是介孔材料最初的研究目标，即将微孔分子筛的孔道扩展到介观尺寸，合成得到具有强酸性的介孔催化材料，还没有实现。目前报道的介孔材料的骨架大多是无定形的，这不仅影响了介孔材料的酸强度，也使得介孔材料的(水)热稳定性较低，限制了其在实际工业生产中的应用。近年来，研究人员通过加入无机盐[214,215]或在介孔材料的墙壁中引入沸石分子筛结构单元[216-218]等方法，来增强介孔材料的水热稳定性，然而离实际应用的条件还有一定距离。

介孔催化材料不仅具有均一的孔径，同时具有有序的介孔孔道结构。均一的孔径对介孔催化材料的活性和选择性的影响不难理解，然而有序的孔道结构是否必要一直是研究人员争论的焦点。有报道指出，介孔材料有序介孔孔道结构对催化活性有影响，但是关于有序介孔材料的催化活性优于无序介孔催化材料的研究和解释还不足以令人信服。将来，随着研究手段的不断优化，研究人员可以理解并证实有序孔结构在催化反应中的作用，这对于更好地控制催化的活性和选择性，从而更好地设计介孔催化材料具有十分重要的意义。我们相信，随着介孔催化材料研究不断的深入和完善，介孔材料在催化领域的应用将更加广泛而实际。

(中国科学院上海高等研究院：孙予罕、孟　岩)

参考文献

[1] Taguchi A, Schuth F. Micro Meso Mater, 2005, 77: 1-45.

[2] On D T, Desplantier-Giscard D, Danumah C, et al. Appl Catal A-Gen, 2001, 222: 299-357.

[3] 李亮，施剑林．催化学报，2005，26：159-170.

[4] Corma A. Chem Rev, 1997, 97: 2373-2419.

[5] Davis M E. Nature, 2002, 417: 813-821.

[6] Moller K, Bein T. Chem Mater, 1998, 10: 2950-2963.

[7] Rolison D R. Science, 2003, 299: 1698-1701.

[8] Antonelli D M, Ying J Y. Curr Opin Colloid Interface Sci, 1996, 1: 523-529.

[9] Cejka J, Mintova S. Catal Rev, 2007, 49: 457-509.

[10] Li C, Zhang H, Jiang D, et al. Chem Commun, 2007: 547-558.

[11] Corma A, Miguel P J, Orchilles A V. J Catal, 1997, 172: 355-369.

[12] Jacquin M, Jones D J, Roziere J, et al. Appl Catal A-Gen, 2003, 251: 131-141.

[13] Raja R, Khimyak T, Thomas J M, et al. Angew Chem Int Ed, 2001, 40: 4638-4642.

[14] Reddy K M, Song C S. Catal Today, 1996, 31: 137-144.

[15] Cooper B H, Donnis B B L. Appl Catal A-Gen, 1996, 137: 203-223.

[16] Stanislaus A, Cooper B H. Catal Rev, 1994, 36: 75-123.

[17] Junges U, Jacobs W, Voigtmartin I, et al. Chem Commun, 1995: 2283-2284.

[18] Rioux R M, Song H, Hoefelmeyer J D, et al. J Phys Chem B, 2005, 109: 2192-2202.

[19] Rioux R M, Hsu B B, Grass M E, et al. Catal Lett, 2008, 126: 10-19.

[20] Song H, Rioux R M, Hoefelmeyer J D, et al. J Am Chem Soc, 2006, 128: 3027-3037.

[21] Chen A, Zhang W, Li X, et al. Catal Lett, 2007, 119: 159-164.

[22] Medina-Mendoza A K, Cortes-Jacome M A, Toledo-Antonio J A, et al. Appl Catal B-Environ, 2011, 106: 14-25.
[23] Junges U, Schuth F, Schmid G, et al. Ber Buns-Gesel-Phys Chem Chem Phys, 1997, 101: 1631-1634.
[24] Wang P, Wang Z, Li J, et al. Micro Meso Mater, 2008, 116: 400-405.
[25] Han P, Wang X, Qiu X, et al. J Mol Catal A-Chem, 2007, 272: 136-141.
[26] Mehnert C P, Weaver D W, Ying J Y. J Am Chem Soc, 1998, 120: 12 289-12 296.
[27] Yuranov I, Moeckli P, Suvorova E, et al. J Mol Catal A-Chem, 2003, 192: 239-251.
[28] Li L, Shi J L, Yan J N. Chem Commun, 2004: 1990-1991.
[29] Feng Y, Li L, Li Y, et al. J Mol Catal A-Chem, 2010, 322: 50-54.
[30] Demel J, Cejka J, Stepnicka P. J Mol Catal A-Chem, 2010, 329: 13-20.
[31] Jiang Y J, Gao Q M. J Am Chem Soc, 2006, 128: 716-717.
[32] Huang J, Jiang T, Gao H X, et al. Angew Chem Int Ed, 2004, 43: 1397-1399.
[33] Ma X, Zhou Y, Zhang J, et al. Green Chem, 2008, 10: 59-66.
[34] Liu G, Hou M, Wu T, et al. Phys Chem Chem Phys, 2010, 13: 2062-2068.
[35] Okumura M, Tsubota S, Iwamoto M, et al. Chem Lett, 1998: 315-316.
[36] Sinha A K, Seelan S, Tsubota S, et al. Top Catal, 2004, 29: 95-102.
[37] Uphade B S, Akita T, Nakamura T, et al. J Catal, 2002, 209: 331-340.
[38] Hao Y, Chong Y, Li S, et al. J Phys Chem C, 2012, 116: 6512-6519.
[39] 范杰，闫晓庆，王晓娟，等．中国专利．CN102211037A. 2011-11-12.
[40] Yang C M, Kalwei M, Schuth F, et al. Appl Catal A-Gen, 2003, 254: 289-296.
[41] Liu X, Wang A, Wang X, et al. Chem Commun, 2008: 3187-3189.
[42] Zhu H G, Liang C D, Yan W F, et al. J Phys Chem B, 2006, 110: 10 842-10 848.
[43] Yan W F, Chen B, Mahurin S M, et al. J Phys Chem B, 2004, 108: 2793-2796.
[44] Coman S, Florea M, Cocu F, et al. Chem Commun, 1999: 2175-2176.
[45] Li H L, Wang R H, Hong Q, et al. Langmuir, 2004, 20: 8352-8356.
[46] Liu J, Zhu L, Pei Y, et al. Appl Catal A-Gen, 2009, 353: 282-287.
[47] Huang J, Jiang T, Han B X, et al. Catal Lett, 2005, 103: 59-62.
[48] Li X, Ji W, Zhao J, et al. J Catal, 2005, 236: 181-189.
[49] Florea M, Sevinci M, Parvulescu V I, et al. Micro Meso Mater, 2001, 44: 483-488.
[50] Xiong H, Zhang Y, Wang S, et al. J Phys Chem C, 2008, 112: 9706-9709.
[51] Tu C H, Wang A Q, Zheng M Y, et al. Appl Catal A-Gen, 2006, 297: 40-47.
[52] Chen L, Guo P, Zhu L, et al. Appl Catal A-Gen, 2009, 356: 129-136.
[53] Khodakov A Y, Chu W, Fongarland P. Chem Rev, 2007, 107: 1692-1744.
[54] Zhang Q, Kang J, Wang Y. Chemcatchem, 2010, 2: 1030-1058.
[55] Li H, Wang S, Ling F, et al. J Mol Catal A-Chem, 2006, 244: 33-40.
[56] Panpranot J, Goodwin J G, Sayari A. Catal Today, 2002, 77: 269-284.
[57] Panpranot J, Goodwin J G, Sayari A. J Catal, 2002, 211: 530-539.
[58] Ohtsuka Y, Takahashi Y, Noguchi M, et al. Catal Today, 2004, 89: 419-429.
[59] Kim D J, Dunn B C, Cole P, et al. Chem Commun, 2005: 1462-1464.
[60] Khodakov A Y, Griboval-Constant A, Bechara R, et al. J Phys Chem B, 2001, 105: 9805-9811.
[61] Khodakov A Y, Bechara R, Griboval-Constant A. //Aiello R, Giordano Ġ, Testa F. Impact of Zeolites

and Other Porous Materials on the New Technologies at the Beginning of the New Millennium. Amsterdam: Elsevier Science B. V. ,2002:1133-1140.

[62] Khodakov A Y,Bechara R,Griboval-Constant A. Appl Catal A-Gen,2003,254: 273-288.

[63] Khodakov A Y,Girardon J S,Griboval-Constant A,et al. //Bao X,Xu Y. Natural Gas Conversion. Netherlands: Elsevier Science,2004:295-300.

[64] Khodakov A Y,Griboval-Constant A,Bechara R,et al. J Catal,2002,206: 230-241.

[65] Jia L,Li D,Hou B,et al. J Solid State Chem,2011,184: 488-493.

[66] 张美丽,季生福,胡林华,等. 催化学报,2006,27: 777-782.

[67] Liu H,Wang H,Shen J,et al. Appl Catal A-Gen,2008,337: 138-147.

[68] Maschmeyer T,Rey F,Sankar G,et al. Nature,1995,378: 159-162.

[69] Aronson B J,Blanford C F,Stein A. Chem Mater,1997,9: 2842-2851.

[70] Hagen A, Wei D, Haller G L. //Bonneviot L, Beland F, Danumah C, et al. Mesoporous Molecular Sieves. Nethrlands: Elsevier Science,1998:191-200.

[71] Luan Z H,Maes E M,vanderHeide P A W,et al. Chem Mater,1999,11: 3680-3686.

[72] Xu Y M,Langford C H. J Phys Chem B,1997,101: 3115-3121.

[73] 陈航榕,施剑林,闫继娜,等. 化学学报,2002,60: 76-80.

[74] Van Der Voort P,Morey M,Stucky G D,et al. J Phys Chem B,1998,102: 585-590.

[75] Van Der Voort P,Baltes M,Vansant E F. J Phys Chem B,1999,103: 10 102-10 108.

[76] Weckhuysen B M,Rao R R,Pelgrims J,et al. Chem-Eur J,2000,6: 2960-2970.

[77] Dapurkar S E,Badamali S K,Selvam P. Catal Today,2001,68: 63-68.

[78] Cao J M, He N Y, Li C, et al. //Bonneviot L, Beland F, Danumah C, et al. Mesoporous Molecular Sieves. Nethrlands: Elsevier Science,1998:461-467.

[79] Badamali S K,Sakthivel A,Selvam P. Catal Lett,2000,65: 153-157.

[80] Schuth F,Wingen A,Sauer J. Micro Meso Mater,2001,44: 465-476.

[81] Armengol E,Cano M L,Corma A,et al. Chem Commun,1995:519-520.

[82] Tsoncheva T,Venkov T,Dimitrov M,et al. J Mol Catal A-Chem,2004,209: 125-134.

[83] Choudhary V R,Jana S K,Kiran B P. J Catal,2000,192: 257-261.

[84] 孙林兵,刘晓勤,刘定华,等. 化学进展,2009,21: 1839-1846.

[85] Wei Y,Wang Y,Zhu J,et al. Adv Mater,2003,15: 1943-1945.

[86] Kloetstra K R,Vanbekkum H. Chem Commun,1995:1005-1006.

[87] Kloetstra K R,van Den Broek J,van Bekkum H. Catal Lett,1997,47: 235-242.

[88] Sun L,Kou J,Chun Y,et al. Inorg Chem,2008,47: 4199-4208.

[89] Wu Z,Jiang Q,Wang Y,et al. Chem Mater,2006,18: 4600-4608.

[90] Ookoshi T,Onaka M. Chem Commun,1998:2399-2400.

[91] Liu Y,Murata K,Inaba M,et al. Catal Commun,2003,4: 281-285.

[92] Ghanbari-Siahkali A,Philippou A,Dwyer J,et al. Appl Catal A-Gen,2000,192: 57-69.

[93] Jalil P A,Al-Daous M A,Al-Arfaj A. R. A,et al. Appl Catal A-Gen,2001,207: 159-171.

[94] Choi S M,Wang Y,Nie Z,et al. Catal Today,2000,55: 117-124.

[95] Wang Y; Peden C H F; Choi S. WO Patent,200 029 107. 2000-05-25.

[96] Wang Y,Peden C H F,Choi S. Catal Lett,2001,75: 169-173.

[97] Rivera-Munos E R,Lardizabal D,Alonso G,et al. Catal Lett,2003,85: 147-151.

[98] Vradman L, Landau M V, Herskowitz M, et al. J Catal, 2003, 213: 163-175.
[99] Sampieri A, Pronier S, Blanchard J, et al. Catal Today, 2005, 107-08: 537-544.
[100] van Dillen A J, Terorde R, Lensveld D J, et al. J Catal, 2003, 216: 257-264.
[101] Sietsma J R A, Meeldijk J D, den Breejen J P, et al. Angew Chem Int Ed, 2007, 46: 4547-4549.
[102] 王春雷, 马丁, 包信和. 化学进展, 2009, 21(9): 1705-1721.
[103] Lu A H, Schuth F. Adv Mater, 2006, 18: 1793-1805.
[104] Liang C, Li Z, Dai S. Angew Chem Int Ed, 2008, 47: 3696-3717.
[105] Joo S H, Choi S J, Oh I, et al. Nature, 2001, 412: 169-172.
[106] Yu J S, Kang S, Yoon S B, et al. J Am Chem Soc, 2002, 124: 9382-9383.
[107] Su F, Zeng J, Bao X, et al. Chem Mater, 2005, 17: 3960-3967.
[108] Lei Z, Bai S, Xiao Y, et al. J Phys Chem C, 2008, 112: 722-731.
[109] Chang H, Joo S H, Pak C. J Mater Chem, 2007, 17: 3078-3088.
[110] Min K, Choi J, Chung Y, et al. Appl Catal A-Gen, 2008, 337: 97-104.
[111] Lu A H, Schmidt W, Matoussevitch N, et al. Angew Chem Int Ed, 2004, 43: 4303-4306.
[112] Choi Y S, Joo S H, Lee S A, et al. Macromolecules, 2006, 39: 3275-3282.
[113] Tsoncheva T, Paneva D, Mitov I, et al. React Kinet Catal L, 2004, 83: 299-305.
[114] Zhu S M, Zhou H A, Hibino M, et al. Adv Funct Mater, 2005, 15: 381-386.
[115] Li L, Zhu Z, Lu G, et al. Carbon, 2007, 45: 11-20.
[116] Lu A, Li W, Hou Z, et al. Chem Commun, 2007: 1038-1040.
[117] Ma Z, Liang C, Overbury S H, et al. J Catal, 2007, 252: 119-126.
[118] Wan Y, Wang H, Zhao Q, et al. J Am Chem Soc, 2009, 131: 4541-4550.
[119] Xu J, Wang A, Wang X, et al. Nano Res, 2011, 4: 50-60.
[120] Marquez-Alvarez C, Zilkova N, Perez-Pariente J, et al. Catal Rev, 2008, 50: 222-286.
[121] Kaluza L, Zdrazil M, Zilkova N, et al. Catal Commun, 2002, 3: 151-157.
[122] Kim P, Kim Y, Kim C, et al. Catal Lett, 2003, 89: 185-192.
[123] Oikawa T, Ookoshi T, Tanaka T, T et al. Micro Meso Mater, 2004, 74: 93-103.
[124] Balcar H, Hamtil R, Zilkova N, et al. Catal Lett, 2004, 97: 25-29.
[125] Aguado J, Escola J M, Castro M C, et al. Appl Catal A-Gen, 2005, 284: 47-57.
[126] Valange S, Derouault A, Barrault J, et al. J Mol Catal A-Chem, 2005, 228: 255-266.
[127] Khaleel A. Micro Meso Mater, 2006, 91: 53-58.
[128] Yin D, Qin L, Liu H, et al. J Mol Catal A-Chem, 2005, 240: 40-48.
[129] 秦亮生, 银董红, 刘建福, 等. 催化学报, 2005, 26: 714-718.
[130] 孙予罕, 陈建刚, 王俊刚, 等. 催化学报, 2010, 31: 919-927.
[131] Liu Y, Fang K, Chen J, et al. Green Chem, 2007, 9: 611-615.
[132] Knell A, Barnickel P, Baiker A, et al. J Catal, 1992, 137: 306-321.
[133] Idakiev V, Tabakova T, Naydenov A, et al. Appl Catal B-Environ, 2006, 63: 178-186.
[134] Cao J, Wang Y, Shi J, et al. J Porous Mater, 2011, 18: 667-672.
[135] Kosslick H, Landmesser H, Fricke R. J Chem Soc Faraday Trans, 1997, 93: 1849-1854.
[136] Kosslick H, Lischke G, Landmesser H, et al. J Catal, 1998, 176: 102-114.
[137] Kosslick H, Lischke G, Walther G, et al. Micro Mater, 1997, 9: 13-33.
[138] Aguado J, Serrano D P, Romero M D, et al. Chem Commun, 1996: 725-726.
[139] Corma A, Grande M S, GonzalezAlfaro V, et al. J Catal, 1996, 159: 375-382.

[140] Armengol E, Cano M A L, Corma A, et al. Chem Commun, 1995: 519.
[141] Kugita T, Jana S K, Owada T, et al. Appl Catal A-Gen, 2003, 245: 353-362.
[142] Chaudhari K, Bal R, Chandwadkar A J, et al. J Mol Catal A-Chem, 2002, 177: 247-253.
[143] Ko A N, Hung C C, Chen C W, et al. Catal Lett, 2001, 71: 219-224.
[144] Onaka M, Yamasaki R. Chem Lett, 1998: 259-260.
[145] Kloetstra K R, van Bekkum H. Chem Commun, 1995, 10: 1005.
[146] Zhang W H, Froba M, Wang J, et al. J Am Chem Soc, 1996, 118: 9164-9171.
[147] Tanev P T, Chibwe M, Pinnavaia T J. Nature, 1994, 368: 321-323.
[148] Gontier S, Tuel A. Appl Catal A-Gen, 1996, 143: 125-135.
[149] Tuel A, Gontier S, Teissier R. Chem Commun, 1996: 651-652.
[150] Reddy J S, Sayari A. Chem Commun, 1995: 2231-2232.
[151] Kawi S, Te M. Catal Today, 1998, 44: 101-109.
[152] Chaudhari K, Das T K, Rajmohanan P R, et al. J Catal, 1999, 183: 281-291.
[153] Dai L, Teng Y, Tabata K, et al. Micro Meso Mater, 2001, 44: 573-580.
[154] Yang Q, Li Y, Zhang L, et al. J Phys Chem B, 2004, 108: 7934-7937.
[155] Yang Q, Yang J, Feng Z, et al. J Mater Chem, 2005, 15: 4268-4274.
[156] Kapoor M P, Bhaumik A, Inagaki S, et al. J Mater Chem, 2002, 12: 3078-3083.
[157] Melero J A, Iglesias J, Arsuaga J M, et al. J Mater Chem, 2007, 17: 377.
[158] Shylesh S, Singh A P. Micro Meso Mater, 2006, 94: 127-138.
[159] Shylesh S, Srilakshmi C, Singh A P, et al. Micro Meso Mater, 2007, 99: 334-344.
[160] Yang Q, Liu J, Zhang L, et al. J Mater Chem, 2009, 19: 1945-1955.
[161] Goettmann F, Fischer A, Antonietti M, et al. Chem Commun, 2006, 43: 4530.
[162] Thomas A, Fischer A, Goettmann F, et al. J Mater Chem, 2008, 18: 4893.
[163] Wen Z, Liu J, Li J. Adv Mater, 2008, 20: 743-747.
[164] Wu Z, Lv Y, Xia Y, et al. J Am Chem Soc, 2012, 134: 2236-2245.
[165] Wang H, Wang A, Wang X, et al. Chem Commun (Camb), 2008: 2565-2567.
[166] Li Q, Xu J, Wu Z, et al. Phys Chem Chem Phys, 2010, 12: 10 996-11 003.
[167] Weitkamp J, Hunger M, Rymsa U. Micro Meso Mater, 2001, 48: 255-270.
[168] Lasperas M, Llorett T, Chaves L, et al. //Blaser H U, Baiker A, Prins R. Heterogeneous Catalysis and Fine Chemicals IV, 1997: 75-82.
[169] Cauvel A, Renard G, Brunel D. J Org Chem, 1997, 62: 749-751.
[170] Rao Y V S, De Vos D E, Jacobs P A. Angew Chem Int Ed, 1997, 36: 2661-2663.
[171] Rodriguez I, Iborra S, Rey F, et al. Appl Catal A-Gen, 2000, 194: 241-252.
[172] Rodriguez I, Iborra S, Corma A, et al. Chem Commun, 1999: 593-594.
[173] Zhang X, Zhang W, Li J, et al. Catal Commun, 2007, 8: 437-441.
[174] van Rhijn W M, de Vos D E, Sels B F, et al. Chem Commun, 1998: 317-318.
[175] Melero J A, van Grieken R, Morales G. Chem Rev, 2006, 106: 3790-3812.
[176] Diaz I, Marquez-Alvarez C, Mohino F, et al. J Catal, 2000, 193: 283-294.
[177] Diaz I, Marquez-Alvarez C, Mohino F, et al. J Catal, 2000, 193: 295-302.
[178] Morales G, Athens G, Chmelka B F, et al. J Catal, 2008, 254: 205-217.
[179] Yang Q, Kapoor M P, Inagaki S, et al. J Mol Catal A-Chemical, 2005, 230: 85-89.
[180] Yang Q, Liu J, Yang J, et al. J Catal, 2004, 228: 265-272.

[181] Dhepe P L, Ohashi M, Inagaki S, et al. Catal Lett, 2005, 102: 163-169.
[182] Thomas J M, Maschmeyer T, Johnson B F G, et al. J Mol Catal A-Chem, 1999, 141: 139-144.
[183] Johnson B F G, Raynor S A, Shephard D S, et al. Chem Commun, 1999: 1167-1168.
[184] Bigi F, Moroni L, Maggi R, et al. Chem Commun, 2002: 716-717.
[185] Zhang H, Li C. Tetrahedron, 2006, 62: 6640-6649.
[186] Han D, Li X, Zhang H, et al. J Catal, 2006, 243: 318-328.
[187] Baleizão C, Gigante B, Garcia H, et al. Green Chem, 2002, 4: 272-274.
[188] Lei C H, Shin Y S, Liu J, et al. J Am Chem Soc, 2002, 124: 11 242-11 243.
[189] Li L, Shi J L, Yan J N, et al. J Mol Catal A-Chem, 2004, 209: 227-230.
[190] Zhang X, Wang D, Zhao N, et al. Catal Commun, 2009, 11: 43-46.
[191] Xing R, Liu Y, Wang Y, et al. Micro Meso Mater, 2007, 105: 41-48.
[192] Xing R, Liu N, Liu Y, et al. Adv Funct Mater, 2007, 17: 2455-2461.
[193] Stone V F, Davis R J. Chem Mater, 1998, 10: 1468-1474.
[194] Yu J, Zhou M, Cheng B, et al. J Mol Catal A-Chemical, 2005, 227: 75-80.
[195] Yu J, Yu H, Cheng B, et al. J Phys Chem B, 2003, 107: 13 871-13 879.
[196] Zimny K, Roques-Carmes T, Carteret C, et al. The J Phys Chem C, 2012, 116: 6585-6594.
[197] Yang X, Jentoft F C, Jentoft R E, et al. Catal Lett, 2002, 81: 25-31.
[198] Sun Y, Ma S, Du Y, et al. J Phys Chem B, 2005, 109: 2567-2572.
[199] Tueysuez H, Comotti M, Schueth F. Chem Commun, 2008: 4022-4024.
[200] Ren Y, Ma Z, Qian L, et al. Catal Lett, 2009, 131: 146-154.
[201] Xiong H, Zhang Y, Liew K, et al. J Mol Catal A-Chemical, 2008, 295: 68-76.
[202] Perez-Ramirez J, Christensen C H, Egeblad K, et al. Chem Soc Rev, 2008, 37: 2530-2542.
[203] Christensen C H, Johannsen K, Schmidt I. J Am Chem Soc, 2003, 125: 13 370-13 371.
[204] Xiao F, Wang L, Yin C, et al. Angew Chem Int Ed, 2006, 45: 3090-3093.
[205] Wang D, Li X, Liu Z, et al. J Colloid Interface Sci, 2010, 350: 290-294.
[206] Jia C, Schueth F. Phys Chem Chem Phys, 2011, 13: 2457-2487.
[207] De Rogatis L, Cargnello M, Gombac V, et al. ChemSuschem, 2010, 3: 24-42.
[208] Joo S H, Park J Y, Tsung C, et al. Nat Mater, 2009, 8: 126-131.
[209] Feyen M, Weidenthaler C, Guttel R, et al. Chem Eur J, 2011, 17: 598-605.
[210] Xie R, Li D, Hou B, et al. Catal Commun, 2011, 12: 380-383.
[211] Liu J, Qiao S, Chen J, et al. Chem Commun, 2011, 47: 12 578-12 591.
[212] Lee J, Park J C, Song H. Adv Mater, 2008, 20: 1523-1528.
[213] Lee J. Park J C, Bang J U, et al. Chem Mater, 2008, 20: 5839-5844.
[214] Ryoo R, Jun S. J Phys Chem B, 1997, 101: 317-320.
[215] Kim J M, Jun S, Ryoo R. J Phys Chem B, 1999, 103: 6200-6205.
[216] Zhang Z, Han Y, Zhu L, et al. Angew Chem Int Ed, 2001, 40: 1258-1262.
[217] Han Y, Wu S, Sun Y, et al. Chem Mater, 2002, 14: 1144-1148.
[218] Li Y, Shi J, Hua Z, et al. Nano Lett, 2003, 3: 609-612.
[219] Wang X L, Wu G D, Wei W, et al. Cata lett, 2010, 136: 96-105.

第5章　金属-有机框架化合物非均相催化

5.1　金属-有机框架材料简介

5.1.1　金属-有机框架材料

金属-有机框架材料(metal-organic framework,MOF)也称为配位聚合物(coordination polymer,CP),是一类由金属离子或金属簇与多齿有机配体配位组装形成的具有周期性网络结构的晶态材料[1]。MOF 的合成通常是在单一或混合溶剂中通过金属离子与有机配体在适当条件下以配位键方式结合构筑基本结构单元,再经过自组装形成具有有序结构的晶态框架材料。MOF 的结构受诸多因素的影响,如温度、酸碱度、反应时间、溶剂、配体构型、金属离子配位模式和阴离子构型等[2]。

迄今,元素周期表中的绝大多数金属离子,如碱金属、碱土金属、过渡金属、ⅢA 族金属和稀土金属离子,都可以被选作合成 MOF 的节点金属离子。由于刚性有机分子更容易控制 MOF 的孔道形状和大小,常被优先选作合成 MOF 的桥联配体。常见的有机配体主要有芳香类多羧酸化合物和含氮杂环类(吡啶、咪唑、三氮唑、四氮唑、嘧啶、吡嗪)化合物等[3]。

5.1.2　金属-有机框架材料的合成方法

目前,培养适合单晶 X 射线衍射的金属-有机框架材料的方法主要有溶剂挥发法、扩散法和水(溶剂)热合成法。

1. 溶剂挥发法

该方法是最早使用的也是最传统的晶体生长方法。通常是将有机配体和金属盐溶于适当的单一或混合溶剂中,在合适温度下控制溶剂缓慢挥发,以期得到高质量的晶体。但该方法的缺点是晶体生长速度慢,需要耗费大量时间。

2. 扩散法

该方法包括气相扩散法和液相扩散法,适用于合成产物溶解性差,或者反应物直接混合会产生粉末或絮状沉淀的情况。

气相扩散法是将金属盐、有机配体溶解在适当溶剂中,将惰性易挥发溶剂或碱性物质(如氨水或三乙胺等)扩散到反应混合液中。通过减小产物溶解度或加大反应速率使产物结晶析出。使用该方法生长晶体,挥发性物质的挥发速度会影响晶体的成核速度，并进一步影响生成晶体的质量。

液相扩散法是将金属盐、有机配体分别溶解在不同溶剂中，然后小心将一种溶液放置在另一种溶液界面上，也可以在两层界面处加入一种缓冲溶剂减缓扩散速度。通过反应物在溶液中缓慢扩散发生反应，使产物以晶体形式析出。使用该方法生长晶体，反应物在溶剂中的扩散速度会影响晶体的成核和最终形貌。

3. 水热法和溶剂热法

这两种方法没有本质上的区别，都是利用高温条件下分子活动剧烈，增加反应组分的溶解度以及增强配体的配位能力，然后生成晶体。

水热法是指在特制的密闭反应容器中（一般是含有聚四氟乙烯内衬的不锈钢反应釜），以水作为反应介质，通过对反应容器加热，创造一个高温（100～1000℃）、高压（1～100MPa）的反应环境，使在通常情况下难溶或者不溶的物质溶解并发生反应生成新物质进而结晶析出。

溶剂热法同样是指在一定温度和压强下使用有机溶剂取代水溶剂进行化学反应的合成方法。在密封体系中，配体的溶解性和反应性都会发生变化。溶剂热合成法常用的溶剂有醇类（如甲醇、乙醇、异丙醇、正丁醇）、胺类或酰胺类（如乙二胺、DMF、乙酰胺等）、DMSO 和吡啶等。由于有机溶剂带有不同的基团，具有不同的极性、介电常数、沸点和黏度等，性质差异很大，可以调控所得产物结构的多样性。在合成过程中，不仅要考虑反应物的热稳定性，也要考虑所选溶剂的稳定性以及高温状态下可能的分解产物。

5.1.3 金属-有机框架材料的特点

金属-有机框架材料（MOF）兼有有机材料和无机材料的特性，结构多样、性能优异，具有超越传统材料的优点，主要表现在以下几个方面。

(1) 明确性：MOF 有着传统材料无法比拟的优点，可以通过单晶 X 射线衍射方法测定 MOF 的晶体结构，为研究反应机理提供直接证据。

(2) 多样性：由于 MOF 由有机配体和无机金属离子构成的，无数的有机配体和大量的金属离子可以构筑出结构丰富而多样的 MOF，而辅助配体的加入更是拓展了 MOF 的多样性。

(3) 可设计性：与沸石或活性炭等多孔材料相比较，MOF 可以设计并进行模块化合成[4]。选择设计不同的功能性构筑单元，可以方便得到具有不同性质与用途的 MOF。

(4) 多孔性：很多 MOF 都具有孔道（隙），孔道大小由有机配体的尺寸和形状以及与金属离子的连接方式决定，有的可以达到几个纳米尺度[5]，具有很大的比表面，是催化、分离和气体储存等领域的理想材料之一。

(5) 可修饰性：MOF 的有机部分和无机部分都可以根据需要进行后修饰，清晰明确的结构可以直接指导后修饰过程。

5.1.4　金属-有机框架材料的应用领域

作为一类非常重要的多孔性晶态材料，MOF 的特征在于这类材料孔的尺寸、形状、维度和化学环境可以通过选择节点金属离子和桥联有机配体在适当反应条件下调控。MOF 材料结合了高分子材料及无机材料的特点，不同于传统意义上的有机聚合物及硅铝氧类无机聚合材料。MOF 的设计合成、性能研究以及应用是近二十年来十分热门的研究领域之一，它对于无机化学、有机化学、配位化学、材料化学、催化、生物化学及晶体工程学等多个领域都起到了推动和促进作用。与无机沸石类材料相比较，MOF 有大孔径、高比表面积，同时伴随着多种多样的孔道维度和拓扑结构。金属与有机配体之间的强配位作用可以保证框架材料在除去客体分子后仍能够保持骨架完整性，从而使 MOF 表现出许多特殊性能[6]。尽管 MOF 的研究历史较短，MOF 凭借其自身丰富的拓扑结构，独特的声、光、磁和电等性质，引起了国内外研究人员的广泛关注，MOF 已经成为材料化学中一类非常重要的杂化材料，在很多领域扮演着重要角色。目前该材料的两大主要用途是气体存储[7-10]和催化[11-15]。此外，MOF 在荧光[16,17]、非线性光学[18,19]、拆分[20,21]、铁电[22]、磁性材料[23]、传感材料[24]，薄膜[25,26]、生物医学影像和药物传输[27,28]等领域也显示了诱人的应用前景，成为 20 世纪 90 年代后化学和材料学最活跃最前沿的研究领域之一[29,30]。

5.2　金属-有机框架材料的非均相催化性能研究

5.2.1　金属-有机框架催化剂

金属-有机框架材料是通过多齿有机配体与金属离子（或金属簇）组装形成的新一代多孔材料，其功能性可以通过调节有机配体和金属离子（或金属簇）的种类实现。MOF 有类似于无机沸石的开放骨架结构，具有各种形状和尺寸的孔径、高比表面积，可选择性吸收不同类型的客体分子或离子。在去除孔道中的溶剂分子后，MOF 仍然能够保持骨架的完整性，为利用 MOF 作为非均相催化剂提供了依据。

非均相催化是较早提出和被实验证实的金属-有机框架材料的应用前景之一。MOF 的最显著特点是多孔性，与已经商业化的硅铝酸盐类沸石催化剂具有非常相似的特点。作为纯粹的无机材料，硅铝酸盐类沸石催化剂结构异常稳定，能够适应很多极端反应条件。但由于较为极端合成条件的限制，这类材料的功能性很难调控。MOF 非均相催化剂不但继承了沸石催化材料的特点，还具有其独特优势[31]。首先，有机配体的多样性使 MOF 的组成与结构更加多样化。其次，虽然 MOF 的热稳定性难以与沸石相媲美，但 MOF 可以催化许多条件严苛的反应并能使其在更加温和的条件下进行。再次，MOF 的催化活性可以非常容易地通过调节有机配体的功能性基团实现，这是无机沸石材料所无法比拟的。

在过去的十几年里，伴随着 MOF 合成化学研究进展的不断深入，国内外科研人员发展了很多有效的金属-有机框架催化剂合成策略，提高了 MOF 的催化活性以及选择性。主要包括均相催化剂的非均相化，催化剂分子的框架包裹，催化和化学分离的结合以及 MOF 的后修饰[14]。本章将根据催化反应类型的不同，分类介绍国内研究人员在 MOF 催化领域所取得的重要研究成果。

5.2.2　金属-有机框架酸催化剂

酸催化反应是有机合成中较为常见的反应类型之一，在科学研究和化工生产中起着举足轻重的作用。随着绿色化学观念的发展，非均相酸催化剂的使用显得尤为重要。常见的固体酸催化剂主要有质子(Brönsted) 酸和 Lewis 酸催化剂，如天然黏土矿物(高岭土、蒙脱土、沸石和漂白土等)、担载酸(氧化铝、氧化硅和硅藻土等负载 H_2SO_4、H_3PO_4 和 $AlCl_3$ 等)、阳离子交换树脂、金属氧化物和硫化物(ZnO、ZnS、ZrO_2 和 TiO_2 等)、金属盐($MgSO_4$、$KHSO_4$、$AlPO_4$ 和 $CeCl_3$ 等)、氧化物混(复)合物(SiO_2-Al_2O_3)以及杂多酸等。固体酸催化剂所涉及的反应类型主要有 Aldol、酯化、酯水解、缩醛化、Michael、Suzuki、取代、Diels-Alder、Baylis-Hillman 和 Friedel-Crafts 烷基化等反应。

结合 MOF 的结构特点不难发现，金属-有机框架材料具有较大的比表面积，可设计的有机配体和丰富的金属位点。以 MOF 作为新型固体酸催化剂具有巨大优势，有利于开发新颖高效和高选择性的催化反应体系，并且可以深入研究催化反应机理。国内的许多课题组在这一领域取得了有意义的研究成果。

东北师范大学刘术侠等[32]以均三苯酸(H_3BTC)、硝酸铜和杂多酸(POM)为原料在水热条件下合成了一系列化合物$[Cu_2(BTC)_{4/3}(H_2O)_2]_6[POM]\cdot(C_4H_{12}N)_2\cdot xH_2O$ (NENU-*n*)。其中，Keggin 型杂多酸作为客体离子填充在苯三酸和铜离子构筑的立方八面体笼中，狭小的孔道窗口可以防止杂多酸离子的团聚和流失。该作者研究了含磷钨酸化合物 NENU-3 的 Brönsted 酸催化活性。NENU-3 可以高效地催化酯水解反应，并具有较高的反应底物选择性。亲水性小分子底物非常容易进入 NENU-3 的孔道，使催化反应主要在催化剂孔道内高效进行；伴随着反应底物分子的增大，反应底物分子很难进入催化剂孔道，催化反应只能在催化剂表面进行(图 5-1)。NENU-3 不但实现了均相催化剂的非均相化，而且具有稳定性高、杂多酸离子均一分散、负载量高和不易团聚失活等优点，实现了催化剂的简单回收和循环利用。

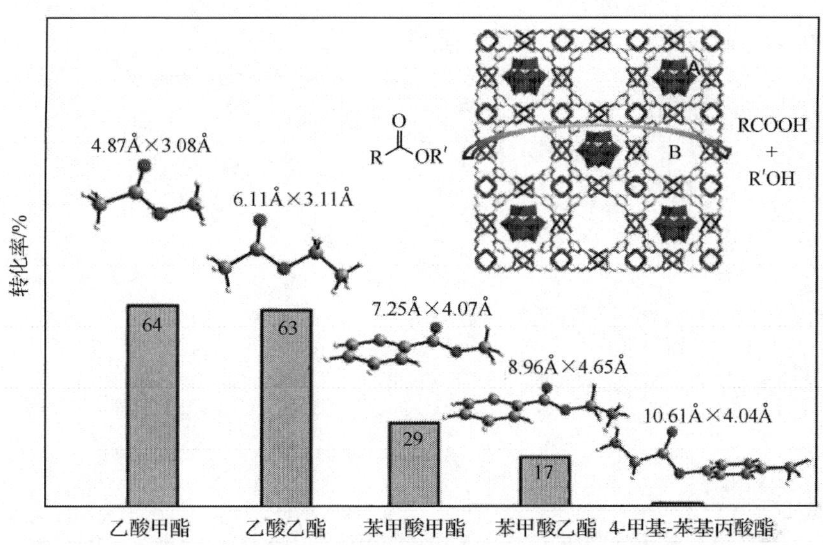

图 5-1　NENU-*n* 的结构示意图以及 NENU-3 催化酯水解反应

在此基础上，他们深入研究了同一系列化合物中含硅钨酸的化合物(NENU-1a)催化甲醇合成二甲醚(图 5-2)[33]。详细研究结果表明，NENU-1a 的催化活性要优于[Cu_3(BTC)$_2$]、γ-Al_2O_3 和 $H_4SiW_{12}O_{40}$ 负载在 γ-Al_2O_3 上的催化活性(图 5-3)。这可能是由于 NENU-1a 材料中同时含有丰富和易于接触的 Brönsted 酸(杂多酸)和 Lewis 酸(Cu^{2+})中心，起到了协同催化作用。他们通过控制合成条件调控了 NENU-1a 的颗粒大小，消除了扩散对气相催化反应的限制。为了进一步研究气相催化反应机理，他们使用混合醇(10%甲醇和 90%正丁醇)作为反应底物。实验结果表明，甲醇比较容易被此类材料吸附并与气相中的正丁醇发生反应，得到主要产物为甲基正丁基醚和少量二甲醚以及二正丁基醚，说明该气相脱水反应是在催化剂表面进行的。他们还将 NENU-1a 用作乙酸和乙烯气相反应合成乙酸乙酯的催化剂，并取得了优于多种固体酸催化剂的结果。

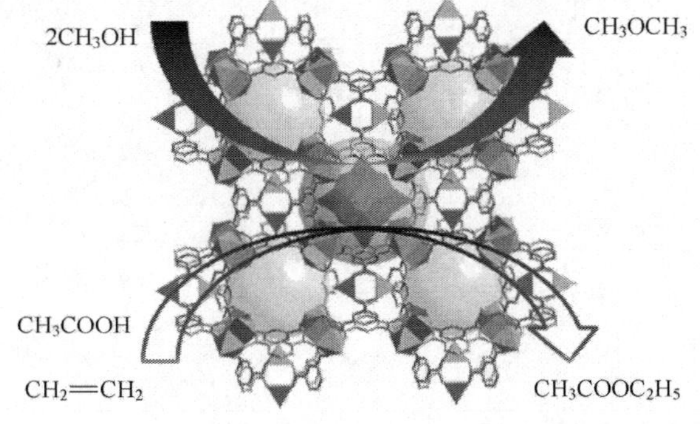

图 5-2　均一分散在[Cu_3(BTC)$_2$]骨架孔道中的杂多酸及其气相催化反应示意图

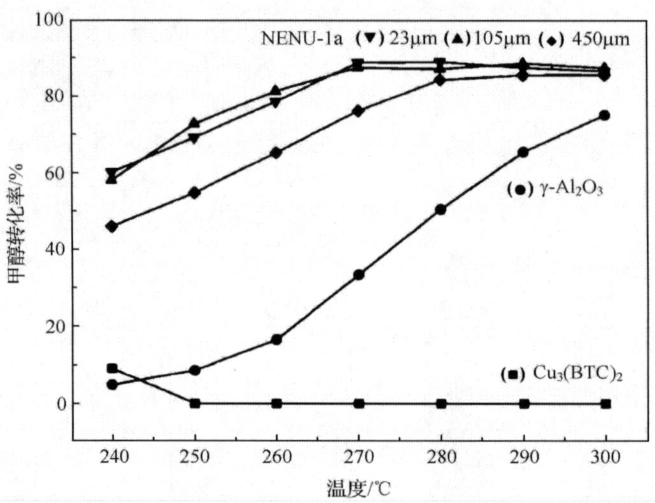

图 5-3 不同催化剂以及 NENU-1a 颗粒大小对甲醇脱水制备二甲醚的催化活性对比图

中国科学院化学研究所韩布兴等[34]研究了 MOF-5 和不同季铵盐(Me_4NCl，Me_4NBr，Et_4NBr，n-Pr_4NBr 和 n-Bu_4NBr)协同催化环氧丙烷与二氧化碳在 50℃、常压或 6MPa 条件下的反应(图 5-4)。研究结果表明，MOF-5/n-Bu_4NBr 催化体

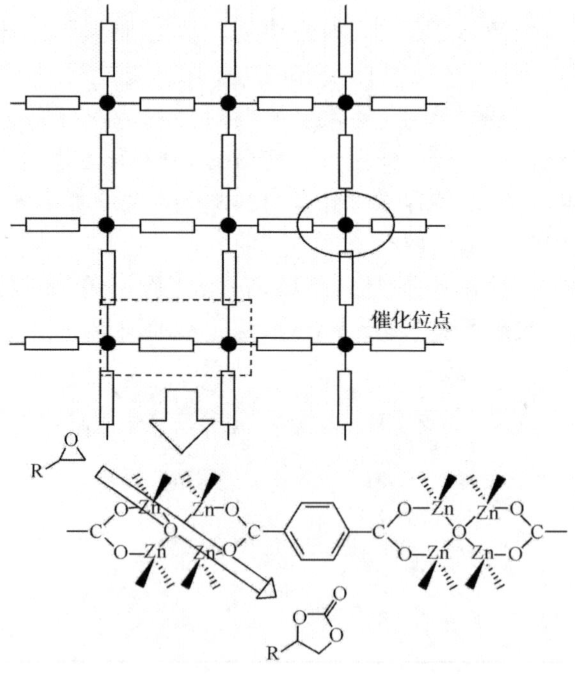

图 5-4 MOF-5 的框架结构及金属催化活性位点示意图

系活性最高，能够在较温和条件下高效高选择性制备碳酸丙烯酯（图 5-5）。该催化反应体系可以进一步催化其他环氧底物与二氧化碳反应，催化体系有良好的反应活性和稳定性，并能循环回收使用。他们将该催化反应体系的高活性归结于 MOF-5 的比表面积以及孔道较大，底物与季铵盐能够进入孔道内与 Lewis 酸活性位点[Zn_4O]结合进而提高反应效率。

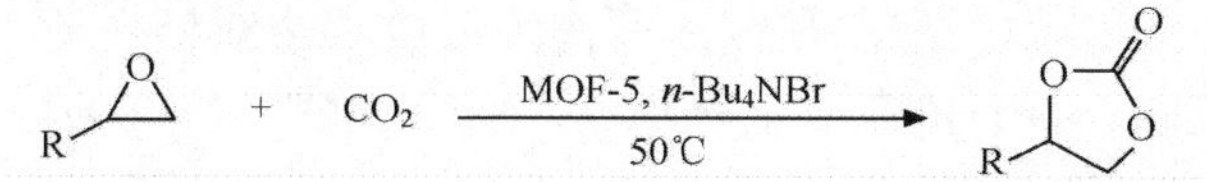

R-环氧化物 + CO_2 $\xrightarrow[50℃]{\text{MOF-5, } n\text{-}Bu_4NBr}$ R-环状碳酸酯

图 5-5　MOF-5 和 n-Bu_4NBr 协同催化环氧化合物和二氧化碳反应

该课题组还研究了 MOF-5 催化碳酸二甲酯和碳酸二乙酯的酯交换反应，得到了 50.1%的产率，优于常见 Lewis 酸催化剂的产率，并且催化剂可以多次循环使用而不失活（图 5-6）[35]。

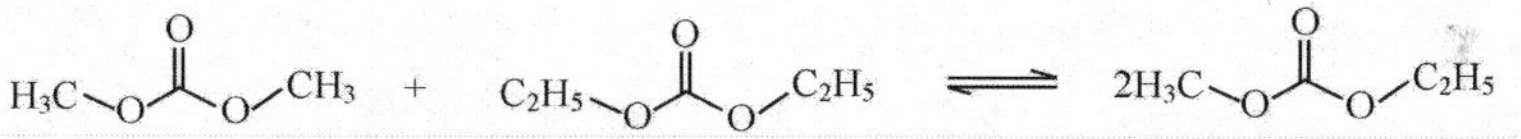

$H_3C-O-C(=O)-O-CH_3$ + $C_2H_5-O-C(=O)-O-C_2H_5$ $\rightleftharpoons$ $2H_3C-O-C(=O)-O-C_2H_5$

图 5-6　MOF-5 催化碳酸二甲酯与碳酸二乙酯的酯交换反应

浙江大学吴传德等[36]通过缬氨酸衍生配体 L^1[N-(4-pyridyl)-D，L-valine]与 $Cu(NO_3)_2 \cdot 3H_2O$ 反应构筑了一个一维配位聚合材料[CuL^1_2]（图 5-7）。通过单晶 X 射线衍射结构分析发现，此化合物中的金属铜离子采取扭曲的正方形配位模式，并且轴向配位缺位。他们以铜离子作为 Lewis 酸催化位点，研究了苯硼酸与咪唑的 C—N 偶联反应并取得了非常好的催化效果（图 5-8）。催化反应能够在室温下进行，并且催化剂能够多次循环利用，同时保持结构的稳定性和催化活性。他们发现该催化反应有明显的溶剂效应，可能与溶剂和底物分子竞争催化活性铜离子的轴向配位位点有关。根据该化合物的结构特点，他们提出该反应是单核而不是通常所说的双核铜催化反应机理。

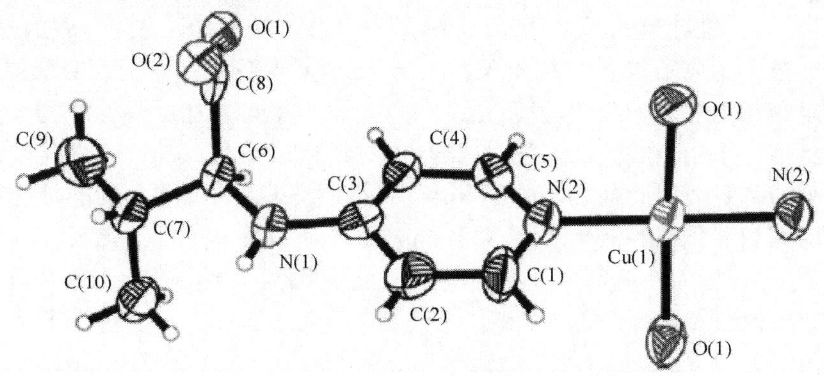

图 5-7　[CuL^1_2]的椭球图

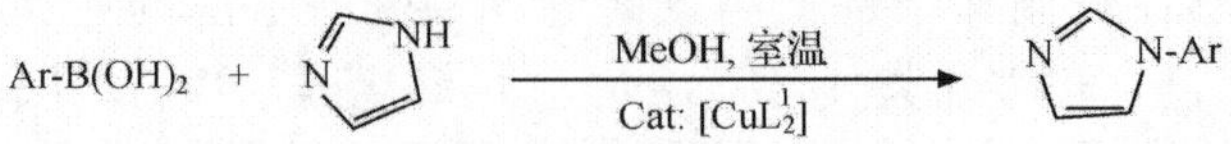

$Ar\text{-}B(OH)_2$ + (咪唑, N, NH) —— MeOH, 室温 / Cat: $[CuL^1_2]$ ——→ (N, N-Ar)

图 5-8　$[CuL^1_2]$催化苯硼酸与咪唑的偶联反应

他们将萘四酸酐部分水解产物 H_2L^2(1,8-naphthalenecarboxylic anhydride-4,5-dicarboxylic acid)作为配体与铜离子作用形成一个双核铜单元，并进一步通过超分子作用力组装了一个超分子化合物$[Cu_2L^2_2(DMF)_2(H_2O)_2]$(图 5-9)[37]。在该化合物中，铜离子轴向配位缺位，可以作为 Lewis 酸催化活性中心。该化合物在不需要任何添加剂的情况下可以非均相催化苯硼酸与咪唑发生 C—N 偶联反应。虽然双核铜单元靠超分子作用力连接在一起，但是该化合物非常稳定，仅有约 2%的化合物在催化过程中溶解，溶解部分仅能催化产生约 8.5%的产物。粉末 X 射线衍射结果表明，剩余非均相催化剂的结构未发生改变，在循环使用 5 次之后产率只是稍有下降。

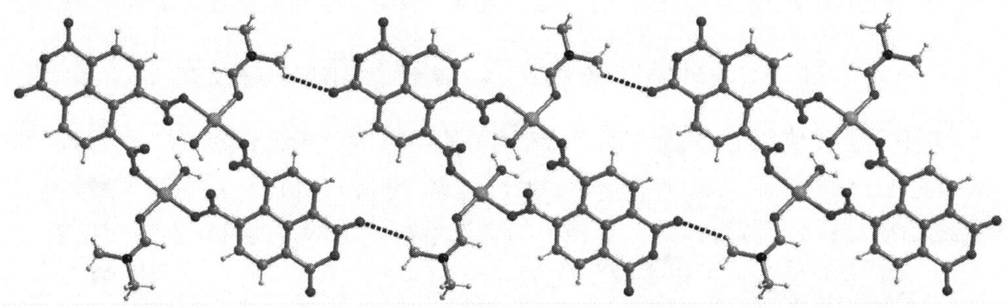

图 5-9　$[Cu_2L^2_2(DMF)_2(H_2O)_2]$通过 C—H…O 氢键连接形成的一维链状结构图

他们还通过控制反应条件，同时以两种吡啶羧酸为配体，以铜离子为节点，合成了一个三维多孔化合物$[Cu_3(pdtc)L^3_2(H_2O)_3]$ · 2DMF · $10H_2O$\{H_4pdtc = pyridine-2,3,5,6-tetracarboxylic acid; HL^3 = (E)-4-[2-(pyridin-4-yl]vinyl)benzoic acid\}，其一维孔道的尺寸为 13.76Å×23.62Å(图 5-10)[38]。有趣的是，位于孔道中的金属铜离子与易离去水分子配位。通过单晶到单晶转变表明配位水分子可以被吡啶和乙醇分子取代，说明孔道内的铜离子易与参加反应的底物小分子接触而起到催化作用。实验结果表明，此晶体材料可以作为 Lewis 酸催化剂高效催化一系列芳基甲醛和硝基烷烃的 Henry 反应(图 5-11)。该催化剂的催化活性远高于对应均相催化剂的催化活性，并且能够循环利用且不失活。该反应在无溶剂条件下产率最高，而在溶剂中效果较差，这可能是因为溶剂分子会与底物分子竞争金属催化活性位点。

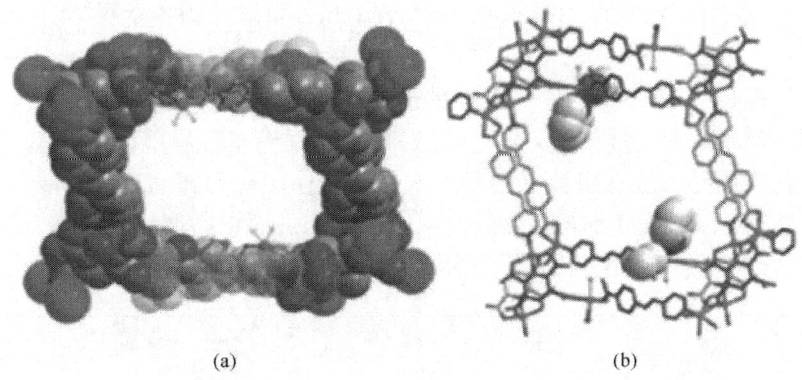

图 5-10　$[Cu_3(pdtc)L_2^3(H_2O)_3]\cdot 2DMF\cdot 10H_2O$(a)及其与吡啶的乙醇溶液作用后的晶体结构图(b)

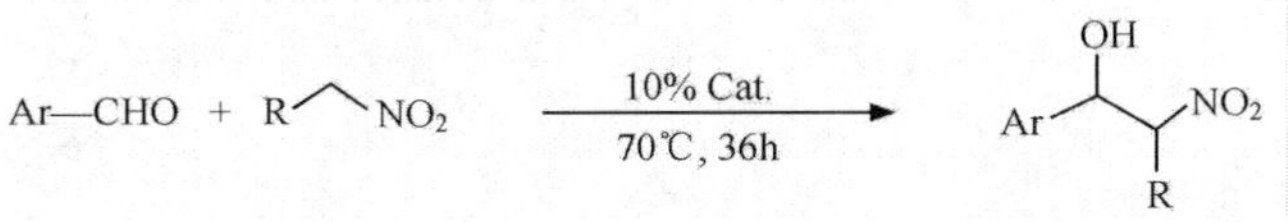

$$\text{Ar—CHO} + \text{R}\diagdown\!\diagup\text{NO}_2 \xrightarrow[70^\circ\text{C},\ 36\text{h}]{10\%\ \text{Cat.}} \text{Ar—CH(OH)—CH(R)—NO}_2$$

图 5-11　$[Cu_3(pdtc)L_2^3(H_2O)_3]\cdot 2DMF\cdot 10H_2O$ 催化芳香醛与硝基烷烃的 Henry 反应

大连理工大学段春迎等[39]合成了一个基于杂多酸和稀土的化合物 $\{[Ho_4(dpdo)_8(H_2O)_{16}BW_{12}O_{40}]\cdot 2H_2O\}(BW_{12}O_{40})_2\cdot(H_{1.5}pz)_2\cdot(H_2O)_{11}$，(dpdo $=4,4'$-bipyridine-N,N'-dioxide hydrate，pz = hexahydropyrazine)(图 5-12)。该化合物能够加速磷酸二酯的水解反应。他们认为，催化活性中心是位于金属-有机骨架上的 Ho^{3+}，而杂多酸 $BW_{12}O_{40}^{5-}$ 则起到了增强 MOF 材料 Lewis 酸性的作用。

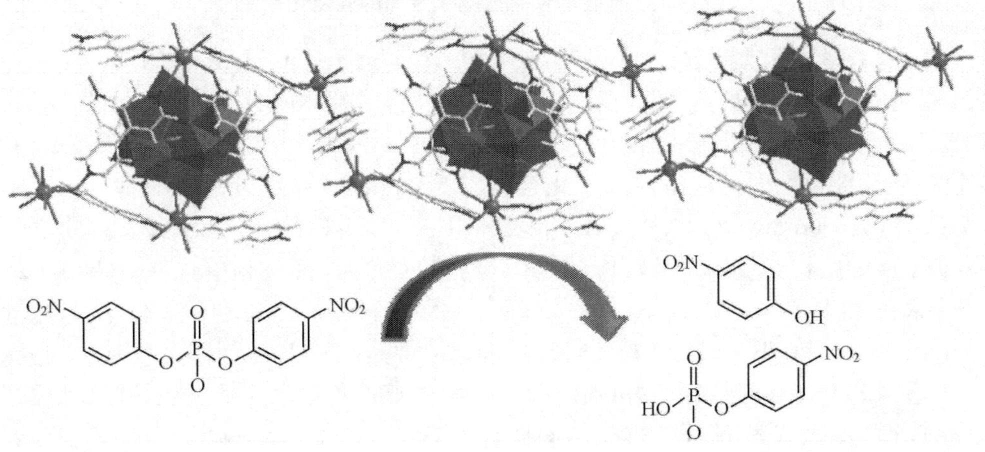

图 5-12　$\{[Ho_4(dpdo)_8(H_2O)_{16}BW_{12}O_{40}](H_2O)_2\}^{7+}$ 的结构及催化磷酸二酯水解示意图

他们还以 H_3TCA(tricarboxytriphenylamine)配体与镧系金属 Tb^{3+} 反应构筑了化合物 Tb-TCA(图 5-13)[40]。由于该框架材料中含有丰富的 Lewis 酸(Tb^{3+})位点，他们将其应用于催化芳基甲醛的硅氰化反应(图 5-14)。2%(摩尔分数)的催化剂能够催化 78%的邻硝基苯甲醛硅氰化，而间硝基苯甲醛和对硝基苯甲醛的转化率均有所降低，表现出良好的底物选择性。他们认为邻硝基苯甲醛与 Tb^{3+} 位点螯合配位，可以增强底物与催化活性中心的作用进而提高低物转化率。他们还通过荧光猝灭实验证实了这一结论，为探索催化反应机理提供了一个有效途径。

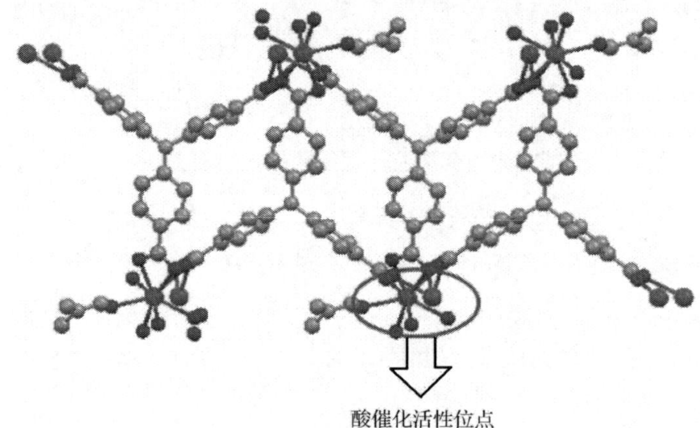

图 5-13　Tb-TCA 的结构及酸催化活性位点示意图

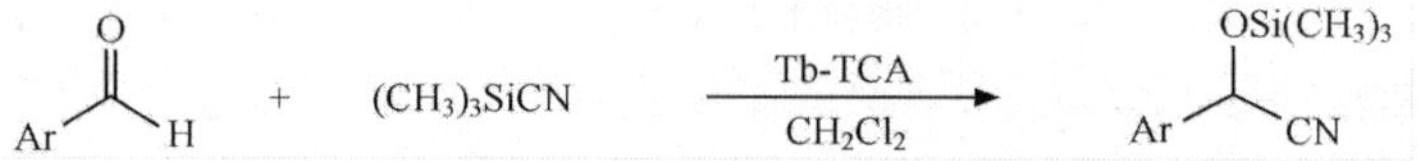

$$\text{ArCHO} + (CH_3)_3SiCN \xrightarrow[CH_2Cl_2]{\text{Tb-TCA}} \text{ArCH(OSi(CH}_3)_3\text{)CN}$$

图 5-14　Tb-TCA 催化醛基化合物的硅氰化反应

中国科学技术大学汪志勇等[41]使用 V 型四羧酸配体 H_4midp(5,5′-methylenediisophthalic acid)与 In^{3+} 构筑了一个化合物[Me_2NH][In(mdip)]·2.5DMF·$4H_2O$，并用于吡咯与硝基烯烃的 Friedel-Crafts 烷基化反应(图 5-15 和图 5-16)。催化剂的催化活性高于化合物[Co_2(mdip)(4,4′-bipy)$_2$]·2.5DMF·$7H_2O$ 和[Co_4(mdip)$_2$(μ_2-O)$_2$(py)$_7$]·3DMF·7.5H_2O 的催化活性，这说明 Co^{2+} 的 Lewis 酸性相对较弱以及相应的 MOF 材料不稳定。而均相催化剂 $In(NO_3)_3$ 的转化率虽然高达 96%，但副产物较多、产物产率较低。化合物[Me_2NH][In(mdip)]·2.5DMF·$4H_2O$ 具有较高的催化活性是因为 In^{3+} 与四个羧基配位，保持了适当的 Lewis 酸性和良好的化学稳定性，能够避免副反应的发生，并且催化剂在多次循环使用后仍能保持框架结构稳定。

华南理工大学江焕峰等[42]通过溶剂热法合成了一系列基于配体 pda(1,4-phenylenediacetate)的三维多孔镧系金属化合物[Ln_2(pda)$_3$(H_2O)]·$2H_2O$，其中

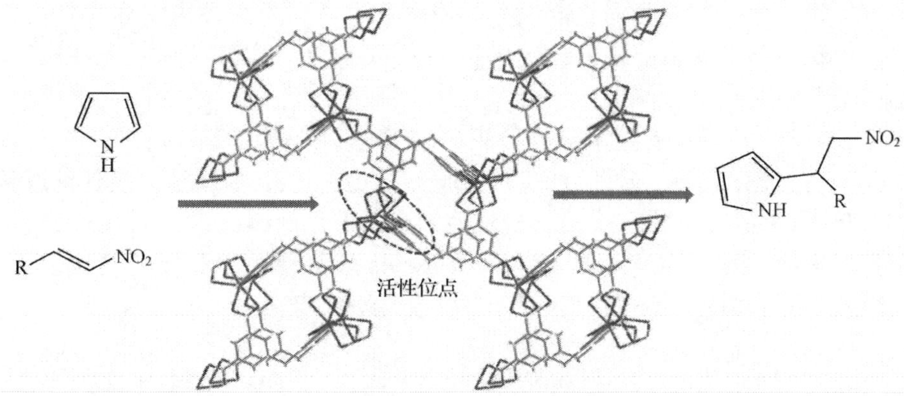

图 5-15　[Me_2NH][In(mdip)]·2.5DMF·$4H_2O$ 的骨架结构及催化活性位点示意图

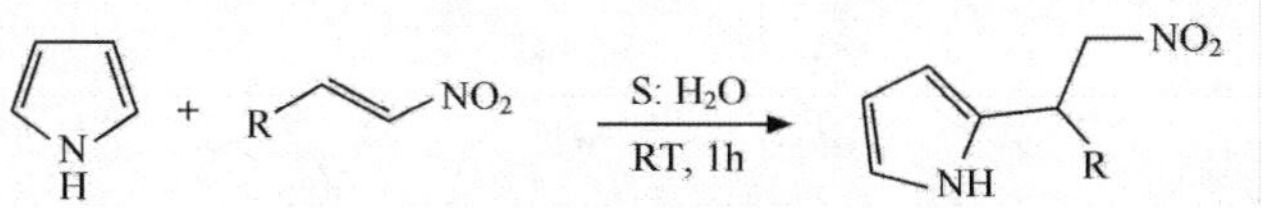

N
H
+
R
NO2
S: H_2O
RT, 1h
NO2
NH
R

图 5-16　[Me_2NH][In(mdip)]·2.5DMF·$4H_2O$ 催化吡咯与硝基烯烃的 Friedel-Crafts 烷基化反应

的客体分子和配位水都可以通过在真空条件下加热的方式除去而不破坏框架结构,甚至可以稳定到 450℃(图 5-17)。活化后的催化剂[$Tb_2(pda)_3$]可以利用配位

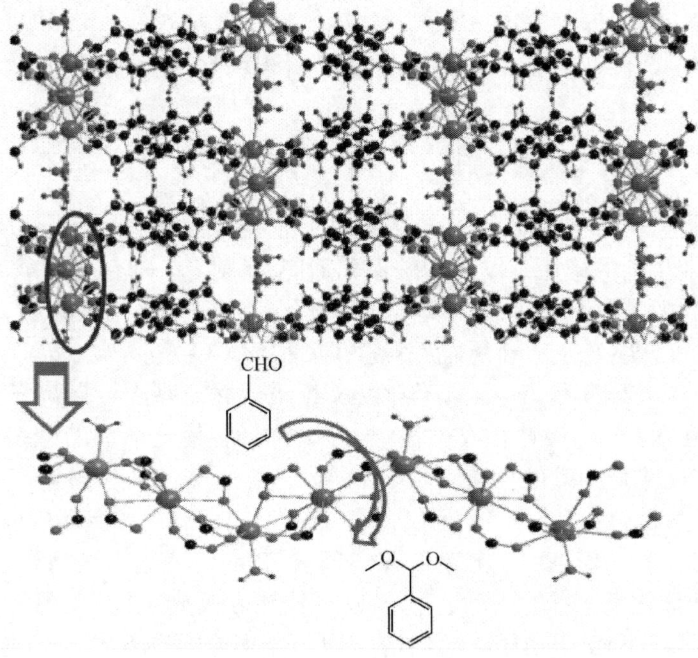

图 5-17　[$Ln_2(pda)_3(H_2O)$]·$2H_2O$ 的三维结构以及金属催化活性位点示意图

不饱和的 Tb^{3+} 中心非均相催化苯甲醛与甲醇的缩醛化反应。由于缩醛化反应对水非常敏感，痕量的水都能使催化效果显著下降，因而 $Tb(NO_3)_3 \cdot 6H_2O$ 不能有效催化该反应。

中国科学院成都有机化学研究所王公应等[43]用超声法合成了 MOF-5，并应用于 Lewis 酸催化碳酸二苯酯(DPC)和 1,6-己二醇(1,6-HD)酯交换制备聚碳酸酯二醇(PCDL) 的反应(图 5-18)。与其他常用的催化剂相比较，MOF-5 表现出较高的催化活性。由于 MOF-5 具有丰富的 Lewis 酸活性中心和较大的比表面积，所得产物具有较高的数均分子量(M_n)值和较低的羟基值。

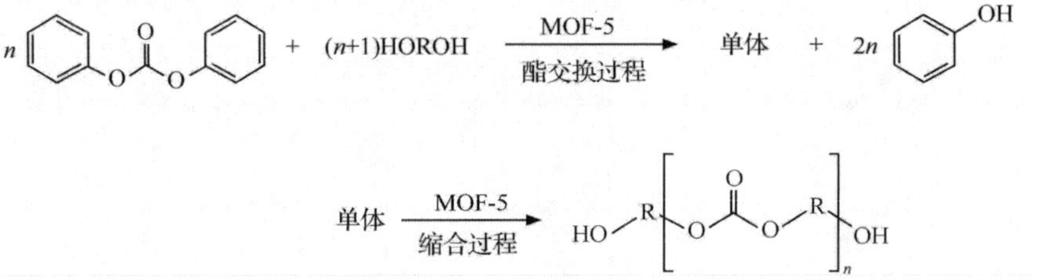

$$n\,\text{PhO-CO-OPh} + (n+1)\text{HOROH} \xrightarrow[\text{酯交换过程}]{\text{MOF-5}} \text{单体} + 2n\,\text{PhOH}$$

$$\text{单体} \xrightarrow[\text{缩合过程}]{\text{MOF-5}} \text{HO}-\left[\text{R-O-CO-O}\right]_n-\text{R-OH}$$

图 5-18　MOF-5 通过酯交换和缩合制备聚碳酸酯二醇(PCDL)

南昌大学陈超等[44]使用 H_4BPTC 和咪唑与 Cu^{2+} 合成了一个二维化合物 $[Cu_2(BPTC)(Im)_4(H_2O)(DMF)]_n$ (H_4BPTC = biphenyl-3,3′,4,4′-tetracarboxylic acid，Im＝imidazole)(图 5-19)。他们考察了溶剂、温度、催化剂量、反应时间和 Cu^{2+} 的配位环境对催化苯酚羟基化反应效果的影响。其中，该催化活性中心是配位不饱和的 Cu^{2+}。与相应的均相催化剂相比较，该催化剂能高效选择合成对苯二酚(图 5-20)。

5.2.3　金属-有机框架碱催化剂

固体碱是指具有接受质子(Brönsted 酸)或具有给出电子(Lewis 碱)能力的固体。固体碱催化剂的应用范围不如酸催化剂广泛，前者一般包括担载碱(如将碱金属或碱土金属的氢氧化物负载在氧化硅或氧化铝)、阴离子交换树脂、金属氧化物(MgO、CaO 和 Al_2O_3 等)、金属盐(Na_2WO_4 和 $BaCO_3$ 等)、混(复)合氧化物(如 SiO_2-MgO、ZrO_2-ZnO 和 Al_2O_3-WO_3)以及经碱金属或碱土金属离子交换过的各种沸石等。在 MOF 的设计合成过程中，可以将具有催化活性的碱基团引入到材料框架中，实现非均相碱催化反应。

如上所述，化合物 Tb-TCA 不仅含有 Tb^{3+} Lewis 酸性位点还可以提供三苯胺 Lewis 碱位点(图 5-21)。大连理工大学段春迎等[40]将化合物 Tb-TCA 应用到 Knoevenagel 催化反应(图 5-22)。他们通过核磁和荧光表征，发现尺寸小的底物容易进入孔道，有利于中间体的活化，表现出了较好的底物尺寸大小选择性。

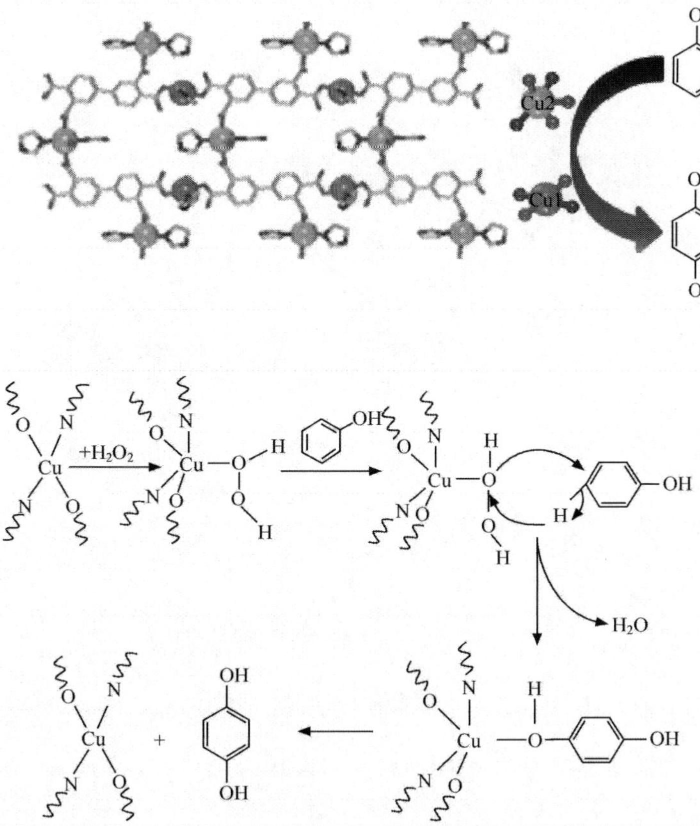

图 5-19　$[Cu_2(BPTC)(Im)_4(H_2O)(DMF)]_n$的结构及配位不饱和 Cu^{2+} 催化苯酚羟基化反应示意图

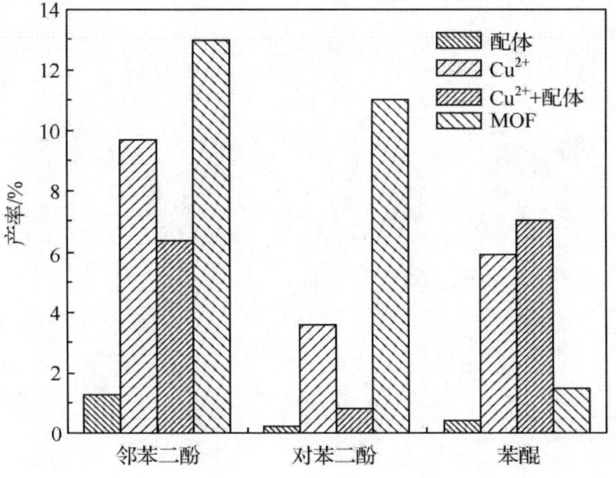

图 5-20　不同催化剂催化苯酚羟基化反应

Lewis碱活性位点

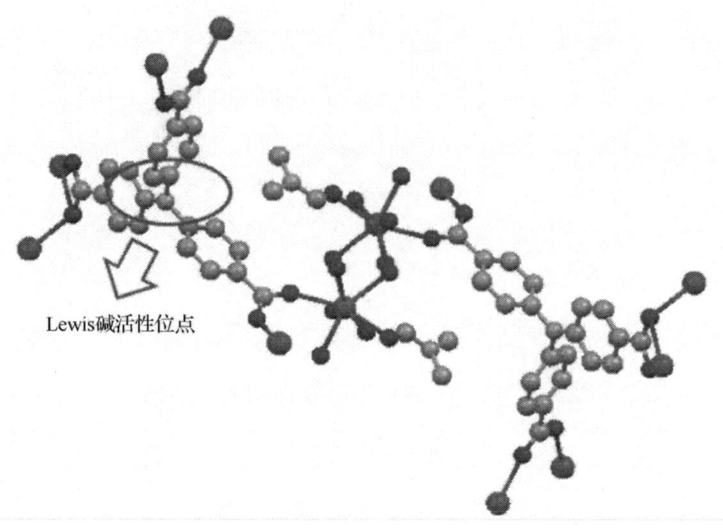

图 5-21 Tb-TCA 化合物中的 Lewis 碱活性位点

R
O
OH
+
NC
CN
CH_2Cl_2
R
CN
O
NH

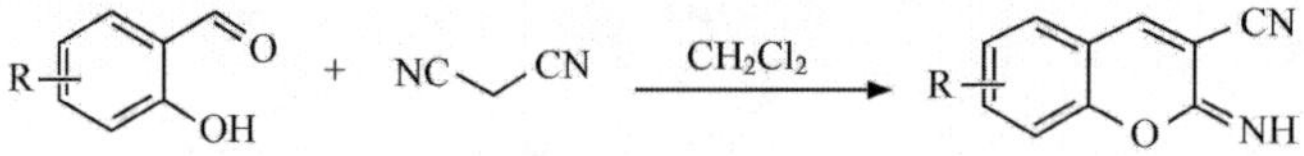

图 5-22 Tb-TCA 催化水杨醛衍生物与丙二腈的 Knoevenagel 反应

华南理工大学傅志勇等[45]利用混合有机配体合成了化合物 $Zn_2(tpt)_2(2\text{-atp})I_2$ [tpt = tris(4-pyridyl)triazine; 2-atp = 2-aminoterephthalate]，并应用于催化苯甲醛与含活泼亚甲基化合物的 Knoevenagel 反应中(图 5-23)。通过配体 tpt 和 2-atp提供丰富的 Lewis 碱活性位点(9 个未配位 N 原子)，该化合物表现出了良好的催化活性。

CHO
NC
COOEt
H
C
C
CN
COOEt
CHO
NC
CN
H
C
C
CN
CN

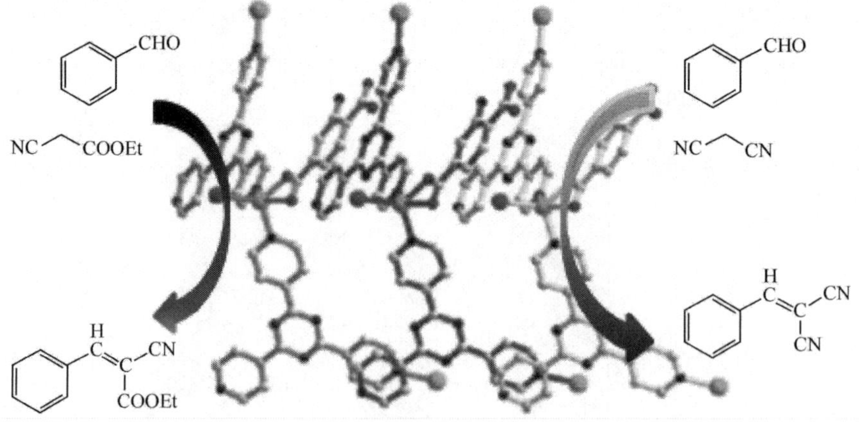

图 5-23 $Zn_2(tpt)_2(2\text{-atp})I_2$ 的结构及催化 Knoevenagel 反应示意图

5.2.4　金属-有机框架氧化催化剂

烷烃的选择氧化产物，如醇、酮、醛、酸、酯、酚、醚和过氧化合物以及环氧化合物等，对石油化工、香料、药物和合成化学有重要的意义。然而由于烃类化合物的 C—H 键极性小、键能大以及活化困难，寻找能够在温和条件下选择性氧化烃类的高效催化剂是研究人员面临的一个挑战性课题。$KMnO_4$、HNO_3、KCr_2O_7 和 CrO_3 等强氧化剂不但选择性较差，而且会伴随着大量有害金属污染物的生成。而目前常用的绿色氧化剂，如 O_2、H_2O_2、NaClO、*t*-BuOOH 和 PhIO 等氧化性相对较弱，需要合适催化剂才能实现烃类的选择性氧化。MOF 作为一类新型功能材料，有可能通过自负载合适的功能基团并提供催化反应所需的微环境，使烃类化合物在温和条件下被选择性氧化。

浙江大学吴传德等[46]利用钯卟啉四羧酸配体(Pd-TCPP)和 Cd^{2+} 构筑了一个多孔功能材料[$Cd_{1.25}$(Pd-$H_{1.5}$TCPP)(H_2O)]·2DMF(图 5-24)。核磁共振、PXRD、热失重以及单晶 X 射线衍射等实验表明该化合物的骨架在高温以及无溶剂的情况下非常稳定。该化合物可以以较高产率选择催化过氧化氢氧化苯乙烯合成苯乙酮(100%转化率和 91%选择性)，并可以通过简单过滤回收、循环使用而不降低催化活性(图 5-25)。其催化活性优于配体 Pd-H_4TCPP、$PdCl_2$、$Pd(OAc)_2$ 以及 Pd/C 的催化活性。

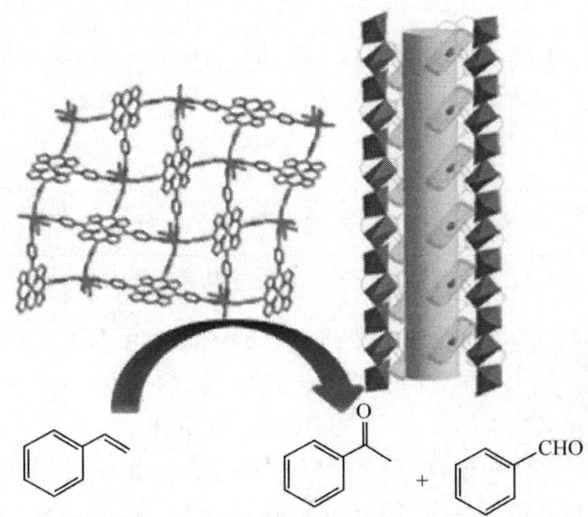

图 5-24　[$Cd_{1.25}$(Pd-$H_{1.5}$TCPP)(H_2O)]·2DMF 的结构以及催化苯乙烯选择性氧化示意图

H_2O_2, $HClO_4$
CH_3CN, 55℃
O
CHO
+

图 5-25　[$Cd_{1.25}$(Pd-$H_{1.5}$TCPP)(H_2O)]·2DMF 催化苯乙烯选择性氧化

他们利用含有 C═C 双键的吡啶羧酸配体与金属 Mn^{2+} 自组装了一个中性的二维金属-有机框架材料[$Mn_2L^4_2(H_2O)_2$]·$3H_2O$ [H_2L^4 = *E*-5-(2-(pyridin-4-yl) vinyl)isophthalic acid]，并通过 [2+2] 光环加成反应实现了单晶到单晶的转变，得到了一个具有三维结构的 MOF [$Mn_2L^5(H_2O)_2$]·$3H_2O$ [H_4L^5 = 5,5′-(3,4-diphenylcyclobutane-1,2-diyl)diisophthalic acid] (图 5-26)[47]。在上述两个化合物中，每一个 Mn^{2+} 都暴露在一维孔道中并且都与一个易离去水分子配位。他们考察了单晶到单晶转变前后，两个化合物催化氧化苯甲醇的活性以及与晶体结构的关系(图 5-27)。结果表明，催化结果完全取决于化合物的结构以及孔道大小。有趣的是，两个化合物可以在自然光的照射下，在催化反应的同时实现了上述化合物结构转变。

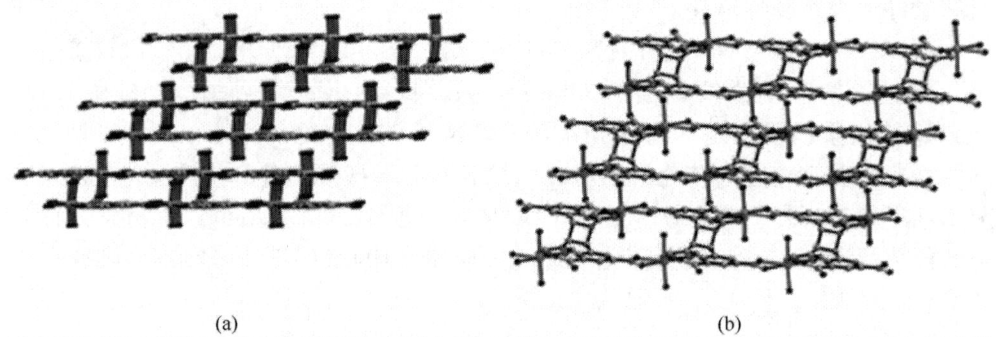

图 5-26　光照前后二维 MOF [$Mn_2L^4_2(H_2O)_2$]·$3H_2O$(a)与三维 MOF [$Mn_2L^5(H_2O)_2$]·$3H_2O$(b)的结构比较

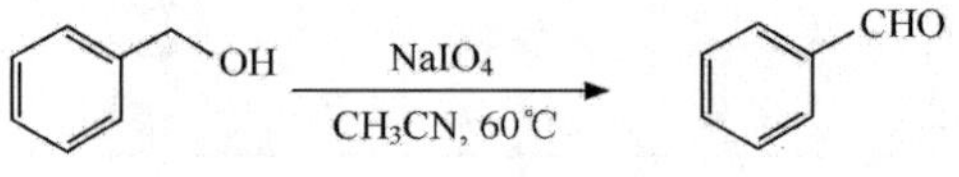

$$C_6H_5CH_2OH \xrightarrow[CH_3CN,\ 60℃]{NaIO_4} C_6H_5CHO$$

图 5-27　选择性催化氧化苯甲醇

他们还发展了两步法合成策略，利用 Mn^{3+} 卟啉配体(MnCl-TPyP)、杂多酸($PW_{12}O_{40}$)以及金属 Cd^{2+} 离子合成了一个杂化材料{[$Cd(DMF)_2Mn^{III}(DMF)_2TPyP$]($PW_{12}O_{40}$)}·2DMF·$5H_2O$(图 5-28)[48]。通过单晶 X 射线结构分析、染料以及气体吸附等证实了该卟啉中心金属 Mn^{3+} 可以与有机小分子底物接触。由于锰卟啉单体自身具有优异的催化氧化活性，他们将新材料应用于水相催化芳基烷烃的选择氧化反应(图 5-29)。详细实验结果表明，催化剂的优异氧化活性和选择性来源于卟啉中心金属 Mn^{3+}，而杂多酸单元则起到了稳定骨架的作用，使催化剂可以多次循环使用而不团聚失活。配体 MnCl-TPyP 不但催化活性差，而且在第一次使用完以后即失活。除此之外，催化剂还表现出了较好的底物大小选择性，产物产率随着底物尺寸变大而降低(图 5-30)。

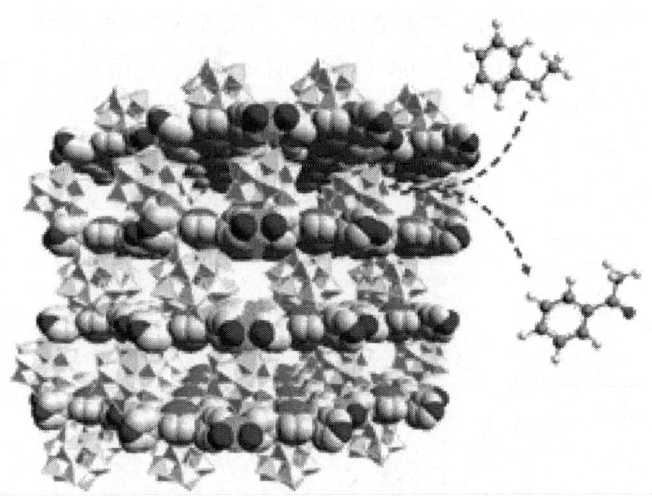

图 5-28　$[Cd(DMF)_2Mn^{III}(DMF)_2TPyP]_n^{3n+}$ 与杂多酸$[PW_{12}O_{40}]^{3-}$阴离子形成的框架材料

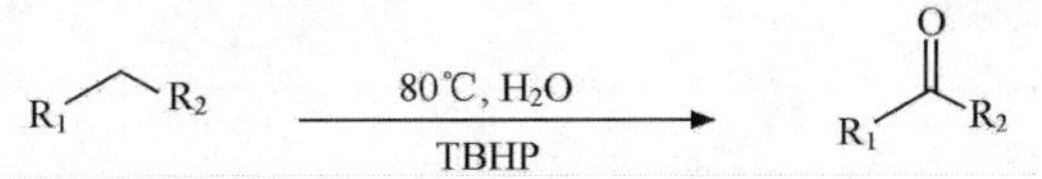

$$R_1\text{CH}_2R_2 \xrightarrow[\text{TBHP}]{80^\circ\text{C},\ H_2O} R_1\text{C(=O)}R_2$$

图 5-29　芳香烃的选择性催化氧化

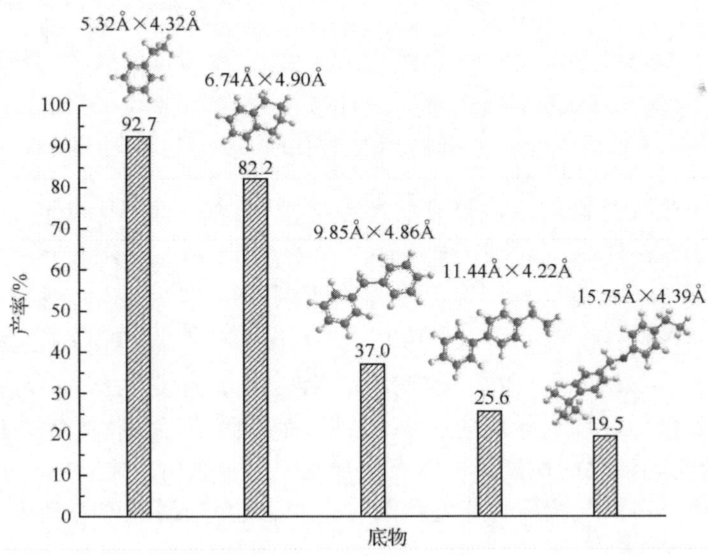

图 5-30　$\{[Cd(DMF)_2Mn^{III}(DMF)_2TPyP](PW_{12}O_{40})\}\cdot 2DMF\cdot 5H_2O$ 选择催化氧化芳基烷烃

上海大学朱守荣等[49]利用柔性配体 L^6（1,3,5-tris(triazol-1-ylmethyl)-2,4,6-trimethylbenzene）与辅助配体 fum（fumaric acid）共同构筑了一个多孔化合物 $\{[Zn_3(L^6)_2(fum)_3(H_2O)_6]\cdot 2H_2O\}_n$（图 5-31）。该化合物能够以过氧化氢为氧化剂催化氧化二苯基卡巴肼合成二苯基卡巴腙。他们认为，较好的催化效果可能源于催化剂能够包裹固定底物分子，为过氧化氢氧化提供一个有利的微环境。

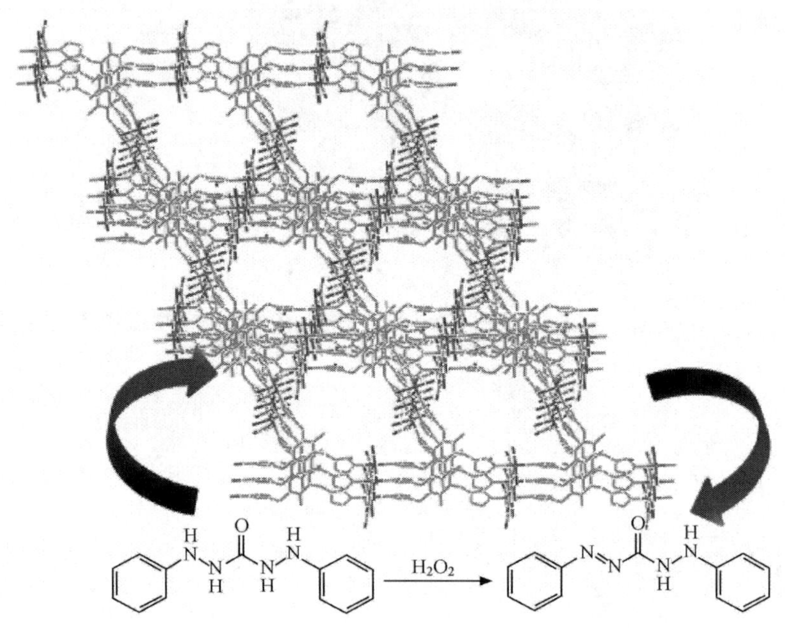

图 5-31　$\{[Zn_3(L^6)_2(fum)_3(H_2O)_6]\cdot 2H_2O\}_n$的多孔结构及其催化氧化二苯基卡巴肼示意图

中国科学院福建物质结构研究所曹荣等[50]利用手性 Ni-salen 配体[1,2-cyclohexanediamino-*N*,*N′*-bis(3-tert-butyl-5-(4-pyridyl) salicylidene)]Ni^{II} (NiL^7) 与辅助配体联苯二甲酸与 Ni^{2+} 反应合成了两个一维手性化合物$[Ni_3(bpdc)(RR\text{-}L^7)_2(DMF)]_n$和$[Ni_3(bpdc)(SS\text{-}L^7)_2(DMF)]_n$，并含有配位不饱和的金属 Ni 活性位点（图 5-32）。他们以次氯酸钠为氧化剂，二氯甲烷为溶剂，研究了室温条件下非均相催化烯烃环氧化反应。催化剂的催化活性与均相配体的催化活性接近，说明化合物的催化活性位点可以充分与底物分子作用。他们进一步证实，当使用位阻较大的 Ni-salen 配体合成催化剂时，会导致金属活性中心难于与底物分子接触，使催化活性下降。

中山大学张建勇等[51]利用 $CuSiF_6$和柔性配体 bped[*meso*-1,2-bis(4-pyridyl)-1,2-ethanediol]构筑了一个多孔化合物$[Cu^{II}(bped)_2(H_2O)_2(SiF_6)]\cdot 4H_2O$ (Cu-MOF-SiF_6)（图 5-33）。通过阴离子交换反应进一步得到了同晶型化合物

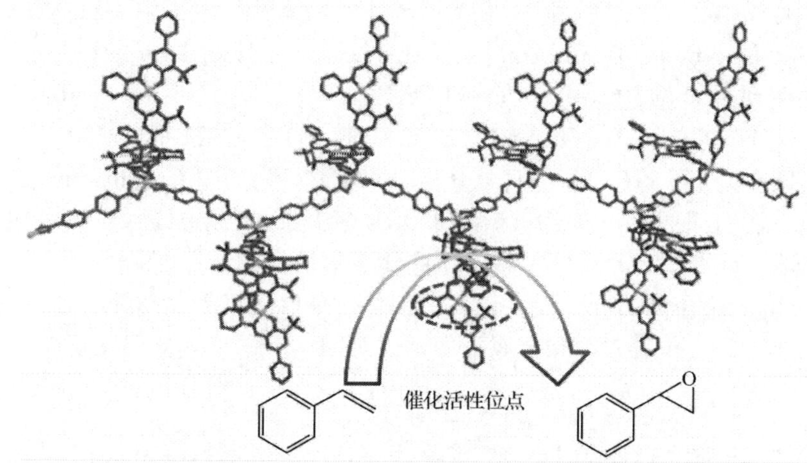

图 5-32　化合物$[Ni_3(bpdc)L_2^7 \cdot (DMF)]_n$中的配位不饱和金属 Ni 活性位点及催化苯乙烯环氧化示意图

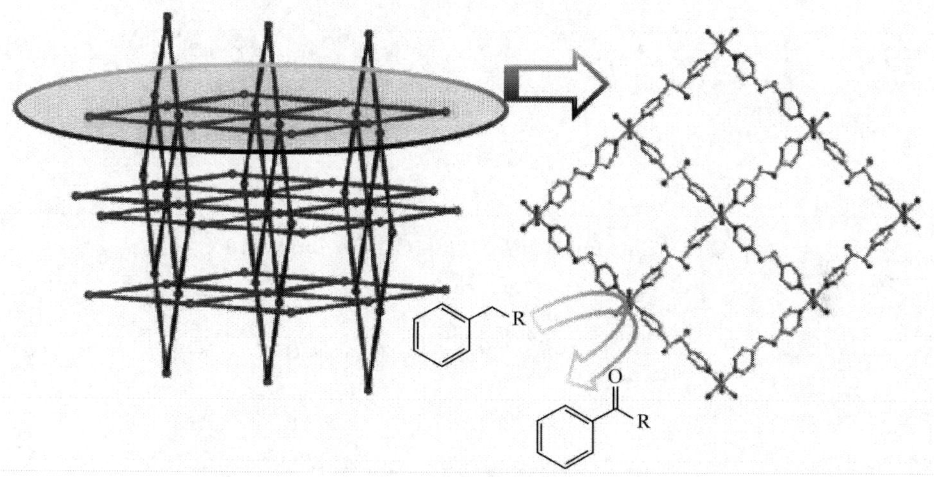

图 5-33　Cu-MOF-SiF_6的框架结构及催化苄基氧化示意图

Cu-MOF-NO_3，而骨架结构未发生变化。MOF 材料的孔道大小可以通过阴离子交换调节，并能选择性吸附 MeOH 或 EtOH。该材料能够在 60℃催化过氧叔丁醇选择氧化芳香烷烃化合物合成相应的羰基化合物，并可以循环使用。他们认为，由于底物分子太大不足以进入催化剂孔道内部，该催化反应是固体表面进行的。当阴离子 NO_3^- 被 SiF_6^- 交换后，由于材料的呼吸作用使固体表面的空穴增大，Cu-MOF-NO_3的催化活性提高。

郑州大学侯红卫课题组[52]使用芳香羧酸配体 H_3BTC，H_2NDC（1，2-benzenedicarboxylic acid）和 btmb[4，4′-bis（1，2，4-triazol-1-ylmethyl）biphenyl]合成了一系列化合物{[Co(btmb)(HBTC)]·$2H_2O$}$_n$、{[Co_3(btmb)$_3$(BTC)$_2$(H_2O)$_2$]·$6H_2O$}$_n$、{[Co_3(btmb)$_3$(BTC)$_2$(H_2O)$_4$]·$2H_2O$}$_n$、{[Ni_3(btmb)$_3$(BTC)$_2$(H_2O)$_4$]·$2H_2O$}$_n$、[Cu(btmb)(HBTC)]$_n$和[Cu(btmb)(NDC)]$_n$（图 5-34）。他们通过 2，6-二甲苯酚（DMP）氧化偶联制备聚（1，4-二甲苯醚）（PPE）与联二苯醌（DPQ）反应考察了这些化合物的催化活性（图 5-35）。研究结果表明，含铜离子化合物的催化活性最高。催化效果取决于催化剂的结构，金属活性中心、配位阴离子、孔道大小和金属配位模式等因素对催化氧化偶联反应起到了重要作用。

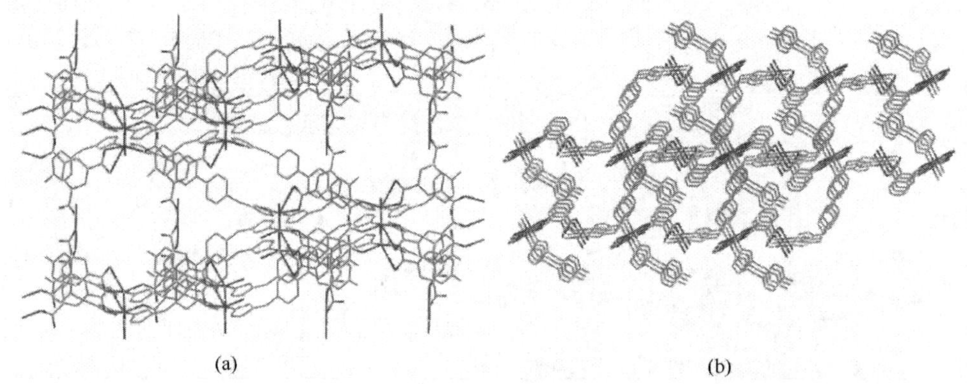

图 5-34　化合物(a)[Cu(btmb)(HBTC)]$_n$和(b)[Cu(btmb)(NDC)]$_n$的结构图

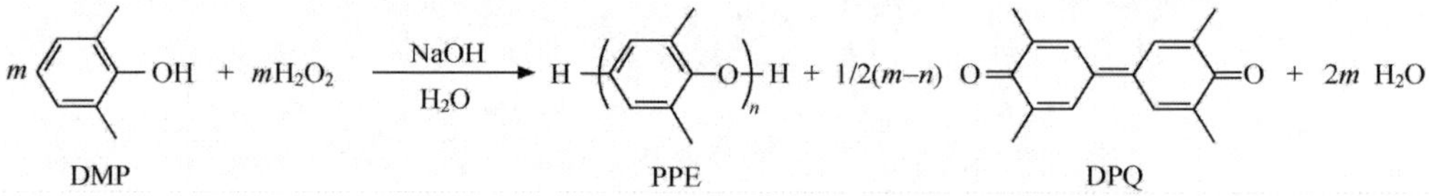

m DMP（—OH） + $m H_2O_2$ $\xrightarrow[H_2O]{NaOH}$ H—[PPE—O]$_n$—H + 1/2($m-n$) O=DPQ=O + 2m H_2O

DMP　　PPE　　DPQ

图 5-35　催化氧化 DMP 偶联反应

安徽大学裘灵光等[53]利用均三苯甲酸和邻菲罗啉合成了一系列化合物[M^1(H_2O)$_6$]·[M^2(phen)$_2$(H_2O)$_2$]$_2$(BTC)$_2$·xH_2O（M^1，M^2 = Co^{2+}，Ni^{2+}，Cu^{2+}，Zn^{2+}或 Mn^{2+}；x = 22～24），并用于研究了非均相催化氧化酚类化合物（图 5-36）。在催化反应中，这些化合物以[M^1(H_2O)$_6$(BTC)$_2$]$^{4-}$为载体，以金属-邻菲罗啉[M^2(phen)$_2$(H_2O)$_2$]$^{2+}$作为催化活性中心，显示了很好的底物尺寸选择性（萘酚转化率低于苯酚）。在苯酚的氧化产物中，对位活化产物更占优势，说明催化剂具有立体选择性。

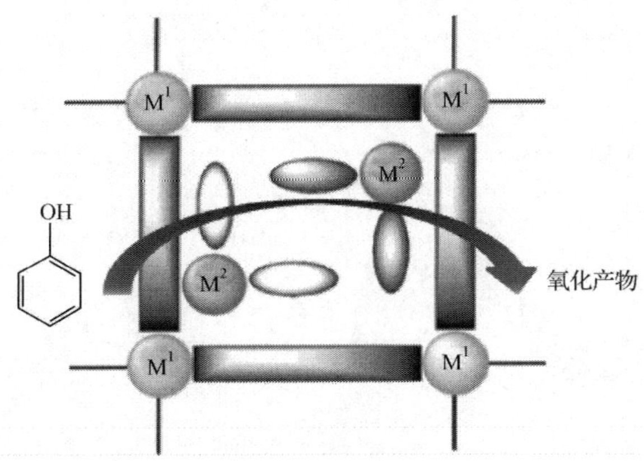

图 5-36　$[M^1(H_2O)_6]\cdot[M^2(phen)_2(H_2O)_2]_2(BTC)_2\cdot xH_2O$ 催化 H_2O_2 氧化苯酚示意图

他们还将化合物 $M_3(BTC)_2(H_2O)_x$（$M=Cu^{2+}$，Co^{2+} 或 Ni^{2+}；$x=3$，$M=Cu^{2+}$；$x=12$，$M=Co^{2+}$ 或 Ni^{2+}）应用于催化氧化对苯二酚的反应（图 5-37）[54]。由于 $Cu_3(BTC)_2$ 具有较大的孔道，其催化活性高于化合物 $Co_3(BTC)_2$ 和 $Ni_3(BTC)_2$ 的催化活性。

5.2.5　金属-有机框架光催化剂

自 1972 年 Fujishima 和 Honda 发现在 TiO_2 电极上可以光催化分解水产生 H_2 以后，人们对光催化技术产生了浓厚的研究兴趣。光催化剂可以对烃类、多环芳烃和卤代芳烃化合物以及染料、表面活性剂、农药、油类和氰化物等有机污染物进行有效脱色、去毒并将其矿化为无毒小分子，实现空气净化、重金属还原、饮用水深度处理和水体中有机污染物降解等。使用 MOF 这种功能性材料，国内研究人员在光催化降解有机物染料和光催化氧化方面取得了一系列研究进展，如光催化降解染料 X3B[55,56]、亚甲基蓝[57]和罗丹明 B 等[58-60]。

浙江大学吴传德等使用具有光催化活性的 Sn^{IV} 四吡啶卟啉[$Sn^{IV}(OH)_2$TPyP]和 Zn^{2+} 构筑了一个金属-有机框架材料[$Zn_2(H_2O)_4Sn^{IV}(TPyP)(HCOO)_2$]·$4NO_3$·DMF·$4H_2O$（图 5-38）[61]。该化合物可以在氙灯照射条件下，非均相光催化氧化硫醚和酚，具有极高的底物转化率和产物选择性（图 5-38～图 5-40）。他们深入研究了溶剂、氧化剂、催化剂用量和反应时间等对催化剂活性的影响。更为有趣的是，该化合物的催化活性、选择性和稳定性要高于对应均相催化剂的催化活性。新材料可以连续循环使用而不失活，而 $Sn^{IV}(OH)_2$TPyP 则由于自身氧化很快失去催化活性。

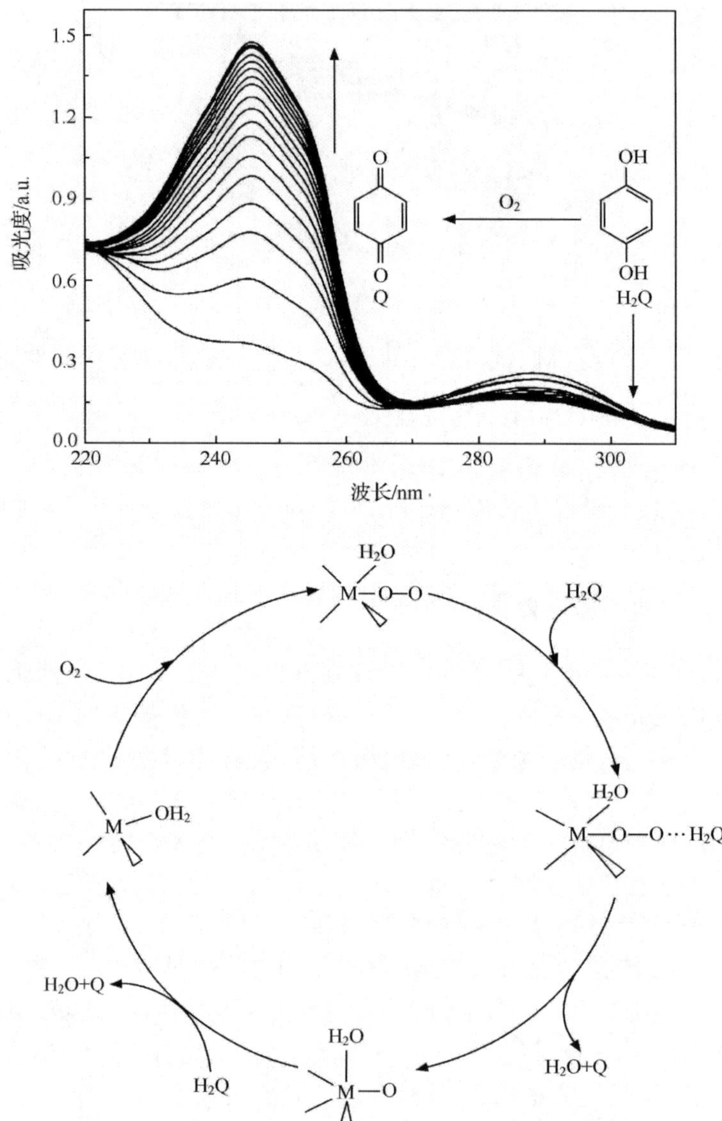

图 5-37　$Cu_3(BTC)_2$ 催化对苯二酚（H_2Q）氧化生成苯醌（Q）及可能机理

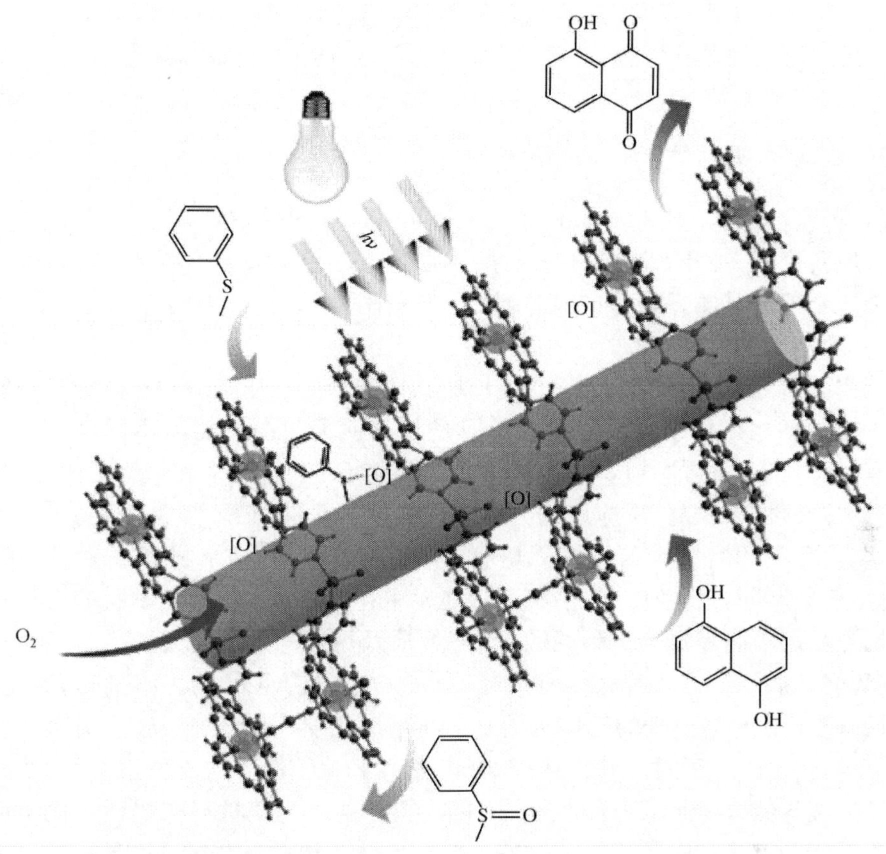

图 5-38　$[Zn_2(H_2O)_4Sn^{IV}(TPyP)(HCOO)_2]\cdot 4NO_3\cdot DMF\cdot 4H_2O$ 用于光催化氧化示意图

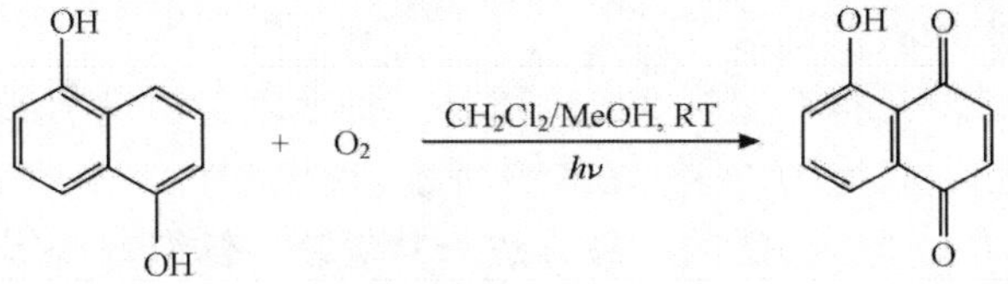

OH + O_2 $\xrightarrow[h\nu]{CH_2Cl_2/MeOH,\ RT}$ OH O

图 5-39　$[Zn_2(H_2O)_4Sn^{IV}(TPyP)(HCOO)_2]\cdot 4NO_3\cdot DMF\cdot 4H_2O$ 光催化氧化 1,5-二羟基萘酚

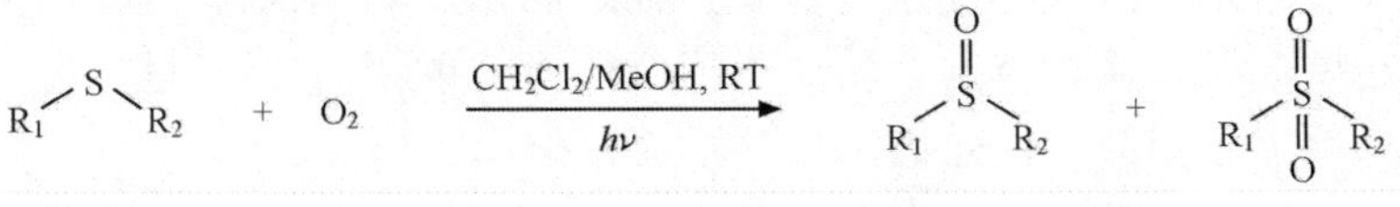

$R_1-S-R_2 + O_2 \xrightarrow[h\nu]{CH_2Cl_2/MeOH,\ RT} R_1-S(=O)-R_2 + R_1-S(=O)_2-R_2$

图 5-40　$[Zn_2(H_2O)_4Sn^{IV}(TPyP)(HCOO)_2]\cdot 4NO_3\cdot DMF\cdot 4H_2O$ 光催化氧化硫醚合成亚砜

5.3 金属-有机框架材料的后修饰及催化应用

5.3.1 金属-有机框架材料的后修饰方法

后修饰合成法(postsynthetic modification,PSM)是指在相对温和条件下通过化学反应对已知 MOF 结构中的有机配体官能团进行修饰和改性的方法。通过调控或引入功能性基团,MOF 的某些性质,如吸附和催化性能等,会有很大程度的改变,甚至从无到有。

受当前单晶 X 射线衍射技术水平以及合成方法的限制,MOF 中所含功能基团的种类还不能在合成时任意引入。但是与其他无机晶态材料不同,MOF 中往往含有特殊反应活性的结构单元,为将 MOF 的组分进行衍生和修饰提供了可能。MOF 的多孔性质可以使反应底物分子进入材料的孔道内部,使 MOF 的后修饰成为现实。MOF 的后修饰与许多无机材料(如量子点、金纳米材料或者微孔硅材料)的后修饰不同,后者在一般情况下只能发生在材料表面(如化学膜的沉积等)。后修饰方法逐渐发展成为一种调控 MOF 性质及用途的重要方法。

MOF 的后修饰方法有很多种。最简单的方法是 MOF 的去溶剂化。脱去溶剂后的 MOF 会具有更大的气体吸附比表面积。客体分子交换,包括阴离子和阳离子交换,也是一种通过后修饰调控 MOF 物理和化学性质的方法。利用 MOF 的大孔径包裹客体大分子或者负载金属纳米颗粒,从而改变材料的物理和化学性质也属于后修饰方法的一种。上述这些后修饰方法主要是常规的 MOF 材料处理和包裹客体分子。

从化学反应的角度看,后修饰合成法主要分为配体共价键后修饰法、金属节点后修饰法以及脱保护后修饰法等。

共价键后修饰法是指在非均相条件下将一种或多种试剂与 MOF 中的有机配体组分反应形成新共价键的方法。在众多后修饰方法中,共价键后修饰方法是研究最早同时也是研究最为广泛的一种方法。共价键后修饰方法作为一种强力且用途广泛的工具,可以向 MOF 材料中引入各种各样的功能性基团进而调控材料的性质与用途。

金属节点后修饰法是指使用一种或多种试剂在非均相条件下调节 MOF 中金属节点的配位环境。通过节点金属离子配位环境的重新调整,功能性基团与 MOF 的次级结构单元(SBU)配位而被引入到材料框架中。

脱保护后修饰法是指在一定条件下使 MOF 框架结构中的某些化学键断裂,去除保护性基团进而提高 MOF 化学功能性的方法。通过脱保护反应,可以生成具有不同物理和化学性质的新 MOF 材料。

需要指出的是，这三种方法不是互相独立的，如果能够将各种后修饰方法有机结合起来，将可以大大提高材料的功能和用途。后修饰方法可以保持 MOF 的特性，如 MOF 的晶态、高比表面积以及高度规则有序的金属配体键框架结构，而导致 MOF 结构坍塌或者不能保持 MOF 自身特性的后修饰方法是不可取的。

5.3.2　金属-有机框架材料的后修饰及催化活性研究

华南理工大学李映伟课题组[62]通过液相合成方法以多孔 MOF 材料 MIL-101 [$Cr_3F(H_2O)_2O(bdc)_3$]为载体，通过负载纳米 Au 颗粒制备了材料 Au/MIL-101。Au/MIL-101 可以在无碱的条件下高效氧化多种醇，并且产率大于 99%（图 5-41）。催化剂在多次循环之后仍能保持很高的催化活性并且没有金属团聚和金属脱落现象，其较高的催化活性可归结于 Au 纳米颗粒的高度分散和芳环对 Au 纳米颗粒的供电子效应。

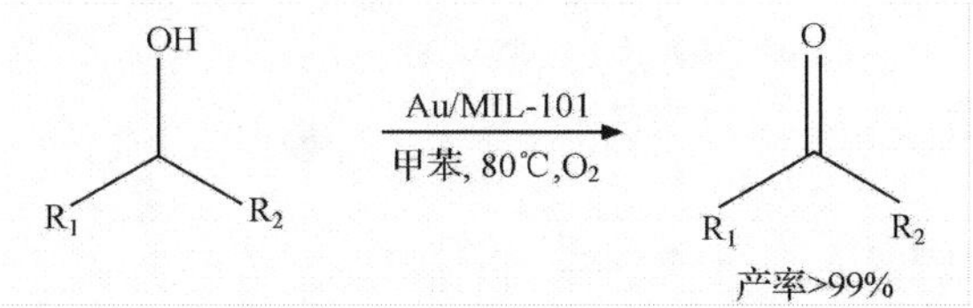

图 5-41　催化剂 Au/MIL-101 催化氧化醇反应示意图

他们还将纳米 Pd 负载在 MIL-101 上，制备了 Pd/MIL-101 催化剂。该催化剂作为非均相催化剂可以以水作为反应介质，以甲醇钠作为碱，以 TBAB 作为辅助催化剂，在 80℃高效催化氯代芳烃参与的 Suzuki-Miyaura 和 Ullmann 偶联反应（图 5-42）[63]。该催化剂在多次循环之后仍能保持很高的催化活性。除此之外，催化剂 Pd/MIL-101 还可以在常温常压下高效地选择性还原苯酚为环己酮，转化率和选择性都高达 99.9%（图 5-43）[64]。催化剂可以重复使用 5 次而不降低催化活性和选择性。以 MOF 作为 C—C 偶联以及其他催化反应的催化剂载体为发展新型高活性非均相催化剂提供了新的机遇。

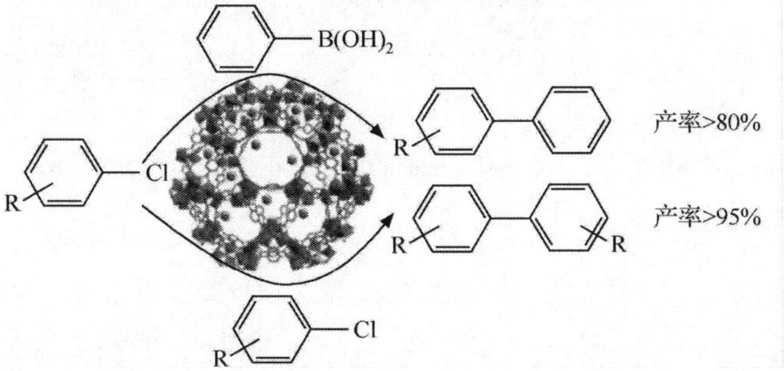

图 5-42　Pd/MIL-101 催化 Suzuki-Miyaura 和 Ullmann 偶联反应示意图

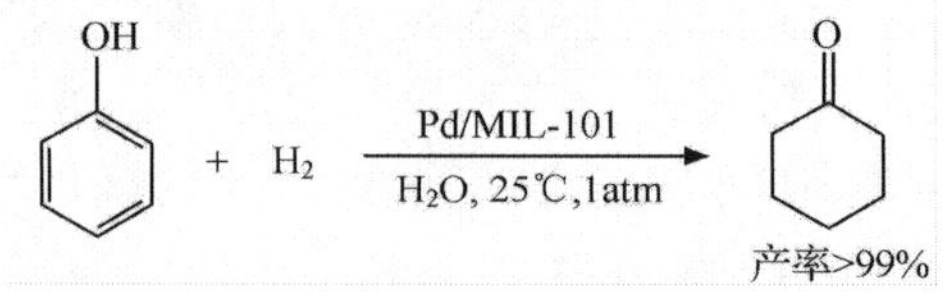

图 5-43 Pd/MIL-101 催化还原苯酚合成环己酮示意图

上海师范大学李辉等[65]通过 XPS、粉末 X 射线衍射、SEM、TEM 以及 N_2、CO 化学吸附等实验证明了 Pd 纳米颗粒位于 MIL-101 笼中。以水为溶剂，以 2-碘苯胺和苯乙炔为反应底物催化合成吲哚衍生物，Pd/MIL-101 催化体系显示了较高的催化活性和稳定性(图 5-44)。

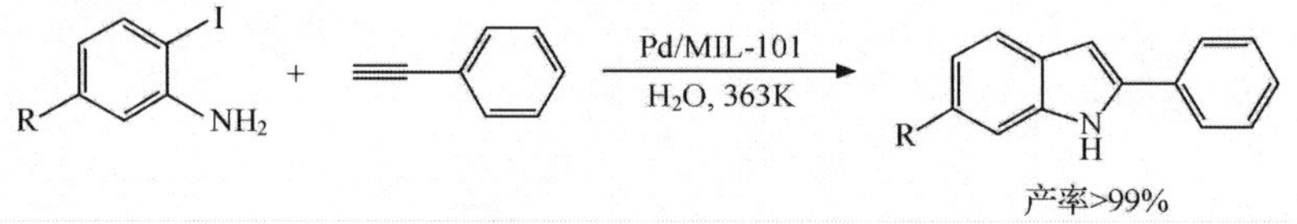

图 5-44 Pd/MIL-101 催化合成吲哚示意图

福建物质结构研究所曹荣课题组[66]利用浸渍法制备了 Pd/MIL-101。其中，Pd 纳米粒子的大小为(2.6±0.5)nm，与载体 MIL-101 的介孔直径(2.9nm 和 3.4nm)相当。以乙酸铯作为碱，DMF 为溶剂，在 120℃反应 24 h，0.1%(摩尔分数)的 Pd/MIL-101 催化剂量可以高效催化吲哚的 C2 芳基化反应，产率可高达 89%(图 5-45)。Pd/MIL-101 在多次循环之后仍能保持很高的催化活性且没有明显的金属脱落现象。他们认为，Pd 纳米颗粒在 MIL-101 孔道中高度分散以及 MIL-101 对卤代烃有良好的吸附作用是 Pd/MIL-101 高效催化吲哚 C2 芳基化反应的主要原因。

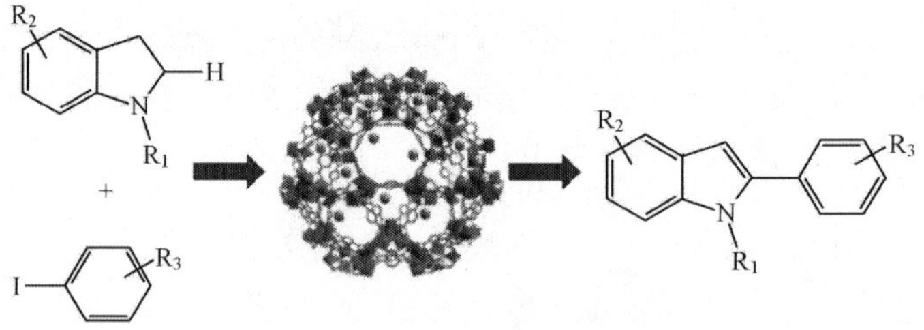

图 5-45 Pd/MIL-101 催化吲哚 C2 芳基化反应示意图

他们还通过阴离子交换及硼氢化钠还原的方法将 Pd 负载在 MIL-53(Al)-NH_2{Al(OH)[H_2N-BDC]，H_2N-BDC＝2-氨基对苯二甲酸}上[67]。Pd/MIL-53(Al)-NH_2 催化剂在水/乙醇的混合溶剂中，以碳酸钠作为碱，在 40℃反应 30min，可以高效催化 Suzuki 偶联反应(产率可高达 94%)(图 5-46)。

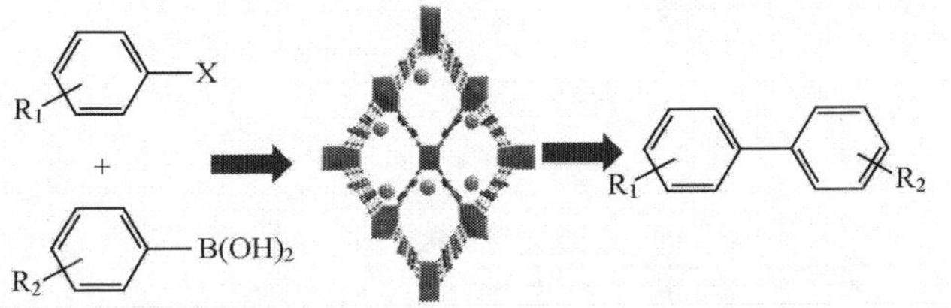

图 5-46　Pd/MIL-53(Al)-NH_2 催化 Suzuki 偶联反应示意图

中国科学院化学研究所韩布兴等[68]在 CO_2-甲醇超临界状态下将 $RuCl_3$ 负载在 La-BTC 上制备了 Ru/MOF 催化剂(图 5-47)。Ru/MOF 催化剂可以高效催化环已烯及苯的氢化还原反应。催化剂循环使用 5 次后催化活性几乎没有降低。他们通过 X 射线光电子能谱(XPS)和红外光谱方法证明 La-BTC 和 Ru 纳米颗粒间存在分子间作用力,即 La-BTC 中的均苯三甲酸羧基基团与 Ru 配位,起到了稳定 Ru/MOF 复合材料的作用。他们还研究了 Ru/MOF 纳米复合材料在 CO_2-甲醇超临界状态下的形成机理及合成方法的普适性。

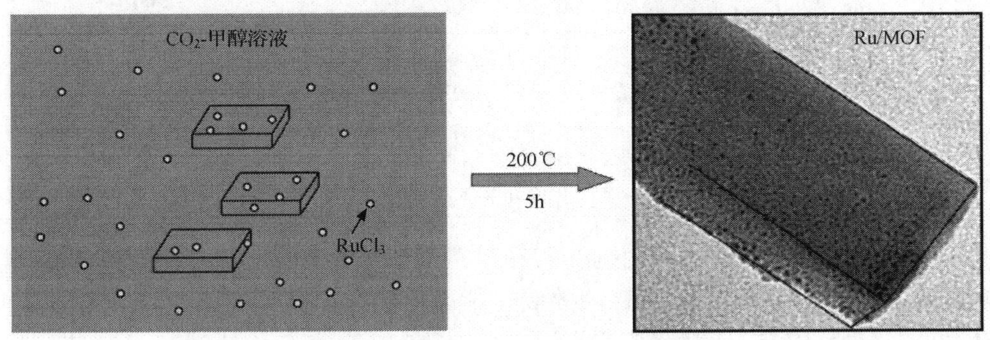

图 5-47　Ru/MOF 材料的合成示意图

中国科学院兰州化学物理研究所丑凌军课题组[69]通过浸渍法以乙酰丙酮镍作为镍源将镍负载在 MOF-5 上,制得了 Ni@MOF-5 催化剂。纳米镍粒子的尺度(2～6nm)远大于 MOF-5 的孔直径(1.02nm),说明镍纳米粒子可能附着在 MOF-5 材料的表面。Ni@MOF-5 可以在温和条件下(2.0MPa H_2,100℃反应 40min)催化丁烯醛的碳碳双键加氢还原反应(转化率大于 90%,选择性大于 98%),并可以循环使用而不失活。Ni@MOF-5 的催化活性要远大于工业催化剂 Ni/SiO_2 的催化活性。

中国科学技术大学宋乐新等[70]将 Ag 负载在 Ni-MOF 上,并可以高效催化 A^3(醛、胺和炔)偶联反应 (图 5-48)。实验结果表明,载体与纳米颗粒之间的亲和力以及纳米 Ag 的颗粒大小是影响 Ag/Ni-MOF 催化活性的重要因素。Ag/Ni-MOF 对参与反应的链状脂肪醛有着很好的选择性,并且催化剂可以简单分离、多次循环使用而不降低催化活性。

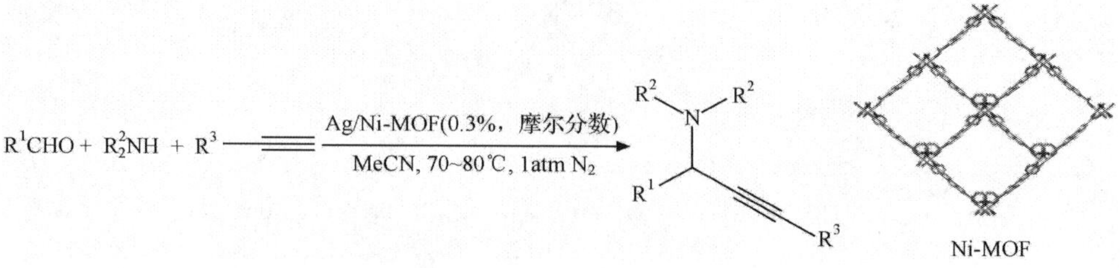

$R^1CHO + R^2_2NH + R^3$—≡ $\xrightarrow[\text{MeCN, 70~80℃, 1atm } N_2]{\text{Ag/Ni-MOF(0.3\%，摩尔分数)}}$ Ni-MOF

图 5-48　Ag/Ni-MOF 催化 A^3偶联反应示意图

上海交通大学舒谋海课题组[71]通过水合肼还原 Pd^{2+} 制备了 Pd/MOF-5 催化剂。XRD、氮气吸附、SEM、TEM 等实验结果表明，Pd/MOF-5 保持了 MOF-5 的孔道结构，Pd 纳米粒子尺寸为 3～6nm。Pd/MOF-5 可以催化卤代芳烃和芳基硼酸的 Suzuki-Miyaura 偶联反应，在催化剂循环使用 5 次后仍能保持较高的催化活性（平均产率超过 90%）（图 5-49）。该催化体系具有反应温度低、时间短、无需氮气保护、无需添加配体和产率高等优点。

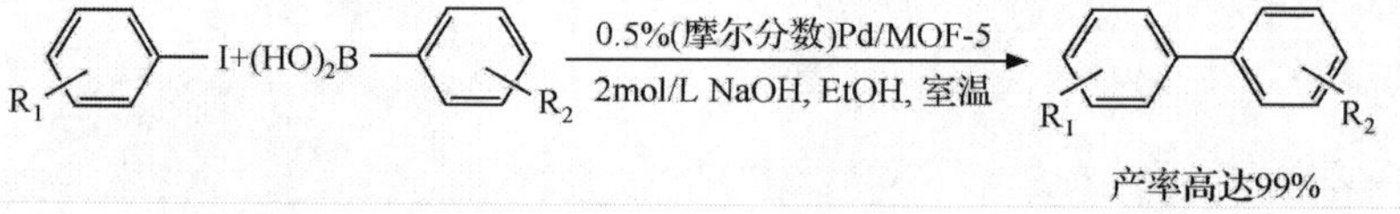

R_1—I+$(HO)_2B$—R_2 $\xrightarrow[\text{2mol/L NaOH, EtOH, 室温}]{\text{0.5\%(摩尔分数)Pd/MOF-5}}$ R_1 R_2

产率高达99%

图 5-49　Pd/MOF-5 催化碘代芳烃和芳基硼酸的 Suzuki-Miyaura 偶联反应

太原理工大学窦涛[72]课题组以 ZIF-68 为载体，采用浸渍法制备了 Pd/ZIF-68 负载型催化剂。Pd/ZIF-68 可以高效催化苯乙烯选择加氢反应，并具有良好的抗氮性能，但是抗硫性能较差（图 5-50）。

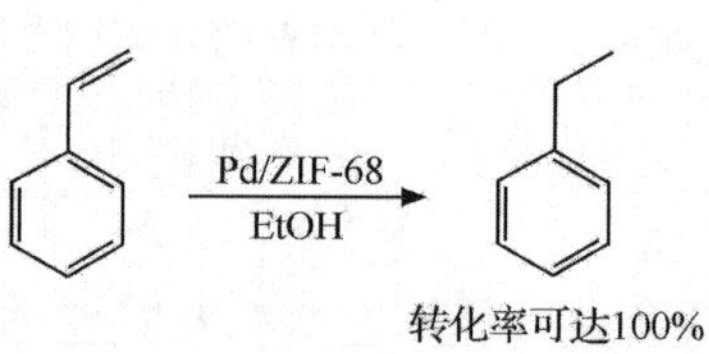

$\xrightarrow[\text{EtOH}]{\text{Pd/ZIF-68}}$

转化率可达100%

图 5-50　Pd/ZIF-68 催化苯乙烯加氢反应

天津大学刘昌俊课题组[73]通过对 MOF 材料 $Cu_3(BTC)_2$ 后修饰磷化制得催化剂 $Cu_3(BTC)_2$-P。$Cu_3(BTC)_2$-P 可以催化氧化 CO，并且其催化活性要高于 $Cu_3(BTC)_2$（图 5-51）。他们还进一步将 PdO_2 负载在 $Cu_3(BTC)_2$-P 上制得催化剂 Pd/$Cu_3(BTC)_2$-P，并且 Pd/$Cu_3(BTC)_2$-P 催化活性有了进一步提高，说明磷化后的 MOF 材料可以作为高效复合催化剂的载体。

浙江大学吴传德课题组[74]利用咪唑类两性离子型配体与 Cu^{2+} 反应合成了两

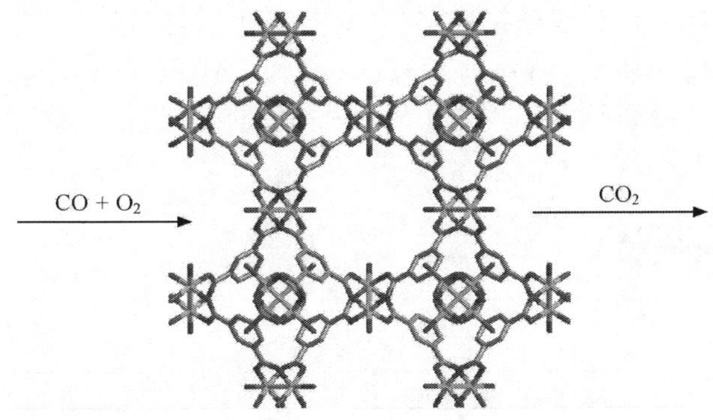

图 5-51 $Cu_3(BTC)_2$-P 催化氧化 CO 示意图

种 MOF 材料。其中的咪唑阳离子可以脱去质子形成卡宾碳活性位点并与 Pd 结合形成 Pd-NHC-MOF 催化剂(图 5-52)。Pd-NHC-MOF 可以高效催化一系列芳基溴苯与芳基硼酸的 Suzuki 偶联反应,其催化活性远高于对应组分的催化活性。通过两种材料的催化结果比较可以看出,催化剂结构对材料的催化活性具有较大的影响。

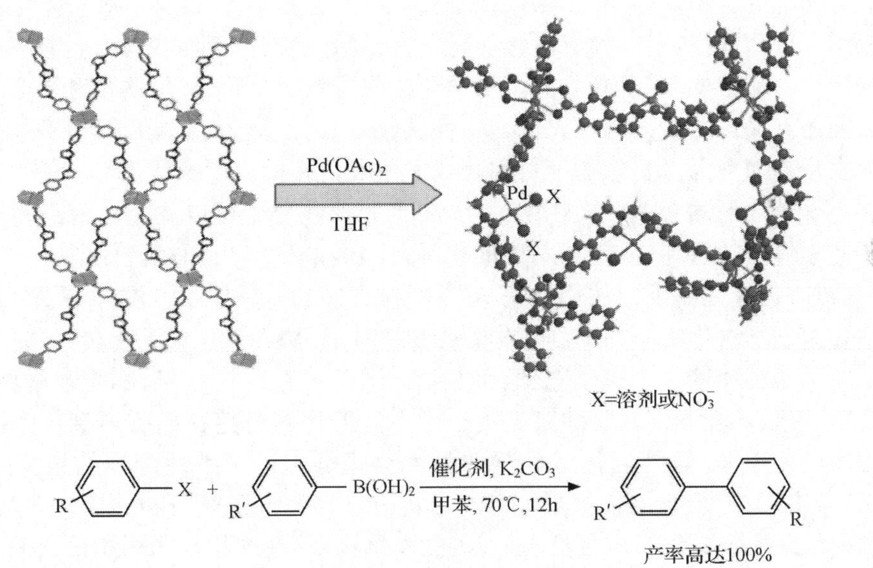

图 5-52 Pd-NHC-MOF 材料合成及催化 Suzuki 偶联反应示意图

中科院大连化物所李灿课题组[75]将磷钨酸($H_3PW_{12}O_{40}$,PTA)包裹在 MIL-101 中制得固体酸催化剂 PTA/MIL-101。PTA/MIL-101 可以在离子液体介质中选择性催化果糖和葡萄糖脱水合成 5-羟甲基糠醛(图 5-53)。催化剂的催化活性与催化剂中 PTA 的含量有关。PTA(3.0)/MIL-101 在果糖脱水反应中表现出了最佳催化活性。该催化反应的机理是 PTA 与离子液体有机阳离子通过质子交换提供催化反应所需的质子。实验结果表明，PTA/MIL-101 可以在 130℃以 DMSO 作溶剂，反应 30 min 得到 63%的 5-羟甲基糠醛，并且催化剂可以循环使用。

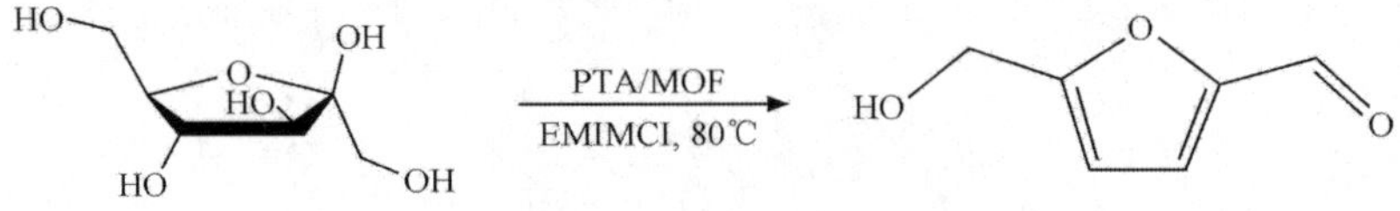

PTA/MOF
EMIMCl, 80℃
产率63%，选择性74%

图 5-53　PTA/MOF 催化果糖脱水反应

5.4　不对称催化

手性是自然界的本质特征之一。构成生命的物质，如蛋白质、核酸和多糖等是手性的，并且其组成部分，如氨基酸、核苷酸和单糖也都是手性的，它们在生命体内几乎都以单一构型存在。在大多数情况下，手性化合物的对映异构体功能不同，如同锁与钥匙的关系一样，存在手性识别关系。外消旋药物的两个对映体可能具有相等的药理活性，或者一种有活性而另一种无活性甚至有毒，或者二者具有不同程度的活性。无数的事例说明，获得光学纯的化合物对于化学、生物学和药学都有非常重要的意义。随着人们对光学纯手性药物认识的不断深入，人们对手性化合物的需求量越来越大。有效的不对称合成方法成为有机化学家致力追求的目标。

由于催化剂的手性放大作用，一个简单的手性分子可以决定上百万手性产物分子的立体对映选择性，使不对称催化具备极高的生产力和经济效益。开发高效率、高对映选择性的手性催化剂是不对称合成的关键，其中手性配体是手性催化剂产生和控制不对称中心的关键。尽管传统的手性催化剂有高活性和高选择性，能广泛应用于多种催化合成反应，但在实际应用中具有价格昂贵、不能重复利用、难与产物分离、环境不友好等缺陷。负载型手性催化剂虽然在回收再利用方面具有很好的可操作性，但是催化活性和选择性会降低。采用手性配体构筑均一手性 MOF，不仅具有清晰明确的结构，还可以提供良好的电子效应和立体多孔微环境，能够很好地稳定各种反应过渡态的几何、立体构象，在均相与非均相催化剂之间构筑一个桥梁，逐渐成为一类非常重要的手性催化剂。

虽然非手性金属-有机框架材料已成功用于有机催化反应，但是直到 2000 年 Kim 等才报道了第一个用于催化酯交换反应的手性 MOF (POST-1)[12]。虽然产物的 ee 值很低，但是激起了人们设计合成具有不对称催化活性的手性 MOF 的热情。2005 年，Lin 等用 BINOL 衍生配体和 Cd^{2+} 构筑了一种手性 MOF，并应用于芳香醛的二乙基锌加成反应，取得了很高的 ee 值[13]。2006 年，Hupp 等[76]利用手性的 salen-Mn 配体构筑了一种手性 MOF 并应用到了烯烃的不对称环氧化。2009 年，Kim 等[77]提出了一种手性 MOF 合成的新策略，即以后修饰的方法把有机催化剂引入到手性框架中。2010 年，Lin 等用不同尺寸的手性配体合成了一系列孔道大小可调的网状手性 MOF，证明了转化速率和孔道大小的关系[78]。2011 年，Telfer 等报道了另外一种构筑手性 MOF 催化剂的策略，即用带有保护基团的有机催化剂构筑手性 MOF，然后将保护基团脱除使其成为有活性的手性催化剂[79]。由于手性 MOF 的研究处于起始阶段，在不对称催化领域的应用更是存在很大挑战，因此如何选择合适的手性配体构筑具有不对称催化活性的 MOF，或是对现有的非手性 MOF 进行手性修饰，一直是科研人员的努力方向。目前，国内一些课题组在手性金属-有机框架材料的合成及不对称催化应用方面的研究取得了一些突破性进展。

浙江大学吴传德等[80]将 L-丝氨酸和 4-吡啶甲醛反应，并进一步还原合成了一个手性配体(*S*)-3-羟基-2-(吡啶-4-亚甲氨基)丙酸(HL^8)。HL^8 和 Cu^{2+} 反应构筑了一个含有多手性中心的化合物［$Cu_2L^8_2Cl_2$］· H_2O，并将其用于格式试剂环己基氯化镁对 α,β-不饱和酮的 1,2 加成反应。实验结果表明，新材料可以高效非均相催化该反应，并得到了较高的转化率和大于 99％的 ee 值。此 MOF 材料还可以用于苯甲醛、尿素和乙酰乙酸乙酯的 Biginelli 反应，其分离产率为 90％，但是没有对映立体选择性(图 5-54)。

大连理工大学段春迎课题组[81]以 5,5′-亚甲基二异钛酸(H_4MDIP)为桥联配体，以脯氨醇衍生物 *N*-叔丁氧羰基-2-咪唑-1-吡咯烷(L/D-BCIP)为手性源，以 Ce^{3+} 为节点构筑了两个手性金属-有机框架材料 Ce-MDIP1 和 Ce-MDIP2。Ce-MDIPs 在芳香醛的不对称硅氰化反应中表现出了较高的非均相催化活性和极好的手性选择性(ee 值大于 98％)(图 5-55)。该催化剂在反复使用 3 次后仍然可以达到 86％的产率和 88％的 ee 值。

为了进一步验证脯氨醇衍生物的手性诱导作用，他们还使用 L-BCIP、H_3TBT(1,3,5-三苯甲酸苯)和 $Cd(ClO_4)_2 \cdot 6H_2O$ 构筑了一个手性化合物 Cd-TBT。以该 MOF 在脱去 Boc 保护基团后产生的 L-PYI[1-(L-吡咯-2-亚甲基)-1H-咪唑]作为手性诱导源，可以高效催化芳香醛和环己酮的 Aldol 反应，其 ee 值高达 60％(图 5-56)。

根据 MOF 在不对称催化应用方面所取得的阶段性成果可以看出，灵活可调的金属-有机框架结构对手性 MOF 催化剂的催化效果起到了非常重要的作用。MOF 作为不对称催化剂挑战与机遇并存，相信手性 MOF 可以成为一类重要的不对称合成催化剂。

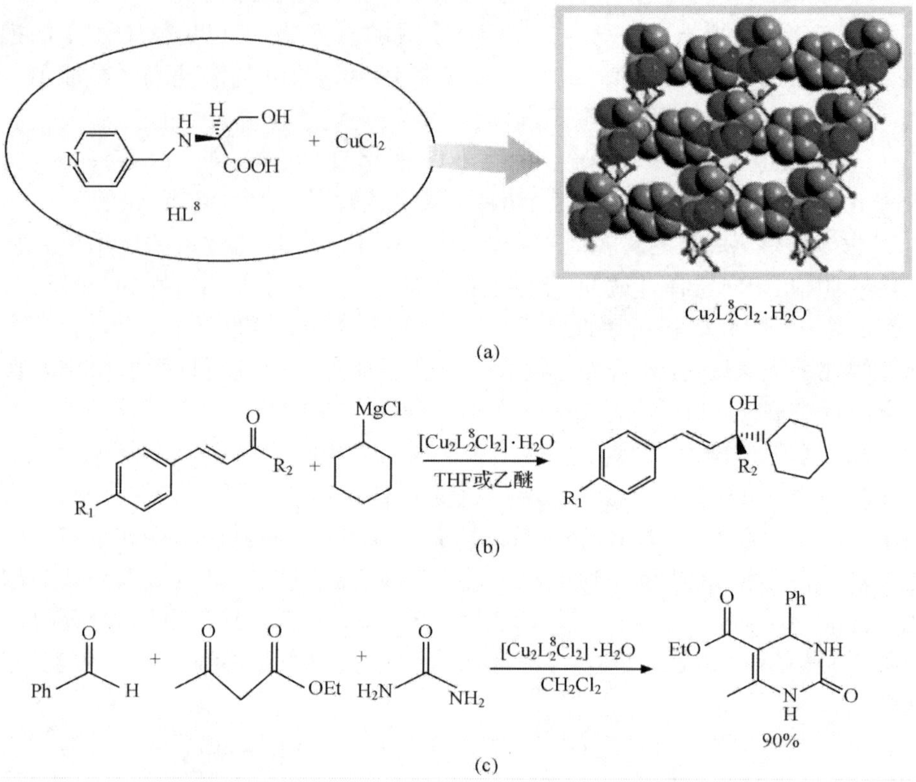

HL[8] + $CuCl_2$

$Cu_2L_2^8Cl_2 \cdot H_2O$

(a)

$[Cu_2L_2^8Cl_2] \cdot H_2O$

THF或乙醚

(b)

$[Cu_2L_2^8Cl_2] \cdot H_2O$

CH_2Cl_2

90%

(c)

图 5-54　$[Cu_2L_2^8Cl_2] \cdot H_2O$ 的构筑(a)及其催化 α，β-不饱和酮的 1,2 加成(b)和 Biginelli 反应(c)示意图

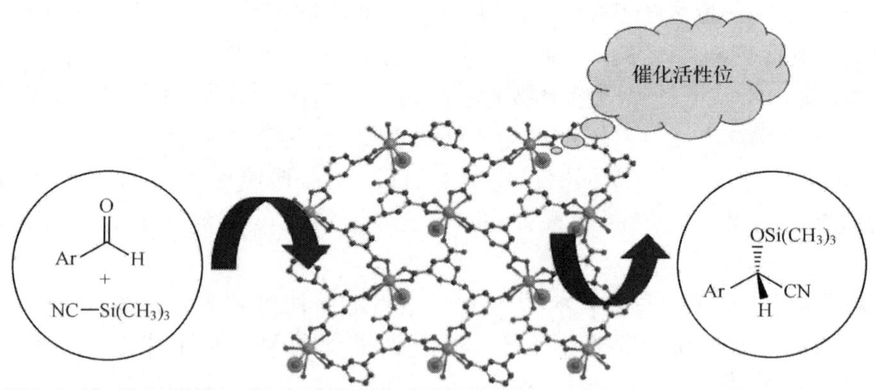

图 5-55　Ce-MDIP1 催化芳香醛的不对称硅氰化反应示意图

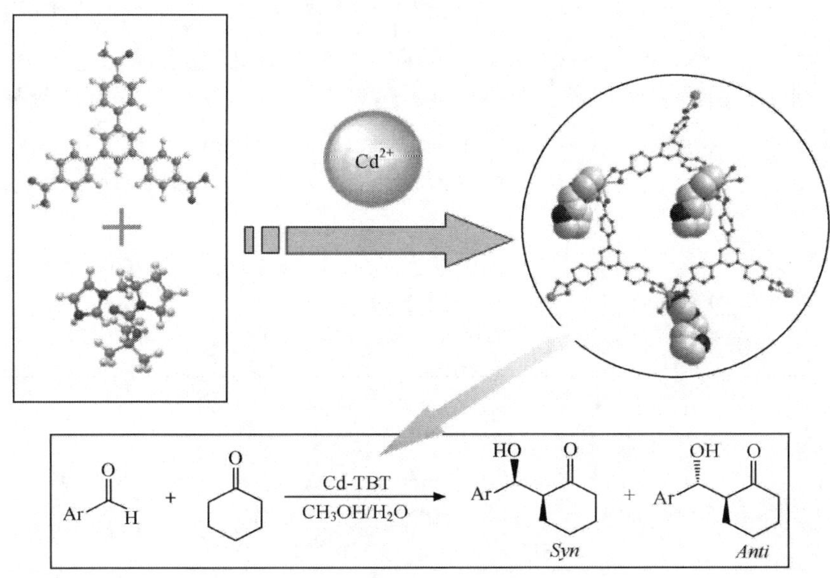

图 5-56　Cd-TBT 催化 Aldol 反应示意图

5.5　结论与展望

本章重点介绍了国内科研人员在金属-有机框架催化剂研究方面所取得的重要研究成果。从本章所列举的例子可以很明显地看出，MOF 催化剂的功能性可以通过设计合成、调控与后修饰达到。众所周知，MOF 的拓扑结构是由节点金属离子的配位模式与配体的配位齿数以及几何构型所决定的。然而绝大多数情况下金属离子和配体的组装方式并不适合于合成 MOF 非均相催化剂，因为有机配体容易占据金属离子的所有配位点而丧失催化活性。因此，精确选择与合成次级结构单元以及控制它们的连接方式和孔道大小是合成高活性催化剂的关键。特别重要的是，催化活性中心应当很容易被参加催化反应的底物分子接触，因此使催化活性基团裸露于催化剂孔道中并朝向孔道中间也非常关键。从本章可以看出，确实有许多 MOF 催化剂含有朝向于孔道的催化活性基团或金属离子，并且其中的大多数金属离子都与易离去溶剂分子配位，甚至配位缺位。在适当的条件下活化以后，这些化合物表现出了不同寻常的催化活性，甚至远高于对应均相催化剂的催化活性，使反应条件更加温和，产率以及选择性更高。然而，如果在除去易离去的溶剂分子以后，MOF 的骨架被破坏了，MOF 会失去催化活性而限制其在非均相催化领域的应用。

当然，最有效的合成策略应当是先合成含有催化活性中心的刚性分子模块，然后通过控制反应条件使催化活性中心裸露于催化剂孔道中。这种合成策略的优点是可以通过调控催化活性基团，便利调控 MOF 催化剂的催化活性。伴随着合成方法学的发展，相信会有更多令人兴奋的研究成果出现在这一新兴研究领域。

（浙江大学：吴传德、邹　超、杨秀丽、孔国强）

参考文献

[1] Long J R, Yaghi O M. Chem Soc Rev, 2009, 38: 1213-1214.
[2] Stock N, Biswas S. Chem Rev, 2012, 112: 933-969.
[3] Tranchemontagne D J, Mendoza-Cortés J L, O'Keeffe M, et al. Chem Soc Rev, 2009, 38: 1257-1283.
[4] Düren T, Bae Y S, Snurr R Q. Chem Soc Rev, 2009, 38: 1237-1247.
[5] Ma L, Abney C, Lin W. Chem Soc Rev, 2009, 38: 1248-1256.
[6] Zhou H-C, Long J R, Yaghi O M. Chem Rev, 2012, 112: 673-674.
[7] Rosi N L, Eckert J, Eddaoudi M, et al. Science, 2003, 300: 1127-1129.
[8] Li J R, Kuppler R J, Zhou H C. Chem Soc Rev, 2009, 38: 1477-1504.
[9] Sumida K, Rogow D L, Mason J A, et al. Chem Rev, 2012, 112: 724-781.
[10] Suh M P, Park H J, Prasad T K, et al. Chem Rev, 2012, 112: 782-835.
[11] Fujita M, Kwon Y J, Washizu S, et al. J Am Chem Soc, 1994, 116: 1151-1152.
[12] Seo J S, Whang D, Lee H, et al. Nature, 2000, 404: 982-986.
[13] Wu C D, Hu A, Zhang L, et al. J Am Chem Soc, 2005, 127: 8940-8941.
[14] Lee J Y, Farha O K, Roberts J, et al. Chem Soc Rev, 2009, 38: 1450-1459.
[15] Yoon M, Srirambalaji R, Kim K. Chem Rev, 2012, 112: 1196-1231.
[16] Allendorf M D, Bauer C A, Bhakta, R K, et al. Chem Soc Rev, 2009, 38: 1330-1352.
[17] Cui Y, Yue Y, Qian G, et al. Chem Rev, 2012, 112: 1126-1162.
[18] Evans O R, Lin W. Acc Chem Res, 2002, 35: 511-522.
[19] Wang C, Zhang T, Lin W. Chem Rev, 2012, 112: 1084-1104.
[20] Li J R, Sculley J, Zhou H C. Chem Rev, 2012, 112: 869-932.
[21] Liu Y, Xuan W, Cui Y. Adv Mater, 2010, 22: 4112-4135.
[22] Zhang W, Xiong R. Chem Rev, 2012, 112: 1163-1195.
[23] Kurmoo M. Chem Soc Rev, 2009, 38: 1353-1379.
[24] Kreno L E, Leong K, Farha O K, et al. Chem Rev, 2012, 112: 1105-1125.
[25] Zacher D, Shekhah O, Wöll C, et al. Chem Soc Rev, 2009, 38: 1418-1429.
[26] Bétard A, Fischer R A. Chem Rev, 2012, 112: 1055-1083.
[27] Horcajada P, Serre C, Vallet-Regí M, et al. Angew Chem Int Ed, 2006, 45: 5974-5978.
[28] Rocca J D, Liu D, Lin W. Acc Chem Res, 2011, 44: 957-968.
[29] JaniakC, Vieth J K. New J Chem, 2010, 34: 2366-2388.
[30] Meek S T, Greathouse J A, Allendorf M D. Adv Mater, 2011, 23: 249-267.
[31] Corma A, García H, Xamena F X L. Chem Rev, 2010, 110: 4606-4655.
[32] Sun C, Liu S, Liang D, et al. J Am Chem Soc, 2009, 131: 1883-1888.
[33] Liang D, Liu S, Ma F, et al. Adv Synth Catal, 2011, 353: 733-742.

[34] Song J,Zhang Z,Hu S,et al. Green Chem,2009,11: 1031-1036.
[35] Zhou Y,Song J,Liang S,et al. J Mol Catal A: Chem,2009,308: 68-72.
[36] Wu C,Li L,Shi L. Dalton Trans,2009:6790-6794.
[37] Kong G,Wu C. Inorg Chem Commun,2009,12: 731-734.
[38] Shi L,Wu C. Chem Commun,2011,47: 2928-2930.
[39] Dang D,Bai Y,He C,et al. Inorg Chem,2010,49: 1280-1282.
[40] Wu P,Wang J,Li Y,et al. Adv Funct Mater,2011,21: 788-2794.
[41] Xiong S,Li S,Wang S,et al. CrystEngComm,2011,13: 7236-7245.
[42] Ren Y,Liang J,Lu J,et al. Eur J Inorg Chem,2011:4369-4376.
[43] Wang L,Xiao B,Wang G,et al. Sci China Chem,2011,54: 1468-1473.
[44] Jian L,Chen C,Lan F,et al. Solid State Sci,2011,13: 1127-1131.
[45] Tan Y,Fu Z,Zhang J. Inorg Chem Commun,2011,14: 1966-1970.
[46] Xie M,Yang X,Wu C. Chem Commun,2011,47: 5521-5523.
[47] Xie M,Yang X,Wu C. Chem Eur J 2011,17: 11 424-11 427.
[48] Zou C,Zhang Z,Xu X,et al. J Am Chem Soc,2012,134: 87-90.
[49] Ni T,Xing F,Shao M,et al. Cryst Growth Des,2011,11: 2999-3012.
[50] Huang Y,Liu T,Lin J,et al. Inorg Chem,2011,50: 2191-2198.
[51] Wang S,Li L,Zhang J,et al. J Mater Chem,2011,21: 7098-7104.
[52] Mu Y,Fu J,Song Y,et al. Cryst Growth Des,2011,11: 2183-2193.
[53] Qiu L,Gu L,Hu G,et al. J Solid State Chem,2009,182: 502-508.
[54] Wu Y,Qiu L,Wang W,et al. Transition Met Chem,2009,34: 263-268.
[55] Wen L,Wang F,Feng J,et al. Cryst Growth Des,2009,9: 3581-3589.
[56] Wang F,Ke X,Zhao J,et al. Dalton Trans,2011,40: 11 856-11 865.
[57] Du J,Yuan Y,Sun J,et al. J Hazard Mater,2011,190: 945-951.
[58] Zhu M,Peng J,Pang H,et al. J Solid State Chem,2011,184: 1070-1078.
[59] Fu H,Li Y,Lu Y,et al. Cryst Growth Des,2011,11: 458-465.
[60] Liu H,Bo L,Yang J,et al. Dalton Trans,2011,40: 9782-9788.
[61] Xie M,Yang X,Zou C,et al. Inorg Chem,2011,50: 5318-5320.
[62] Liu H,Liu Y,Li Y,et al. J Phys Chem C,2010,114: 13 362-13 369.
[63] Yuan B,Pan Y,Li Y,et al. Angew Chem Int Ed,2010,49: 4054-4058.
[64] Liu H,Li Y,Luque R,et al. Adv Synth Catal,2011,353: 3107-3113.
[65] Li H,Zhu Z,Zhang F,et al. ACS Catal,2011,1: 1604-1612.
[66] Huang Y,Lin Z,Cao R. Chem Eur J,2011,17: 12 706-12 712.
[67] Huang Y,Zheng Z,Liu T,et al. Catal Commun,2011,14: 27-31.
[68] Zhao Y,Zhang J,Song J,et al. Green Chem,2011,13: 2078-2082.
[69] Zhao H,Song H,Chou L. Inorg Chem Commun,2012,15: 261-265.
[70] Wang S,He X,Song L,et al. Synlett 2009,3:447-450.
[71] 赵楠,邓洪平,舒谋海. 无机化学学报,2010,26: 1213-1217.
[72] 任蕾,范彬彬,王佳,等. 石油学报,2010,26: 673-676.
[73] Ye J Y,Liu C J. Chem Commun,2011,47: 2167-2169.
[74] Kong G,Xu X,Zou C,et al. Chem Commun,2011,47: 11 005-11 007.

[75] Zhang Y,Degirmenci V,Li C,et al. Chem Sus Chem,2011,4：59-64.
[76] Cho S H,Ma B,Nguyen S T,et al. Chem Commun,2006:2563-2565.
[77] Banerjee M,Das S,Yoon M,et al. J Am Chem Soc,2009,131：7524-7525.
[78] Ma L,Falkowski J M,Abney C,et al. Nat Chem,2010,2：838-846.
[79] Lun D J,Waterhouse G I N,Telfer S G. J Am Chem Soc,2011,133：5806-5809.
[80] Wang M,Xie M,Wu C,et al. Chem Commun,2009:2396-2398.
[81] Dang D,Wu P,He C,et al. J Am Chem Soc,2010,132：14 321-14 323.

第6章　无机-有机杂化纳米孔材料的功能化组装、光物理性质及应用

6.1　引　言

鉴于纳米孔材料优良的物理化学性质及其在实际领域的广泛应用，对其功能化的研究一直十分活跃。从早期微孔沸石的功能化到近期有序介孔氧化硅的功能化，均有很多研究报道，并逐渐发展成为一类重要的无机-有机杂化材料[1-3]。其主要源于纳米孔基体作为一个主体材料可以接受各种功能客体物种实现主客体组装，若欲进一步利用化学键来实现这种组装就必须对纳米孔材料本身进行功能化改性。而无机-有机杂化材料中最重要的一类就是以有机改性硅氧烷作为化学连接体构筑的体系，采用特定模板剂控制其溶胶凝胶过程即可得到特定有序孔结构的有机改性的硅基杂化纳米孔材料。因此纳米孔材料功能化可被拓展到一类基于有机改性纳米孔的无机-有机杂化材料。而其中催化功能的应用一直是此类材料的主流方向，有大量相关评述，所以这里不再赘述。本章不涉及太广泛的领域，主要集中于基于化学键组装的纳米孔功能化的无机-有机杂化光功能材料的讨论和介绍，其中鉴于稀土基体系功能化纳米孔材料的研究尤其活跃，本章将作重点阐述。

6.2　无机-有机杂化纳米孔材料与纳米孔材料功能化的化学基础

作为一种重要的功能化手段，化学修饰方法已被广泛应用于各个领域。由于纳米孔分子筛具有通道空间或纳米笼的周期性和拓扑学的完美性，利用化学修饰手段将无机物半导体、有机化合物等物质引入其笼或通道内，或以其他金属氧化物部分取代其无机骨架，可以大大改善纳米孔分子筛的性能，形成优异的功能化纳米孔分子筛材料。用于纳米孔分子筛的功能化方法则主要包括孔内修饰和无机骨架的部分替代，其中嫁接法和共水解缩聚法研究得较多。

嫁接法是指在纳米孔结构形成之后在其孔道内连接官能团分子，对其表面进行修饰。纳米孔分子筛的表面有大量的 Si—OH，可以作为嫁接有机官能团的位点[4-7]，某些易与 Si—OH 作用的有机或配合物分子有可能进入孔道，并且以 Si—O—C 键嫁接到纳米孔分子筛的表面。嫁接的原理是使用硅烷偶联剂［如Cl-SiR_3、

$RO\text{-}SiR_3$和$HN(SiR_3)$等]对除去表面活性剂的纳米孔分子筛进行改性。

嫁接的方法有三种：钝性表面基团的嫁接、活性表面基团的嫁接和位置选择性嫁接。然而，并不是所有的硅羟基都易于硅烷化，只有那些自由的$\equiv Si—OH$和双取代的硅羟基[$=Si—(OH)_2$]容易硅烷化，而以氢键相连的 Si—OH[Si—O—H…O(H)Si]由于形成了亲水网络，不易被改性，因此，嫁接的整个过程并不影响纳米孔分子筛的结构性质。此外，嫁接过程中功能基团在纳米孔的覆盖程度与纳米孔分子筛硅羟基数目有很大关系。

在纳米孔分子筛的嫁接改性中，相对于内表面而言，外表面更易于引入功能化基团，而且这些改性后的纳米孔分子筛材料与其他试剂进一步反应时，外表面上的功能化基团表现出更大的反应活性。因此可以在除去模板剂之前，有选择地将外表面功能化。为了降低外表面上基团的反应活性和提高反应的选择性，可以先使外表面钝化，然后再使内表面功能化。基于对模板剂不同的去除方式，有两种不同的途径来实现这种选择性功能化。途径一是利用焙烧法先除去纳米孔分子筛的模板剂，然后对外表面进行功能化，再对其内表面进行嫁接。Shephard[8]等认为焙烧的 MCM-41 介孔材料的表面在动力学上更易于功能化。途径二是在不除去模板剂的情况下先对纳米孔分子筛的外表面进行嫁接，然后用萃取的方法除去模板剂，再对内表面进行功能化。

共水解缩聚法是一种一次直接合成(原位)的方法，在合成纳米孔材料的溶胶中直接加入带有有机官能团的硅源(硅烷偶联剂)。这种方法已被广泛用于制备杂化纳米孔分子筛。利用共沉淀法引入有机官能团的量具有一定的限制。一般带 R 的硅源的引入量要小于 10%，最大不超过 20%，以保证最终产物保持一定的纳米孔材料有序性。Mann 等[9]最早利用共沉淀法进行纳米孔材料的改性，将正硅酸乙酯和苯基三甲氧基硅烷在阳离子表面活性剂的碱性水溶液中进行水解得到 MCM-41 型产物，后来将这种方法推广到含有氨基、环氧烷基、巯基等硅烷偶联剂的纳米孔材料的合成中，它们同样具有 MCM-41 类型的有序结构[10]。

利用嫁接法制备纳米孔材料，有机官能团的负载量较低，有机基团在纳米孔材料中的含量和位置不易控制，且有机基团在孔道内分布也不均匀；而利用共水解缩聚法合成纳米孔材料最大的优点是有机基团可以相对均匀地分布于材料的孔道中[11-14]。由于纳米孔分子筛骨架的限制和阻隔作用，金属配合物在分子筛孔道中与在溶液和固体状态相比，表现出不同的物理和化学性质。分子筛主体的保护作用使其热稳定性以及抗氧化性明显提高。

金属配合物的组装一般有以下几种方法：①以金属配合物为模板剂，直接合成含有金属配合物的多孔骨架结构的化合物；②采用瓶中造船的技术，将较小的配体分子引入纳米孔分子筛孔道后，再通过与金属离子的配位形成较大的配合物；③对于

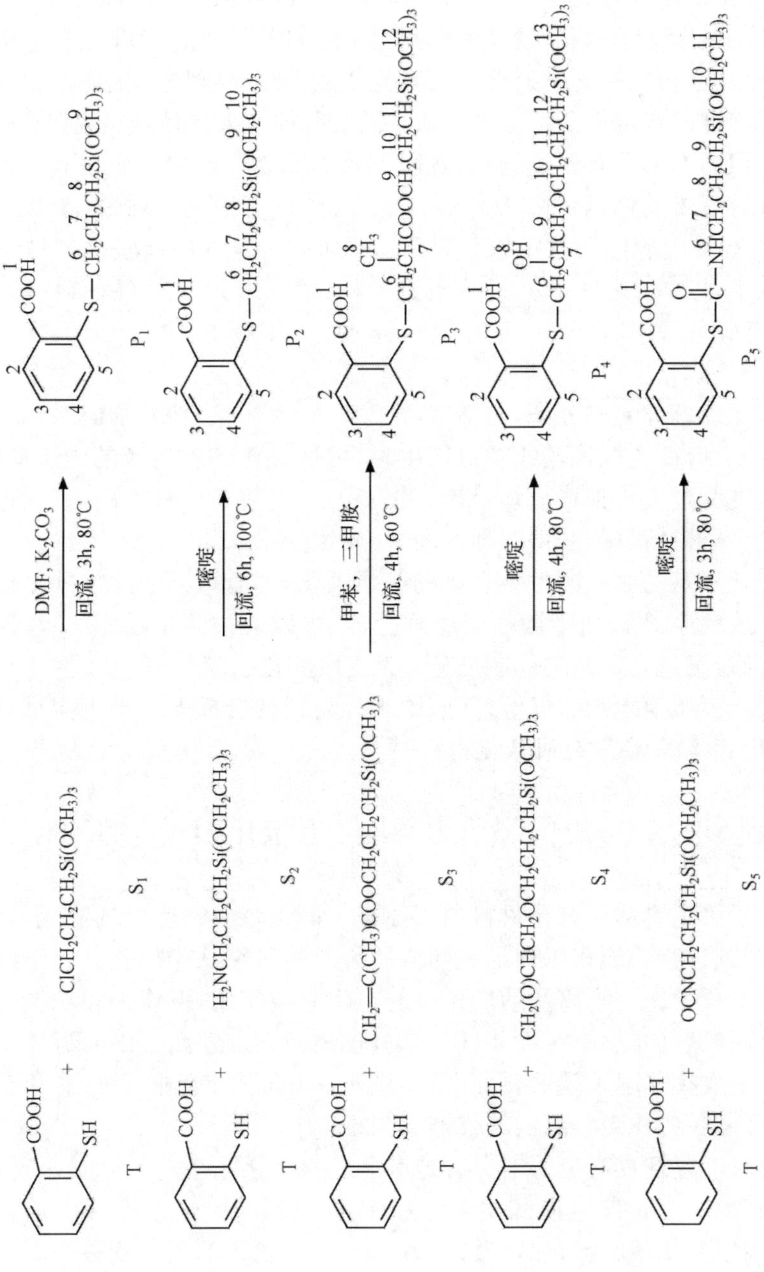

T + $ClCH_2CH_2CH_2Si(OCH_3)_3$ (S$_1$) $\xrightarrow[\text{回流, 3h, 80℃}]{DMF,\ K_2CO_3}$ P$_1$: 2-COOH(1)-C$_6$H$_4$-S$-\overset{6}{C}H_2\overset{7}{C}H_2\overset{8}{C}H_2Si(O\overset{9}{C}H_3)_3$

T + $H_2NCH_2CH_2CH_2Si(OCH_2CH_3)_3$ (S$_2$) $\xrightarrow[\text{回流, 6h, 100℃}]{\text{嘧啶}}$ P$_2$: 2-COOH(1)-C$_6$H$_4$-S$-\overset{6}{C}H_2\overset{7}{C}H_2\overset{8}{C}H_2Si(O\overset{9}{C}H_2\overset{10}{C}H_3)_3$

T + $CH_2{=}C(CH_3)COOCH_2CH_2CH_2Si(OCH_3)_3$ (S$_3$) $\xrightarrow[\text{回流, 4h, 60℃}]{\text{甲苯，三甲胺}}$ P$_3$: 2-COOH(1)-C$_6$H$_4$-S$-\overset{6}{C}H_2\underset{7}{C}H(\overset{8}{C}H_3)COO\overset{9}{C}H_2\overset{10}{C}H_2\overset{11}{C}H_2Si(O\overset{12}{C}H_3)_3$

T + $CH_2(O)CHCH_2OCH_2CH_2CH_2Si(OCH_3)_3$ (S$_4$) $\xrightarrow[\text{回流, 4h, 80℃}]{\text{嘧啶}}$ P$_4$: 2-COOH(1)-C$_6$H$_4$-S$-\overset{6}{C}H_2\underset{7}{C}H(\overset{8}{O}H)\overset{9}{C}H_2O\overset{10}{C}H_2\overset{11}{C}H_2\overset{12}{C}H_2Si(O\overset{13}{C}H_3)_3$

T + $OCNCH_2CH_2CH_2Si(OCH_2CH_3)_3$ (S$_5$) $\xrightarrow[\text{回流, 3h, 80℃}]{\text{嘧啶}}$ P$_5$: 2-COOH(1)-C$_6$H$_4$-S$-C(=O)-NH\overset{6}{C}H_2\overset{7}{C}H_2\overset{8}{C}H_2Si(O\overset{9}{C}H_2\overset{10}{C}H_3)_3$

(T 为邻巯基苯甲酸，2-SH-C$_6$H$_4$-COOH；产物苯环碳原子编号 2、3、4、5)

图 6-1　邻巯基苯甲酸衍生物功能化硅氧烷 ORMSOSILs 的反应示意图[17]

蒸气压较高的配合物分子可以通过 CVD 的方法引入孔道中；④将配合物通过共价键嫁接到纳米孔分子筛的孔壁上。以上方法对于一般意义的纳米孔材料功能化已非常成熟，广泛应用于各类功能纳米孔材料的制备，特别是催化材料。

而对于光功能杂化纳米孔材料，考虑到光功能的需要，对于功能化的基元或基团有特殊要求，其必须具有光发射性质或者光吸收、光敏化性质，因此需要选择特殊的能够易于修饰的有机光活性分子。单纯的硅基前体如各种硅氧烷偶联剂分子可以用来修饰但通常不具有明显的光活性，因此需要进一步修饰获得具有发光性质的有机改性硅氧烷前体（ORMOSILs）。鉴于此，对于有机分子的修饰功能化则取决于其具有反应活性的特定取代基团，同时考虑硅氧烷偶联剂前体的反应性。在对稀土为主的杂化硅基材料的研究中，已经系统地获得各种典型光活性有机分子修饰硅氧烷作为分子桥的化学连接体（主要是 ORMOSILs）的技术路线[14-20]。

氨基、羟基、巯基类有机分子，包括芳香羧酸类、大环化合物（冠醚、杯芳烃、卟啉等）以及其他带有此类取代基的有机衍生物，可通过与各种典型的硅烷偶联剂，特别是内酯基偶联剂发生加成反应[15-18]。图 6-1 以巯基苯甲酸为例，分别通过五种硅烷偶联剂分子进行修饰获得五种不同的 ORMOSILs。

对于具有亚甲基的 β-二酮类化合物和亚砜类化合物，可以通过内酯基偶联剂发生氢转移加成反应[19]。对于羧基衍生物分子，可以通过两步反应，先将羧基转化为酰氯，再通过酰氯与氨基类偶联剂分子发生酰胺化反应[20]。

进一步引入有机模板剂和硅源，按照纳米孔材料的合成方法即可实现其功能化，最终组装出相应的无机-有机杂化材料[14-20]。

6.3 无机-有机杂化微孔材料的功能化及光物理性质

以沸石分子筛为主体的微孔材料在石油化工等领域有着巨大的应用，伴随其应用的同时，对其进行功能化以满足不同应用需要的研究从未停止。由于沸石分子筛晶态骨架本质的保护隔离及纳米孔道的空间限域作用，可作为光功能客体组分的优良主体，提高其光热稳定性并进一步呈现出新颖的性质。因而近年来在主客体组装化学中发挥着越来越重要的作用，并进一步向更广泛的无机-有机杂化材料领域扩展，可望在各种光功能领域获得潜在的应用。

人们很早就观察到在对金属银交换的水合态 A 型沸石（本身无色）进行脱水/吸水处理时，其颜色在长波可见区发生可逆变化。Calzaferri 等[21]给出了合理解释，认为其中黄色变化是由沸石晶格氧与 Ag 的 5s 空轨道的电荷迁移态跃迁引起的。Yumura 等[22]通过密度泛函理论（DFT）计算了低、高自旋态中 Ag-Ag 作用与 Ag-O 静电作用来确定 ZSM-5 沸石纳米孔穴中 Ag_3 簇的结构，发现两种作用都强烈依赖于 ZSM-5 骨架上 Al 取代 Si 的原子个数[ZSM-5($Al_{1\sim3}$)]。Al 原子较少时，Ag-Ag 轨道作用强而 Ag-O 静电作用弱，相应地 Ag_3 簇的结构极大决定于 Al 原子数。对于低自旋 Ag_3-ZSM-5(Al_1)和 Ag_3-ZSM-5(Al_2)，$D3h$-三角簇包含于 ZSM-5 内。相应的化学行为影响 Ag-ZSM-5 纳米簇的催化性质。

Mintova 等[23]将 2-(2-羟基苯基)苯丙噻唑(HBT)染料组装于 FAU 型八面沸石晶体中，发现该染料分子在 FAU 中的行为明显不同于在乙醇溶液中的行为。在沸石中仅存在其酮烯醇互变异构体，观察不到溶剂烯醇互变异构体；而在乙醇溶液中仅发现微量酮烯醇互变异构体的存在，主要物种为其溶剂化烯醇互变异构体。这一现象一方面证明该染料分子的构型对周围环境十分敏感，另一方面验证了它可以被稳定封装于 FAU 沸石孔道中。Calzaferri 等[24]将能量受体(oxonine)和能量给体(pyronine)染料同速组装到 L-沸石孔道中，观察到给受体之间发生了有效能量传递。他们进一步组装了一个理想的染料-负载 L-沸石的三明治结构，结果证实其为理想的能传与发光体系，可扩展推广至其他染料-沸石主客体材料体系并可望在器件上有所应用[25]。

有关通过主客体组装手段获得与主客体完全不同的非线性光学性质的工作很早就有尝试。例如，将具有二次谐波(SHG)性质的对硝基苯胺与 2-甲基-对硝基苯胺分子封装到 ALPO-5 型分子筛中可以实现其 SHG 性质的切换[26]。Kim 等[27]将具有大的二阶非线性超极化率常数(β)值的偶极性染料半菁分子通过功能化装入纯硅基沸石(silicalite-1)中，成功制成沸石薄膜。结果证实孔道中含有半菁染料的非线性染料功能化沸石具有巨大的潜力，可望开发出具有实用价值的各种 SHG 材料。Ruiz 等通过组装超分子功能染料-沸石晶体成取向单层膜来实现一种新的分层结构次序。通过不同的步骤可以产生固定的 L 型沸石晶体的单层膜，使其孔道垂直于基质表面。接着在敞开孔道一端装入染料并可检测能量传递过程，证实晶体内部给体分子的电子激发能被捕捉或者注入孔道内部的受体分子。这种材料使得激发能只能沿一个方向传递，因此为开发染料敏化太阳能电池和发光太阳能浓缩器等光学器件提供了独特的可能性[28]。Li 等[29]尝试通过羧酸酯末端的基团来实现选择性功能化 L 型沸石孔道入口，首先进攻甲基-3-异硫代氰基丙酸甲酯的氨基然后与其硫脲基团反应。由于平均长度为 5000nm 和 30nm 时都可以反应，因此可以判断反应与晶粒尺寸无关。将这种步骤拓展到其他类型的沸石也是可能的。这种高度有序材料的广泛可调性为探索新激发能量传递现象和开发新型发光探针提供了机遇和挑战。

此外，还可以将聚合物物种引入沸石孔道中。如将聚苯乙烯包合于沸石中，制备出电化学发光电池，发现其电致发光效率取决于电荷平衡阳离子，含 C_s^+ 的电池发光效率高于含 K^+ 的电池发光效率。通过电子空穴注入杂质共吸附掺杂可以提高电池效率[30]。Vohra 等制备了发光染料负载 L 型沸石与阳离子型共聚物前体的自组装纳米纤维结构，其中功能化沸石作为多阴离子与带有阳离子的聚合物链PPV进行自组装。两种基元的比例不同，获得自组装形貌的不同。较高的PPV前体浓度，得到自组装核壳结构的纳米纤维。高度有序的L沸石晶体呈现大多数垂直于纤维轴向的极化发射，因此沸石轴平行于纤维轴。热处理后纤维的聚合物壳转化为不溶性共轭聚合物，其不溶性纤维可作为新颖杂化光发射二极管的基底。由于沸石晶体中的染料可以呈现来自电致发光聚合物能量传递的发光，因此这种自组装的杂化纳米纤维为制备纳米器件提供了应用前景[31]。Suárez等[32]给出了制备负载染料L型沸石-聚合物杂化材料的策略。这种杂化材料高度透明，像俄罗斯套娃，镶嵌于沸石孔道内的客体分子被屏蔽于聚合物基质之外，而聚合物本身对主客体材料提供了保护使其免受外界湿度和氧气的影响。杂化材料的特殊光学特征，如颜色和极化发射可以通过在沸石晶体内包裹有机染料或配合物来与其相适应。这样透明杂化材料的制备问题一旦解决，就可以在其体系内引入附加的光学活性化合物。此原理可被拓展到其他类型分子筛。这些透明的主客体无机-有机杂化材料为研制透镜、特殊镜片、纤维、极化器、过滤器、光学存储器和窗口等光学器件提供了新的可能性。

光活性金属配合物作为客体分子引入沸石微孔主体中的较早工作是Ru-吡啶体系[33]。Kincaid等[33]将$Ru(bpy)_2(dpp)_2^+$[bpy＝二联吡啶；dpp＝2，3-双(2-吡啶)吡嗪]组装到Y型沸石中。研究结果表明与水溶液中自由配合物的吸收光谱相比，其漫反射光谱在可见区略呈红移；与配合物的水溶液和乙腈溶液相比，相应发射光谱分别红移16nm和38nm。而表面吸附配合物的沸石的发射光谱相对于配合物水溶液则发生12nm的蓝移。激发态寿命测量表明没有明显变化。

涉及稀土功能化的沸石源于稀土沸石分子筛催化剂。近年来，较为活跃的工作是通过瓶中造船(ship-in-bottle)法将稀土有机配合物组装到沸石纳米孔道或笼中来制备新型稀土/沸石主客体功能材料，沸石晶体的孔道和笼结构为稀土有机配合物通过天线效应发生有效能量传递提供了理想的空间环境[34]。Kynast等[35]将Eu的噻吩甲酰基三氟乙酰丙酮(TTA)配合物装载到X型沸石孔中，该材料在近紫外区呈现强激发带，与紫外发射LED相匹配，可望在LED相关的发光标签、传感器及紫外-可见光转换器方面获得应用。Wada等[36]将二苯甲酮和4-乙酰基联苯等光敏剂分子负载于Eu^{3+}和Tb^{3+}交换过的Faujasite型沸石晶体中，并通过改变两种稀土离子的比例和光敏剂分子物种，实现了红、绿、蓝三色光的输出且颜色可调。同时他们还成功地将Nd^{3+}的全氟甲基磺酰胺(PMS)配合物组装在*n*-FAU型沸石笼中，实现了有效的近红外区发射[37]。Song等[38]比较了不同沸石(L型及Y型)中$Eu(DBM)_3phen$(DBM＝二苯甲酰甲烷；phen＝1，10-邻菲啰啉)的发光性质，发现配合物在L型沸石孔道中的发光性能要优于其在Y型沸石孔道中的发光性能。Monguzzi等[39]将不易与稀土离子形成稳定配合物但能够敏化其发光的有

机分子组装到 Er^{3+} 交换的 L 型沸石孔道中，通过激发有机分子得到了有效的 Er^{3+} 特征近红外区发光。Mech 等进一步利用二苯酮作为能量给体与 Er^{3+} 在沸石基体内进行组装，在 1400～1700nm 近红外区呈现强的发射峰，最大发射波长 1540nm，但发光寿命仅为 0.9μs。将二苯酮苯环上的 H 用 F 取代，能提高 Er^{3+} 的发光效率，发光寿命更是显著增强了两个数量级(0.21ms)，为已知 Er^{3+} 配合物分子基材料体系报道的最长寿命[40](图 6-2)。最近，Mech 等[41]又制备了一种基于 Er^{3+} 交换的 L 型沸石晶体，可以产生氧空穴，可作为近红外第三长程通信窗口的有效发射体。通过激发态氧空穴可产生有效的能量传递使稀土离子发光，充当宽范围的光采集器，可望实现沸石基近红外源的白光激发。

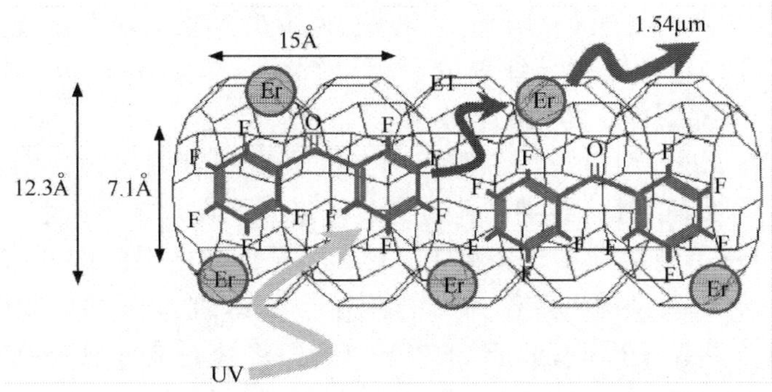

图 6-2　L 型沸石孔道中有机分子向 Er^{3+} 进行能量传递的示意图[40]

值得指出的是，瑞士伯尔尼大学的 Calzaferri 小组[42]在沸石，特别是 L 型沸石(ZL)的功能化及主客体组装方面进行了大量前驱性工作，在此领域享有盛誉。曾以“主客体天线材料”为题评述了该领域的进展。

近年来国内河北工业大学 Li(李焕荣)小组[34,43-52]在 Calzaferri 组研究工作的基础上对稀土/L 型沸石主客体杂化光功能材料的组装进行了深入广泛且有明显特色的研究工作，其研究涉及 L 型沸石的形貌及晶体粒径调控，稀土有机配合物在 L 沸石孔道内的组装，稀土有机配合物诱导控制的 L 型沸石自组装以及 L 型沸石-有机高分子透明杂化发光材料的制备等。最近他们对自己的工作进行了综述[34]，以下作重点介绍。

他们首先利用离子交换法将稀土 Eu^{3+} 和 Tb^{3+} 引入 L 型沸石的孔道中，然后通过气态扩散方法将吡啶衍生物(phen、bpy)装载到 L 型沸石孔道(ZL)中，稀土离子与有机配体在 L 型沸石纳米孔道中原位反应形成配合物，进一步发生分子内能量传递的天线效应获得稀土离子的特征发光。稀土有机配合物装载到沸石孔道后，其热稳定性有了极大的提高。400℃焙烧 4h 后，$Tb(bpy)_n$-ZL 仍具有较强的发光。进一步将二元螯合配体[如氟二苯甲酮(FBP)]引入混合稀土离子(Eu^{3+}、Tb^{3+})共交换 ZL 晶体孔道中，通过调节 Eu^{3+} 和 Tb^{3+} 的比例可调控相应材料的发光颜色[43]。

Cao 等[44]利用三联吡啶改性硅氧烷作为桥连接体配合若干金属离子同时控制和诱导 ZL 微晶的自组装，构筑覆盖度高、致密均匀的 ZL 单层薄膜。主要采用两种策略构筑 c 轴取向的 ZL 单层薄膜：一是用硅烷化的三联吡啶分别修饰石英片和圆盘状 ZL，进一步通过表面改性的石英片的吡啶基团配合 Zn^{2+}、Cu^{2+} 或 Fe^{3+}，利用超声法制得 c 轴取向 L 型沸石单层薄膜。二是先实现三联吡啶改性硅氧烷与 Zn^{2+}、Cu^{2+}、Fe^{3+}、Eu^{3+} 或 Tb^{3+} 的配位，进一步通过超声法制得 c 轴取向的 L 型沸石单层薄膜。此外，还尝试了另一种多功能 TTA 改性硅氧烷分子连接体，引入 Eu^{3+}，通过该连接体噻吩基团对 Eu^{3+} 的敏化作用，最终使所得薄膜呈现具有 Eu^{3+} 的特征红光发射。所得薄膜的均匀性、覆盖度及紧密排布程度更高，归结为 Eu^{3+} 与 TTA 基元螯合作用导致单分子膜更致密。同时开发出一种快速制备透明、c 轴取向 L 型沸石单层薄膜的方法[45]。

他们与 Calzaferri 组进一步合作利用有机改性硅氧烷作为化学连接体，制备了具有单一取向（c 轴，其一维纳米孔道与载体表面垂直）、排布紧密、高度覆盖的 L 型沸石单层薄膜，并将其应用于新型主客体超分子组装体系的构筑，制得单向天线材料[46]。其中有机改性硅氧烷作为一个多功能基元，烷氧基团可与沸石及石英片表面的羟基发生共缩聚反应，形成 Si—O—Si 键，将沸石晶体黏连到石英片表面。联吡啶基团可配合并敏化 Eu^{3+}、Tb^{3+}，酰胺基可形成氢键在基质表面进行分子自组装，结合配合作用使分子连接体站立在石英片的表面上，最终构筑出超薄有序 c 轴取向 L 型沸石单层薄膜。需要指出的是，L 型沸石孔道可装载其他发光稀土有机配合物。通过改变整个杂化体系中各组分基元的种类以及调整测试条件均可实现发光颜色的调控[46]（图 6-3）。

在稀土负载 L 型沸石主客体材料组装的基础上，为防止稀土配合物因 L 型沸石孔道的开放性而逸出以及外界水分子的进入，Li 小组[47]提出了对稀土配合物负载的 L 型沸石进行表面修饰，即以 SiO_2 作为壳层对功能化 L 型沸石（作为核）进行包覆，制备出新型核壳光功能材料。该新型功能材料能有效地防止客体分子的泄漏，达到预期的效果。在此基础上以 TTA 改性硅氧烷对 SiO_2 壳进行修饰，同时引入 Tb^{3+} 配位。利用 Tb^{3+} 的配位不饱和进一步配合 2,6-吡啶二甲酸（DPA）。由于 TTA 基团三线态能级较低不能敏化 Tb^{3+}，所以可以通过 Tb^{3+} 的发光来检测 DPA 的含量，其可望在芽孢病菌（含大量 DPA）的含量检测方面获得应用。

Li 等证实了通过硅烷化 β-二酮修饰 Eu^{3+} 交换 L 型沸石可获得强发光的另一种路线。嫁接分子与 Eu^{3+} 之间的有效能量传递使得改性晶体在紫外光照下呈现强红色发光。傅里叶变换红外光谱（FTIR）和元素分析证明，随着 L 型沸石尺寸的增加，嫁接分子的量降低。发光量子产率通过发光光谱和寿命估算。研究表明改性的 L 型沸石晶体的发光行为受晶体尺寸影响。随着 L 型沸石晶体尺寸增加，光

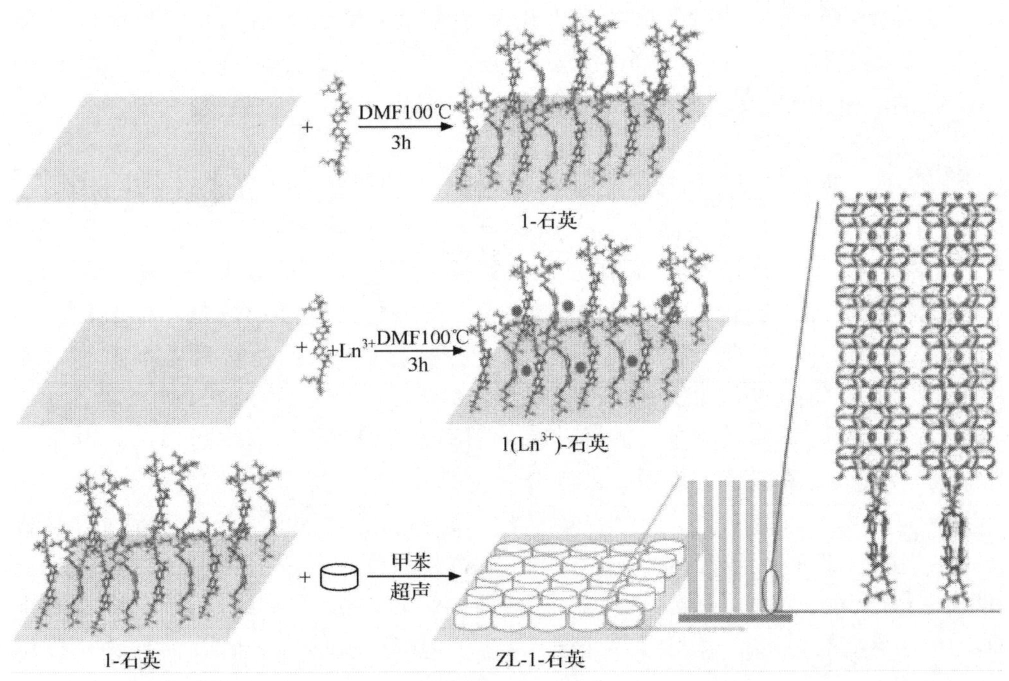

图 6-3　有机改性硅氧烷作为化学连接体制备 *c* 轴取向 L 型沸石单层薄膜示意图[46]

致发光强度、$^5D_0$寿命、$^5D_0$辐射概率和量子产率都下降[48]。Zhang 和 Li 通过简单的离子交换方法和淬火处理制备了稀土离子与铋离子功能化 L 型沸石(RE^{3+}/Bi^{3+}-ZL，RE＝Eu、Nd)。扫描电镜照片证实 L 型沸石晶体的形貌和尺寸分布几乎在合成过程中没有任何变化，所得的发光材料的形貌和颗粒尺寸很容易通过合适地选择沸石晶体来调变。光致发光研究得到 Eu^{3+} 的发光寿命为 1.93ms，$^5D_0$量子产率为 66.98%。此外 Nd^{3+} 的寿命 0.196ms，长于其他 Nd^{3+} 体系[49]。Ding 等通过瓶中造船方法将 TTA 和 phen 从气相扩散入 Eu^{3+}-L 型沸石氨气处理过的盘状沸石晶体中，得到两个重要结果：一是 Eu^{3+} 的发光强度和寿命随着氨气处理而增强，二是包裹的 Eu^{3+} 配合物的光稳定性极大增强[50]。同样将部分稀土-TTA-phen 二元、三元配合物封装到 L 型沸石的一维孔道中，可得到类似的发光结果。沸石的刚性骨架限制了配体中 C—H 键的振动，降低了非辐射跃迁产生的能量损失。有趣的是，该材料经氨气处理后，发光强度、发光寿命和量子产率都明显提高。他们将其归结为 NH_3 能够促使 TTA 由烯醇式向酮式结构转变，从而更有利于形成 Eu-TTA 配合物。可借此推断该材料能用于检测 NH_3[50]。Fang 等[51]报道了不同温度淬火的 Eu^{3+} 交换 L 型沸石微晶的发光行为，发现其结构稳定至 800℃，1100℃时其结构完全坍塌。700℃焙烧的 L 型沸石晶体可产生强的蓝紫色发光，而 1100℃淬火的样品只能观察到红色发光。Ding 等制备和表征了具有窄分布的盘状L型沸石。他们通过气体扩散方法将4-氟苯甲酮装入稀土离子交换的L型沸石微晶中制备发光材料，发现在孔道中可实现4-氟苯甲酮向 Eu^{3+} 或 Tb^{3+} 或两者同时的能量传递，发光颜色可通过改变 Eu^{3+} 和 Tb^{3+} 的含量调变[52]。

6.4 无机-有机杂化介孔材料的功能化及光物理性质

在主客体化学研究领域，介孔分子筛常被用作较大客体分子的主体。介孔材料的孔径大小在一定范围内可以进行调变，孔径的控制是通过选择不同表面活性剂和添加不同种类的有机物来实现的。调变介孔分子筛孔径的方法很多[53]。介孔材料具有较高的比表面积和长程有序的结构，而且介孔氧化硅材料表面自由的硅羟基可以参加硅烷化反应。表面硅烷化可以改变表面极性，也可以引入其他功能基团，如巯基、氨基等官能团。由于介孔材料本身不具有活性中心，因此在实际应用中受到了很大的限制。化学反应活性不高和稳定性较低等缺点限制了介孔材料的应用。对介孔分子筛进行化学改性，从而提高介孔材料的反应活性成为当前介孔材料研究的热点。有机-无机杂化介孔材料的合成是目前研究热点之一，有机基团的引入可以实现介孔材料的功能化和调节其孔壁的疏水性，从而推进介孔材料在有机金属化学、催化、分离、有机-无机主客体化学、功能材料等方面的应用。介孔材料具有较大的孔径分布(2～50nm)且孔道内含有大量可以改性的Si—OH，从而增大了孔道内化学环境的极性。这种极性孔道的存在，为某些客体分子的进入提供了基础。研究表明，介孔材料是组装化学中良好的主体材料。其中需要强调的是，功能化介孔发光材料的功能组分主要集中于发光稀土配合物体系，中国科学院长春应用化学研究所的Zhang(张洪杰)小组在稀土配合物的介孔功能化发光杂化材料领域做了系统和深入的工作，在此作重点介绍。

6.4.1 MCM型系列介孔杂化材料

M41S家族包括六方晶系MCM-41、立方晶系MCM-48和层状结构的MCM-50。其中，MCM-41介孔分子筛具有六方相有序的一维孔道结构，它合成容易，结构简单，是M41S家族中最典型的代表。这种新颖的介孔材料不仅突破了原有的沸石分子筛孔径范围过小的局限，还有以下一些特点：孔道大小均匀、六方规则排列有序，孔径在2～10nm范围内可以连续调节，具有较高的比表面积以及较好的热稳定性。

人们在研究金属离子及其化合物在介孔分子筛中性质的同时，还对某些非金属化合物在孔道中的性质进行了研究，并取得了一定的研究成果。Garcia等[54]通过对甲基紫精(methyl viologen)阳离子(MV^{2+})在MCM-41中光致发光辐射时间的研究，发现MCM-41能够作为单电子的给予体[54]。另外，研究人员还发现当三苯基吡喃（TPP^{+}）和二苯并吡咯（DT^{+}）组装到 MCM-41 介孔分子筛中后，所得的组装体是一种很好的光敏材料[55]。Kevan[56]等研究了四苯基卟啉组装到 MCM-41 后发光量子产率随介孔孔径大小的变化规律。国内早期的代表性工作是 Xu 等[57]将四缔合稀土配合物[$C_5H_5NC_{16}H_{33}$][$Eu(TTA)_4$]封装到一系列有机硅烷偶联剂表面改性的介孔分子筛 Si-MCM-41 基质中。他们发现介孔基质为配合物提供了一个独特的化学环境，通过氢键相互作用将配合物与硅基基团连接可以改变配合物的发光强度和发光颜色。

Carlos 等[58]将 $Eu(NTA)_3$[NTA＝1-(2-萘基)-3，3，3-三氟乙酰丙酮]配合物通过功能化的吡唑吡啶配体共价键嫁接到介孔 MCM-41 基质上，得到一种键合型稀土介孔杂化材料，其发光光谱只呈现 Eu^{3+} 的特征发射。而且由于配体固定到 MCM-41 主体基质上，有利于配体之间的非辐射跃迁能量传递过程，这种内腔式组装在很大程度上增强了天线效应，因此材料的发光强度有所增强。Fu 等[59]将三缔合的稀土配合物 $Eu(TTA)_3 \cdot 2H_2O$ 分别通过浸渍方法封装入 MCM-41 和 3-氨丙基三乙氧基硅烷（APTES）有机改性的 MCM-41 介孔材料中，在紫外激发下两种功能化介孔杂化材料均呈现 Eu^{3+} 的特征发射带，且发现激发光谱与纯配合物相比有明显的蓝移，相应的杂化体系的红光强度与纯配合物相比下降了 50%（因配合物物种的有效浓度大大降低）。此外杂化材料的热稳定性与配合物相比有较大提高。Li 等[60]将 Eu-phen 配合物通过 Si—C 共价键嫁接到 MCM-41 的骨架上得到的材料并没有影响介孔分子筛 MCM-41 的有序结构。通过萃取的方法移去模板剂后，有机配体裸露在介孔材料的表面上，而不是分布在孔与孔之间的墙壁内。这样就将介孔杂化材料良好的热稳定性、高的比表面、规则的孔排列和稀土离子优异的发光性能有机地结合起来了。

对 8-羟基喹啉（Q）双功能配体进行修饰制备其 ORMOSILs，进一步组装出功能化介孔 MCM-41 型杂化材料（Q-MCM-41）。通过配体交换反应引入近红外区发光离子制备出含有稀土离子的发光介孔材料 REQ_3-MCM-41（RE＝Er、Nd、Yb）。四种材料均呈现 MCM-41 母体的介孔结构，具有高度均一的孔径分布。研究其发光光谱和发光衰减，呈现三种典型稀土离子（Er^{3+}、Nd^{3+}、Yb^{3+}）的近红外区发射，发生配体与离子间的分子内能量传递。该类材料可望在激光领域和光学放大方面得到应用[61]（图 6-4）。

进一步对稀土近红外区发光的介孔杂化材料进行扩展，可延伸至多种稀土离子（Er^{3+}、Nd^{3+}、Yb^{3+}、Sm^{3+}、Pr^{3+}）。通过 phen 改性的硅氧烷作为桥连接稀土-β-二酮-phen 三元配合体系与 MCM-41 介孔基质，同样可实现上述稀土离子的特征近红外发光，其中 Sm^{3+}、Pr^{3+} 体系较为少见。这些杂化介孔材料可实现光学放大（1300nm 或 1500nm），在激光体系或药物诊断方面有应用的可能[62]。

Feng 等首先制备了三元稀土配合物 $Tm(DBM)_3phen$，进一步通过修饰 phen

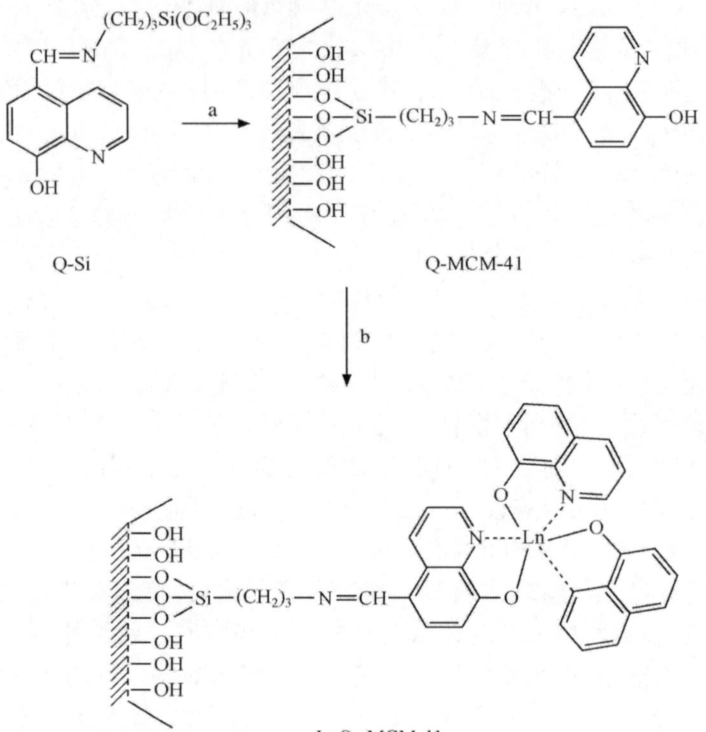

图 6-4 稀土介孔杂化发光材料 LnQ_3-MCM-41(Ln＝Er、Nd、Yb)的预测结构示意图[61]

并以其作为连接体共价键合到 MCM-41 介孔骨架。对比研究配合物和杂化介孔材料的发光性质，二者均在近红外区呈现 Tm^{3+} 的特征发射，配体与 Tm^{3+} 通过天线效应实现有效能量传递。$Tm(DBM)_3$ phen-MCM-41 材料的发射光谱以 1474nm 为中心，谱带半峰宽(FWHM)为 110nm，可望实现从 1530～1560nm 波段到 1450～1480nm 波段的光学放大[63]。同样，他们还制备了两种带有三氟烷基链的 β-二酮化物[TTA、4，4，4-三氟-1-(2-萘基)-1，3-丁二酮(HTFNB)]与 phen 和 Tm 的三元配合物，通过 phen 功能化桥嫁接到 MCM-41 介孔基体上，获得了两种近红外区(NIR)发光杂化材料，并研究了发光光谱和发光寿命。配体特征激发下，发射光谱呈现典型的 Tm^{3+} 近红外发光，1474nm 最大波长发射谱带的 FWHM 分别为 96nm[$Tm(TTA)_3$ phen-MCM-41]和 100nm[$Tm(TFNB)_3$ phen-MCM-41]。良好的发光行为使其可望在光波导放大领域获得潜在的应用(光区范围 1450～1560nm)。此外通过对比发现，作为光学放大器，$Tm(TFNB)_3$ phen-MCM-41 优于 $Tm(TTA)_3$ phen-MCM-41[64]。

Yan 小组在对各种有机配体进行修饰设计不同 ORMOSILs 作为功能分子桥构筑杂化材料的基础上，进一步引入有机模板剂制备了各种类型的 MCM-41 杂化材料。例如,对不同取代基团的芳香羧酸类衍生物进行修饰(包括氨基、羟基和羧基),将有机芳香羧酸配体通过共价键引入介孔 MCM-41 无机基质骨架,使不稳定的配合物小分子成为刚性材料,利用有序介孔二氧化硅网络的作用减少非辐射跃迁的产生。所得的杂化材料均具有有序的介孔结构,稀土配合物的嫁接对 MCM-41 的晶型没有太大的影响,样品仍保持了 MCM-41 的六方相结构[65-71]。通过氨基类修饰路线,制备 3-氨基苯甲酸 MABA 改性的硅氧烷 MABA-Si,进一步制备 MABA-MCM-41 和 RE-MABA-MCM-41 杂化介孔材料。比较铽配合物功能化介孔杂化体系与纯配合物,发现激发光谱均呈现 250～450nm 范围内的宽带激发,归属于苯甲酸铽配合物有机配体的吸收[65]。与纯配合物 $Tb(MABA)_3$ 相比,杂化材料 Tb-MABA-MCM-41 的激发谱带变窄,且最大激发峰值从 358nm 移至 310nm,这是由于稀土配合物进入到二氧化硅介孔孔道后 Tb^{3+} 周围环境极性的变化而产生的蓝移效应。发射光谱呈现 Tb^{3+}、Eu^{3+} 的特征发射,相对而言,Tb 体系发光强度远高于 Eu 体系,与间氨基苯甲酸和两种离子的能级匹配情况有关。通过羟基修饰路线[66],将 2-羟基苯甲酸(HBA)和 2-羟基-3-甲基苯甲酸(HMBA)分子功能化获得有机改性硅氧烷前体(HBA-Si、HMBA-Si)并制备相应的介孔杂化材料(RE-HBA-MCM-41、RE-HMBA-MCM-41)。通过研究有机配体 HBA-Si 和 HMBA-Si 的三重态能级和中心稀土离子(Tb^{3+}、Eu^{3+})的共振发射能级,发现被修饰后的连接体分子与 Tb^{3+} 之间的能量匹配较好,因此,含有 Tb^{3+} 的介孔杂化材料具有良好的发光性能。同时发现 Tb-HMBA-MCM-41 的相对强度比 Tb-HBA-MCM-41 高,这表明羟基修饰的配体 HMBA-TEPIC 与稀土 Tb^{3+} 的能级匹配程度更好,能量传递更为有效。从 Eu-HBA-MCM-41 发射谱图中可以看到在 450～550nm 存在基质的发射,表明从有机配体到中心稀土铕离子之间能级匹配度不佳,导致能量传递效率不高。通过羧基修饰 3-甲基苯甲酸分子[67],继以制备相应的有机功能化的介孔杂化材料 MMBA-MCM-41 和相应稀土配合物功能化的介孔杂化材料 RE-MMBA-MCM-41(Eu^{3+}、Tb^{3+})。对比介孔材料 Tb-MMBA-MCM-4 和纯配合物 $(MMBA)_3$ 中 $^5D_4 \rightarrow {}^7F_5$ 跃迁发射峰的相对强度,发现 Tb-MMBA-MCM-41 的相对强度较高。相应的 Eu 配合物功能化杂化材料 Eu-MMBA-MCM-41 和纯铕离子配合物 $Eu(MMBA)_3$ 的激发光谱呈现宽的 Eu—O 电荷迁移态吸收和弱窄带 Eu^{2+} 的 f→f 跃迁。与纯配合物 $Eu(MMBA)_3$ 的激发光谱相比,杂化材料的谱带变窄,且最大激发波长从 395nm 蓝移至 324nm。同样可以观察到在450～550nm 存在较强的基质发射,表明配体 MMBA-Si 的三重态能级与 Eu^{2+} 能级匹配度不佳,导致从有机配体到中心稀土 Eu^{2+} 之间的能量传递效率不高。

此外 Yan 小组[68,69]基于亚甲基活化修饰路线对各种典型 β 配体(乙酰丙酮 AA、TTA、DBM)进行功能化获得一类新型 ORMOSILs,以其作为桥连接体引入 MCM-41 骨架中可制备各种功能化 MCM-41 介孔杂化材料。这种技术路线使得 β

配体光活性基元直接对介孔基质功能化，实现共价键嫁接。结果发现 β-二酮配体的改性对其激发态能级位置几乎无影响，因而可以保证该类材料获得有效的能级匹配和能量传递从而呈现理想的发光性质。介孔发光材料显示了十分规则的介孔结构的特征，XRD 中谱峰相对强度的减少，可能是由修饰所带来的内部结构的不规则所造成的。MCM-41 的修饰使介孔孔径稍微减小了，但是并没有破坏介孔材料孔的内部结构。由 N_2吸附-脱附曲线推断材料具有非常规则的介孔结构和均匀的孔道。表面积和孔容的减小说明 AA、DBM 和 TTA 的加入稍微改变了 MCM-41 的介孔环境。扫描电镜观察介孔材料具有球形微粒的形态。由于介孔发光材料中基质的结构为—Si—O—骨架，对发光中心有较好的稳定作用，既可以提高材料的物理性能（光热稳定性、透明度、机械加工性），又可以保护中心离子减少水分子等的猝灭作用从而大大提升材料的发光性能。其中 TTA 功能化体系的发光性质显著优于 DBM 体系。这类材料纳米结构的小尺寸效应减少了发光的猝灭，并且从 XRD、N_2吸附-脱附和 SEM 实验可以发现，这类介孔发光材料具有晶体球状蛋白孔结构均一和高表面积的特征。

此外 Yan 小组还尝试了杯芳烃衍生物的功能化 MCM-41 介孔材料的研究[70]。通过控制反应比例以单修饰杯芳烃分子的羟基，获得相应改性硅氧烷桥并制备杯芳烃功能化 MCM-41 及其稀土配合物功能化 MCM-41 杂化体系。在其激发光谱图中没有检测到稀土离子的 f→f 跃迁，而代之以宽的电荷转移谱带，有利于配体到金属的能量转移以及稀土离子的发光。杂化材料 Eu-C[4]-MCM-41 和 Eu-C[4]Br-MCM-41 的发光光谱的红橙比分别是 3.68 和 1.97，说明 Eu^{3+} 周围的化学环境对称性很低，Eu^{2+} 处于偏离反演对称中心的位置上。铽介孔杂化材料的发光寿命比铕介孔杂化材料长，同时 Eu-Calix[4]-MCM-41 的量子产率(8.8%)高于 Eu-C[4]Br-MCM-41(7.2%)，这表明 Calix[4]-Si 与 Eu^{3+}之间的能量传递效率高于 Calix[4]Br-Si 与 Eu^{3+} 之间的能量传递效率，这和能量匹配机理是一致的。此外，Yan 等还合成了三种 Schiff 碱有机配体，并利用偶联剂异氰酸酯作亲核试剂进攻，修饰三种不同结构的 Schiff 碱配体，制备了基于三乙氧基硅基异氰酸丙酯水解缩聚，含有机 Schiff 碱配体分子的有机-无机杂化前躯体。然后，通过三种 Schiff 碱改性的硅氧烷分别与正硅酸乙酯 TEOS 的共缩聚反应，合成了三种不同 Schiff 碱功能化的介孔杂化材料，通过对材料激发和发射光谱的研究，得到了蓝光材料及可见光区蓝绿光光转换材料[71]。

Meng 等[72,73]将稀土配合物 $Eu(DBM)_3 \cdot 2H_2O$ 通过浸渍手段掺杂到一种室温两步法合成的 MCM-48 中。他们发现在同样的掺杂浓度下，稀土配合物在 MCM-48 中的掺杂量大于 MCM-41，而且远大于在微孔 SiO_2中的掺杂量。这表明介孔材料的特殊结构能比微孔材料容纳更多稀土配合物，同时说明 MCM-48 独特的三维孔道结构比 MCM-41 的一维孔道更容易容纳更多客体分子。激发光谱的最大波长发生红移，归结于有机配合物与介孔硅基质之间的主客体相互作用。通过 Eu^{3+} 在不同基质中的发光特征可以提供主客体相互作用的信息。O^{2-}-Eu^{3+} 电荷迁移带的作用和硅烷基化作用都会影响发光性质。

6.4.2　SBA 型系列介孔杂化材料

SBA 系列材料是一种含有笼状结构的氧化硅介孔材料。这类材料是利用双链结构的表面活性剂作为模板剂，通过改变两侧或中间烷基链的长度和性质，在强酸性条件下合成的。其中有的以亲水的三嵌段共聚化合物聚环氧乙烷-聚环氧丙烷-聚环氧乙烷(PEO-PPO-PEO)作为模板剂，在强酸条件下合成具有六方结构($P6mm$)排列的高度有序的纯硅介孔材料 SBA-15。此外采用具有较大 PEO 链段的嵌段共聚物，还可以合成出具有立方笼状结构的 SBA-16 型介孔材料。功能化 SBA-15 基质已成为光功能介孔材料，特别是稀土光功能介孔材料中研究最多的体系。

Corriu 研究组[74]首先将 *N*-丙基环胺类大环配体共价键嫁接到介孔 SBA-15 基质上，得到了有机配体功能化的 SBA-15 杂化材料，然后引入 Eu^{3+}，得到一种新型的化学键合的铕介孔杂化材料。EXAFS(广延 X 射线吸收精细结构)结果表明中心 Eu^{3+} 的配位数是 6，和介孔基质内有机配体的浓度无关。这表明介孔基质中稀土配合物是均匀分散在孔道中的，没有发生团聚，可以预期其发光性能要比掺杂的好很多。

Zhang 小组[75,76]以吡啶类衍生物(bpy、phen 等)的改性硅氧烷作为桥连接体，构筑了一系列稀土 SBA-15 型杂化材料，同时选取若干 β-二酮分子作为能量敏化的第二配体。他们证实这些化学键合型的介孔杂化材料比相应的物理掺杂型材料有更优越的发光性能。在可见光的基础上，重点研究了近红外区材料体系[77,78]。例如，以 phen 改性的连接体作桥通过配体交换反应将二元、三元 Eu 配合物 $Eu(TTA)_3$、$Eu(TTA)_3phen$ 与 SBA-15 键合在一起，可获得 Eu^{3+} 的特征发光，并与掺杂 $Eu(TTA)_3phen$ 配合物的 SBA-15 型材料进行了比较研究。结果发现，化学键合型三元配合物杂化介孔材料的发光强度和发光量子产率均优于二元配合物键合杂化材料和掺杂型三元配合物杂化材料。同时热分析测量也证实其热稳定性明显提高[75,76]。类似地，还合成了三元稀土配合物[$RE(HFTH)_3phen$](RE=Er、Nd、Yb、Sm)和[$Pr(TFNB)_3phen$][HFTH=4,4,5,5,6,6,6-七氟-1-(2-噻吩)己烷-1,3-二酮]功能化 SBA-15 介孔材料。配体特征激发下获得相应稀土离子的特征近红外区发光，其光谱带范围为 1300～1600nm，对于长程通信的应用有特殊意义[77]。通过 APETES 对 5-甲酰基-8-羟基喹啉修饰得到其有机改性的硅氧烷前体，制备出近红外发光(Er、Nd、Yb)的 SBA-15 系列杂化介孔材料。这些材料的发光光谱表明有效的能量传递使其发射特征稀土离子的近红外谱带。同时对其配体的三线态能级及配体的设计进行了详细分析。通过调控有机活性基元与稀土离子的发光以实现宽范围的发光行为，可望为有序多组分杂化材料的光学应用提供基础[78]。

此外 Zhang 小组[79]还首次将有机光活性分子咔唑衍生物功能化 ORMOSILs {3-[N-3-(三乙基-硅基)丙基]脲基-9-乙基-咔唑}并将其共价键连接到 SBA-15 介孔骨架上，制备出蓝色发光有机介孔杂化材料。通过固体核磁硅谱研究了水解缩聚反应进行的程度。发光光谱表明该杂化介孔材料呈现单一的淡蓝色发射，发光效率达 31%。与咔唑改性硅氧烷前体相比，相应的介孔杂化材料的有效单位浓度发光强度可增强 24 倍。与咔唑分子及其改性硅氧烷前体的发光曲线呈单指数衰减不同的是，其介孔杂化材料的发光曲线呈双指数衰减。热稳定性也显著提高，可望在蓝光材料领域有所应用。

他们进一步对相同 phen 功能化的不同介孔基质的杂化材料进行系统的比较研究，制备了若干三元稀土 DBM、phen 配合物功能化的 MCM-41 和 SBA-15 杂化体系。两种杂化体系中，均可实现有效的配体-稀土离子分子内能量传递而呈现相应稀土离子的特征近红外区发光。此外 SBA-15 体系杂化材料的发光相对强度和寿命均高于 MCM-41 体系，这与两种介孔杂化材料的孔结构及稀土离子有效含量紧密相关[80]。同样通过原位反应手段将稀土硝酸盐与喹啉-酰胺类配体配合固定于两种介孔材料(MCM-41、SBA-15)内，两种基体骨架的孔结构都得以保存。由于 SBA-15 型杂化材料具有二倍于 MCM-41 型的孔径，因而其纳米孔道的空间限域效应呈现更强的发射。对于含有刚性末端基团配体的配合物功能化介孔材料更能确证上述推断[81]。

Yan 小组从有机改性硅氧烷作为桥连接体出发，也系统地研究了各种类型的稀土功能化 SBA-15 介孔发光材料。所采用的有机前体分子涉及多种类型，如 β-二酮、杯芳烃衍生物、芳香羧酸、亚砜类和卟啉类分子等[82-92]。这些材料都具有高的比表面积，均一的介孔结构，且有机改性的硅氧烷连接体的有机官能团与稀土离子发生有效的分子内能量传递而获得各种稀土离子的特征发光发射。三元体系的发光行为相对于二元体系，通常具有高的发光量子产率和长的发光寿命。

通过有机 β-二酮配体改性的硅氧烷 NTA-Si 和 TTA-Si 与正硅酸乙酯 TEOS 的共水解缩聚反应，合成了 β-二酮功能化的含有稀土铕配合物的介孔杂化材料。其中，有机 β-二酮配体经过偶联剂修饰后，通过 Si—C 共价键嫁接到介孔杂化材料的骨架上。红外光谱和 ^{29}Si CP-MAS 核磁共振谱的分析证明 SBA-15 介孔材料中存在共价键合的有机官能团。所合成的材料均保持了 SBA-15 介孔有序的结构，三元铕配合物共价键嫁接的杂化介孔材料 Eu(NTA-SBA-15)$_3$bpy 和 Eu(TTA-SBA-15)$_3$phen 显示了很强的 Eu^{3+} 特征发射和较好的热稳定性。同时还比较了二元杂化介孔材料以及掺杂型材料的发光性能，通过对所有样品的 $^5D_0 \rightarrow {}^7F_{0\sim4}$ 跃迁、$^5D_0 \to {}^7F_2$跃迁的发光强度(I_{02})和$^5D_0$发光寿命(τ)的比较证实，与传统的在介孔二氧化硅中掺杂稀土配合物的方法相比，将有机金属配合物共价嫁接在二氧化硅网络为合成稀土配合物功能化的介孔杂化材料提供了一个更有效的方法；与二元稀土配合物共价嫁接到SBA-15骨架上的材料相比，协同配体的引入可以提高材料的发光性能[82-89]。

同样通过对硝基取代和氨基取代的杯[4]芳烃衍生物修饰进一步引入三嵌段共聚物P123模板剂制备出相应杯芳烃衍生物功能化SBA-15杂化材料和相应的二元、三元稀土配合物功能化SBA-15杂化材料[90]，所得材料具有高度有序的介孔材料结构。^{29}Si MAS核磁共振谱提供了有机官能团水解缩聚程度的信息，证明有机硅烷的聚合比较完全，有机配体和二氧化硅基质之间存在较强的键合。选取铕离子体系，测定了其$^5D_0$激发态的发光寿命，并依据铕离子的发射光谱图和发光寿命数据，计算了铕离子的$^5D_0$激发态的量子产率。发现三种铕介孔杂化材料中Eu(Calix-SBA15)phen的发光效率(17.3%)最高，而且远高于二元杂化体系的发光效率(7.8%)，这说明第二配体phen的加入在很大程度上改善了杂化材料的发光性能。另外从实验强度参数的数据中看出，加入第二配体的三元杂化材料的实验强度参数比较大，说明phen与稀土铕离子配位，改变了铕离子周围的配位环境，使得三元杂化材料的不对称性增加，实验强度参数数值增加。

对类似β-二酮结构的有机亚砜(苯酰基二甲基亚砜OBDS、苯磺酰基乙酰苯基亚砜BSAB)分子，通过对其亚甲基进行化学修饰得到相应的功能化分子桥(OBDSSi和BSABSi)，合成含有功能化亚砜分子功能化的介孔杂化材料及三元稀土介孔杂化发光材料[91]，并对其发光光谱、寿命及量子产率进行了相关研究。在所有合成杂化介孔材料中均得到了铕、铽离子的特征红、绿光发射。通过对比，发现有机配体OBDS所合成的介孔材料的发光强度、发光寿命和量子产率比BSAB所合成的介孔材料都有所增强。phen-Eu(OBDS)$_3$-SBA-15中Eu^{3+}的$^5D_0$激发态发光量子产率(η=24.3%)比phen-Eu(BSAB)$_3$-SBA-15(η=12.3%)介孔材料的量子产率高，这表明在材料phen-Eu(OBDS)$_3$-SBA-15中能量传递效率高于材料phen-Eu(BSAB)$_3$-SBA-15。

Yan等[92]分别对羟基卟啉THPP和原卟啉PPIX进行功能化修饰，并通过共价键将其嫁接到有序的介孔SBA-15骨架上，实现了对介孔材料的有机改性，将其与TEOS在表面活性剂P123存在的条件下进行共水解缩聚，从而得到了一系列含有卟啉分子功能化的SBA-15杂化材料和稀土卟啉配合物功能化的SBA-15介孔发光材料。对所制备的杂化介孔材料进行性能研究，表明所得材料均保持了有序的介孔结构，并且在材料内部稀土离子与有机基团之间发生了键合作用，在受紫外光激发时发生了有效的能量传递且所制备的三元介孔材料均表现出镱离子的特征发射。这一位于850～1250nm的宽带发射是源于稀土镱离子的$^2F_{5/2} \to {}^2F_{7/2}$跃迁，说明原卟啉和羟基卟啉都可以有效敏化稀土镱离子的发光。

Kong 等[93]对 8-羟基喹啉中的羟基进行修饰，利用前驱体硅氧烷与正硅酸乙酯 TEOS 水解缩聚，将配体与多种金属离子（Al^{3+}，Zn^{2+}，Eu^{3+}，Tb^{3+} 等）配位，将有机基团以 Si—C 键共价嫁接到介孔 SBA-15 骨架上，合成了功能化的稀土 SBA-15 型介孔杂化发光材料。所得材料都是优良的蓝、绿发光材料，热稳定性能良好，并且都保持了 SBA-15 高度有序的介孔结构。杂化材料不存在对稀土离子的天线效应，仅呈现受金属离子微扰的配体发光。

Li 等[94]合成了两种不同结构的 Schiff 碱配体［双水杨醛缩丙二胺 Schiff 碱（BSPA）和三水杨醛缩三乙胺 Schiff 碱（TSAEA）］并进一步修饰成相应的 Schiff 碱改性硅氧烷桥连接体，最终组装出 Schiff 碱功能化介孔 SBA-15 杂化材料，并重点研究了其光物理性质。材料在 450～500nm 范围内蓝光区出现大的宽带吸收，利用标准的积分球装置测定了材料的量子产率，测得杂化介孔材料 BSPA-SBA-15 和 TASEA-SBA-15 的量子产率分别为 1.07%和 1.02%。这类材料在可见光区光转换材料的研究方面具有潜在的应用价值(图 6-5)。

SBA-16 介孔材料拥有三维的开放型孔道结构以及很好的光热稳定性，也是一种很好的主体材料，但由于其合成困难，关于功能化 SBA-16 型的稀土介孔杂化材料的研究还鲜见报道。Yan 小组[95]首先尝试了典型 β-二酮配体 TTA 和 DBM 对 SBA-16 介孔基质的功能化研究。以 Pluronic F127 表面活性剂作为模板剂制备了功能化的介孔杂化材料（TTA-SBA-16、DBM-SBA16）和三元稀土介孔杂化发

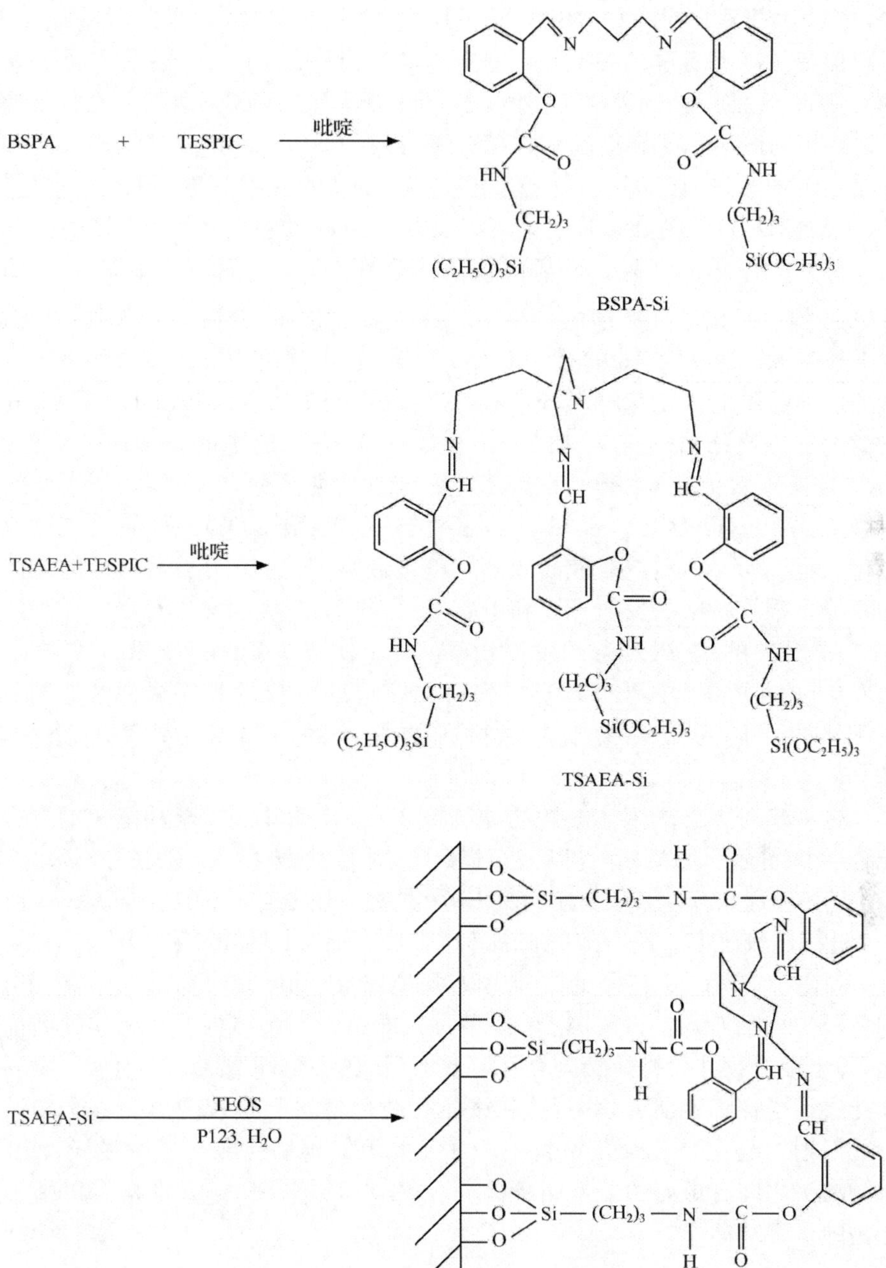

BSPA + TESPIC $\xrightarrow{\text{吡啶}}$ BSPA-Si

TSAEA+TESPIC $\xrightarrow{\text{吡啶}}$ TSAEA-Si

TSAEA-Si $\xrightarrow[\text{P123, } H_2O]{\text{TEOS}}$ TSAEA-SBA-15

图 6-5　Schiff 碱 BSPA、TSAEA 和前驱体 BSPA-Si、TSAEA-Si 及功能化介孔杂化材料的结构示意图[94]

光材料 bpy-RE-L-SBA16(RE＝Eu、Tb;L＝TTA、DBM)。小角 X 射线衍射表明，材料保持了高度有序的 SBA-16 型介孔硅的有序结构。氮气吸附-脱附等温线显示了具有 H_2 滞后环的Ⅳ型等温线，表明材料具有 SBA-16 型三维笼状结构。小角 X 射线衍射图显示了典型的立方相有序排列的 SBA-16 型介孔结构。由扫描电镜图看出纯的 SBA-16 表面分布着直径约为 1μm 的三维圆球，而杂化材料 bpy-Eu-TTA-SBA16 表面则分布着不规则的三维立方状的颗粒，这可能是由于有机和无机组分共同作用的结果。透射电镜图片表明 SBA-16 和杂化材料 bpy-Eu-TTA-SBA16 均呈现出高度有序的三维 $Im\bar{3}m$ 结构。但是与纯的 SBA-16 相比，杂化材料 bpy-Eu-TTA-SBA16 的有序度有所下降，这可能是由稀土配合物嫁接到了介孔基质上所导致的。杂化材料 bpy-Eu-TTA-SBA16 和 bpy-Eu-DBM-SBA16 的发射光谱的红橙比分别是 5.44 和 2.88，说明中心 Eu^{3+} 周围的化学环境对称性很低，Eu^{3+} 处于偏离反演对称中心的位置上。杂化材料 bpy-Tb-DBM-SBA16 的发光相对强度比 bpy-Tb-TTA-SBA16 高，表明与 TTA 相比，DBM 和 Tb^{3+} 之间有更好的能量匹配。所有材料的衰减曲线都呈单指数衰减，这说明稀土离子处在比较均一的环境。根据材料的发射光谱和中心 Eu^{3+} 的 $^5D_0$ 能级的发光寿命(τ)，计算了所有材料中 Eu^{3+} 的 $^5D_0$ 激发态的发射量子产率(η)，bpy-Eu-TTA-SBA16 的量子产率(19.0%)明显高于 bpy-Eu-DBM-SBA16(7.7%)，与发光寿命结果一致，说明有机配体的不同对最终稀土杂化材料的发光寿命和量子产率有很大的影响(图 6-6)。

进一步对 β-二酮配体改性的硅氧烷 TTA-Si 和 DBM-Si 功能化的含有稀土铕配合物的介孔 SBA-15 型以及 SBA-16 型杂化材料 Ln(TTA-SBA-15)$_3$ bpy、Ln(TTA-SBA-15)$_3$ bpy、bpy-Ln-DBM-SBA16 和 bpy-Ln-DBM-SBA16(Ln＝Eu、Tb)进行比较研究。所合成的材料 Ln(TTA-SBA-15)$_3$ bpy 和 Ln(TTA-SBA-15)$_3$ bpy 保持了 SBA-15 有序的二维六方孔道结构；bpy-Ln-DBM-SBA16 和 bpy-Ln-DBM-SBA16 则保持了 SBA-16 有序的三维立方笼状结构。与相应的纯配合物相比，稀土配合物共价键嫁接到介孔基质上后，热稳定性增加了。对所得材料的发光性能进行了详细地研究表明，铕和铽介孔杂化材料分别表现出铕离子和铽离子的特征发射。且在介孔杂化材料中，TTA 能更好地敏化铕离子的发光，而 DBM 则与铽离子之间有更好的能量匹配。介孔 SBA-15 和 SBA-16 都是有机稀土发光配合物的良好载体[96]。

6.4.3 周期性介孔有机-氧化硅杂化材料

周期性介孔有机-氧化硅杂化材料(periodic mesoporous organosilica，PMO)是指有机基团存在于材料的孔壁结构。这类杂化材料中，有机基团均匀分布于骨架中，不会阻塞孔道、占据孔道；并且具有柔韧性的有机基团可以提高材料的机械

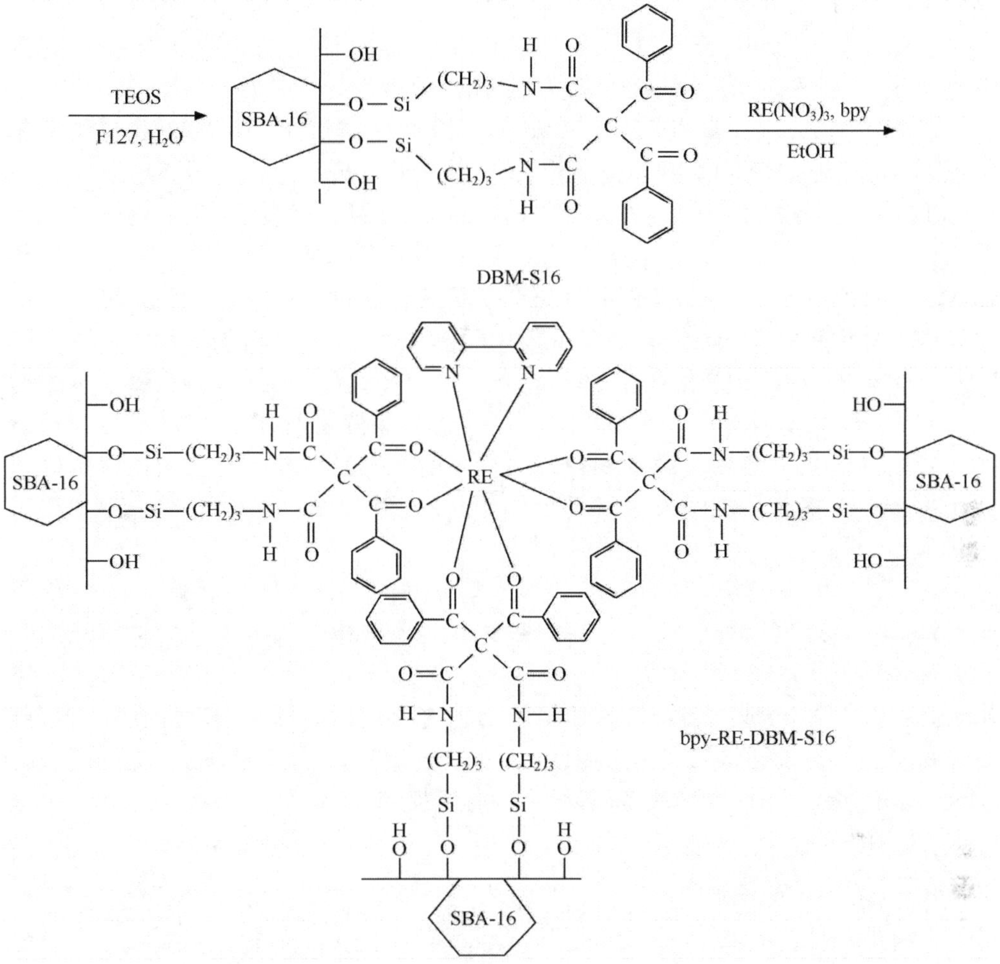

DBM-S16

bpy-RE-DBM-S16

图 6-6　稀土介孔杂化发光材料 bpy-Ln-DBM-SBA16(Ln＝Eu、Tb)的预测结构示意图[95]

强度，材料表面亲/憎水性可以使用不同的有机基团进行调变；有机基团还可以继续反应，衍生出新的活性中心的有机-无机介孔材料。此外周期性介孔具有明显的优势，如均一孔的高度有序结构、整个骨架有机官能团均匀分布和高的负载量[97]。

Zhang 小组[98,99]尝试了以 phen 衍生物作为桥的三元稀土配合物 $Eu(TTA)_3$ phen 功能化的 PMO。FTIR 光谱和 29Si CP-MAS 核磁共振谱证实在表面活性剂提取过程中，有机螯合配体结构得以保留。根据 Judd-Ofelt 理论计算了铕杂化体系的实验强度参数并与纯配合物比较，发现杂化材料具有较好的热稳定性和相接近的发光量子产率。

此外将苯甲酸改性的硅氧烷作为桥同样可以制备相应的稀土铽的周期性介孔杂化材料[100]。XRD 和 N_2 吸附-脱附曲线表明其由高度均一孔径分布的特征介孔结构形成。FESEM 证实 PMO 的形貌显著依赖于两种有机硅前体的反应比例。相应的稀土杂化周期性介孔材料 Tb-BA-PMO 仍保持致密的介孔结构，紫外光激发呈现 Tb^{3+} 的强绿光发射。与纯配合物相比，光热稳定性均得以提高。

Li 等[101]首先以 4-巯基苯甲酸（MCBA）改性的硅氧烷（MCBA-Si）与 1，2-二（三乙氧硅基）乙烷（BTESE）为前驱体，通过共水解缩聚反应合成了共价嫁接 MCBA 功能化的周期性介孔杂化材料 MCBA-PMO。然后通过配位反应将稀土离子引入 MCBA-PMO，合成了稀土配合物共价嫁接在 PMO 骨架上的发光材料 LnMCBA-PMO。^{29}Si MAS 核磁共振谱图说明在合成过程中 BTESE 和 MCBA 的水解缩聚都比较完全，且水解缩聚过程中没有发生 Si—C 键的裂解。小角 X 射线粉末衍射图（SAXRD）是典型的 $P6mm$ 六方相介孔的衍射峰，说明巯基基团的引入对 PMO 晶型没有产生太大的影响，样品仍保持了有序的六方相结构且显示了较高的有机官能团负载量和较好的有序度。发光性能研究表明在材料内部稀土离子与有机基团之间发生了键合作用，在受紫外光激发时发生了有效的能量传递。

Li 等[102]利用硅烷偶联剂对杯芳烃氨基衍生物 Calix-NH_2 进行修饰改性，然后与 BTESE 在表面活性剂 P123 存在的条件下共水解缩聚制备了共价键嫁接的介孔杂化材料 Calix-NH_2-PMO，最后将稀土发光离子（Eu^{3+} 和 Tb^{3+}）和第二配体 bpy 引入该体系，合成了新型杯芳烃氨基衍生物功能化的稀土周期性介孔有机硅发光材料。材料表征结果表明其为典型的二维六方相介孔 PMO。与纯的配合物相比，该材料的发光性得到改善，热稳定性有所提高（图 6-7）。

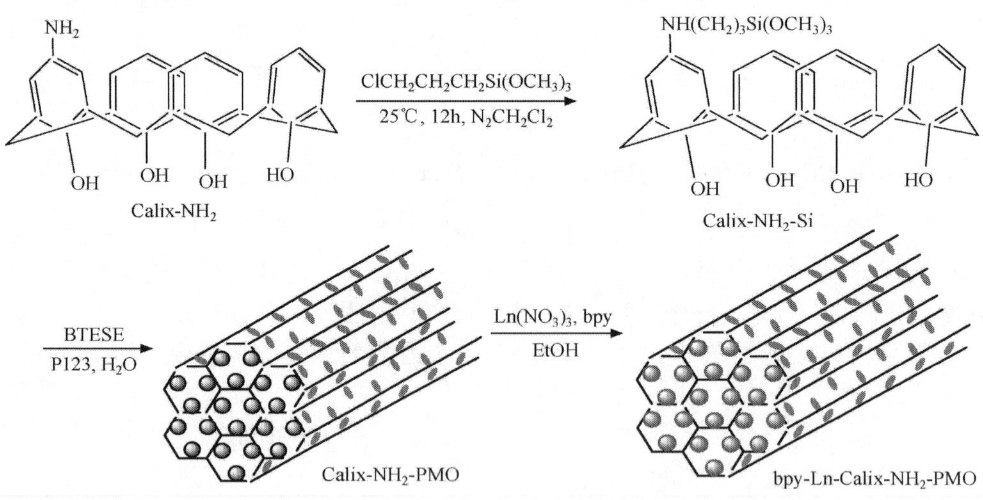

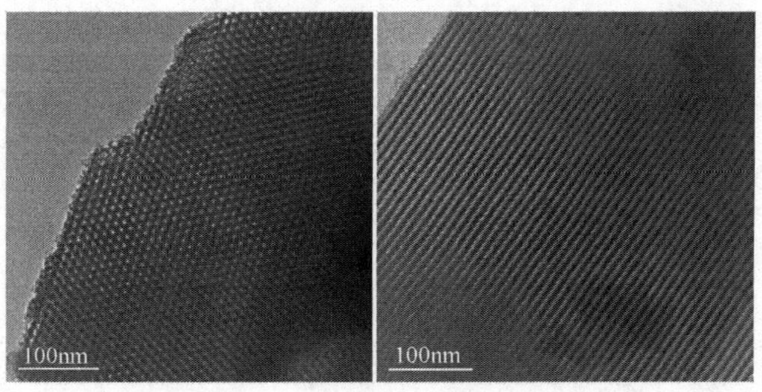

图 6-7　杯芳烃衍生物功能化周期性介孔杂化材料示意图及沿(100)和(110)轴的透射电镜照片[102]

Sun 等[103]通过二联吡啶改性硅氧烷(bpy-Si)作为桥，合成了三种近红外区发光稀土离子的三元配合物[RE(DBM)$_3$ bpy-PMO，RE = Er、Nd、Yb]功能化 POMs。有趣的是，这类材料的激发光谱被拓展到可见区。在可见区激发下，可获得相应稀土离子的特征近红外发光。这种可见区激发近红外区发射的光转换性质可望开辟新的光学应用领域。Guo 等[104]分别制备了以三元配合物 Eu(TTA)$_3$ phen 功能化的 SBA-15 和 POM 两类介孔杂化材料，发现 Eu(TTA)$_3$phen-SBA15 具有比Eu(TTA)$_3$phen-PMO 更长的衰减寿命，更高的发光强度、相对量子产率和绝对量子产率。此外，前者的热稳定性更高，表明 SBA-15 作为发光稀土配合物的基质优越于 PMO。

6.5　多重构筑基元的纳米孔杂化材料的功能化组装及光物理性质

聚合物具有原料丰富、合成方便、成型加工容易、抗冲击能力强、质量轻和成本低等优点。将稀土配合物、纳米孔基质以及长碳链聚合物(聚甲基丙烯酸甲酯 PMMA、聚甲基丙烯酸 PMAA、聚乙烯基吡啶等)三者以化学键形式构筑于同一个体系中，即得到稀土聚合物纳米孔杂化材料。

Li 等[105]通过单体 MMA 的聚合表面修饰 L 型沸石，并在其孔道内封装入稀土配合物，得到一类新的无机-有机透明的杂化发光材料。透明 L 沸石-聚合物材料的发光颜色可通过简单改变 L 型沸石孔道内的稀土配合物来调变。SEM 电镜照片表明 L 型沸石离子高度分散于 PMMA 基质中，保证了杂化材料的透明度，稀土离子的发光在聚合物基质中得到保留。聚合物可以保护沸石内稀土配合物的发光免受水分子的猝灭。该研究有效地解决了 L 型沸石纳米颗粒由于团聚所造成光散射(图 6-8)。

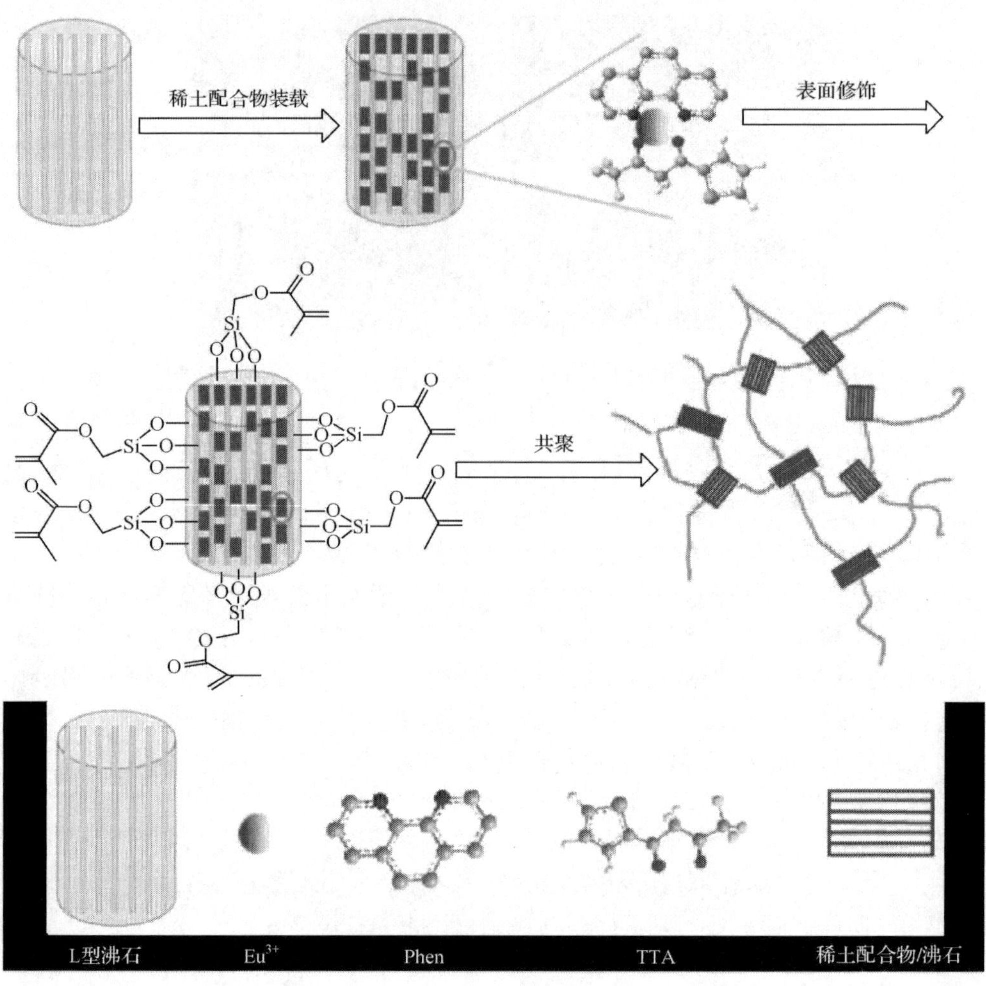

图 6-8　L 型沸石-PMMA 有机-无机透明杂化发光材料的合成路线图[105]

Yan 小组将 β-二酮功能化的介孔杂化材料以及聚合物同时与稀土离子配位，得到了一系列稀土聚合物介孔杂化发光材料。这是首次将稀土离子、介孔基质以及聚合物以强作用力构筑于同一基元中，所有材料都保持了规则有序的介孔结构以及优异的发光性能。研究结果表明，含有聚合物的三元稀土介孔杂化发光材料的发光性能较二元稀土介孔杂化材料而言有了一定的改善，表明聚合物的引入有助于改善整个杂化体系的发光性能。他们制备了基于 SBA-15 以及 SBA-16 两种不同介孔基质的稀土聚合物介孔杂化材料，并研究了这两种介孔基质对稀土材料发光性能的影响。对于稀土配合物-功能化 SBA-15-聚合物 PMMA 多元杂化材料的研究[106]，发现每个孔道周围有六个孔道包围而形成六方相结构，聚合物的引入不改变材料的介孔结构。三元稀土聚合物介孔杂化材料的相对发光强度值、红橙比、发光寿命及量子产率都大于二元的稀土介孔杂化材料，作为第二配体的聚合物的加入改变了中心离子的配位环境，能够有效地减少配位水分子中高频羟基振动所带来的能量损失，使得整个配合物的结构更加稳定。另外，聚合物 PMMA 在紫外区域有一定的能量吸收，可以有效地将能量传递给中心铕离子，因此加入聚合物的三元杂化材料的发光性能在一定程度上有所提高。

图 6-9 为稀土配合物 TTA 功能化 SBA-16 聚合物 PVP 多元杂化材料的组成示意图[107]。稀土离子和聚合物引入后，材料仍然保持了很好的 SBA-16 型介孔有序结构。N_2吸附-脱附曲线都显示材料具有规则的 SBA-16 型笼状介孔结构。介孔杂化材料的激发光谱以 Eu—O 电荷迁移态吸收为主，没有观察到明显的 f→f 跃迁。宽的电荷迁移态吸收峰有利于能量转移以及中心铕离子的发光。与二元杂化材料 TTA-SBA16-Eu 相比，三种加入聚合物的稀土介孔杂化材料的发光相对强度和红橙比值都相对较大，这可能是由于第二配体聚合物中羰基或者羧基基团与中心铕离子配位，改变了中心离子的配位环境，使得整个配合物的结构更加稳定。另外，TTA-SBA16-Eu-PMMA 的相对强度和红橙比略低于 TTA-SBA16-Eu-PMAA，这主要是由于这两种杂化材料的聚合物链 PMMA 和 PMAA 比较相似，配位原子相同，结构相似，但由于在 PMMA 中与稀土离子配位的是聚合物中的酯基基团，而在 PMAA 中是羧基，空间位阻更小一些，因此更容易与稀土铕离子配位。TTA-SBA16-Eu-PVP 的相对发光强度和红橙比较 TTA-SBA16-Eu-PMMA 和 TTA-SBA16-Eu-PMAA 大很多，这可能是由在杂化材料 TTA-SBA16-Eu-PVP 中有更少的配位数(7)以及更小的空间位阻所造成的。三元介孔杂化材料的量子产率均有明显的提高，说明聚合物的引入有助于改善整个杂化体系的发光性能。其中 TTA-SBA16-Eu-PVP 的发光量子产率最高，因为聚合物 PVP 具有一个吡咯五元环，通过配位反应将自身的刚性结构引入配合物中，从而使稀土铕离子的配位环境更加稳定，在能量吸收及传递过程中起了促进作用。

他们同样合成了二苯甲酰甲烷(DBM)功能化的稀土高分子 SBA-15/SBA-16 型介孔杂化发光材料[108]，并发现与二元杂化材料相比，加入聚合物的三元介孔杂化材料的发光寿命以及量子产率值均有明显的提高，这说明聚合物 PMAA 的加入改善了材料的发光性能。SBA-15 型介孔杂化材料 $Eu(DBM\text{-}SBA\text{-}15)_3$ 以及 $Eu(DBM\text{-}SBA\text{-}15)_3$PMAA 的量子产率比相应的 SBA-16 型介孔杂化材料 $Eu(DBM\text{-}SBA\text{-}16)_3$ 以及 $Eu(DBM\text{-}SBA\text{-}16)_3$PMAA 高很多，他们推测可能有以下两方面的原因：一方面是在 SBA-16 型介孔杂化材料里的非辐射跃迁值比 SBA-15 型介孔杂化材料高；另一方面，可能是由于 SBA-16 的介孔孔径比 SBA-15 小，从而在介孔孔道内有机配体向中心离子的能量传递效率比较低。这说明与 SBA-16 相比，SBA-15 是组装稀土配合物的一种更好的主体基质。

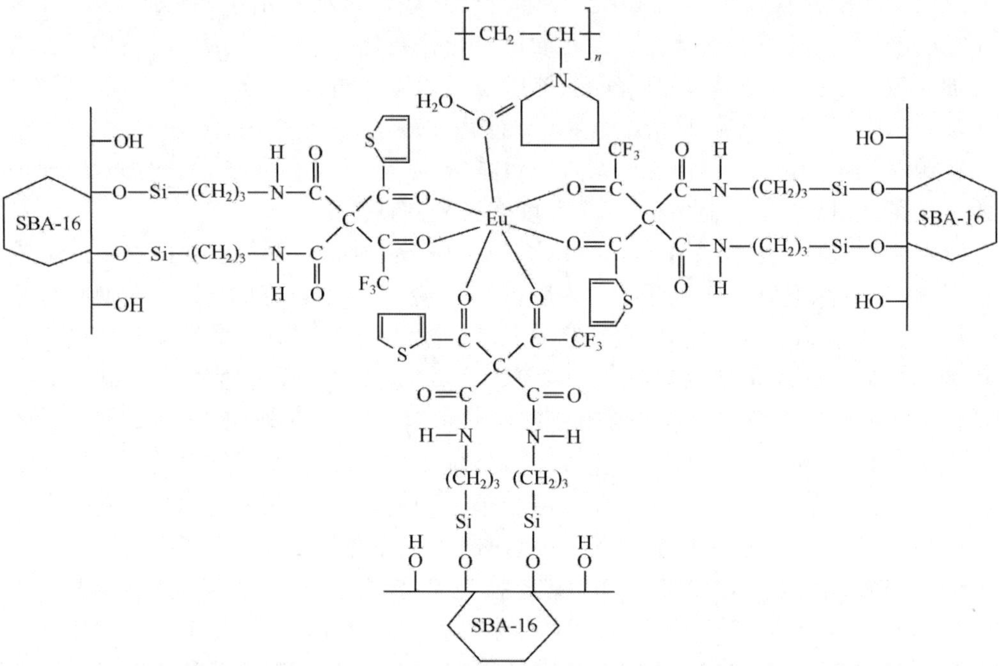

图 6-9　稀土聚合物介孔杂化发光材料 TTA-SBA16-Eu-PVP 的预测结构示意图[107]

将无机基质拓展到其他氧化物网络对于开发新型的稀土杂化材料具有非常重要的意义。选取氨基苯甲酸进行修饰改性，将其共价键嫁接到 SBA-15 介孔基质上，然后利用其羧基与钛酸异丙酯在水存在条件下水解共缩聚，从而将其连接到钛氧网络上，制得杂化材料 Ti-MAB-SBA15，最后引入铕配合物，从而得到基于钛氧网络的稀土铕介孔杂化发光材料[109]。稀土配合物以及钛氧网络的引入对材料的有序度没有产生太大的影响，样品仍然保持了 SBA-15 有序的六方相结构，且在紫外灯激发下发出铕离子的特征红光。与纯配合物相比，其发光寿命及量子产率都有明显提高，表明带有钛氧网络和介孔基质的有机配体的引入改善了材料的发光性能。通过选择合适的配体可以组装同时包含无序的钛氧网络和有序的硅氧网络两种基质的稀土杂化发光材料，而且稀土离子可以拓展到其他可见区和近红外区的稀土离子。由于有机配体 MAB 与介孔基质以及钛氧网络之间是通过共价键作用连接起来的，而 β-二酮配体和同时包含有钛氧网络和介孔基质的杂化材料 TiMAB-SBA15 都是通过配位键和中心铕离子相连，初步实现了以强的作用力将两种不同的基质以及有机配合物构筑于同一基元的构想，为新型发光材料的开发开辟了新的路径[图 6-10(a)]。

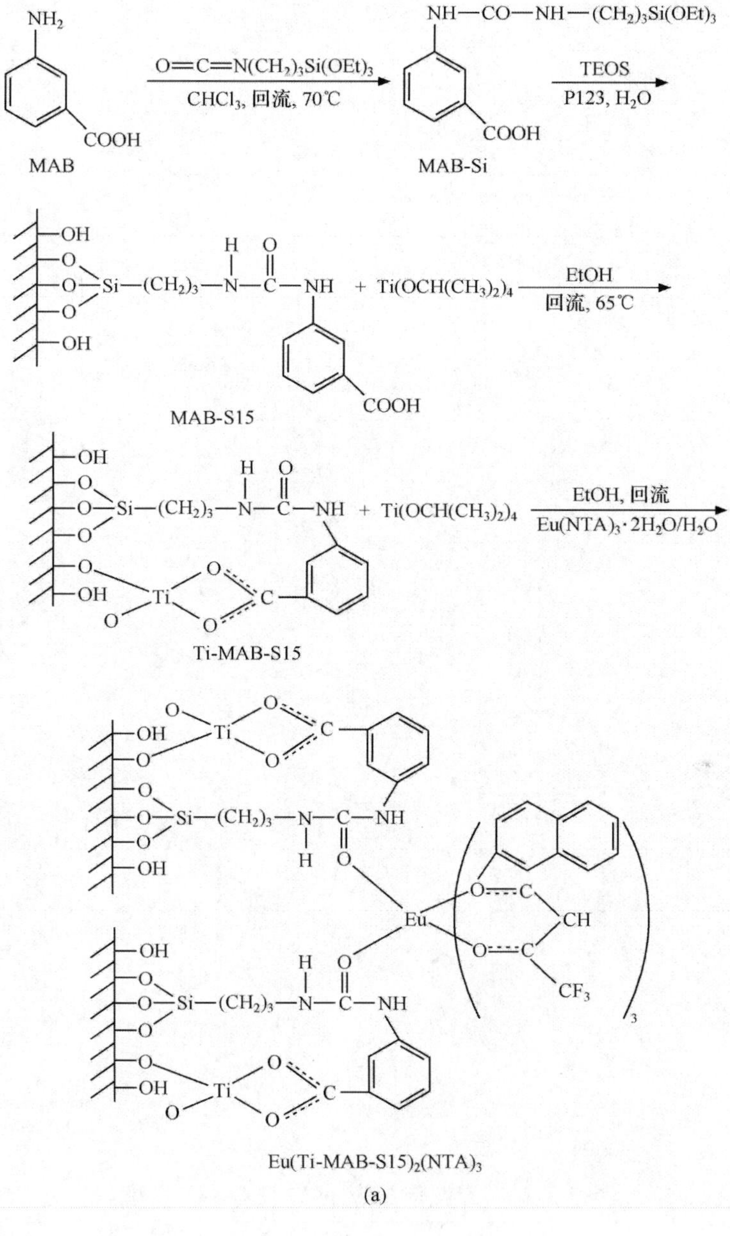

NH_2

$O{=}C{=}N(CH_2)_3Si(OEt)_3$

$CHCl_3$, 回流, 70℃

NH—CO—NH—$(CH_2)_3Si(OEt)_3$

TEOS

P123, H_2O

COOH

MAB

COOH

MAB-Si

OH, O, O, Si—$(CH_2)_3$—N(H)—C(=O)—NH, O, OH

+ $Ti(OCH(CH_3)_2)_4$

EtOH

回流, 65℃

COOH

MAB-S15

+ $Ti(OCH(CH_3)_2)_4$

EtOH, 回流

$Eu(NTA)_3 \cdot 2H_2O/H_2O$

Ti-MAB-S15

Eu, CH, CF_3

$Eu(Ti\text{-}MAB\text{-}S15)_2(NTA)_3$

(a)

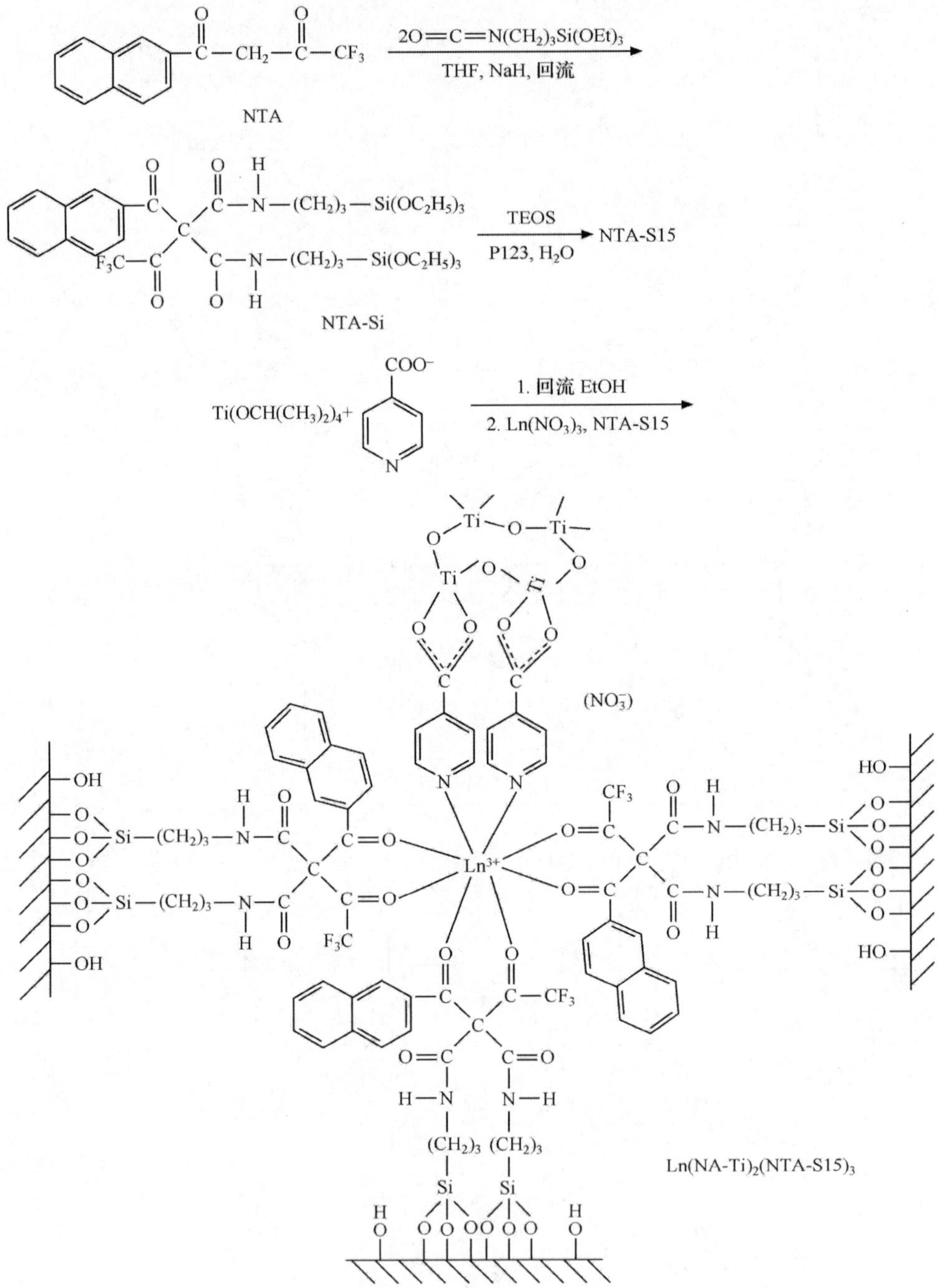

$2O{=}C{=}N(CH_2)_3Si(OEt)_3$

THF, NaH, 回流

NTA

TEOS

P123, H_2O

NTA-S15

NTA-Si

$Ti(OCH(CH_3)_2)_4$+

1. 回流 EtOH

2. $Ln(NO_3)_3$, NTA-S15

(NO_3^-)

Ln^{3+}

$Ln(NA\text{-}Ti)_2(NTA\text{-}S15)_3$

(b)

图 6-10　稀土复合介孔杂化材料(a) Eu(Ti-MAB-SBA15)$_2$(NTA)$_3$ 和(b) Ln(NA-Ti)$_2$(NTA-S15)$_3$的合成和组成示意图[109,110]

他们还设计了另一类基于不同金属烷氧复合基质的杂化材料，将 Al-O 与 Ti-O 网络引入 SBA-15 基质[110][图 6-10(b)]以 NTA 功能化 SBA-15(NTA-SBA15)作为第一配体基元，烟酸(NA)作为第二配体，通过 NA 的羧基与金属烷氧基化合物反应来调节水解缩聚速率，形成 NA-M(M＝Ti、Al)组分基元。同时烟酸的吡啶基团氮原子与稀土离子配位并敏化其发光。通过稀土离子与功能化有机基元 NTA-SBA15 和 NA-M 进一步缩聚偶联得到最终的组分功能化介孔材料 RE(NA-M)$_2$(NTA-SBA15)$_3$(RE＝Eu、Tb)。发现 RE(NA-Al)$_2$(NTA-SBA15)的发光寿命和量子产率均明显优于 Ln(NA-Ti)$_2$(NTA-SBA15)$_3$，这表明 Al-O 网络比 Ti-O 网络更有利于稀土配合物的发光。其发光寿命呈现单质数衰减，证明稀土离子在杂化体系中仍处于一种配位紧邻环境，而 Al-O 和 Ti-O 网络的引入并没有改变这一特征。

6.6　功能化纳米孔材料的光物理性质及应用研究

适当改性的杂化纳米孔材料在激光、传感器、太阳能电池、光能储存、光催化及光数据储存等光学领域具有良好的应用前景。其光物理性质既保存了有机分子或配合物分子的特征，同时又体现了无机氧化物磷光体的特征。其在光传感领域的应用研究尤为活跃。

Kong 等[111]选取含有磺酸基的芳香羧酸 5-磺酸基水杨酸作为修饰对象，采用含有氨基的硅烷偶联剂 APS 对磺氯化后的 5-磺酸基水杨酸进行修饰制备反应前驱体。将前驱体和稀土 Eu^{3+} 配位，再将稀土配合物以共价嫁接的方式引入到 SBA-15 介孔材料骨架上，制备发光和热化学性能优良的稀土介孔杂化发光材料。他们根据共发光理论，分别将非发光稀土离子(La^{3+}、Y^{3+}、Gd^{3+})与发光稀土离子(Eu^{3+})以不同比例进行掺杂，由发射图谱得出掺杂惰性稀土离子后，活性稀土离子的发光强度与单一稀土离子相比明显增强。并且当惰性稀土离子与活性稀土离子的比例为 1∶1 时，掺杂 Y^{3+} 材料的发光强度最大。对掺杂惰性 Y^{3+} 的材料进行研究，得出当 Y^{3+}-Eu^{3+} 共掺物质的量比例为 4∶6 时，材料的发光强度强于其他比例，并且量子产率也最高。

Aiello 等[112]通过表面活性剂调节过程，将 Ir(Ⅲ)的中性发光 2-苯基吡啶配合物[fac-Ir(ppy)$_3$]通过两种不同的结构导向剂(CTAB 和 P123)诱导自组装过程成功定位在介孔硅的空穴中。使用 CTAB 作为结构导向剂可得到中等尺度的球形颗粒(800nm)，而使用 P123 则得到较大的单片聚集体，最小三维尺度为 5～8μm。新的杂化体呈现典型的六角形对称性，而且二者都可获得高的发光量子产率，表明色团在介孔基质中具有好的分散性，因而避免了自猝灭现象的发生。可以将含色团的中性配合物包裹在介孔基质骨架的孔中，为制备新的发光硅基材料提供了一个简单途径。

Quach 等[113]通过蒸气诱导自组装(EISA)制备了三种大的疏水性有机硅氧醌茜衍生物功能化的光学功能介孔薄膜，并进一步使用几种 Eu 前驱体原料经过与功能化层发生反应引入 Eu^{3+}，Eu^{3+}的配位减弱了醌茜的发光。对于其中一些 Eu 前体，可以清楚观察到嫁接的有机染料与 Eu^{3+}之间的能量传递。Eu^{3+}的发光强度可通过改变稀土前体、中间相和螯合物本身来调变。所产生的光学响应随浓度、寿命和薄膜中 Eu^{3+}的局域环境而变化。另外通过介孔杂化膜中捕获的 Cu^{2+}之间的 EPR 信号可探测 Tb^{3+}到 Eu^{3+}的有效能量传递及电子耦合，有力地证明了每个孔中存在好几个金属离子[113]。Chelebaeva 等[114]开发了一种新的合成多功能纳米粒子的方法，通过使用共价键将氰根桥联配位聚合物 $Ni^{2+}/[Fe(CN)_6]^{3-}$固定于双光子染料掺杂的介孔硅纳米粒子表面。该合成实现了氰根桥联金属配位聚合物纳米粒子涂敷的长度 100nm 的单一形状纳米粒子的均匀分散。这类杂化纳米粒子综合具有多功能，如有效的双光子激发态发光、多孔性、高核弛豫值(如磁共振成像效率)和超顺磁性质。

光功能纳米孔材料非常重要的一个应用是作为溶液体系中各种金属离子的光物理传感器。纳米孔材料由于其多孔性、在可见区内的低吸收和发射等特性，在传感器领域得到了广泛的应用。一般是将用作传感器的发光材料掺杂到介孔材料中，然后通过监测发光材料的吸收、发射及发光寿命来达到传感的目的。其中，必须注意两点：一是传感器的稳定性决定着传感器的使用寿命，二是被监测物质在传感器上的扩散速度(由溶胶-凝胶玻璃的孔结构所决定)决定着传感器的灵敏度。结合这两方面的考虑，将发光材料以共价键的方式嫁接到纳米孔杂化材料骨架上，可以同时达到上述要求。例如，Wang 等[115]研究了光功能稀土介孔杂化材料在传感器方面的应用。稀土配合物作为发光受体封装入介孔硅中，具有纳米尺度和优良的光热稳定性。其可通过与 F^-(DMSO/H_2O 体积比)形成氢键而导致发光急剧变化，发光颜色从绿色变为蓝色。质子 NMR 滴定研究表明有机配体参加与客体 F^-的氢键反应。F^-的检测限可以达到 1μmol/L，且可以循环使用 10 多次。

中国科学院长春光学精密机械与物理研究所的 Li(李斌)小组[116-125]围绕介孔杂化材料在光学氧传感器方面的应用进行了系统深入的研究工作。他们重点集中于贵金属钌配合物功能化介孔材料及其光物理传感的研究。例如，通过溶胶凝胶方法制备了基于$[Ru(bpy)_2phen]^{2+}$共价键嫁接的介孔硅网络的氧传感器。同时为了做比较，他们也制备了传统物理掺杂$[Ru(bpy)_2phen]Cl_2$的介孔氧传感材料[116]。通过发光强度猝灭 Stern-Volmer 曲线和激发态衰减分析来表征氧传感性质。结果证明共价键嫁接的块体干凝胶和旋涂薄膜的均一性及灵敏度都优于物理掺杂的材料，其中块体干凝胶介孔材料具有最高的灵敏度。氧传感灵敏度的提高主要归结于 MCM-41 基质中几乎完全平行的孔结构及氧在其中的均匀分散度，而均一度的提高则归结于其中共价嫁接的异氰酸酯—Si—$(CH_2)_3$—片断中的丙基团充当了间隔防止钌配合物与硅基质发生作用而使其在溶胶凝胶缩聚过程中实现最佳分散。此外,在共价键嫁接体系中传感分子的洗脱效应被大大减小,从而为光学传感器提供了一些优点,如均一分布、高灵敏度、校正曲线简单等。

按照类似的方法,他们还制备了两种新型基于$[Ru(dpp)_2phen]^{2+}$(dpp=4,4-二苯基-1,10邻菲啰啉)的介孔(SBA-15型、MCM-41型)氧传感材料[117]。该材料对于N_2中O_2的浓度高度敏感,而且表现出较短的响应时间,可在几秒时间内得到恢复。氧猝灭结果表明材料具有良好的均一性,而且Ru(Ⅱ)Phen-MCM-41氧传感材料的发光寿命总体高于Ru(Ⅱ)Phen-SBA-15氧传感材料,主要是由于两种氧传感材料中Ru(Ⅱ)的含量和孔结构不同。对于$[Ru(dpp)_2bpy]^{2+}$-MCM41材料体系,同样呈现高的O_2浓度灵敏度和短的响应时间[118]。他们合成了两个三核强发光的Ru(Ⅱ)配合物$[Ru_3(bpy)_6(TMMB)]^{6+}$和$[Ru_3(phen)_6(TMMB)]^{6+}${TMMB=1,3,5-三[2-(20-吡啶)苯基咪唑]甲基苯}并将其组装到介孔基质中。所得到的Ru配合物介孔硅杂化材料可被分子氧猝灭且具有高的灵敏度,其中$[Ru_3(phen)_6(TMMB)]^{6+}$介孔杂化体系的氧传感性质优于$[Ru_3(bpy)_6(TMMB)]^{6+}$介孔杂化体系。他们进一步比较研究了上述钌三元配合物在不同介孔硅基质(MCM-41、SBA-15)中的氧传感性质,发现两种类型功能化介孔杂化材料的发光均强烈依赖于氧的浓度且很容易被氧所猝灭,且不同介孔基质对氧传感性质没有明显影响。这类基于三核钌配合物的功能化介孔杂化材料具有良好的灵敏度和快的响应时间,可用作氧传感器[119]。此外还通过两步法合成了介孔MSU-3型氧传感材料$[Ru(bpy)_2(bpy\text{-}Si)]^{2+}$。通过监测制备温度的变化对材料形貌的影响,发现10℃制备的功能化MSU-3氧传感材料因其特殊的球状形貌具有较大比表面积而呈现出较好的氧传感行为,而且还呈现出良好的可逆信号[120]。

Li小组还利用CTAB制备了一种具有MSU型蠕虫状孔道结构,同时共价嫁接了Ru(Ⅱ)配合物的介孔杂化功能材料,并研究了其氧气传感性能。研究结果表明,Ru(Ⅱ)分子在杂化材料中的发光受氧气猝灭明显,而且具有较快的响应时间,所得材料具有作为性能优良的氧气传感材料研究的潜质。由于介孔材料的独特孔道结构有利于氧气在载体中的扩散,介孔样品表现出比无定形样品更高的灵敏度[121]。此外还制备了共价嫁接$[Ru(phen)_3]^{2+}$分子片断的复合SBA-15介孔杂化材料,用红外光谱和发光强度猝灭Stern-Volmer曲线对样品进行了表征,并分别用Demas双格位模型以及Lehrer模型对所获得的复合Ru-SBA-15样品的Stern-Volmer曲线进行了拟合。实验结果表明,所制备的传感样品对氧气具有较高的传感灵敏度,发光分子与分子筛之间产生强有力的Si—CH_2化学键使得该杂化材料具有可逆的氧传感信号和较好的光化学稳定性[122]。

Li小组还合成了一个新的Re(Ⅰ)配合物{$[Re(CO)_3$(4,7-二十九烷基-1,10-

邻菲啰啉)]$_2$(4,40-联吡啶)(三氟甲基磺酸)$_2$}分别组装到 MCM-41 和 SBA-15 型介孔硅基质中。观察到其发射光谱最大波长分别处于 522nm 和 517nm 处。其激发寿命可达微秒量级,表明源于金属配体的电荷迁移态跃迁(MLCT)的磷光发射的存在。随着氧浓度的增加,两种功能化介孔材料的发光强度显著降低,说明其发光猝灭性质可以用来作为光学氧传感材料。所得到的 Stern-Volmer 猝灭曲线与双场 Demas 模型和 Lehrer 模型吻合得很好[123]。

除贵金属配合物功能化介孔氧传感材料以外,他们还尝试研究了稀土铕配合物的氧传感介孔材料[124,125]。例如,合成了 Eu^{3+} 三元配合物 Eu(DPIQ)(TTA)$_3${DPIQ=10H-联吡啶[f,h]吲哚[3,2-b]喹恶啉}并将其封装到 MCM-41 介孔基质中,通过长寿命 Eu^{3+} 发射体研究其光学氧传感性质。结果表明 Eu^{3+} 的$^5D_0 \rightarrow ^7F_2$ 红光发射强度随氧浓度增加显著减小。进一步研究铕配合物的负载量对氧传感性质的影响,发现在 20mg/g Eu(DPIQ)(TTA)$_3$时,材料具有 3.04 灵敏度,短响应时间 7s 和良好的线性关系。这是目前铕配合物体系功能化氧传感材料体系中所报道的最佳值。

6.7 结论与展望

目前,以功能化纳米孔材料为基础的有机-无机杂化光功能材料的研究已经取得了一定进展,各种类型的功能分子均可以通过相应技术引入纳米孔孔道中或嫁接在纳米孔主体上。其中以化学键合为特征的功能化纳米孔杂化材料在化学合成上已得到根本解决。特别需要指出的是,以稀土配合物作为主要功能物种的功能化纳米孔无机-有机杂化光功能材料的研究尤其活跃,成为主流;而国内研究人员在此领域占据相当位置,并已逐渐开始主导该领域的发展。

有机-无机杂化材料是一个新兴的多学科交叉的领域,涉及无机、有机、材料、物理、生物等多门学科,如何能制造出适合需要的高性能、多功能的杂化材料是研究的关键所在。尽管目前已经合成了一些性能优良且具有广泛应用前景的杂化材料,但以功能与应用为导向,这一领域的研究潜力还很大,有待进一步研究的理论和实际问题还很多。概括起来大概有如下几个方面:其一,形成各种功能化纳米孔有机-无机杂化材料的杂化机理,有机物与纳米孔的表界面和孔界面分布及相互作用形式,以及原料种类、含量、杂化条件等对成品材料性能的影响等,都是非常重要的研究课题。其二,纳米孔材料中的介孔硅为主体的材料由于无定形本质限制了实际应用,因而探讨具有晶态的功能化纳米孔材料,包括微孔沸石作为主体的纳米孔材料应当是研究的重点。而如何对新兴的微孔有机金属骨架进行功能化并开发出相应功能及应用是一个吸引人的领域,期待相关研究人员展开深入研究。其三,以功能为导向,探索无机-有机杂化纳米孔与多重基元进行多层次的复合组装,最终实现光功能集成及光与其他物理性质的集成耦合，并进一步发展成器件，是通向应用的前提和必由之路。其四，对于稀土配合物功能化纳米孔材料，研究可见光激发、可见区和近红外区发射的光转换材料需要给予足够重视，这对其进一步在生物等领域的光物理传感方面的应用至关重要。

（同济大学：闫　冰）

参考文献

[1] Wight A P，Davis M E. Chem Rev，2002，102：3589-3614.

[2] Mehdi A，Reye C，Corriu R. Chem Soc Rev，2011，40：563-574.

[3] Mizoshita N，Tani T，Inagaki S. Chem Soc Rev，2011，40：789-800.

[4] Smith J. Chem Rev，1988，88：149-182.

[5] Mann S. Nature，1993，365：499-505.

[6] Armor J N. Appl Catal B，1992，1：221-256.

[7] 李颖. 博士学位论文. 上海：同济大学，2009.

[8] Shephard D S，ZhouW S，Maschmeyer T，et al. Angew Chem Int Ed，1998，37：2719-2723.

[9] Burket S L，Sims S D，Mann S. Chem Commun，1996：1367-1368.

[10] Fowler C E，Burkett S L，Mann S. Chem Commun，1997：1769-1770.

[11] Stein A，Melde B J，Schroden R C. Adv Mater，2000，12：1403-1419.

[12] Jim M H，Stein A. Chem Mater，1999，11：3285-3295.

[13] Chong A S M，Zhao X S. J Phys Chem B，2003，107：12 650-12 657.

[14] Li H R，Lin J，Zhang H J，et al. Chem Mater，2002，14：3651-3655.

[15] Wang Q M，Yan B. J Mater Chem，2004，14：2450-2454.

[16] Liu J L，Yan B. J Phys Chem B，2008，112：10 898-10 907.

[17] Yan B，Lu H F. Inorg Chem，2008，47：5601-5611.

[18] Lu H F，Yan B. J Non-Cryst Solids，2006，352：5331-5336.

[19] Yan B，Wang Q M. Cryst Growth Des，2008，8：1484-1489.

[20] Wang Q M，Yan B. Cryst Growth Des，2005，5：497-503.

[21] Seifert R，Kunzmann A，Calzaferri G. Angew Chem Int Ed，1998，37：1520-1524.

[22] Yumura T，Nanba T，Torigoe H，et al. Inorg Chem，2011，50：6533-6542.

[23] Mintova S，De Waele V，Schmidhammer U，et al. Angew Chem Int Ed，2003，42：1611-1614.

[24] Pfenniger M，Calzaferri G. Chem Phys Chem，2000：211-217.

[25] Pauchard M，Devaux A，Calzaferri G. Chem Eur J，2000，6：3456-3470.

[26] Cox S D，Gier T E，Stucky G D. J Am Chem Soc，1988，110：2986-2987.

[27] Kim H S，Lee S M，Ha K，et al. J Am Chem Soc，2004，126：673-682.

[28] Ruiz A Z，Li H R，Calzaferri G. Angew Chem Int Ed，2006，45：5282-5287.

[29] Li H R，Devaux A，Popovic Z，et al. Micro Meso Mater，2006，95：112-117.

[30] Alvaro M，Cabeza J F，Corma A，et al. J Am Chem Soc，2007，129：8074-8075.

[31] Vohra V，Bolognesi A，Calzaferri G，et al. Langmuir，2010，26：1590-1593.

[32] Suárez S，Devaux A，Baāuelos J. Adv Funct Mater，2007，17：2298-2306.

[33] Bhuiyan A A, Kincaid J R. Inorg Chem, 1999, 38: 4759-4764.
[34] 李焕荣,王宇,曹朋朋,等. 中国科学,2012,42:1265-1277.
[35] Sendor D, Kynast U. Adv Mater, 2002, 14: 1570-1574.
[36] Wada Y, Okubo T, Ryo M, et al. J Am Chem Soc, 2000, 122: 8583-8584.
[37] Wada Y, Sato M, Tsukahara Y. Angew Chem Int Ed, 2006, 45: 1925-1928.
[38] Liu H H, Song H W, Li S W, et al. J Nanosci Nanotechnol, 2008, 8: 3959-3966.
[39] Monguzzi A, Macchi G, Meinardi F, et al. Appl Phys Lett, 2008, 92: 1 233 011-1 233 012.
[40] Mech A, Monguzzi A, Meinardi F, et al. J Am Chem Soc, 2010, 132: 4574-4576.
[41] Mech A, Monguzzi A, Cucinotta F, et al. Phys Chem Chem Phys, 2011, 13: 5605-5608.
[42] Calzaferri G, Huber S, Maas H, et al. Angew Chem Int Ed, 2003, 42: 3732-3758.
[43] Wang Y G, Li H R Gu L J, et al. Micro Meso Mater, 2009, 121: 1-6.
[44] Cao P P, Li H R, Zhang P M, et al. Langmuir, 2011, 27: 12 614-12 620.
[45] Cao P P, Wang Y G, Li H R, et al. J Mater Chem, 2011, 21: 2709-2714.
[46] WangY, Li H R, Feng Y, et al. Angew Chem Int Ed, 2010, 49: 1434-1438.
[47] Li H R, Cheng W J, Wang Y, et al. Chem Eur J, 2010, 16: 2125-2130.
[48] Li H R, Zhang H H, Wang L Y, et al. J Mater Chem, 2012, 22: 9338-9342.
[49] Zhang H H, Li H R. J Mater Chem, 2011, 21: 13 576-13 580.
[50] DingY X, Wang Y G, Li H R, et al. J Mater Chem, 2011, 21: 14 755-14 759.
[51] Fang Y, Li H R, Wang Y, et al. Dalton Trans, 2010, 39: 11 594-11 598.
[52] Ding Y X, Wang Y G, Li Y N, et al. Photochem Photobiol Sci, 2011, 10: 543-547.
[53] Sayari A, Yang Y, Kruk M, et al. J Phys Chem B, 1999, 103: 3651-3658.
[54] Alvaro M, Garcia S, Marquez F, et al. J Phys Chem B, 1997, 101: 3043-3051.
[55] Fornes V, Garcia H, Miranda M A, et al. Tetrahedron, 1996, 52: 7755-7760.
[56] Sung-Suh H M, Luan Z, Kevan L. J Phys Chem B, 1997, 101: 10 455-10 463.
[57] Xu Q H, Li L S, Liu X S, et al. Chem Mater, 2002, 14: 549-555.
[58] Gago S, Fernandes J A, Rainho J P, et al. Chem Mater, 2005, 17: 5077-5084.
[59] Fu L S, Zhang H J, Boutinaud P. J Mater Sci Technol, 2001, 17: 293-298.
[60] Li H R, Lin J, Fu L S, et al. Micro Meso Mater, 2002, 55: 103-107.
[61] Sun L N, Zhang Y, Yu J B, et al. Micro Meso Mater, 2008, 115: 535-540.
[62] Sun L N, Yu J B, Zhang H J, et al. Micro Meso Mater, 2007, 98: 156-165.
[63] Feng J, Song S Y, Xing Y, et al. J Solid State Chem, 2009, 182: 435-441.
[64] Feng J, Song S Y, Fan W Q, et al. Micro Meso Mater, 2009, 117: 278-284.
[65] Li Y, Yan B. J Solid State Chem, 2008, 181: 1032-1039.
[66] Li Y, Yan B. J Fluores, 2009, 19: 191-201.
[67] Li Y, Yan B. Micro Meso Mater, 2010, 128: 62-70.
[68] Yan B, Li Y, Zhou B. Micro Meso Mater, 2009, 120: 317-324.
[69] Zhou B, Yan B. J Photochem Photobiol A Chem, 2008, 195: 314-322.
[70] Li Y J, Yan B, Wang L. J Solid State Chem, 2011, 184: 2571-2579.
[71] Yan B, Wang J, Li Y. J Alloys Compds, 2011, 509: 9240-9245.
[72] Meng Q, Boutinaud P, Franville A C, et al. Micro Meso Mater, 2003, 65: 127-136.
[73] Meng Q, Boutinaud P, Zhang H, et al. J Lumin, 2007, 124: 15-22.

[74] Corriu R J P, Mehdi A, Reye C, et al. New J Chem, 2004, 28: 156-160.
[75] Peng C, Zhang H, Yu J, et al. J Phys Chem B, 2005, 109: 15 278-15 287.
[76] Peng C, Zhang H, Meng Q, et al. Inorg Chem Commun, 2005, 8: 440-443.
[77] Sun L, Zhang Y, Yu J, et al. J Photochem Photobiol A Chem, 2008, 199: 57-63.
[78] Sun L, Zhang H, Yu J, et al. Langmuir 2008, 24: 5500-5507.
[79] Feng J, Zhang H, Peng C, et al. Micro Meso Mater, 2010, 113: 402-410.
[80] Sun L, Zhang H, Peng C, et al. J Phys Chem B, 2006, 110: 7249-7258.
[81] Wang H, Ma Y, Tian H, et al. Dalton Trans, 2010, 39: 7485-7492.
[82] Li Y, Yan B, Yang H. J Phys Chem,2008, 112: 3959-3968.
[83] Li Y, Yan B. Solid State Sci, 2009, 11: 994-1000.
[84] Kong L, Yan B, Li Y. J Alloys Compds, 2009, 481: 549-554.
[85] Kong L, Yan B, Li Y. J Solid State Chem, 2009, 182: 1631-1637.
[86] Yan B, Li Y. Dalton Trans, 2010, 39: 1480-1487.
[87] Li Y, Yan B, Li Y. Micro Meso Mater, 2010, 131: 82-88.
[88] Li Y, Yan B, Guo L. Inorg Chem Commun,2011, 14: 910-912.
[89] Li Y, Yan B. J Fluores, 2012, 22: 729-736.
[90] Li Y, Yan B, Wang L. Dalton Trans, 2011, 40: 6722-6731.
[91] Li Y,Yan B, Guo L, et al. Micro Meso Mater, 2012, 148: 73-79.
[92] Yan B, Li Y, Qiao X. Micro Meso Mater, 2012, 158: 129-136.
[93] Kong L, Yan B, Li Y,et al. Micro Meso Mater, 2010, 135: 45-50.
[94] Li Y, Yan B, Liu J. Nanoscale ResLett, 2010, 5: 797-804.
[95] Li Y J, Yan B, Li Y. J Solid State Chem, 2010, 183: 871-877.
[96] Gu Y, Yan B, Li Y. J Solid State Chem, 2012, 190: 36-44.
[97] Tani T, Mizoshita N, Inagaki S. J Mater Chem, 2009, 19: 4451-4456.
[98] Guo X, Fu L, Zhang H, et al. New J Chem, 2005, 29: 1351-1358.
[99] Guo X, Wang X, Zhang H, et al. Micro Meso Mater, 2008, 116: 28-35.
[100] Guo X, Guo H, Fu L, et al. Micro Meso Mater, 2009, 119: 252-258.
[101] Li Y, Yan B, Li Y. Micro Meso Mater, 2010, 132: 87-93.
[102] Li Y, Wang L, Yan B. J Mater Chem, 2011, 21: 1130-1138.
[103] Sun L, Mai W, Dang S. J Mater Chem, 2012, 22: 5121-5127.
[104] Guo X, Guo H, Fu L, et al. J Phys Chem C, 2009, 113: 2603-2610.
[105] Li H, Ding Y, Cao P, et al. J Mater Chem, 2012, 22: 4056-4059.
[106] Li Y, Yan B. Inorg Chem, 2009, 48: 8276-8285.
[107] Li Y, Yan B. Dalton Trans, 2010, 39: 2554-2562.
[108] Li Y, Yan B, Li Y. Chem Asian J, 2010, 5: 1642-1651.
[109] Li Y, Yan B. J Mater Chem, 2011, 21: 8129-8136.
[110] Yan B, Li Y. J Mater Chem, 2011, 21: 18 454-18 461.
[111] Yan B, Kong L. Nanoscale Res Lett, 2010, 5: 1195-1203.
[112] Aiello D, Talarico A M, Teocoli F. New J Chem, 2011, 35: 141-148.
[113] Quach A, Escax V, Nicole L. J Mater Chem, 2007, 17: 2552-2560.
[114] Chelebaeva, Raehm L, Durand J O. J Mater Chem, 2010, 20: 1877-1884.

[115] Wang Q M, Tan C L, Chen H Y, et al. J Phys Chem C, 2010, 114: 13 879-13 883.
[116] Lei B, Li B, Zhang H, et al. Adv Funct Mater, 2006, 16: 1883-1891.
[117] Lei B, Li B, Zhang H, et al. J Phys Chem C, 2007, 111: 11 291-11 301.
[118] Wang B, Liu Y, Li B, et al. J Lumin, 2008, 128: 341-347.
[119] Wu X, Song L, Li B, et al. J Lumin, 2010, 130: 374-379.
[120] Zhang H, Bai Y, Li, et al. Chem J Chin Univ, 2007, 28: 16-20.
[121] Zhang H, Li B, Lei B, et al. J Lumin, 2008, 128: 1331-1338.
[122] Zhang H, Li B, Lei B, et al. Chem J Chin Univ, 2007, 28: 1920-1924.
[123] Liu Y, Li B, Cong Y, et al. J Lumin, 2011, 131: 781-785.
[124] Wang D, Li B, Zhang L, et al. J Lumin, 2010, 130: 598-602.
[125] Zuo Q, Li B, Zhang L, et al. J Solid State Chem, 2010, 183: 1715-1720.

第7章　介孔材料表面性质的设计与控制

7.1 引　　言

介孔材料是以表面活性剂形成的超分子结构为模板，利用溶胶-凝胶、乳化或微乳化等物理化学过程，通过材料构筑单元和模板剂之间的界面作用组装和协同化学反应生成的一类孔径为2～50nm、孔径分布窄且具有规则孔通道结构的多孔材料。它的出现以1990年Yanagisawa等[1]报道的有序介孔材料为标志。随后在1992年，美国Exxon Mobil公司的Kresge等[2]首次以烷基季铵盐型阳离子表面活性剂为模板成功地合成了M41S型介孔分子筛，孔径可在1.5～10nm进行调节，其单一的孔径分布、高的比表面积(1000m^2/g)和孔隙率(1cm^3/g)引起了广泛关注。由于它的孔径在很大范围内可以调节，在实际应用中起着微孔材料不能替代的作用。更为重要的是，有序介孔材料除了具备纳米材料的性质外，还容易进行化学改性和异质复合，得到功能性材料。有序介孔材料形成过程中的自组装作用与自然界中不同形状和功能的生命单元体(如牙齿、贝壳、骨骼等)的形成过程类似，因而这种材料在吸附、分离、催化、光导纤维、分子器件、生物矿化作用、仿生化学等领域有着重要的应用前景，已成为人们感兴趣的热门研究领域之一。

7.2 有序介孔材料的合成机理

自从M41S型介孔分子筛被报道以来，研究人员针对各自特定的反应体系，研究了其合成机理。典型的有序介孔材料合成体系主要由材料构筑单元前体、模板剂(结构导向剂)、酸或碱催化剂和溶剂组成。其合成过程涉及众多的物理化学过程，如无机物的溶胶-凝胶过程，不同化学状态的热力学分布和缩聚动力学，模板分子从胶束到液晶的自组装过程，材料构筑单元和模板分子间的界面组装作用力，如静电作用、氢键、范德华力、配位键等。以无机介孔材料为例，选择材料前体的主要理论依据是溶胶-凝胶化学，即原料的水解和缩聚速度适当，且经过水热过程处理后可以提高其缩聚程度。根据介孔材料骨架元素组成，无机物种可以是直接加入的无机盐，也可以是水解后能够产生无机低聚体的烷氧基化合物，如$Si(OEt)_4$、$Al(OPr^i)_3$、$Ti(OBu)_4$或$Nb(OEt)_5$等。常用的模板剂包括长链烷基季铵盐型阳离子表面活性剂、带多功能团的胺类表面活性剂[如$NH_2(CH_2)_nNH_2$(n=10～

22)]、非离子型表面活性剂如长链烷烃聚氧乙烯、嵌段共聚物(如 PEO-PPO-PEO、PEO-PS)和其他有机小分子(如葡萄糖、生物分子)等。模板剂随组成和浓度的不同，在溶液中能够形成球形胶束、棒状胶束、六方密堆积液晶相、三维的面心立方相和双连续立方相以及二维的层状结构等丰富多样的液晶结构，如图 7-1 所示[3]。这些超分子液晶相结构与模板剂胶束的有效堆积参数 g 有关[4]。定义 $g=V/a_0l_c$，其中 V 表示疏水基团所占的体积，a_0 表示胶团表面亲水基团所占的有效面积，l_c表示疏水链的有效链长。随着 g 值的逐渐提高，液晶结构逐渐从面心立方向六方密堆积、双连续立方和层状液晶相过渡。

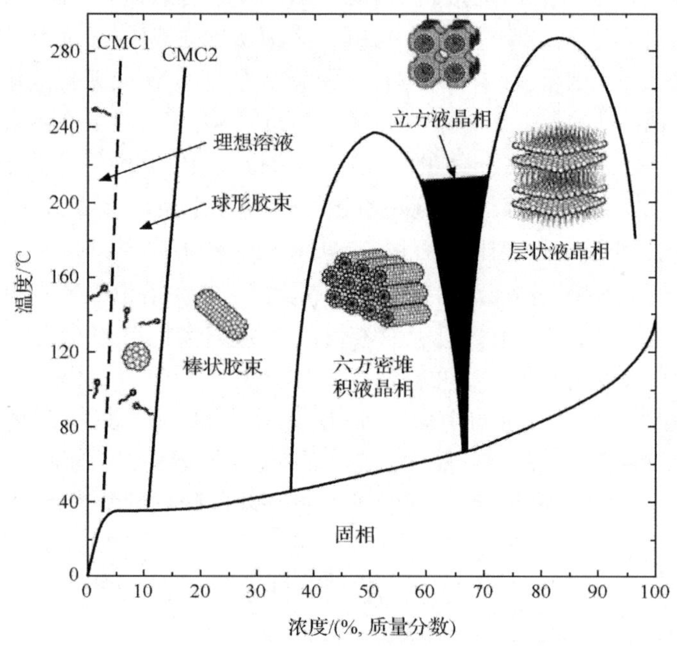

图 7-1　长链烷烃季铵盐型表面活性剂十六烷基三甲基溴化铵在水中的相图[3]

模板剂的液晶相组装行为为设计不同类型的介孔结构材料提供了理论依据。人们可以利用材料构筑单元与模板分子之间的静电吸引力、氢键或配位键等界面共同作用，使两者通过组装作用形成液晶结构复合物，高温烧结或溶剂抽提除掉复合物中的模板剂后得到类似液晶结构的多孔骨架，即有序介孔材料[5-8]。以 MCM-41 型介孔分子筛为例，针对硅酸盐前驱体和模板分子之间的组装过程，研究人员提出了两种具有代表性的介孔材料形成机理，如图 7-2 所示[2]。第一种观点为液晶模板机理(liquid-crystal templating mechanism，LCT 机理)，是基于介孔材料的空间对称性和溶致液晶相似而提出的假设。该机理认为表面活性剂首先在溶液中聚集形成液晶相，然后硅源以其为模板附着于表面，再经过缩合过程形成无机网络。这种机理简单直观，可以解释很多实验现象，如反应温度、表面活性剂浓度等对产物结构的相转变规律的影响，但这一机理只有在表面活性剂浓度较大时才可能成立，对于表面活性剂浓度不足以形成液晶相却仍可以生成介孔分子筛的现象，该机理无法解释。这促使人们进一步思索表面活性剂与无机物之间的相互作用及其有序化过程，于是提出了第二种观点，即协同作用机理（cooperative formation mechanism，CFM 机理）。CFM 机理认为有序结构的中间相是胶束和无机物共同作用的结果。这种相互作用表现为胶束加速无机物种的缩聚过程，而无机物种的缩聚反应对胶束形成液晶相结构有促进作用。胶束加速无机物种的缩聚过程主要由于两相界面之间的相互作用（如静电吸引力、氢键作用或配位键等）导致无机物种在界面的浓缩而产生。CFM 机理有助于解释介孔分子筛合成中的诸多实验现象，如合成不同于表面活性剂液晶结构的新相产物、低表面活性剂浓度下合成有序介孔材料等。

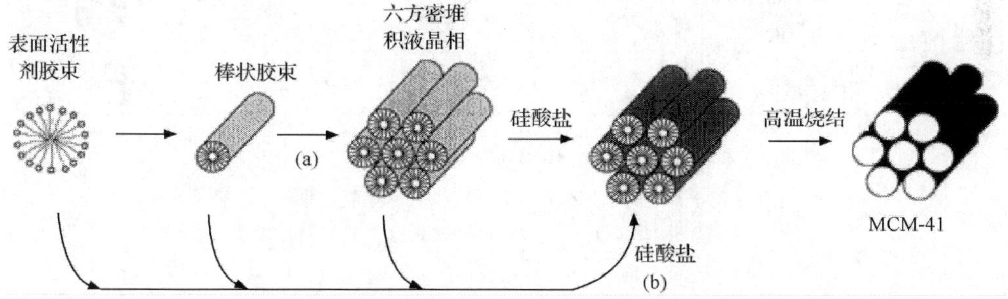

图 7-2　表面活性剂和硅酸盐自组装合成 MCM-41 型介孔材料示意图[2]

(a) 液晶模板机理(LCT)；(b) 协同作用机理(CFM)

如上所述，在有序介孔材料的合成过程中，材料构筑单元和超分子模板之间的界面组装对于有序结构的形成起着关键性的作用。这种组装作用力包括静电吸引力、氢键、范德华力、配位键等。根据表面活性剂、材料前体以及中介离子的电性和界面相互作用力的性质，人们把合成过程分为六种合成路线：S^-I^+，S^+I^-，$S^+X^-I^+$，$S^-M^+I^-$，S^0I^0，$S^0(IX)^0$。如图 7-3 所示[9]。以制备介孔二氧化硅为例，材料前体所带的电荷性质可通过调节体系的 pH 来控制。当 pH 小于材料前体的等电点（二氧化硅的等电点为 2）时，前体带正电，反之，前体带负电。对于 S^+I^- 路线，表面活性剂选择阳离子表面活性剂，体系的 pH 选择 9～14 以保证前体带负电。而对于 $S^+X^-I^+$ 路线，仍选用阳离子表面活性剂，但体系的 pH 小于 2，使得前体带正电，此时 X^- 为 Cl^-、Br^- 等卤素离子。对于中性路线，选择非离子表面活性剂，此时表面活性剂和材料前体间的相互作用形式主要为氢键、范德华力、配位键等。

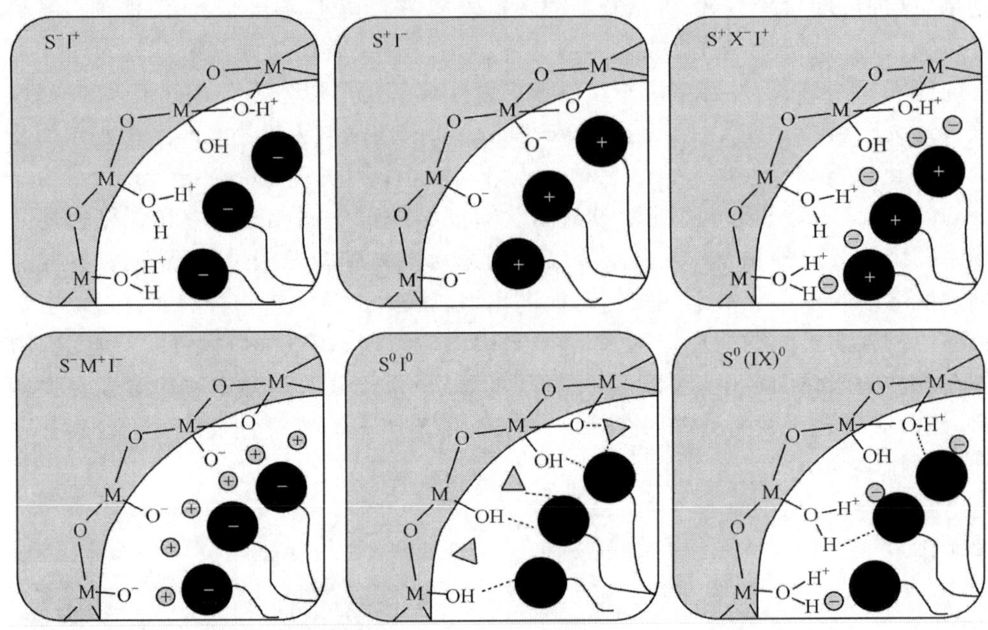

图 7-3　不同类型的无机物-表面活性剂界面相互作用示意图

S 表示表面活性剂分子，I 表示无机物，M^+ 和 X^- 表示相应的带相反电荷的离子。

S^0I^0示意图中的三角形表示溶剂分子，虚线表示氢键作用[9]

7.3　有序介孔材料表面性质的设计与控制

自 1990 年首次报道以来，在二十多年的时间内，有序介孔材料的研究已经取得了非常显著的进展。利用上述不同的界面组装作用，选择适当的模板剂和材料构筑单元组成特定的合成体系，研究人员根据各自不同的研究目的成功地合成出了不同结构、组成和形貌的有序介孔材料，为促进介孔材料在不同领域的应用开发奠定了基础。在材料的介观结构上，具有二维六方密堆积结构($P6mm$)[2, 10, 11]、三维六方结构 ($P6_3/mmc$)[12, 13]、三维立方结构 ($Pm\bar{3}n$, $Im\bar{3}m$, $Ia\bar{3}d$)[10,12-16] 和层状结构[10,17] 的有序介孔材料已被广泛报道，如图 7-4 所示。在材料骨架的组成方面，介孔材料已经从最初的无机硅酸盐类材料向无机金属氧化物、硫化物、金属单质、有机-无机杂化材料发展，直到最近报道的有机高分子材料和由其衍生的碳材料。在材料的宏观形貌方面，也已经有大量零维的微球、一维的纳米纤维和纳米管、二维的薄膜以及三维的单块被制备出来，这对于有序介孔材料在实际领域中的应用具有重要意义。

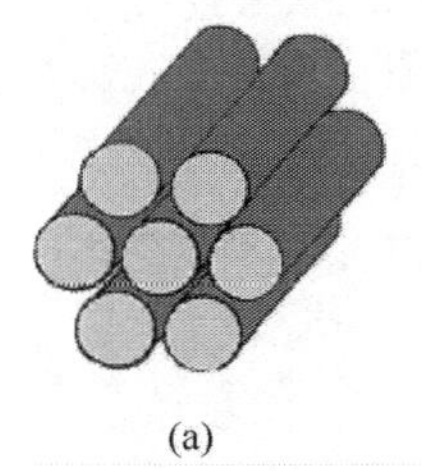
(a)
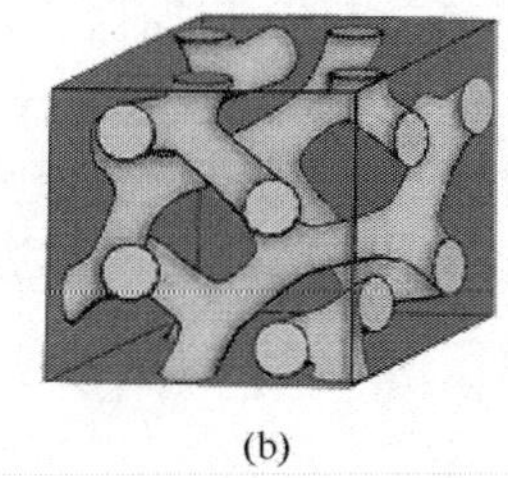
(b)
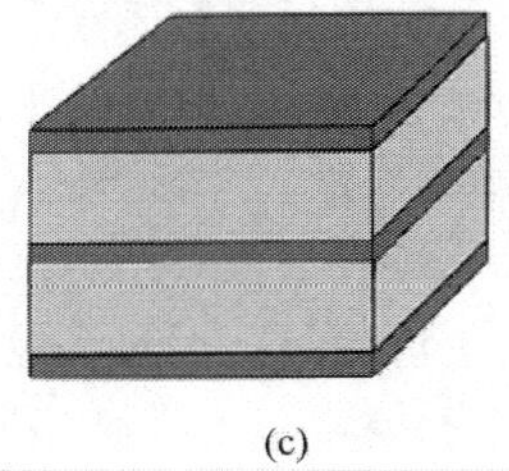
(c)

图 7-4　不同结构的介孔材料示意图
(a) 六方结构；(b) 双连续立方结构；(c) 层状结构

7.3.1　硅基有序介孔材料

由于硅基介孔材料具有结构多样性、水解和缩聚反应易于控制，一直是备受关注的研究对象。最早关于该材料的报道来自于日本的 Yanagisawa 等[1]，他们将 $Na_2Si_2O_5 \cdot 3H_2O$(kanemite)溶解在长链烷基三甲基铵阳离子的碱性溶液中(S^+I^-路线)，经 65℃水热处理一定时间，使硅酸盐夹层中的 Na^+ 与烷基三甲基铵阳离子进行交换，最后烧结除去模板，得到孔径分布为 2～4nm 的介孔二氧化硅，记作 FSM-16。随后，Exxon Mobil 公司用类似方法制备了 M41S 系列介孔分子筛[2, 10]，其中主要包括六方相($P6mm$)的 MCM-41[2, 10]、立方相($Ia\bar{3}d$)的 MCM-48[18]、层状相($P2$)的 MCM-50[19]。M41S 介孔分子筛的报道引发了硅基介孔材料的研究热潮。此后，研究人员以硅酸酯类为前体，以长链烷基季铵盐、胺类或嵌段共聚物为模板剂，在酸或碱催化下制备了大量不同纳米结构的硅基介孔材料，其中广为人知的材料包括 HMS 和 MSU (wormlike)[20, 21]、KIT-6 ($Ia\bar{3}d$)[22]、SBA-1 和 SBA-6 ($Pm\bar{3}n$)[11, 23]、SBA-2 和 SBA-12 ($P6_3/mmc$)[12, 13]、SBA-15 ($P6mm$)[13, 24]和 SBA-16 ($Im\bar{3}m$)[13]等。不同类型的模板剂对产物的结构和性能有重要影响，如使用长链烷烃季铵盐型阳离子表面活性剂作模板剂合成出的介孔材料结构较单一，多为 M41S 型及其类似结构，孔径只有 3～4nm，孔壁较薄，水热稳定性有待提高。使用阳离子型 gemini 表面活性剂可以调节胶束的有效堆积参数，从而实现对不同结构介孔材料的合成设计，特别是可以合成具有新型结构的 SBA-2 ($P6_3/mmc$)[12]。使用非离子型表面活性剂(如长链烷烃聚氧乙烯)可以得到孔壁厚、粒径小的介孔材料，但其孔道分布长程有序性差[20, 21]。使用嵌段共聚物型表面活性剂聚氧乙烯-聚氧丙烯-聚氧乙烯(PEO-PPO-PEO)不仅可以在酸性条件下生成高规整度的 SBA-15 ($P6mm$)[13, 24]，而且产物孔径和壁厚大大增加(可分别达 30nm 和 6nm)，从而可提高其水热稳定性。

最早报道的 FSM-16 和 M41S 有序介孔材料是在碱性条件下用水热合成法制

备的，这种材料具有高度规整的介观结构，但通常以疏松的微粒聚集体形式存在。从实际应用的角度考虑，往往要求有序介孔材料具有特定的宏观形状。Huo 等提出的酸性条件合成路线[11]以及 Brinker 等提出的溶剂蒸发诱导自组装概念（EISA）[25-31]为制备具有特定形状的有序介孔材料奠定了基础。目前报道较多的形貌主要包括有序介孔薄膜[32-36]、纤维[37-40]、单块[41-43]、微球[25, 44, 45]和其他特殊的形貌[46, 47]等。

7.3.1.1 旋转涂层和浸入涂层法制备介孔二氧化硅薄膜

介孔薄膜由于在分离、选择性催化以及传感等领域具有应用价值而备受关注。利用溶剂蒸发诱导自组装过程，高度有序的介孔二氧化硅薄膜可以通过旋转涂层（spin coating）或浸入涂层（dip-coating）技术来制备。如图 7-5 所示[27]，将硅片竖直浸入含有表面活性剂的二氧化硅溶胶中，并以一定的速度向上提拉，随着溶剂的蒸发，自组装过程首先在液-固界面和液-气界面发生，因而在靠近硅片和靠近空气的位置，薄膜都具有高度有序的介孔结构。调节表面活性剂浓度，能够得到六方和立方结构的介孔薄膜。利用消偏振荧光技术可以原位观察介观相的演变过程，结果表明纳米结构经历了从层状到立方再到六方结构的演变。这种方法能连续制备介孔薄膜，具有制备快、有序性好等优点。

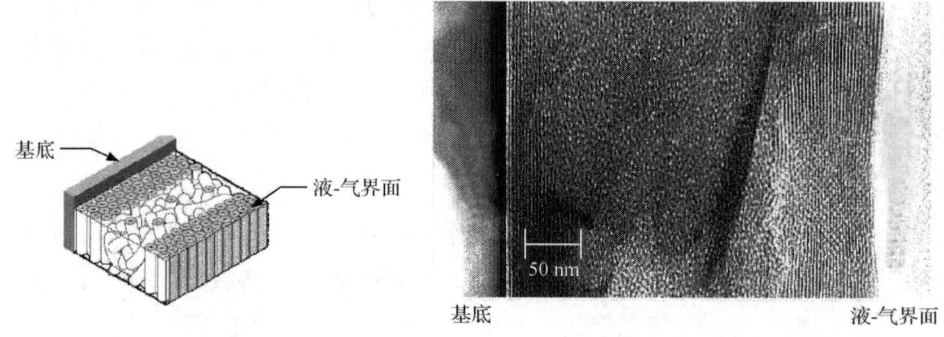

图 7-5 溶剂蒸发诱导自组装过程制备介孔二氧化硅薄膜（浸入涂层法）[27]

浸入涂层法和旋转涂层法具有普适性，也可以用来制备有机-无机交替的层状介孔薄膜，从而模拟贝壳的生物矿化过程。如图 7-6 所示[29]，以正硅酸四乙酯、表面活性剂和有机单体为原料，通过自组装过程形成有机-无机交替的层状介观相，有机单体聚合后，除去表面活性剂，得到与天然贝壳结构类似的有机-无机层状介孔结构，这种复合材料的机械强度和硬度相比二氧化硅显著提高。利用浸入涂层技术，通过在二氧化硅溶胶中添加表面活性剂和光致产酸剂（photoacid generator，PAG）还可以制备多功能光敏性图案化的介孔薄膜[30]。当紫外光穿过图案化的掩膜选择性地照射这种薄膜时，被照射部位的光致产酸剂分解产生强酸，加速该部位

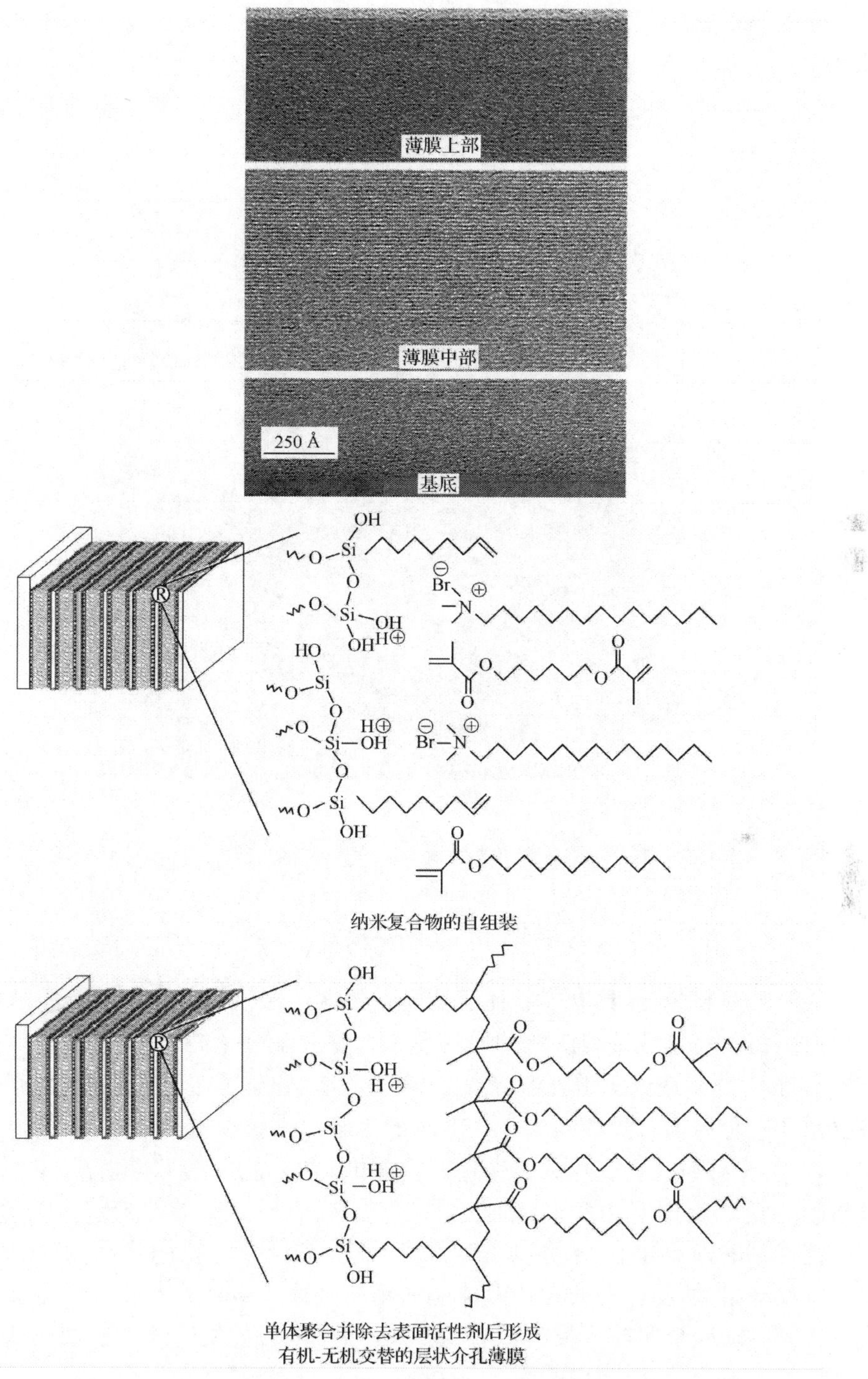

图 7-6　浸入涂层法制备仿贝壳结构的有机-无机交替层状介孔薄膜[29]

的二氧化硅缩聚，而没有被紫外光照到的部位缩聚程度差，能选择性地溶于碱溶液，从而形成图案化的介孔薄膜。此外，如果把含有表面活性剂的二氧化硅溶胶作为“墨水”，则可以通过平板印刷术或喷墨打印技术将介孔二氧化硅制作成图案化薄膜(图 7-7)[28]。

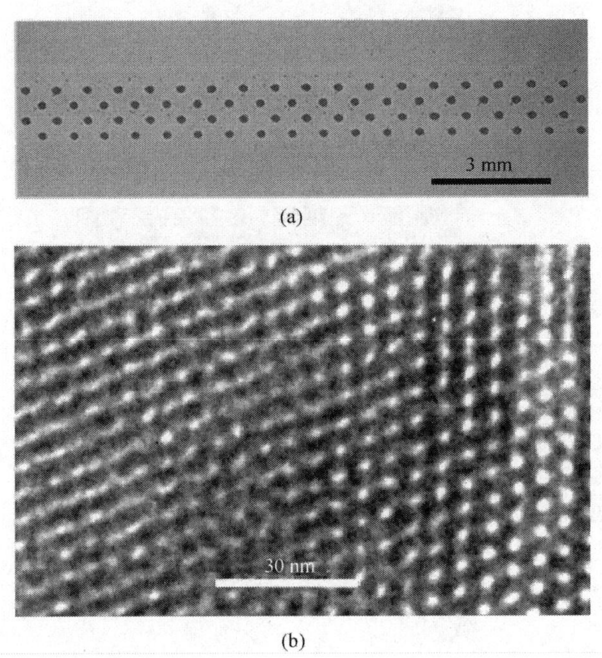

图 7-7 用喷墨打印技术制备的介孔二氧化硅点阵列的光学(a)和透射电镜(b)照片[28]

7.3.1.2 气溶胶法制备介孔二氧化硅微球

与介孔薄膜相比，具有连通孔道的介孔微球在催化、色谱柱填料、可控释放、低介电常数材料等领域具有广泛的应用前景。最初制备有序介孔二氧化硅微球[45]和空心球[44]的常用方法是乳液合成法，随着溶剂蒸发诱导自组装技术的发展，Lu 等提出了一种更为有效的制备介孔微球的途径——快速气溶胶法[48-50]。如图 7-8 所示，二氧化硅溶胶在高速载气作用下被雾化，进入加热区后，随着溶剂的挥发，从气溶胶的气-液界面开始发生自组装，形成粒径 0.1～1μm 的纳米结构微球。改变表面活性剂的种类和浓度，可以得到六方、立方和层状结构的介孔微球[25, 48]。通过控制反应条件，所得到的介孔微球能紧密排列成连续的介孔薄膜。如果在二氧化硅溶胶中加入金属前体或金属纳米颗粒，则可以通过快速气溶胶法一步制得含有金属纳米粒子的介孔微球[25, 49]。这种二氧化硅-金属介孔复合微球在催化领域具有重要意义。例如，含有钯纳米粒子的介孔二氧化硅微球在 1，2-二氯乙烷的脱氯化氢反应中表现出极高的催化转化率和选择性。此外，介孔二氧化硅微球还可以作为填料添加在聚合物中。通过硅烷偶联剂改性后，介孔二氧化硅微球能很好地分散在聚合物中，同时聚合物链也能够在二氧化硅的纳米孔中互穿，从而大幅度提高材料的机械强度和硬度[50]。

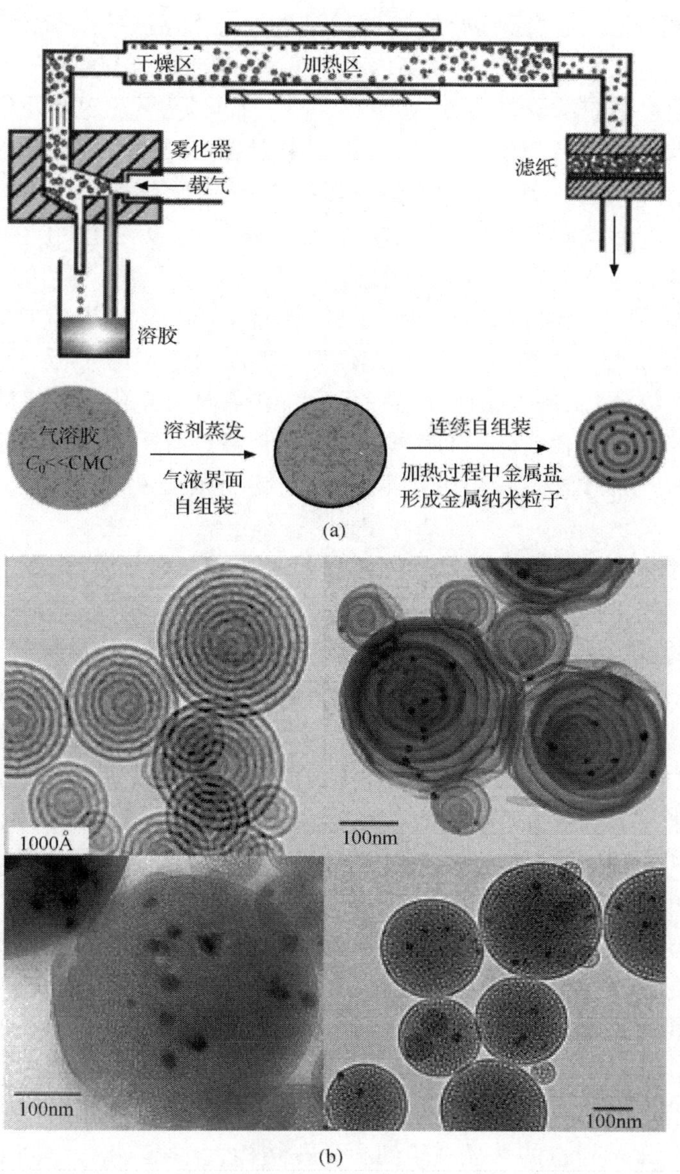

图 7-8 (a)气溶胶法制备介孔微球示意图以及(b)用该方法制备的不同介孔结构二氧化硅和金属-二氧化硅复合微球透射电镜图[48-50]

7.3.1.3 模板法制备一维介孔二氧化硅及其阵列体系

除了薄膜和微球之外，一维有序介孔纤维和空心管在光导、激光和物质传输材料方面具有应用价值，一直是人们感兴趣的研究对象。有序介孔二氧化硅纤维最早是在O/W乳液中通过酸性合成路线得到的[44]。随后，Huo等[37]发现利用油/水界面的自发生长过程，可以制备高度规整的有序介孔二氧化硅纤维。此外，这类材料也可以通过溶胶纺丝的方法制备[39, 40, 51]。Lin等[52]发现利用酸诱导二氧化硅薄膜发生卷曲，能得到有序介孔二氧化硅中空管。研究表明此类一维有序介孔二氧化硅的纳米孔道围绕着材料轴向呈环状排布[53-55]，说明六方排列的棒状胶束在组装时受纤维形状的影响发生弯曲，形成环状结构。实际上，孔道的排列方式和取向对于材料的实际应用是非常重要的。如果一维有序介孔材料的纳米孔道沿材料轴向平行排列，则材料将在电泳和生物传感器中作为纳米流体通道显示重要应用价值。Stucky等在强酸性条件下以阳离子表面活性剂为模板，控制反应温度，加入无机盐类物质，制备了孔道取向平行于纤维轴向的介孔二氧化硅材料[56]。如果选择手性的阴离子表面活性剂作模板，则可制备具有手性纳米孔道的螺旋状介孔二氧化硅棒，手性结构驱动力的不同导致左旋介孔二氧化硅棒的含量比右旋的含量高[57]。

尽管有序介孔材料在宏观形貌的控制上取得了长足的发展，但是对于如何通过溶胶-凝胶技术制备一维有序介孔复合材料及其阵列，控制产物的长径比，并实现结构特征的可控调节，仍然是一个充满挑战的领域。为了解决这一问题，Yang等采用多孔阳极氧化铝(porous anodic alumina，PAA)膜作模板，在其孔道内生长了一维有序介孔二氧化硅及其阵列体系[58]。如图7-9所示，所得一维介孔材料在多尺度范围内具有可调节的纳米结构，其长径比可通过调节多孔氧化铝膜的厚度和孔径大小来控制。研究表明多孔氧化铝膜的润湿性能够影响有序介孔二氧化硅的宏观形貌和介观结构。对于没有经过疏水改性的氧化铝模板，优先沿着氧化铝孔壁生长，缩聚后形成有序介孔二氧化硅空心管；对于经过疏水改性的氧化铝模板，二氧化硅形成时向孔道中心收缩，得到有序介孔二氧化硅实心纤维。随着模板疏水性的提高，有序介孔的孔径逐渐减小，孔道的排列方式也发生变化。改变嵌段共聚物模板剂的浓度，可以实现产物结构的可控调节。在氧化铝孔道的受限空间内，二氧化硅的纳米结构受几何形状限制发生弯曲，形成环状六方或同轴层状结构。这是由纳米结构在含有羟基的氧化铝孔道表面成核并向内逐步生长而形成的[59,60]。当氧化铝孔道的直径减小到和介孔结构大小相当时，空间受限作用尤为明显，能形成一些特殊的结构，如螺旋状介孔结构(图7-10)[61]。在多孔氧化铝模板中制备一维介孔材料的重要之处在于其纳米孔和管状中空微腔可作为微反应器，制备功能复合材料，如有序介孔二氧化硅-二氧化钛[58]、银纳米线-介孔二氧化硅[图 7-10(d)]纳米复合材料，实现了一维有序介孔材料的功能化。另外，在内部生长了介孔二氧化硅之后，多孔氧化铝膜作为一种新型复合膜(图 7-11)，可用于不同尺寸小分子的分离[62]。

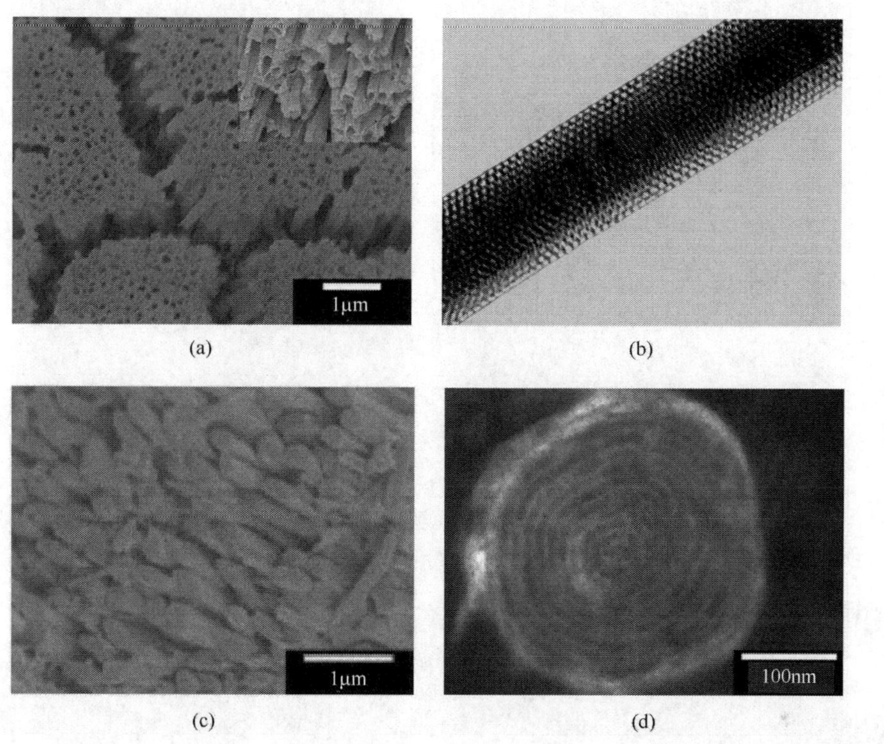

图 7-9　(a) 介孔二氧化硅空心管阵列体系扫描电镜图；(b) 介孔二氧化硅空心管透射电镜图；(c) 介孔二氧化硅纤维阵列体系扫描电镜图；(d) 介孔二氧化硅纤维截面透射电镜图[58]

7.3.1.4　超双亲透明介孔二氧化硅涂层

尽管关于介孔二氧化硅及其复合材料的结构、组成和形貌的研究已有很多，但有关介孔二氧化硅的表面性质，特别是润湿性的报道目前较少。而介孔材料多孔结构所造成的粗糙表面，势必会对其润湿性产生重要的影响。根据理论分析[63, 64]，通过增加表面粗糙度可提高或放大由于表面化学组成带来的润湿性，即对于疏液表面，粗糙度越高，其疏液性越强；对于亲液表面，粗糙度越高，其亲液性越强。Yang 等在利用正硅酸四乙酯(TEOS)的溶胶凝胶过程制备二氧化硅[58]的研究中发现，在光滑的二氧化硅涂层表面，水和油都能较好地铺展，这种双亲性来源于二氧化硅的高表面能。疏水的聚硅氧烷单元(Si—O—Si)和亲水的硅羟基(Si—OH)功能基团，赋予了二氧化硅涂层较高的表面能(462mJ/m^2)，远大于普通

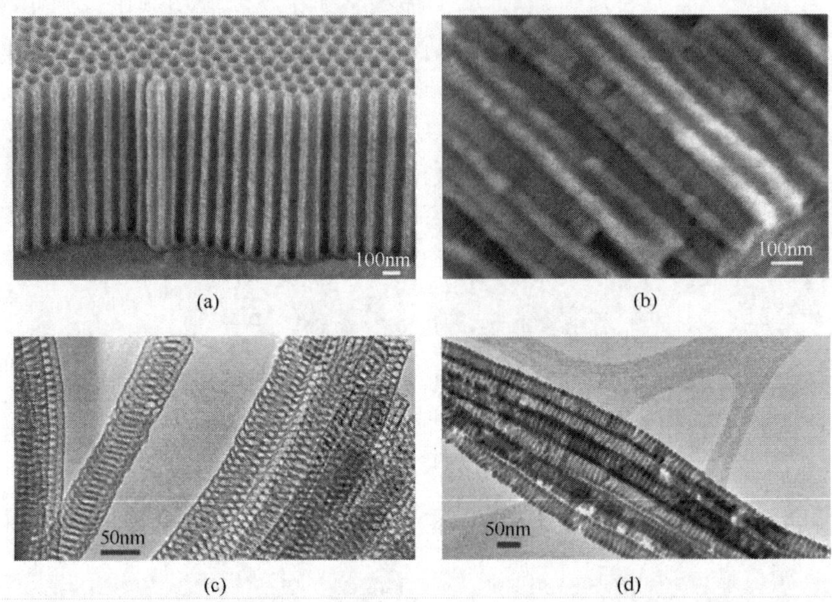

图 7-10 (a) PAA 膜扫描电镜图；(b) PAA 膜复合介孔二氧化硅扫描电镜图；(c) 螺旋状介孔二氧化硅纤维透射电镜图；(d) 在介孔二氧化硅纤维中制备的银纳米线透射电镜图[61]

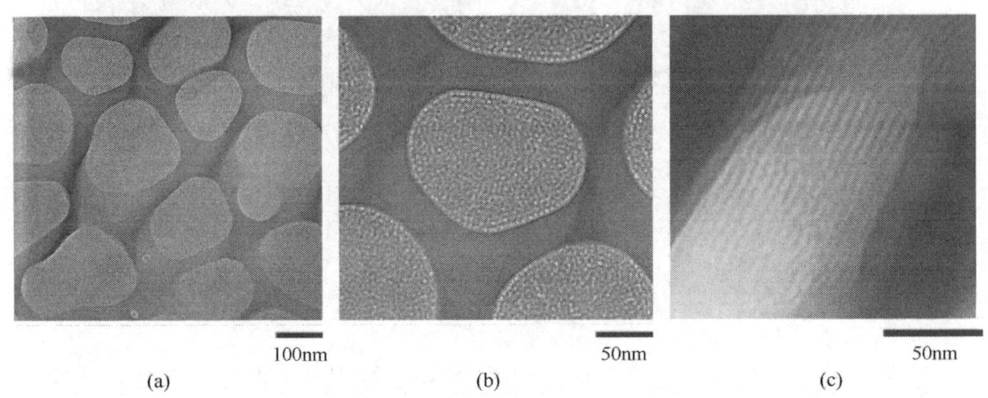

图 7-11 多孔氧化铝-介孔二氧化硅复合膜的电镜照片

(a) 低倍俯视透射电镜图；(b) 高倍俯视透射电镜图；(c) 侧面透射电镜图[62]

液体。受此实验结果的启发，Yang 等利用旋转涂层法，通过溶胶-凝胶过程和自组装技术，在二氧化硅涂层中引入介孔，增加其表面粗糙度，制备了超双亲的介孔涂层[31]。由于介孔的尺寸远小于可见光波长，可使 Mie 和 Rayleigh 光散射降低至最小，因而可保证涂层的透明性，这在实际应用中尤为重要。该涂层具有持久的超双亲特性，水和油在其表面能够完全铺展(图 7-12)，而且由于纳米尺度介孔内的毛细管力非常大，使液滴具有极快的铺展速度。更为重要的是，该涂层与适量纳米尺度功能性物质如纳米二氧化钛复合后，仍能保持透明性和超双亲性，因而在防雾、光催化、自清洁和紫外线吸收等方面具有潜在的应用前景。

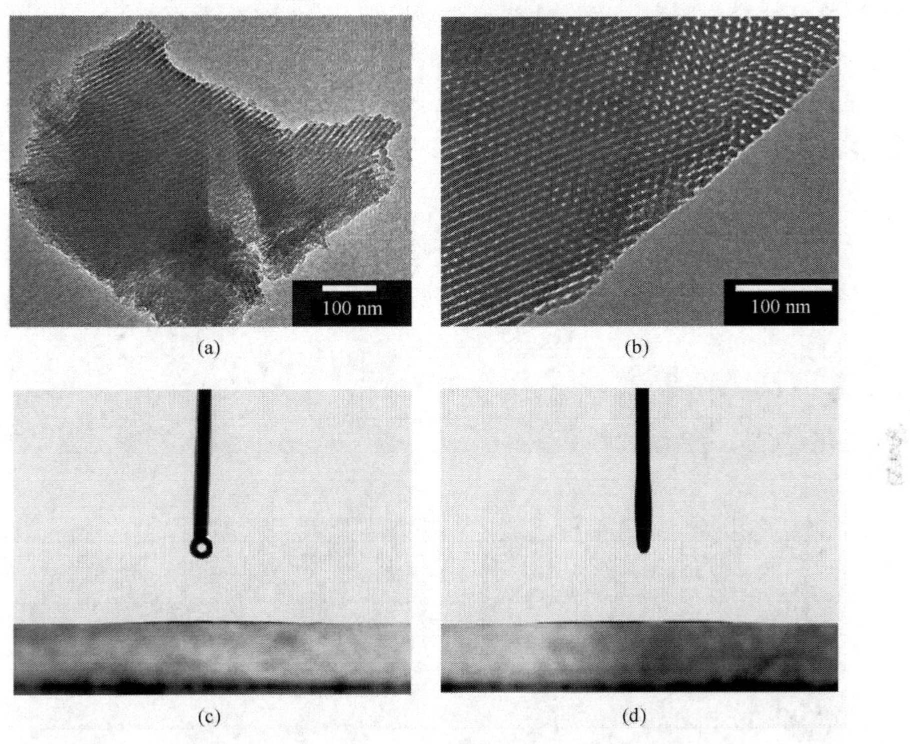

图 7-12　玻璃基板上的超双亲介孔二氧化硅涂层的透射电镜照片和液滴在其上的铺展图[31]
(a)和(b)分别为六方结构的(110)面和(001)面的透射电镜照片，
(c)和(d)分别显示水滴和十六烷在其表面的铺展情况

7.3.1.5　柔性介孔复合膜

如上所述，尽管硅基介孔材料在很多领域具有广泛的应用前景，但在使用过程中，此类材料存在一个关键问题，即材料的柔韧性差，且纳米孔膜通常需要负载在固体基底上，抑制了孔通道的输运性能。Yang 等报道的介孔二氧化硅-阳极多孔氧化铝复合膜[58]具有独特的孔道形态，在纳米微粒的分离方面有很大的应用潜力，但是这种复合膜也是脆性、硬质和易碎的，给实际应用带来困难。因此，制备易于实际操作的柔韧性复合膜成为迫切的需要。Sanchez 等[65]将疏水的聚合物溶液添加到含有表面活性剂的二氧化硅溶胶中，形成类似乳液的混合体系，随着溶剂的挥发，二氧化硅和表面活性剂发生自组装，同时疏水性聚合物形成柔韧性的薄膜，将介孔二氧化硅颗粒包埋在其中，原位形成具有多重纳米结构的透明复合薄膜。然而，由于介孔二氧化硅是分散在聚合物薄膜内部的，相互之间并不连通，因此这种结构的复合膜在物质传输方面的性能不太理想。Caruso 等以多孔的醋酸纤维素膜或聚酰胺膜为模板，在其孔内制备了二氧化钛和二氧化锆[66]。同样的思路，如果以多孔聚合物膜和表面活性剂为双重模板，则可制备柔性聚合物-介孔二氧化硅复合膜[67]，这为制备具有连通孔通道的柔性介孔膜提供了新思路。Yang 等以柔韧性较好的多孔聚丙烯薄膜为模板，在其中进行表面活性剂和无机材料溶胶的自组装，制备了柔性介孔复合膜[68]（图 7-13）。所得复合膜在润湿性、强度、韧性、

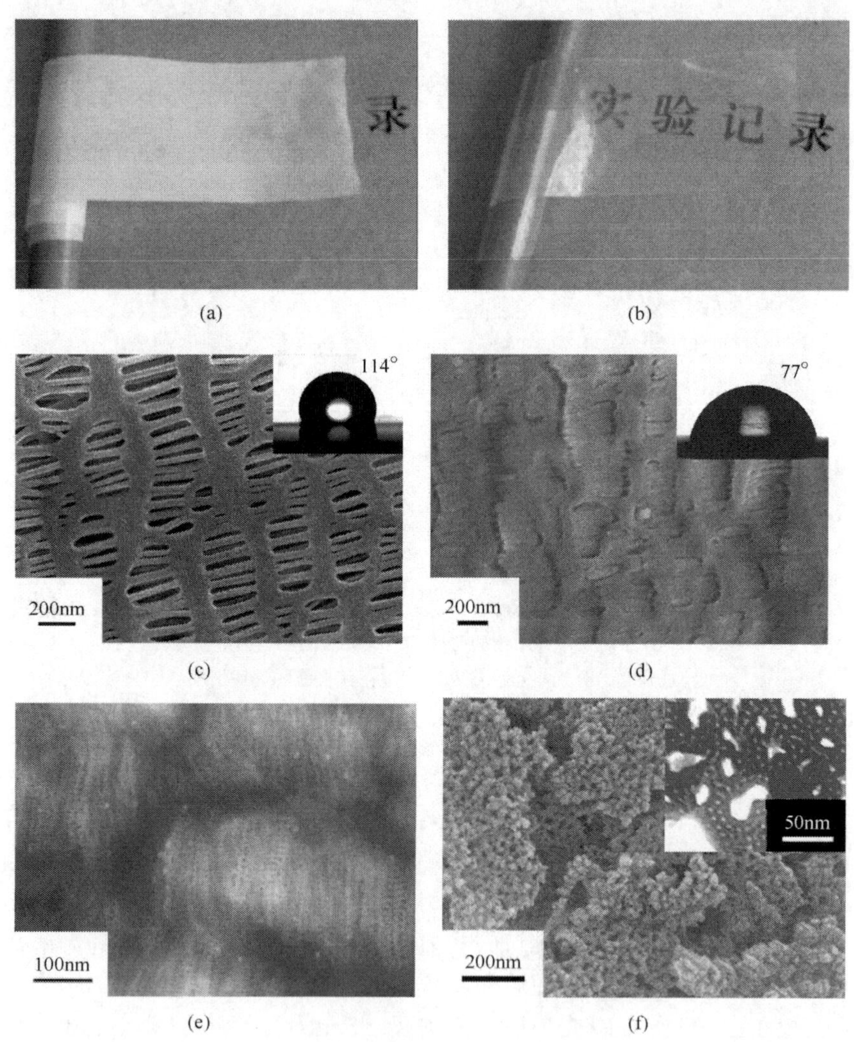

(a) (b) (c) (d) (e) (f)

图 7-13　以多孔聚丙烯膜为模板制备的介孔二氧化硅柔性复合膜[68]

(a) 多孔聚丙烯膜的光学照片；(b) 多孔聚丙烯-介孔二氧化硅复合膜的光学照片；(c) 多孔聚丙烯膜的扫描电镜照片；(d) 多孔聚丙烯-介孔二氧化硅复合膜的扫描电镜照片；(e) 多孔聚丙烯-介孔二氧化硅复合膜的切片透射电镜照片；(f)除掉聚丙烯膜后得到的分级介孔二氧化硅的扫描电镜和透射电镜照片；(c)和(d)中的插图为水滴在相应薄膜上的接触角测试照片

耐热性和渗透性等方面的性能得到显著提高，从而可以广泛应用于纳米尺寸物质的分离和提纯，尤其对于水处理过程非常重要，烧结除掉聚丙烯后，可得到双连续介孔和大孔结构二氧化硅[69]。与原位复合法制备介孔二氧化硅和聚合物复合膜[65]相比，这种方法制备的复合膜具有更好的物质传输性能，并且方法相对简单，条件容易控制，能够保证无机纳米孔的连通性。尤其重要的是，具有柔韧性的介孔复合膜，易于制作成不同的形状为进一步的操作提供方便。该方法可以扩展到其他多孔聚合物膜，同时也可扩展到其他的无机材料。例如，二氧化钛，大大拓展了柔性纳米孔复合膜材料的种类和应用领域。如果将聚合物模板除掉，则可制备高比表面积和孔隙率的新型分级介孔二氧化硅。该材料同时存在两类相互连接的介孔：一类是表面活性剂自组装模板形成的尺寸均一的可在 2～6nm 调节的小孔，一类是孔径分布较宽的由聚丙烯膜留下的条形孔。两类孔在同一二氧化硅材料中相互贯穿，极大地增加了材料的比表面积及孔隙率。该材料除在吸附和催化方面具有其他介孔二氧化硅同样的意义外，还有望成为选择性异类分子反应的纳米反应器。

与上述方法类似，以分子质量小的酚醛树脂和正硅酸乙酯分别为碳源和硅源，以双亲性嵌段共聚物和多孔聚丙烯分别为软模板和硬模板，可制备出多相多组分复合材料，在不同氛围下高温处理，可得到二氧化硅和碳-二氧化硅介孔材料，使用氢氟酸除去二氧化硅得到碳的介孔材料。研究发现该材料中碳和二氧化硅为双连续分布。该材料在电池电极方面具有应用价值。

7.3.2　非硅无机有序介孔材料

近年来，非硅无机介孔材料如金属及其氧化物和硫化物介孔材料由于在光催化、光学、电子学、分离技术、智能材料和储氢材料等领域具有广泛的应用前景，而引起了人们的广泛关注。非硅无机介孔材料可以通过以下两种方法得到。传统的溶胶-凝胶法，即选用不同的无机物前体，通过水解得到溶胶，利用无机物与模板分子的自组装得到有序介孔材料。最早利用这种方法制得的非硅介孔材料是介孔二氧化钛和二氧化锆[70, 71]。随后，大量介孔金属氧化物，如 Al_2O_3、Nb_2O_5、Ta_2O_5、WO_3、HfO_2、SnO_2、$SiAlO_{3.5}$、$SiTiO_4$、$ZrTiO_4$、Al_2TiO_5 和 ZrW_2O_8 等通过金属盐和嵌段共聚物的自组装被制备出来[72-74]，反应机理同样为溶剂挥发诱导自组装过程。利用类似的方法，还可以制备介孔金属硫化物[75-80]、介孔金属单质如介孔铂和锡[81-83]。最近，具有立方和六方结构的半导体材料如介孔锗和硅-锗合金也通过可溶性原子簇和表面活性剂的自组装而成功制得[84-86]。尽管利用自组装法可以制备多种非硅介孔材料，但是仍有很多材料由于结构稳定性和热稳定性较差而很难通过这种方法制备。这时可选择利用第二种方法，即纳米浇铸法(nanocasting)来制备。纳米浇铸法利用已经存在的硅基有序介孔材料为硬模板制备非硅有序介孔材料，这一方法具有普适性，但是要求有序介孔模板具有三维连通结构，如 MCM-48、MSU-1 等。SBA-15 由于孔道之间有微孔相连，也可以用作模板制备非硅有序介孔材料。具体过程是将非硅材料填入介孔二氧化硅的纳米孔道中，然后用 NaOH 或 HF 溶液除去硅基模板，得到和介孔二氧化硅具有互补结构的非硅介孔材料。利用这种方法可以制备多种介孔金属氧化物和金属纳米线网络结构，包括 Fe_3O_4、γ-Fe_2O_3、In_2O_3、Co_3O_4、CuO、Cr_2O_3、NiO、Au、Ag、Pd、Ni、Cu 和 Ge[87-94]等。Lu 等利用不同纳米结构的有序介孔二氧化硅作模板，通过电沉积或化学沉积过程，发展了一种制备 Pd、Pt 等金属导体，CdSe 等半导体以及聚合物的三维纳米线网络的新方法，材料的组成和结构可控，有望在光电和热电装置、传感和高密度信息存储器等领域得到应用，如图 7-14 所示[95-97]。该方法具有普适性，将会推动介孔材料在功能器件方面的应用。

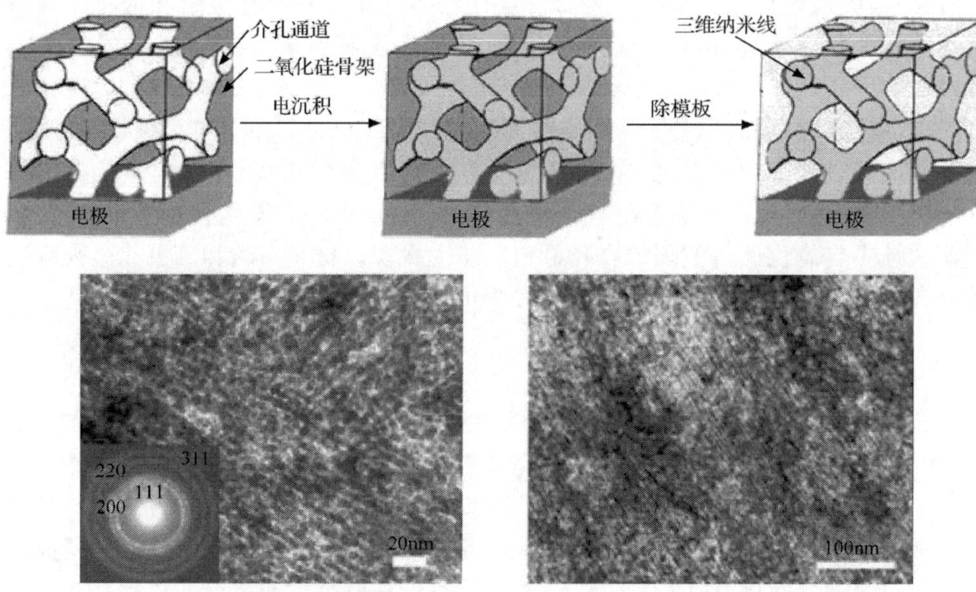

图 7-14 用介孔二氧化硅作模板通过电沉积过程制备金属导体、半导体三维纳米线网络[95]

7.3.3 无机-有机杂化介孔材料

如上所述，无机介孔材料的制备目前已取得了很大进展，但由于无机材料本身缺乏功能性，韧性不够理想，致使其实际应用受到限制。如果在无机介孔材料骨架中引入有机片断，由于有机片断易于功能化，韧性较好，与无机骨架的硬度相结合，则材料会表现出较好的性能，因而这种无机-有机杂化介孔材料引起了人们的广泛关注[98-101]。其合成方法主要有三种：①用硅烷偶联剂对已制得的介孔二氧化硅表面进行改性引入有机基团[100]；②在制备介孔二氧化硅的过程中加入有机硅的前体和二氧化硅共聚[101]；③采用具有$(R'O)_3Si—R—Si(OR')_3$桥联结构的硅烷作为制备介孔二氧化硅的前体[98]，直接通过和表面活性剂的自组装制备无机-有机杂化介孔材料。人们利用这几种方法，已成功制备了各种含有功能烷基、巯基、氨基、氰基、乙烯基、有机膦、烷氧基等基团的无机-有机杂化介孔材料[102]。Lu 等通过共聚的方法，在二氧化硅前体中添加含有非水解性功能团的有机硅，制备了含有二苯基乙基膦[103]、甲基、乙烯基、氟、甲基丙烯酸酯基[104]的杂化介孔材料。这些材料容易和金属离子络合，形成具有优良机械性能、电学和催化性能的复合材料。与传统的均相催化剂相比，这类催化剂更易于分离和回收利用。此外，利用具有$(R'O)_3Si—R—Si(OR')_3$桥联结构的有机硅可以制备骨架中含有$—CH_2—CH_2—$、苯基等基团的杂化介孔材料[105]，这些基团的存在可以大幅提高材料的弹性模量和硬度，并降低材料的介电常数，表明有机基团可以和无机骨架产生协同作用。该研究组用类似的方法将含有苯桥的硅氧烷和表面活性剂自组装，得到介观尺度和分子尺度上同时有序的介孔复合材料，碳化后得到介孔碳-二氧化硅复合材料，在储氢、催化和燃料电池等方面具有优异性能[106,107]。如果采用可聚合的双亲性双炔分子同时作模板剂和单体，则可以制备共轭聚合物和二氧化硅的复合材料[108,109]。纳米结构的二氧化硅骨架能够改变双炔的聚合方式，形成具有特殊热、机械力和化学响应性的材料。例如，当材料受热或受紫外光照射时，颜色会产生响应性变化。最近，受前人工作的启发[110-113]，Lu 等以含有双炔桥基的硅氧烷为前体，通过自组装法制备了新型响应性杂化复合材料。如图 7-15 所示[114,115]，反应过程中双炔链段自发在表面活性剂形成的液晶相表面组装，形成介观有序的阵列排布，除掉表面活性剂后，通过 1，4-加成聚合形成共轭聚合物，在外部刺激下显示出红色到蓝色的可逆变色性。与之前制备的聚双炔-二氧化硅复合材料[108,109]相比，这样制得的杂化材料共轭基团以共价键结合在无机骨架当中，可以更好地调节分子排布和电学性能，同时材料具有可逆热致变色性、快速化学变色响应性、机械稳定性和热稳定性，在传感器、激发器等领域具有重要应用价值。

7.3.4　有机介孔材料和碳材料

由于有机介孔材料具有强大的吸附能力，在提纯、能量存储、电池和环境保护等领域有着广阔的应用前景，近年来介孔材料逐渐从无机材料、无机-有机杂化材料向有机材料方向发展，其中主要包括介孔有机高分子材料和碳材料。制备有机介孔材料的常用方法是纳米浇铸技术。Ryoo 等以介孔二氧化硅 MCM-48 为硬模板，以蔗糖为碳源，用硫酸碳化并除掉模板后首次制备了介孔碳材料 CMK-1[116]。这一研究引发了人们对介孔碳材料的研究兴趣，研究人员通过类似方法制备了多种纳米结构的介孔碳，其中可以作为碳源的前体包括蔗糖、酚醛树脂、糠醇等[117-122]。另外，大量介孔高分子材料包括聚苯胺[123]、酚醛树脂[124]、聚噻吩[125]、

S1　$(EtO)_3Si\frown\frown N(H)C(=O)O(CH_2)_1—≡—≡—(CH_2)_1OC(=O)N(H)\frown\frown Si(OEt)_3$

S2　$(EtO)_3Si\frown\frown N(H)C(=O)(CH_2)_8—≡—≡—(CH_2)_8C(=O)N(H)\frown\frown Si(OEt)_3$

S3　$CH_3(CH_2)_9—≡—≡—(CH_2)_6C(=O)N(H)\frown\frown Si(OEt)_3$

S4　$CH_3(CH_2)_{11}—≡—≡—(CH_2)_3C(=O)N(H)\frown\frown Si(OEt)_3$

S5　$CH_3(CH_2)_{11}—≡—≡—(CH_2)_8C(=O)N(H)\frown\frown Si(OEt)_3$

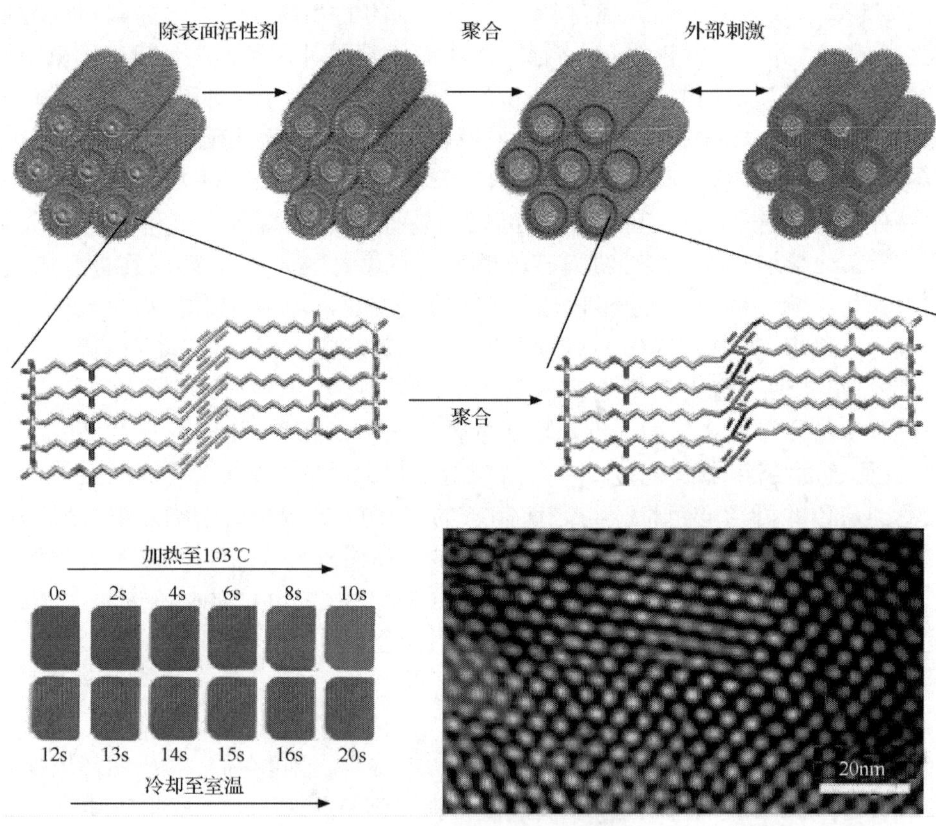

图 7-15　用含有双炔桥联键的有机硅氧烷作前体制备可逆热致变色介孔二氧化硅-聚双炔复合材料[114, 115]

聚二乙烯苯[126]等也通过纳米浇铸技术被制备出来。然而，由于纳米浇铸技术耗时长，过程烦琐复杂，并且经常用到氢氟酸或强碱去除二氧化硅硬模板，在实际应用时受到限制。因此，人们开始寻找制备有机介孔材料的简便方法。如前所述，

Lu 等曾利用含有苯桥的硅氧烷和表面活性剂自组装，得到介观尺度和分子尺度上同时有序的复合材料，碳化后得到介孔碳-二氧化硅复合材料，除掉二氧化硅后得到介孔碳[106, 107]。此外，还可以在蔗糖溶液中加入二氧化硅胶体颗粒或硅酸盐团簇作模板制备介孔碳[127-130]，同时还可以加入金属盐类，得到的含金属的介孔碳具有很好的催化活性和储氢能力[129,130]，然而这种方法仍需用到有害物质除去二氧化硅。最近，利用自组装法直接制备介孔有机高分子和碳材料的研究取得了重大进展[131-140]。Zhao 等以可溶性酚醛树脂低聚物为构筑单元，以聚氧乙烯-聚氧丙烯-聚氧乙烯三嵌段共聚物为模板剂，通过两者的自组装直接制备介孔树脂。由于酚醛树脂低聚物与硅酸盐类似，表面含有大量羟基，可以和嵌段共聚物的氧原子产生氢键，所以可以自组装生成六方、立方结构的液晶相。经过热处理后，低聚物可以进一步聚合交联，形成热固性介孔酚醛树脂。所得介孔树脂在惰性气体保护下高温处理后可以碳化为介孔碳材料[132]。制得的介孔高分子和介孔碳具有规则的孔结构、较高的比表面积和孔隙率。而且，制备过程中可以加入多种功能性组分和构筑单元，得到有机介孔材料的复合材料。例如，在低聚物溶液中加入正硅酸乙酯，可以制备介孔碳-二氧化硅复合材料[141]，由于二氧化硅具有较好的化学稳定性，而碳具有很好的导电性，所以这种材料具有较高的抗腐蚀能力，是理想的燃料电池电极材料。

有机介孔材料的优点在于其骨架很容易功能化，孔表面的化学性质易于控制，因而在吸附能力和选择性方面表现出优异性能。最近，Yang 等[142]在酚醛树脂和表面活性剂自组装制备介孔树脂的基础上，改用含有羧基、磺酸基、氨基等功能基团的苯酚作为单体，通过自组装法制备了表面含有大量官能团，化学性质可控的介孔酚醛树脂材料(图 7-16)。所得材料具有较高的比表面积和孔隙率，并且表面官能团和金属离子具有强的相互作用，因而对金属离子具有很强的吸附能力，在离子交换、催化和污水处理等领域具有应用价值。

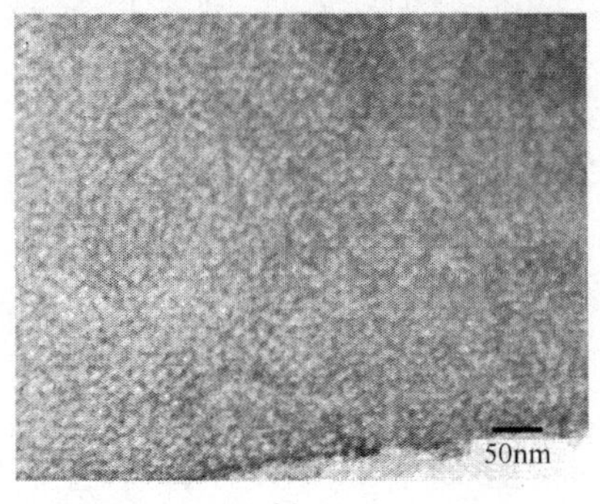

(a)

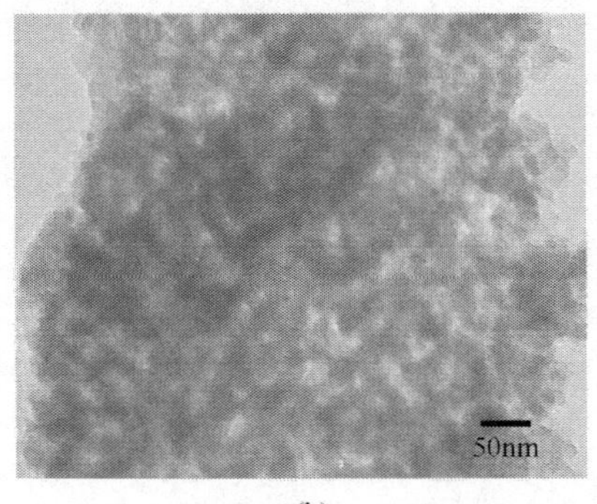

(b)

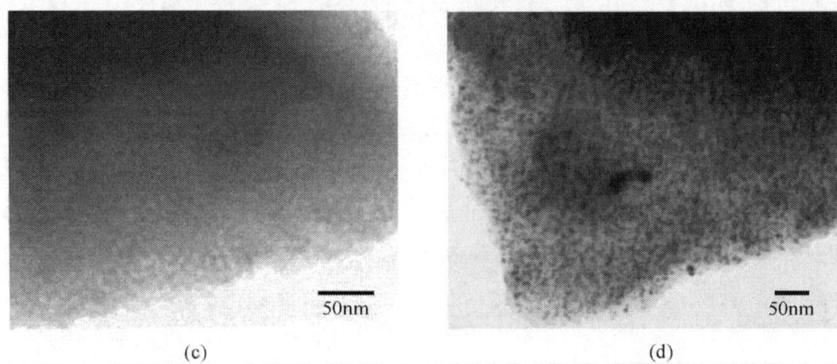

图 7-16　自组装法制备的表面含有(a)羧基,(b)氨基,(c)磺酸基的介孔酚醛树脂透射电镜照片;(d)为含有羧基的介孔酚醛树脂吸附银离子后经还原得到的介孔酚醛树脂-银纳米复合物

7.4　结论与展望

如前所述,有序介孔材料在过去二十多年的时间里一直是一个十分活跃的研究领域,其发展过程经历了骨架组分、孔表面化学性质、介观尺寸和结构、宏观形貌等方面的研究,已经取得了长足的进展。但是有序介孔材料毕竟是一个全新的方向,还有很多问题需要深入研究和探讨。精确控制材料的宏观形貌及纳米孔道排列堆积方式,从而将其应用于特定的领域;研制新型有序介孔材料及其复合材料,拓展物质组成,提高其物理机械性能和化学性能,都将具有重要的理论意义和应用意义。

(中国科学院化学研究所、加州大学洛杉矶分校、鲁东大学:杨正龙;
加州大学洛杉矶分校:卢云峰;中国科学院化学研究所:杨振忠)

参 考 文 献

[1] Yanagisawa T, Shimizu T, Kuroda K, et al. Bull Chem Soc Jpn, 1990, 63: 988-992.
[2] Kresge C T, Leonowicz M E, Roth W J, et al. Nature, 1992, 359: 710-712.
[3] Raman N K, Anderson M T, Brinker C J. Chem Mater, 1996, 8: 1682-1701.
[4] Israelachvili J N, Mitchell D J, Ninham B W. J Chem Soc Faraday Trans, 1976, 72: 1525-1568.
[5] Ying J Y, Mehnert C P, Wong M S. Angew Chem Int Ed, 1999, 38: 56-77.
[6] Schüth F, Schmidt W. Adv Mater, 2002, 14: 629-638.
[7] Corma A. Chem Rev, 1997, 97: 2373-2420.
[8] Lu Y. Angew Chem Int Ed, 2006, 45: 7664-7667.

[9] Soler-Illia G J D, Sanchez C, Lebeau B, et al. Chem Rev, 2002, 102: 4093-4138.
[10] Beck J S, Vartuli J C, Roth W J, et al. J Am Chem Soc, 1992, 114: 10 834-10 843.
[11] Huo Q, Margolese D I, Ciesla U, et al. Nature, 1994, 368: 317-321.
[12] Huo Q, Margolese D I, Stucky G D. Chem Mater, 1996, 8: 1147-1160.
[13] Zhao D, Huo Q, Feng J, et al. J Am Chem Soc, 1998, 120: 6024-6036.
[14] Yu C, Yu Y, Zhao D. Chem Commun, 2000, (7): 575-576.
[15] Chen F, Huang L, Li Q. Chem Mater, 1997, 9: 2685-2686.
[16] Ryoo R, Joo S H, Kim J M. J Phys Chem B, 1999, 103: 7435-7440.
[17] Kimura T, Kamata T, Fuziwara M, et al. Angew Chem Int Ed, 2000, 39: 3855-3859.
[18] Van Der Voort P, Mathieu M, et al. J Phys Chem B, 1998, 102: 8847-8851.
[19] Vartuli J C, Kresge C T, Roth W J, et al. Div Pet Chem, 1995, 40: 21-25.
[20] Tanev P T, Chibwe M, Pinnavaia T J. Nature, 1994, 368: 321-323.
[21] Tanev P T, Pinnavaia T J. Science, 1995, 267: 865-867.
[22] Kleitz F, Choi S H, Ryoo R. Chem Commun, 2003: 2136-2137.
[23] Sakamoto Y, Kaneda M, Terasaki O, et al. Nature, 2000, 408: 449-453.
[24] Zhao D, Feng J, Huo Q, et al. Science, 1998, 279: 548-552.
[25] Lu Y, Fan H, Stump A, et al. Nature, 1999, 398: 223-226.
[26] Brinker C J, Lu Y, Sellinger A, et al. Adv Mater, 1999, 11: 579-585.
[27] Lu Y, Ganguli R, Drewien C A, et al. Nature, 1997, 389: 364-368.
[28] Fan H, Lu Y, Stump A, et al. Nature, 2000, 405: 56-60.
[29] Sellinger A, Weiss P M, Nguyen A, et al. Nature, 1998, 394: 256-260.
[30] Doshi D A, Huesing N K, Lu M, et al. Science, 2000, 290: 107-111.
[31] Ma J, Yang Z, Qu X, et al. Chin Sci Bull, 2006, 51: 2572-2575.
[32] Zhao D, Yang P, Margolese D I, et al. Chem Commun, 1998: 2499-2500.
[33] Ogawa M. Chem Commun, 1996: 1149-1150.
[34] Ryoo R, Ko C H, Cho S J, et al. J Phys Chem B, 1997, 101: 10 610-10 613.
[35] Yang H, Coombs N, Sokolov I, et al. Nature, 1996, 381: 589-592.
[36] Yang H, Kuperman A, Coombs N, et al. Nature, 1996, 379: 703-705.
[37] Huo Q, Zhao D, Feng J, et al. Adv Mater, 1997, 9: 974-978.
[38] Marlow F, McGehee M D, Zhao D, et al. Adv Mater, 1999, 11: 632-636.
[39] Bruinsma P J, Kim A Y, Liu J, et al. Chem Mater, 1997, 9: 2507-2512.
[40] Yang P, Zhao D, Chmelka B F, et al. Chem Mater, 1998, 10: 2033-2036.
[41] Melosh N A, Lipic P, Bates F S, et al. Macromolecules, 1999, 32: 4332-4342.
[42] Attard G S, Glyde J C, Göltner C G. Nature, 1995, 378: 366-368.
[43] Feng P, Bu X, Stucky G D, et al. J Am Chem Soc, 2000, 122: 994-995.
[44] Schacht S, Huo Q, Voigt-Martin I G, et al. Science, 1996, 273: 768-771.
[45] Huo Q, Feng J, Schüth F, et al. Chem Mater, 1997, 9: 14-17.
[46] Sokolov I, Yang H, Ozin G A, et al. Adv Mater, 1999, 11: 636-642.
[47] Yang S M, Sokolov I, Coombs N, et al. Adv Mater, 1999, 11: 1427-1431.
[48] Lu Y, McCaughey B F, Wang D, et al. Adv Mater, 2003, 15: 1733-1736.
[49] Hampsey J E, Arsenault S, Hu Q, et al. Chem Mater, 2005, 17: 2475-2480.

[50] Ji X, Hampsey J E, Hu Q, et al. Chem Mater, 2003, 15: 3656-3662.
[51] Jung K T, Chu Y H, Haam S, et al. J Non-Cryst Solids, 2002, 298: 193-201.
[52] Lin H P, Mou C Y. Science, 1996, 273: 765-768.
[53] Marlow F, Spliethoff B, Tesche B, et al. Adv Mater, 2000, 12: 961-965.
[54] Marlow F, Zhao D, Stucky G D. Micro Meso Mater, 2000, 39: 37-42.
[55] Marlow F, Kleitz F. Micro Meso Mater, 2001, 44-45: 671-677.
[56] Wang J, Zhang J, Asoo B Y, et al. J Am Chem Soc, 2003, 125: 13 966-13 967.
[57] Che S, Liu Z, Ohsuna T, et al. Nature, 2004, 429: 281-284.
[58] Yang Z, Niu Z, Cao X, et al. Angew Chem Int Ed, 2003, 42: 4201-4203.
[59] Wang D, Kou R, Yang Z, et al. Chem Commun, 2005: 166-167.
[60] Scherb C, Schödel A, Bein T, Angew Chem Int Ed, 2008, 47: 5777-5779.
[61] Wu Y, Cheng G, Katsov K, et al. Nat Mater, 2004, 3: 816-822.
[62] Yamaguchi A, Uejo F, Yoda T, et al. Nat Mater, 2004, 3: 337-341.
[63] Wenzel R N. Ind Eng Chem, 1936, 28: 988-994.
[64] Cassie A B D. Discuss Faraday Soc, 1948, 3: 11-13.
[65] Vallé K, Belleville P, Pereira F, et al. Nat Mater, 2006, 5: 107-111.
[66] Caruso R A, Antonietti M. Adv Funct Mater, 2002, 12: 307-312.
[67] Caruso R A, Schattka J H. Adv Mater, 2000, 12: 1921-1923.
[68] Ma J, Yang Z, Wang X, et al. Polymer, 2007, 48: 4305-4310.
[69] Wang X, Ma J, Liu J, et al. Nanotechnology, 2006, 17: 3627-3631.
[70] Antonelli D M, Ying J Y. Angew Chem Int Ed, 1995, 34: 2014-2017.
[71] Ciesla U, Schacht S, Stucky G D, et al. Angew Chem Int Ed, 1996, 35: 541-543.
[72] Yang P, Zhao D, Margolese D I, et al. Nature, 1998, 396: 152-155.
[73] Yang P, Zhao D, Margolese D I, et al. Chem Mater, 1999, 11: 2813-2826.
[74] Alberius P C A, Frindell K L, Hayward R C, et al. Chem Mater, 2002, 14: 3284-3294.
[75] MacLachlan M J, Coombs N, Ozin G A. Nature, 1999, 397: 681-684.
[76] MacLachlan M J, Coombs N, Bedard R L, et al. J Am Chem Soc, 1999, 121: 12 005-12 017.
[77] Braun P V, Osenar P, Stupp S I. Nature, 1996, 380: 325-328.
[78] Braun P V, Osenar P, Tohver V, et al. J Am Chem Soc, 1999, 121: 7302-7309.
[79] Rangan K K, Billinge S J L, Petkov V, et al. Chem Mater, 1999, 11: 2629-2632.
[80] Li J, Nazar L F. Chem Commun, 2000: 1749-1750.
[81] Attard G S, Bartlett P N, Coleman N R B, et al. Science, 1997, 278: 838-840.
[82] Attard G S, Göltner C G, Corker J M, et al. Angew Chem Int Ed, 1997, 36: 1315-1317.
[83] Whitehead A H, Elliott J M, Owen J R, et al. Chem Commun, 1999: 331-332.
[84] Armatas G S, Kanatzidis M G. Nature, 2006, 441: 1122-1125.
[85] Sun D, Riley A E, Cadby A J, et al. Nature, 2006, 441: 1126-1130.
[86] Armatas G S, Kanatzidis M G. Science, 2006, 313: 817-820.
[87] Jiao F, Jumas J C, Womes M, et al. J Am Chem Soc, 2006, 128: 12 905-12 909.
[88] Tian B, Liu X, Solovyov L A, et al. J Am Chem Soc, 2004, 126: 865-875.
[89] Lai X, Li X, Geng W, et al. Angew Chem Int Ed, 2007, 46: 738-741.
[90] Tian B, Liu X, Yang H, et al. Adv Mater, 2003, 15: 1370-1374.

[91] Han Y J, Kim J M, Stucky G D. Chem Mater, 2000, 12: 2068-2069.
[92] Huang M H, Choudrey A, Yang P. Chem Commun, 2000: 1063-1064.
[93] Zhang Z, Dai S, Blom D A, et al. Chem Mater, 2002, 14: 965-968.
[94] Leon R, Margolese D I, Stucky G D, et al. Phys Rev B, 1995, 52: R2285-R2288.
[95] Wang D, Luo H, Kou R, et al. Angew Chem Int Ed, 2004, 43: 6169-6173.
[96] Wang D, Zhou W L, McCaughy B F, et al. Adv Mater, 2003, 15: 130-133.
[97] Wang D, Jakobson H P, Kou R, et al. Chem Mater, 2006, 18: 4231-4237.
[98] Asefa T, MacLachlan M J, Coombs N, et al. Nature, 1999, 402: 867-871.
[99] Inagaki S, Guan S, Fukushima Y, et al. J Am Chem Soc, 1999, 121: 9611-9614.
[100] Mal N K, Fujiwara M, Tanaka Y. Nature, 2003, 421: 350-353.
[101] Macquarrie D J. Chem Commun, 1996: 1961-1962.
[102] Hoffmann F, Cornelius M, Morell J, et al. Angew Chem Int Ed, 2006, 45: 3216-3251.
[103] Hu Q, Hampsey J E, Jiang N, et al. Chem Mater, 2005, 17: 1561-1569.
[104] Ji X, Hu Q, Hampsey J E, et al. Chem Mater, 2006, 18: 2265-2274.
[105] Lu Y, Fan H, Doke N, et al. J Am Chem Soc, 2000, 122: 5258-5261.
[106] Pang J, John V T, Loy D A, et al. Adv Mater, 2005, 17: 704-707.
[107] Pang J, Yang L, Loy D A, et al. Chem Commun, 2006: 1545-1547.
[108] Lu Y, Yang Y, Sellinger A, et al. Nature, 2001, 410: 913-917.
[109] Yang Y, Lu Y, Lu M, et al. J Am Chem Soc, 2003, 125: 1269-1277.
[110] Corriu R J P, Moreau J J E, Thepot P, et al. Chem Mater, 1996, 8: 100-106.
[111] Cerveau G, Chappellet S, Corriu R J P. J Mater Chem, 2003, 13: 2885-2889.
[112] Cerveau G, Chappellet S, Corriu R J P. J Mater Chem, 2003, 13: 1905-1909.
[113] Cerveau G, Chappellet S, Corriu R J P, et al. J Organomet Chem, 2001, 626: 92-99.
[114] Peng H, Tang J, Pang J, et al. J Am Chem Soc, 2005, 127: 12 782-12 783.
[115] Peng H, Tang J, Yang L, et al. J Am Chem Soc, 2006, 128: 5304-5305.
[116] Ryoo R, Joo S H, Jun S. J Phys Chem B, 1999, 103: 7743-7746.
[117] Joo S H, Jun S, Ryoo R, Micro Meso Mater, 2001, 44: 153-158.
[118] Ryoo R, Joo S H. Stud Surf Sci Catal., 2004, 148: 241-260.
[119] Solovyov L A, Shmakov A N, Zaikovskii V I, et al. Carbon, 2002, 40: 2477-2481.
[120] Che S N, Lund K, Tatsumi T, et al. Angew Chem Int Ed, 2003, 42: 2182-2185.
[121] Lu A H, Schmidt W, Spliethoff B, et al. Adv Mater, 2003, 15: 1602-1606.
[122] Che S N, Garcia-Bennett A E, Liu X Y, et al. Angew Chem Int Ed, 2003, 42: 3930-3934.
[123] Wu C G, Bein T. Science, 1994, 264: 1757-1759.
[124] Johnson S A, Khushalani D, Coombs N, et al. J Mater Chem, 1998, 8: 13-14.
[125] Li G, Bhosale S, Wang T, et al. Angew Chem Int Ed, 2003, 42: 3818-3821.
[126] Kim J Y, Yoon S B, Koolib F, et al. J Mater Chem, 2001, 11: 2912-2914.
[127] Pang J, Li X, Wang D, et al. Adv Mater, 2004, 16: 884-886.
[128] Hampsey J E, Hu Q, Rice L, et al. Chem Commun, 2005: 3606-3608.
[129] Hu Q, Pang J, Jiang N, et al. Micro Meso Mater, 2005, 81: 149-154.
[130] Pang J, Hampsey J E, Wu Z, et al. Appl Phys Lett, 2004, 85: 4887-4889.
[131] Liang C, Hong K, Guiochon G A, et al. Angew Chem Int Ed, 2004, 43: 5785-5789.

[132] Meng Y, Gu D, Zhang F, et al. Angew Chem Int Ed, 2005, 44: 7053-7059.
[133] Tanaka S, Nishiyama N, Egashira Y, et al. Chem Commun, 2005: 2125-2127.
[134] Zhang F, Meng Y, Gu D, et al. J Am Chem Soc, 2005, 127: 13 508-13 509.
[135] Liang C, Dai S. J Am Chem Soc, 2006, 128: 5316-5317.
[136] Meng Y. Gu D, Zhang F, et al. Chem Mater, 2006, 18: 4447-4464.
[137] Kosonen H, Valkama S, Nykänen A, et al. Adv Mater, 2006, 18: 201-205.
[138] Liu C, Li L, Song H, et al. Chem Commun, 2007: 757-759.
[139] Zhang F, Meng Y, Gu D, et al. Chem Mater, 2006, 18: 5279-5288.
[140] Zhang F, Gu D, Yu T, et al. J Am Chem Soc, 2007, 129: 7746-7747.
[141] Hu Q, Kou R, Pang J, et al. Chem Commun, 2007: 601-603.
[142] Yang Z, Wang J, Huang K, et al. Macromol Rapid Commun, 2008, 29: 442-446.

第 8 章　纳米孔主客体材料

8.1 引　　言

根据孔径划分，沸石分子筛等微孔晶体与孔壁为无定形的介孔材料(孔径为2～50nm)同属于纳米孔材料的范畴。由于具有千变万化的孔道结构，纳米孔材料作为主体很容易接纳不同的客体分子，复合组装形成种类丰富的纳米孔主客体材料。通过复合可以获得具有新组成、新形态的材料，更可以获得单一组分所不具备的性质和功能。近年来，以功能为导向的纳米孔主客体材料的研究受到人们越来越多的关注并取得了突破性的进展。

根据组装客体物质的不同，可以将纳米孔主客体复合材料分为以下四类。第一类是纳米孔主体与金属或金属簇复合构成的复合体系；第二类是纳米孔主体与聚合物及碳物质形成的复合材料，其中碳物质包括碳纳米管和富勒烯等；第三类主要是由纳米孔主体与孔道或孔笼中形成的无机半导体纳米粒子构成的主客体复合材料；第四类是纳米孔主体与有机分子及金属配合物形成的主客体材料。考虑到主体材料孔径大小、客体分子尺寸和性质，人们开发出了不同的组装手段来制备所需要的纳米孔主客体复合材料。例如，离子交换法能够将那些小于孔道直径的带正电荷的客体分子引入纳米孔孔道中，液相或气相方法可以在预先经过脱附处理的纳米孔材料中吸附电中性的客体分子。除此以外，还有瓶中造船法以及前驱体原位合成法等，均可以获得相应的纳米孔主客体复合材料。通过不同的制备方法得到的纳米孔主客体复合材料表现出各种各样的化学物理性质，具有广阔的应用前景。

8.2　无机纳米孔主体中的金属离子、金属簇及金属氧簇

金属簇是由一个或几个金属原子构成的纳米团簇。金属簇的概念于 20 世纪 60 年代被提出，并随着科学的发展不断扩展。金属氧簇则是包含多金属氧酸盐(polyoxometalate)在内的无机金属含氧化合物离子[多为阴离子，通式为$(M_xO_z)^{n-}$][1]。受到量子尺寸效应的影响，金属簇的内在结构以及电子构型与块体金属材料相比存在十分明显的差异。相应地，它们的物理化学性质也具有很大区别。由于表面能大，金属簇的稳定性很差，因此裸露的金属簇几乎不会稳定存

在，绝大多数情况下需要有相应的配体将之包裹。由于微孔分子筛存在骨架氧原子或骨架外平衡电荷的阳离子会对其孔道内的金属簇形成一定的保护作用，从而使其能够在纳米孔内稳定住这些常规状态下无法稳定存在的金属簇。因此，微孔分子筛可以作为比较理想的容纳金属簇客体的主体纳米孔材料。

金属簇的大小和原子核数目可以在很大的范围内变化（原子核数 m 可以从 1 变化到数千）。在沸石分子筛中，金属簇可以处于不同的孔穴或缺陷里。非常小的金属簇（$1<m<4$）主要处于沸石的小笼（如八面沸石的方钠石笼）或者沸石直孔道（如丝光沸石、L 沸石等）的侧边部分；核数目较低（$1<m<40$）、尺寸较小（<1nm）的簇常处于沸石较大的笼（如八面沸石的超笼）中，或者垂直相交的直通道交叉处。有时候，金属簇在分子筛中并不受笼的限制，而是笼与笼之间的金属簇发生相互连接构成葡萄串似的金属簇串。通常金属簇大小（一般能达到 2～3nm）明显超过分子筛最大的笼的尺寸，但依然为分子筛的体相所包覆。在微孔分子筛孔道中制备金属簇的方法主要有以下两类：一类是将金属直接蒸发沉积到分子筛孔道之中；另一类是将含金属的前驱体装载到分子筛孔道中，然后再通过分解或还原的手段在分子筛孔道中析出金属簇[2]。根据具体制备手段的不同，这两类方法又可以分为离子交换与还原、金属盐浸渍及还原、金属蒸气法以及金属化合物的吸附和分解等。

通过上述几种方法，一系列碱金属（Na、K、Rb、Cs）、贵金属（Ru、Rh、Pd、Ag、Os、Ir、Pt、Au）及ⅡB 族*（Zn、Cd、Hg）的金属离子及金属簇被成功组装进纳米孔材料的孔道中。通过与两种金属盐混合浸渍，或将两种金属离子交换到同纳米孔材料的孔道之中，还能够获得双金属簇。含金属离子和金属簇的纳米孔主客体复合材料在催化反应中扮演着极为重要的角色。许多的无机小分子物质（如 O_2、N_2、S、I_2、SO_2、CO、CO_2、NH_3，甚至惰性气体 Ar、Kr 等）及有机小分子物质（如饱和烷烃、烯烃、乙炔、苯、卤代烷烃等）均可以与分子筛内的金属离子或金属簇发生相互作用，从而被催化活化[3, 4]。下面，我们将分别介绍几种代表性的无机纳米孔材料中的金属离子、金属簇及金属氧簇。

8.2.1 纳米孔主体与碱金属簇

最早在具有微孔的分子筛孔道中制备出钠金属簇的是 Kasai 等[5]。他们将 Na-Y 分子筛脱水后在真空条件下进行 γ 射线照射，从样品呈现出的粉红色以及电子顺磁共振（EPR）信号劈裂情况来看，分子筛中应当存在 Na_4^{3+} 金属离子簇。这是一种利用物理方法获得离子簇的途径，所得离子簇浓度较低。后来，Rabo 等利用金属蒸气法将 Na-Y 分子筛暴露于 580℃ 钠蒸气中得到相同的金属簇。这种方

* 新元素周期表第 12 族。

法制得的样品呈亮红色，说明其中金属离子簇的浓度较高[6]。当用 Na-X 分子筛进行同样的处理后，会产生 Na_6^{5+} 离子簇，此时样品呈现蓝色[7]。此外，使用紫外线照射和吸入钠蒸气后可以在方钠石结构中形成 Na_4^{3+} 离子簇。Yoon 和 Kochi 将 Na-X 和 Na-Y 与溶于己烷的正丁基锂反应也获得了 Na_4^{3+} 金属离子簇[2]。高含量的金属离子簇的形成可以通过直接将金属如钠等蒸发到分子筛的孔道中制得。但是，由于这种方法要在能够使金属蒸气压达到一定值的较高温度下进行，而且碱金属具有较强的还原性，所以这种方法会对分子筛的骨架造成不同程度的破坏，获得的碱金属簇在分子筛中的分布也不均匀。

1984 年，Edwards 等在对 Na_4^{3+} 和 K_4^{3+} 离子簇的研究中发现，不论反应蒸气是 Na 还是 K，如果使用的纳米孔主体为 Na-Y 分子筛，则所获得的金属离子簇均为 Na_4^{3+}；而当纳米孔主体为 K-Y 分子筛，所获得的金属簇均为 K_4^{3+}。也就是说，所形成的金属簇的种类只取决于所使用的分子筛中阳离子的种类，而与反应蒸气无关[8, 9]。改变反应条件，可以制备出多种 $M_n^{(n-1)+}$ 离子簇。当金属是钠时，n 可以在 2～6 变化；如果金属是钾，则 n 为 3 或 4。碱金属进入分子筛孔道或孔笼中形成金属离子簇之后，原来金属原子上的电子会游离出来为多个金属所共享。这种游离的电子实际上是占据着金属原子(离子)簇中间的孔穴的。因此，也有人将这种电子称为固体溶剂化电子[10]。例如，利用金属蒸气法在 X 型分子筛中制备的线性 Na_3^{2+} 离子簇[11]，其位于中心的钠(Ⅴ)表现出更多的原子性，而两端(Ⅲ′)则体现离子性(图 8-1)。但是，离域的价电子分布在整个金属簇上，为三个金属位点所共同拥有。

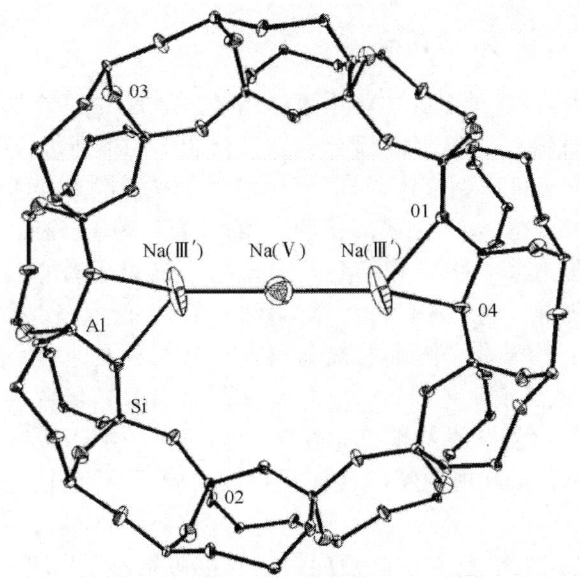

图 8-1　X 型分子筛中 12-元氧环内的线性 Na_3^{2+} 簇[11]

由于 Na_4^{3+}、K_3^{2+} 等金属簇的相对尺寸较小，因此它们可以存在于方钠石、A 型沸石、Y 型沸石等纳米孔主体的方钠石笼中。但是，随着金属半径的增加，Rb 和 Cs 等形成的金属簇可能会呈现出不同的结构类型。例如，在 A 型沸石的方钠石笼中，Cs_4^{2+} 可能会沿直线串在一起形成链状结构。

处于某些固定孔道或孔笼中的金属簇并不是孤立的，它们可能与相邻的金属离子或金属簇形成离子簇基团。例如，钠浓度较高的 Na/Na-Y 的主客体材料的电子顺磁共振谱仅是一个没有任何指纹的单一线，并未表现出 Na_4^{3+} 的精细结构。研究结果证明 ESR 谱出现单一谱线可能是相邻 Na_4^{3+} 离子簇的未成对电子发生相互作用的结果。处于分子筛笼中的金属簇相互间的距离以及取向都是由分子筛主体所决定的，它们的三维阵列可以称为簇合晶体，也可称为超晶格。

分子筛等纳米孔主体中的金属簇可以起到碱性催化剂的作用。如 A 型、X 型、Y 型沸石分子筛中的钠簇具有对乙炔、苯、顺-2-丁烯的加氢反应以及 1-丁烯、顺-2-丁烯、环戊烷的异构化等反应的催化作用[12-14]。由于 O_2、SO_2、N_2、Ar、Kr、CO、CO_2、NH_3、苯、正己烷以及卤代烷烃等均可以与 Na_4^{3+} 等金属簇发生相互作用[6]，因此，金属簇可能会对涉及这些分子的化学反应产生催化作用。此外，分子筛中的碱金属簇在形成时能够产生强烈的颜色变化，有时甚至会表现出有趣的磁性[15]，因此有人提出这些物质有可能在阴极射线管显示屏以及读写器件方面具有应用前景。而在阳离子型沸石分子筛中形成碱金属簇时，可以为化合物单位体积内带来大量的附加电子，有可能使这种含金属簇的主客体物质发生由绝缘体到导体的转变[16, 17]。

8.2.2 纳米孔主体中的贵金属簇

利用孔道的约限性，纳米孔主体中可以组装进小尺寸的贵金属簇。早在 1962 年，Ralek 等就发现将银交换的 A 型分子筛进行脱水和重新水合处理时，样品会发生由白色(水合)到黄色再到橙色，最后到砖红色的一系列颜色变化。随后的研究证明了沸石中可能存在 Ag_3^{2+} 金属离子簇。微孔分子筛中的银簇通常是由经 Ag^+ 离子交换的沸石在孔道中脱水还原形成的，还可以通过用碱金属或氢气还原分子筛中的银离子而获得。利用物理方法(如射线照射)在低温情况下也能获得顺磁性的银金属簇[18, 19]。由于分子筛中的银金属簇具有气压变色、阴极射线变色、水致变色、光致变色以及热致变色特性[20]，因此有人提出这类化合物在制作传感器件方面具有前景。Gao 等[21]还发现分布在微孔孔道中的纳米银阵列表现出奇特的表面等离子共振吸收。这些独特的性质是银簇-纳米孔材料复合体系功能开发及应用的前提条件。

将贵金属引入纳米孔材料的孔道内形成双重功能的催化剂更是格外受到人们的关注。在微孔分子筛中引入贵金属的方法主要是先将贵金属离子或阳离子配合物通过离子交换的方式载入分子筛孔道，然后在一定温度条件下用氢气等还原剂将金属离子还原成贵金属簇。为了使金属簇在分子筛孔道中分散均匀，有时在还原之前需将离子交换的分子筛在 O_2 气氛中加热处理。但是通过这种方法制备得到的贵金属簇及原子个数通常在一个较大的范围内变化。例如，在 Y 型分子筛的超笼之中可以得到直径范围为 0.6～1.3nm 的 Pt 金属簇[22]。通过离子交换加氢还原的方法制备的处于分子筛孔道中的 Pd、Ru、Rh、Os、Ir 贵金属簇粒子大都比相同条件下制备的 Pt 簇要小。例如，在比较温和的条件下，可以在 Y 型分子筛的超笼里形成直径为 0.6nm 的较小的 Pd 金属簇。有些贵金属(Ru、Ir)簇还可以通过在分子筛孔道中载入金属羰基化合物，然后加热分解而制得。

由于金属与骨架的相互作用及电荷转移，贵金属簇在分子筛等纳米孔材料的孔道中以不同形式存在。Rösch 等[23]利用一个精确的量子力学/分子力学(QM/MM)方法对嵌入到八面体分子筛中的 M_6(M 为 Rh、Ir 和 Au)金属簇的密度泛函进行了研究，以确定金属簇的存在形式。研究结果表明，由于氢原子能够发生从分子筛骨架的—OH 基团到金属簇的反溢，因而 M_6/zeo(3H)形式在能量上优于 M_6(3H)/zeo形式，图 8-2 为 M_6H_3(M＝Rh、Ir 和 Au)金属簇在八面体沸石分子筛中存在形式的优化结构。

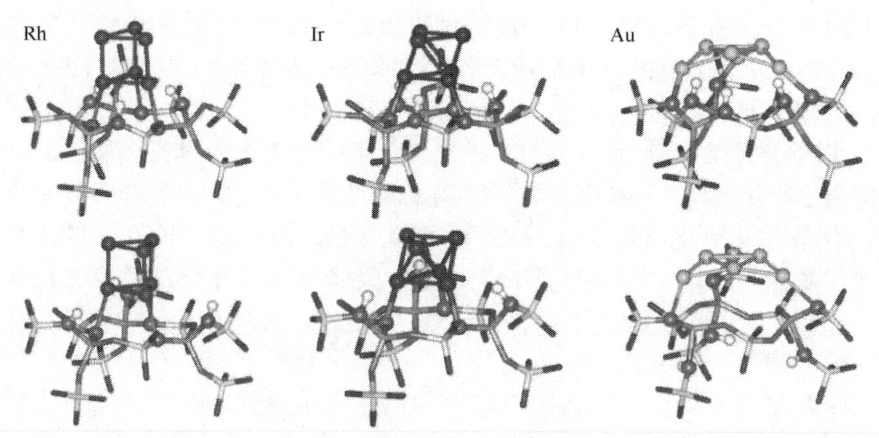

图 8-2　八面体沸石分子筛的六元环支撑的 M_6H_3(M＝Rh、Ir 和 Au)金属簇 M_6/zeo(3H)的优化结构[22]

介孔分子筛由于具有较微孔分子筛大的孔道，因此可以容纳更大的金属簇。由于介孔孔道中的羟基可以与簇阴离子的羰基形成氢键，Ru 的羰基金属簇化合物阴离子如$[Ru_6C(CO)_{16}]^{2-}$以及$[H_2Ru_{10}(CO)_{25}]^{2-}$能够很好地结合到脱出模板剂的 MCM-41 的孔道之中并呈现规则排列[24]。所得的主客体物质经过热解后，介孔孔道内的簇阴离子会发生分解形成高度分散的金属簇。这种金属簇的有序性降低但具有良好的加氢催化性能[25]。在介孔孔道中还可以合成出双金属颗粒，

Johnson 等[26]在 MCM-41 介孔孔道中获得了一种新型含银和钌的复合金属配合物，并通过热解处理将处于孔道之中的复合配合物转变成双金属纳米颗粒，该主客体复合材料表现出良好的加氢催化性能。通过硅烷表面修饰以及浸渍方法，可以制备出均匀附着于介孔主体内外表面的纳米金属铑颗粒-SBA-15 分子筛复合材料[27]。金属铑颗粒与介孔主体结合非常牢固，而且表现出良好的 Heck 偶联反应的催化活性。金属颗粒与介孔分子筛形成的主客体复合材料不仅在催化性能上有所提高，而且表现出极佳的稳定性。例如，Gao 等[28]将枝形高分子嫁接到介孔分子筛 SBA-15 的孔壁上，然后利用高分子的包合作用将纳米 Pd 颗粒引入 SBA-15 的孔道之中。这种复合催化剂在室温放置一个月或经过多次循环，加氢催化性能依然没有明显降低。研究表明，嫁接在介孔孔壁上的高分子不但对纳米 Pd 颗粒起到稳定作用，同时对 Pd 的催化性能有一定的促进。

8.2.3 纳米孔主体中的过渡金属离子及金属簇

Zn、Cd、Co、Cu 等过渡金属也能够以金属簇的形式存在于纳米孔材料的孔道之中且表现出一定的光、电、磁以及催化等应用前景[29-35]。当将 Cd 交换的分子筛与 Cd 蒸气进行反应时，结构和谱学研究表明分子筛中存在 Cd_n^{2+}（n＝2～4）以及 Cd_5^{4+}簇[30,31,36]。Cd 和 Zn 与 H-Y 反应则可以形成 Cd_2^{2+} 和 Zn_2^{2+} 阳离子簇[32]。含 Cu、Co、Fe 等过渡金属的分子筛通常作为催化剂被用于 NO_x气体的净化等反应中[37,38]。利用离子交换等方法，过渡金属可以很容易地被组装进微孔分子筛中[39]。根据分子筛孔道的结构特点，进入到分子筛孔道中的过渡金属簇表现出了一定的量子限域效应[40]，从而使分子筛和金属簇形成的主客体复合材料在光学吸收谱上表现出一定的特性。这种条件下，金属簇的尺寸与分子筛孔道的体积之间的比例关系能够对其性质产生重要影响[41]。金属与纳米孔材料骨架的相互作用决定了它的存在形式，如在 ZSM-5 分子筛中能够形成单核$[Fe—O]^+$以及双核$[Fe—(O)—(O)—Fe]^+$簇[42]。

由于存在与骨架的相互作用及电荷转移，过渡金属元素在分子筛中比较容易形成具有特殊价态的金属离子。这些特殊价态的金属离子展现出不同寻常的性质和特点。Chen 课题组利用金属蒸气法制备了一系列金属修饰的纳米孔主客体复合材料并实现了电荷在客体金属与主体纳米孔材料骨架之间的转移[43-47]。当锌蒸气与小孔道的 H-SAPO-CHA（菱沸石结构）分子筛反应时，可以制备出处于 SAPO-CHA 孔道中的单核一价 Zn^+[48]；未成对电子的磁矩在低温条件下还发生反铁磁性相互作用。之所以不形成 Zn_n^{m+} 簇，可能是因为反应时产生的大量氢气阻止了金属簇的生成。Li 等[45]利用质子化的 ZSM-5 分子筛与金属 Zn 蒸气反应制备出 Zn^{2+}-ZSM-5^- 多孔材料。电子顺磁共振谱等结果显示，在波长小于 700nm 的光辐照下，ZSM-5 分子筛骨架上的一个电子将会转移至 Zn^{2+} 形成 Zn^+ 修饰的

ZSM-5 分子筛(图 8-3)。这种一价锌-分子筛复合材料展示出了活化小分子烷烃 C—H 键的能力，能够在室温条件下实现甲烷到乙烷的光催化转化，并且具有较高的转换效率和选择性。Gao 等[47]以菱沸石结构微孔磷酸硅铝分子筛(SAPO-CHA)为主体材料，将金属锌引入到孔道中生成含有一价 Zn^{+} 的主客体复合材料(Zn^{+}-SAPO-CHA)，再将硫引入分子筛孔道中。他们利用 EPR 和其他测试手段的表征，明确了硫在 Zn@SAPO-44 孔道中还原成($\cdot S_3^-$)阴离子自由基，制备出一种硫自由基磷酸硅铝分子筛[(S_3,Zn)@SAPO-CHA]复合材料。利用硫自由基与水的反应($\cdot S_3^- + H_2O \longleftrightarrow S_3 + \cdot H_2O^-$)可以实现水敏检测。

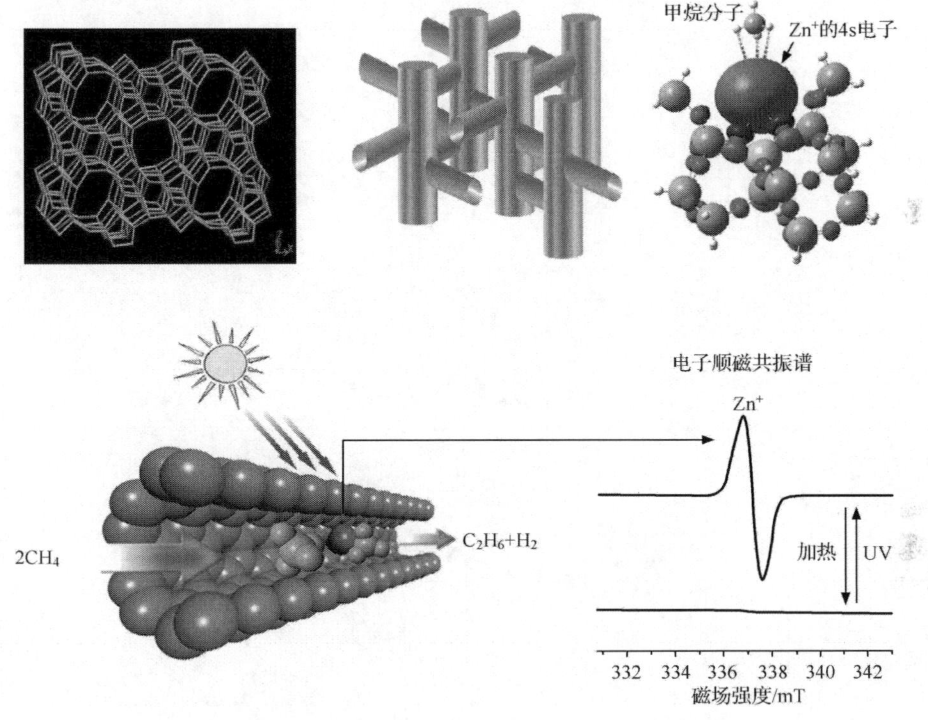

图 8-3　使用 Zn^{+} 修饰的 ZSM-5 分子筛作为催化剂能够实现甲烷到乙烷和氢气的光催化偶联反应

8.2.4　纳米孔主体中的其他金属簇

含有二价、三价或更高价态金属阳离子的沸石分子筛在加热时会通过水解形成金属羟氧化物簇及金属氧簇。有证据表明，在方钠石中能够存在 $[Pb_2(OH)(H_2O)_3]^{3+}$ 离子簇；而在 Ca-SOD 中，可以形成 $Ca_4(OH)_4^{4+}$ 离子簇[49]。Shi 等[50]成功地将纳米 Mg-Al 层状双氢氧化物(LDH)组装到介孔孔道中形成碱性催化剂材料。由于纳米 LDH 颗粒具有丰富的边缘催化活性位点，因此该金属氢氧化物-分子筛复合材料表现出优良的催化性能。此外，有报道称 X 型、Y 型沸石分子筛的方钠石笼和超笼中均能够存在不同的镧系金属-氧簇合离子[51-53]。相关研究表明这类金属氧化物簇和分子筛的复合材料可以用作高效的石油炼制催化剂，且具有非常高的热稳定性。这种高热稳定性与分子筛笼中形成了带电荷的氧桥联镧系金属簇有关。Pb_4O_4、$Pb_8O_4^{p+}$、Fe_6O_n、$Zn_9O_n^{p+}$ 等金属-氧簇合物也能够在微孔分子筛孔道中稳定存在[54, 55]。

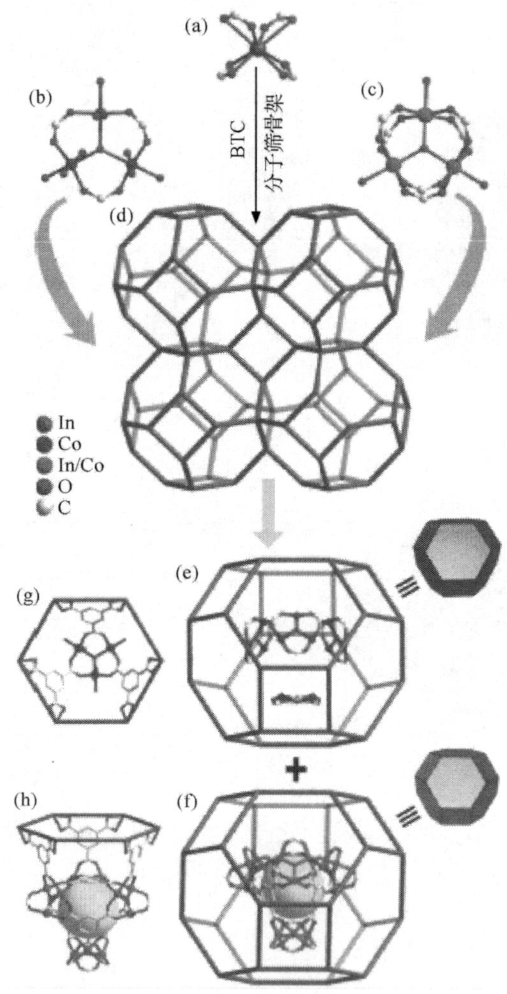

图 8-4 方钠石笼中的双金属簇结构示意图

(a) $In(CO_2)_4$单体；(b) $Co_3(OH)$三聚体；(c) In_2CoO 三聚体；(d) 方钠石骨架的三维立体图；(e) 方钠石-A 笼；(f) 方钠石-B 笼；(g)和(h)分别是与方钠石笼六元环相连接部位的顶视图和侧面图

在某些纳米孔材料中能够制备出具有新颖结构的双金属及多金属簇。Bu 等[56]从金属有机化学出发，在方钠石笼中制备了悬挂式的三聚体 $M_3(OH)$ 簇（M＝Mg、Mn、Co、Ni、Cd）。这是一种介于矿物沸石和金属有机骨架化合物之间的结构，方钠石笼骨架上的六元环扮演了非常关键的角色，多金属簇通过六元环与分子筛骨架相连接（图 8-4）。由于在许多微孔分子筛内（包括商业上比较重要的 A 型分子筛以及 X 型、Y 型分子筛）都存在这样的六元环，因此该结构的制备具有一定的普适性。而且该策略完全可以延伸到含有四元环、八元环以及十二元环的纳米孔体系中，制备得到多种新型的金属簇与纳米孔材料的复合体系。

8.3 纳米孔主体中的聚合物及碳物质

近年来，人们在以微孔分子筛为代表的纳米孔主体材料的孔道中成功地组装了多孔碳、聚合物、富勒烯及碳纳米管等一系列含碳物质的复合材料。这些纳米孔-碳物质（聚合物）复合材料表现出了多种多样的物理化学特性。

8.3.1 纳米孔主体中组装聚合物

吸附到纳米孔主体材料分子筛孔道中的有机单体在合适的反应条件下很容易聚合形成聚合物[57, 58]。人们以微孔分子筛为主体材料，在特定条件下诱发吸附在其孔道中的乙炔、丙烯腈或甲基丙烯酸甲酯单体发生聚合反应分别得到含共轭双键的高分子片断[59]，具有较高工业价值的聚丙烯腈[60]和聚甲基丙烯酸甲酯（PMMA）高分子材料[61]。受分子筛孔道的限制，生成的高分子往往以单链的形式存在，这对研究聚合物的物理化学性质以及在微型电子器件应用方面具有重要的意义。

聚丙烯腈是一种十分重要的高分子材料。利用沸石微孔分子筛作为主体模板，丙烯腈单体可以在孔道内聚合形成聚丙烯腈[62]。先将分子筛进行抽真空脱水处理，然后使液态丙烯腈单体产生的蒸气通过扩散和吸附进入分子筛孔道之中。将含有丙烯腈单体的分子筛与过氧二硫酸盐及亚硫酸盐溶液混合加热即可获得包含在分子筛骨架内的聚丙烯腈。主客体物质形成后，分子筛主体骨架可以通过加入 HF 溶液使之溶解除去。研究表明，不同结构的分子筛中丙烯腈的聚合情况是不一样的。在 Y 型分子筛中可形成相对分子质量高达 19 000 的聚合物，而在丝光沸石中，形成的聚合物相对分子质量则仅为 1000 左右。在孔道较小的纯硅质（silicalite）沸石分子筛中则无法形成聚合物，这是因为孔道太小不允许聚合反应的发生。在分子筛中的聚丙烯腈也可以通过热解的方法碳化，碳化后的物质在溶解掉分子筛骨架后呈现半导体性质（电导率约为 10～5S/cm）。

与丙烯腈一样，甲基丙烯酸甲酯（MMA）在分子筛中同样可以发生聚合，而且随着主体孔道的增大聚合度也会增大。Bein 等研究了 MMA 在包括丝光沸石、Beta 沸石、Na-Y 沸石、ZSM-5 微孔晶体以及 MCM-41、MCM-48 介孔分子筛等在内的纳米孔主体孔道中聚合形成聚甲基丙烯酸甲酯的情况[63]。电镜结果表明，聚合反应主要在分子筛的孔道内进行，聚合物-分子筛主客体物质缺乏本体聚合物所特有的玻璃化转变温度也充分说明了这一点。

分子筛中的单体聚合有时需要有氧化剂的存在。一种常用的聚合氧化剂是水溶性的过氧二硫酸盐。通常将吸附了聚合物单体的沸石分子筛与过氧二硫酸盐混合加热即可发生孔道内的氧化聚合反应，如上文中提到的丙烯腈的聚合反应。用这种方法还可以在丝光沸石和 Y 型沸石分子筛中制备聚苯胺[64]。聚苯胺的导电性能与氧化及质子化程度密切相关，因此受所使用的主体分子筛的结构和组成的影响较大。另外，在 Y 型和丝光沸石分子筛中，可以将 Cu^{2+} 以及 Fe^{3+} 等阳离子交换到孔道中，起氧化剂作用使随后吸附在孔道中的吡咯或噻吩发生聚合形成聚吡咯或聚噻吩[65-67]。聚吡咯进一步氧化会使聚合物链产生导电性质。

8.3.2　纳米孔主体中的富勒烯

为了能够对富勒烯的超导性、光学性以及其他的分子性质加以控制，人们对富勒烯的研究从体相材料慢慢转为低维甚至零维的超分子实体。获得孤立分子的方法通常是将其封闭至某个刚性固体材料中(图 8-5)。由于 C_{60} 的范德华直径大约为 7.9Å，大于大部分微孔晶体的孔口直径，所以将 C_{60} 组装到一般孔径的分子筛中是很困难的。以超大微孔分子筛 VPI-5(孔径约 1.25nm)为主体材料，在 50atm 及 50℃条件下将含有 C_{60} 的苯溶液与 VPI-5 分子筛相互作用，Hamilton 等成功地将 C_{60} 分子装载到 VPI-5 的孔道之中[68]。受到分子筛骨架的限制作用，进入 VPI-5 孔道中的 C_{60} 表现出与溶液相 C_{60} 较大的性质差异。例如，C_{60} 可以阻止 VPI-5 在加热条件下转化为 $AlPO_4$-8；在激光激发下，处于 VPI-5 中的 C_{60} 发射出较强的白光，而溶液相 C_{60} 发光非常微弱而且发射光波长范围比较窄。除了 VPI-5 分子筛之外，$AlPO_4$-5、$AlPO_4$-8 等分子筛也因具有足够大的孔道直径而成为能够容纳富勒烯分子的主体材料[69, 70]。但是这些分子筛的孔道通常都是一维的，无法获得零维的富勒烯分子。Sastre 等成功地将 C_{60} 以孤立分子的形式组装到直径为 1.3nm 的 NaY 分子筛超笼中[71]。由于孤立分子的存在，使得 C_{60}-分子筛这一复合体系表现出许多独特的性质，如 C_{60}-Y 型分子筛的发光就与其体相材料有着较大的差别[72-74]。

与微孔分子筛材料相比，孔道直径较大的介孔材料在作为主体与客体分子 C_{60} 进行复合时更加灵活。早期 Drljaca 等[76]将 C_{60} 的甲苯溶液与介孔 SiO_2 混合之后，获得了孔道中含有溶剂化 C_{60} 分子的主客体复合物质。在特定条件下，介孔孔道中的 C_{60} 分子能够发生可逆的聚集与溶解，同时产生颜色的变化。随着介孔材

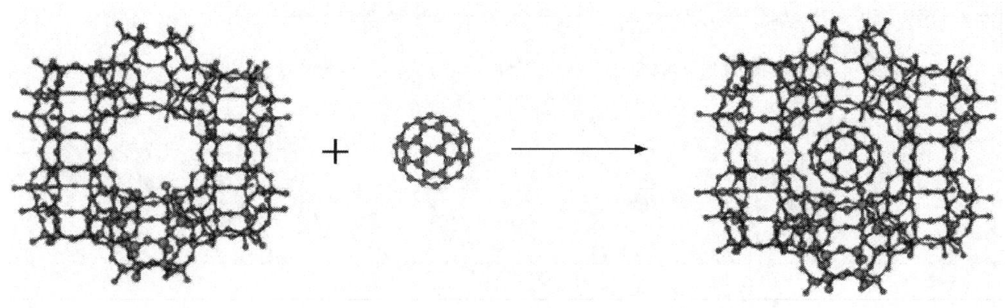

图 8-5　C_{60}分子被组装到分子筛孔道中[75]

料研究的加深，包括硅、有机硅、氧化硅、二氧化钛等在内的一系列介孔材料[77-81]与 C_{60} 形成的主客体复合材料被成功制备，其性质也被深入研究。研究表明，MCM-41 在脱除模板剂后孔道内壁存在大量的羟基，这些羟基有的是以氢键形式互相连接的，但也有的是孤立的。Chen 等[82, 83]将 C_{60} 与不同特性的 MCM-41 进行复合后在真空条件下观察脱羟基情况，发现 C_{60} 对羟基的脱除有着显著的促进作用。红外光谱分析表明，在脱羟基过程中，C_{60} 夺取 MCM-41 硅羟基中的羟基生成 C—H 及 C—OH 键，然后在更高温度条件下，这些 C—OH 或 C—H 基团再结合以 H_2O 分子的形式脱去。适当的溶剂可以促进 C_{60} 到介孔孔道中的装载，Minakata 等[84]以氯仿为溶剂，将组装量高达 26%（质量分数）的 C_{60} 组装到 MCM-41 介孔孔道中。这些 C_{60}-介孔材料复合体系在发光、太阳能转换、光催化、生物检测、场效晶体管等领域具有较好的应用前景。

8.3.3　纳米孔主体中的碳纳米管

自 Iijima 报道碳纳米管的制备及微观结构以来[85]，碳纳米管受到学术界的广泛关注。由于具有独特的结构，碳纳米管这类物质具有一系列奇特的化学物理性质，并可望在纳米器件的制作方面发挥重要的作用。碳纳米管又有单壁和多壁之分。单壁碳纳米管可以看作是由石墨单层卷曲而成的，而多壁碳纳米管则可以看作是由不同直径的单壁碳纳米管叠套形成的。

碳纳米管的制备方法有石墨电弧放电法、激光烧蚀、真空蒸发、电化学分解以及有机分子在还原气氛下的高温热解等。虽然制备碳纳米管的方法多种多样，但制备管径均一的单壁碳纳米管却并非易事。管径小于 1nm 的单壁碳纳米管尤其难以制得。因此，人们试图使用具有一维直孔道结构的微孔分子筛作为模板来制备单壁碳纳米管。Tang 等首次尝试在 $AlPO_4$-5 单晶孔道中生长碳纳米管并取得成功[86-88]。他们利用真空体系下热裂解三正丙胺（TPA）的方法，在 $AlPO_4$-5 大单晶体的孔道中成功制备出了直径只有 0.42nm 的世界上最细的碳纳米管（图 8-6），其表现出对偏振光吸收的各向异性。在 $AlPO_4$-5 分子筛晶体中，热解形成的碳纳米管只能沿着晶体微孔孔道生长，因此它们排列整齐、管径均匀、性质单一的特点易于从理论上得到阐释，该材料具有很高的理论和实际应用价值[89]。

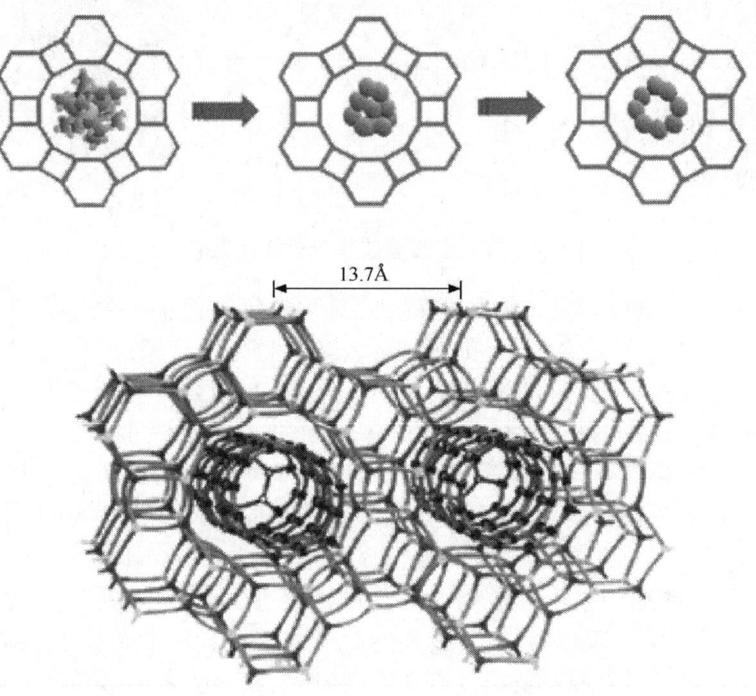

图 8-6　$AlPO_4$-5 分子筛中形成的碳纳米管

常规制备的含模板剂分子的 $AlPO_4$-5 以及完全脱除模板剂的 $AlPO_4$-5 晶体是典型的绝缘体，而碳纳米管-$AlPO_4$-5 晶体复合材料则表现出独特的导电性质。其室温电导率小于金属的电导率而与半导体的电导率相当。随着温度的降低，电导率也降低，说明这种碳纳米管具有表观半导体性质。但是，当温度降到 20K 以下时，碳纳米管-$AlPO_4$-5 晶体却表现出迈斯纳效应；这一效应表明处于 $AlPO_4$-5 晶体孔道中的碳纳米管在 20K 以下是一种一维超导体[90]。

在微孔分子筛孔道内生成的碳纳米管的外径必定小于孔道的直径。实际上，在考虑碳纳米管的直径时，还应当扣除纳米管与晶体孔壁之间的范德华间距；加之单层石墨可以在不同扭曲度下发生卷曲，因此生成的纳米管也具有多种不同的结构[91]。图 8-7 列出了三种单臂碳纳米管的结构。近年来，人们已经在 MCM-41[92]、SAPO 和 $AlPO_4$分子筛[93, 94]等具有不同结构和直径的纳米孔材料孔道内成功制备出碳纳米管，并利用这一复合材料产生的新性质进行了一系列功能化的探索和研究。

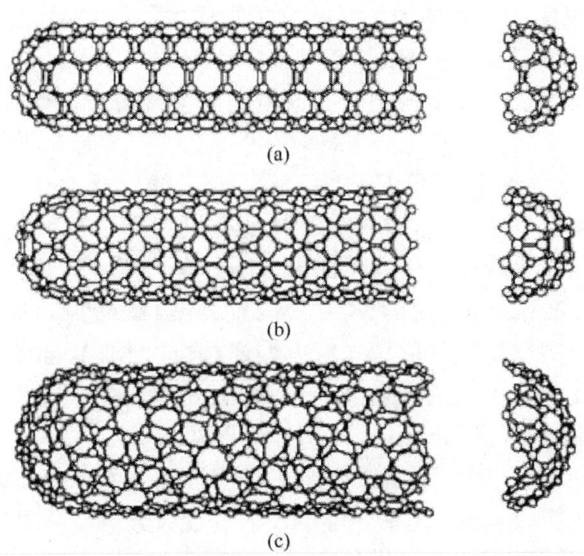

图 8-7　[5,5](a)、[9,0](b)和[10,5](c)型纳米管[91]

8.3.4　利用纳米孔主体制备碳材料

碳材料一直广泛应用于人类生产生活的各个领域。其中多孔碳材料表现出了许多优异的物理化学性质，如化学稳定性高、导电性好、孔道结构丰富、孔径可调以及可以非常均匀地分散金属纳米颗粒到其内表面等一系列优点，因此在绿色化学、异相催化、气体吸附和储能等方面都得到了广泛的应用。在加热条件下，碳化负载于分子筛孔道内的有机物经酸溶解脱去分子筛的无机骨架后可以形成多孔碳材料。Y 型沸石、丝光沸石、Beta 沸石及 L 型沸石等分子筛均可以作为制备多孔碳材料的分子筛模板。根据所使用的分子筛、有机物以及制备条件的不同，可以获得种类丰富的多孔碳物质。将聚合物单体直接通过载气与分子筛接触聚合也能形成用来制备多孔碳的聚合物-分子筛主客体前驱体。例如，丙烯在 N_2 的载动下，可以进入 Y 型沸石分子筛并在孔道中形成聚丙烯。这种聚丙烯经热解后可以发生碳化。碳化产物的主体沸石骨架经酸溶解即可消除，所剩余的碳物质具有多孔特征[95]。

但是，用这种方法制备的多孔碳材料一般都缺乏均一的孔结构，难以起到微孔分子筛一样的分子筛分作用。为了突破这一限制，人们尝试以介孔分子筛代替微孔分子筛作为制备多孔碳材料的模板。此时获得的多孔碳物质虽然孔径分布在介孔范围(5～10nm)内，但多具有规则的孔道结构和孔径尺寸[96-98]。这种类型的多孔碳材料可以归属为分子筛，能表现出与其他多孔碳材料有所不同的化学物理特性。例如，可以将金属 Pt 纳米颗粒非常均匀地分散到这种规则结构的碳分子筛的内表面[99]。如果采用一维直通道的介孔分子筛作主体制备多孔碳物质，所得到的碳物质一般来讲呈线型结构。Bein 等[100]将 MCM-41-聚丙烯腈主客体复合物在不同温度条件下热解获得分布在介孔孔道内的一维石墨片状物质。这种石墨片状物具有一维导线的性质。

最近，一种发光碳纳米粒子(CNP)引起了人们的广泛关注[101, 102]。但是这些发光碳纳米粒子难以单独稳定存在，需有其他有机物质对其表面进行保护以增强其热稳定性和避免在溶液体系中发生团聚。Xiu 等[103]以环己胺为模板剂，在水热条件下以廉价的乙酸镁、氢氧化铝、磷酸、环己胺和氢氟酸为原料合成一种磷酸铝镁分子筛。然后依次在氮气和氧气气氛中煅烧，通过控制不同的煅烧温度与时间，制备出一种发光波长可控的荧光复合分子筛(图 8-8)。该荧光复合分子筛的主体为具有菱沸石结构的磷酸镁铝晶体(MAPO-CHA)，可以被 300～390nm 波长的紫外光所激发，其发射荧光颜色可以方便地在紫色与橙红色(420～550nm)之间进行调变。实验结果证明，热处理条件不同导致了复合荧光分子筛中模板的碳化程度不同，碳的含量直接对材料的发光特性产生影响，并决定了其发光波长。

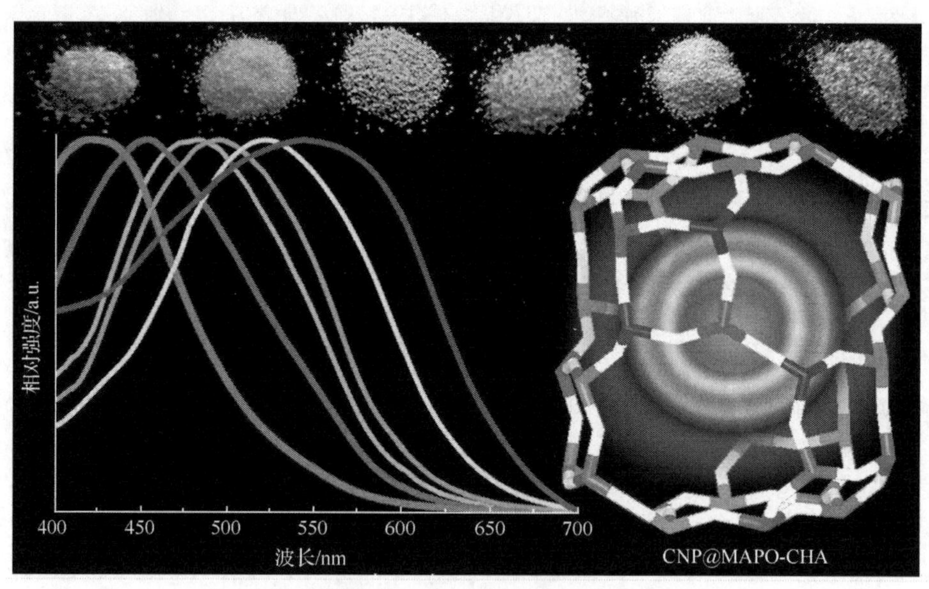

图 8-8 发光可调控的微孔晶体/碳纳米粒子复合材料

8.4 无机纳米孔主体中的半导体纳米粒子

当半导体材料或金属的颗粒尺寸降低到纳米范围，特别是小于或者等于该材料的激子玻尔半径时，会产生所谓的量子尺寸效应。此时连续能级发生劈裂形成离散能级，从而使其磁、光、声、热、电、超导电性能等发生变化。纳米颗粒尺寸越小，禁带宽度越宽，光学吸收发生蓝移，同时会伴随强的激子共振，人们将这些纳米颗粒形象地称为量子点。由于量子点表现出异常的光电性质，因此从 20 世纪 80 年代后期开始，有关量子点（零维半导体）的制备及性能研究越来越受到学术界的关注。

由于纳米孔材料具有可控的孔道结构及孔径，尤其是微孔分子筛孔道直径一般小于 1.5nm，因此以纳米孔材料为主体，在其中制备得到的半导体粒子具有明显的量子尺寸效应。从这一目的出发，人们发展出多种在纳米孔材料的孔道中合成纳米粒子的方法，如直接吸附法、离子交换法、金属有机气相沉积法（MOCVD）、共价偶联法等，都是利用纳米孔材料孔道的限域性来控制所合成纳米颗粒的尺寸和形状。以粉体纳米孔材料为模板，还可以合成各种具有单一尺寸分布的半导体纳米颗粒复合纳米孔材料。

金属有机气相沉积法的主要策略是：首先在纳米孔材料的骨架上嫁接金属有机基团，然后通入特定气体与金属有机基团进行反应，就可以在纳米孔孔道内生成所需要的半导体纳米粒子。通过这种方法可以在一些微孔（如 Y 型沸石分子筛）孔道中获得Ⅱ-Ⅵ、Ⅳ-Ⅵ以及Ⅲ-Ⅴ型半导体化合物，如 Sn_4S_6、Cd_6Se_4、Zn_6S_4 甚至 GaP 等[104-107]，以及介孔孔道中的过渡金属氧化物 CoO_2、Fe_2O_3 等。这些纳米粒子均表现出明显的量子尺寸效应，它们的电子吸收光谱（带边）均发生显著的蓝移。除了生成化合物型半导体纳米粒子，利用化学气相沉积法（CVD）也可以将单质 Si 纳米粒子载入分子筛孔道之中，如将二硅烷与分子筛中的质子反应使之连接到分子筛的孔壁之上。随后加热处理使连接在骨架上的二硅烷发生分解，分解后的产物再与其他硅烷反应，最后在 Y 型分子筛超笼中簇合生成含 60 个 Si 原子的原子簇[108]。Ge 纳米粒子[109]和 Si-Ge 混合的纳米粒子、单质 Sn 和 Sd 都可以利用该方法在分子筛等纳米孔材料的孔道中制备。与其他半导体纳米粒子一样，这些单质的半导体纳米粒子也表现出明显的量子尺寸效应，它们的禁带宽度与相应的块体材料相比也发生了明显的变化。

经离子交换后的分子筛与气体反应，可以生成相应的半导体纳米粒子。例如，将 Cd^{2+} 交换的沸石分子筛与 H_2S 气体反应，可以在八面沸石的方钠石笼中形成 Cd_4S_4 纳米簇[110,111]。利用此方法，CdSe、Cd_4O_4、Cd_2O_2Se、Ag_2S、PbI_2、HgI_2、GaP 和 GaAs 等不同成分的化合物纳米粒子在分子筛孔道内被成功制备出来[112-116]。大量研究结果表明，这些纳米粒子并不是孤立存在的，它们与分子筛骨架上的氧原子有着较强的相互作用。最近，Yoon 等[117]利用相似的方法，在 Y 型分子筛孔道中制备出了带有不同抗衡离子的 PbS 量子点（图 8-9）。这种金属离子交换的量子点与分子筛复合材料不仅具有稳定的骨架结构，还表现出良好的三阶非线性光学特点。在这一体系中，分子筛的骨架氧原子作为给体，交换的金属离子作为受体，由于二者与 PbS 量子点的共同作用，使得表面键合的激子寿命增长，从而导致材料三阶非线性光学活性可以随着交换的金属阳离子尺寸增加而增强。这些结果对于进一步研究量子点-分子筛类型的纳米孔主客体材料并促进其在多领域的应用具有一定的指导意义。

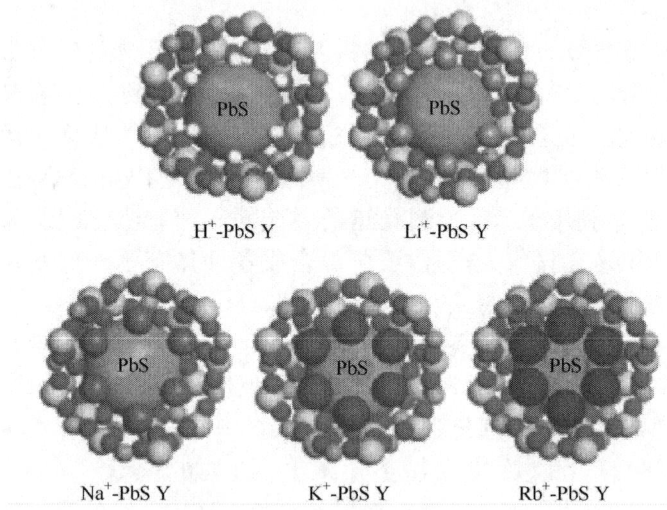

图 8-9 Y 型分子筛超笼中的 PbS 量子点与不同的抗衡阳离子（H^+、Li^+、Na^+、K^+ 和 Rb^+）[117]

由于存在纳米粒子的量子尺寸效应，装载在纳米孔材料孔道中的纳米粒子的漫反射光谱与体相相比存在很大的差异。除量子点及一维纳米线之外，一些半导体的纳米阵列也可在纳米孔材料的孔道中获得。例如，在具有一维孔道的 VSB-1 磷酸镍微孔晶体（孔径 0.9nm）孔道中制备出的 ZnO 纳米阵列呈现出非同寻常的紫外激子吸收峰[118]。

通常，在微孔分子筛孔道中生成的纳米半导体粒子较小、含量较低。Shi 等[119]用嵌段聚合物作模板制备了介孔分子筛膜。通过离子交换将 Cd^{2+} 引入分子筛膜的介孔孔道之中，然后通入 H_2S 气体在孔道中生成纳米 CdS 颗粒。由于这种方法引入的 CdS 量比较大，CdS 粒子粒度分布均匀，以及 SiO_2 基质在 CdS 周围产生了局部场效应，导致形成的复合膜的三阶非线性光学系数发生了较大变化。利用此方法，可以在 MCM-41 的介孔孔道中组装 ZnO、Fe_2O_3、ZnS、CuS 等纳米颗粒或纳米簇[120-122]。研究表明，脱除模板剂的介孔氧化硅孔道内壁拥有丰富的硅羟基，这些硅羟基很容易与金属有机分子发生化学反应从而使后者嫁接到介孔孔壁之上。例如，在脱模板的 MCM-41 中可以载入质量分数为 200%的二硅烷[123]，这些嫁接的二硅烷经热解处理后形成硅纳米簇。由于此种方法引入的半导体含量很高，实际上生成的纳米簇可以在介孔孔道中连成纳米线[124]。与在微孔晶体中的纳米半导体相似，处于介孔材料孔道中的纳米半导体簇也表现出量子尺寸效应。例如，Winkler 等[125]获得了 GaN-MCM-41 的复合组装材料，这种复合材料表现出典型的纳米 GaN 发光性质，其禁带宽度等与半导体载入量以及粒子尺寸有关系。

随着能源危机及环境污染的加剧，近年来，半导体材料被广泛应用于太阳光能的开发和利用。利用多孔材料孔道的约限性和择形性，一些具有特殊尺寸及结构的半导体-纳米孔材料复合体系被组装制备出来并成功应用于太阳能电池、光催化等反应体系。影响其太阳光利用率的首先是材料的禁带宽度，如 ETS-10 分子筛中 TiO_3^{2-} 纳米线的长度能够对其禁带宽度产生明显的影响[126]。将 TiO_2 纳米簇组装进 Y 型分子筛形成的 TiO_2-Y(图 8-10)可以通过 N 掺杂或酸性有机化合物修饰对其禁带宽度进行调控，使吸收带边从紫外到可见范围内调变，所得到的材料可以作为新型的光活材料应用于太阳能电池[127]。另外，一些半导体和纳米孔材料的复合体系也作为高活性、易回收的可见光光催化剂而被广泛应用于水的光催化裂解、降解环境污染物等反应[128]。

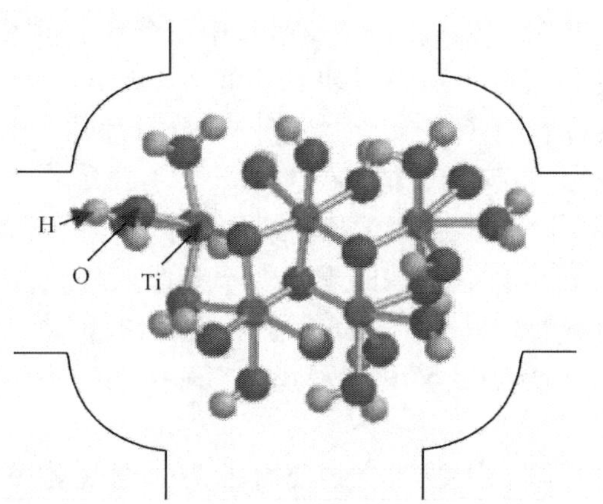

图 8-10　Y 型分子筛孔道中的 TiO_2 簇[127]

8.5　纳米孔主体中组装有机分子及金属配合物

由于纳米孔材料骨架的保护作用使其内部组装的金属配合物的热稳定性以及抗氧化性一般均有明显的提高，再加上纳米孔孔道的约限和阻隔作用，处在纳米孔材料孔道中的金属配合物与其在溶液中相比有着明显不同的化学和物理性质[92]。在纳米孔材料的孔道中制备金属配合物的方法归纳起来大致可以分为以下几种：①以金属配合物为模板剂，直接合成包含金属配合物的多孔骨架型化合物；②通过瓶中造船的方法，使较小的配体分子进入纳米孔材料的孔道之后与金属离子配位形成较大的配合物，形成的配合物无法从纳米孔孔道中逸出，正如瓶子中的船体积较大不能从瓶颈脱出一样；③通过气相输运的方法将挥发性较强的配合物组装进纳米孔材料的孔道中；④将配合物通过共价键嫁接到纳米孔材料的孔壁上，这种方法尤其适用于配合物-介孔分子筛主客体复合物的制备。随着研究的不断深入，一些功能性的纳米孔主体-金属配合物复合材料，如在发光、催化及生物模拟方面具有应用潜力的材料将会被不断开发出来。同时，复合体系的结构、性质以及它们的化学物理机制也会被有效地揭示出来。

8.5.1 金属-Schiff 碱配合物

由伯胺与醛或酮缩合生成的取代亚胺统称为 Schiff 碱（$RCHO+R'NH_2 \longrightarrow RCH=NR'+H_2O$）。由于 C 和 N 上烷烃取代基的多样性，使得 Schiff 碱的种类也很多，其中由乙二胺和水杨醛缩合形成的 N,N'-二（水杨醛基）乙二亚胺是一种典型的 Schiff 碱，简称 salen。Salen 是一种应用广泛的螯合配体，两个氮原子和两个—OH 基团均可参与配位。Balkus 等[129]利用 Rh(Ⅲ)修饰的分子筛与 salen 进行混合，成功在 FAU 型分子筛（X 型或 Y 型）中制备了棕黄色的 Rh(salen)配合物。Bedioui 等[130]在 Y 型分子筛中组装 Co(Ⅲ)-salen-Y 配合物并研究了组装的电化学行为。研究结果表明，$Co(salen)^{3+}$能够与分子筛孔壁发生强相互作用产生一对新的氧化还原信号，组装形成的 Co(salen)-Y 有可能作为良好的氧化还原反应的催化剂。Bedioui 等[131]还在 Y 型分子筛中组装了$[Mn(Ⅲ)\text{-salen}]^+$及$[Fe(Ⅲ)\text{-salen}]^+$配位化合物。组装的配合物不会像在溶液中一样形成二聚体，而是可以与溶液中所溶解的小分子尤其是分子氧接触，并使之活化。这说明分子筛组装配合物$[Fe(Ⅲ)salen]^+$及$[Mn(Ⅲ)salen]^+$有可能成为生物模拟分子参与传输氧或活化氧的反应。

纳米孔主体与金属-Schiff 碱配合物复合的另一个优势是可以利用主体材料孔道的择形性（shape-selectivity）来改善催化反应中的选择性。例如，Pd-(salen)具有良好的催化加氢活性，但作为均相及异相催化剂时催化选择性不尽如人意。为了解决这一问题，Kowalak 等[132]将 Pd-(salen)组装到 X 型和 Y 型分子筛中并用于选择加氢催化反应。结果表明分子筛 Pd-(salen)复合体系具有很高的烯烃加氢催化选择性，这充分说明了分子筛孔道的存在限制了大分子的生成，从而提高了反应的选择性。

在这些前期工作的基础上，一些手性 SALEN 配合物-纳米孔材料复合体系作为均相或异相催化剂而被广泛关注和深入研究[133]。李灿课题组在 MCM-41、SBA-15、有机硅等介孔材料的孔道中成功制备了一系列手性的金属(salen)配合物，展现出了良好的催化性能[134, 135]。他们利用瓶中造船法在苯修饰的 SBA-16 笼中成功制备了 Co(salen)配合物（图 8-11），其在不对称环氧化合物的开环反应中具有极高的选择性。其他类型的 Schiff 碱配合物与有机硅等纳米孔材料构成的复合体系也具有良好的催化性能。例如，Y 型分子筛中的过渡金属-四氢化 Schiff 碱配合物对环烷烃的氧化具有很好的催化能力[136]，MCM-41 中的 Mo-Schiff 碱配位聚合物则是活性和选择性均较好的环氧化催化剂[137]，Cu-Schiff 碱-Y 型分子筛复合物也被应用在催化氧化反应中[138]。

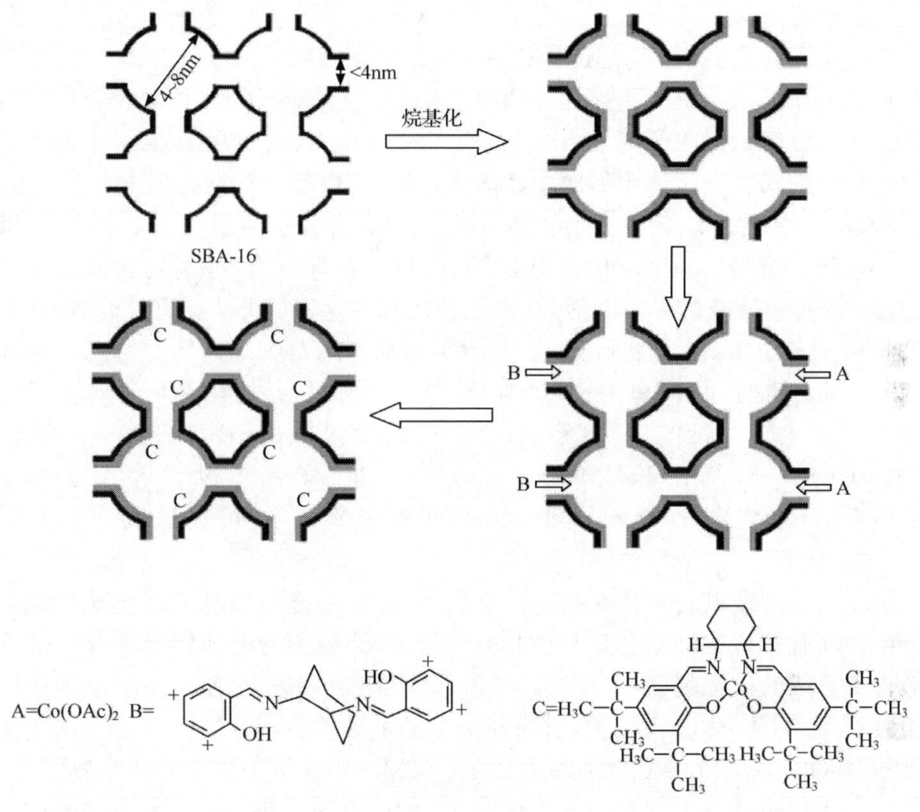

图 8-11　利用瓶中造船方法在苯修饰的 SBA-16 孔笼中制备 Co(salen) 配合物的技术路线图[135]

8.5.2　金属-吡啶类配合物

含氮杂环芳烃由于具有可使电子离域化的大 π 键和比较强的金属配位能力，使得这类化合物作为配体可以与不同的金属离子络合形成丰富的金属配合物。早在 20 世纪中叶，人们便利用 Cu-吡啶配合物作为氧化偶联反应的催化剂[139, 140]。如果把配合物负载或分散到具有微孔或介孔的纳米孔材料中，则有可能获得催化效果更好的复合异相催化剂，同时还可以利用孔道的择形性来提高催化反应的选择性。Ukisu 等[141] 和 Lunsford 等[142] 成功地将 Cu-吡啶配合物组装到微孔 Y 型分子筛之中，并研究了配合物的存在状态和催化性能。Böhlmann 等[143] 和 Pœppl

等[144]还先后将Cu-吡啶配合物组装到MCM-41孔道之中并对配合物与分子筛孔道的相互作用进行了研究。Yamada等[145]则研究了组装在NaX沸石分子筛中的二(乙酰丙酮)合铜(Ⅱ)被吡啶取代的反应。研究表明，沸石分子筛的阳离子产生的静电场倾向于降低$Cu(acac)^{2+}$配合物的稳定性，以至于发生在溶液及硅胶上不会发生的取代反应。

与吡啶配合物类似，联吡啶也很容易与过渡金属离子形成螯合物，而且它的两个芳环使电子离域化程度更高，因此联吡啶过渡金属配合物往往具有更加独特的性质。联吡啶钌是目前研究最为广泛的联吡啶配合物，它也可以通过不同的方法组装到具有纳米孔的主体中形成主客体化合物，其中最为常见的是瓶中造船方法。De Wilde等[146]首次以瓶中造船法制备出Y型沸石分子筛组装的2,2′-联吡啶钌(Ⅱ)配合物。组装后的配合物表现出多样化的光物理行为，这些光物理行为与水合程度、装载量等密切相关。随后，利用该方法，一系列联吡啶钌配合物-分子筛复合物被制备出来，其组装行为、主客体的相互作用对荧光性质的影响也被深入研究[147-152]。例如，Kincald等[153-155]在Y型分子筛孔笼中组装了多吡啶钌配合物并进行了比较详细的表征，将联吡啶2,2′-联吡嗪(bpz)与钌形成的配合物$Ru(bpy)_2bpz$、5-甲基-2,2′-联吡啶(mmb)合钌(Ⅱ)以及N,N'-三亚甲基-2,2′联吡啶(DQ_{55}^{2+})组装到Y型分子筛彼此相邻的超笼之中，可以形成一个光化学系统。

除了与钌形成具有独特性质的配合物外，联吡啶还可以与其他金属形成功能配合物。联吡啶锰(Ⅱ)配合物与介孔分子筛MCM-41的组装体是一种有效的催化氧化苯乙烯的催化剂[156, 157]。而锰(Ⅱ)与联吡啶或邻菲罗啉(phen)形成的配合物组装到X、Y及EMT沸石中则表现出独特的发光行为[158]。Fe(Ⅱ)在交换到NaY分子筛之后与吡啶混合加热可形成[Fe(Ⅱ)$(bpy)_3$]-Y组装化合物[159]。当Fe(Ⅱ)的含量小于每个超笼一个Fe(Ⅱ)时，配位反应最为有效。其他铁配位聚合物$[FeL_3]^{2+}$[L＝乙二胺、2-(氨乙基)吡啶、2,2′-联吡啶、1,10-邻菲罗啉、4,4′-二甲基-2,2′-联吡啶、5,6-二甲基-1,10-邻菲罗啉等]也可以与Y型分子筛形成组装体[160]，且配体体积的大小与分子筛骨架的相互作用会对配位程度产生影响。

8.5.3 卟啉、酞菁类配位化合物

卟吩和酞菁是两种常见的大环含氮化合物。前者是4个吡咯环相互连接构成的含20个C原子的杂环化合物，可通过醛和吡咯缩聚而成(大环上存在取代基的卟吩即为卟啉)；后者通过在酸性条件下由邻苯二腈聚合形成。在大多数情况下，卟啉的配位方式是4个N原子与金属原子形成平面配位。此外卟啉也可以以双齿、三齿及非平面四齿配位方式与金属离子配位，在这些配位形式中，金属离子处于平面之外。酞菁的大环上含有8个N原子，但一般情况下，只有其中环内侧的4

个 N 原子能起配位作用。将金属卟啉及金属酞菁类配合物组装到纳米孔材料孔道中的研究近年来受到人们的广泛关注。处于纳米孔孔道之中的配合物性质往往与在溶液和固体相中不同，因此在催化、光化学、电化学、生物膜拟等方面具有特殊的应用前景。

早期的卟啉配合物-纳米孔材料复合体系的研究集中在一些过渡金属配合物与分子筛组成的具有氧化催化性能的固体材料上。例如，Nakamura 等[161]在 Y 型分子筛中成功地组装了 Mn 和 Fe 的四甲基卟吩(tetramethylporphin，TMP)配合物，同时考察了该分子筛复合材料对环己烷的催化氧化性能。结果表明，[Mn(TMP)]-Y及 [Fe(TMP)]-Y 的催化活性较相应的 Mn(Ⅱ)-Y 和 Fe(Ⅱ)-Y 有较大提高。Wang 等利用固-液相分步合成法在 NaX 分子筛的超笼中组装了 Co 和 Zn 的卟啉[四氯四甲基卟啉(TCTMP)和四溴四甲基卟啉(TBTMP)]配合物，该化合物的尺寸与 NaX 内径(1.2nm)极为接近。研究发现组装在分子筛中的卟啉分子分解温度较固体卟啉提高了约 70℃，同时在 H_2O_2 氧化苯乙烯的反应中，载有卟啉的分子筛的催化转化率是金属卟啉的 12 倍。随着介孔材料的出现，实现了具有较大分子尺寸的卟啉配合物在孔材料中的组装。Zhi 等[162]将介孔分子筛 MCM-41 的孔壁用 3-氨丙基三乙氧硅烷硅烷化后引入钌的四(4-氯苯基)卟啉配合物。该配合物能够紧紧地附着在 MCM-41 的孔壁上，与在溶液中不同，不能形成二聚体，因此组装形成的化合物具有良好的氧化催化性能[163]。以上实验说明金属卟啉组装到纳米孔孔道后使其自身性能得到改善，催化活性得到提高。

具有更大体积的酞菁分子能否进入微孔晶体孔穴之中尚存在争议。不过对于具有直径为 1.3nm 超笼的八面沸石分子筛，还是可以容纳金属酞菁配合物的[164]，如钴(Ⅱ)和铜(Ⅱ) 与十六氟酞菁形成的配合物($MF_{16}Pc$)被成功地组装进 X、Y 沸石等分子筛当中[165]。金属酞菁类化合物在微孔分子筛中的组装会受到一定的限制，介孔分子筛的问世为金属酞菁到多孔材料的组装创造了良好的条件。金属酞菁组装到介孔分子筛主要有两个途径：一是直接合成法，即在介孔材料的合成过程中将金属酞菁加入反应体系，介孔材料形成后自然将金属酞菁与表面活性剂模板剂一起包含在介孔孔道中；另一个途径是浸渍法，将合成的介孔材料脱除模板剂后与金属酞菁溶液混合通过浸渍的方法使金属酞菁进入介孔孔道。根据组装的手段和条件的不同，金属酞菁在介孔孔道内的分散程度以及存在状态会有一定的差异[166, 167]。锌酞菁(ZnPc)通过直接合成组装到 MCM-41 中后基本上以单个分子形式分散在具有介孔孔道的模板剂介质中，而通过浸渍方法组装的 ZnPc 分子在介孔孔道中既有单分子形式，又存在双分子聚集体。

8.5.4　纳米孔主体与其他金属配合物的组装复合体系

除上述的几大类金属有机配位聚合物能够与纳米孔材料进行组装复合以外，

其他金属配合物与纳米孔材料的组装体所展现出的独特性质也逐渐被人们所关注。乙二胺(en)是一种常见的脂肪链螯合剂，它与许多过渡金属均可以形成非常稳定的螯合物。将 Co(Ⅱ)-乙二胺配合物组装到 X、Y 型沸石中能够形成 $[Co(II)(en)_2O_2]^{2+}$ 氧加合配合物，可对氧气进行吸附。三氮杂环壬烷(triazacyclononane)是一种典型的非芳香性含氮杂环化合物。将 1,4,7-三甲基-1,4,7-三氮杂环壬烷(1,4,7-trimethyl-1,4,7-triazacyclononane, tmtacn)与 Mn(Ⅱ)形成的配合物 $[Mn(tmtacn)]^{2+}$ 组装到 Y 型沸石的超笼中，所得到的复合物特别适用于以 H_2O_2 作氧化剂的环氧化反应的催化剂[168]。二茂钴(Cp_2Co^+)阳离子具有很强的刚性，而且在水热条件下稳定性也很好。它不仅可以作为制备多种分子筛的模板剂，还可以被某些主体分子筛骨架所束缚。另外一类重要的金属配合物存在于生物酶中，这些受多肽链包裹或配位的金属离子在生物体系中有独特的催化作用，因此人们一直在合成金属-氨基酸配合物以模仿天然含金属的酶。例如，利用交换的方法制备出的组氨酸合铜(Ⅱ)配合物与 Y 型沸石分子筛组装的化合物 $[Cu(His)_2]^{2+}$-Y 具有良好的氧化催化性能[169]，是一种有效的生物酶模拟化合物。

8.6 其他纳米孔主体材料

随着材料科学、化学以及生物学等诸多学科的发展，功能化的主客体复合材料具有越来越重要的地位。因此，主体材料对客体的容纳和封装也被广泛研究。与分子筛等规则有序的纳米孔主体材料不同，一类新型的多孔软晶体被提出并得到深入研究[170]。所谓多孔软晶体是指同时具有高度有序的网络及可形变的框架结构的多孔固体。这类物质同时具备长程有序的规则性和可逆变化的柔软性，不仅满足主客体复合体系中主体材料的要求，同时还具有对光、电等外界刺激产生响应的动态骨架。根据孔道的尺寸，多孔软晶体也大多属于纳米孔材料范畴，它们所具有的独特性质为客体材料的组装提供了更加广阔的空间。

在软晶体作为主体的体系中，客体与骨架的相互作用可以产生一系列特殊的性质，如导电性、发光性以及弹性等。导致物理性质改变的关键因素是客体与表面之间的电子或电荷转移所形成的电子或磁旋[图 8-12(a)][171]。另外，骨架也对客体分子的存储及传输起到空间限制作用[图 8-12(b)]。这一特点特别适用于具有顺磁性的 O_2、NO 分子以及 CO、NO、SO_2 等极性气体分子[172, 173]。如果一些具有极性或磁性的分子或材料被组装进多孔软晶体，它们所具有的独特的介电性质以及磁性将会对外部环境的改变产生更为灵敏的响应[图 8-12(c)][174-176]，体现出更强的功能性。

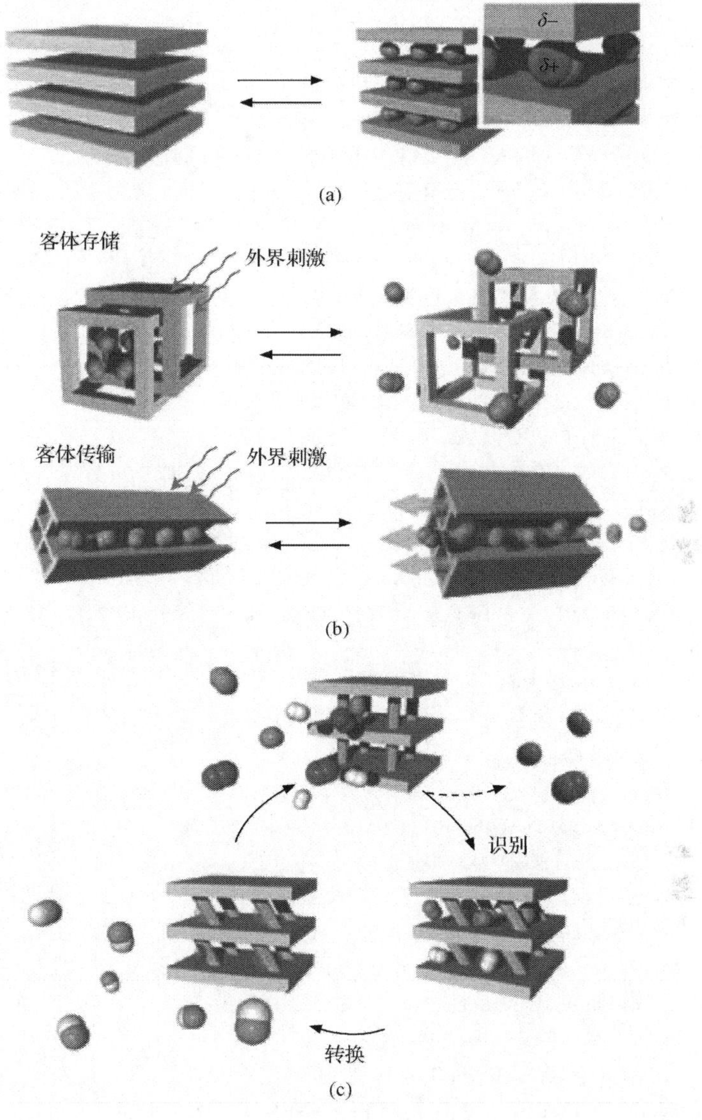

图 8-12　多孔软晶体不同功能属性的示意图

(a) 强的主-客体相互作用产生的电子相干性对物理性质的改变；(b) 通过外界刺激结构的变化来调控客体材料的迁移率和扩散速率；(c) 通过对纳米空间的调控来进行高度识别和转换的靶向反应[170]

（上海交通大学：魏　霄、陈接胜）

参考文献

[1] Pope M T, Müller A. Angew Chem Int Ed, 1991, 30: 34-48.
[2] Gallezot P. Molecular Sieves. 3ed. Heidelberg: Springer Berlin, 2002: 257-305.
[3] Taarit Y B, Naccache C, Che M, et al. Chem Phys Lett, 1974, 24: 41-44.
[4] Westphal U, Geismar G. Z Anorg Allg Chem, 1984, 508: 165-175.
[5] Armstrong A R, Anderson P A, Woodall L J, et al. J Am Chem Soc, 1995, 117: 9087-9088.
[6] Rabo J A, Angell C L, Kasai P H, et al. Discuss Faraday Soc, 1966, 41: 328-349.
[7] Park Y S, Lee Y S, Yoon K B. J Am Chem Soc, 1993, 115: 12 220-12 221.
[8] Edwards P P, Harrison M R, Klinowski J, et al. Chem Commun, 1984: 982-984.
[9] Harrison M R, Edwards P P, Klinowski J, et al. J Solid State Chem, 1984, 54: 330-341.
[10] Edwards P P, Anderson P A, Thomas J M. Acc Chem Res, 1996, 29: 23-29.
[11] Shibata W, Seff K. J Phys Chem B, 1997, 101: 9022-9026.
[12] Martens L R M, Grobet P J, Jacobs P A. Nature, 1985, 315: 568-570.
[13] Hannus I, Kiricsi I, Béres A, et al. Stud Surf Sci Catal, 1995, 98: 81-82.
[14] Simon M W, Edwards J C, Suib S L. J Phys Chem, 1995, 99: 4698-4709.
[15] Ikemoto Y, Nakano T, Nozue Y, et al. Mater Sci Eng B, 1997, 48: 116-121.
[16] Anderson P A, Bell R G, Catlow C R A, et al. Chem Mater, 1996, 8: 2114-2120.
[17] Anderson P A, Armstrong A R, Porch A, et al. J Phys Chem B, 1997, 101: 9892-9900.
[18] Xu B, Kevan L. J Phys Chem, 1991, 95: 1147-1151.
[19] Narayana N, Kevan L. J Phys Chem, 1982, 76: 3999-4005.
[20] Davis M E. Ind Eng Chem Res, 1991, 30: 1675-1683.
[21] Chen Z, Gao Q, Wu C, et al. Chem Commun, 2004, 1998-1999.
[22] Gallezot P, Alarcon-Diaz A, Dalmon J A, et al. J Catal, 1975, 39: 334-349.
[23] Ivanova Shor E A, Nasluzov V A, Shor A M, et al. J Phys Chem C, 2007, 111: 12 340-12 351.
[24] Zhou W, Thomas J M, Shephard D S, et al. Science, 1998, 280: 705-708.
[25] Shephard D S, Maschmeyer T, Johnson B F G, et al. Angew Chem Int Ed, 1997, 36: 2242-2245.
[26] Thomas J M, Johnson B F G, Raja R, et al. Acc Chem Res, 2002, 36: 20-30.
[27] Li L, Shi J. AdvSynth Catal, 2008, 350: 667-672.
[28] Jiang Y, Gao Q. J Am Chem Soc, 2005, 128: 716-717.
[29] McCusker L B, Seff K. J AmChem Soc, 1979, 101: 5235-5239.
[30] Jang S B, Kim U S, Kim Y, et al. J Phys Chem, 1994, 98: 3796-3800.
[31] Goldbach A, Barker P D, Anderson P A, et al. Chem Phys Lett, 1998, 292: 137-142.
[32] Seidel A, Rittner F, Boddenberg B. J Phys Chem B, 1998, 102: 7176-7182.
[33] Heo N H, Choi H C, Jung S W, et al. J Phys Chem B, 1997, 101: 5531-5539.
[34] Heo N H, Kim S H, Choi H C, et al. J Phys Chem B, 1998, 102: 17-23.
[35] Hussain I, Gameson I, Anderson P A, et al. J Chem Soc, Dalton Trans, 1996: 775-781.
[36] Choi E Y, Lee S H, Kim Y, et al. J Phys Chem B, 2002, 106: 7569-7573.
[37] Fellah M F, Onal I. J Phys Chem C, 2010, 114: 3042-3051.
[38] Fellah M F, Onal I. J Phys Chem C, 2012, 116: 13 616-13 622.
[39] Petranovskii V, Gurin V, Machorro R. Catal Today, 2005, 107-108: 892-900.

[40] Lapidus A, Mikhailov M, Kustov L. Russ Chem Bull, 2009, 58: 273-279.
[41] López-Bastidas C, Petranovskii V, Machorro R. J Colloid Interf Sci, 2012, 375: 60-64.
[42] Guesmi H, Berthomieu D, Kiwi-Minsker L. Catal Commun, 2010, 11: 1026-1031.
[43] Li L, Cai Y Y, Li G D, et al. Angew Chem Int Ed, 2012, 51: 4702-4706.
[44] Wang J F, Wang K X, Wang J Q, et al. Chem Commun, 2012, 48: 2325-2327.
[45] Li L, Li G D, Yan C, et al. Angew Chem Int Ed, 2011, 50: 8299-8303.
[46] Li L, Zhou X S, Li G D, et al. Angew Chem Int Ed, 2009, 48: 6678-6682.
[47] Gao Q, Xiu Y, Li G D, et al. J Mater Chem, 2010, 20: 3307-3312.
[48] Tian Y, Li G D, Chen J S. J Am Chem Soc, 2003, 125: 6622-6623.
[49] Sahl K. Z Kristallogr, 1980, 152: 13-21.
[50] Li L, Shi J. Chem Commun, 2008: 996-998.
[51] Smith J V, Bennett J M, Flanigen E M. Nature, 1967, 215: 241-244.
[52] Park H S, Seff K. J Phys Chem B, 2000, 104: 2224-2236.
[53] Rabo J A, Kasai P H. Prog Solid State Chem, 1975, 9: 1-19.
[54] Carlsson A, Oku T, Bovin J O, et al. Chem Eur J, 1999, 5: 244-249.
[55] Readman J E, Gameson I, Hriljac J A, et al. Chem Commun, 2000, 595-596.
[56] Zheng S T, Wu T, Zuo F, et al. J Am Chem Soc, 2012, 134: 1934-1937.
[57] Pereira C, Kokotailo G T, Gorte R J. J Phys Chem, 1991, 95: 705-709.
[58] Cox S D, Stucky G D. J Phys Chem, 1991, 95: 710-720.
[59] Ganesan V, Ramaraj R. J Lumin, 2001, 92: 167-173.
[60] Vietze U, Krauβ O, Laeri F, et al. Phys Rev Lett, 1998, 81: 4628-4631.
[61] Ihlein G, Schüth F, Krauβ O, et al. Adv Mater, 1998, 10: 1117-1119.
[62] Enzel P, Bein T. Chem Mater, 1992, 4: 819-824.
[63] Moller K, Bein T, Fischer R X. Chem Mater, 1998, 10: 1841-1852.
[64] Wu C G, Bein T. Science, 1994, 264: 1757-1759.
[65] Bein T, Enzel P. Angew Chem Int Ed, 1989, 28: 1692-1694.
[66] Enzel P, Bein T. Chem Commun, 1989, 1326-1327.
[67] De Vos D E, Jacobs P A. Stud Surf Sci Catal, 2001, 137: 957-985.
[68] Hamilton B, Rimmer J S, Anderson M, et al. Adv Mater, 1993, 5: 583-585.
[69] Gügel A, Müllen K, Reichert H, et al. Angew Chem Int Ed, 1993, 32: 556-557.
[70] Anderson M W, Shi J, Leigh D A, et al. Chem Commun, 1993, 533-536.
[71] Sastre G, Cano M L, Corma A, et al. J Phys Chem B, 1997, 101: 10 184-10 190.
[72] Kwon O H, Yoo H, Park K, et al. J Phys Chem B, 2001, 105: 4195-4199.
[73] Gu G, Ding W, Cheng G, et al. Chem Phys Lett, 1997, 270: 135-138.
[74] Galletero M, amp, x, et al. Chem Phys Lett, 2003, 370: 829-833.
[75] Jalbout A F. Chin J Phys, 2007, 45: 124-127.
[76] Drljaca A, Kepert C, Spiccia L, et al. Chem Commun, 1997:195-196.
[77] Whitnall W, Cademartiri L, Ozin G A. J Am Chem Soc, 2007, 129: 15644-15649.
[78] Monastyrskyi L S, Aksimentyeva O I, Pavlyk M R, et al. Mol Cryst Liq Cryst, 2011, 536: 290-296.
[79] Tong M, Ding J, Shen Y, et al. Water Res, 2010, 44: 1094-1103.
[80] Yu J, Ma T, Liu G, et al. Dalton Trans, 2011, 40: 6635-6644.

[81] Minakata S, Nagamachi T, Nakayama K, et al. Chem Commun, 2011, 47: 6338-6340.
[82] Chen J S, Li Q H, Xu R R, et al. Angew Chem Int Ed, 1996, 34: 2694-2696.
[83] Chen J S, Li Q H, Ding H, et al. Langmuir, 1997, 13: 2050-2054.
[84] Minakata S, Tsuruoka R, Komatsu M. J Am Chem Soc, 2008, 130: 1536-1537.
[85] Iijima S. Nature, 1991, 354: 56-58.
[86] Sun H D, Tang Z K, Chen J, et al. Appl Phys A: Mater Sci Proc, 1999, 69: 381-384.
[87] Li G D, Tang Z K, Wang N, et al. Carbon, 2002, 40: 917-921.
[88] Wang N, Tang Z K, Li G D, et al. Nature, 2000, 408: 50-51.
[89] Li Z M, Liu H J, Ye J T, et al. Appl Phys A: Mater Sci Proc, 2004, 78: 1121-1128.
[90] Tang Z K, Zhang L, Wang N, et al. Science, 2001, 292: 2462-2465.
[91] Dai L, Mau A W H. Adv Mater, 2001, 13: 899-913.
[92] Lim S, Ciuparu D, Pak C, et al. J Phys Chem B, 2003, 107: 11 048-11 056.
[93] Liu J W, Liu Z F. J Comput Chem, 2010, 31: 1681-1688.
[94] Zhai J P, Li I L, Ruan S C, et al. Micro Meso Mater, 2009, 124: 15-19.
[95] Rodriguez-Mirasol J, Cordero T, Radovic L R, et al. Chem Mater, 1998, 10: 550-558.
[96] Ryoo R, Joo S H, Jun S. J Phys Chem B, 1999, 103: 7743-7746.
[97] LeeJ, Yoon S, Hyeon T, et al. Chem Commun, 1999, 2177-2178.
[98] Yoon S B, Kim J Y, Yu J S. Chem Commun, 2001, 559-560.
[99] Joo S H, Choi S J, Oh I, et al. Nature, 2001, 412: 169-172.
[100] Wu C G, Bein T. Science, 1994, 266: 1013-1015.
[101] Liu H, Ye T, Mao C. Angew Chem Int Ed, 2007, 46: 6473-6475.
[102] Zhao Q L, Zhang Z L, Huang B H, et al. Chem Commun, 2008, 5116-5118.
[103] Xiu Y, Gao Q A, Li G D, et al. Inorg Chem, 2010, 49: 5859-5867.
[104] Bowes C L, Malek A, Ozin G A. Chem Vap Deposition, 1996, 2: 97-103.
[105] Steele M R, Macdonald P M, Ozin G A. J Am Chem Soc, 1993, 115: 7285-7292.
[106] Ozin G A, Steele M R, Holmes A J. Chem Mater, 1994, 6: 999-1010.
[107] Mac Dougall J E, Eckert H, Stucky G D, et al. J Am Chem Soc, 1989, 111: 8006-8007.
[108] Dag Ö, Kuperman A, Ozin G A. Adv Mater, 1995, 7: 72-78.
[109] Dag Ö, Kuperman A, Ozin G A. Adv Mater, 1994, 6: 147-150.
[110] Nagy J B, Hannus I, Kiricsi I. Weinheim:Wiley-VCH, 2007: 389-427.
[111] Herron N, Wang Y, Eddy M M, et al. J Am Chem Soc, 1989, 111: 530-540.
[112] Tang Z K, Nozue Y, Terasaki O, et al. Mol Cryst Liq Cryst, 1992, 218: 61-66.
[113] Seifert R, Kunzmann A, Calzaferri G. Angew Chem Int Ed, 1998, 37: 1521-1524.
[114] Brühwiler D, Seifert R, Calzaferri G. J Phys Chem B, 1999, 103: 6397-6399.
[115] Moller K, Eddy M M, Stucky G D, et al. J Am Chem Soc, 1989, 111: 2564-2571.
[116] Srdanov V I, Alxneit I, Stucky G D, et al. J Phys Chem B, 1998, 102: 3341-3344.
[117] Kim H S, Yoon K B. J Am Chem Soc, 2012, 134: 2539-2542.
[118] Chen Z, Gao Q, Ruan M, et al. Appl Phys Lett, 2005, 87: 093 113-093 113.
[119] Qin F, Shi J L, Wei C Y, et al. J Mater Chem, 2008, 18: 634-636.
[120] Zhang W H, Shi J L, Wang L Z, et al. Chem Mater, 2000, 12: 1408-1413.
[121] Abe T, Tachibana Y, Uematsu T, et al. Chem Commun, 1995, 1617-1618.

[122] Zhang W H, Shi J L, Chen H R, et al. Chem Mater, 2001, 13: 648-654.
[123] Gao F, Zhu G, Li X, et al. J Phys Chem B, 2001, 105: 12 704-12 708.
[124] Leon R, Margolese D, Stucky G, et al. Phys Rev B, 1995, 52: R2285-R2288.
[125] Winkler H, Birkner A, Hagen V, et al. Adv Mater, 1999, 11: 1444-1448.
[126] Jeong N C, Lee M H, Yoon K B. Angew Chem Int Ed, 2007, 46: 5868-5872.
[127] Álvaro M, Carbonell E, Atienzar P, et al. ChemPhysChem, 2006, 7: 1996-2002.
[128] Shen S, Guo L. Mater Res Bull, 2008, 43: 437-446.
[129] Balkus Jr K J, Welch A A, Gnade B E. Zeolites, 1990, 10: 722-729.
[130] Bedioui F, De Boysson E, Devynck J, et al. Faraday Trans, 1991, 87: 3831-3834.
[131] Gaillon L, Sajot N, Bedioui F, et al. J Electroanal Chem, 1993, 345: 157-167.
[132] Kowalak S, Weiss R C, Balkus K J. Chem Commun, 1991, 57-58.
[133] Baleizão C, Garcia H. Chem Rev, 2006, 106: 3987-4043.
[134] Li C, Zhang H, Jiang D, et al. Chem Commun, 2007, 547-558.
[135] Yang H, Zhang L, Su W, et al. J Catal, 2007, 248: 204-212.
[136] Jin C, Fan W B, Jia Y J, et al. J Mol Catal A-Chem, 2006, 249: 23-30.
[137] Masteri-Farahani M, Farzaneh F, Ghandi M. J MolCatal A-Chem, 2006, 248: 53-60.
[138] Saha P K, Dutta B, Jana S, et al. Polyhedron, 2007, 26: 563-571.
[139] Hay A S. J Organ Chem, 1962, 27: 3320-3321.
[140] Hay A S, Blanchard H S, Endres G F, et al. J Am Chem Soc, 1959, 81: 6335-6336.
[141] Ukisu Y, Kazusaka A, Nomura M. J Mol Catal, 1991: 70: 165-174.
[142] Dai P S E, Lunsford J H. Inorg Chem, 1980, 19: 262-264.
[143] Böhlmann W, Schandert K, Pöppl A, et al. Zeolites, 1997, 19: 297-304.
[144] Poeppl A, Kevan L. Langmuir, 1995, 11: 4486-4490.
[145] Yamada Y Bull. Chem Soc Jpn, 1972, 45: 64-68.
[146] deWilde W, Peeters G, Lunsford J H. J Phys Chem, 1980, 84: 2306-2310.
[147] Quayle W H, Lunsford J H. Inorg Chem, 1982, 21: 97-103.
[148] Lainé P, Lanz M, Calzaferri G. Inorg Chem, 1996, 35: 3514-3518.
[149] Ledney M, Dutta P K. J Am Chem Soc, 1995, 117: 7687-7695.
[150] Dutta P K, Das S K. J Am Chem Soc, 1997, 119: 4311-4312.
[151] Sykora M, Kincaid J R, Dutta P K, et al. J Phys Chem B, 1998, 103: 309-320.
[152] Innocenzi P, Kozuka H, Yoko T. J Phys Chem B, 1997, 101: 2285-2291.
[153] Maruszewski K, Strommen D P, Handrich K, et al. Inorg Chem, 1991, 30: 4579-4582.
[154] Dutta P K, Incavo J A. J Phys Chem, 1987, 91: 4443-4446.
[155] Sykora M, Kincaid J R. Nature, 1997, 387: 162-164.
[156] Kim S S, Zhang W, PinnavaiaT J. Catal Lett, 1997, 43: 149-154.
[157] Luan Z, Xu J, Kevan L. Chem Mater, 1998, 10: 3699-3706.
[158] Knops Gerrits P P H J M, de Schryver F C, Auweraer M V D, et al. Chem Eur J, 1996, 2: 592-597.
[159] Quayle W H, Peeters G, de Roy G L, et al. Inorg Chem, 1982, 21: 2226-2231.
[160] Umemura Y, Minai Y, Tominaga T. J Phys Chem B, 1999, 103: 647-652.
[161] Nakamura M, Tatsumi T, Tominaga H O. Bull Chem Soc Jap, 1990, 63: 3334-3336.
[162] Liu C J, Li S G, Pang W Q, et al. Chem Commun, 1997:65-66.

[163] Rahiman A K, Sreedaran S, Bharathi K S, et al. Syn React Inorg Met, 2012, 42: 608-615
[164] Bedioui F. ChemInform, 1996, 27: no-no.
[165] Mohamed R M, Mohamed M M. Appl Catal A, 2008, 340: 16-24.
[166] Ganschow M, Wöhrle D, Schulz-Ekloff G. J Porphyr Phthalocya, 1999, 3: 299-309.
[167] Wark M, Ortlam A, Ganschow M, et al. Berichte der Bunsengesellschaft für physikalische Chemie, 1998, 102:1548-1553.
[168] de Vos D E, Meinershagen J L, Bein T. Angew Chem Int Ed, 1996, 35: 2211-2213.
[169] Weckhuysen B M, Verberckmoes A A, Vannijvel I P, et al. Angew Chem Int Ed, 1996, 34: 2652-2654.
[170] Horike S, Shimomura S, Kitagawa S. Nat Chem, 2009, 1: 695-704.
[171] Ohba M, Yoneda K, Agustí G, et al. Angew Chem Int Ed, 2009, 121: 4861-4865.
[172] Kitagawa S. Nature, 2006, 441: 584-585.
[173] McKinlay A C, Xiao B, Wragg D S, et al. J Am Chem Soc, 2008, 130: 10 440-10 444.
[174] Navarro J A R, Barea E, Rodríguez-Diéguez A, et al. J Am Chem Soc, 2008, 130: 3978-3984.
[175] Combelles C, Doublet M L. Ionics, 2008, 14: 279-283.
[176] Shimomura S, Matsuda R, Tsujino T, et al. J Am Chem Soc, 2006, 128: 16 416-16 417.

第 9 章　仿生智能纳米通道

9.1 引　　言

生命体中镶嵌在细胞膜内的离子通道在各项生命活动中发挥着非常重要的作用[1]，如离子输运、能量转换、物质交换、信号传导等基本分子生物学过程。天然的生物纳米孔道由磷脂双分子层和贯穿其中的蛋白质纳米通道组成，其孔径通常约为几个纳米。它们可以对外界刺激，如 pH、温度、离子以及其他配体做出反应，从而使孔道实现开关过程的转换，进而调控离子或其他小分子的可控传输[2,3]，如图 9-1所示。

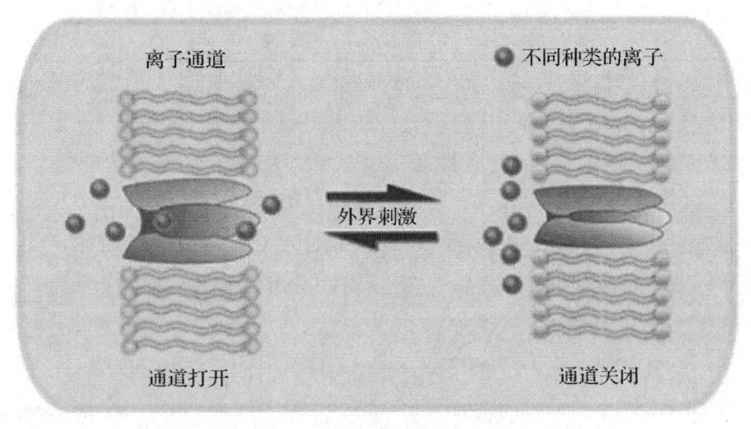

图 9-1　生物体细胞膜中的离子通道示意图

离子通道具有三个典型的特征，即离子选择性、离子整流性以及响应开关特性。这三个特性将在纳米材料与器件领域，如生物传感器、微流体以及能量转换器件等有广泛的应用前景。但是由于生命体内的离子通道只能在磷脂膜内发挥作用，而且体外的不稳定性大大限制了离子通道在纳米材料与器件领域的应用，所以近几年来在体外仿生制备稳定的离子通道成为一个新的研究热点。液态仿生离子通道由于其结构与生命体中的离子通道相似，而且组成丰富，所以在单分子检测或其他研究方面显示出了优异的性能[4,5]。但是由于液态膜的稳定性差、不易操作等缺点限制了其在仿生纳米器件领域的应用，所以，制备出结构稳定、易于操作、重复性好的固态仿生离子通道成为仿生离子通道领域内的迫切需求。

与液态仿生离子通道相比，固态仿生离子通道由于其机械性能好、物理化学性质稳定以及便于进一步修饰等优点得到研究人员的广泛青睐[6-8]。目前发展的制备固态离子通道的方法和材料有很多，如径迹刻蚀法、模板法、离子束刻蚀法、电子束刻蚀法、电化学刻蚀法以及聚焦离子束直接写入法等[9]。制备的孔道形状也多种多样，如圆柱形、单锥形、双锥形、雪茄形等。由于制备的纳米孔道的尺寸、结构以及便于进一步修饰等特点，使固态纳米孔道具有与生命体内离子通道相类似的离子传输及智能响应特性。影响纳米孔道内离子传输的性质主要有三个方面，即孔道本身尺寸及形状、孔道内部电荷分布以及孔道内壁的浸润性，通过调控这三个方面的性质可以实现智能纳米孔道的构筑以及调控。本章将着重介绍利用固态纳米孔道进行仿生离子通道制备的相关研究，所制备的单纳米通道主要用来研究仿生离子通道内的智能离子传输性质，而多纳米通道则主要用于仿生离子通道的应用领域尤其是能量转换器件领域的研究。

9.2 仿生智能纳米通道的制备及修饰

目前仿生制备智能纳米通道的制备思路是：首先根据实际需要选择合适的纳米通道材料，包括生物材料、无机材料、有机材料以及复合材料[6]，如图 9-2 所示。其中，生物材料由于脂质膜的稳定性差，受到一定的应用限制[10, 11]。无机材料如氮化硅材料制备的单纳米孔，在 DNA 测序领域受到了广泛关注[12]。有机材料如高分子薄膜聚对苯二甲酸乙二醇酯（polyethylene terephthalate，PET）、聚酰亚胺（polyimide，PI）和聚碳酸酯（polycarbonate，PC）等[13]能通过重离子轰击加径迹化学刻蚀的方法制备出不同形状的纳米通道材料。复合材料是基于生物、无机和有机材料的结合，利用其各自的优势来构筑高级纳米孔道系统[14-16]。

其次是用不同的制备方法和条件设计制备不同形状和结构的单纳米通道，然后对孔道表面进行选择性的智能化修饰，从而得到仿生智能纳米通道体系，对其性质进行具体研究，并进一步研究其在纳米器件领域的应用。根据孔道的制备方法和材料的不同，孔道的性质也不尽相同。有的刚制备的孔道内壁由于带有功能基团如羧基，而使孔道具有一定的智能响应性，功能基团经过进一步的修饰可以赋予孔道更丰富的智能响应特性，如径迹刻蚀法制备的聚合物纳米孔道；而有的孔道制备后表面含有的功能基团虽然本身不具有响应性，但可以经过进一步的修饰来实现其智能开关或响应特性，如硅基纳米孔道或氧化铝孔道。另外，纳米孔道可以通过在孔道内壁进行无电沉积或离子溅射的方法沉积金属，如金或铂等，从而进行进一步的修饰。

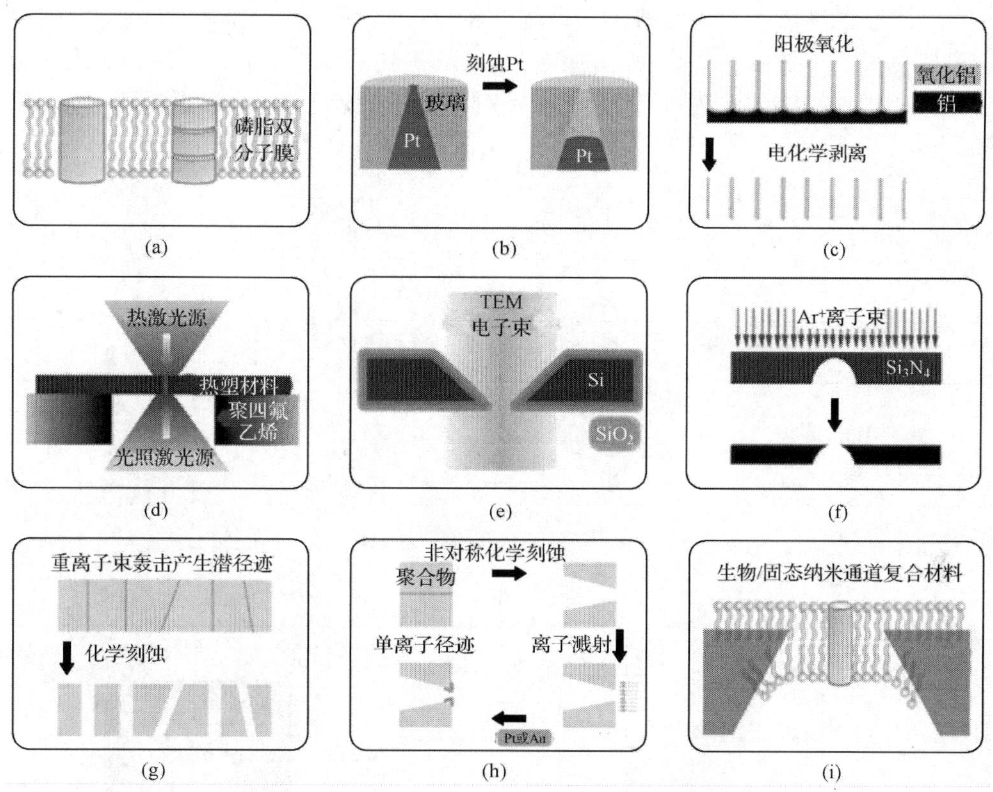

(a)　(b)　(c)　(d)　(e)　(f)　(g)　(h)　(i)

图 9-2　选择和制备各种形状及结构的纳米孔道材料

(a) 生物材料:人工离子通道在脂质双层膜中;(b)无机材料:电化学刻蚀制备非对称纳米孔;(c) 多孔道阳极氧化铝膜;(d) 离子束刻蚀制备氮化硅纳米孔;(e) 电子束技术和各向异性刻蚀制备纳米孔;(f) 有机材料:通过热塑性材料的热诱导微孔收缩制备纳米孔;(g) 重离子轰击加径迹化学刻蚀制备纳米通道;(h)复合材料:基于离子溅射技术和重离子轰击加径迹化学刻蚀技术制备金属-聚合物非对称纳米通道;(i) 杂化生物/固态纳米孔道[6]

9.2.1　纳米孔道的制备方法

9.2.1.1　径迹刻蚀法

径迹刻蚀,是指当高能离子穿过固体靶物质时,能量转移给结合能较低的固体表面的电子,释放出的二次电子流从离子所走过的径迹向外辐射,并将能量逐渐转移给原子的运动,因此是加热了固体表面。释放出的能量使固体靶物质形成了潜径迹,如图 9-3(a)所示。潜径迹在于化学刻蚀液相接触后,沿着离子径迹的方向刻蚀速率与其他位置相比大大增大,从而使附近的固体材料被溶解,形成物理意义上的孔道,如图 9-3(b)。高灵敏度的检测器可以记录穿过高分子膜的重离子数目,减少重离子的射入个数可以得到预设辐照密度的高分子膜，控制得好就可以保证穿过膜的离子个数降至 1 个/平方厘米，这样就得到了单离子潜径迹高分子膜。目前常用的固体靶物质多为聚合物，包括聚对苯二甲酸乙二醇酯、聚酰亚胺、聚碳酸酯等。

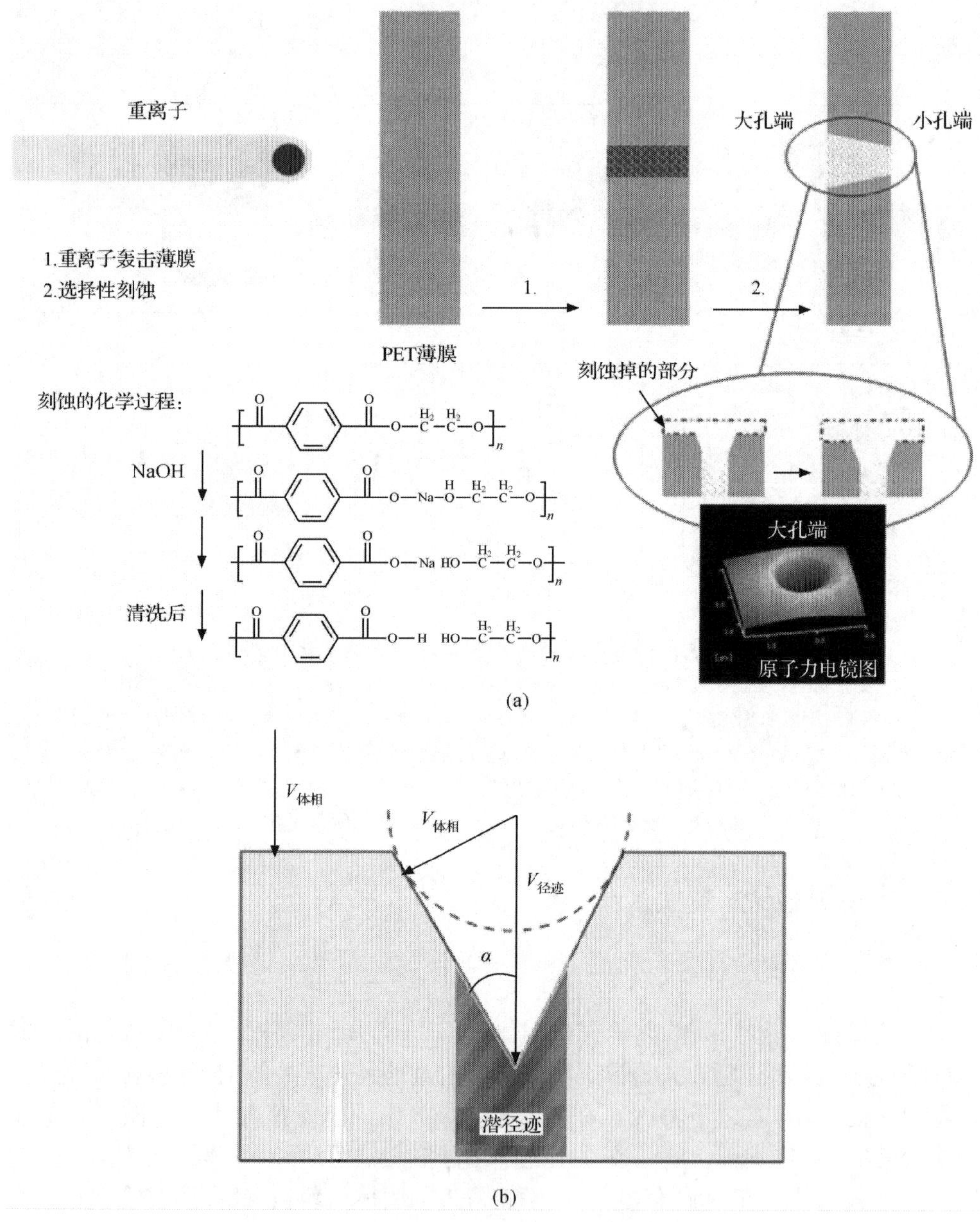

图 9-3 (a) 离子径迹的形成过程；(b) 化学刻蚀过程

径迹化学刻蚀方法可以控制纳米通道的形状[17]，离子的潜径迹一般为柱形，改变不同的刻蚀条件则可以得到不同形状的对称或不对称的纳米通道。锥形通道的制备是通过不对称刻蚀来完成的，即只从聚合物膜的一边加入刻蚀液进行刻蚀，另外一边则加入阻止液，当通道刻蚀通透后，阻止液会与刻蚀液中和并延缓锥孔小口端的变大速率，最终可以得到锥形的纳米孔道，如图 9-4 所示。

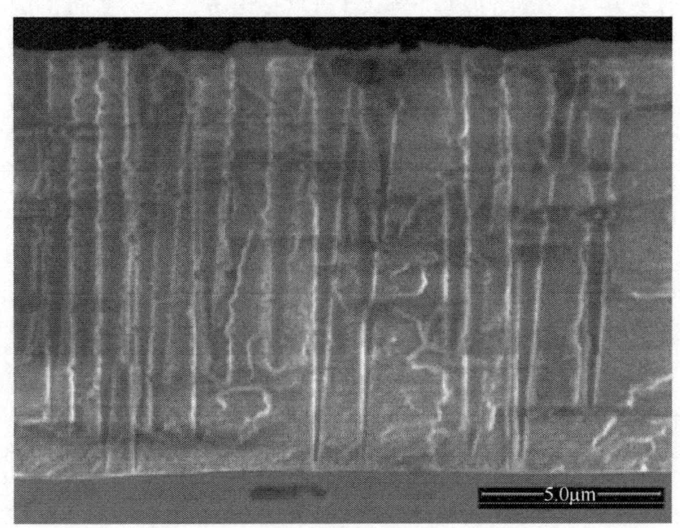

图 9-4　锥形多纳米通道侧面电镜图

以 PET 材料为例，制备锥形孔通常选取 9mol/L NaOH 溶液为刻蚀液，阻止液为 1mol/L KCl+1mol/L HCOOH 溶液。在进行化学刻蚀之前，先将实验中的 PET 薄膜在紫外灯下两面各辐照 1h，使其在化学刻蚀中有更好的稳定性和调控制备锥形通道所用的刻蚀时间[18]。刻蚀过程中，通过皮安计在通道的两侧加上 1V 的偏压，可以增加刻通以后的阻止效果，进一步减缓小孔端的刻蚀速率。锥形通道大孔端的孔径范围，可通过平行实验中同样条件下多孔膜统计得出，如图 9-5 所示。

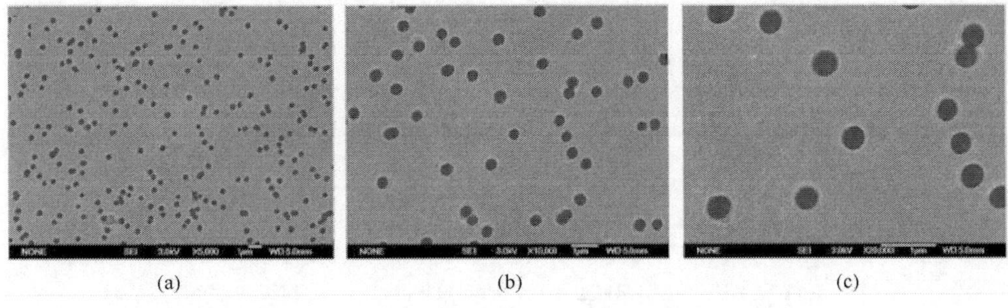

(a)　(b)　(c)

图 9-5　锥形多纳米通道大孔端面电镜图放大 5000 倍(a)、10 000 倍(b)和 20 000 倍(c)

小孔端的孔径估算是通过目前比较成熟的纳米通道离子电导的电流测试后理论计算得出的，公式为

$$d_{\text{tip}} = \frac{4LI}{\pi k(c)UD}$$

式中，d_{tip}是小孔端的孔径；D 是大孔端的孔径；$k(c)$是特定的电解质的电导率，1mol/L KCl 溶液在 25℃时的 $k(c)$为 0.111 73S · cm^{-1}；L 是通道的长度，可以近似看成化学刻蚀前膜的厚度；U 和 I 分别是通道电导测试中的应用电压和测得的电流值。

9.2.1.2 模板法

目前利用模板法所制备的纳米孔膜所用的模板主要有径迹刻蚀法所制备的多孔膜[19]、阳极氧化铝多孔膜[20]、氧化硅[21]和分子筛[22]等。以径迹刻蚀法得到的 PET 单纳米孔为例[23, 24]，如图 9-6 所示，首先在以此多孔膜为模板沉积所要成孔的材料，如 Au、SiO_2等，然后利用胶带或者机械摩擦法将膜表面的沉积物质去除，最后利用化学方法或者氧等离子体处理的方法将模板去掉，就可以得到所要制备的孔材料。值得一提的是，如果只是将单面膜的表面沉积物去除，得到的即为半通透的纳米孔阵列；如果将膜的正反两面的沉积物全部去除，则得到多个分散的单纳米孔道。

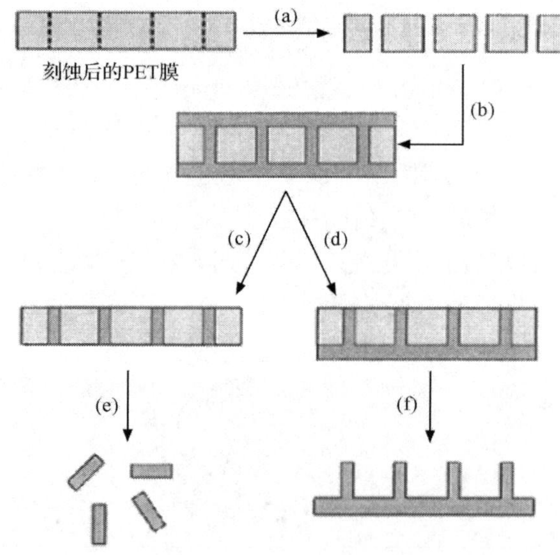

图 9-6 利用模板法制备纳米通道的示意图

(a) 径迹刻蚀法制备聚合物纳米孔阵列；(b) 在聚合物膜表面沉积所需成孔材料；(c) 将膜正反两面的沉积物全部去除；(d) 只除去膜单面的沉积物；(e)、(f) 将模板去除[24]

9.2.1.3 离子束刻蚀法

Stein 等首次利用离子束刻蚀法制备了 Si_3N_4 的纳米孔道，这一方法的提出为制备固态单纳米孔提供了一个新的方法，具有十分重要的指导意义[25]。如图 9-7 所示，具体做法是：首先在硅支撑的 Si_3N_4 的膜表面制备一个碗状的空位，然后，在 Si_3N_4 的背面利用 3keV 的 Ar 离子束刻蚀，直至形成几纳米的通道，因为跨膜电流与所形成的纳米孔的尺寸成正比，所以刻蚀过程可以利用监测电流来控制。利用此方法所得到的纳米孔的最小尺寸可以控制在 2nm。

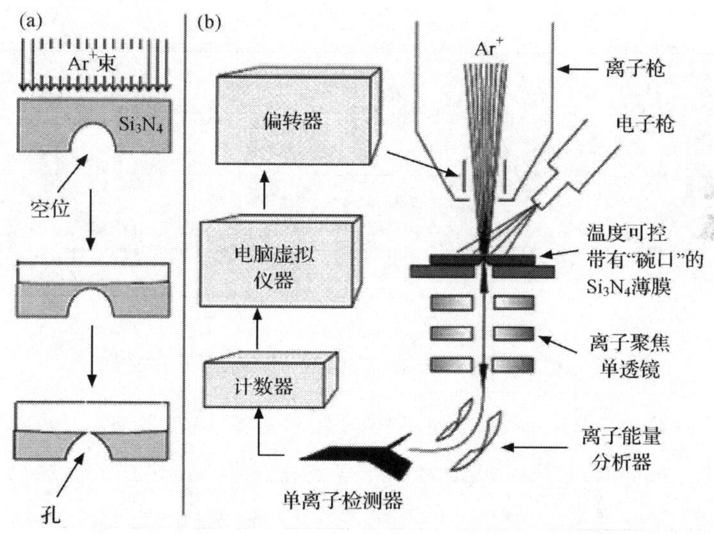

图 9-7 离子束刻蚀法制备 Si_3N_4 单纳米孔的过程及原理示意图[25]

9.2.1.4 电子束刻蚀法

电子束刻蚀法是除了离子束刻蚀法以外的另一种基于硅膜可以精确控制纳米孔径的方法。如图 9-8 所示，Dekker 等首次对该方法进行了报道[26]，首先利用电子束和各向异性刻蚀法制备了一个 20nm 的纳米孔，然后利用热氧化的方法，即孔附近的高能电子束使 SiO_2 液化，导致孔收缩，这一收缩过程可以利用透射电子显微镜来观察和控制。除此之外，TEM 在 200keV 的电压下工作也可以最小聚焦到 0.5nm，该方法可以用来制备超薄膜的表面的纳米孔。

9.2.1.5 电化学刻蚀法

随着电化学刻蚀法制备固态单纳米孔方法的发展，一种新型的电化学纳米传感器也随之出现。这种单纳米孔仅有一端暴露在溶液中，另一端则是由电极材料

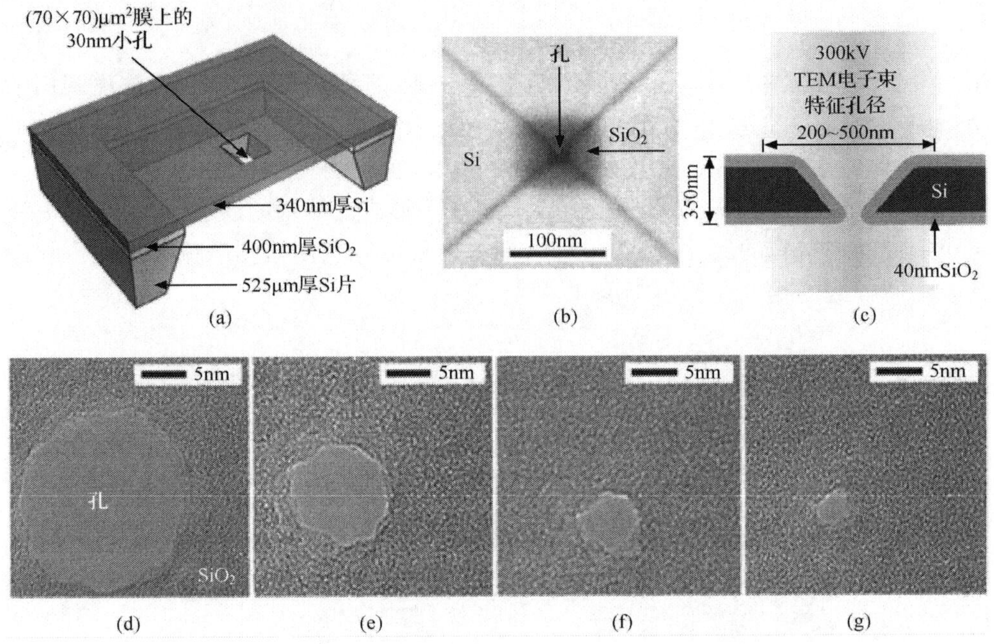

图 9-8　电子束刻蚀法制备 SiO_2 单纳米孔过程示意图[26]

作为支撑。White 研究小组首次利用铂线和玻璃毛细管制备了单纳米孔[27]。具体方法是：首先将预先电化学刻蚀好的铂线密封至玻璃毛细管内，然后将玻璃毛细管底部抛光至直径为 15～100nm 的铂线暴露出来，如图 9-9 所示。接着将电极置入 $CaCl_2$ 溶液中，超声并利用 5V 的交流电刻蚀铂电极，这种单锥形纳米孔的直径取决于刻蚀之前铂的直径。

9.2.1.6　聚焦离子束直接写入法

利用聚焦离子束直接写入的方法也可以制备出类似的单纳米通道，甚至是纳米通道阵列，但是孔道的直径范围略大于前面所述方法，为 150～400nm。Lanyon 等将 Si_3N_4 绝缘层沉积到铂电极表面，然后利用聚焦 30keV 的 Ga 离子束刻蚀，就可以得到单纳米通道或者是纳米通道阵列[28]，如图 9-10 所示。

9.2.2　纳米孔道的修饰

细胞中的纳米通道存在着各种对称和非对称的结构和化学组成设计，使得其具有特异的重要生理功能。从大自然的对称/非对称的设计思想获得启发，作者所在课题组把仿生非对称设计的理念引入到智能纳米通道的修饰中，来实现材料的仿生智能化设计。我们的非对称设计思想主要在化学修饰中体现，而对称/非对称

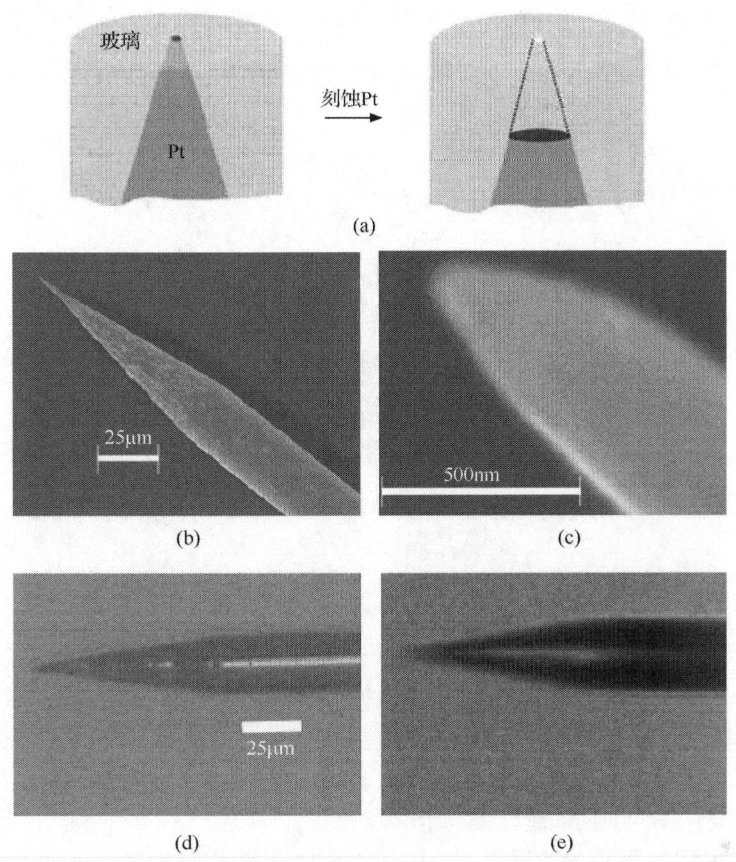

图 9-9　(a) 电化学刻蚀法制备单纳米孔电极示意图;(b)、(c) 经过刻蚀后的铂线 SEM 照片;(d)、(e) 铂线封装在玻璃毛细管前后的光学图片[27]

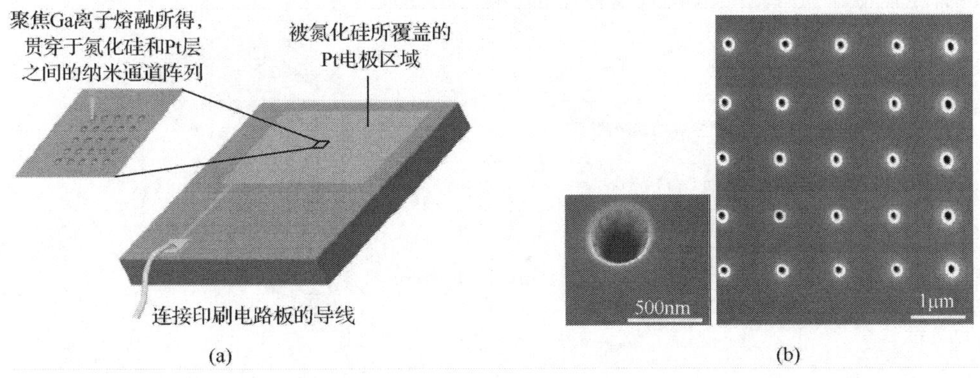

图 9-10　聚焦离子束直接写入法制备纳米通道阵列示意图(a)以及 SEM 图片(b)[28]

设计主要涉及纳米通道形状的对称/非对称设计和通道内表面化学修饰的对称/非对称设计以及二者的协同设计[29]，如图 9-11 所示。

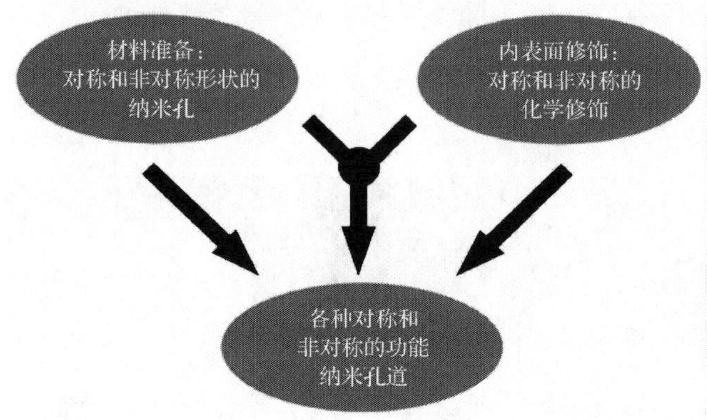

图 9-11 受生物启发人工功能化纳米通道的对称/非对称化学修饰设计[29]

9.2.2.1 对称修饰

对称修饰是纳米通道功能化中最常用的方法。它的优势在于非常简单地实现了通道的整体修饰或功能化，它具有普适性，适用于各种材料的修饰。值得注意的是，对称修饰可以利用纳米通道自身的非对称结构来实现对通道的非对称离子输运的调控。下面主要以聚合物材料为例，介绍一些主要修饰方法：化学无电沉积修饰[22, 30]、溶液化学反应修饰[31]和自组装修饰[32]。

化学无电沉积是指没有外电流通过，依据氧化还原反应原理，利用强还原剂将金属离子还原成金属进而沉积在各种材料表面形成致密镀层的方法。利用这一方法，Martin 等[19, 33]以聚合物为模板，实现了纳米孔道的内壁金属化，为其后进一步的功能化修饰提供了很好的材料基础，如图 9-12 所示。

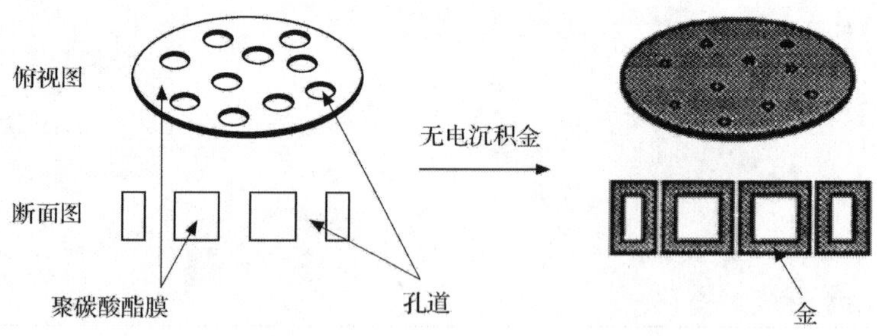

图 9-12 无电沉积金纳米孔示意图[19]

溶液化学反应修饰包括两种主要的方法，第一种是基于溶液中修饰分子与通道表面分子之间的共价化学反应[31]，如图 9-13 所示；第二种是基于无电沉积金属后的硫醇自组装功能分子的化学修饰[33, 34]，如图 9-14 所示。以单锥形聚合物纳米通道的修饰为例(图 9-15)，第一种是直接在纳米通道内表面进行溶液共价化学修饰，它的优点是该法是一步法，较第二种的两步修饰更简单更直接，而没有金属化的过程，其材料仍为有机材料。而第二种方法，因为是硫醇自组装，能够实现单分子层的修饰，从而弥补了第一种方法大多数情况下修饰密度很难控制的不足。作者所在课题组[31, 35, 36]和 Azzaaroni 等[37-39]设计和制备的多种 pH 及离子响应纳米通道材料就是采用溶液共价化学反应的方法来实现纳米通道的功能化。同样，作者课题组和 Martin 等采用无电沉积结合硫醇自组装的方法也设计和制备出温度响应[34]、电压响应[33]的纳米孔道材料。

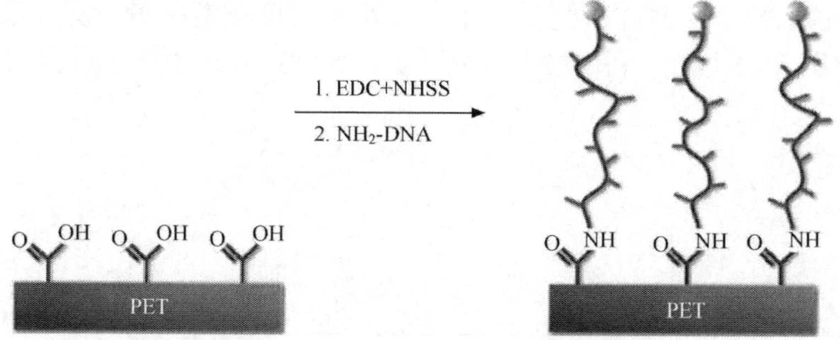

图 9-13　在纳米通道的内壁溶液化学修饰 DNA 分子马达[31]

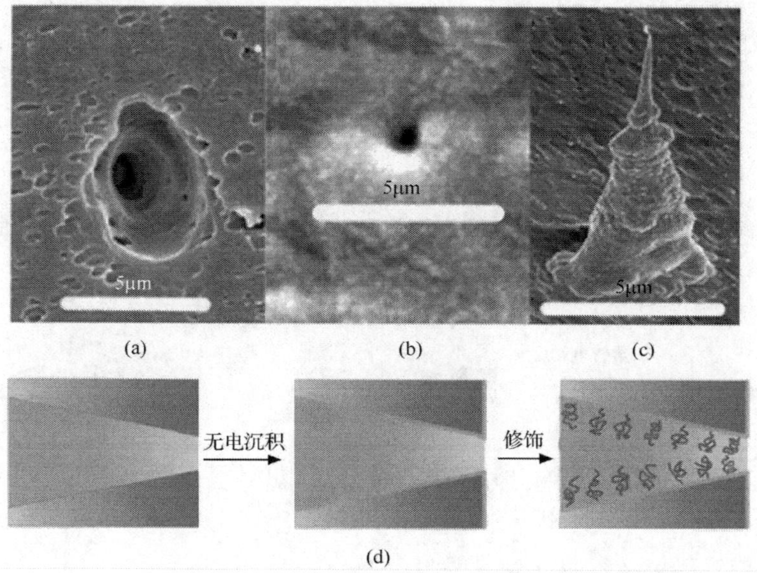

图 9-14　(a)～(c) 单锥形纳米通道无电沉积金属后两端及侧面电镜图[33]；(d) 在纳米通道的内壁无电沉积金属后的硫醇自组装功能分子[34]

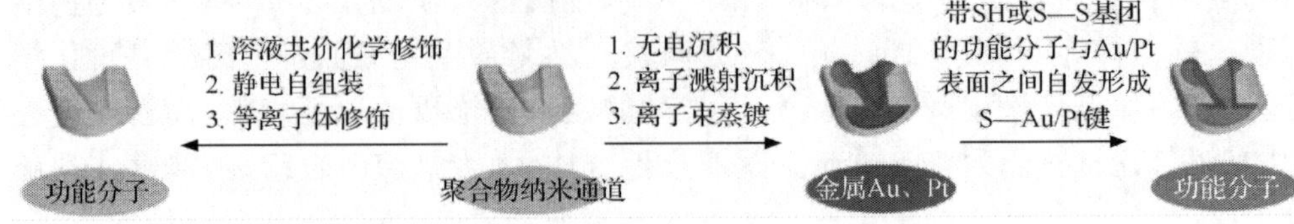

图 9-15　两种典型化学修饰方法来实现功能分子固定到纳米通道的内表面[6]

自组装修饰法不同于硫醇自组装的共价修饰，它是基于纳米通道内表面功能基团与修饰分子特定功能基团之间的相互作用，如利用静电相互作用、分子间作用力（氢键和范德华力）或二者的共同作用来实现通道的内表面修饰。Azzaroni等[32]采用静电自组装的方法制备出了多层组装功能化分子的纳米单通道材料。如图 9-16 所示，Ali 等[40]利用自组装配体识别的方法实现了抗生蛋白链菌素在纳米通道内的修饰。

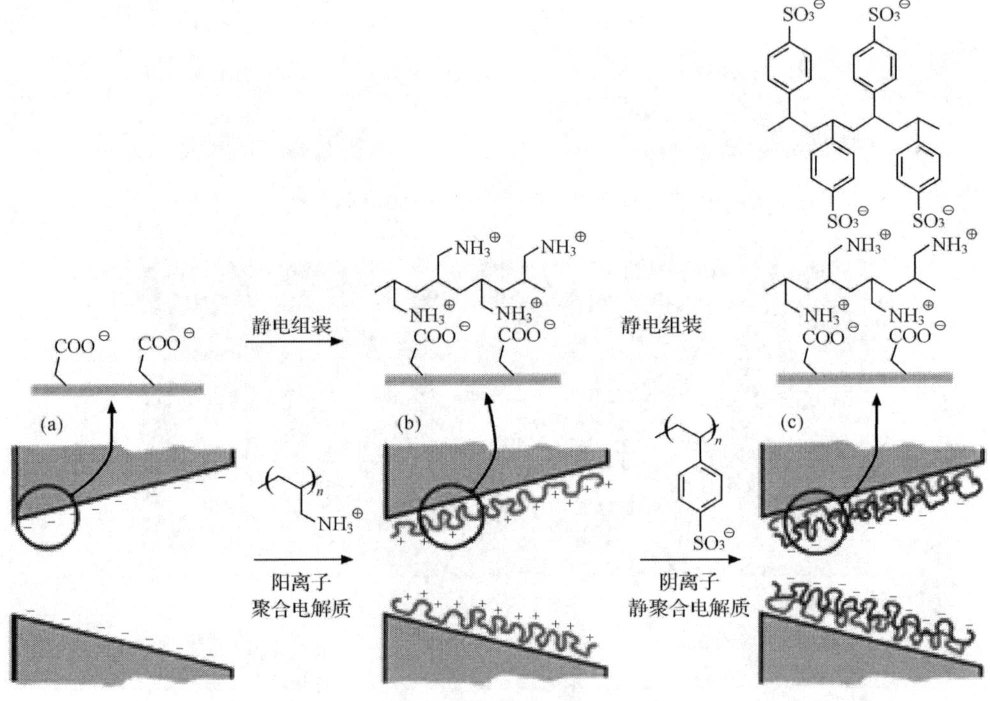

图 9-16　纳米通道层层自组装功能化示意图

(a) 未修饰的纳米通道；(b) (PAH)1(PSS)0 修饰后的纳米通道；(c) (PAH)1(PSS)1 修饰后的纳米通道[40]

9.2.2.2　非对称修饰

非对称修饰是纳米通道功能化中一个新兴的研究方向[41]。一般来说，非对称修饰方法均适用于对称修饰。但由于具有对称结构纳米通道的非对称修饰或非对称结构复杂修饰的特点，它为纳米通道的功能化提供了一种新的思路。下面仍然主要以聚合物材料为例，介绍当前这一方向的探索性研究，目前主要有以下典型的修饰方法：离子溅射法[14, 15]、电子束蒸镀法[42]、等离子修饰法[41]和溶液非对称修饰法[43, 44]。

离子溅射法，溅射(sputtering)是指被加速的正离子轰击阴极(靶)表面时，将自身的能量传给阴极表面的原子，原子离开阴极沉积在基体上的过程。磁控离子溅射法作为一种高速低温溅射法，与蒸镀法相比，具有镀膜层与基材的结合力强，镀膜层致密、均匀、过程容易控制、节省材料等优点。最近，作者课题组采用磁控离子溅射的单面修饰技术对聚合物纳米通道材料进行了单/双面修饰[14]，成功地开发了一系列单纳米复合通道材料，如图 9-17 所示。这类材料不仅具有离子输运非对称性质的可调控性和孔径可控性，而且此类聚合物材料纳米通道的稳定性也得到了提高，并为进一步的硫醇自组装单分子层的修饰提供了很好的材料选择。

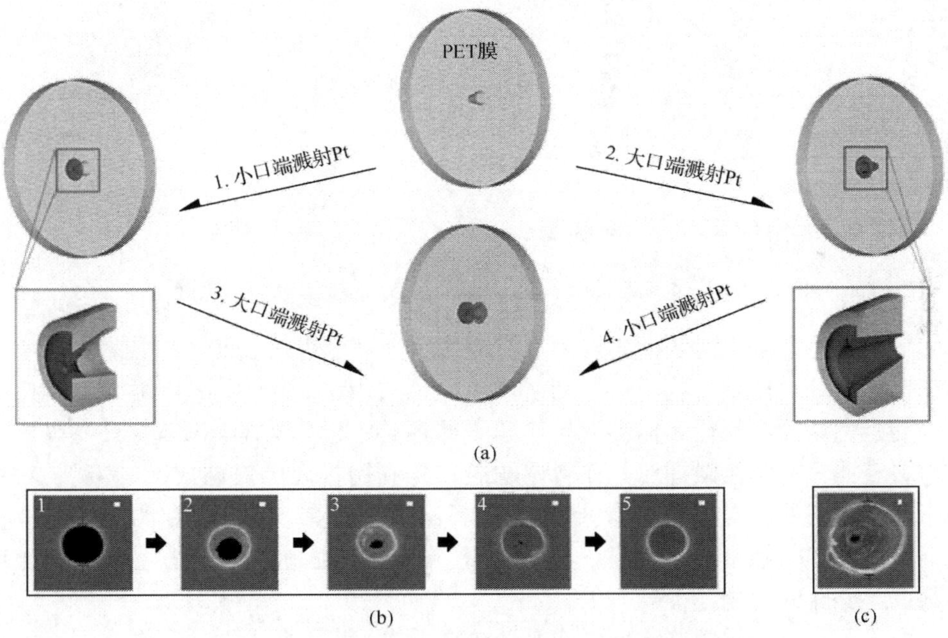

图 9-17　金属-聚合物-复合非对称纳米通道材料

(a) 离子溅射单面修饰实验设计图：1. Pt 在锥形纳米通道小孔端修饰，2. Pt 在锥形纳米通道大孔端修饰，3. 4. Pt 在锥形纳米通道另一面的修饰；(b) 修饰后，纳米通道小孔端电镜图；(c) 修饰后，纳米通道大孔端电镜图(标尺为 100nm)[14]

电子束蒸镀法是一种物理气相沉积的技术，是当前国际上广泛应用的一种先进的表面修饰技术。其工作原理是在真空条件下，利用放电使被蒸发物质部分离子化，同时把蒸发物或其反应物沉积在基底上。该技术具有沉积速度快和表面清洁的特点，特别是具有膜层附着力强、可镀材料广泛等优点。Siwy 等[42]利用该技术成功地制备了电压门控单纳米锥形通道复合材料，他们以金属 Ti 为黏附层，在聚合物纳米锥形通道的小孔端修饰上了电极层 Au 和隔热层 SiO_2，如图 9-18 所示。

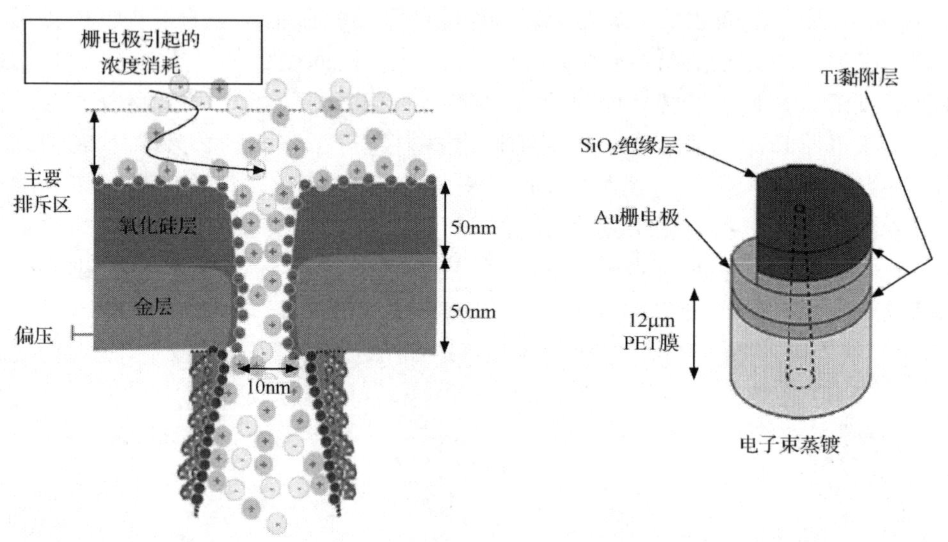

图 9-18 电子束蒸镀金属层和二氧化硅层的锥形单纳米通道[42]

等离子修饰法也是当前国际上广泛应用的一种先进的表面修饰技术。等离子体修饰能有效地使聚合物材料表面层产生大量自由基，新产生的自由基继续反应形成功能性基团。无论是惰性气体等离子体还是活性气体等离子体，只要与聚合物材料表面短时间接触即可。作者课题组首先利用等离子修饰技术，实现了对单纳米对称通道的非对称化学修饰，先后制备出同时具有 pH 开关和离子非对称输运性质的仿生单纳米通道器件[41]以及 pH 与温度非对称响应的仿生单纳米通道材料[45]，如图 9-19 所示。

由于存在发生化学修饰反应的最低浓度要求，所以溶液非对称修饰法可以利用纳米通道不同形状所带来的不同浓度分布实现对纳米通道的对称和非对称修饰。Siwy 等采用该方法，制备出基于单纳米通道材料的纳米流体二极管材料[44]（图 9-20）、双极性晶体管材料[43]和纳米通道生物检测传感器[46]。

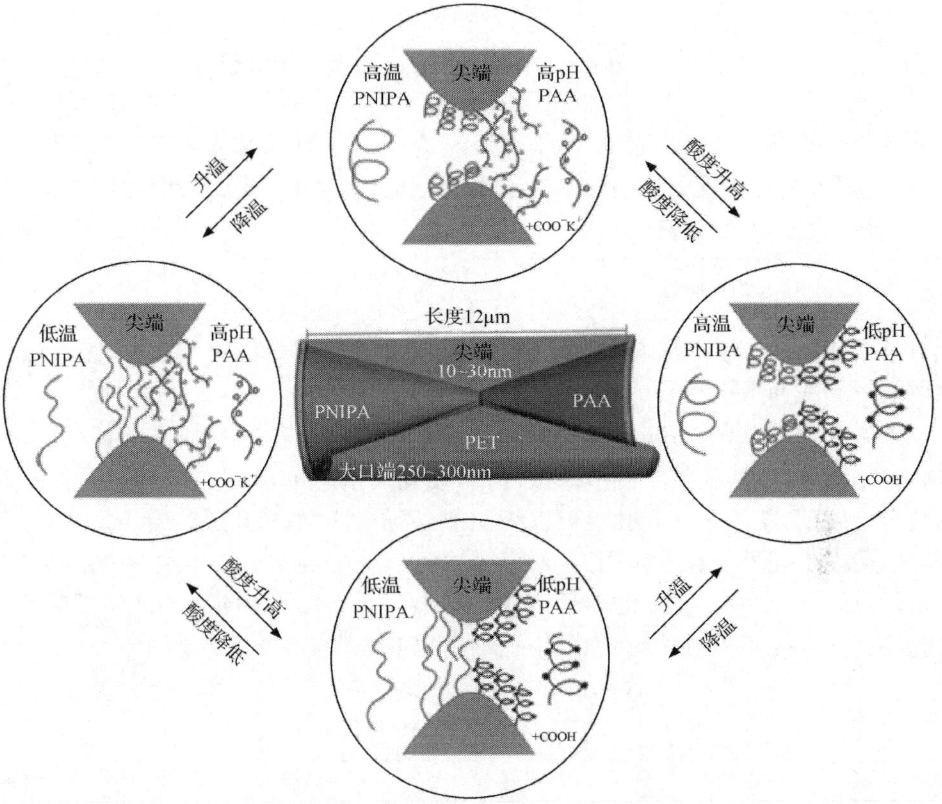

图 9-19　pH 与温度非对称响应的仿生单纳米通道示意图[45]

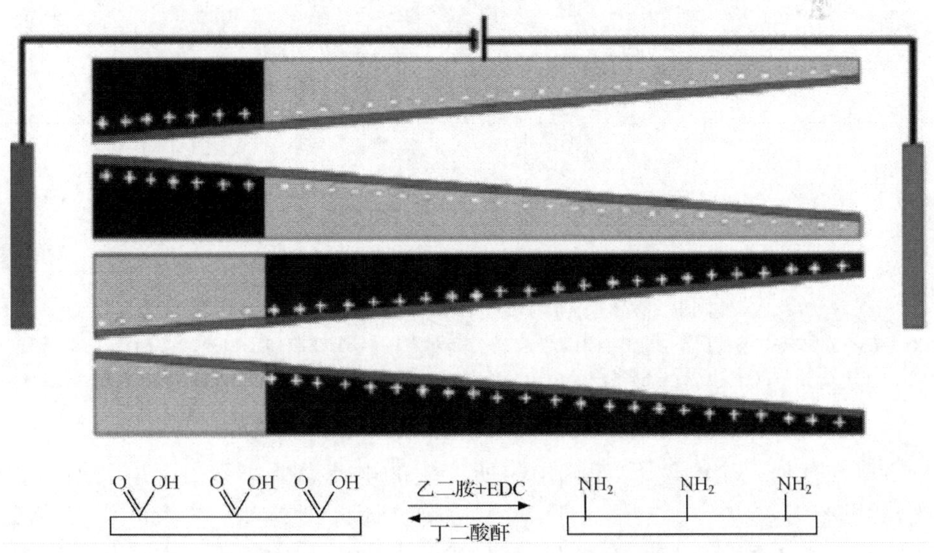

图 9-20　锥形单纳米聚合物通道的溶液非对称化学修饰示意图[44]

9.3　单一智能响应性纳米通道

对于智能响应性纳米通道，为了研究清楚其结构、组成以及响应性质之间的关系，目前的研究主要集中在单纳米孔道上。下面以单纳米孔道为例介绍目前智能响应性纳米通道的研究进展。

9.3.1　pH 响应纳米通道

由于体内的 pH 是影响生命体内纳米通道正常运转的一个重要参数，所以 pH 响应的单纳米通道成为智能响应纳米通道的一个研究热点。

由于孔道内壁含有羧基和结构的非对称性质，利用径迹刻蚀法制备的单锥形聚合物单纳米孔道，在特定的 pH 条件下，使孔道两端的电荷也呈现非对称分布。在纳米尺度下，德拜长度和孔径可以相比拟，离子通过纳米孔道时会与纳米孔道内壁的电荷发生强烈的相互作用，并对离子输运产生影响[47]。在孔道两端施加扫场电位时，从大孔端到小孔端的离子传输与从小孔端到大孔端的离子传输情况不同。大孔端连接电极正极时，会在靠近小孔端出现电势阱，如图 9-21 所示。

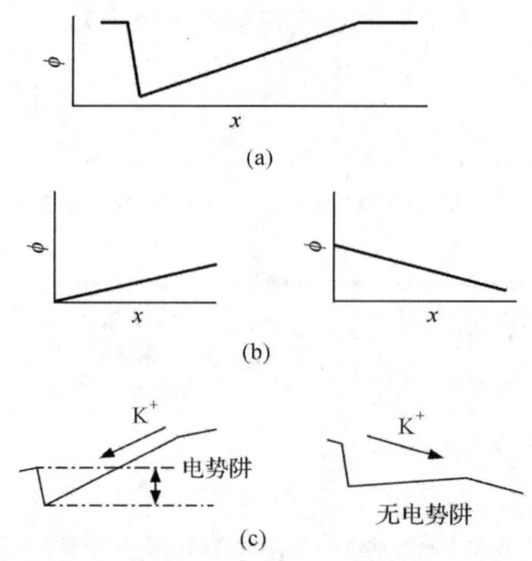

图 9-21　单锥形单纳米孔道的离子整流性模型

(a) 在不施加外电场情况下，孔道内阳离子电势分布示意图；(b) 在施加正(左)、负(右)外加电场时阳离子电势分布；(c) 由(a)、(b)得出的电势分布轮廓，在施加正电位时(左)，形成了静电阱，导致了较低的电流；而在施加负电位时(右)，无静电阱产生，电流较大[47]

所以在任何一个电位下，正向电位所产生的电流总要小于负向电位所产生的电流，此即整流效应[48]。结论表明，非对称的电荷分布是整个体系产生整流性的重要原因。由于孔道内壁含有羧基，而羧基本身由于其质子化和去质子化而带有不同的电荷，所以这种纳米孔道修饰之前就具有一定的 pH 响应特性，如图 9-22(a)所示。即孔道的离子传输性质随 pH 不同而不同，如图 9-22(b)所示，从而能够实现 pH 的调控。

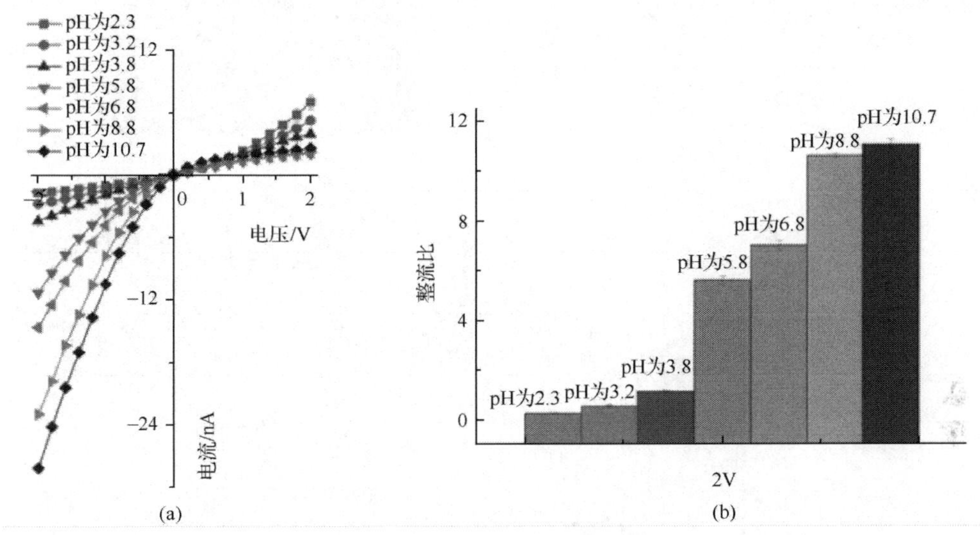

图 9-22　不同 pH 条件下，锥形单纳米孔道的离子输运性质

(a) 电流-电压(*I-U*)曲线；(b) 离子整流效应

除了孔道本身的 pH 响应性质以外，在孔道内壁修饰 pH 响应的分子也是构筑 pH 响应纳米孔道的另一种非常重要的方法。例如，作者课题组基于前期利用 DNA 纳米技术构筑智能表面(DNA 功能分子器件)[49] 以及对纳米孔道体系内电解质流体输运行为的理论与实验研究的基础上[50]，开发出了仿生智能响应的人工离子通道系统，实现了通过生物分子的构象变化来控制纳米通道中离子输运的开关功能[31]。首先在具有潜径迹的 PET 基底上，利用非对称化学刻蚀法制备出尖端只有几纳米到几十纳米的圆锥形单纳米通道，如图 9-23(a)和图 9-23(b)所示；然后将具有质子响应性的功能 DNA 分子马达接枝在纳米通道内表面，如图 9-23(c)所示；通过改变环境溶液的 pH，使 DNA 分子马达发生构象变化，来完成通道的打开和关闭，如图 9-23(d)所示。图 9-23(e)为未修饰响应性 DNA 的单纳米通道在不同 pH 条件下离子输运的 *I-U* 曲线。很明显，在修饰之后，pH 的改变使通道的离子输运性质的变化得到了明显的增强[图 9-23(f)]。这种新型的仿生离子通道体系弥补了生物离子通道的不足，可以很容易地与其他微纳米器件结合，组成更为复杂和多功能化的复合型纳米器件，为新一代仿生智能纳米器件的设计和制备提供一种新的方法和思路。

在此工作之后，Azzaroni 和 Ali 等[37, 38] 也都开始了相关方面的研究。例如，

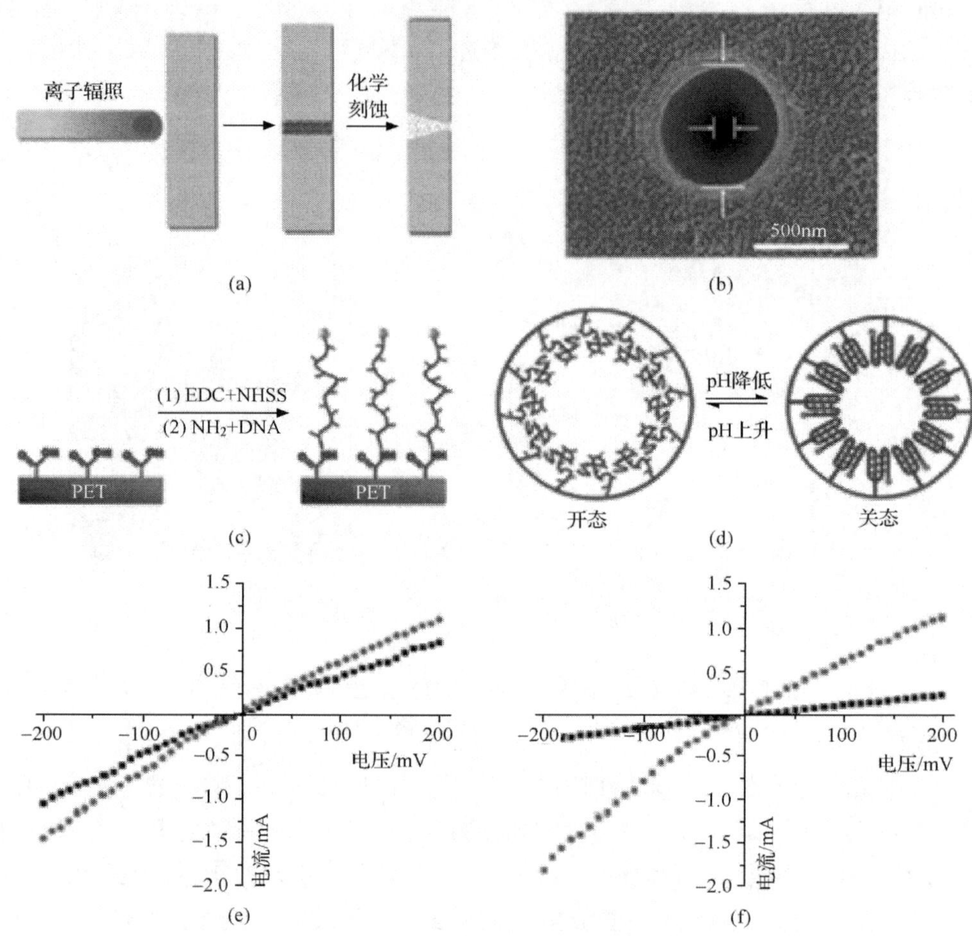

图 9-23　pH 响应仿生单纳米通道

(a) 单纳米通道的制备；(b) 单纳米通道大孔端电镜图；(c) 溶液法修饰单纳米通道的内表面；(d) 仿生纳米通道示意图；(e) 修饰前单纳米通道的 *I-U* 曲线；(f) 响应性 DNA 修饰后，单纳米通道的 *I-U* 曲线[31]

通过在对称或非对称结构的单纳米通道中修饰具有两性的聚合物刷或小分子，通过调节孔道的电荷实现了 pH 响应性的离子输运调控，包括对纳米通道中离子输运的开关和离子整流效应的反转，如图 9-24 所示。

最近，作者课题组[41]通过在对称纳米孔道中引入非对称化学修饰的思路，制备出了同时具有 pH 开关和离子整流效应的仿生单纳米通道器件。通过制备双锥形的单纳米通道，并采用等离子体非对称化学修饰的方法，在对称的双锥纳米通道的一侧修饰上 pH 响应性分子，如图 9-25 所示。修饰之前，孔道的离子输运性质由于其对称的结构和电荷分布而呈现线性性质。非对称修饰后，纳米孔道出现了

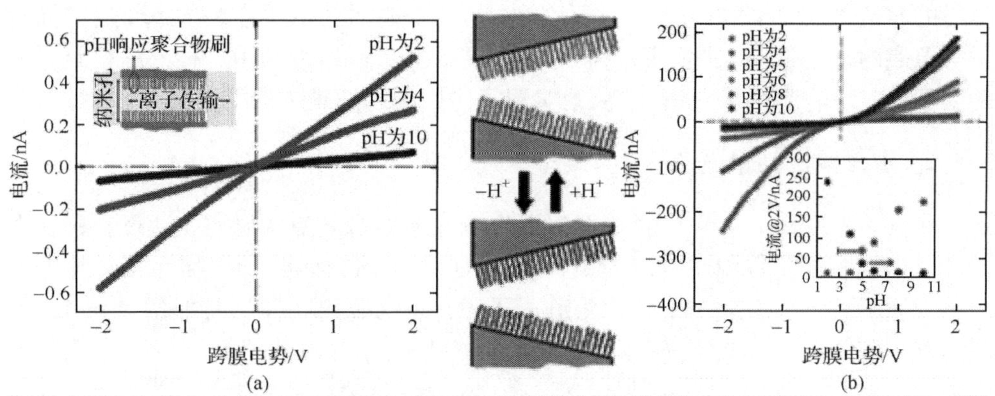

图 9-24　pH 响应性聚合物对称纳米通道离子输运性质

(a) 柱状单纳米通道对称修饰后 I-U 曲线[37]；(b) 单锥纳米通道对称修饰后 I-U 曲线[38]

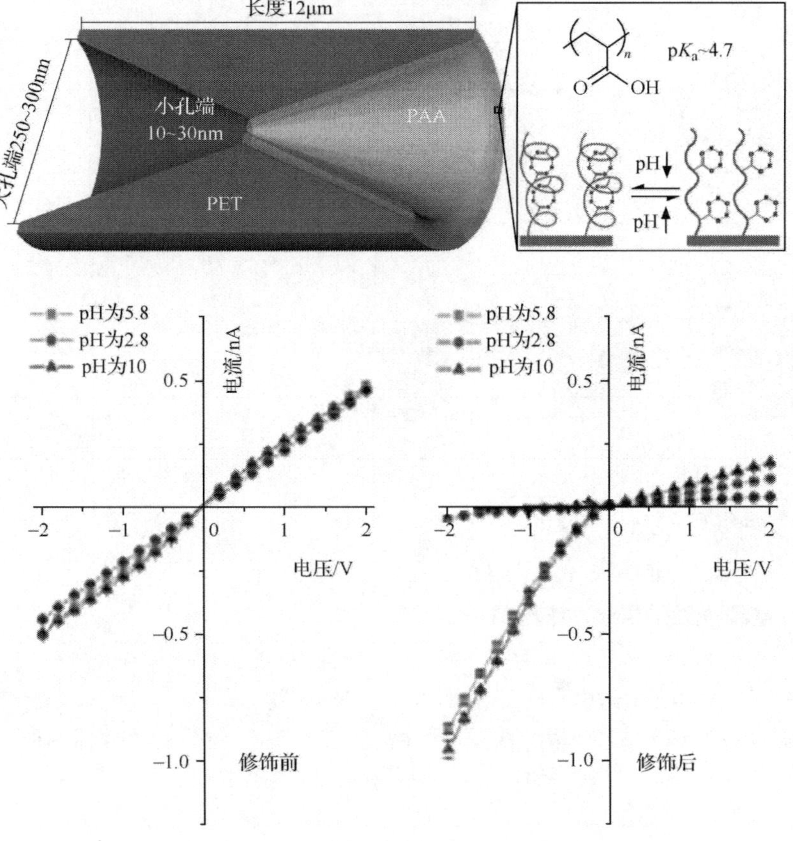

图 9-25　外双锥单纳米通道非对称修饰后 I-U 曲线[41]

明显的整流效应，同时在不同的 pH 条件下，离子输运在低于修饰的 pH 响应性分子等电点时出现明显关闭，而在高于等电点时则打开，所以利用这种方法构筑了一种新型的 pH 响应纳米通道，成功地实现了仿生纳米通道内的智能离子输运。

9.3.2　温度响应纳米通道

2009 年，Azzaroni 等[51]报道了对温度响应单纳米通道的研究。通过在圆柱形的单纳米孔表面修饰温度响应的聚合物分子，利用该智能分子在临界相转变温度上下发生的构型变化，实现了对孔道离子输运性质的温度调控，如图 9-26(a)和图 9-26(b)所示。2010 年，作者所在课题组[34]报道了在单锥形聚合物纳米孔道内利用无电沉积的方法沉积一层金，然后通过具有巯基官能团的温度响应聚合物分子在其金表面进行自组装修饰，如图 9-26(c)和图 9-26(d)所示。这一工作实现了温度改变对离子输运性质的调控。

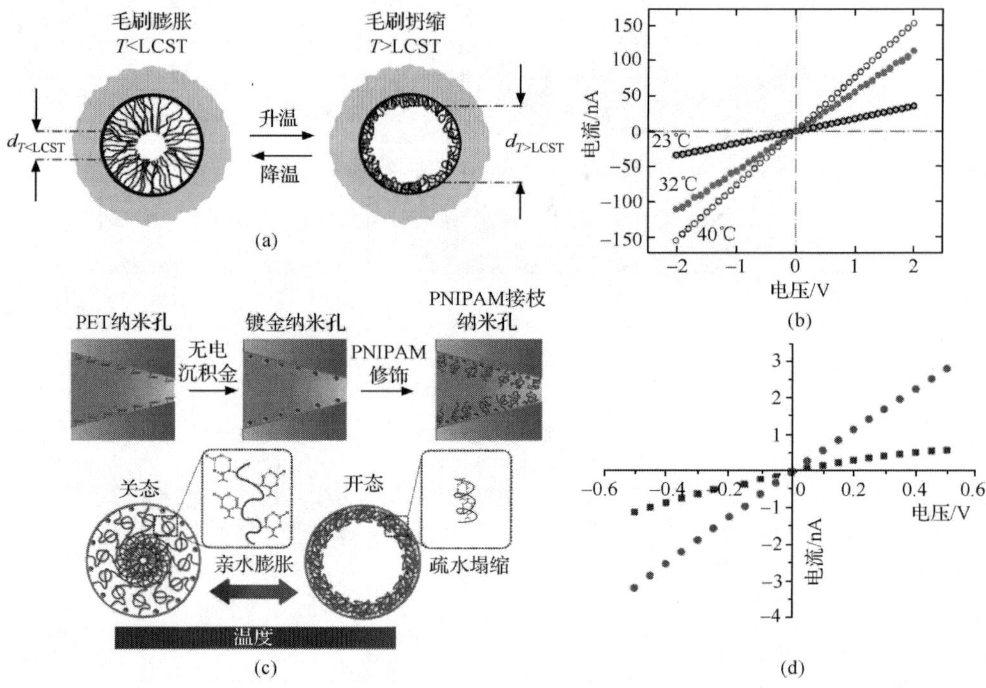

图 9-26　(a) 在纳米通道中的热驱动 PNIPA 分子刷改变；(b) 不同温度下，修饰有 PNIPA 分子刷的 PI 锥形单纳米通道的离子输运性质[51]；(c) 温度响应仿生单纳米通道的制备；(d) 不同温度下离子输运性质的改变[34]

9.3.3　离子响应纳米通道

2006 年，德国 Siwy 教授等[52]报道了非对称锥形 PET 聚合物单纳米通道钙离子响应的电压门控的性质，他们同时发现了在每升溶液中的钙离子低于毫摩尔级时通道将出现电压依赖的离子电流波动[53]。2008 年，Powell 和 Siwy 等[54]对这种增加少量二价金属离子带来的离子电流响应性振荡现象给出了全新的解释，他们认为，纳米通道内纳米沉积物的形成和再溶解的转变导致了这种响应性振荡现象，如图 9-27(a)所示。

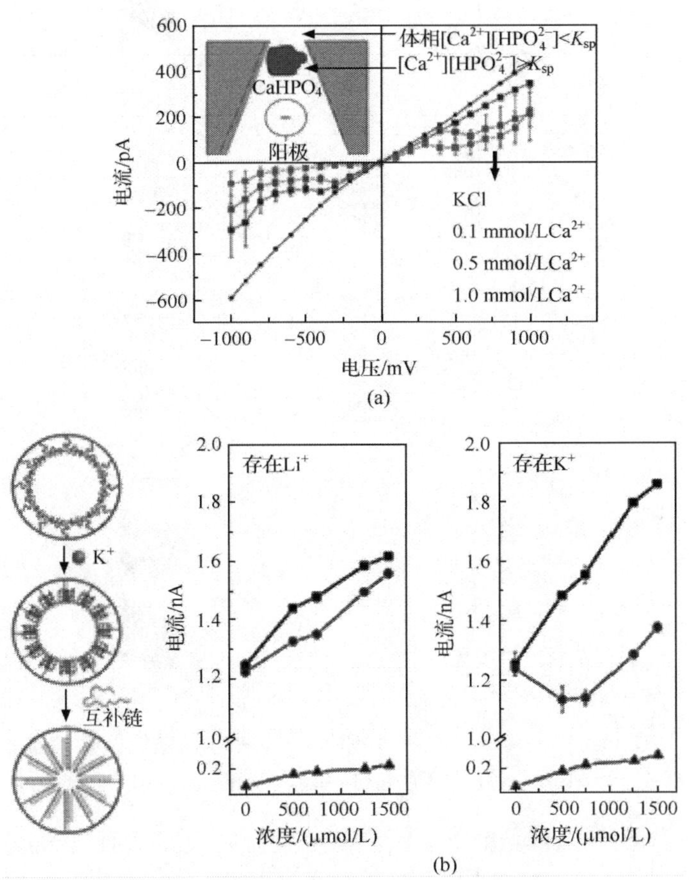

图 9-27　离子响应性纳米通道

(a) 钙诱导电压门控锥形纳米通道的 *I-U* 曲线[54]；(b) 钾离子响应单纳米通道的 *I-c* 曲线[35]

2009 年，作者所在课题组[35]设计和开发了钾离子响应的仿生纳米通道系统，如图 9-27(b)所示。首先将钾离子响应的 G4 DNA 分子修饰到单纳米孔道内，孔道的电流随着钾离子浓度的增加出现非线性离子输运特性，当加入与修饰 DNA

互补序列的 DNA 分子后，由于形成的互补链结构比钾离子响应性结构更加稳定，所以离子输运性质又与修饰之前类似呈现线性变化。这种 DNA-纳米通道系统为生物传感器提供了一种全新的思路。

Siwy 课题组[55]还进一步报道了在锥形纳米孔道中通过调整孔道两端的非对称离子浓度来实现纳米孔道离子整流特性的调控，如图 9-28 所示。他们解释这一现象的产生是因为多价离子可以与孔道内壁的羧基结合，从而改变了孔道内的电荷分布，进而能够调控孔道内的离子传输性质。

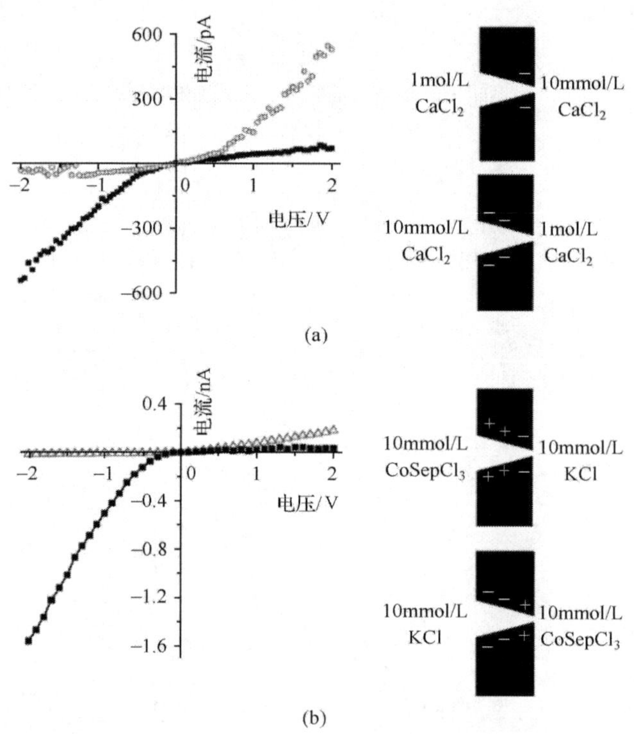

图 9-28 (a) 单锥孔道两端 Ca^{2+} 浓度不同时测得的 *I-U* 曲线；(b) 单锥孔道两端分别为 10mmol/L 的 $CoSepCl_3$ 和 KCl 时测得的 *I-U* 曲线[55]

2010 年，作者所在课题组[36]进一步模拟生命体内离子通道的组成，将锌离子响应性的锌指蛋白分子修饰到单锥形的纳米通道内。加入锌离子之前，蛋白质分子呈现无规卷曲状态，加入锌离子以后，蛋白质分子发生折叠而呈现类指状的结构，从而使孔道的孔径增加，导致离子电流增大。孔道的锌离子响应性与孔径相关，并且对其他对比离子如钙离子、镁离子不具有响应性，如图 9-29 所示。这一工作为后续的蛋白质分子纳米器件提供了一个研究平台。

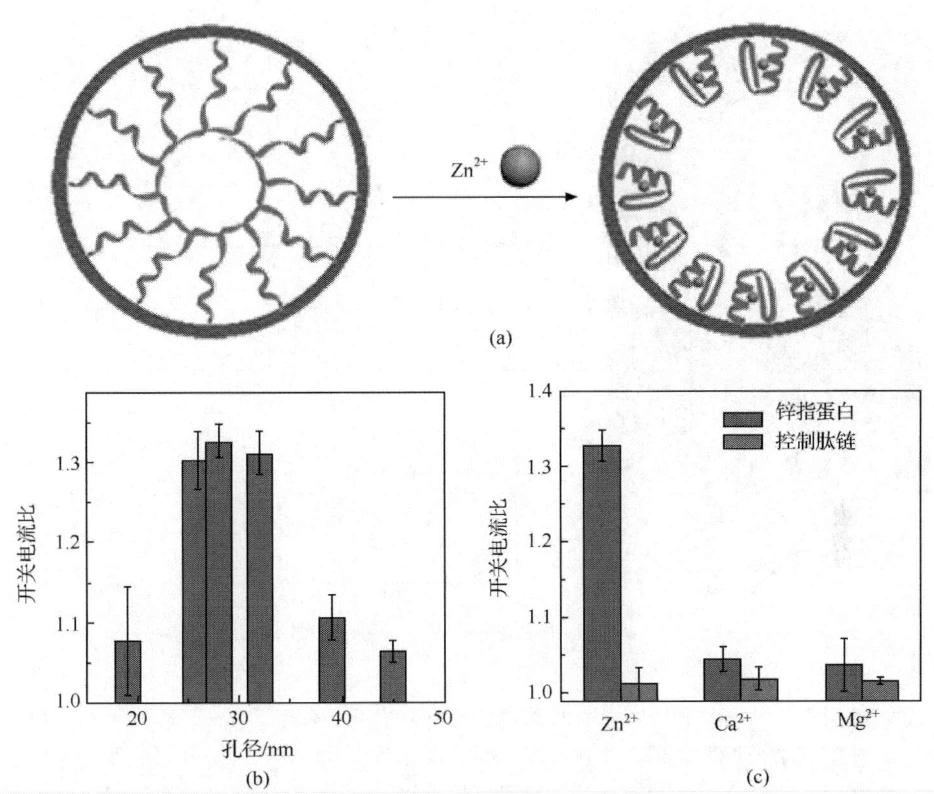

图 9-29　(a) 仿生纳米通道锌离子响应性示意图；(b) 离子整流效应与纳米通道孔径关系图；(c) 不同金属离子的整流效应关系图[36]

9.3.4　光响应纳米通道

光响应作为一种更具应用前景的外场响应手段，能够通过对光线的控制实现对孔道特定限域空间的响应。Trauner 等[56]通过孔道结构的设计成功地开发了新型光敏感化学门控的离子通道。如何实现光控离子或分子在多孔膜材料中的输运受到了广泛的关注。例如，光诱导纳米孔道孔径的改变[57]、光诱导生物纳米孔的疏水性变化[58]和光控纳米孔的浸润性变化[59]等。

White 小组[60]曾报道了通过在玻璃的纳米孔道中修饰螺吡喃实现了光响应纳米孔道的构筑。由于螺吡喃分子可以在紫外和可见光的交替照射下实现从开环带电荷状态到闭环无电荷状态的转换，所以使孔道内壁的电荷发生变化，从而可以实现光响应开关的构筑，如图 9-30 所示。

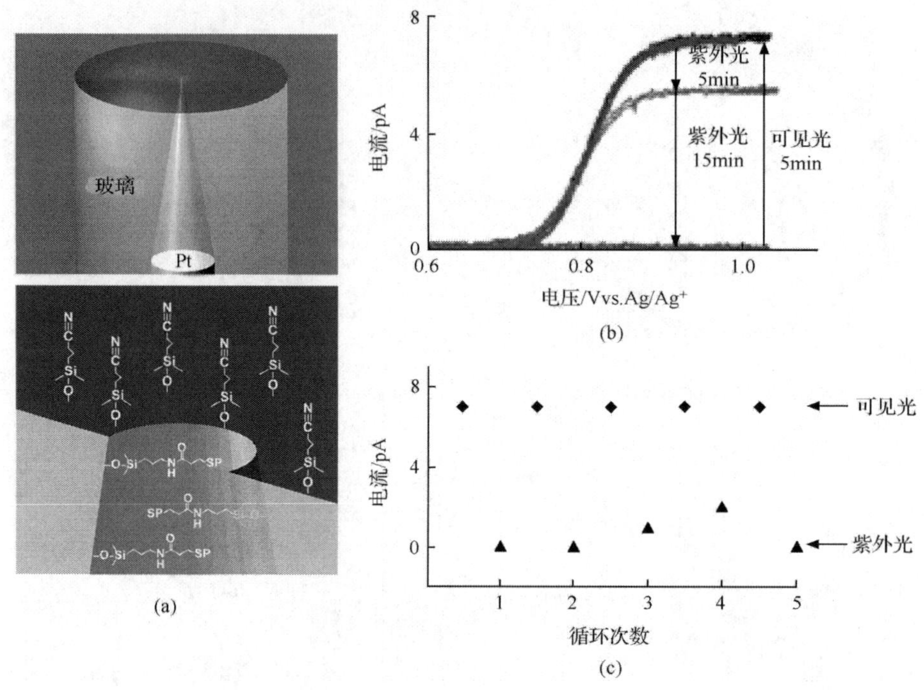

图 9-30　在玻璃纳米孔道中的光控输运

(a) 玻璃纳米孔道内外表面的化学修饰；(b) 螺吡喃修饰的纳米孔的光电响应性；(c) 光电循环实验[60]

9.3.5　电响应纳米通道

电压响应的纳米孔道材料由于其有非接触、可控性和可短时间开关等特点近年来受到了广泛的关注。Siwy[33]基于通道的形状非对称性所引起的纳米通道离子输运的电压依赖关系，制备了能够进行电响应的 DNA 单链分子修饰仿生锥形镀金纳米通道。首先在 PET 单纳米孔道内无电沉积一层具有反应活性的 Au 膜，然后通过巯基将不同长度的 DNA 分子修饰在了孔道内壁。带负电荷的 DNA 分子可以在电场的作用下进行摆动，当 DNA 长度与孔径尺寸相匹配时，随着电压的变化可以实现孔道的打开和关闭，从而影响纳米通道中离子输运，并导致通道中的离子整流现象，如图 9-31 所示。Siwy 等[42]还采用电子束蒸镀方法制备出复合纳米通道材料并实现了离子输运的电压门控功能。

最近，Smirnov 等[61]报道了一种电响应的 SiN_x 单纳米孔。这种孔的响应性质是由具有疏水性质的孔道内壁的电浸润现象与静电压的共同作用带来的。在临界电压以下，施加电压以后，孔道内壁的接触角降低，但仍高于 90°。当两个液滴靠近时，由于静电压的作用，它们可以弯曲后接近重合并形成气泡，所以由低导态变为高导态，正是由于气泡的形成使这一过程可逆。但是当在临界电压以上的时候，

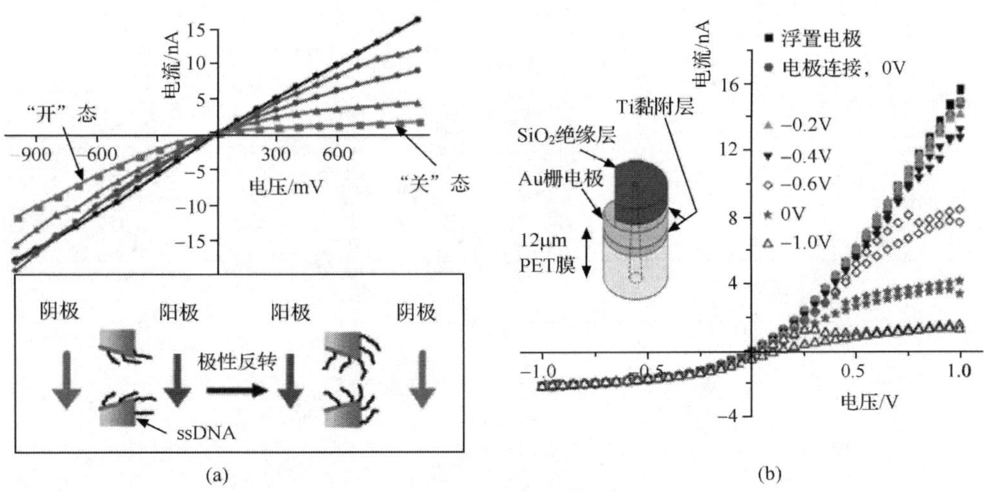

图 9-31　电压响应性纳米通道[33]

(a) DNA 化学修饰单纳米镀金通道的 *I-U* 曲线；(b) 电子束蒸镀纳米通道的 *I-U* 曲线[42]

施加电压后接触角减小到 90°以下，无气泡生成，所以孔道由低导态变为高导态以后则不可逆。在以上工作的基础上，Siwy 等[62]报道了另外一种纳米孔道，可以在电压的刺激下，实现由完全不导通到导通状态的转变。当纳米孔道内壁修饰有合适密度的疏水基团时，由于孔道内部一些气泡的形成，使得孔道在一定的电压下能从完全不导通变为导通状态。而当孔道内壁修饰疏水基团密度过大时，电压则不能水浸润到孔道中，所以不能实现导通状态，如图 9-32 所示。

9.3.6　配体分子响应纳米通道

配体分子响应纳米通道由于在生物传感器领域具有重要应用前景，越来越受到人们的关注。基于纳米孔道的生物传感器研究，Gyurcsanyi[9] 和 Martin[63] 等已经对目前的相关研究进行了详细的综述。

生物通道存在于双分子脂膜中，化学稳定性不好，所以一直限制其作为生物传感器的应用。而无机和有机的孔道材料具有较好的材料稳定性，并不受脂膜的限制并易于进行功能化修饰，为生物传感器和分子筛分材料的应用提供了很好的材料基础。Martin 等[64]报道了蛋白响应性单纳米通道材料作为生物传感器的研究，它是在纳米通道内修饰生化分子识别体，由于蛋白分子与锥形纳米通道小孔端的大小在一个尺度范围内，所以特定蛋白分子与通道上的识别分子特异性结合带来了通道的堵塞，从而影响了离子的输运大小。

手性识别是生命过程的基本特征，构成生命体的有机分子绝大多数都是具有手性的。氨基酸是生命体的基本结构单元，对氨基酸手性的研究，有助于探索生命

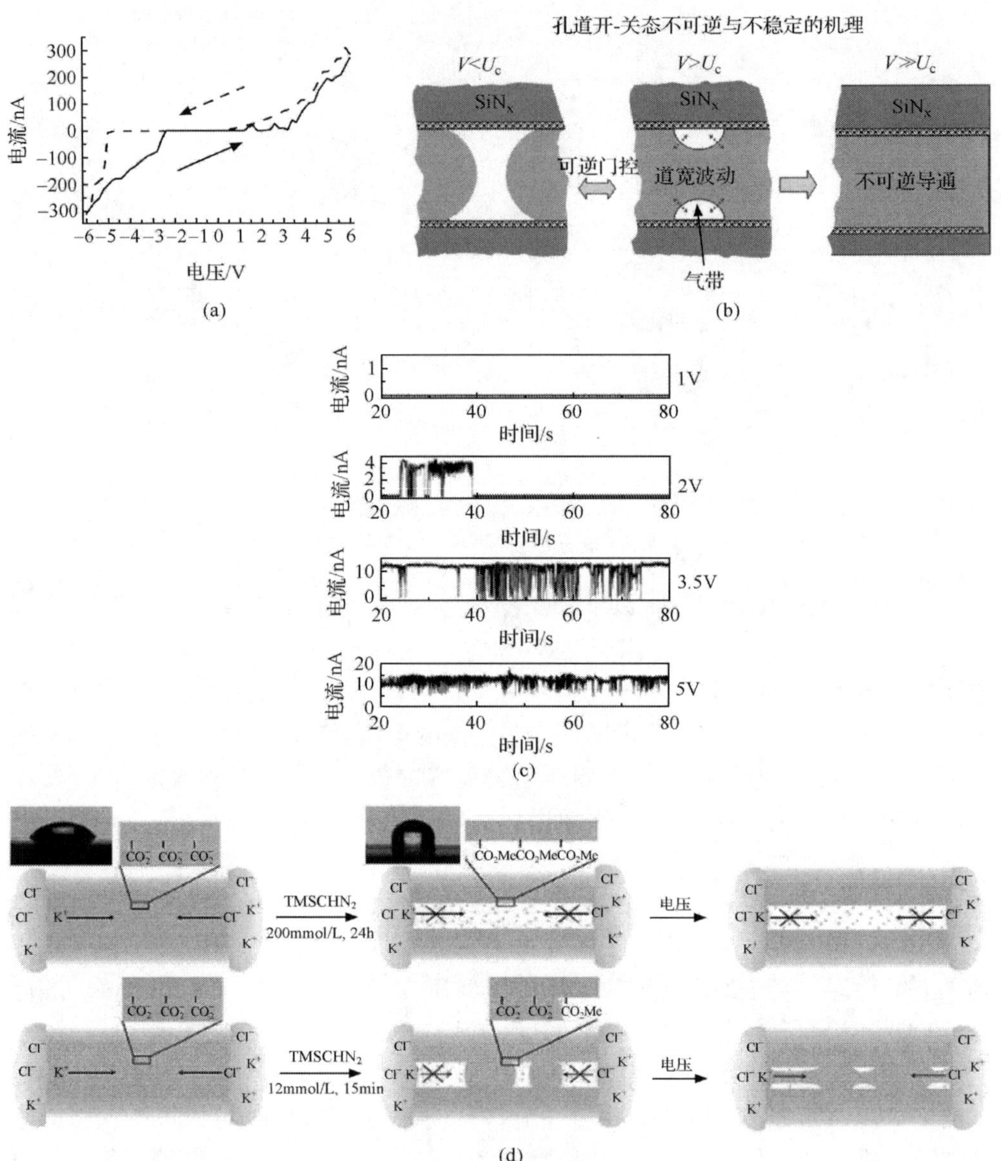

图 9-32　(a) 疏水修饰单纳米通道的浸润/去浸润可逆行为；(b) 短路时纳米通道内液体行为示意图[61]；(c) 不同正电位时测得的疏水纳米通道的电流值；(d) 不同疏水程度时纳米通道电压门控示意图[62]

的奥秘及其起源。最近，作者课题组[65]在前期利用超分子纳米技术构筑手性识别探针以及纳米通道体系内离子电流调控行为的理论及实验研究基础上，开发出了氨基酸手性响应的纳米通道系统，如图 9-33(a)所示。通过将具有手性识别性能的环糊精修饰到纳米通道内，利用不同构型氨基酸对通道内离子输运行为的不同作用实现了对氨基酸的手性区分，如图 9-33(b)所示。一方面，这为研究和模仿生物体的手性识别提供了一种新的方法，在生命科学研究中具有重要的研究意义；另一方面，这为设计和开发简单、快捷、准确的手性传感器提供了一种新的方法和思路。

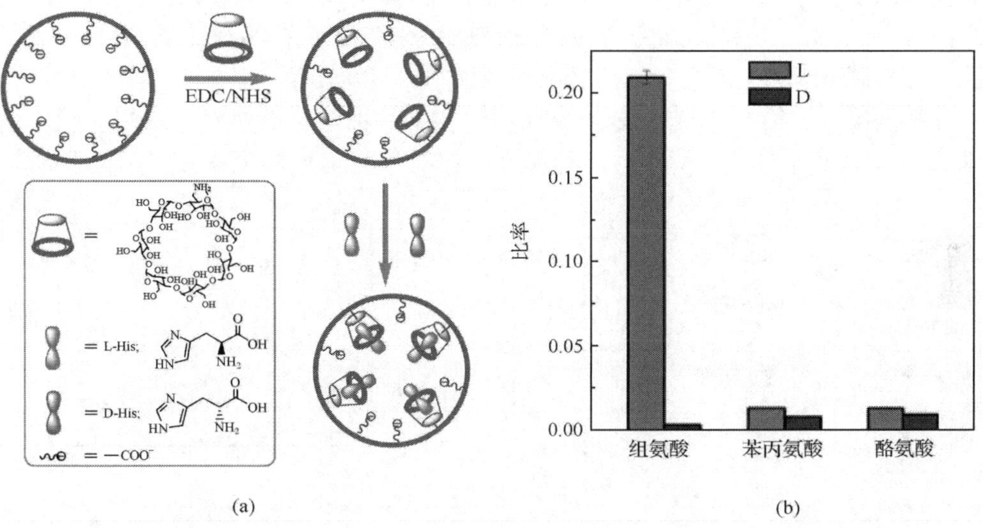

图 9-33　(a) 环糊精修饰的单纳米通道体系的构建及氨基酸手性识别示意图；(b) 环糊精修饰的单纳米通道在含有 1mmol/L 不同氨基酸的 50mmol/L PBS 中的电流变化值[65]

9.4　多响应性智能纳米通道

目前，简单响应性纳米孔道的研究飞速发展，但是如何设计和开发更加智能的纳米孔道材料仍是一项具有挑战性的工作。其中如何实现多响应性就是纳米孔道智能化的一个重要发展方向。正如我们在前面提到的智能纳米孔道材料的设计思路，纳米孔道的化学性质和形状是控制离子在孔道内输运性质的两个关键因素。根据这两个关键因素，作者课题组[6]提出两种策略来实现设计和制备多响应性纳米孔道材料。第一种策略是关注设计和合成修饰在孔道内部的多响应功能分子；第二种策略是制备各种对称或非对称的纳米孔道，再采用不同的化学修饰方法，在特定不同区域精确地修饰上不同的功能化分子。

9.4.1　温度/pH 双响应纳米通道

根据上面提到的第一个策略，Ulbricht 等[66, 67]制备出修饰有 pH 和温度双响应聚合物刷的对称多孔纳米通道。作者课题组与北京大学王宇钢课题组[68]合作，开展了单锥形纳米通道修饰 pH 和温度双响应聚合物刷的研究，如图 9-34(a)所示，实现了单通道系统整合离子门控和整流性调控的纳米通道器件；并研究了热开关比和离子整流共同与温度和 pH 的相互关系，如图 9-34(b)所示。最近，采用同样的策略，Li 等[69]也成功制备了质子/热双响应性离子门控纳米孔道材料，实现了孔道在不同 pH 和温度之间的高导态和低导态的可逆转化。

根据第二个策略，作者课题组设计和制备了一种全新的非对称双响应性单纳米通道[45]，如图 9-34(c)所示。这种通道是在对称孔道形状上采用了非对称功能

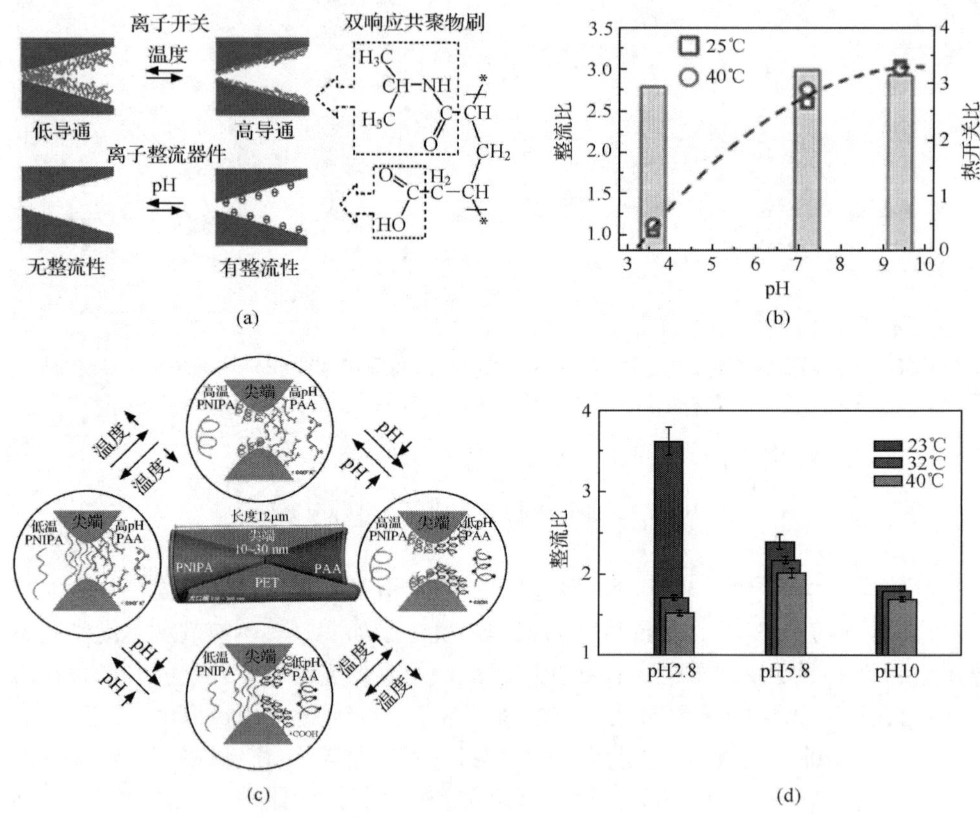

图 9-34　pH/温度双响应单纳米通道

(a) 化学修饰双响应聚合物刷的单锥形纳米通道；(b) 不同 pH 下，纳米通道的离子整流比和热开关比[68]；(c) 仿生非对称双响应单纳米通道系统；(d) 非对称修饰后，不同 pH 和不同温度下单纳米通道的离子整流比[45]

化设计思想，具有 pH 和温度协同调控非对称的离子输运性质，如图 9-34(d)所示。不同于第一种策略，它不是整体响应，而是在不同限域空间不同功能分子之间的协同多响应。

9.4.2　pH/光双响应纳米通道

最近，研究人员通过将光响应分子如偶氮苯分子、螺吡喃分子、视黄醛分子等，与生命体内其他响应性的通道结合，制备出很多同时具有光响应和其他响应特性的纳米通道[70]。这些多响应性智能离子通道在体内的生物传感或者药物释放领域有着很好的应用前景，但由于其不稳定、操作复杂等因素大大限制了其在仿生智能纳米器件领域的应用。

作者课题组[71]通过螺吡喃分子在孔道内的修饰制备了光/pH 双调控的仿生智能离子通道。螺吡喃分子在紫外光照条件下可以由闭环状态变为开环状态，由不带电荷的中性状态变为两性离子状态，偶极距变化 15D 左右。更为重要的是，紫外光照后的两性离子状态的电荷性质还可以通过调节溶液的 pH 来进行调控，而再次经过可见光照之后可以恢复到中性状态，如图 9-35 所示。

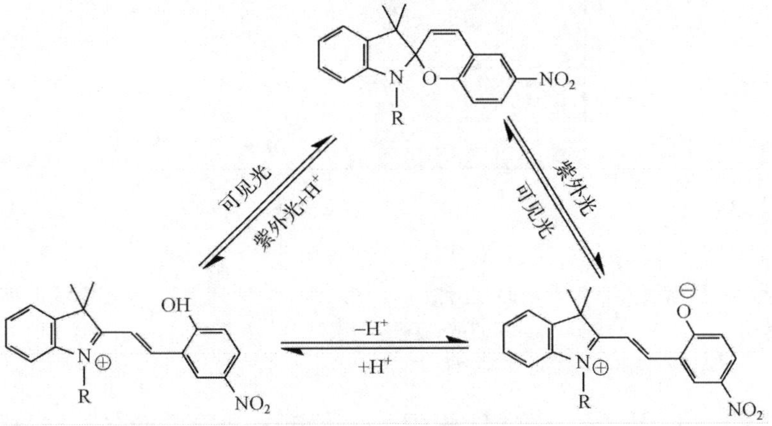

图 9-35　螺吡喃类分子光及 pH 响应示意图

由于螺吡喃分子在紫外光照射前后分子内可以发生电荷的变化，将其修饰到 PET 单纳米孔以后，即可以引起孔道电荷的变化，从而可以可逆地调节孔道的离子传输性质以及整流性质。另外，通过调节溶液 pH，可以进一步调节孔道的光响应性质，实现仿生离子通道的光/pH 双调控的智能响应特性，如图 9-36 所示。

9.4.3　pH/配体双响应纳米通道

Siwy 等[46]报道了一种 pH/配体双响应纳米通道。首先，仅在单锥纳米孔道

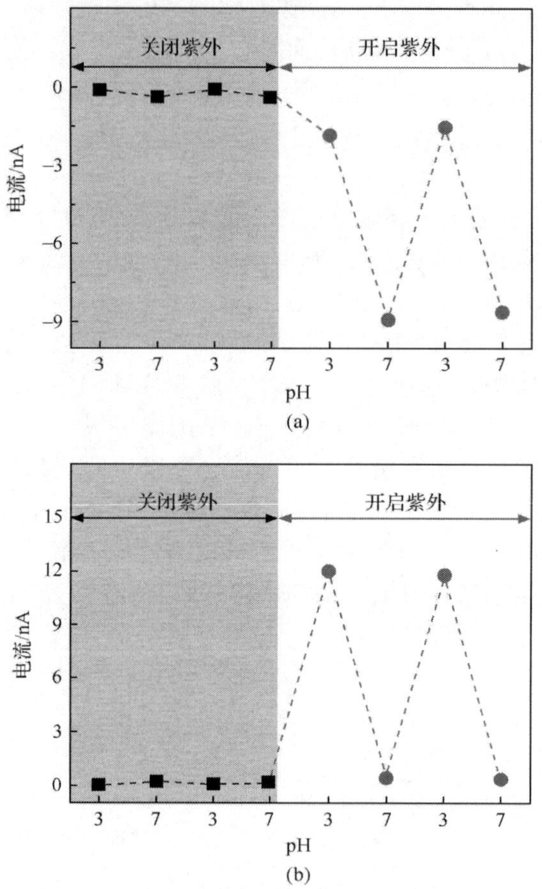

图 9-36 当无紫外辐照或有紫外辐照且溶液 pH 在 3 和 7 之间切换时，离子电流能够可逆转换。(a) 电压为−5V、无紫外辐照时电流几乎不变，而有紫外辐照、pH 为 7 时电流显著增加；(b) 电压为 5V，无紫外辐照时电流几乎不变，而有紫外辐照、pH 为 3 时电流显著增加[71]

的小口端运用表面图案化方法修饰识别分子。其次，在该孔道的小口端继续修饰单克隆抗体用于囊状聚-γ-谷氨酸基(γDPGA)的检测。如此制得的纳米孔道对 pH 能表现出很强的 *I-U* 电行为依赖性，如图 9-37(a)所示。在 pH 为 8 时，其整流行为同未修饰的孔道一致；而在低 pH 的酸性环境中，孔道的整流行为发生了反转且整流比有显著增大。若将该孔道在 γDPGA 菌液中培养后，无论 pH 是多少，孔道的整流方向都不会发生改变，如图 9-37(b)所示。但是 pH 的大小可以影响孔道的离子电流，尤其是当施加电压为负值时。由此可见，孔道小口端的表面电荷是影响离子输运性质的关键因素。

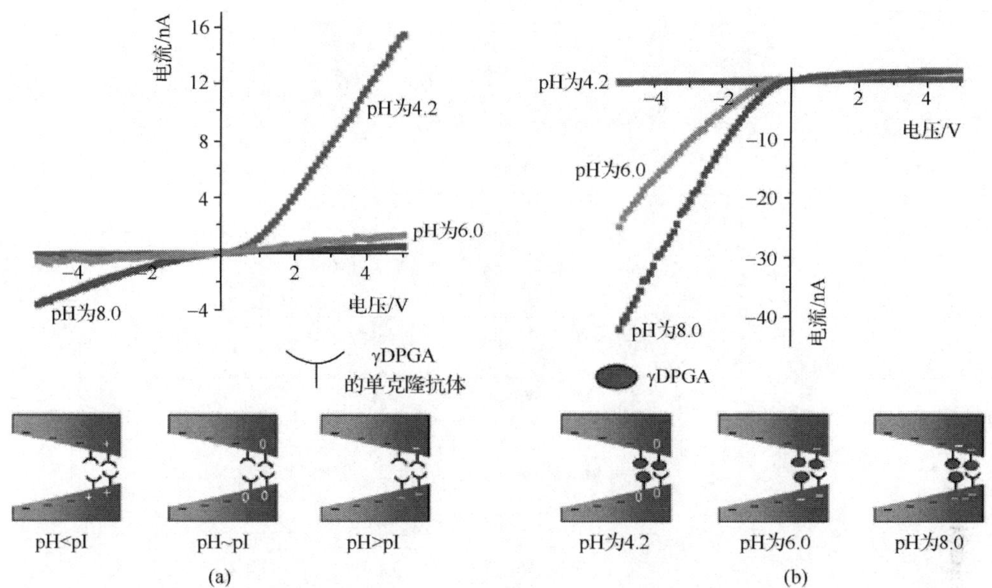

图 9-37　小口端修饰了 γDPGA 单克隆抗体的单锥纳米孔道的 *I-U* 曲线

(a) 测试溶液为各个 pH 的 10mmol/L KCl 水溶液；(b) 修饰有单克隆抗体的孔道在 γDPGA 溶液中反应 3h 后在各个 pH 的 10mmol/L KCl 水溶液中 *I-U* 曲线[46]

9.5　仿生智能纳米通道的应用

目前，开发智能纳米通道在生物传感、纳流体装置以及能量转换器件等方面都有潜在应用前景。

9.5.1　生物传感器

基于纳米通道的生物传感器具有其独特优势，目前已得到了迅速发展(图 9-38)[7]。例如，单纳米孔道的 DNA 测序[72]，对生物分子如特殊蛋白质的检查[73]，限域空间内分子构型转变的研究[35]。

径迹刻蚀得到的单锥形单纳米孔在仿生传感器领域已经引起研究人员广泛的兴趣。例如，Martin 研究小组[64]在沉积金的单纳米孔内修饰蛋白质分子，当其与受体分子结合时，孔道的 *I-U* 曲线会发生改变，从而达到检测目标受体蛋白质分子的目的(图 9-39)。

由于孔道表面带有负电荷，Ali 等[74]利用单锥形的 PET 单纳米孔，在中性溶液中，利用静电自组装的方法将生物素功能化的聚丙烯胺(带有正电荷)组装到纳米通道的表面[图 9-40(a)→(b)]。经过组装以后的表面将功能基团-生物素暴露

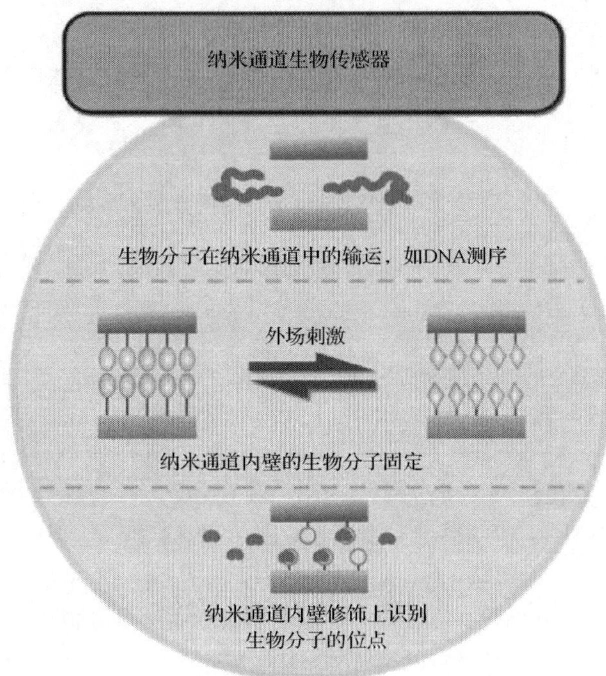

图 9-38　纳米通道在生物传感器中的应用[7]

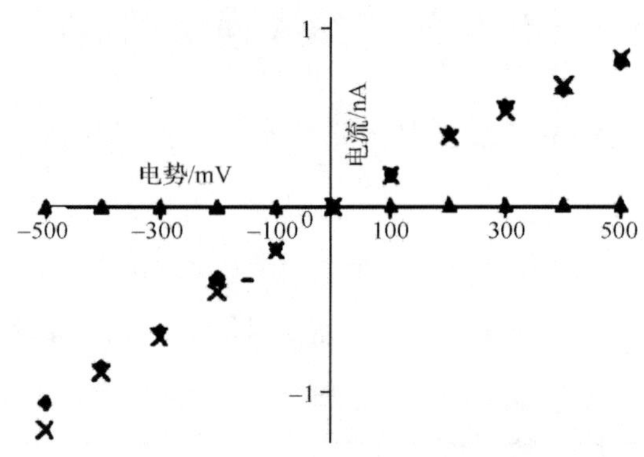

图 9-39　修饰有生物素的 PET 单纳米通道加入蛋白质分子之前(×)、加入 100nmol/L 溶解酵素(◆)、加入 180pmol/L 亲和素(▲)的 *I-U* 曲线图[64]

在孔道表面，为下一步进行生物识别提供了必要条件。由于聚丙烯胺表面带有大量的正电荷，所以可以利用孔道的电流特性，即 *I-U* 曲线来证明组装成功。在组装之前，孔道表面带有负电荷，组装之后表面带有正电荷，*I-U* 曲线的整流性发生转向[图 9-41(a)]。

一旦生物素在纳米通道表面组装成功，便可利用其特异性结合位点将其作为

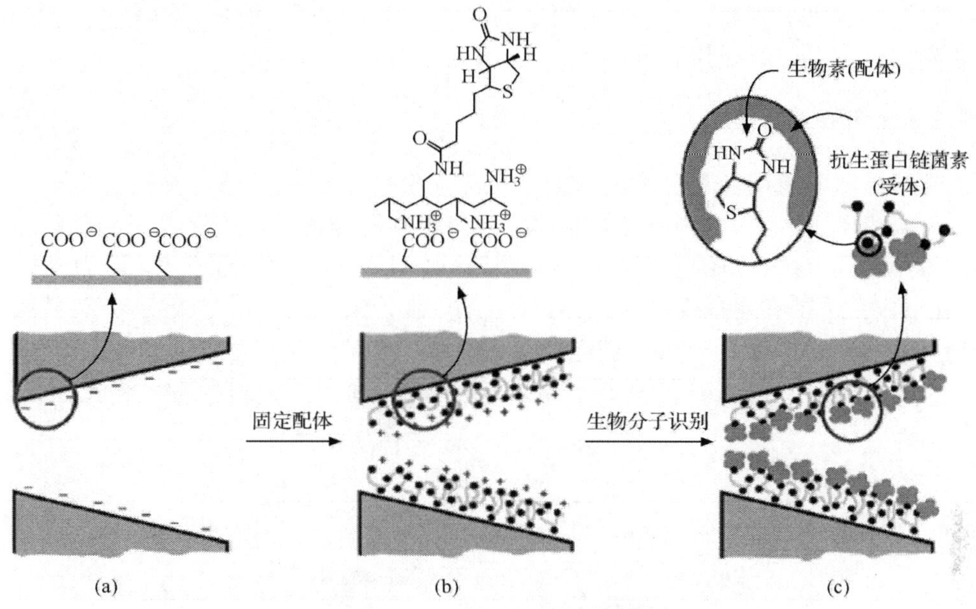

图 9-40　在单锥形单纳米孔道内通过静电组装方法修饰生物素[(a)→(b)]，以及与亲和素识别[(b)→(c)]过程示意图[74]

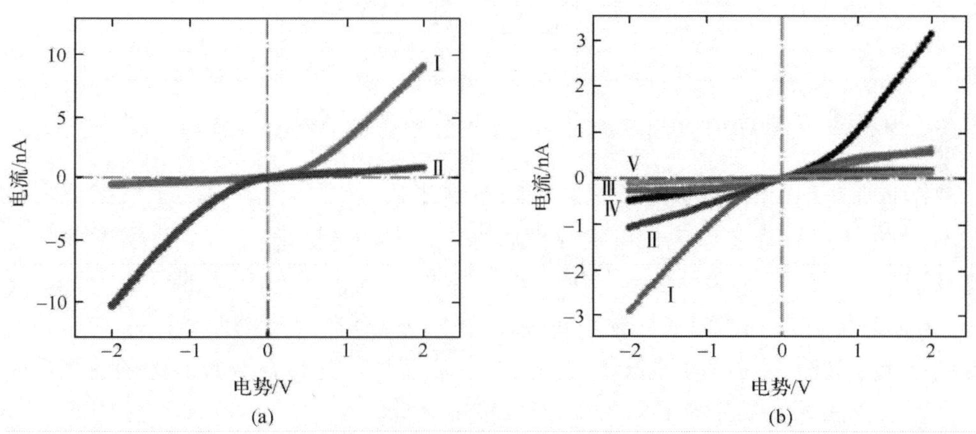

图 9-41　(a) 静电组装生物素功能化的聚丙烯胺前(Ⅰ)、后(Ⅱ)孔道的 *I-U* 曲线；(b) 修饰生物素前(Ⅰ)、后(Ⅱ)，以及第一次修饰亲和素(Ⅲ)、第二次修饰生物素(Ⅳ)、第二次修饰亲和素(Ⅴ)的 *I-U* 曲线[74]

大分子识别的生物传感器，如图 9-40(b)→(c)所示。如图 9-41(b)所示，在溶液中加入亲和素以后，由于生物素与亲和素的特异性结合，孔道因为物理堵塞而使电导率显著下降，即 *I-U* 曲线的斜率明显降低。而且通过控制孔道的孔径，该纳米孔道还可以进行多次组装及识别。这种简单的静电自组装方法为纳米孔道内的生物分子识别提供了很好的研究平台。

9.5.2 离子整流器件

对称形状的双锥形聚合物纳米通道也为研究智能纳米孔道提供了很好的平台。Siwy 课题组[43]报道了一种内表面的羧基能够通过化学手段转换为氨基的对称双锥纳米孔道。孔道的表面电荷又可由不同 pH 的溶液来控制。当 pH 为 6～8 时，孔道内无论带有羧基或氨基的部位都带电荷，形成“＋－＋”’状态，并且其整流行为非常明显。降低 pH，孔道两端的羧基带正电荷，而中央位置不带电荷，表现为“＋0＋”状态。若 pH 升至 9，结果将恰恰相反，即“0-0”，如图 9-42 所示。

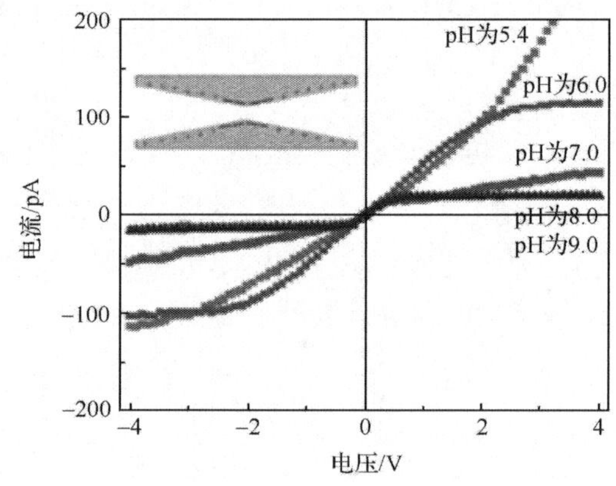

图 9-42 对称双锥纳米孔道在 0.1mol/L KCl 溶液中不同 pH 下的 *I-U* 曲线[43]

作者课题组[14]利用单锥形的聚合物单纳米通道和在孔道内离子溅射金属的技术，制备了一种离子整流性可控且性质稳定的单纳米通道。这种金属/聚合物的复合纳米孔道为单纳米孔道内的非对称化学修饰提供了一个新的研究方法。最近，作者课题组[15]利用离子溅射 Au 或者 Pt 的方法，在对称的双锥形单纳米孔道内制备出了具有不同组成的新型仿生离子整流器件。通过在双锥孔的两侧溅射不同金属的方法，一共制备了四种组成对称或者非对称的单纳米通道，如图 9-43 所示。

在双锥形单纳米孔的一侧溅射 Au 以后，孔道的 *I-U* 曲线发生明显变化，即由线性变为具有明显的整流性质。当另一侧溅射 Pt 以后，整流性进一步增大，推测是由孔道的非对称性组成引起的。当溅射 Pt 之后，孔道两侧的组成与只溅射 Au 相比，出现了明显的差异，由于离子溅射之后的表面并不能够完全被金属原子覆盖，可能会有一定的微米或纳米级的空隙，因此由 Au、Pt、聚合物三种组成带来的不对称性使孔道内的 *I-U* 曲线的整流性进一步增加，如图 9-44 所示。同样，我们

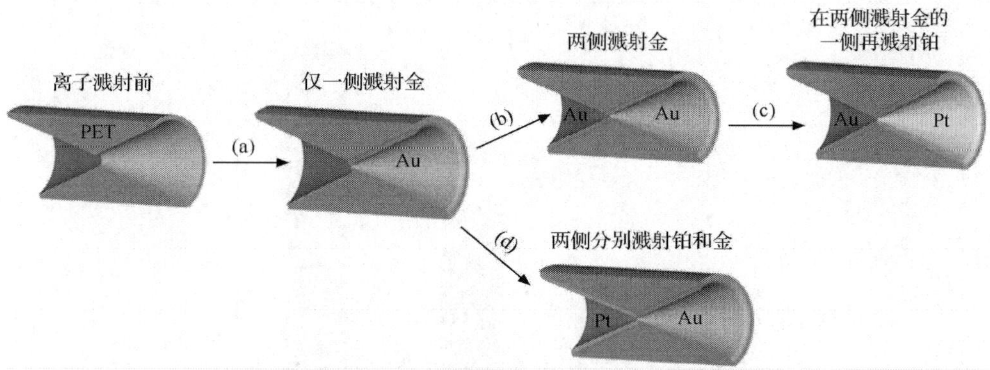

图 9-43　四种不同组成的单纳米通道制备示意图[15]

对三种组成的单纳米孔的整流比进行了比较,结果如图 9-45 所示。结果表明,单纳米孔道的组成不对称性越高,所带来的整流性越大。

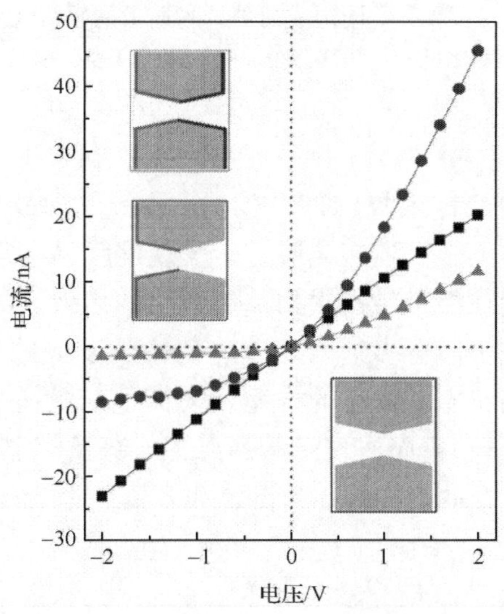

图 9-44　在 PET 的双锥孔内进行离子溅射前后的 I-U 曲线变化

离子溅射前(■);一侧溅射 Au(●);另一侧溅射 Pt(▲)[15]

通过在对称的单纳米通道内进行非对称性的修饰,赋予了对称性纳米通道离子整流性。除此之外,由于 Au 或者 Pt 具有很高的反应活性,可以与带巯基的化学分子结合,所以可以通过选择具有不同功能的化学或者生物分子,制备出功能更为复杂的仿生纳米器件。

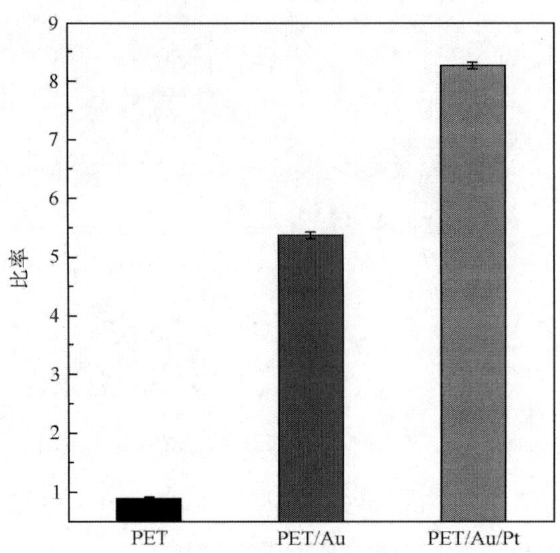

图 9-45 具有不同组成的单纳米通道的整流比比较

离子溅射之前(PET)；单侧溅射 Au (PET/Au)；一侧溅射 Au，另一侧溅射 Pt(PET/Au/Pt)[15]

9.5.3 能源转换器件

基于纳米通道在纳流体装置内的开发，Dekker[75]课题组和王宇钢课题组[76]报道了压力驱动发电的纳米孔道流体装置。受视网膜具有很高的光电转换效率以及离子通道的门控作用在能量转换中的重要作用的启发，作者所在研究小组[77]将光酸分子引入到含有仿生质子多纳米孔道阵列特殊设计的光电化学池体系中，利用智能纳米通道在不同状态下发生的构型及表面电荷的改变，来实现通道选择性地透过特定的离子和分子，进而实现膜两侧离子电势及外电路电流的产生，最终实现光电转换，如图 9-46 所示。本研究为设计和开发新型光电转换器件提供一种全新的设计思路。

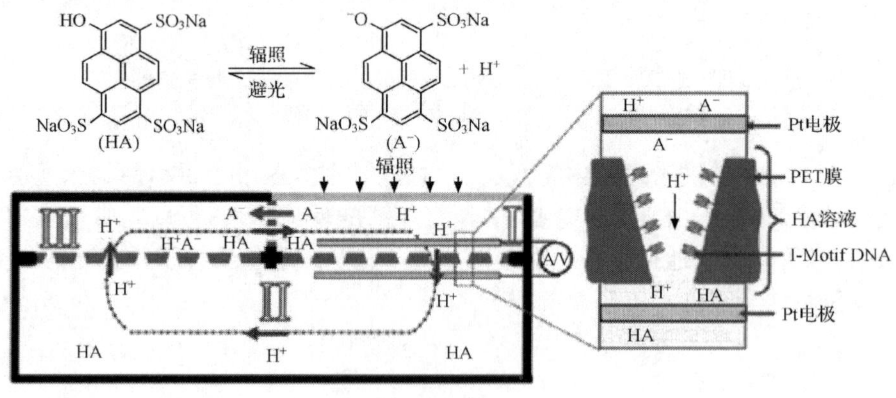

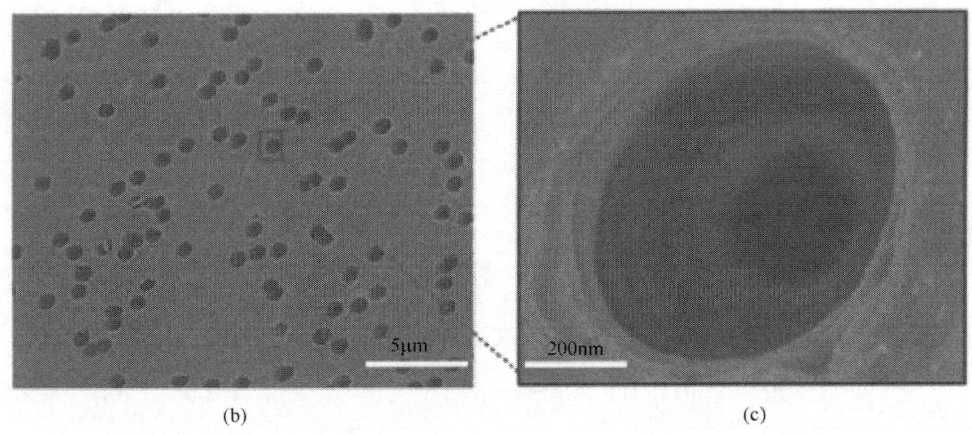

图 9-46　(a) 光电转换原理示意图；(b)、(c) 所用的聚合物多孔膜及其放大的 SEM 图片[77]

通过学习电鳗鱼，作者所在研究组[78]利用具有离子选择性的纳米通道研究了浓度梯度驱动的离子电流源这一新型能源转化器件（图 9-47），它将以离子浓度梯度形式存在的化学能转化为可方便利用和存储的电能，功率密度高达 2～260mW/cm^2，比传统的利用离子交换膜来进行的浓差发电（0.17mW/cm^2）高 1～3 个数量级。

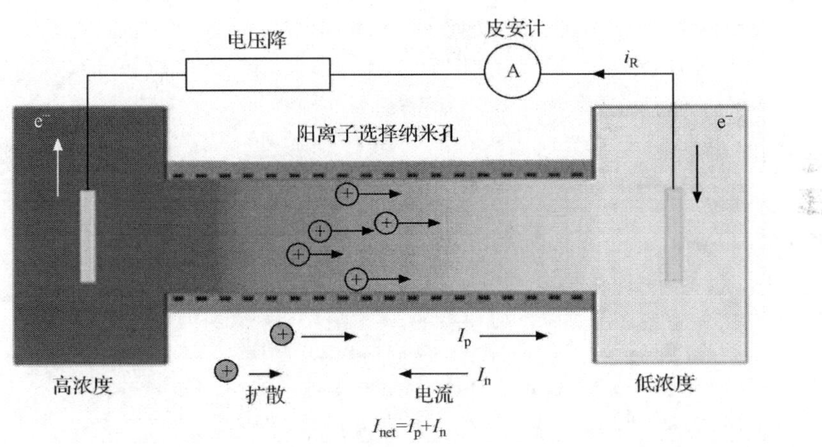

图 9-47　基于仿生离子通道进行浓差发电原理示意图[78]

（中国科学院化学研究所：田　野、江　雷）

参 考 文 献

[1] Hille B. Sunderland：Sinauer Associates Inc，1992.
[2] Woolley G，Lougheed T. Curr Opin Chem Biol，2003，7：710-714.

[3] Garcia M. Nature, 2004, 430: 153-155.
[4] Gokel G. Chem Commun, 2000: 1-9.
[5] Fyles T. Chem Soc Rev, 2007, 36: 335-347.
[6] Hou X, Guo W, Jiang L. Chem Soc Rev, 2011, 40: 2385-2401.
[7] Hou X, Jiang L. ACS Nano, 2009, 3: 3339-3342.
[8] Dekker C. Nat Nanotechnol, 2007, 2: 209-215.
[9] Gyurcsányi R. TrAC Trend Anal Chem, 2008, 27: 627-639.
[10] Wendell D, Jing P, Geng J, et al. Nat Nano, 2009, 4: 765-772.
[11] Sisson A, Shah M, Bhosale S, et al. Chem Soc Rev, 2006, 35: 1269-1286.
[12] Keyser U, Koeleman B, Dorp S, et al. Nat Phys, 2006, 2: 473-477.
[13] Apel P. Radiat Meas, 2001, 34: 559-566.
[14] Hou X, Dong H, Zhu D, et al. Small, 2010, 6: 361-365.
[15] Tian Y, Hou X, Jiang L. J Electroceram Chem, 2011, 656: 231-236.
[16] White R, Ervin E, Yang T, et al. J Am Chem Soc, 2007, 129: 11 766.
[17] Apel P, Blonskaya I, Dmitriev S, et al. J Membr Sci, 2006, 282: 393-400.
[18] Apel P, Blonskaya I, Didyk A, et al. Nucl Instrum Methods Phys Res, Sect B, 2001, 179: 55-62.
[19] Nishizawa M, Menon V, Martin C. Science, 1995, 268: 700-702.
[20] Perry J, Guo P, Johnson S, et al. Martin Nanomedicine, 2010, 5: 1151-1160.
[21] Lee S, Martin C. Anal Chem, 2001, 73: 768-775.
[22] Nozawa K, Osono C, Sugawara M. Sensor Actuat B-Chem, 2007, 126: 632-640.
[23] Baker L, Bird S. Nat Nanotechnol, 2008, 3: 73-74.
[24] Baker L, Jin P, Martin C. Crit Rev Solid State Mater Sci, 2005, 30: 183-205.
[25] Li J, Stein D, McMullan C, et al. Nature, 2001, 412: 166-169.
[26] Storm A, Chen J, Ling X, et al. Nat Mater, 2003, 2: 537-540.
[27] Zhang B, Zhang Y, White H. Anal Chem, 2004, 76: 6229-6238.
[28] Lanyon Y, Marzi G, Watson Y, et al. Anal Chem, 2007, 79: 3048-3055.
[29] Hou X, Zhang H, Jiang L. Angew Chem Int Ed, 2012, 51: 5296-5307.
[30] Li N, Yu S, Harrell C, et al. Anal Chem, 2004, 76: 2025-2030.
[31] Xia F, Guo W, Mao Y, et al. J Am Chem Soc, 2008, 130: 8345-8350.
[32] Ali M, Yameen B, Cervera J, et al. J Am Chem Soc, 2010, 132: 8338-8348.
[33] Harrell C, Kohli P, Siwy Z, et al. J Am Chem Soc, 2004, 126: 15 646-15 647.
[34] Guo W, Xia H, Xia F, et al. ChemPhysChem, 2010, 11: 859-864.
[35] Hou X, Guo W, Xia F. J Am Chem Soc, 2009, 131: 7800-7805.
[36] Tian Y, Hou X, Wen L, et al. Chem Commun, 2010, 46: 1682.
[37] Yameen B, Ali M, Neumann R, et al. Nano Lett, 2009, 9: 2788-2793.
[38] Yameen B, Ali M, Neumann R, et al. J Am Chem Soc, 2009, 131: 2070-2071.
[39] Yameen B, Ali M, Neumann R, et al. Chem Commun, 2010, 46: 1908-1910.
[40] Ali M, Schiedt B, Neumann R, et al. Macromol Biosci, 2010, 10: 28-32.
[41] Hou X, Liu Y, Dong H, et al. Adv Mater, 2010, 22: 2440-2443.
[42] Kalman E, Sudre O, Vlassiouk I, et al. Anal Bioanal Chem, 2009, 394: 413-419.
[43] Kalman E, Vlassiouk I, Siwy Z. Adv Mater, 2008, 20: 293-297.

[44] Vlassiouk I, Siwy Z. Nano Lett, 2007, 7: 552-556.
[45] Hou X, Yang F, Li L, et al. J Am Chem Soc, 2010, 132: 11 736-11 742.
[46] Vlassiouk I, Kozel T, Siwy Z. J Am Chem Soc, 2009, 131: 8211-8220.
[47] Siwy Z. Adv Funct Mater, 2006, 16: 735-746.
[48] Siwy Z, Heins E, Harrell C, et al. J Am Chem Soc, 2004, 126: 10 850-10 851.
[49] Mao Y, Chang S, Yang S, et al. Nat Nanotech, 2007, 2: 366-371.
[50] Liu Q, Wang Y, Guo W, et al. Phys Rev E, 2007, 75: 051201.
[51] Yameen B, Ali M, Neumann R, et al. Small, 2009, 5: 1287-1291.
[52] Siwy Z, Powell M, Petrov A, et al. Nano Lett, 2006, 6: 1729-1734.
[53] Siwy Z, Powell M, Kalman E, et al. Nano Lett, 2006, 6: 473-477.
[54] Powell M, Sullivan M, Vlassiouk I, et al. Nat Nanotechnol, 2008, 3: 51-57.
[55] He Y, Gillespie D, Boda D, et al. J Am Chem Soc, 2009, 131: 5194-5202.
[56] Banghart M, Borges K, Isacoff E, et al. Nat Neurosci, 2004, 7: 1381-1386.
[57] Dunphy D, Atanassov P, Bunge S, et al. Nano Letters, 2004, 4: 551-554.
[58] Koçer A, Walko M, Meijberg W, et al. Science, 2005, 309: 755-758.
[59] Vlassiouk I, Park C, Vail S, et al. Nano Letters, 2006, 6: 1013-1017.
[60] Wang G, Bohaty A, Zharov I, et al. J Am Chem Soc, 2006, 128: 13 553-13 558.
[61] Smirnov S, Vlassiouk I, Lavrik N. ACS Nano, 2011, 5: 7453-7461.
[62] Powell M, Cleary L, Davenport M, et al. Nat Nano, 2011, 6: 798-802.
[63] Martin C, Siwy Z. Science, 2007, 317: 331-332.
[64] Siwy Z, Trofin L, Kohli P, et al. J Am Chem Soc, 2005, 127: 5000-5001.
[65] Han C, Hou X, Zhang H, et al. J Am Chem Soc, 2011, 133: 7644-7647.
[66] Friebe A, Ulbricht M. Macromolecules, 2009, 42: 1838-1848.
[67] Geismann C, Tomicki F, Ulbricht M. Separ Sci Technol, 2009, 44: 3312-3329.
[68] Guo W, Xia H, Cao L, et al. Adv Funct Mater, 2010, 20: 3561-3567.
[69] Zhang L, Cai S, Zheng Y, et al. Adv Funct Mater, 2011, 21: 2103-2107.
[70] Banghart M, Volgraf M, Trauner D. Biochemistry, 2006, 45: 15 129-15 141.
[71] Zhang M, Hou X, Wang J, et al. Adv Mater, 2012, 24: 2424-2428.
[72] Mara A, Siwy Z, Trautmann C, et al. Nano Lett, 2004, 4: 497-501.
[73] Ali M, Tahir M, Siwy Z, et al. Anal Chem, 2011, 83: 1673-1680.
[74] Ali M, Yameen B, Neumann R, et al. J Am Chem Soc, 2008, 130: 16 351-16 357.
[75] Van der Heyden F, Bonthuis D, Stein D, et al. Nano Lett, 2007, 7: 1022-1025.
[76] Xie Y, Wang X, Xue J, et al. Appl Phys Lett, 2008: 93.
[77] Wen L, Hou X, Tian Y, et al. Adv Funct Mater, 2010, 20: 2636-2642.
[78] Guo W, Cao L, Xia J, et al. Adv Funct Mater, 2010, 20: 1339-1344.

第 10 章　介孔二氧化硅纳米材料的生物医学应用与生物学效应

10.1　基于 MSN 载体的可控药物释放与治疗

10.1.1　药物可控缓释

相比于传统的有机药物载体，介孔二氧化硅纳米颗粒（MSN）具有颗粒尺寸容易调控、粒径分布窄、生物物理化学稳定性好、热稳定性好、孔径和结构易于调控和表面易于化学改性等诸多优点，因而作为一种新型药物载体引起了广泛的关注[1]。此外，MSN 还具有高的比表面积和大的孔容，能够有效地吸附大量的药物分子；而且纳米孔道的限域作用和 MSN 与药物分子间的静电、氢键等相互作用能够延缓药物分子向孔道外的扩散过程，具有缓释药物的先天优势，因而 MSN 在药物传输与可控释放领域具有潜在的应用前景。另外，基于 MSN 在结构和表面性质上的可控性，还可以通过调控孔道结构、孔径、孔道表面性质以及制造空腔和调控壳层厚度等途径来实现药物的可控释放。

为了获得尽可能高的药物装载量，施剑林课题组发现通过软模板和硬模板/选择性刻蚀等途径很容易将 MSN 制成空心结构（HMSN）[2-9]，而且为了实现多功能化，还可以进一步将 HMSN 做成铃铛结构，即在 HMSN 的空腔中原位引入或后装载功能纳米颗粒，如金纳米粒、Fe_3O_4纳米粒等[10]。为了调控药物的缓释行为和同时装载多种药物分子，还可以将 HMSN 做成多介孔壳层结构[11]和核壳双介孔结构[2]。实验结果表明，HMSN 可以用于同时大量装载和缓慢释放疏水性和亲水性药物[11]；通过调控壳层的孔径、壳厚度和通过孔道限域作用有效调控不同尺寸的药物分子的装载与释放（图 10-1），为多药联合治疗提供了一个非常好的药物载体平台[12]。

根据限域作用原理，药物的扩散速度除了与 MSN 的介孔孔径有关，还与 MSN 的介孔结构类型有关。二维六方贯通孔道有利于分子扩散和传输，加快药物分子的释放；而三维孔道使分子扩散路径变得曲折，而且也延长了扩散路径，从而能更加显著地延缓药物分子的释放。除了限域作用，还可以通过调控 MSN 与药物分子间的静电、氢键等相互作用来控制药物分子的释放速率。针对带电性药物分子，可以将 MSN 的孔道内表面改性成强的相反电性（即反电位表面改性）；针对

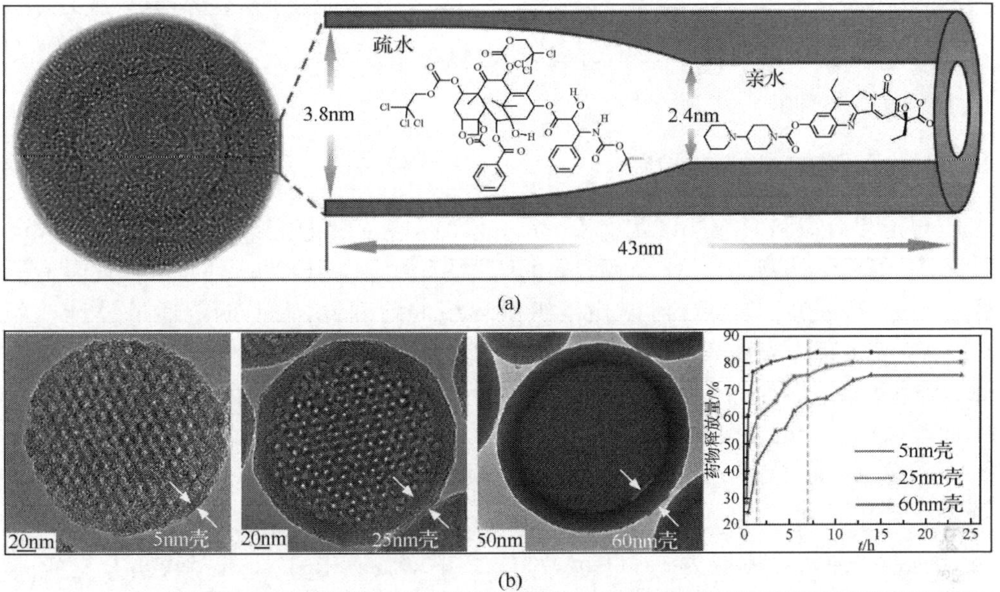

图 10-1　(a) 具有不同孔径的多壳层 HMSN 用于不同尺寸药物分子的同时装载[11]；(b) 具有不同壳层厚度的核壳双介孔纳米结构及其药物缓释行为[2]

富含羟基、氨基或羧基的药物分子，可以借助 MSN 表面的硅羟基通过氢键作用强化药物分子的吸附，从而加强 MSN 对药物分子的吸附和担载，同时延缓药物分子的脱附和释放(图 10-2)[13-19]。何前军等[13]通过原位嫁接的方式，在合成 SBA-15 型

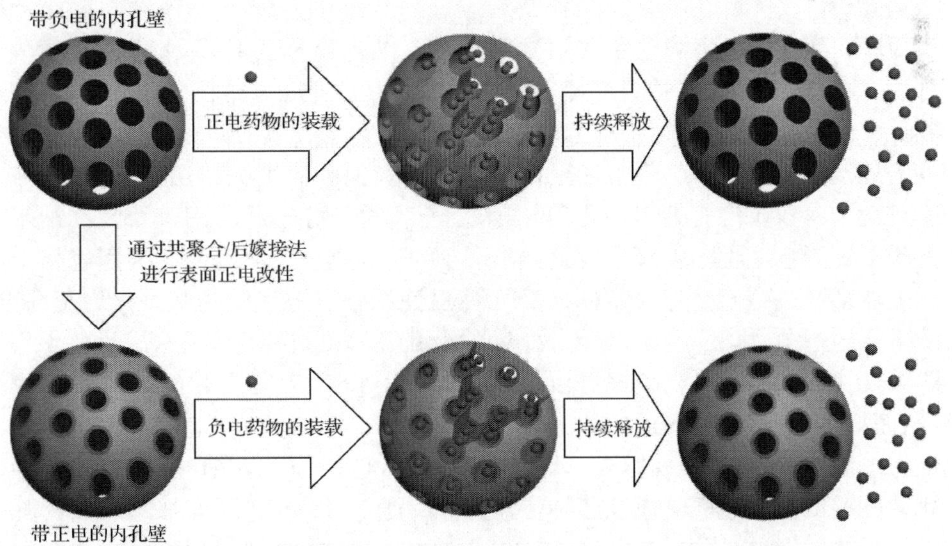

图 10-2　反电位表面改性用于正、负电性药物分子的装载与可控药物缓释作用[19]

MSN 的同时将其表面用带正电的罗丹明 B 分子改性，用于担载负电性药物分子丹酚酸 B，从而增强了其在细胞内的药物缓释作用，在较长时间内有效降低了肝星形细胞内活性氧水平。

10.1.2 环境响应性药物控释

与正常组织和血液(pH 为 7.2～7.4)相比，炎症和癌症部位普遍存在于偏酸性环境(pH 为 4～6.8)[20,21]。而且，由于酸性环境会导致溶氧量降低，因此具有更强的还原性环境[22,23]。针对癌症组织微环境的特殊性，人们期望通过设计一类 pH(酸)或还原响应性释放药物的药物传输体系，以达到在癌症部位选择性释放药物，而在其到达病灶部位之前在正常组织和血液中零释放的目的，从而增强药物传输体系的药效并降低其毒副作用。

还原型谷胱甘肽(GSH)是细胞内最主要和直接的还原剂，其浓度通常为氧化型谷胱甘肽(GSSG)的 10 倍左右。癌症组织中 GSH 浓度是正常组织的 4 倍。而且，细胞内的 GSH 浓度为 1～11mmol/L(其中细胞质中含 1～11mmol/L[24-26]；线粒体中含 5～11mmol/L[27,28]；细胞核中占 5%～10%[29-31])，远高于细胞外的 GSH 浓度(0.01mmol/L[30]：血浆中含 2μmol/L[32]；肺黏液中含 0.8mmol/L[33])，这为在癌症组织和癌细胞内选择性释放药物提供了一种还原响应性机制。在构建还原响应性药物传输体系的过程中，通常采用含有双硫键的有机分子作为开关，这主要是由于双硫键在循环过程中和细胞外环境中都非常稳定，但在还原环境下很容易发生巯基-双硫键交换反应，在几分钟到几小时的时间内迅速解离，从而响应性地释放药物。

Lin 等[34-37]采用超顺磁性 Fe_3O_4、CdS、Au 纳米粒子或 PAMAM 枝状高分子等作为介孔的纳米盖子，通过双硫键将纳米盖子紧贴介孔壁封住介孔开口，从而对药物分子(万古霉素)和神经传递素(三磷腺苷)进行了有效的储藏。并在体外通过使用还原剂(如 1,4-二硫苏糖醇或 β-巯基乙醇)模拟肿瘤组织的还原性环境，在还原性刺激下将双硫键打开，从而打开纳米盖子释放药物分子，利用 MSN 和纳米盖子实现了还原响应性药物释放[图 10-3(a)]。Feng 等[38,39]在 MSN 表面嫁接上聚丙烯酸琥珀酰胺酯直链形分子(PNAS)，然后使用含有双硫键的胱胺作为交联剂，将 PNAS 交联在 MSN 表面，封闭 MSN 的介孔开口以封装药物分子。而在 GSH/DTT 等还原性条件下，双硫键可以被打开，造成 MSN 表面交联的高分子薄膜裂解，从而打开介孔孔道，释放担载的药物分子[图 10-3(b)]。蔡开勇等[40]也使用双硫键将Ⅰ型胶原(ColⅠ)嫁接到 MSN 表面，然后再修饰上乳糖酸，构建了一种体外靶向肝癌细胞的还原响应性药物传输体系。通过 HepG2 肝癌细胞表面的乳糖酸分子配体识别，在体外实现了 HepG2 肝癌细胞靶向作用；在 HepG2 肝癌细胞内还原性微环境下，响应性地释放了模型药物[图 10-3(a)]。

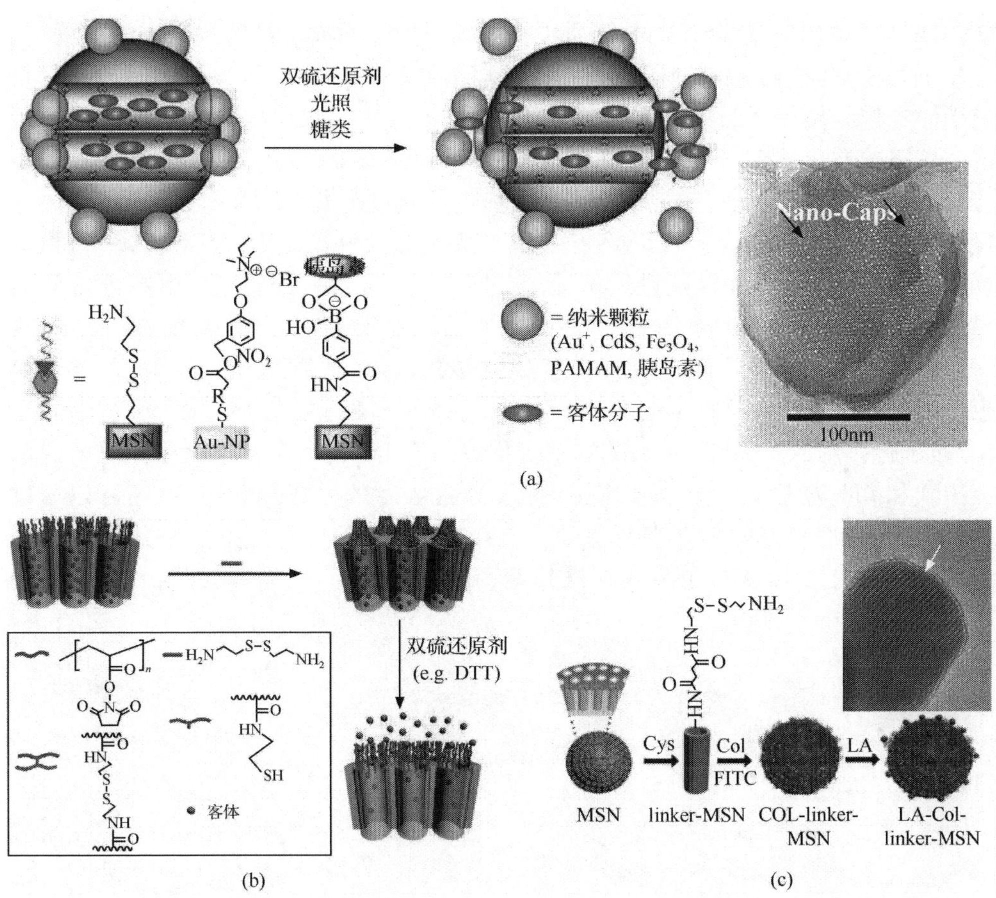

图 10-3　基于 MSN 的双硫键介导的还原响应性药物传输体系的设计

(a) MSN—S—S—纳米盖子[37]；(b) MSN—S—S—PNAS 薄膜[38, 39]；(c) MSN—S—S—Col Ⅰ[40]

对于 pH 响应性释放药物的传输体系，常见的途径是在 MSN 颗粒表面嫁接/包裹一层具有 pH 响应性的分子开关，如聚电解质等。在 2005 年，施剑林课题组[41,42]首次采用层层包裹技术，将聚苯乙烯磺酸钠(PSS)和盐酸聚烷链铵(PAH)层层包裹在空心介孔二氧化硅纳米球体(HMSN)的表面，10nm 厚的 PAH/PSS 包裹层可以用作 pH 响应开关来控制水溶性药物硫酸庆大霉素和水难溶性药物布洛芬的储藏与释放系统[图 10-4(a)]。在酸性溶液介质中，PAH/PSS 聚电解质层由于质子的侵入而产生强烈的相互排斥作用，使其层间距增大，药物分子可以顺利地通过聚电解质层间渗入 HMSN 的孔道和空腔中(过程 2)；将溶液介质的 pH 调至弱碱性，此时 PAH/PSS 聚电解质层间的质子被碱中和，从而导致聚电解质层间距变小，聚电解质收缩，阻碍药物分子从 HMSN 中向外扩散，达到药物装载和封存的目的(过程 3)；使用 pH 为 7.4 的缓冲溶液介质体外模拟正常组织和血液环境，紧密包裹的 PAH/PSS 聚电解质层在一定程度上阻碍了被装载药物的泄漏（过程 4）；使用酸性缓冲溶液介质体外模拟肿瘤酸性环境，PAH/PSS 聚电解质层又将由于静电排斥作用将药物扩散通道打开（类似于药物装载过程），使药物能够通过浓度扩散的方式从 HMSN 中向外扩散（过程 5），从而实现了 pH 响应性药物释放［图 10-4(b)］。此外，γ-二乙烯三氨基丙基三乙氧基硅烷（TATES）[43]、二乙烯三氨基丙基三甲氧基硅烷（TATMS）[44]、聚二烯丙基二甲基氯化铵（PDDA）[45]、聚乙烯吡啶（PVP）[46]、磺基异硫氰酸苯酯（SULF）[47]、聚二甲氨基乙基甲基丙烯酸酯（PDEAEMA）[48]、聚丙烯酸（PAA）[49,50]、壳聚糖/聚甲基丙烯酸（CS-PMAA）[51-53]、甲基丙烯酸-乙烯基三乙氧硅烷共聚物（PMV）[54]和纳米阀门[55-60]等也可以被用于嫁接在 MSN 的孔道口或包裹在 MSN 颗粒的外表面，通过去质子化/质子化作用或者阴/阳离子作用控制孔口的开合，从而控制药物在孔道内的可控担载和 pH 响应性释放（图 10-5）。除了通过吸附的方式装载药物，还可以通过 pH 可逆性酰腙键或配位键将药物分子连接在 MSN 的介孔壁上达到药物装载的目的，然后通过酸性裂解的方式将酰腙键和配位键打开，从而释放药物分子，实现药物的 pH 响应性释放[61-65]。

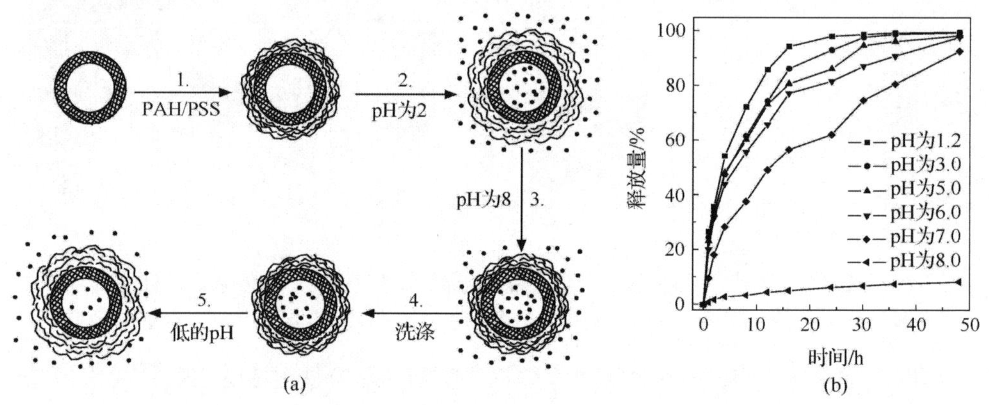

图 10-4 (a)pH 响应性药物传输体系 Drug@HMSN@PAH/PSS 的构建及其(b)在体外模拟环境下的响应性药物释放行为[41-42]

然而目前的体外研究结果皆表明，在 pH 为 7.4 的生理条件下，采用 MSN@聚电解质方式构建的 pH 响应性药物传输体系难以完全避免药物的泄漏（图 10-4 和图 10-5）。毒性药物在正常组织和血液中的泄漏将导致药物毒副作用，这需要尽可能地避免，而且在聚电解质包裹或嫁接的过程中常难以维持 MSN 原有的高分散性。那么如何采用简便而有效的途径构建一类具有良好的药物封装能力的高分散性 pH 响应性药物传输体系成为当前的一大难题。最近，施剑林课题组[66,67]采用一种一步自组装技术，将疏水性药物原位装载于表面活性剂胶束的疏水性内

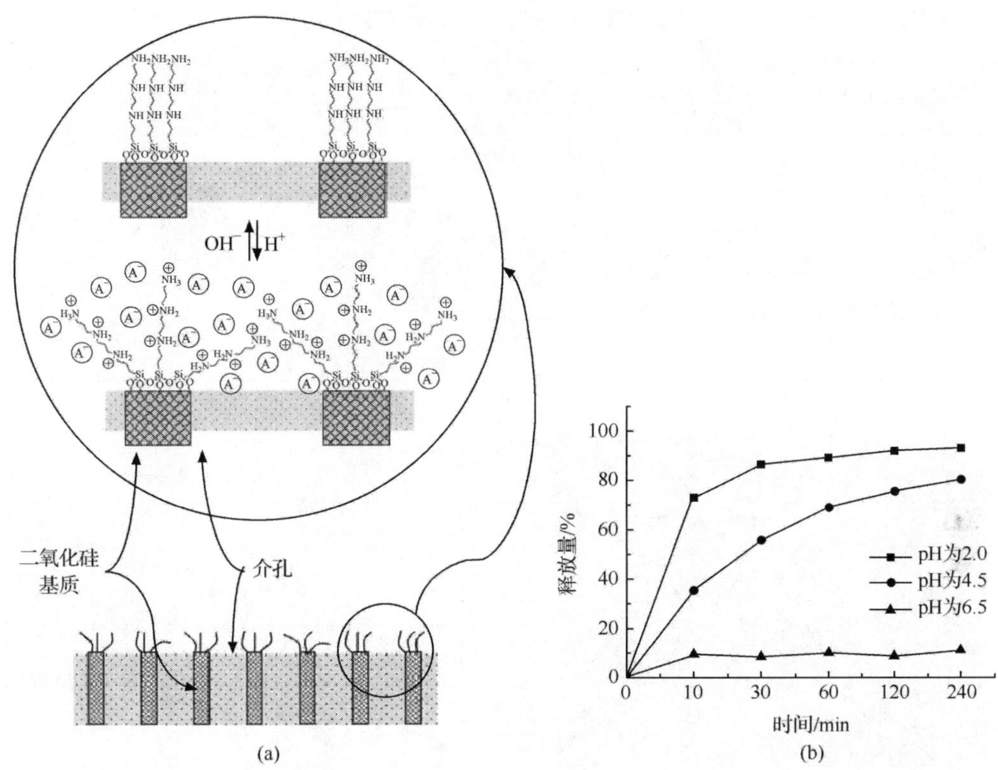

图 10-5　pH 响应性药物传输体系 Drug@MSN@TATES 的构建(a)及其在体外模拟环境下的响应性药物释放行为(b)[43]

核，然后将此复合胶束用于导向合成 MSN，最后将合成的同时包裹药物和表面活性剂的 MSN(即 Drug@Micelle@MSN)直接用作多药传输体系[图 10-6(a)]，并发现其具有一种特殊的 pH 响应性释放药物的性质[图 10-6(c)]。与传统的先除去 MSN 孔道中的表面活性剂后装载药物的方法不同，他们可以直接在合成 MSN 的过程中原位装载药物，特别是疏水性药物，其药物装载量能显著提高，而且合成的药物传输体系保持了非常高的分散性[图 10-6(b)]。包裹了药物的表面活性剂胶束与 MSN 之间是通过静电引力作用组装在一起的，那么在酸性条件下，可以通过质子交换的方式将包裹了药物的表面活性剂胶束交换出来，从而实现药物和表面活性剂的 pH 响应性共释放。但是在 pH 为 7.4 的体外模拟生理环境中，在长达 14 天的时间里，药物泄露量不到 3%，这远小于以前的文献报道值。在构建 Drug@Micelle@MSN 药物传输体系的过程中使用的表面活性剂还可以用作抗癌药物的敏化剂，与被装载的药物发挥一种协同增效作用，一起克服肿瘤细胞的多药耐药性。

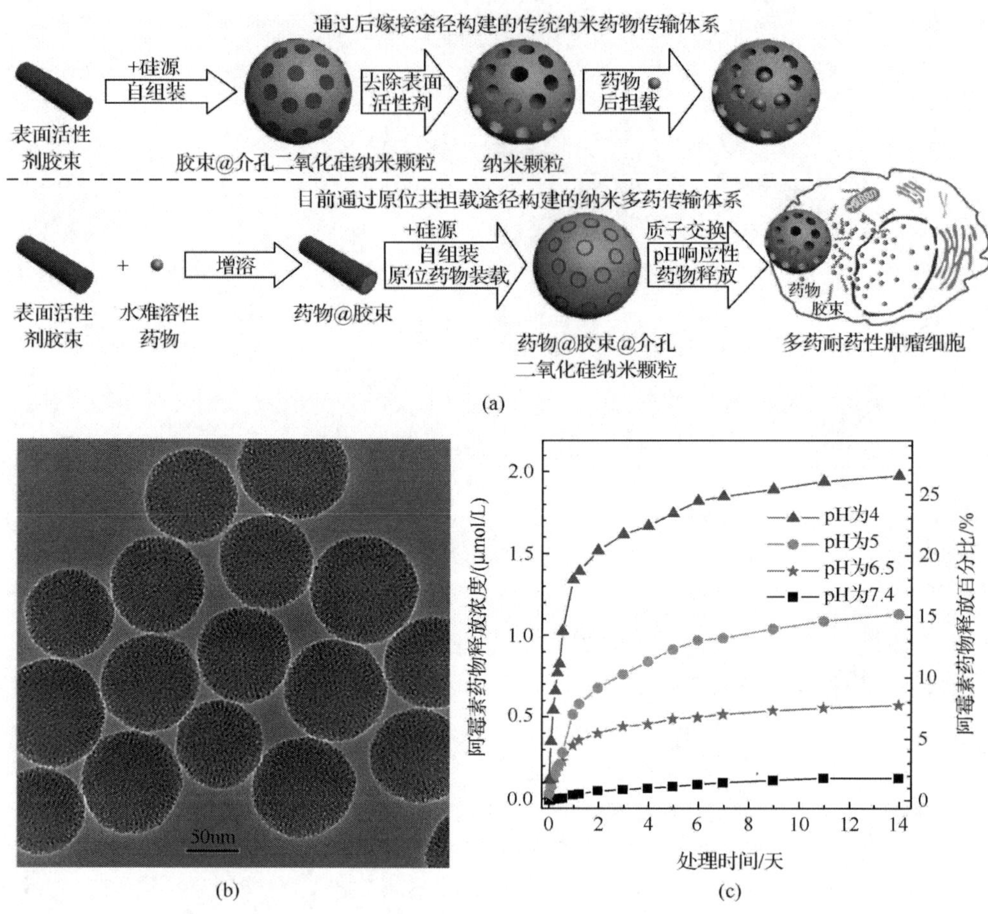

图 10-6 (a)pH 响应性多药传输体系 Drug@Micelle@MSN 的构建，(b)TEM 图片、(c)在体外模拟环境下的响应性药物释放行为[66,67]

10.1.3 基因治疗

基因治疗作为一种具有广泛临床应用前景的治疗模式，在肿瘤、神经退行性疾病、抗病毒治疗、血液性疾病、遗传性疾病等领域显示出良好的治疗效果。然而，成功的基因治疗需要开发出良好的基因输运体系。传统的以病毒为载体的基因输运体系虽然具有较高的基因转染效率，但是病毒在体内的安全性问题不容忽视。开发新型以纳米材料为载体的基因输运体系具有靶向输运、基因转染效率高、生物相容性好等优点，因此可以用于取代传统的病毒载体。MSN 特有的结构与化学优点在基因传输与治疗中显示出了良好的性能。以 MSN 为载体负载基因的方式主要有两种：一种是将 MSN 的表面进行化学改性后负载基因；另一种是在 MSN 的孔道中负载基因。采用这两种方式的基础是 MSN 的结构特点与特殊的应用领域。

由于基因的分子较大，因此要利用孔道结构负载基因就需要制备出具有较大孔径的 MSN。早期由于制备工艺的局限性，难以获得大孔径且小尺寸的 MSN，因此基因一般都负载在 MSN 的表面进行输运与转染。然而，可以利用 MSN 的孔道结构负载药物小分子，同时在 MSN 的表面锚定上基因分子，达到药物共输运的目的。Chen 等[68]首次利用 MSN 传输基因用于抑制细胞的多药耐药性研究，他们将阿霉素(DOX)负载在 MSN 的孔道中，并利用树状高分子锚定针对抑制 Bc1-2 蛋白表达的 siRNA 分子，来逆转 A2780/AD 卵巢癌细胞的耐药性[图 10-7(a)]。引入的 Bc1-2 siRNA 可以有效地实现 Bc1-2mRNA 的沉默，从而抑制 Bc1-2 蛋白的表达，最终有效地抑制非泵出型 DOX 的耐药性，显著地提高 DOX 对耐药细胞的毒性[图 10-7(b)和图 10-7(c)]。相似地，Lin 等[17]在 MSN 的孔道中负载 DOX 分子，并在其表面修饰带有正电荷的 PEI 分子，通过静电作用吸附抑制 P-糖蛋白表达的 Pgp siRNA 分子，用来抑制耐药细胞 KB-V1 的泵出性耐药性并有效地提高 DOX 药物的药效。

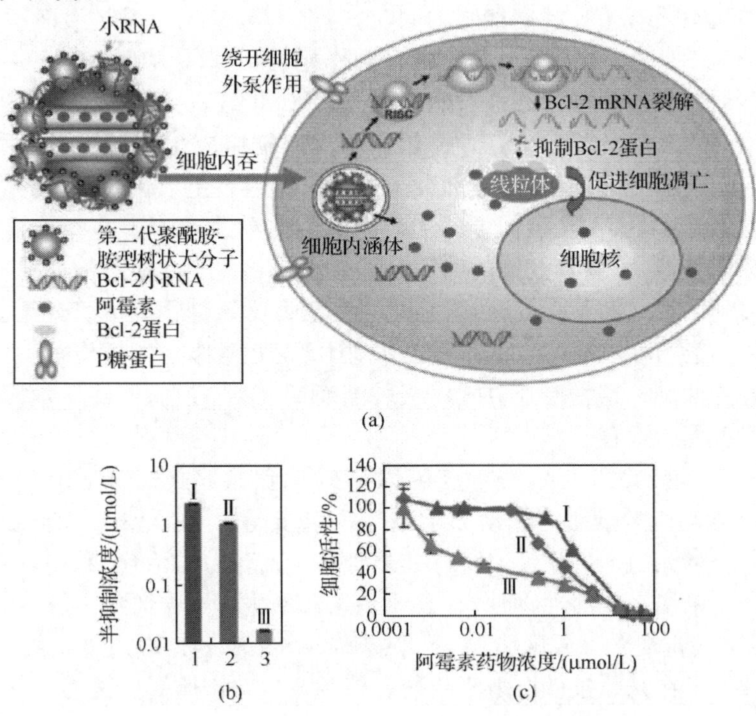

图 10-7　(a)DOX 与 Bc1-2 靶向的 siRNA 以 MSN 为载体共输送的示意图；(b)当细胞与游离的 DOX(Ⅰ)、MSN-DOX-G2(Ⅱ)、MSN-DOX-G2/siRNA(Ⅲ)共孵育后的 IC_{50} 半抑制浓度和(c)细胞活力曲线[68]

将基因装载在 MSN 的孔道中可以真正发挥介孔材料特殊的孔道结构在基因输送中的作用。基因被包覆在孔道中，可以避免其在输运的过程中被酶解，从而可以提高基因的稳定性；此外，基因可以从孔道中缓慢释放出来，起到持续治疗的目的。Lu 等[69]合成出粒径为 100～200nm、孔径为 28nm 的大孔 MSN，并利用聚耐氨酸修饰后用于 DNA 和 siRNA 的包覆与细胞内的转染评价。这种大孔 MSN 相比于小孔径的 MSN 具有更高的基因负载量，同时利用大孔 MSN 传输siRNA，可以减少癌细胞中原癌基因的量与细胞活性。Min 等[70]制备出孔径为 15nm 的 MSN 用于质粒 DNA 的输运。同样，他们发现大孔 MSN 比小孔径的 MSN(2nm) 具有更高的基因负载量。对 MSN 进行氨基化后不需要使用传统的阳离子聚合物就可以将质粒 DNA 输运到细胞中。重要的是，将 DNA 包覆在这种大孔 MSN 中可以保护 DNA 不被细胞核的酶降解，并比小孔径 MSN 显示出更高的转染效率。

10.1.4　光动力学治疗

虽然目前的手术、放疗和化疗仍然是针对肿瘤治疗的三个典型方案，但是这些治疗模式在切除或者杀死肿瘤细胞的同时，也会不可避免地引起大面积的组织创伤和正常细胞的死亡，从而带来严重的毒副作用和引起较大的并发症。因此人们一直在不断地探索新的治疗恶性肿瘤的方法。20 世纪 70 年代发展起来的光动力学疗法(photodynamic therapy，PDT)是一种具有临床应用前景的新技术，即注射对光刺激有响应的光敏剂后，光敏剂分子通过被动或者主动靶向富集到肿瘤区域。在特定波长的光激发下，光敏剂可以产生高活性的单线态氧。这些单线态氧对细胞具有较强的毒性，可以有效地诱导细胞的死亡。相比于其他的治疗模式，光动力学疗法直接利用激光照射病变区域，在靶点处激发光敏剂释放单线态氧，而未照射激光的组织不会产生具有毒性的单线态氧，因此对正常组织的损伤较小，毒副效应得到了较好的抑制。这种治疗方式对于肿瘤晚期、体质较弱、不能手术切除或者静脉化疗的患者尤为适宜。

由于介孔材料的孔道结构特点可以高效地负载客体分子，MSN 可以作为 DDS 负载和输运光敏剂用于光动力学治疗。Mou 等[71]在 MSN 纳米粒子的孔道中嫁接上原卟啉光敏剂(PpIX-MSN)用于细胞的光动力学治疗，利用 514nm 的外光源激发产生单线态氧活性物种，有效地杀死宫颈癌 HeLa 细胞。Li 等[72]进一步在 MSN 的表面包覆上一层磷脂层，用来提高 MSN 输运光敏剂进入细胞的能力，并成功地证实了在光照条件下由于单线态氧的产生对细胞高的毒性。

10.1.5　高强度聚焦超声(HIFU)治疗

随着医学的不断发展，对于肿瘤的治疗逐渐从最初的大面积创伤治疗发展到微创治疗。近些年发展起来的无创治疗技术由于具有较低的副作用和高的治疗效果，也越来越引起人们的重视。然而，目前针对肿瘤无创治疗技术仍然存在着诸如定位难、效率低等问题，纳米生物技术的发展为解决无创治疗技术中遇到的困难提供了新的思路。

在各种无创治疗模式中，高强度聚焦超声(high intensity focused ultrasound, HIFU)治疗可以通过换能器将体外发出的超声穿透组织，聚焦到目标靶向病变组织，通过产生瞬态高温杀死病变细胞，起到消融肿瘤组织的作用。由于其副作用很小、治疗效率高，被誉为“不流血的手术刀”[73-75]。然而，对于一些深层病变组织，HIFU 要起到消融靶向病变组织的目的，必须要有足够的超声能量沉积才能发挥出效果。然而简单通过提高超声发射的功率来增大超声能量沉积会带来声通道上正常组织受到损伤的风险，因此要寻找其他的方法来提高超声能量在靶向病变组织中的沉积，从而提高 HIFU 的治疗效果。

施剑林课题组[76]的研究结果中首次表明通过在纳米尺度对介孔纳米生物材料进行设计[图 10-8(a)]，可以提高 HIFU 无创手术治疗的效果。首先基于氟-硅化学利用结构差异选择性刻蚀法制备出具有空心结构的 MSN 纳米粒子[图 10-8(b)][7]，并利用巨大的空腔结构包覆和传输生物相容性的氟碳化合物(全氟己烷，PFH)作为 HIFU 治疗的增效剂。一般 HIFU 效果实验评价方式有两种，分别为体外脱气牛肝实验和体内动物模型实验。图 10-8(c)显示装载了 PFH 的 MSN 空心球(MSNC-PFH)注射于脱气牛肝模型组织后，因 HIFU 辐照消融的体积远大于注射磷酸盐缓冲液(PBS)和介孔 SiO_2空心球分散在 PBS 中(MSNC)，说明装载了 PFH 的介孔 SiO_2空心球可以有效地提高超声能量在组织中的沉积，增强 HIFU 的治疗效果，作为增效剂可以起到增效治疗的目的。体内兔 VX2 肿瘤模型评价结果显示所有的实验动物组在 HIFU 的辐照下辐照的靶点都出现了灰度的变化，这说明在 HIFU 的辐照下组织发生了凝固性坏死，从而引起了灰度的改变。然而，注射了 MSNC-PFH 的实验组相对于其他两个对照组(PBS 和 MSNC)出现了非常明显的声学信号的强化[图 10-8(d)]，证实了 PFH-IMNC 的引入更容易引起 HIFU 对组织的损伤程度，与离体牛肝实验结果相吻合。这进一步说明 MSNC-PFH 的引入可以提高 HIFU 的治疗效果，起到增效的目的。图 10-8(e)和图 10-8(f)显示了不同的实验组在 HIFU 辐照后肿瘤切片 HE 染色后的荧光显微照片。从病理切片可以看出，与其他对照组相比，当注射 MSNC-PFH 后 HIFU 辐照引起了大量细胞结构的破坏，并产生大量的液泡，从而引起了组织的破碎裂解，这也进一步说明静脉注射 MSNC-PFH 后能够对 HIFU 的治疗起到增效的效果。究其原因，除了 MSNC 引起的肿瘤组织声学环境的改变外，还有包覆在载体中的 PFH 在 HIFU 辐照下引起的瞬态高温下气化产生气泡。这些气泡的生成更易于与超声发生振荡作用，产生空化效应，增强 HIFU 对组织的消融效果。

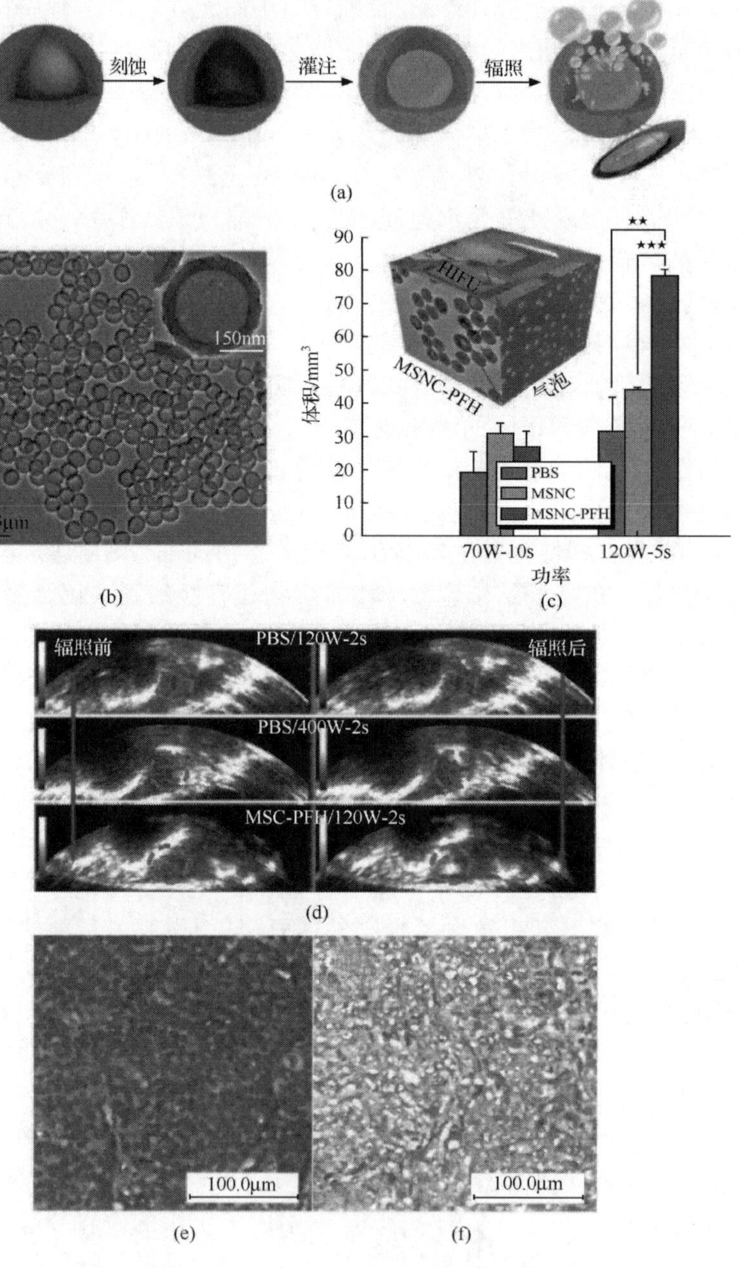

图 10-8　(a) 制备全氟己烷负载的 MCNC 的示意图；(b) MCNC 的 TEM 照片；(c) 离体牛肝作为模型组织，注射不同的试剂后，经 HIFU 辐照后引起的损伤体积的大小；(d) B-模式下兔 VX2 肝肿瘤在注射不同试剂后，经 HIFU 辐照前后的超声成像图片；(e)、(f)使用 PBS [(e)，HIFU 辐照条件：400W/cm^2、2s]和 MCNC-PFH[(f)，HIFU 辐照条件：200W/cm^2、2s] 注射后，经 HIFU 辐照后肿瘤组织的切片[76]

另外，如何在进行 HIFU 治疗前能更加精确地定位靶向病变组织，从而为超声能量的沉积提供靶点是一个需要解决的问题。实现这一目标不仅可以提高 HIFU 的治疗效果，而且可以更大程度地减小 HIFU 治疗带来的副作用。目前临床上有两种成像和诊断模式被整合到 HIFU 治疗中，分别为超声成像(US)与 MRI 导向下的 HIFU 治疗[75]。相比较而言，MRI 比 US 具有更高的空间分辨率，能更加准确地为聚焦超声提供治疗位点。基于 MRI 导向下的 HIFU 治疗的特点，施剑林课题组[77]进一步设计了一种多功能介孔纳米复合胶囊(mesoporous composite nanocapsule，MCNC)，并将 MCNC 作为具有 MRI 导航功能的 HIFU 增效剂。通过将 Mn 的顺磁中心均匀地分散到介孔 SiO_2 空心球的壁上，赋予了载体材料 MRI-T_1 造影的性能。载体巨大的空腔为高效地负载和传输客体分子提供了空间[图 10-9(a)]。实验结果显示，通过耳静脉注射包覆 PFH 的 MCNC(PFH-MCNC/PBS)后，兔 VX2 肿瘤可以更加清晰地在 MRI-T_1 图像中观察到，且其与正常组织的边界明显[图 10-9(b)]，这就为后续 HIFU 的辐照提供了精确的治疗位点。图 10-9(c)是利用 MCNC 进行 MRI 导向 HIFU 增效治疗的示意图。聚焦超声透过皮肤后在 MRI 引导下聚焦到靶向部位，并通过引入纳米粒子改变组织的声学环境，从而提高 HIFU 的治疗效果。体外脱气牛肝结果同样显示出包覆了 PFH 的空心球具有最大的消融体积[图 10-9(d)]。体内 HIFU 增效结果表明，注射了 PFH-MCNC/PBS(10.2mm^3)的肿瘤组织损伤体积远大于注射了 PBS(1.1mm^3)和 MCNC/PBS(3.7mm^3)的兔 VX2 肿瘤模型[图 10-9(e)][77]。

10.1.6　多药联合治疗

在化疗过程中，频繁地使用药物会直接导致病变细胞的多药耐药性，从而必须增大治疗药物的使用量来达到有效治疗的目的。然而，过量地使用药物会带来较高的毒副作用。最近发展起来的多药联合使用可以有效地抑制细胞的多药耐药性，并且提高药物的治疗效果。

施剑林课题组[78]利用 MSN 空心纳米粒子的结构特点，实现了多室脂质体的功能，可用于药物的共输运。首先将疏水性药物喜树碱(CPT)负载于 MSN 空心纳米粒子的空腔中，接着将亲水型药物阿霉素(DOX)包覆在具有较大比表面积和孔容的介孔孔道中。通过激光共聚焦显微镜观察发现这两种药物都可以利用载体实现在耐药细胞 MCF-7/ADR 内的释放。MTT 定量结果显示在考察的浓度范围内空白的载体对 MCF-7/ADR 未表现出毒性。将 DOX 负载在载体上可以提高 DOX 的毒性，主要是因为通过载体将 DOX 传输到细胞内，可以避开 P 糖蛋白的泵出。重要的是，DOX 和 CPT 共负载于载体上在 48h 内针对 MCF-7/ADR 的药效为 62.8%(1.25μg/mL DOX)，远高于游离的 DOX 药物(21.7%，5μg/mL

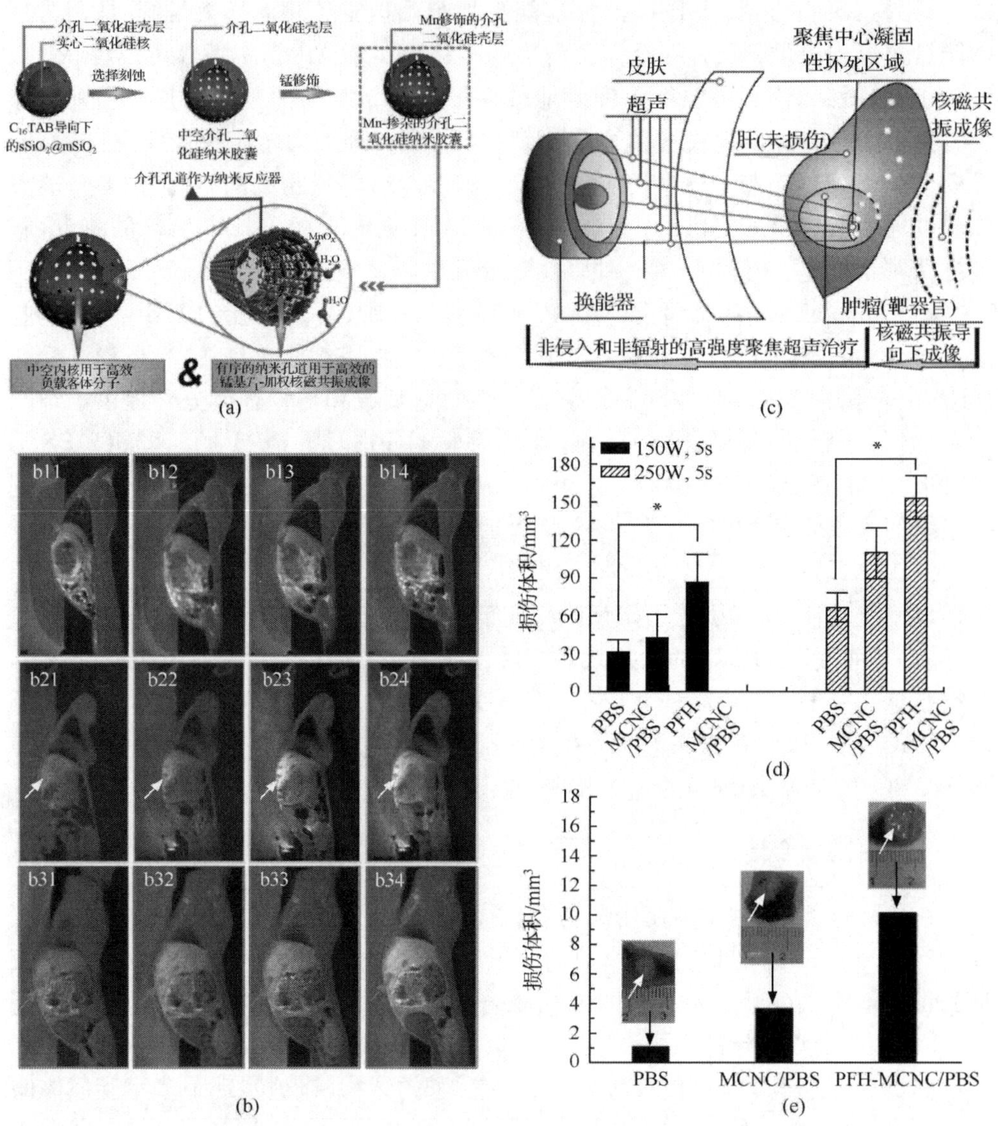

图 10-9　(a) 制备具有 T_1加权 MRI 造影特性的 MCNC 的示意图;(b) 兔 VX2 肿瘤模型耳静脉注射不同试剂后体内 T_1加权 MRI 图片(b11～b14:PBS; b21～b24:MCNC/PBS; b31～b34:PFH-MCNC/PBS);(c) MRI 导向下 HIFU 增效治疗的示意图;(d) 注射 PBS、MCNC/PBS 和 PFH-MCNC/PBS 后离体脱气牛肝在 HIFU 辐照后的损伤体积;(e) 体内兔 VX2 肿瘤在注射不同试剂后在 HIFU 辐照下(150W/cm^2,5s)后引起的损伤体积[77]

DOX)和单独 DOX 负载于载体上(47.3%,5μg/mL)。这一药效的提高主要是为了避开 P 糖蛋白的泵出效应,以及 CPT 增强 DOX 的毒性。

此外，施剑林课题组[66, 67]还利用 MSN 的模板合成特点，在合成 MSN 的过程中同时将疏水性药物原位装载于表面活性剂胶束的疏水性内核，最后构建了一种同时包裹药物和表面活性剂的 MSN 基多药传输体系[Drug@Micelle@MSN，图 10-6(a)]。其中包裹的表面活性剂被用作抗癌药物的敏化剂，与被装载的疏水性药物发挥一种协同增效作用，一起克服肿瘤细胞的多药耐药性。此外，这种原位多药共担载方法可以被拓展用于同时装载其他种类的一种或多种小分子药物，还可以选择其他种类的表面活性剂（有毒增效型或无毒型）。

10.2　介孔纳米医学诊治

纳米合成化学的发展为在纳米尺度对 MSN 进行功能化设计制备多功能介孔基纳米诊疗剂提供了理论和方法学的基础，最有临床应用前景的是兼具诊断与治疗双重功能的纳米诊疗剂。这种多功能载体的特点在于注射携带药物的载体后，可以辅助临床诊断技术精确地定位和诊断病变部位，并能够利用携带的治疗药物杀死病变细胞，同时可以通过后续的临床诊断成像技术实时跟踪疾病的治疗过程和效果，为进一步调整治疗方案提供更加精确的信息。因此这一类材料具有发现(finding)、治疗(fighting)和跟踪(following)的多重功能。

基于纳米生物材料的纳米诊疗剂(nanotheranostics)指的是纳米材料在实现药物靶向输运的同时，可以作为临床分子影像的造影剂使用，为疾病的诊断提供更加精确的影像资料。设计这类材料的主要思路是利用纳米合成化学的原理将具有不同功能的材料组合到一起，得到各种具有特定用途的多功能纳米生物材料。

相比于传统的 MSN 纳米药物输送体系，这种功能化设计可以根据实际临床应用的需求使载体具有各种特殊功能。介孔基纳米诊疗剂最为显著的特点是介孔孔道结构可以用于传输治疗药物，而赋予的功能可以用于成像、靶向、增效、协同治疗等。例如，具有磁性的介孔纳米药物输送体系可以作为 MRI 的造影剂[6]，也可以在外磁场作用下靶向药物传输或者磁引起的热疗[79]；具有荧光成像功能的介孔纳米药物输送体系可以在药物输送的同时，进行荧光生物成像来示踪、监测载体的位置和药物释放情况[80]。此外，还可以在纳米尺度通过对材料的设计将多种功能复合到一种载体中得到具有多模式分子影像和高效药物输运的多功能介孔基纳米药物输运体系。

10.2.1　核磁共振成像(MRI)

目前临床上广泛使用的 MRI 成像模式主要分为两种：分别为 T_1 加权和 T_2 加权 MRI。特别是 T_1 加权 MRI 已经在临床上针对疾病的诊断发挥了巨大的作用。在 MRI-T_1 成像过程中，水分子与造影剂顺磁中心的接触机会和相互作用直接影响 MRI-T_1的性能[81-83]。基于这一原理，要提高 MRI 造影剂的 T_1成像性能，就需要尽可能大程度地分散造影剂的顺磁中心，提高造影剂与水分子的接触机会。介孔材料特有的孔道结构特点，即具有均匀可调的孔径大小、大的比表面积和孔容量，因此是分散 T_1加权造影剂顺磁中心最好的载体材料之一。

在临床上使用最广泛的 MRI-T_1造影剂为基于钆(Gd)元素的络合物[81,82]。因此将 MSN 材料与 Gd 的络合物相复合，有望得到高性能的 Gd 基 MRI-T_1造影剂，并利用介孔孔道结构达到药物输运的目的。Lin 等[83]将 Gd-Si-DTTA 成功地修饰到传统的 MCM41 型 MSN 的孔道中，得到了高性能 MRI-T_1造影剂(Gd-MSN)。体外测试结果表明弛豫率 r_1值可达 28.8L/(mmol·s)(3.0 T)和 10.2L/(mmol·s)(9.4 T)，远高于临床使用的 Gd 剂。体内实验表明 Gd-MSN 可以有效地对血管进行 MRI-T_1成像，并且可以在高剂量下对软组织进行 MRI-T_2成像。此后，Huang 等[84]采用相似的合成策略在 MSN 的孔道中修饰上 Gd-DTPA 络合物，可用于 MRI-T_1对干细胞的标记。

虽然基于 Gd 元素的 MRI-T_1造影剂在临床上得到了广泛的使用，但是由于 Gd 不是人体所必需的元素，其潜在的毒性也越来越引起人们的重视。美国食品药品监督管理局(FDA)警告说注射 Gd 造影剂会引起肾因性表皮硬化症、过敏反应和肾源性纤维化硬皮病，因此人们一直在寻找可以替代 Gd 的新型 MRI-T_1造影剂。最近引起人们重视的 MRI-T_1造影剂为基于 Mn 元素的配合物或者纳米粒子[85]。由于 Mn(Ⅱ)具有五个未成对电子，具有高的弛豫时间，因此具有良好的 MRI-T_1造影性能。重要的是 Mn 元素为人体不可缺少的稀有元素，其广泛地参与了人体的新陈代谢，并且在体内的动态平衡容易被生物体所控制。韩国的 Hyeon 等[86]在空心 MnO 纳米粒子的表面包裹上一层 MSN 层用于脂肪间充质干细胞的示踪。然而这种设计思路得到的 MRI-T_1造影剂的性能比较低，弛豫率 r_1值只有 0.99L/(mmol·s)。主要原因是由于介孔层在表面的包覆屏蔽了部分空心 MnO 纳米粒子的顺磁中心，并且部分 MnO 晶格中的 Mn 的顺磁中心也被屏蔽，与水分子的接触机会被大大缩减了。Chou 等[87]进一步系统地考察了实心 MnO、空心 MnO、实心 MnO@mSiO_2和空心 MnO@mSiO_2作为 MRI-T_1造影剂的性能，并利用介孔的孔道负载上 Ir(III)的配合物作为光敏剂用于光动力学治疗。然而，虽然介孔孔道的存在有利于水分子的扩散，增大了水分子与 Mn 的顺磁中心的接触机会，但是实心 MnO[r_1=0.17L/(mmol·s)]，空心 MnO[r_1=0.92L/(mmol·s)]，实心 MnO@mSiO_2[r_1=0.16L/(mmol·s)]和空心 MnO@mSiO_2[r_1=0.2L/(mmol·s)]的 MRI-T_1造影性能仍远低于临床使用的 Gd 的络合物。

施剑林课题组[88]基于 MRI-T_1成像原理，详细考察介孔材料的合成工艺，发展了一种新型的原位氧化-还原法在 MSN 的孔道中引入 Mn 的顺磁中心，有效地解决了 Mn 基 MRI-T_1造影性能差的难题。通过采用一种简单的氧化-还原反应，利

用具有强氧化性的 MnO_4^- 与介孔材料合成过程中使用的结构导向剂原位反应，可以在孔道中引入高度分散的 MnO_x 纳米粒子。这种高度分散的 Mn 的顺磁中心具有很高的概率与水分子发生相互作用，而介孔材料的孔道又为水分子的自由出入提供了通道，因此具有良好的 MRI-T_1 造影性能。对于 MCM41 型 MSN，r_1 值可达 2.28L/(mmol·s)；对于 SBA15 型 MSN，r_1 值可达 3.11L/(mmol·s)。该 Mn 基 MRI-T_1 造影剂的 r_1 值已经接近临床上使用的 Gd 的络合物。大的比表面积和高的孔容又使其对抗癌药物(DOX)具有 pH 响应缓慢释放药物的特性。体内动物模型实验结果显示，有更多的化疗药物被传输和滞留在肿瘤部位。由于介孔材料的制备一般都需要使用有机表面活性剂分子为模板，因此利用这种方法可以得到一大类基于 Mn 元素和介孔结构的 MRI-T_1 造影剂。

另外，磁性 MSN 纳米粒子是研究最早，也是目前研究最多的介孔基复合纳米生物材料。磁性材料的复合可以将磁特性引入到 MSN 中，赋予其磁靶向、磁热疗以及作为 T_2 加权 MRI 的造影剂。虽然磁靶向与磁热疗有潜在的临床应用前景，但是由于其技术相对不成熟，研究也相对比较少[89]。相对而言，研究最多的是利用磁性 MSN 用于临床上比较成熟的 MRI-T_2 的造影剂。

将磁性材料复合到 MSN 中的途径有两种(图 10-10)：一种是采用溶胶-凝胶法，在磁性纳米粒子的表面包覆上一层 MSN 层(包覆法)；另一种是在 MSN 的表面共价修饰上磁性纳米粒子(修饰法)。包覆法通常采用特殊的有机长链硅烷偶联剂或者阳离子表面活性剂为孔结构导向剂。赵文茹等[90]在国际上首次采用十八烷基三甲氧基硅烷(C_{18}TMS)制备出纳米尺度的磁性 Fe_3O_4@SiO_2@mSiO_2 复合材料，并初步探索了其作为布洛芬药物载体的性能。研究结果显示，介孔孔道的存在实现了布洛芬的包封和在模拟体液中的缓慢释放，并且磁性 Fe_3O_4 内核的存在使得载体具有在磁场作用下磁操控的能力。随后赵东元课题组[91]采用层层包裹的合成工艺，成功地利用常用的十六烷基三甲基溴化铵(C_{16}TAB)为结构导向剂制备出超顺磁性 Fe_3O_4@SiO_2@mSiO_2 纳米粒子。另一重要的突破来自于 Hyeon 课题组[92,93]，他们采用 C_{16}TAB 为媒介，将单分散的疏水性 Fe_3O_4 纳米粒子从油相转移到水相便于后续的介孔包覆，之后通过传统的溶胶-凝胶工艺，在疏水性磁性 Fe_3O_4 纳米粒子的表面包覆上一层 MSN 壳层(Fe_3O_4@mSiO_2)，并使整个纳米粒子的粒径保持在 100nm 以下。该合成工艺中 C_{16}TAB 起着双重作用：一是作为疏水磁性纳米晶的相转移剂，二是作为介孔结构的结构导向剂。进一步在 Fe_3O_4@mSiO_2 表面修饰上聚乙二醇(PEG)分子后，该纳米粒子可以有效地通过 EPR(enhanced permeability and retention)效应富集到荷瘤小鼠肿瘤部位，磁性内核可以作为 MRI-T_2 造影剂对肿瘤进行成像[弛豫率 r_2=245L/(mmol·s)]。当静脉注射 24h 后，依然可以清晰地观察到肿瘤部位 T_2 加权 MRI 信号的增强[92]。

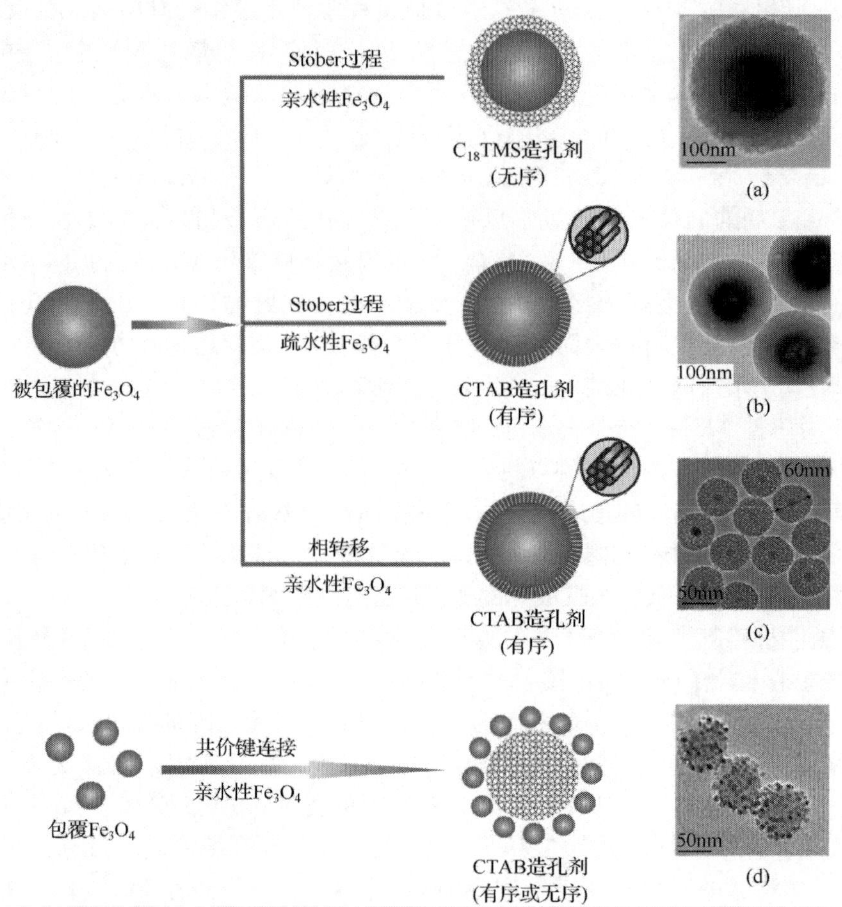

图 10-10 制备磁性介孔纳米复合材料的合成策略总结

包括在 Fe_3O_4 纳米粒子的表面使用长链硅烷偶联剂[(a)C_{18}TMS]或者阳离子表面活性剂(C_{16}TAB)包覆上一层 MSN 层[(b)和(c),包裹 Fe_3O_4]和将 Fe_3O_4 纳米粒子包覆在 MSN 的表面[(d),被包裹的 Fe_3O_4]两个途径

将磁性纳米粒子修饰到预先制备的 MSN 表面是制备磁性 MSN 复合材料的另一个途径。这一方法的优点是磁性材料修饰的多少可以根据需要进行调控。

由于 MSN 的尺寸和形貌调控工艺相对比较成熟,因此整个磁性纳米粒子的粒径可以根据起始 MSN 的尺度进行调控。Hyeon 课题组[94]将磁性纳米粒子修饰到荧光染料掺杂的 MSN 纳米粒子的表面($mSiO_2@Fe_3O_4$),并研究了其作为 MRI-T_2造影剂和阿霉素传输载体的性能。研究结果显示注射了 $mSiO_2@Fe_3O_4$纳米粒子后,荷瘤小鼠的肿瘤通过 MRI-T_2成像可以更加清晰地显示出来,并且包覆在载体中的 DOX 药物引起了肿瘤细胞的死亡。此外,磁性纳米粒子可以作为纳米阀门使用，在 MSN 纳米粒子的孔道口利用可逆的硼酸酯键，并结合磁性Fe_3O_4纳米粒子将药物封在孔道内，在不同的 pH 下通过硼酸酯键的水解实现了药物的酸响应控释。

10.2.2　荧光成像

每一种成像模式都有各自的优点和缺陷。例如，MRI 的空间分辨率比较高，但是其灵敏度相对比较差；而荧光成像具有经济、灵敏度高、效率高等优点，并且可以在体原位观察载体的位置和药物释放情况，因此作为分子影像的一种重要成像模式，荧光成像在临床疾病的诊断中占有重要的地位。近些年随着纳米合成化学的发展，各种具有不同组成、结构和荧光特性的生物材料被制备出来，如有机荧光素、半导体量子点（quantum dot，QD）、上转换稀土纳米晶、硅量子点等[95-98]。如果能将这些荧光材料与介孔材料相结合，就能够赋予介孔材料药物输运和荧光成像的双重特性。以有机荧光素为例，Lo 等[80]将 FDA 批准临床使用的一种近红外有机荧光素——吲哚花青绿通过静电作用吸附到三甲胺修饰的 MSN 的孔道中，作为一种近红外光生物成像的造影剂用于在体荧光成像。然而有机荧光素存在着量子产率较低和容易光猝灭等缺点。由于半导体 QD 具有可调的荧光发射波长、宽的激发光谱、高的量子产率和光稳定性，因此其在细胞标记和活体荧光成像中得到了广泛的应用。例如，Pan 等[99]将 QD(CdSe/ZnS)包裹在 MSN 内核中，表面利用脂质体包裹并且 PEG 化后用于癌细胞的成像和标记。然而，半导体量子点由于使用了以 Cd 为代表的重金属，因此其毒性问题不容忽视。

另外，稀土掺杂的上转换纳米生物材料在 980nm 激光的激发下可以通过不同稀土离子的掺杂发射出从紫外到近红外波段的荧光。相比于半导体 QD，稀土掺杂的上转换荧光材料不含有诸如 Cd 元素等毒性大的重金属，因此生物安全性更高。Qian 等[100]成功地制备出 $NaYF_4$：Yb/Er@SiO_2@mSiO_2纳米粒子，并在介孔孔道中负载上光敏剂锌酞氰。在 980nm 激光的激发下，$NaYF_4$：Yb/Er 纳米粒子不仅可以发射出可见光用于细胞标记与荧光成像，而且发出的可见光可以用于活化光敏剂产生单线态氧杀死癌细胞。此外，稀土荧光纳米粒子可以通过改变稀土离子共掺的种类调节激发和发射光的波长，最终可以得到近红外激发和近红外发射的荧光纳米粒子，提高激发光的组织穿透深度并避免人体自发荧光的干扰，因此稀土掺杂的荧光介孔纳米诊疗剂在荧光成像中有更广泛的应用前景。

虽然上转换荧光纳米粒子比含重金属 Cd 的半导体 QD 的毒性低，但是由于稀土元素非人体必需元素，其过量摄取后的安全性问题不容忽视。相对来说，荧光硅(Si)量子点由于在组成上只含有硅元素，因此毒性更低，生物安全性更好。如果能够将 Si 量子点与 MSN 相复合，得到的材料不仅具有荧光成像和药物输送的功能，而且具有更高的安全性。何前军等[101]通过一种自下而上的自组装方法，在合成 MSN 的过程中引入三乙氧基硅烷为特殊的硅源，通过高温后处理脱氢产生大量的氧空位，从而产生基于氧缺陷的荧光特性。荧光光谱显示该荧光 MSN 的发射光谱比较宽，并且其荧光强度可以通过提高后期的煅烧温度得到增强。他们进一步成功地将制备出的荧光 MSN 用于癌细胞的标记和阿霉素药物胞内输运。通过在孔道中原位碳化的方法引入疏水性碳物种，从而提高疏水药物在荧光 MSN 中的负载量。虽然在荧光纳米生物材料中，Si 量子点材料生物安全性最高，但是其荧光特性相对于半导体 QD 和上转换稀土纳米晶而言还比较差。因此基于 Si 量子点荧光材料的后期发展方向为如何改善和提高其荧光特性，使得荧光特性(包括激发和发生峰的波长、强度、量子产率和稳定性)能够适合体内荧光生物成像。

10.2.3 多模式成像的联合

通过在纳米尺度的设计，在对 MSN 单一功能化的基础上，将更多的功能复合到 MSN 纳米粒子中可以赋予载体更多特殊的性能。例如，将荧光成像的功能赋予磁性 MSN 纳米粒子，除可以使得载体能够通过高空间分辨率的 MRI 来对疾病的发展进行监控外，还可以利用荧光成像的特点对疾病进行高灵敏度探测，并可以通过荧光成像来跟踪监测载体在体内的位置和药物的释放情况。在制备磁/光双功能 MSN 时，可以将磁性 Fe_3O_4 和荧光 CdSe/ZnS 同时包覆到 MSN 的内核中[图 10-11(a)][93]，也可以在 Fe_3O_4@mSiO_2的介孔 SiO_2壳层中引入近红外光发射的 Nd^{3+} 和 Yb^{3+} 共掺的配合物[图 10-11(b)][102]，或者在 Fe_3O_4@mSiO_2的表面引入量子点[图 10-11(c)][103]。

Liu 等[104]采用稀土离子共掺杂的多功能 $NaYF_4$：Tm/Yb/Gd 上转换荧光纳米粒子为内核，在其表面包覆上一层均匀可控的介孔 SiO_2壳层($NaYF_4$：Tm/Yb/Gd@mSiO_2)。$NaYF_4$：Tm/Yb/Gd 除了具有上转换荧光特性以外，由于 Gd 粒子的引入，使其具有 MRI-T_1成像的功能，因此得到的 $NaYF_4$：Tm/Yb/Gd@mSiO_2是具有荧光成像和 MRI-T_1成像双功能的多模式造影剂，而且介孔 SiO_2层的包覆可以包封、存储和输送治疗药物。体外和体内动物模式的实验结果显示 $NaYF_4$：Tm/Yb/Gd@mSiO_2可以对癌细胞进行标记和活体荧光成像，并且实现对荷瘤大鼠肿瘤部位的 MRI-T_1成像[r_1＝3.07L/(mmol·s)]。

Ma 等[105]进一步将具有近红外光吸收和热效应的 Au 纳米棒通过两步化学自组装法组装到 Fe_3O_4@SiO_2@mSiO_2纳米粒子的表面，得到一种 Au 棒复合的磁性介孔纳米药物载体(GMMN)，赋予其近红外光热成像、光学暗场细胞成像、MRI 成像、热/化疗协同治疗的特性。体内实验结果表明，由于 Au 纳米棒的引入，在 808nm 激光的激发下，GMMN 能够吸收近红外光，并产生热量，用于生物热成像和热疗。当负载了化疗药物阿霉素后，近红外光引起的热效应以及化疗药物的毒性发生协同抑制和杀死癌细胞的效应(抑制率为 54%，大于两种分别作用效应的

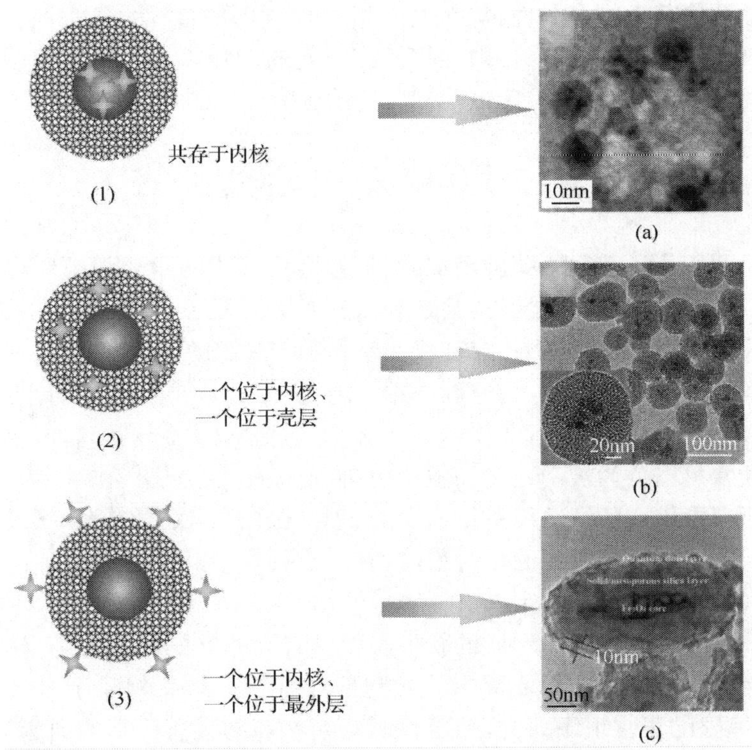

图 10-11　制备具有磁性和荧光双功能的 MSN 纳米粒子的三种策略以及典型的相应材料的 TEM 照片

(a) 磁性与荧光都位于 MSN 的内部[93]；(b) 磁性在 MSN 的内部而荧光在壳层介孔壁中[102]；(c) 磁性在内部而荧光位于 MSN 的表面[103]

加和抑制率 43%)。

针对设计与制备诊疗一体化的多功能 MSN 基纳米药物传输体系，可以采用一种简单通用的设计原理与途径来获得。随着纳米合成化学的快速发展，多种功能模块被成功设计出来，并可以进一步整合到 MSN 上，如磁性、荧光、靶向、协同治疗、环境响应等。将这些模块与 MSN 结合后就形成了单一功能化的 MSN。当然，可以将这些功能模板中的任意两个整合到 MSN 上，形成双功能化的 MSN。以此类推，可以形成三功能、四功能甚至更多功能的 MSN。然而，这并不意味着整合的功能越多越好。功能越多需要的生物学效应的评价越苛刻，安全性也相对越差。总之，这些功能化设计的基础是实际临床中的应用需求。

当然，目前介孔基多功能纳米输运体系在纳米医用中的应用还处于研究阶段，要进一步走向临床应用还需要更多细致的工作。除了通过纳米合成化学对介孔纳米诊疗剂的结构等进行裁剪外，还应该更多地关注 MSN 的各种细胞生物学效应。

系统深入地评价其生物安全性，包括血液相容性、组织相容性、降解性、体内分布、代谢、生殖毒性、神经毒性、遗传毒性等。在不同的动物模型上证实使用该载体是安全的，才有可能使其走向临床试验和后期的实际应用。

10.3 靶向药物输运

化疗是利用化学药物杀死肿瘤细胞、抑制肿瘤细胞的生长繁殖和促进肿瘤细胞分化的一种治疗方式，它是目前治疗肿瘤的主要手段之一。但是，化疗是一种全身性的治疗方法，全身游离的化疗药物在杀伤肿瘤细胞的同时，也将会有部分正常细胞被一同杀灭，具有非常大的毒副作用。因此，为了降低药物的毒副作用并增强药效，人们期望通过靶向输运药物的方式来达到选择性杀死癌细胞的目的。靶向作用方式通常可以分为被动靶向和主动靶向[106]。

被动靶向指借助肿瘤组织对纳米药物的增强渗透与滞留作用（EPR 效应）来增强纳米药物在肿瘤组织中的相对浓度，在一定程度上达到靶向治疗的效果。当肿瘤长到 $2mm^3$ 以上时，将形成丰富的新生血管以保证肿瘤组织对养分的摄取[107]，然而肿瘤组织内迅速形成的新生血管具有不完整的结构，具有较大的内皮渗透间隙（约 100nm～2μm，依赖于肿瘤类型）[108,109]。因此相对于血管内皮间隙致密、结构完整的正常组织而言，肿瘤组织对纳米药物具有更高的通透性。此外，由于肿瘤组织缺乏淋巴循环系统，因而物质在肿瘤中比在正常组织中具有更长的滞留时间[110]。因此，肿瘤组织能够对纳米药物产生显著的 EPR 效应，而且 EPR 效应强烈依赖于肿瘤组织内脉管系统结构和纳米药物的颗粒尺寸、分散性和表面性质。对于介孔二氧化硅药物载体，将其颗粒尺寸减小到 100nm 以下将更有利于其渗入肿瘤组织，增强其被动靶向效果。此外，为了确保 MSN 药物载体在血液系统中的单分散性并且不被网状内皮系统所截获，常需要对其进行表面改性。最常见的改性方式是 PEG 改性，经过 PEG 优化后的 MSN 纳米颗粒具有隐形功能，即能逃脱网状内皮系统的截获；而且还可以阻碍调理素对二氧化硅的调理作用，减少非特异性蛋白吸附，抑制单核巨噬细胞的吞噬，降低溶血性，因而达到较好的被动靶向效果[111]。然而，受限于 EPR 效应的非特异性，虽然会有一部分纳米药物在肿瘤部位富集，但仍然有相当大的一部分纳米药物可能会被正常组织非特异性摄取，因而无法产生理想的靶向效果。

相比于被动靶向，主动靶向具有更显著的选择性和特异性靶向作用。主动靶向是指将特异性配体、单克隆抗体等靶向分子连接在纳米颗粒表面，通过靶向分子与癌症组织靶点间的特异性结合，增强靶点细胞对纳米药物的摄取作用。靶向分子的靶点既可以在癌细胞表面，又可以在癌细胞内部（如细胞质和细胞核），还可以延伸到癌细胞外（如新生血管和细胞外基质）。以癌细胞膜表面的表皮生长因子受体(EGFR,包括 EGFR、HER22、HER23 和 HER24)为靶点,可以通过赫赛汀(Herceptin)、西妥昔单抗(Erbitux)或泰欣生(Nimotuzomab)等抗体介导 EGFR 高表达的癌细胞对纳米药物的摄取。1998 年,赫赛汀被 FDA 批准上市用于转移性乳腺癌的治疗,现在已成为 HER22 高表达的乳腺癌患者的首选治疗药物。2007 年,西妥昔单抗获得 FDA 批准用于结直肠癌治疗,后又被批准其用于头颈部鳞癌的治疗。2006 年,泰欣生获国家食品药品监督管理局批准,成为我国第一个人源化单克隆抗体药物,与放疗联合用于治疗 EGFR 阳性的Ⅲ/Ⅳ期鼻咽癌。对于 MSN 药物载体,可以方便地通过表面硅烷偶联的方式将叶酸、赫赛汀、RGD 肽链、SP94 肽链、转铁蛋白、甘露糖和半乳糖等靶向分子嫁接在 MSN 的颗粒外表面,实现高效的靶向药物传输。Mou 等[112]首次将赫赛汀嫁接在 MSN 的颗粒外表面,与 BT-474 细胞表面过度表达的 HER2/neu 受体特异性结合,从而介导 BT-474 细胞对 MSN 的大量内吞,通过嫁接单克隆抗体在体外实现了 MSN 的癌细胞靶向。此外,他们还将 cRGDyK 肽链嫁接在 MSN 的颗粒外表面,通过 U87-MG 细胞表面过度表达的 $\alpha_v\beta_3$ 整合素受体介导细胞内吞,从而将嫁接了光动力分子 PdTPP 的 MSN 选择性地送入 U87-MG 细胞内,达到了癌细胞内的光动力学靶向治疗[113]。Brinker 等[114]将 SP94 肽链嫁接在 MSN 表面,发现其对肝癌细胞的黏附率是其对肝细胞、内皮细胞和免疫细胞的黏附率的 10 000 余倍,担载了鸡尾酒药物的此种靶向药物传输体系能够更加显著地靶向并杀死肝癌耐药细胞,其抗癌效率是普通脂质体类抗癌药物体系的 10^6 倍。

叶酸受体在多数肿瘤细胞(特别是上皮原性恶性肿瘤)膜表面过度表达,表达量通常比正常细胞系高出 20～200 倍。各种恶性肿瘤患者的叶酸受体表达率分别为:卵巢癌 82%,非小细胞肺癌 66%,肾癌 64%,结肠癌 34%,乳腺癌 29%[115]。因此,叶酸被广泛用于嫁接在各种纳米药物载体的表面,通过受体-配体作用介导癌细胞内的靶向药物传输。最新研究表明,表面嫁接了叶酸的 MSN 基药物传输体系能够在体外实现癌细胞内的靶向药物传输,并且在 PANC-1、MiaPaca-2 和 SCID 荷瘤鼠模型上实现了较理想的抗癌效果[116-120]。

转铁蛋白(Tf)是一种参与机体铁离子运输的糖蛋白,它与转铁蛋白受体介导的内吞作用是生物细胞最具特点的转运过程之一。转铁蛋白受体在大多数肿瘤细胞表面高度表达,因此转铁蛋白可以被用作靶向分子,通过受体-配体作用介导纳米药物传输系统的靶向药物输运[121]。Zink 等[122]将转铁蛋白共价嫁接在 MSN 表面,实现了 Panc-1 细胞内的靶向药物传输,并证实了 Panc-1 细胞对 MSN 的大量内吞受 Panc-1 细胞膜表面的转铁蛋白受体的介导。相比于 HFF 正常细胞,Panc-1 细胞对 MSN 的摄取量显著更高,这主要归因于转铁蛋白受体在癌细胞表面的过度表达。相比于等量的自由药物(喜树碱)和无靶向药物传输体系,靶向药物传输体系在体外对靶向细胞呈现出更加明显的毒性。

唾液酸糖蛋白受体(ASGP-R)是一种仅存在于肝实质细胞的高表达受体(500 000/细胞)，因而可以用作肝癌的分子靶点[123]。植物凝血素是一类与细胞质膜上的特定碳水化合物结合的植物糖蛋白[124]，如半乳糖、甘露糖、树胶醛糖等，可以稳定地与唾液酸糖蛋白受体结合，因而可以用作肝癌的靶向分子[125]。将半乳糖等植物凝血素类靶向分子嫁接于二氧化硅纳米药物载体的表面，可以选择性识别 BEL-7404 肝癌细胞[126]；而将甘露糖嫁接于二氧化硅纳米药物载体的表面，可以有效识别过度表达甘露糖受体的单核巨噬细胞白血病细胞(Raw 264.7)和 MDA-MB-231 乳腺癌细胞，从而将药物分子、基因和光敏剂分子等高效地输运进癌细胞并将它们杀灭[126,127]。

10.4 生物学效应

纳米生物学效应是研究纳米尺度的物质与生命过程相互作用的一个新兴科学领域。由于纳米材料具有尺寸效应、量子效应、界面效应、巨大的表面积和极高的反应活性等特殊的物理化学性质，纳米材料的生物学效应可能并不遵循根据常规宏观物质研究所得到的毒理学数据库与安全性评价结果。纳米材料对生命过程的影响既有正面的又有负面的。纳米生物正效应包括跨膜转运、药物靶向、缓释和控释、医学成像，这将给重大疾病的早期诊断与治疗带来新的机遇；然而，纳米生物负效应可能会对人体健康、生存环境和社会安全造成潜在的威胁。目前纳米材料的生物安全性虽然引起了人们的广泛关注，但是相关的生物安全性评价资料还很缺乏。特别是对于具有广泛应用前景的新型无机 MSN 纳米药物体系，其生物学效应和动物安全性亟待评价，并通过材料设计消除纳米生物负效应。纳米药物体系的生物学效应和安全性研究主要包括如下几个基本问题：团聚、跨膜、越过血脑屏障、轨迹和命运(在体内的吸收、分布、代谢和清除)、细胞毒性、生物降解性和生物相容性。

矽肺是我国目前最主要的职业病之一，是由长期大剂量吸入二氧化硅粉尘(主要为结晶态，尺寸从纳米级到微米级)所致。矽肺的发病机理较复杂，一般认为二氧化硅粉尘进入呼吸道被肺巨噬细胞吞噬，释放出活性因子(MFF)，它刺激成纤维细胞合成更多的胶原并引起组织纤维化；可以刺激巨噬细胞释出溶酶体，损伤细胞膜并致细胞死亡；还可启动脂质过氧化并产生自由基，损伤甚至杀死巨噬细胞，死亡的细胞可刺激邻近成纤维细胞合成胶原。一般认为，二氧化硅颗粒越小毒性越大，胶态比晶态的二氧化硅毒性更强[128]。而 MSN 是一种具有高比表面的无定形二氧化硅，其细胞毒性是否与常规的二氧化硅粉尘一致还未有定论，毒性相关的报道也非常有限。最近，Tao 等[129]从能量角度研究了 SBA-15 型微米颗粒和 MCM-41 型纳米颗粒的细胞毒性。研究表明，具有不规则形状的 SBA-15 型微米颗粒显著降低了细胞的能量水平(包括细胞呼吸和 ATP 含量)，而 MCM-41 型纳米颗粒几乎没有对其造成影响。何前军等考察了 MSN 的颗粒尺寸、表面性质、残留的表面活性剂对其细胞毒性的影响，以及 MSN 降解产物的细胞毒性。研究结果显示，MSN 的降解产物无明显细胞毒性；在 25μg/mL 的浓度以下，表面活性剂被煅烧和萃取后的 MSN 都具有非常微小的细胞毒性；而残留在 MSN 中的少量的表面活性剂 CTAB 带来了较大的细胞毒性，并且 MSN 的粒径越小越容易被细胞所摄取，从而放大其细胞毒性；煅烧处理完全除去了残留的 CTAB 并改变了 MSN 的表面性质，从而降低了其细胞毒性[130]。

以 PBS 磷酸盐缓冲溶液作为降解媒介，以天为时间尺度来研究生物降解性，通常认为溶胶-凝胶法制备的二氧化硅具有较差的生物降解性。而采用 SBF 模拟体液代替传统的 PBS 磷酸盐缓冲溶液作为降解媒介，以小时代替天作为最小时间分辨来研究生物降解性，结果表明介孔二氧化硅具有较好的体外生物降解性。其降解过程分为三个阶段进行：2h 以内的快速体降解阶段，受无定形硅酸钙镁固溶体沉积物的阻碍的溶解和扩散阶段。研究还表明，介孔二氧化硅的比表面积和浓度都对其降解性能产生较明显的影响：低的比表面积和高的浓度都将导致其降解率的下降和降解时间的延长；当浓度足够低时(≤0.1mg/mL)，介孔二氧化硅在半个月内几乎完全降解[131]。此外，表面 PEG 化将在一定程度上抑制介孔二氧化硅的降解[132]。从另外一个角度来看，当介孔二氧化硅应用于骨组织再生时，则需要在较长时间内保持其形态及药物缓释行为，因而必须提高介孔二氧化硅的抗生物降解性。Vallet-Regí 等[133]研究发现，通过磷掺杂的方式可以明显地抑制介孔二氧化硅的溶解，掺磷 5%的介孔二氧化硅在水中浸泡 5 天后仅溶解大约 3‰，而纯的介孔二氧化硅在相同的条件下能溶解大约 14‰。

纳米材料在体内的分布对于研究其被动靶向行为、靶向作用器官毒性以及医学应用具有重要意义。对于用于载药和探测的纳米粒子，其在体内的分布是实现靶向输运和成像的基础。如果利用纳米材料的器官被动靶向性，则希望其容易被靶向器官所捕获；但用于主动靶向的时候，则希望其能够尽可能地避开其他器官的几何性捕获和细胞吞噬。如果需要纳米材料在体内长期释药，则希望其保持生物稳定性，不被降解和排泄；如果纳米材料在体内具有一定毒性，则希望其容易被生物降解或排泄。对于本章所关注的 MSN 纳米材料，人们总是期望其基于药物传输与缓释的用途不易被几何性捕获和吞噬，并在药物作用时间内具有一定的结构稳定性，但最终仍能够被降解、排泄或无长期毒性；而一旦被内皮系统清除则能够尽快被降解或者直接排出。进入血液系统的纳米粒子可以通过几何性滤过的方式被肝、脾、肺、肾等脏器的毛细血管床内皮网孔所捕获，也可以通过调理作用被巨噬细胞所吞噬。几何性捕获与纳米粒子的尺寸高度相关，而调理作用与纳米粒子的表面电位、亲水性、化学组成密切相关。胰脏、小肠和肾脏毛细血管床内皮的窗孔大小为 50～70nm；肝、脾和骨髓的内皮窗孔大约为 100nm；小于 7μm 的惰性粒子可以通过肺毛细血管床而不被捕获。理论上，小于 100nm 的 MSN 可以顺利通过肝、脾和肺这三大捕获系统。然而复杂的血液环境很容易使 MSN 产生团聚和被调理，从而导致 MSN 即使颗粒尺寸小于 100nm 也依然被肝和脾大量捕获。何前军等采用 PEG 隐形分子表面改性的方式有效抑制了调理作用，规避了巨噬细胞的吞噬[134]，在一定程度上抑制了肝和脾的捕获，延长了其血液循环时间[111]。他们还发现，被捕获的 MSN 能够逐渐被降解，并通过尿液和粪便排出[111, 135]。此外，Mou 等[136]研究了表面电荷对 MSN 体内分布的影响。研究结果表明，氨基功能化的带大量正电荷（＋34.4mV）的 MSN 能够在静脉注射 30min 后快速经过裸鼠的肝胆清除，然后通过粪便排出；然而带大量负电荷（－17.6mV）的 MSN 滞留在裸鼠的肝中长达 3 个月。何前军等[111]还发现尽管 MSN 滞留在肝和脾中长达一个月，但仍未见其对心、肝、脾、肺和肾造成明显的病理学组织。

注射用纳米药物首先必须考虑其血液相容性，通常是从其抗凝血能力和不损伤血液成分和功能两方面来考虑。前者为纳米药物系统表面抑制血管内血液形成血栓的能力（溶纤、抗凝血性）；后者指纳米药物系统对血液的溶血现象（红细胞破坏），血小板数量减少、机能降低，血细胞暂时性减少，白细胞功能下降以及补体激活等血液生理功能的影响。此外，还要考虑纳米药物系统的巨噬细胞吞噬、蛋白质吸附、血浆蛋白变性、各种酶的活性、电解质浓度、免疫反应等问题。何前军等通过考察血清蛋白非特异性吸附、巨噬细胞吞噬、溶血性和凝血性等方面评价了 MSN 的血液相容性。研究结果表明，凝血酶原时间（PT）、活化部分凝血活酶时间（APTT）及纤维蛋白原（FIB）皆在正常范围内，表明 MSN（50～500μg/mL）无明显的凝血行为；MSN 在较低浓度（＜100μg/mL）下无明显的溶血行为[137]，在较高浓度（500μg/mL）时的溶血率、巨噬细胞吞噬率和血清白蛋白非特异性吸附率分别达到 14.2％、8.6％和 18.7％；然而通过 PEG 改性和参数优化［PEG 分子质量为 10kDa，嫁接率为 0.75％（质量分数）］后，溶血率、巨噬细胞吞噬率和血清白蛋白非特异性吸附率分别降到 0.9％、0.1％和 2.5％，呈现出良好的血液相容性[134]。

10.5 结论与展望

本章综述了最近几年来国际上，包括中国科学院上海硅酸盐研究所介孔生物医用材料团队，在介孔二氧化硅纳米颗粒（MSN），包括具有空心结构的介孔氧化硅纳米颗粒（HMSN）的合成，可控药物释放与药物输运，药物动力学以及材料的生物相容性等方面的最新研究进展。先进的 MSN 合成技术的发展旨在对其颗粒尺寸、孔结构、空心以及多级孔结构，以及颗粒的形貌和表面特性进行有效的控制。

已有众多基于 MSN 的针对药物控释和输运的纳米药物输运系统(nano-DDS)被构建起来。这些智能的 nano-DDS 可被输运至靶向位点如器官和细胞，并通过不同的手段如 pH、特异性抗体、外部的超声/电场/磁场/光场激发，实现药物靶点的可控释放。这些可控释放策略显示出诱人的生物医用前景。然而，在药物可控释放的研究方面，仍然有大量的研究和实验工作需要开展，以了解掌握体内可实现的药物控释的响应机制，如体内的靶向特异性，体外外场作用的可控药物释放在体内的可实现性，体内响应释放的可监控性等。我们认为，精确的 pH 控制释放，即在 pH 为 7.2 ～ 7.5 的血液或体液中药物从 nano-DDS 的零释放，但在弱酸性的局部目标靶点如肿瘤位置的缓慢/可控释放，是一种近乎理想的可控药物释放模式。此外，某些智能 nano-DDS，如基于近红外辐射和超声激发的控释机制，由于其良好的生物体可穿透性，也将受到更多的关注。

除了药物的可控释放研究，nano-DDS 分别在外场引导下的被动靶向或自我对靶点的识别主动靶向同样具有重要的研究价值。基于 MSN 纳米尺度的渗透与滞留增强效应(即 EPR 效应)，在某种程度上对癌变组织具有一定的靶向效果。更多的被动靶向手段，如基于磁性内核/介孔壳层结构的外磁场引导的被动靶向也在几年前有了报道。但是，在动物体内的实验研究表明，这类靶向效果并没有人们最初期待的那样有效，其部分原因是 nano-DDS 很容易被动物体内的泌尿系统如肝、脾等器官中的巨噬细胞所吞噬和截留，从而使 nano-DDS 在血液中的循环时间过短而无法有效进入靶点位。另一类重要的靶向方式即主动靶向，这是通过 nano-DDS 与目标细胞/组织之间存在的特异性分子/酶之间特异性的化学键合或某种连接而实现的。但遗憾的是，这方面的研究目前开展得还很不充分，部分原因是特异性的分子/酶比较难以寻找或极为昂贵。利用初步的叶酸或透明质酸嫁接可以对某些过表达叶酸受体或 CD44 蛋白受体的细胞有一定的靶向作用。然而，即使经 PEG 化和嫁接了某种特异性抗体，MSN 仍容易被肝脾等器官捕获，从而导致血液循环时间的大大缩短和靶向效果的显著减弱。因而，研发既能较大程度避免被泌尿系统截留，又能有效在体内靶向目标位点的 MSN 仍需巨大的努力。

基因治疗正在越来越多地低吸引着生物学家、医生和材料化学家的关注。最近，人们利用 MSN 装载输运质粒 RNA(1～1000kbp，直线长度 340nm～340μm)和 siRNA(21～25bp，直线长度 7～8.5nm)，但这些质粒 RNA 或 siRNA 往往是负载于多聚阳离子聚合物如 PEI 嫁接的 MSN 外表面。这类输运体系由于 PEI 较高的毒性和基因无法受到必要的防止被酶降解的防护，因而不具有实际意义。一个可能的途径是合成具有足够大孔径的，孔道中可以容纳如 siRNA 的 MSN，同时将颗粒内表面的负电荷逆转为正电，以实现基因的高效装载及向细胞内的高效转染。这方面的工作也有初步的报道。

MSN 的多功能化是当前研究的另一个热点。借助于各种化学手段，可以赋予

MSN不同的功能特性如磁性、荧光、声敏感性，以及其他性能，以实现MSN除药物输运之外的对疾病的诊断功能。当然赋予MSN靶向药物输运特性与缓控释特性同样是MSN多功能化的重要内容，但使MSN具有某种物理特性更多的是为了诊疗一体化的实现和应用。图10-12是一个基于MSN的多功能化的示意图。有很多的单一功能化模式可应用于生物技术或生物医学，例如，磁性功能化用于磁共振成像/磁靶向/磁热治疗，荧光功能化用于光学成像，氟碳化合物装载用于超声成像增强等。进一步地，如果在这些功能化的方法中将任何两种进行适当的组合或集成，即可得到第二层次的双功能化的诊疗一体系统，其中某些组合如图10-12所示。更复杂的多功能化同样是值得探索和研究的，当然，不同的组合方式取决于实际的需要和合成策略的可行性。

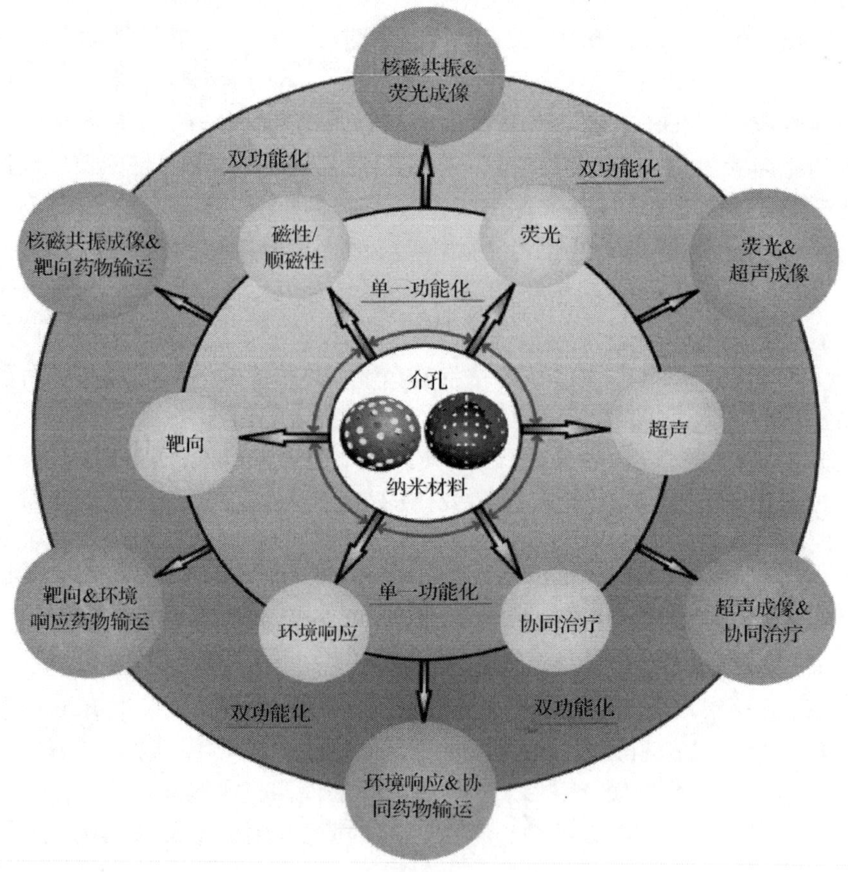

图10-12 MSN多功能化示意

图中所示为目前两个研究最多的实现单一或双功能的集成模式：第一层次是MSN或空心MSN与单一模式的功能模块的集成组合；第二层次是MSN或空心MSN与双功能模块的集成组合

适合的 MSN 药动力学和良好的生物相容性是最终 MSN 作为药物载体应用的前提条件。这方面的研究已引起人们的关注，但目前的研究远不够充分，人们对很多问题尚不了解，因而需要继续开展全面而深入的研究，如装载药物的 MSN 的体内药物代谢动力学与药效、MSN 的体内急性特别是慢性毒性、基因毒性、生殖毒性，以及长期的体内降解和组织相容性等。目前，关于基于 MSN 的 nano-DDS 临床前的系统研究和相关的数据几乎还是空白，因此，必须加倍地努力开展这方面的研究。这类研究需要多方面力量的协同配合。我们也是其中正在朝这方面努力的研究力量之一。

图 10-13 给出了一个简单的基于 MSN 的 nano-DDS 的面向临床生物医学应用的研究与发展的路线图。目前我们处在进一步改进材料的合成，实现对材料各方面性能的全面调控，确认基于材料 MSN 的纳米药物输运系统的生物安全性和将这一药物输运系统应用于生物体内研究的重要时刻。要真正实现 MSN 的临床使用，还有很长的路要走。

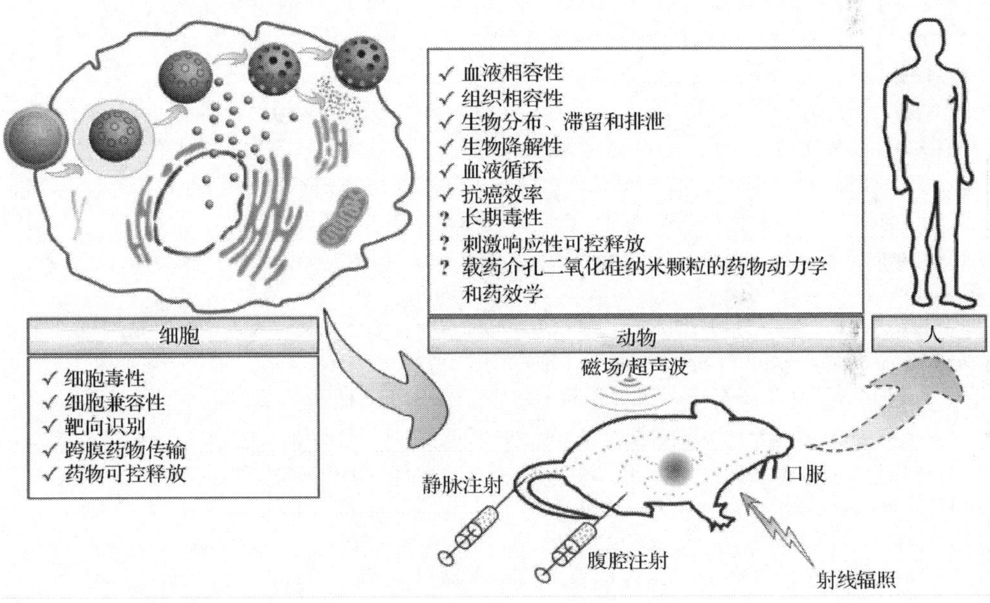

图 10-13　一个简单的基于 MSN 的 nano-DDS 研究与发展的面向临床生物医学应用的路线图[19]

（中国科学院上海硅酸盐研究所：何前军、陈　雨、施剑林）

参 考 文 献

[1] Vallet-Regi M, Ramila A, del Real R P, et al. Chem Mater, 2001, 13: 308-311.

[2] Niu D C, Ma Z, Li Y S, et al. J Am Chem Soc, 2010, 132: 15 144-15 147.
[3] He Q J, Guo L M, Cui F M, et al. Mater Lett, 2009, 63: 1943-1945.
[4] Zhu Y F, Shi J L, Shen W H, et al. Nanotechnology, 2005, 16: 2633-2638.
[5] Zhu Y F, Shi J L, Li Y S, et al. Micro Meso Mater, 2005, 85: 75-81.
[6] Chen Y, Chen H R, Zeng D P, et al. ACS Nano, 2010, 4: 6001-6013.
[7] Chen Y, Chen H R, Guo L M, et al. ACS Nano, 2010, 4: 529-539.
[8] Zhu Y F, Shi J L, Chen H R, et al. Micro Meso Mater, 2005, 84: 218-222.
[9] Li Y S, Shi J L, Hua Z L, et al. Nano Lett, 2003, 3: 609-612.
[10] Chen Y, Chen H R, Zeng D P, et al. ACS Nano, 4: 6001-6013.
[11] Chen Y, Chen H R, Ma M, et al. J Mater Chem, 21: 5290-5298.
[12] Gao Y, Chen Y, Ji X F, et al. ACS Nano, 2011, 5: 9788-9798.
[13] He Q J, Zhang J M, Chen F, et al. Biomater, 2010, 31: 7785-7796.
[14] Lee C H, Lo L W, Mou C Y, et al. Adv Funct Mater, 2008, 18: 3283-3292.
[15] Gao F, Botella P, Corma A, et al. J Phys Chem B, 2009, 113: 1796-1804.
[16] Torney F, Trewyn B G, Lin V S Y, et al. Nat Nanotechnol, 2007, 2: 295-300.
[17] Meng H A, Liong M, Xia T A, et al. ACS Nano, 2010, 4: 4539-4550.
[18] Chen A M, Zhang M, Wei D, et al. Small, 2009, 5: 2673-2677.
[19] He Q J, Shi J L. J Mater Chem, 2011, 21: 5845-5855.
[20] Wike-Hooley J L, Haveman J, Reinhold H S. Radiother Oncol, 1984, 2: 343-366.
[21] Griffiths J R. Br J Cancer, 1991, 64: 425-427.
[22] Schafer F Q, Buettner G R. Free Radic Biol Med, 2001, 30: 1191-1212.
[23] Kurtoglu Y E, Navath R S, Wang B, et al. Biomater, 2009, 30: 2112-2121.
[24] Kosower N S, Kosower E M. Int Rev Cytol, 1978, 54: 109-160.
[25] Gilbert H F. Adv Enzymol Relat Areas Mol Biol, 1990, 63: 69-172.
[26] Chatterjee S, Noack H, Possel H, et al. Glia, 1999, 27: 152-161.
[27] Wahllander A, Soboll S, Sies H, et al. FEBS Lett, 1979, 97: 138-140.
[28] Griffith O W, Meister A. Proc Natl Acad Sci USA, 1985, 82: 4668-4672.
[29] Soboll S, Grundel S, Harris J, et al. Biochem J, 1995, 311: 889-894.
[30] Smith C V, Jones D P, Guenthner T M, et al. Toxicol Appl Pharmacol, 1996, 140: 1-12.
[31] Bellomo G, Vairetti M, Stivala L, et al. Proc Natl Acad Sci USA, 1992, 89: 4412-4416.
[32] Jones D P, Carlson J L, Samiec P S, et al. Clin Chim Acta, 1998, 275: 175-184.
[33] Stenzel J D, Welty S E, Benzick A E, et al. Free Radic Biol Med, 1993, 14: 531-539.
[34] Lai C Y, Trewyn B G, Jeftinija D M, et al. J Am Chem Soc, 2003, 125: 4451-4459.
[35] Giri S, Trewyn B G, Stellmaker M P, et al. Angew Chem Int Ed, 2005, 44: 5038-5044.
[36] Radu D R, Lai C Y, Jeftinija K, et al. A J Am Chem Soc, 2004, 126: 13 216-13 217.
[37] Vivero-Escoto J L, Slowing Ⅱ, Trewyn B G, et al. Small, 6: 1952-1967.
[38] Liu R, Zhao X, Wu T, et al. J Am Chem Soc, 2008, 130: 14 418-14 419.
[39] Liu R, Zhang Y, Feng P. J Am Chem Soc, 2009, 131: 15 128-15 129.
[40] Luo Z, Cai K, Hu Y, et al. Angew Chem Int Ed, 2011, 50: 640-643.
[41] Zhu Y F, Shi J L. Micro Meso Mater, 2007, 103: 243-249.
[42] Zhu Y F, Shi J L, Shen W H, et al. Angew Chem Int Ed, 2005, 44: 5083-5087.

[43] Casasus R, Marcos M D, Martinez-Manez R, et al. J Am Chem Soc, 2004, 126: 8612-8613.
[44] Gao Q A, Xu Y, Wu D, et al. Langmuir, 2010, 26: 17 133-17 138.
[45] Yang Q, Wang S H, Fan P W, et al. Chem Mater, 2005, 17: 5999-6003.
[46] Liu R, Liao P H, Liu J K, et al. Langmuir, 2011, 27: 3095-3099.
[47] Cauda V, Argyo C, Schlossbauer A, et al. J Mater Chem, 2010, 20: 4305-4311.
[48] Sun J T, Hong C Y, Pan C Y. J Phys Chem C, 114: 12 481-12 486.
[49] Yuan L, Tang Q Q, Yang D, et al. J Phys Chem C, 2011, 115: 9926-9932.
[50] Hong C Y, Li X, Pan C Y. J Mater Chem, 2009, 19: 5155-5160.
[51] Wu J, Sailor M. Adv Funct Mater, 2009, 19: 733-741.
[52] Tang H Y, Guo J, Sun Y, et al. Int J Pharm, 2011, 421: 388-396.
[53] Chen F, Zhu Y C. Micro Meso Mater, 2012, 150: 83-89.
[54] Gao Q, Xu Y, Wu D, et al. J Phys Chem C, 2009, 113: 12 753-12 758.
[55] Gan Q, Lu X Y, Yuan Y A, et al. Biomater, 2011, 32: 1932-1942.
[56] Zhao Y L, Li Z X, Kabehie S, et al. J Am Chem Soc, 2010, 132: 13 016-13 025.
[57] Liu R, Zhang Y, Zhao X, et al. J Am Chem Soc, 2010, 132: 1500-1501.
[58] Khashab N M, Belowich M E, Trabolsi A, et al. Chem Commun, 2009:5371-5373.
[59] Angelos S, Yang Y W, Patel K, et al. Angew Chem Int Ed, 2008, 47: 2222-2226.
[60] Park C, Oh K, Lee S C, et al. Angew Chem Int Ed, 2007, 46: 1455-1457.
[61] Zheng H Q, Wang Y, Che S N. J Phys Chem C, 2011, 115: 16 803-16 813.
[62] Ma Y H, Zhou L, Zheng H Q, et al. J Mater Chem, 2011, 21: 9483-9486.
[63] Lai J P, Mu X, Xu Y Y, et al. Chem Commun, 2010, 46: 7370-7372.
[64] Gu J L, Su S S, Li Y S, et al. J Phys Chem Lett, 2010, 1: 3446-3450.
[65] Gao C B, Zheng H Q, Xing L, et al. Chem Mater, 2010, 22: 5437-5444.
[66] He Q, Gao Y, Zhang L, et al. Biomater, 2011, 32: 7711-7720.
[67] He Q J, Gao Y, Zhang L X, et al. J Mater Chem, 2011, 21: 15 190-15 192.
[68] Chen A M, Zhang M, Wei D G, et al. Small, 2009, 5: 2673-2677.
[69] Hartono S B, Gu W Y, Kleitz F, et al. ACS Nano, 2012, 6: 2104-2117.
[70] Kim M H, Na H K, Kim Y K, et al. ACS Nano, 2011, 5: 3568-3576.
[71] Cheng S H, Lee C H, Yang C S, et al. J Mater Chem, 2009, 19: 1252-1257.
[72] Yang Y, Song W X, Wang A H, et al. Phys Chem Chem Phys, 2010, 12: 4418-4422.
[73] Bailey M R, Khokhlova V A, Sapozhnikov O A, et al. Acoust Phys, 2003, 49: 369-388.
[74] Kennedy J E, ter Haar G R, Cranston D. Brit J Radiol, 2003, 76: 590-599.
[75] Hynynen K. Ultrasonics, 2010, 50: 221-229.
[76] Wang X, Chen H, Chen Y, et al. Adv Mater, 2012, 24: 785-791.
[77] Chen Y, Chen H R, Sun Y, et al. Angew Chem Int Ed, 2011, 50: 12 505-12 509.
[78] Chen Y, Gao Y, Chen H, et al. Adv Funct Mater, 2012: n/a-n/a.
[79] Wu H X, Liu G, Zhang S J, et al. J Mater Chem, 2011, 21: 3037-3045.
[80] Lee C H, Cheng S H, Wang Y J, et al. Adv Funct Mater, 2009, 19: 215-222.
[81] Viswanathan S, Kovacs Z, Green K N, et al. Chem Rev, 2010, 110: 2960-3018.
[82] Terreno E, Castelli D D, Viale A, et al. Chem Rev, 2010, 110: 3019-3042.
[83] Taylor K M L, Kim J S, Rieter W J, et al. J Am Chem Soc, 2008, 130: 2154-2155.

[84] Hsiao J K, Tsai C P, Chung T H, et al. Small, 2008, 4: 1445-1452.
[85] Na H B, Lee J H, An K J, et al. Angew Chem Int Ed, 2007, 46: 5397-5401.
[86] Kim T, Momin E, Choi J, et al. J Am Chem Soc, 2011, 133: 2955-2961.
[87] Peng Y K, Lai C W, Liu C L, et al. ACS Nano, 2011, 5: 4177-4187.
[88] Chen Y, Chen H, Zhang S, et al. Biomater, 2012, 33: 2388-2398.
[89] Martin-Saavedra F M. Acta Biomater, 2010, 6: 4522-4531.
[90] Zhao W R, Gu J L, Zhang L X, et al. J Am Chem Soc, 2005, 127: 8916-8917.
[91] Deng Y, Qi D, Deng C, et al. J Am Chem Soc, 2008, 130: 28-29.
[92] Kim J, Kim H S, Lee N, et al. Angew Chem Int Ed, 2008, 47: 8438-8441.
[93] Kim J, Lee J E, Lee J, et al. J Am Chem Soc, 2006, 128: 688-689.
[94] Lee J E, Lee N, Kim H, et al. J Am Chem Soc, 2010, 132: 552-557.
[95] Erogbogbo F, Yong K T, Roy I, et al. ACS Nano, 2008, 2: 873-878.
[96] Gupta A, Swihart M T, Wiggers H. Adv Funct Mater, 2009, 19: 696-703.
[97] Bruchez M, Moronne M, Gin P, et al. Science, 1998, 281: 2013-2016.
[98] Sun Y, Yu M X, Liang S, et al. Biomater, 2011, 32: 2999-3007.
[99] Pan J, Wan D, Gong J L. Chem Commun, 2011, 47: 3442-3444.
[100] Qian H S, Guo H C, Ho P C L, et al. Small, 2009, 5: 2285-2290.
[101] He Q J, Shi J L, Cui X Z, et al. Chem Commun, 2011, 47: 7947-7949.
[102] Feng J, Song S Y, Deng R P, et al. Langmuir, 2010, 26: 3596-3600.
[103] Chen Y, Chen H R, Zhang S J, et al. Adv Funct Mater, 2011, 21: 270-278.
[104] Liu J, Bu W, Zhang S, et al. Chem-Eur J, 2012: n/a-n/a.
[105] Ma M, Chen H, Chen Y, et al. Biomater, 2012, 33: 989-998.
[106] Yu M K, Park J, Jon S. Theranostics, 2012, 2: 3-44.
[107] Jones A, Harris A L. Cancer J Sci Am, 1998, 4: 209-217.
[108] Shubik P. J Cancer Res Clin Oncol, 1982, 103: 211-226.
[109] Yuan F, Dellian M, Fukumura D, et al. Cancer Res, 1995, 55: 3752-3756.
[110] Allen T M, Cullis P R. Science, 2004, 303: 1818-1822.
[111] He Q J, Zhang Z W, Gao F, et al. Small, 7: 271-280.
[112] Tsai C P, Chen C Y, Hung Y, et al. J Mater Chem, 2009, 19: 5737-5743.
[113] Cheng S H, Lee C H, Chen M C, et al. J Mater Chem, 2010, 20: 6149-6157.
[114] Ashley C E, Carnes E C, Phillips G K, et al. Nat Mater, 2011, 10: 389-397.
[115] Xia W, Low P S. J Med Chem, 2010, 53: 6811-6824.
[116] Lu J, Li Z X, Zink J I, et al. Nanomed-Nanotechnol, 2012, 8: 212-220.
[117] Rosenholm J M, Meinander A, Peuhu E, et al. ACS Nano, 2009, 3: 197-206.
[118] Lebret V, Raehm L, Durand J O, et al. J Biomed Nanotechnol, 2010, 6: 176-180.
[119] Wang L S, Wu L C, Lu S Y, et al. ACS Nano, 2010, 4: 4371-4379.
[120] Liong M, Lu J, Kovochich M, et al. ACS Nano, 2008, 2: 889-896.
[121] 姜嫣嫣. 学位论文. 上海：复旦大学，2005.
[122] Ferris D P, Lu J, Gothard C, et al. Small, 2011, 7: 1816-1826.
[123] Kim E M, Jeong H J, Park I K, et al. J Control Release, 2005, 108: 557-567.
[124] Zhang H L, Ma Y, Sun X L. Med Res Rev, 2010, 30: 270-289.

[125] Jiang H L, Kwon J T, Kim E M, et al. J Control Release, 2008, 131: 150-157.
[126] Peng J, Wang K, Tan W, et al. Talanta, 2007, 71: 833-840.
[127] Park I Y, Kim I Y, Yoo M K, et al. Int J Pharm, 2008, 359: 280-287.
[128] 王夔. 生命科学中的微量元素. 北京：中国计量出版社，1996.
[129] Tao Z M, Morrow M P, Asefa T, et al. Nano Lett, 2008, 8: 1517-1526.
[130] He Q J, Zhang Z W, Gao Y, et al. Small, 2009, 5: 2722-2729.
[131] He Q J, Shi J L, Zhu M, et al. Micro Meso Mater, 2010, 131: 314-320.
[132] Cauda V, Schlossbauer A, Bein T. Micro Meso Mater, 2010, 132: 60-71.
[133] Garcia A, Colilla M, Izquierdo-Barba I, et al. Chem Mater, 2009, 21: 4135-4145.
[134] He Q J, Zhang J M, Shi J L, et al. Biomater, 2010, 31: 1085-1092.
[135] Lu J, Liong M, Li Z X, et al. Small, 2010, 6: 1794-1805.
[136] Souris J S, Lee C H, Cheng S H, et al. Biomater, 2010, 31: 5564-5574.
[137] Slowing, II, Wu C W, Vivero-Escoto J L, et al. Small, 2009, 5: 57-62.

第 11 章　生物基纳米孔材料

11.1 引　　言

生物矿物质如硅藻、海胆、动物骨骼等是无机-生物复合材料，它们具有非均一多级孔结构、完美生物功能及温和组装条件。硅藻中，无定形二氧化硅-生物分子复合孔结构的孔径为 50～150nm［图 11-1(a)］，它兼具结构保护、防止细菌入侵、过滤紫外光和蓝光、辅助光合作用及聚焦等功能。科学家尝试用其他化学成分复制硅藻外壳结构，为创新染料敏化太阳能电池、锂离子电池及电致发光显示装置等提供高效节能新材料[1-3]。海胆外壳的多级孔结构［图 11-1(b)］具有优异的光学和磁学性质。深层认识生物矿物质的形成机理以及功能和结构关系将为开拓生物基孔材料提供一条宝贵的研究战略，也将大大拓宽无机孔材料的范畴和应用领域。

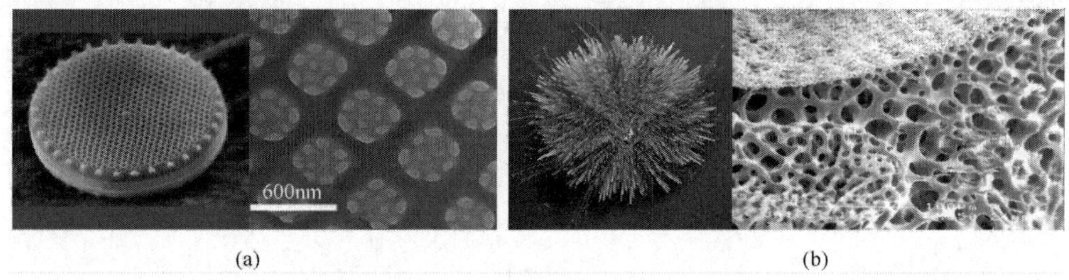

图 11-1　(a) 硅藻外壳及其多级孔结构；(b) 海胆及其外壳的多级孔结构

无机孔材料是一类具有均匀纳米孔道、较大内表面积的固体材料。IUPAC 依据孔道直径(d)把无机孔材料分为微孔($d<2$nm)，介孔(2nm$<d<$50nm)和大孔($d>$50nm)。生物矿物质是一类具有特定生物功能和复杂多级结构的无机-生物复合材料，它们在特定生物分子自组装体诱导调控下精确构建而成。在生命体系中，生物矿物质的构建过程受细胞调控，它们具有多尺度多层次的介观结构和随时空而异的形貌和图案。许多生物矿物质具有高级有序、非均一多级孔结构(孔径在介孔和大孔范围) 及相应的结构功能。例如，珍珠贝壳层和蛋白石是优异的复合光子晶体材料。鉴于目前尚无对应的英文，我们建议用生物基孔材料泛指由生物分子调控构建的具有非均一多级孔结构和独特功能的天然或人工复合孔材料。

生物基孔材料是组装材料，它构建于分子或分子以上层次的分子聚集体和纳米结构基元。组装和合成隶属于创造物质范畴的不同层次，具有鲜明的特点和规律。组装与合成的区别主要体现在以下几个方面:①组装涵盖的对象比合成大,构筑基元囊括小分子到纳米粒子;②组装体系内的相互作用远复杂于合成体系,组装体的构建主要基于构筑基元间多位点弱键的协同作用;③组装通常在温和条件下进行,组装速度远低于合成速度,以确保作用位点的精确对位;④组装环境远复杂于合成环境,组装多发生在聚集态内或者多个聚集态界面处[4]。

生物矿物质的重要启示之一是生物分子自组装体的结构可以被复制,构建具有特定结构和几何形貌的无机质。本章的目的是将这一原理拓展并应用于生物基孔材料的可控组装,解析代表性生物孔材料和人工组装生物基孔材料的设计原理,提出值得借鉴的利用超分子诱导调控生物基孔材料的一步法组装路线;评论该研究领域代表性的工作,透视主要科学问题和挑战,展望发展前景,以抛砖引玉。

11.2　生物孔材料

11.2.1　从硅藻到硅藻纳米技术

从单细胞硅藻到动物骨骼,生物孔材料在自然界处处可见,它们无一例外地拥有复杂的多级孔结构,这些多级孔不但用于营养物质输送和废物排泄,也起到结构支撑和保护生命体的作用。硅藻多级孔结构赋予它独特的光学特性(图 11-2),通过化学手段将其他组分引入硅藻多级孔结构,利用复制技术,已制备出一系列具

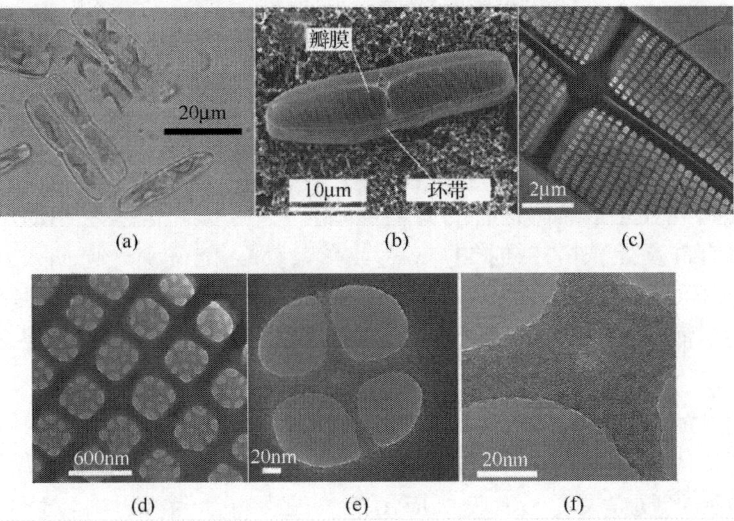

图 11-2　(a) 硅藻光学显微图像;(b) 单硅藻 SEM 图;(c) 硅藻外壳孔结构 TEM 图;(d) 硅藻外壳结构高分辨透射电镜(HRTEM)图;(e) 硅藻外壳结构单孔 HRTEM 图;(f) 硅藻外壳单孔内结构 HRTEM 图[5]

有硅藻拓扑结构的功能材料，有望在药物传送、自然光捕获、藻类光合作用制备清洁能源、传感器、光电子器件及能量储存等领域扮演重要角色。科学家预言，硅藻纳米技术的应用将推动相关工业的可持续发展[5]。

我们以具有硅藻拓扑结构的 TiO_2 材料在染料敏化太阳能电池及锂离子电池领域的应用为例，展示硅藻纳米技术的巨大发展空间。

染料敏化太阳能电池（DSSC）自 1991 年问世以来一直备受瞩目（图 11-3）[6]，如何提高 DSSC 的效率一直是科学研究的热点课题。科学界普遍采用的提高 DSSC 效率的途径包括：①高效限光结构的 TiO_2 光阴极；②高吸收系数、宽光谱响应、长激发态时间、能级匹配的染料；③与纳米晶体、染料及电极界面匹配性良好的新型电解质。

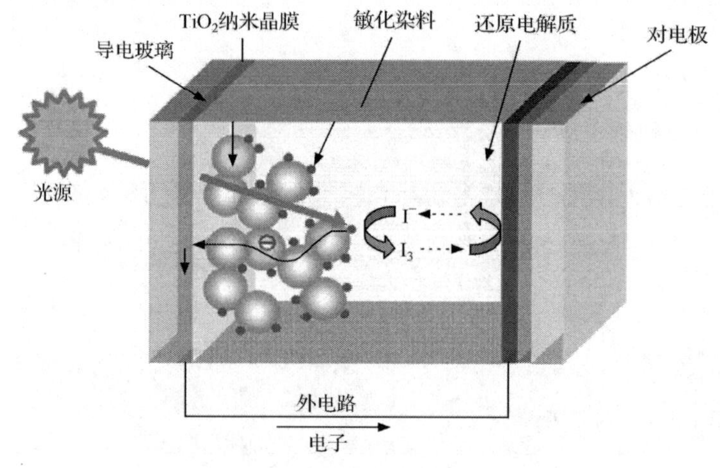

图 11-3　DSSC 结构及工作原理示意图[7]

硅藻外壳具有光子晶体特有的周期性结构，大大提高了入射光的反射及聚光效率。将具有硅藻外壳拓扑结构的 TiO_2 或掺杂 TiO_2 的硅藻外壳加入到光阴极材料中，在不阻碍光子透过的前提下，提高光阴极对光子的吸收，有效提高了 DSSC 的效率。在不加限光层的条件下，DSSC 的效率为 2.95%，而加限光层后效率可达到 6.67%[8]。

锂离子电池是目前应用最广的电池，但其自身缺陷在一定程度上限制了它的工业应用。如何提高其能量密度、电极稳定性及充放电速率等是锂离子电池面临的挑战。硅和 TiO_2 是两种具有良好应用前景的锂电池阴极材料，然而，硅在充放电过程中体积发生明显变化因此导致结构破坏；TiO_2 因导电性差且锂离子在其结构中迁移率低等因素限制它在锂离子电池中的应用。

化学处理硅藻外壳，在保留原拓扑结构的前提下使 SiO_2 转化为硅。研究表明，这种方法制备的硅纳米孔材料具有较高的比表面积（$>500m^2/g$），充放电产生的结构应力小，有效提高了锂离子电池的电化学性能。金红石 TiO_2 结构中锂离子在 ab 晶面的扩散系数（10^{-15} cm²/s）远低于它在 c 方向的扩散系数（10^{-6} cm²/s）。而具有硅藻外壳拓扑结构的金红石 TiO_2 纳米孔材料在垂直 ab 晶面沿 c 方向的孔结构规则有序，促进锂离子沿 c 方向的扩散，有效提高了锂离子电池的效率[9]。

11.2.2　生物孔材料的形成过程

生物孔材料的形成过程称生物矿化。生物矿化是指在温和条件下，生物体从周围环境选择性汲取矿物质，在严格的生命过程操控下，通过自组装和共组装构建无机-生物复合多级结构的过程。在这一过程中，生物分子自组装体诱导调控无机质聚集、沉积、精确控制无机-生物相间的成键位点和成键类别以及复合结构的构筑特征和功能[10-15]。下面以硅藻外壳中 SiO_2 及海胆外壳中 $CaCO_3$ 的矿化过程为例，简要介绍生物孔材料的形成过程。

11.2.2.1　硅藻

硅藻是海洋单细胞藻类，具有千变万化的外形（图 11-4）。硅藻被包裹在坚硬的外壳中，以免受外来攻击[16]。硅藻外壳是无定形 SiO_2 和生物分子的复合材料，它包括上下两个壳层，形似培养皿，壳层由多层呈六边形排列的 SiO_2 蜂窝结构错位叠搭而成。蜂窝的顶部和底部由孔状无定形 SiO_2 组成，层间孔隙处有无定形 SiO_2。每个六边形中心有一个胚孔，外边环绕着高度对称排列的孔，硅藻外壳被称为多级自相似结构[17]。

硅藻细胞分裂过程中通过控制微囊泡 SiO_2 的沉积，在细胞内形成一个 SiO_2 沉积囊泡（SDV）。这个微囊泡外壁膜与细胞膜明显不同，它在硅藻壳层 SiO_2 的矿化过程中起重要作用[18-21]（图 11-5）。研究工作显示，硅藻中 SiO_2 矿化与一种化学改性多肽（M-silaffin）密切相关[22-24]。原 silaffin 是中性直链多肽，羟基氨基酸残基与长链多胺（LCPA）键合带正电、丝氨酸残基磷酸化带负电[25-26]。科学界普遍认为硅藻外壳多级孔结构的产生与以下两方面因素有关。

1. M-silaffin 自组装

化学改性 silaffin 链含带正电的长链多胺（LCPA）和含带负电的磷酸化丝氨酸。M-silaffin 两性结构在静电作用驱动下自组装形成约含几百个 M-silaffin 分子的聚集体。在弱酸性条件下，M-silaffin 自组装体诱导调控单硅酸缩聚，为硅化提供化学和结构模板。体外实验结果显示，M-silaffin 存在时，单硅酸在几分钟内完成缩聚形成多聚硅酸；而 M-silaffin 不存在时，单硅酸分子几个小时后仍稳定存在。silaffin 的磷酸化是导致其自组装及诱导硅化的必要条件。以上工作表明 M-silaffin 自组装体在 SiO_2 壳层构建过程中起重要作用[17]。

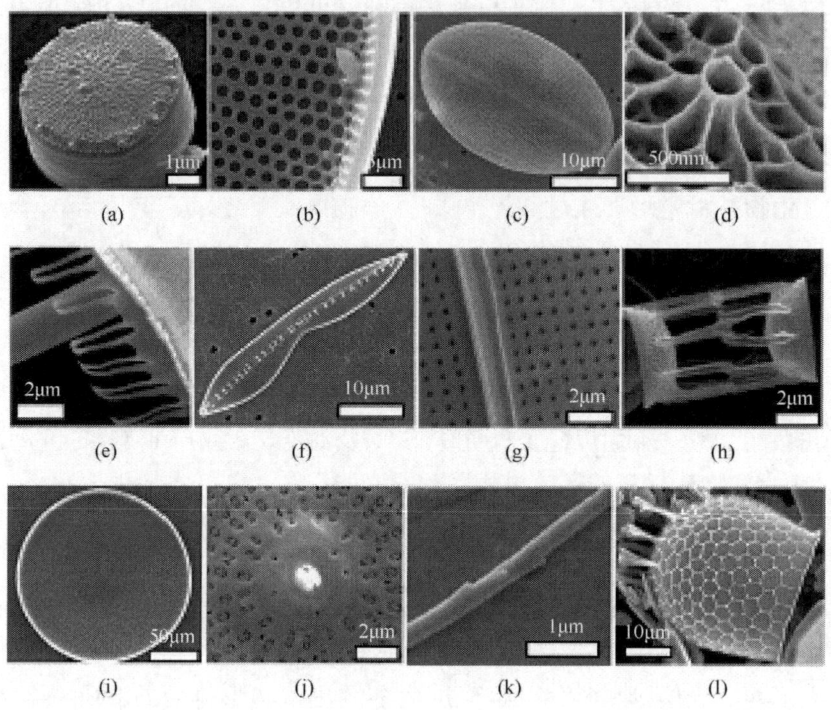

图 11-4 硅藻千变万化的外壳形貌[16]

(a) 假微型海链藻；(b) 威氏圆筛藻的放大图；(c) 摄食卵形藻；(d) 威氏海链藻的放大图；(e) 布氏双尾藻的冠状结构；(f) 帕氏杆形藻；(g) 波罗的海布纹藻的孔结构；(h) 骨条藻；(i) C 型威氏藻的瓣膜；(j) 布氏藻的孔结构；(k) 纤细毛藻的刚毛；(l) 塔形冠盖藻

2. 相分离机理

Sumper 用连续相分离模型解析形成硅藻外壳多级孔结构的可能机理[16,17,27-31]。他认为 M-silaffin 链的甲基化长链多胺在导致 SiO_2 孔结构多级化过程中起决定作用。首先，M-silaffin 自组装形成分子聚集体，呈六边形。六边形聚集体形成二维紧密堆积，单硅酸围绕 M-silaffin 二维紧密堆积缩聚沉积形成无定形 SiO_2 纳米粒子。硅化消耗长链多胺导致多胺浓度下降，使最初的六边形液滴分裂成小的六边形液滴，矿化继续围绕新生六边形液滴进行。当长链多胺浓度降低到设定限度时，原细胞通过细胞分裂产生新细胞，新的硅化周期开始。这种围绕 M-silaffin 六边形紧密堆积周而复始的动态硅化过程形成多级孔结构的机理，称为相分离硅化机理(图 11-6)。在有序图案形成过程中，溶液黏弹性至关重要[17]。

超分子是构建多级孔材料的有效模板剂。多种表面活性剂在发生溶胶-凝胶过程的同时诱导相分离，表面活性剂通过相分离形成胶束并与氧化物低聚体共组装形成有序介孔结构单元，再进一步组装形成兼具大孔的多级孔结构。Amatani

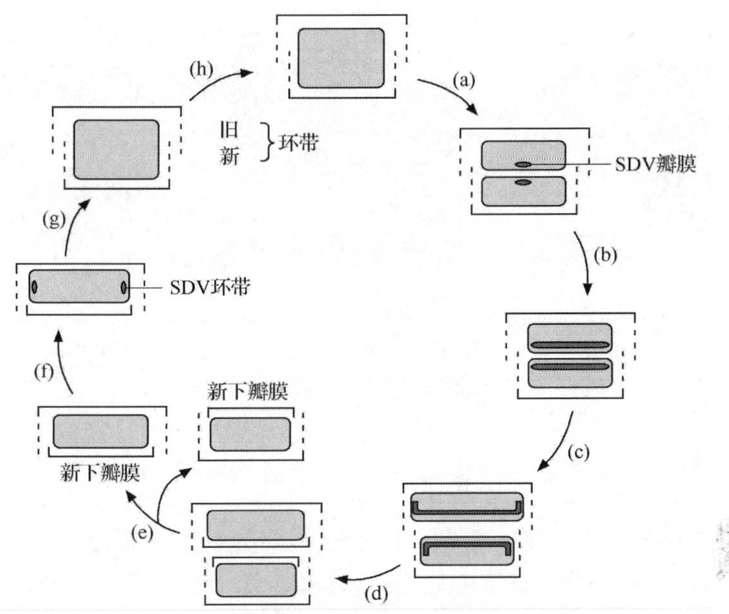

图 11-5　(a) 细胞质分裂及两个 SDV 壳的形成；(b)、(c) SDV 中新次壳层的生成；(d) 次壳层的胞外分泌；(e) 子细胞的分离；(f) 第一个环带 SDV 的形成；(g) 环带的连续形成及分泌；(h) DNA 复制[21]

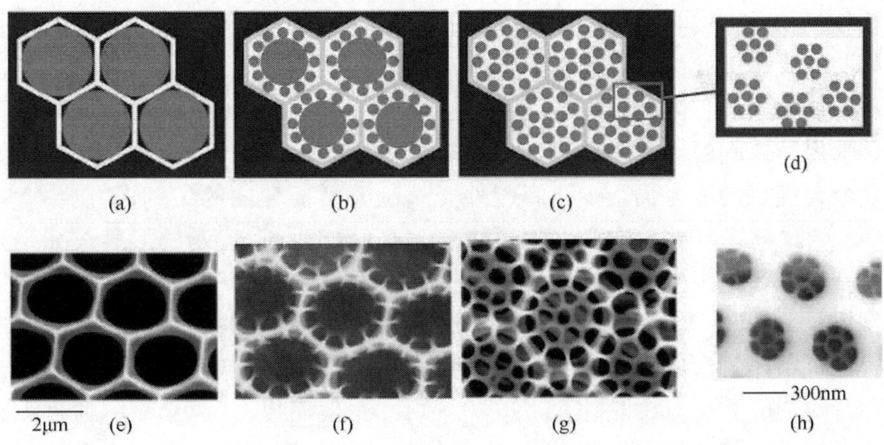

图 11-6　(a)～(d) 为相分离模板机理图；(e)～(h) 为从生长初期至生长结束壳层的 SEM 图[17]

等采用三嵌段聚合物 P123 为模板剂，1，3，5-三甲基苯为添加剂，正硅酸甲酯为硅源，通过相分离和溶胶-凝胶过程构建兼具有序介孔和双连续大孔的多级孔材料(图 11-7)[32]。

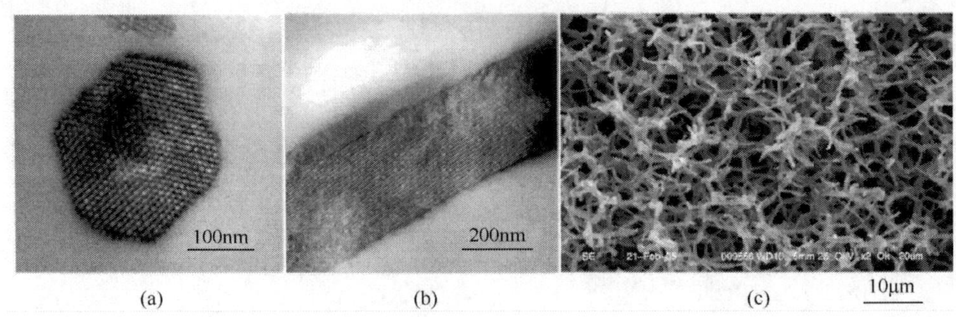

图 11-7 (a) 镶嵌在大孔中介孔结构的 TEM 图；(b) 介孔结构的纵向 TEM 图；(c)大孔结构的 SEM 图[33]

11.2.2.2 海胆外壳

海胆是海洋多细胞生物，其外壳由超过 99％的富镁方解石和少于 1％的复合蛋白质（超过 100 种）组成，结构呈多孔，孔径在几十到几百纳米范围。Wilt 等深入研究了海胆外壳孔结构的形成。他提出海胆受精卵多次分裂形成 32 个子细胞并构成空心胞胚圆环孔，纤毛围绕环状胞胚生长同时分泌蛋白酶。32 个子细胞进一步转换为间叶细胞，沿卵裂腔背面运动形成丝状伪足。间叶细胞通过伪足形成多核体诱导钙离子沉积及调控碳酸钙颗粒尺度。碳酸钙从 a 面向三个方向射出，与多核体的伪足方向相同。初级间叶细胞可以运动到一个新位置，重复以上过程，导致海胆外壳多级孔结构［图 11-8(a)］。镁离子为方解石的晶体生长提供动力学调控和抑制因素调控方解石形貌和晶化过程[34,35]。

科学界从未间断对海胆外壳方解石矿化过程及多级孔结构形成机理的探索，但至今令人满意的解释仍很少。海胆外壳布满光滑而弯曲的尖刺，尖刺中含有方解石单晶，颗粒约 50nm，围绕生物预构体多孔结构生长，尖刺的形貌及孔结构随环境而变以满足特定生理功能的需要[36]。海胆外壳中方解石呈螺旋状，细胞有效地提供构晶离子，并及时排除晶化过程产生的水分子。Addadi 等认为，海胆幼体中方解石针状体的形成分两步完成：①无定形碳酸钙沉积排列生成尖刺；②无定形碳酸钙转晶形成方解石单晶［图 11-8(b)～(f)］。他们提出，成年海胆通过沉积无定形碳酸钙可以使断裂的尖刺再生，这个再生过程与海胆幼体尖刺生长过程非常相似[37, 38]。

Qi 等成功制备出具有有序多孔结构且取向可控的碳酸钙单晶材料［图 11-9(a)］，其形成机理与海胆幼虫多孔骨针的形成机理相似。水合无定形碳酸钙颗粒快速渗入聚合物小球组成的胶体间隙，形成水平印记区及沿(104)取向定向成核、生长的微管。在水平印记区中，碳酸钙成核导致无定形碳酸钙转晶形成三维有序

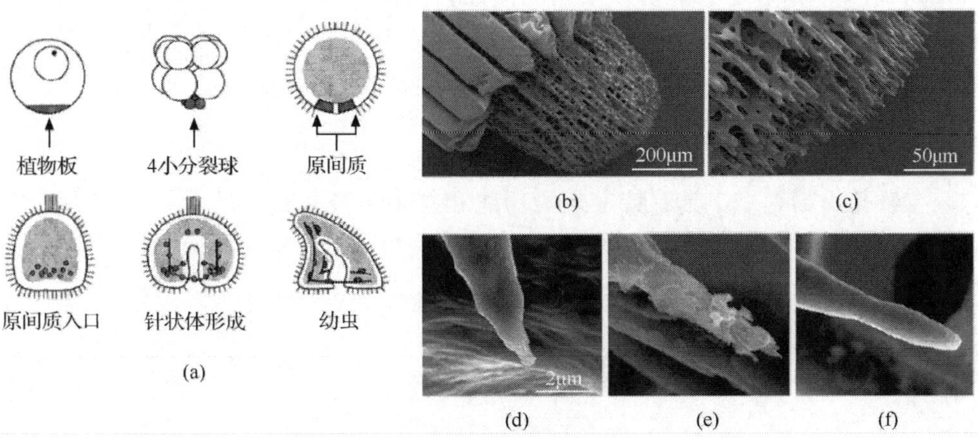

图 11-8　骨针形成过程(a)[35]和针状体再生过程 SEM 图(b～f)
(b)5 天后再生；(c)尖部新生质；(d)单个微针 4 天后再生；(e)蚀化后放入清水 4 天后再生；(f)蚀化后放入清水 1 个月后再生[37]

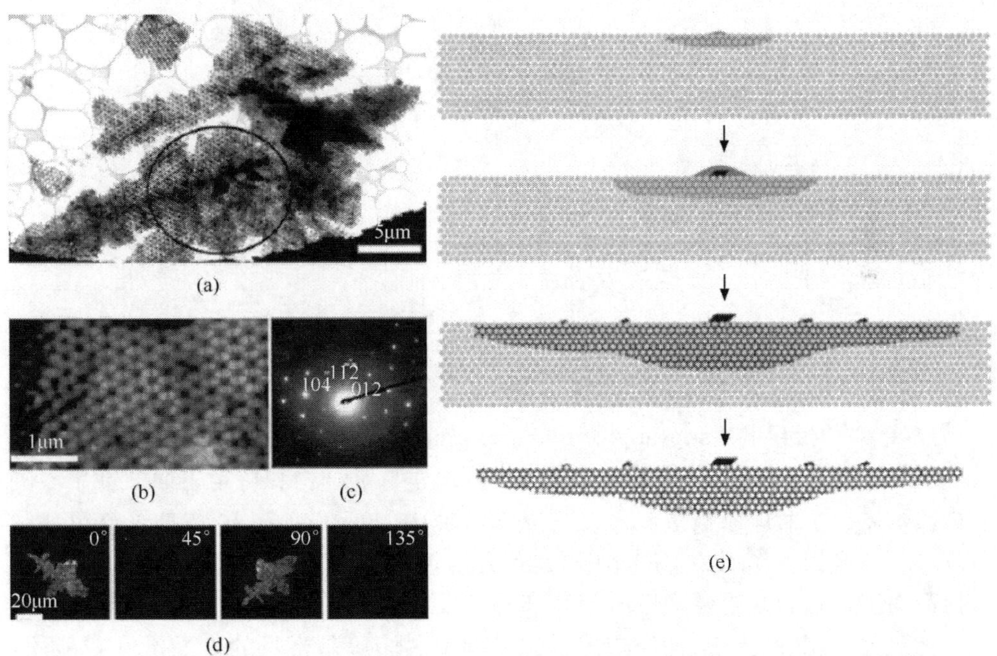

图 11-9　(a)、(b) 碳酸钙单晶的 TEM 图；(c) 碳酸钙单晶的选区电子衍射图；(d) 碳酸钙单晶偏光显微镜照片[40]；(e) 碳酸钙多孔结构形成过程示意图[39]

大孔碳酸钙单晶材料，无定形碳酸钙的消耗利于多级树枝状孔结构的形成[图 11-9(c)]。这是一个非平衡态条件下的组装过程，其中模板微球表面功能化及真空辅助渗透条件起决定作用[39]。

11.2.3 生物孔材料的启示

生物孔材料是一类具有特定生物功能和复杂多级孔结构的无机-生物复合材料，它们在特定结构的生物分子自组装体诱导调控下精确构建而成。

11.2.3.1 生物矿化概述

Mann 等提出生物矿化包括三个主要构建阶段（图 11-10）[40, 41]。

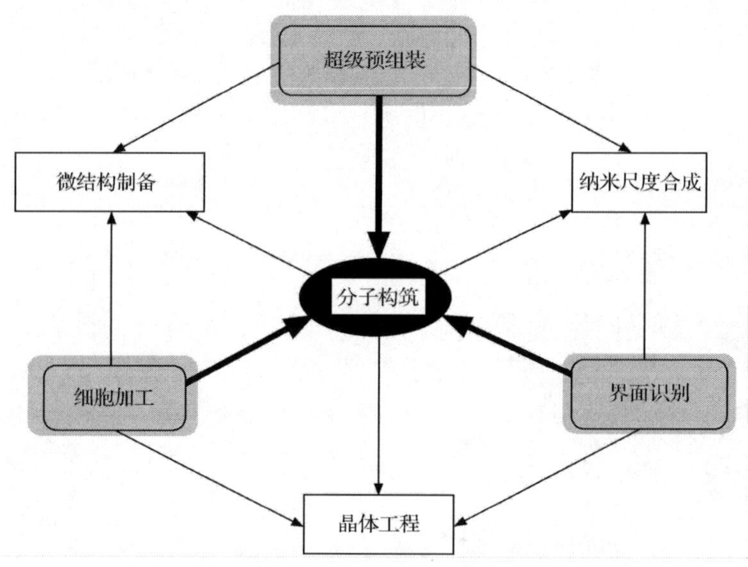

图 11-10 生物矿化过程的三个构建阶段与分子构筑[40]

1. 超分子预组装（supramolecular preorganization）

生物矿化的第一阶段是生物分子自组装构建特定结构和特定表面活性中心的生物预构体。生命体系被形象地比喻成水溶液中的有机化学，生物分子自组装受多位点多种弱相互作用的协同作用驱动，自组装过程以可逆和动态为特征。这种生物预构体具有非水溶性刚性骨架和亲水表面活性官能团，疏水蛋白和多糖是常见的骨架分子，酸性蛋白、含硫酸残基的多糖和磷脂等是常见的表面活性官能团。在单细胞生命体内，蛋白质或磷脂自组装形成封闭式生物预构体，如铁蛋白中铁离子矿化发生在 24 个双亲多肽分子构建的多肽笼内，为铁离子矿化提供完美的空间限制效应，离子输送通道和矿化活性中心。磁细菌中，铁的矿化受磷脂囊泡调控，形成尺寸均一、排列规整的纳米晶粒。利用空间限制效应获得粒度均一的纳米晶粒已成为重要的纳米技术之一。多细胞生命体内，生物矿化在复合生物分子构建的生物预构体诱导调控下完成，如珍珠贝壳层中碳酸钙的矿化在几丁质/蛋白质复合预构体诱导调控下实现。

2. 界面分子识别 (interfacial molecular recognition)

生物矿化的第二阶段是从周围环境汲取所需的无机成分，在生物预构体诱导调控下，无机质聚集、沉积[10]。作为一种普遍接受的模型，疏水生物骨架为矿化提供结构模板和空间限制，表面酸性官能团为矿化提供活性位点，诱导调控共组装。生物预构体是具有较大尺度和复杂多级结构的组装基元，通过界面分子识别准确构建无机-生物高级有序结构和精确生物功能，生物矿化是一个不可逆的共组装过程[42]。生物预构体与无机质间的界面分子识别由二者的化学、立体构型、极性、电荷密度等匹配性和互补性决定。界面分子识别的核心是减小成键活化能，无机质围绕生物预构体沉积可显著减小无机聚集体的尺度从而降低成核活化能。生物矿化过程中，无机相和生物相间的成键以多位点和多种相互作用（强键、弱键）为特征。生物预构体诱导调控无机质矿化还可以提到调控以下因素的作用：①成核速率；②生物预构体表面特定成核位点的选择；③无机结构选择性；④生物预构体表面晶核的晶体学对位。界面分子识别有利于特殊晶体结构和取向的无机质成核，深层认识界面分子识别对材料化学的发展具有重要意义。

分子筛是化工领域常用的催化剂。孔结构呈各向异性，孔道取向沿最长的晶轴方向，孔窗通常在低表面能晶面。这限制了分子进入，加长了分子在孔道中的扩散路径，从而导致分子筛催化效率下降。调控分子筛晶体形貌，减小反应分子进入阻力，缩短分子扩散途径的研究意义重大。Rimer 等采用 TBPO、精胺、D-Arg 及 THAM 作为分子筛生长调节剂，通过界面分子识别制备出特定形貌的分子筛晶体。他们认为，分子筛生长调节剂可有效调节晶体生长动力学及空间位阻效应，达到减少分子筛孔道堵塞的目的，为制备高效分子筛提供了一条可行路线[43]。

3. 细胞调控 (cellular processing)

细胞调控导致生物矿物质随时空而异的形貌和表面图案。随着矿化的进行，生物预构体在细胞应力场作用下发生形变，无机相亚单元晶体生长取向也随之改变，特定微晶组装基元进一步构建具有超显微微观特征的高级结构。受细胞调控的影响生物矿物质具有鲜明的生物特征，区别于矿物质和合成材料。在没有细胞干预的条件下，晶核在生物预构体有限空间内生长，尺寸虽然受到限制，但它仍保持晶体固有的结构和形貌。在细胞中，高级结构的构建在静态或动态机制影响下，产生复杂多级结构和异乎寻常的形貌和功能。细胞调控过程异常复杂，迄今，人们对生物矿物质高级有序结构的构建机理还不明确。

11.2.3.2　生物孔材料的构筑[11]

1. 生物预构体诱导调控

生物分子受弱键(如氢键、范德华力、偶极，π-π 堆积、离子-π 相互作用)驱动自组装构建生物预构体。生物孔材料的构建在界面分子识别以及无机、生物相间多位点多种键合(弱键、强键) 协同作用驱动下实现。生物预构体具有尺度大、柔性好、多活性位点和在三维度下易实现组装的结构。生物矿化在水体系中进行，生物预构体的结构稳定性是前提。生物预构体与无机物种间的界面分子识别驱动无机质聚集、沉积，多种键合协同作用驱动无机-生物协同组装。Mann 等用 Langmuir 单分子膜诱导无机晶体围绕单分子膜界面生长，无机、有机相界面静电作用驱动组装。他们在晶体外延生长基础上提出晶面匹配的概念[15]，以单分子层、球状囊泡及磷脂等简单预构体为模板，制备具有相同拓扑结构的无机质相对简单。复制具有复杂结构的无机多孔材料，则需要具有复杂结构的预构体或动态组装过程，如蛋白质/多糖复合网络、双连续微乳液、液晶及有机凝胶等。

Carole 等采用鸟嘌呤硅烷及钾离子为构建基元，超分子自组装形成手性结构的超分子骨架。利用溶胶-凝胶技术组装出具有手性拓扑结构的无机-有机复合材料。焙烧除去有机超分子，获得手性介孔 SiO_2 材料(图 11-11)[44]。

2. 拓扑生物预构体的建筑特色

无机质通过界面分子识别围绕生物预构体表面沉积、成核及生长，拓扑生物预构体结构并完成矿化，动物骨骼中羟基磷灰石的矿化是一个典型的例子。骨骼是一种具有优异抗断裂性的生物矿物质，强但不脆、硬却灵活，轻质但足以支撑体重，结构呈多孔，生理功能包括保护、钙离子储存及离子输送等。骨中的无机钙盐具有多种晶型，以羟基磷灰石为主。碳酸根、氯离子、氟离子及镁离子等杂质很可能导致磷酸钙衍生物的出现。骨骼中生物预构体由 90%的Ⅰ型胶原蛋白及 10%非胶原蛋白组成。胶原蛋白与非胶原蛋白受多种弱键作用驱动自组装形成蛋白质预构体，诱导调控羟基磷灰石矿化。

蛋白质预构体的构建过程如下：化学修饰Ⅰ型原胶原蛋白纤维(脯氨酸、羟基脯氨酸、甘氨酸、羟基赖氨酸)形成胶原蛋白丝；3 股螺旋状胶原蛋白丝通过多种键合作用 (空间锁定、氢键、共价交联等)形成刚性胶原蛋白柱状体并被排出细胞；螺旋状胶原蛋白柱状体被酶剪切成约 300nm×5nm(长×宽)的一维刚性疏水微纤维，沿轴向平行排列，相邻微纤维间有约 64nm 的错位以最大化微纤维间的成键。沿微纤维排列方向，相邻微纤维间有约 40nm×5nm 的孔隙，羟基磷灰石围绕胶原微纤维及沿排列方向相邻微纤维间孔隙发生矿化，呈多孔片状结构(图 11-12)。动物骨骼具有从纳米到宏观尺度的无序多级孔结构，孔隙率约 19%[45]。

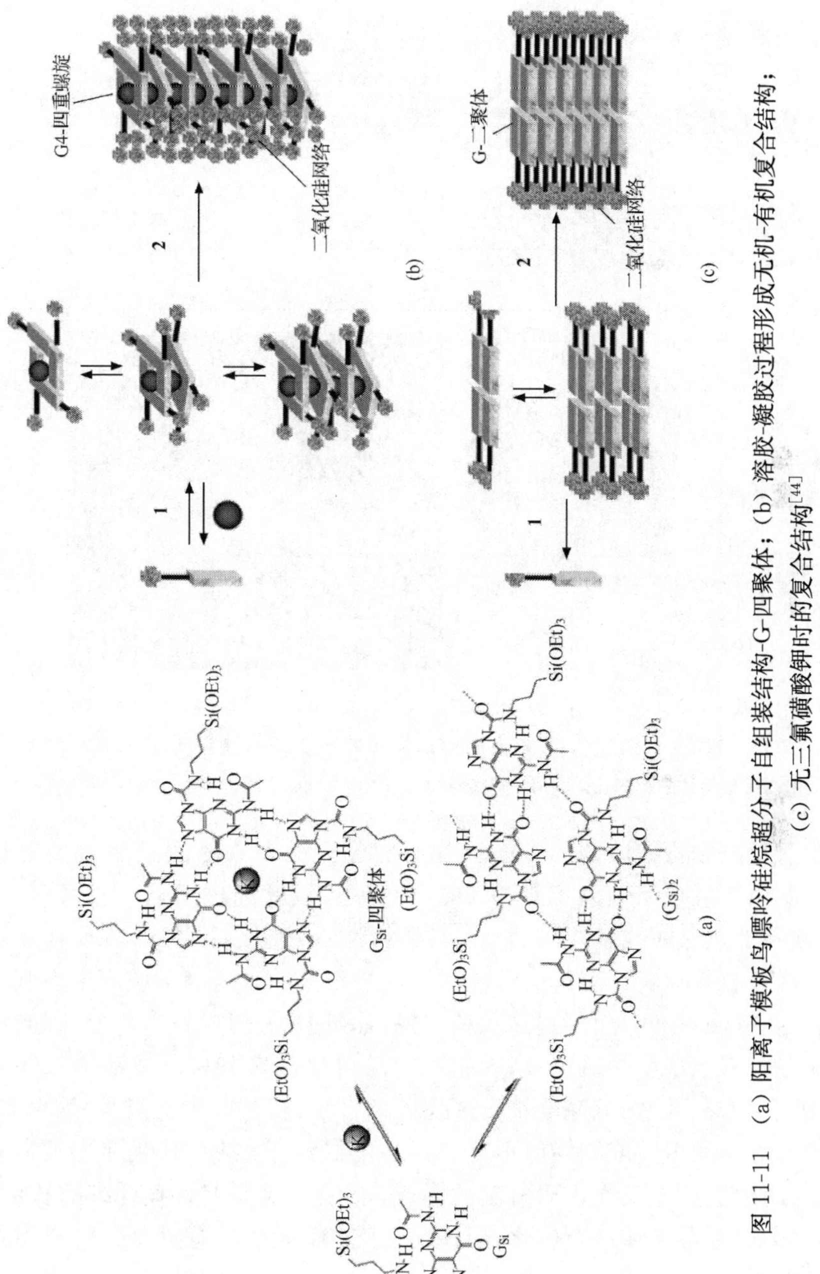

图 11-11　(a) 阳离子模板鸟嘌呤硅烷超分子自组装结构-G-四聚体；(b) 溶胶-凝胶过程形成无机-有机复合结构；(c) 无三氟磺酸钾时的复合结构[44]

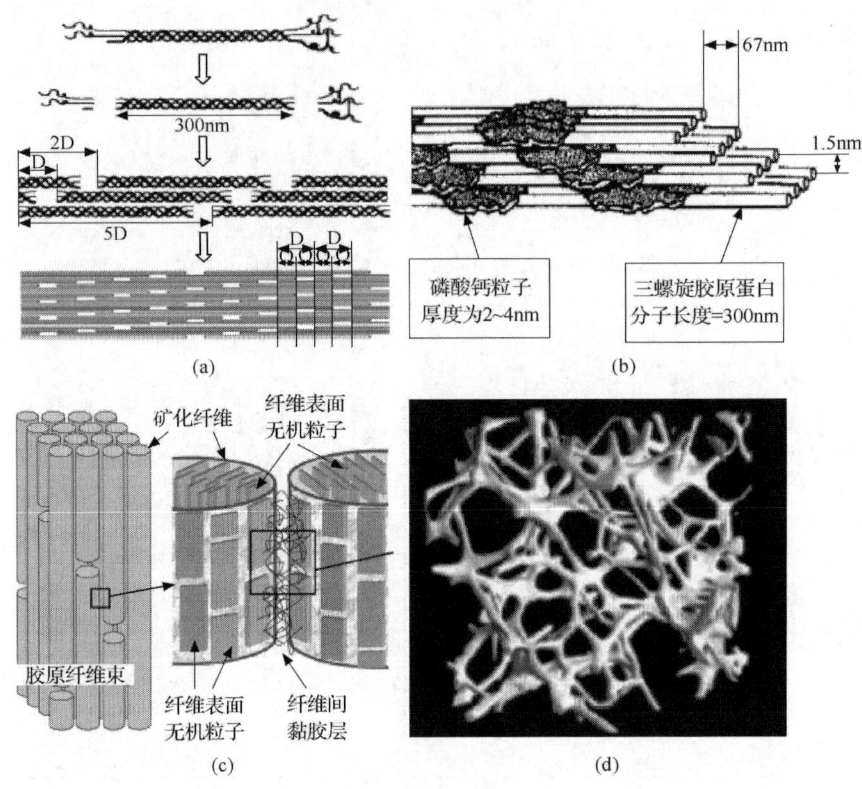

图 11-12　动物骨骼羟基磷灰石矿化过程示意图

(a) 蛋白质预构体的构建；(b)、(c) 羟基磷灰石矿化位点及片层结构；(d) 非均一多级孔结构

基于对骨骼中蛋白质预构体的结构和矿化活性中心的认识，Stupp 等设计构建双亲多肽用于模板组装人工骨粉（图 11-13）。设计原理如下：十六碳烷基疏水链(a)嫁接到半光氨酸残基(b)；将(b)与甘氨酸(c)连接，提高双亲多肽分子灵活度；(c)嫁接到羟基磷灰石矿化中心磷酸丝氨酸残基(d)；为确保该双亲多肽与骨细胞的亲和性，将(a)～(b)连接到(e)（精氨酸-甘氨酸-天门冬氨酸）上，完成双亲多肽的构建。该双亲多肽受疏水、亲水作用驱动自组装成胶束。以动物骨骼中蛋白质预构体直径为标准，用烷基链长度调控胶束直径；相邻胶束受亲水、疏水作用，氢键和双硫键等驱动组装成刚性但不乏灵活性的微纤维结构，双硫键为双亲多肽提供结构刚性，利用还原剂终止双硫键的形成，以控制双亲多肽微纤维的长度；该微纤维通过(d)诱导羟基磷灰石矿化，而(e)的存在确保无机-有机复合材料与骨细胞的亲和性[46]。

3. 协同组装与生物基孔材料的孔径分布

共组装与自组装协同作用的前提是无机和有机相间存在互补性以及化学势和

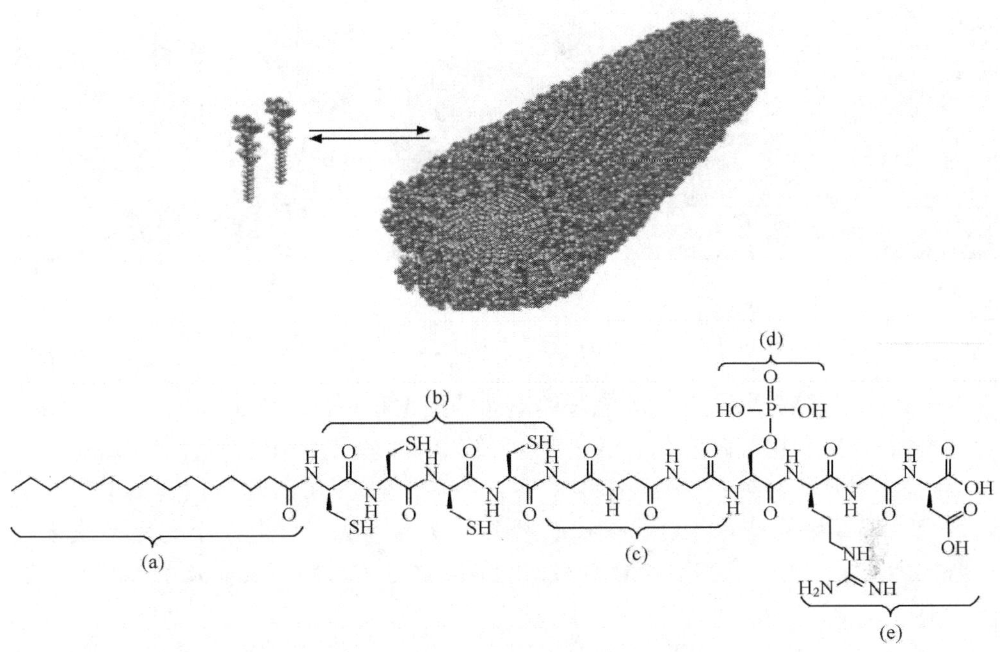

图 11-13　构建双亲多肽模板剂诱导调控羟基磷灰石矿化[46]

结构的匹配性,这种过程可以发生在介观尺度。可溶性硅酸根围绕表面活性剂自组装胶束脱水、缩聚形成六方或立方结构,在这个过程中表面能驱动组装。除表面能外,阴离子水解缩聚能力及 Si—O—Si 键的柔韧性也是重要考虑因素。

硅藻和放射线虫外壳都是生物孔材料,它们具有超越介观尺度的非均一孔径分布。在生物孔材料形成过程中,多组分反应体系的局域相分离发挥重要作用。相分离过程的典型特征是微相结构的形成与无机质沉积同步发生,有机模板解体前,无机和有机相组装形成的复杂结构已经确定。这种现象在硅藻和放射线虫等生物孔材料的形成过程中屡屡可见[42]。

放射线虫的多孔 SiO_2 壳层源于网状囊泡的紧密堆积阵列和未矿化细胞分泌囊泡,它们附着在细胞膜壁上,形成具有多边对称性的泡沫薄层,临近囊泡间存在约几微米的空隙,似开放式网状结构。在矿化最后阶段网隙囊泡从细胞膜壁上分离,腾出的空间被小囊泡占据,此过程周而复始导致多级孔结构的产生(图 11-14)。

在协同组装过程中,生物分子自组装及无机-有机共组装过程与周围化学环境相互作用,处在动态平衡状态下。无机物种在有机骨架表面沉积、成核及生长导致局域结构及聚集态发生变化。这种相互作用可小可大,当作用小时,结构重建限制在初始基本图案范围内,重建导致表面自由能下降驱动组装;当作用大时,初始

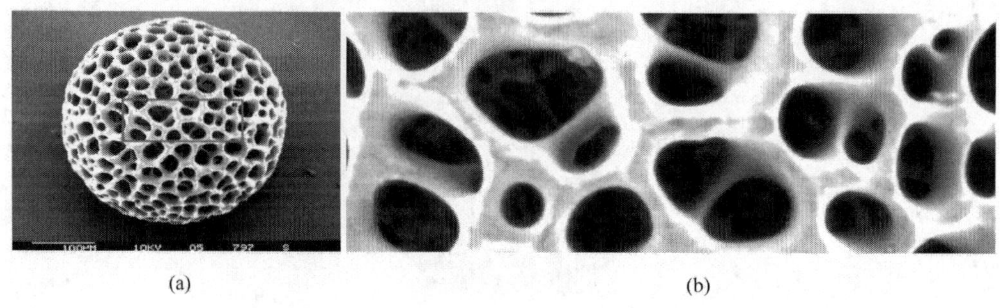

(a) (b)

图 11-14 (a)放射线虫外壳及(b)其多级孔结构

基本图案完全解离，取而代之的是迥然不同的图案和拓扑结构。

显而易见，共组装强烈依赖于化学环境以及生物预构体的特性。Mann 以双连续微乳液为反应体系组装出网眼状 SiO_2 及磷酸钙，无机前驱体与阴离子表面活性剂 DDAB 组装并进一步诱导调控磷酸钙骨架的形成。反应几小时后形成细丝状磷酸钙网络结构；反应几天后形成针状晶体，尺寸和形貌与反应几个小时的产物完全不同[47]。

Chung 等采用 M13 噬菌体为前驱体，通过改变组装条件组装出三种手性超分子结构：向列型缠绕、胆甾型螺旋带及碟状螺旋纳米丝。他们认为以下两个因素决定组装特征：①弯液面处手性液晶相转变的局域诱导作用；②弯液面处界面力的竞争作用。将这三种超分子预构体浸入含钙离子和磷酸根离子的水溶液中，调变超分子表面活性位点序列获得不同结构无机-有机复合孔材料[48]。

11.3 生物基孔材料的研究进展

生物基孔材料，泛指由生物大分子调控构建的具有非均一多级孔结构和相关结构功能的天然或人工复合孔材料。受启于生物孔材料的形成原理，研究人员对磷脂、蛋白质及多糖等生物分子诱导调控生物基孔材料进行了系统研究，获得了有参考价值的结论。我们选择性地讨论前人工作，以揣摩可控组装生物基孔材料的研究思想。

11.3.1 磷脂的启示及介孔材料

磷脂是细胞膜的主要成分，在生物矿化及许多生物过程中发挥重要作用。磷脂分子具有双亲性，在亲水、疏水等弱键驱动下，它们自组装构建多种特定结构[49,50]。磷脂分子的自组装结构特性及其在生物矿化中的模板作用，对设计组装生物基孔材料具有指导意义。然而，天然磷脂分子热稳定性差(稳定温度为 37～63℃)限制了其在可控组装生物基孔材料中的应用。受磷脂分子自组装结构的启示,研究人员尝试用热稳定性高的合成表面活性剂取代磷脂,成功开创了无机介孔材料领域。下面简要介绍磷脂分子的结构和自组装特性,以及表面活性剂在开创介孔材料中的应用。

11.3.1.1　磷脂及其自组装结构特性

磷脂分子的结构包括三部分,即极性首基、疏水基团及主干结构[图 11-15(a)]。主干结构连接极性首基和疏水基团,三部分的选取和连接方式赋予磷脂分子结构多样性。极性首基可以是带电或不带电的极性基团,疏水基团包括芳香类、饱和脂肪类及不饱和脂肪类,主干结构包括多元醇或芳香多环等。磷脂的分类通常依据极性首基、疏水基团和主干结构的特性而定,如异戊间二烯类、鞘脂类及神经酰胺类等。在水中或有机溶剂中,磷脂表现出强烈的自组装特性,呈现多种自组装介观结构,如单分子层、胶束、反胶束、双层及六方相结构等[图 11-15(b)～(g)][51,52]。

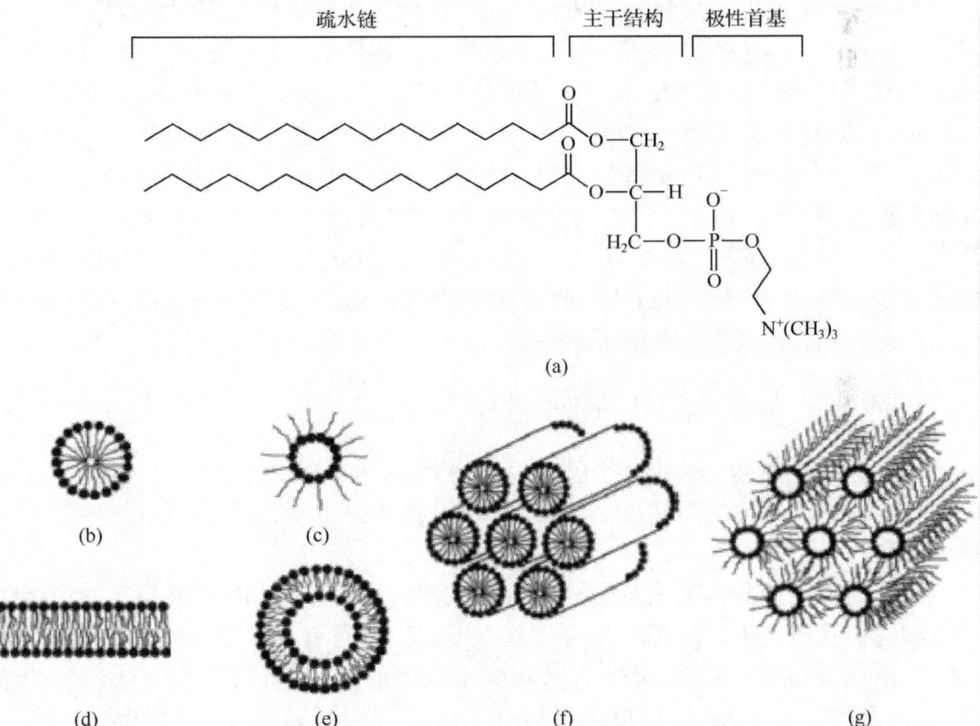

图 11-15　甘油磷脂的结构示意图(a)和磷脂自组装结构(b～g)

(b)胶束;(c)反胶束;(d)双层结构;(e)双层结构囊泡;(f)胶束六方相结构;(g)反胶束六方相结构

磷脂的化学和物理性能如极性、酰基链长度和位置、酰基链不饱和度及结构、极性首基的电荷、外部条件(如温度)等都能影响其自组装结构。单分子层是磷脂最常见的自组装结构，组装通常发生在气-液相界面；随着有机溶剂的挥发，极性首基伸入水相使极性作用最大化，疏水基团伸入气相使非极性作用最大化而形成单分子层结构。当酰基链长度过大时，磷脂分子倾向于形成生物体中普遍存在的双层结构。磷脂是细胞膜的重要组分，与膜蛋白和胆固醇等共同控制细胞的形貌及功能。

11.3.1.2 磷脂模板无机质矿化

磷脂分子自组装体可诱导调控无机质矿化，磷脂的作用归纳如下：①通过转运或选择性离子渗透，调控反应环境的物理化学条件；②磷脂双层通过分子识别，选择性诱导调控无机质在特定位点发生矿化，从而调控成核动力学；③限制反应空间；④在诱导调控矿化过程中，磷脂调节自身结构以精确调控无机质的形状和尺寸[53-61]。

Mann 等发现半乳糖脑苷脂和少量阴离子衍生物混合体自组装形成内腔 10～30nm，外径约 120nm 的纳米管；铁离子在静电作用驱动下，围绕纳米管沉积、成核形成磁性或非磁性氧化铁纳米片和氧化铁纳米粒子。改变组装条件，可获得多层堆积的无机-有机管状复合材料[62]。Baral 等利用磷脂自组装亚微米管（直径 500nm，长度为 50～100μm）诱导二氧化硅沉积，获得包覆厚度约 50nm 的无定形 SiO_2 磷脂亚微米管，复合组装大幅度提高了磷脂的机械性能和热稳定性。焙烧处理复合亚微米管，获得空心 SiO_2 纳米管，在其表面负载 Ni 纳米粒子制备出具有一定磁性的 SiO_2 纳米管[63]。以上工作显示磷脂诱导调控无机质矿化，组装具有磷脂自组装拓扑结构的无机功能体系的可行性。

11.3.1.3 表面活性剂及介孔材料的组装

自 1992 年 Exxon Mobil 公司科学家首次成功组装介孔 SiO_2（MCM-41）以来[64, 65]，许多具有新颖结构的 SiO_2 及金属氧化物介孔材料应运而生，如表 11-1 所示[66-98]。

以表面活性剂为模板组装介孔材料是生物矿化原理在可控组装特定介观结构和形貌无机孔材料中的应用。研究工作显示，无机-有机界面相互作用种类，表面活性剂的化学和结构特性，极性首基和疏水基团的体积比，以及表面活性剂的浓度、堆积参数（g 值）及组装温度等，对介孔结构及材料形貌都有至关重要的影响。

介孔材料组装中常见的表面活性剂包括：①阳离子型表面活性剂；②阴离子型表面活性剂；③非离子性表面活性剂[77]。季铵盐是常见的阳离子表面活性剂，MCM-41 的组装在十六烷基三甲基溴化铵（CTAB）诱导调控下实现[64]。阴离子表面活性剂诱导调控有机硅前躯体，如氨基硅烷（APS）或季氨基硅烷（TMAPS）等，组装出一系列 SiO_2 介孔材料[99]。非离子型表面活性剂如三嵌段共聚物 P123

成功诱导调控 SBA-15 的组装[67]。如表 11-1 所示，不同化学性质和结构的表面活性剂可以构建相同孔结构的介孔材料，手性表面活性剂是构建手性孔结构的必要条件(图 11-16)。目前为止，科学界尚无法定量描述表面活性剂自组装结构和化学性质与介孔结构的关系。

表 11-1　代表性介孔 SiO_2 材料[76]

编码	表面活性剂结构	孔结构	文献
	二维有序介孔 SiO_2		
MCM-41	C_nTMA^+ (n 为 12～18)	$P6mm$	[69]
CMI-1	Brij56	$P6mm$	[77]
SBA-3	C_nTMA^+ (n 为 14～18)	$P6mm$	[66]
UK-1	FSPC1-1	$P6mm$	[78]
JLU-14，15	FSO-100[$CF_3(CF_2)_4(EO)_{10}$]	$P6mm$	[79]
SBA-15	P123	$P6mm$	[67]
MSU-H	P123($EO_{20}PO_{70}EO_{20}$)	$P6mm$	[80]
IBN-4	P123($EO_{20}PO_{70}EO_{20}$)	$P6mm$	[81]
JLU-20	P123($EO_{20}PO_{70}EO_{20}$)	$P6mm$	[82]
SBA-8	CTAB	cmm	[83]
	三维有序介孔 SiO_2		
FDU-12	F127($EO_{106}PO_{70}EO_{106}$)	$Fm\bar{3}m$	[86]
KIT-5	F127($EO_{106}PO_{70}EO_{106}$)	$Fm\bar{3}m$	[87]
FDU-1	B50-6600($EO_{39}BO_{47}EO_{39}$)	$Fm\bar{3}m$	[88]
SBA-16	F127($EO_{106}PO_{70}EO_{106}$)	$Im\bar{3}m$	[68]
IBN-1	F127($EO_{106}PO_{70}EO_{106}$)	$Im\bar{3}m$	[81]
SBA-11	Brij56($C_{16}EO_{10}$)	$Pm\bar{3}n$	[68]
SBA-1	C_{16}TEABr	$Pm\bar{3}n$	[89]
SBA-6	$18B_{4-3-1}$	$Pm\bar{3}n$	[90]
FDU-2	$C_{m-2-3-1}$ (m=14,16,18)	$Fd\bar{3}m$	[91]
AMS-8	C12GlyA	$Fd\bar{3}m$	[92]
SBA-2	C_{n-3-1} (n 为 12～18)	$P6_3/mmc$	[69]
SBA-12	Brij 76($C_{18}EO_{10}$)	$P6_3/mmc$	[68]
SBA-7	C_{n-3-1} (n=12～18)	$P6_3/mmc$	[68]
MCM-48	C_nTMA^+ (n=14～18)	$Ia\bar{3}d$	[65]
FDU-5	P123($EO_{20}PO_{70}EO_{20}$)	$Ia\bar{3}d$	[74]
KIT-6	P123($EO_{20}PO_{70}EO_{20}$)	$Ia\bar{3}d$	[93]

续表

编码	表面活性剂结构	孔结构	文献
	无序介孔 SiO_2		
HMS	$C_mH2_{m+1}NH_2$（m 为 8～22）	无序结构	[94]
MSU-1	C_mEO_n（m 为 11～15）	无序结构	[95]
IBN-5	F108（$EO_{106}PO_{50}EO_{106}$）	无序结构	[81]
KIT-1	CTACl	无序结构	[96]
TUD-1	三乙醇胺	无序结构	[97]
Al-MMS	十六烷基胺	无序结构	[98]
	手性介孔 SiO_2		
手性介孔结构	C_{14}-L-Alas	二维手性孔道	[84]

图 11-16 不同对称性孔道结构示意图(a)$P6mm$；(b)$Ia\bar{3}d$；(c) $Pm\bar{3}n$；(d) $Im\bar{3}m$；(e) $Fd\bar{3}m$；(f) $Fm\bar{3}m$[76]和(g)手性介孔 SiO_2 的 SEM 图；(h)～(j) 手性孔道结构示意图[84]

在介孔材料的共组装过程中，无机物种和表面活性剂间电荷匹配至关重要。表面活性剂与无机物种带电类型不同，则两相界面相互作用不同，共组装驱动力也会随之改变（表 11-2)。I 表示无机物种（带正电 I^+，带负电 I^-，中性 I^0）；S^+ 表示阳离子表面活性剂，如长链烷基季铵盐、长链烷基吡啶、阳离子双子型等；S^- 表示阴离子表面活性剂，如盐型、酯盐型；S^0 表示非离子表面活性剂，如非离子双子型、长链烷基伯胺等；X^- 代表卤素离子，如 Cl^-，Br^- 等；M^+ 代表 Na^+、H^+ 等。另外，相对分子质量大的表面活性剂包括嵌段共聚物，如聚氧乙烯-聚氧丙烯-聚氧乙烯(PEO-PPO-PEO) 等，在介孔材料组装中扮演重要角色。

无机-表面活性剂一般采用下述几种常见的相互作用方式。在特定 pH 的水溶液中，阳离子表面活性剂 S^+ 可以使寡聚硅酸根阴离子 I^- 有序化形成硅酸盐介孔材料，这种在 S^+I^- 作用驱动下组装的介孔结构称为 S^+I^- 结构。由高聚铝阳

表 11-2　无机物种与表面活性剂间相互作用[76]

路线	相互作用	条件	pH	代表产物
S^+I^-	静电	S^+，阳离子表面活性剂	碱性	MCM-41，MCM-48
	库仑力	I^-，带负电硅酸盐物种		MCM-50，SBA-6，SBA-2，SBA-8，FDU-2，FDU-11，FDU-13，等
S^-I^+	静电	S^-，阴离子表面活性剂	水溶液	介孔氧化铝，等
	库仑力	$C_nH_{2n+1}COOH$，$C_nH_{2n+1}SO_3H$，$C_nH_{2n+1}OSO_2H$，$C_nH_{2n+1}OPO_2H$，I^+，过渡金属离子		
$S^+X^-I^+$	静电	S^+，阳离子表面活性剂	酸性	SBA-1，SBA-2，SBA-3
	库仑力	I^+，硅酸盐物种		
	双层氢键	X^-，Cl^-，Br^-，I^-，SO_4^{2-}，NO_3^-		
S^-N^+-I^-	静电	S^-，阴离子表面活性剂	碱性	AMS-*n*
	库仑力	N^+，TMAPS 或 APS 的铵根离子，I^-，带负电硅酸盐物种		
$S^-X^+I^-$	静电	S^-，磷酸盐阴离子表面活性剂	碱性	W，Mo 氧化物
	库仑力	$C_nH_{2n+1}COOH$，$C_nH_{2n+1}SO_3H$		
	双层氢键	$C_nH_{2n+1}OSO_2H$，$C_nH_{2n+1}OPO_2H$，I^-，多酸阴离子，WO_4^{2-}，$Mo_2O_7^-$，X^+，Na^+，K^+，Cr^{3+}，Ni^{2+}，等		
S^0I^0(N^0I^0)	氢键	S^0，非离子型表面活性剂，聚氧化乙烯基三嵌段共聚物表面活性剂，N^0，有机胺，$C_nH_{2n+1}NH_2$，$H_2NC_nH_{2n+1}NH_2$，I^0，硅酸盐物种，铝酸盐物种	中性	HMS，MSU，无序蠕虫状介孔结构硅酸盐
$S^0H^+X^-I^+$	静电	S^0，非离子型表面活性剂	酸性	SBA-*n*(*n*=11,12,15,16)
	库仑力	I^+，硅酸盐物种	pH<2	FDU-*n*(*n*=1,5,12)
	双层氢键	X^-，Cl^-，Br^-，I^-，SO_4^{2-}，NO_3^-		KIT-*n*(*n*=5,6)
$N^0\cdots I^+$	配位键	N^0，有机胺，I^+，过渡金属(Nb、Ta)	酸性	Nb，Ta 氧化物
S^+-I^-	共价键	S^+，包含硅酸盐物种的阳离子表面活性剂，e. g，$C_{16}H_{33}N(CH_3)_2OSi(OC_2H_5)_3Br$，$I^-$，硅酸盐物种	碱性	介孔二氧化硅

离子与阴离子型表面活性剂如烷基磺酸盐组装构建的介孔结构称为 S^-I^+ 结构。在组装体系中存在平衡电荷时，相同电荷的表面活性剂和无机物种可以发生共组装。例如，$S^+X^-I^+$ 介孔结构（S^+ = 季铵盐，X^- = Cl^-，I^+ = 带正电荷的氧化硅物种），在强酸性介质中 SiO_2 介孔材料的组装基本属于这种类型。弱相互作用（如氢键等）可驱动介孔材料的组装。例如，中性有机胺表面活性剂 S^0 与中性无机物种 I^0 受氢键驱动组装 S^0I^0 介孔结构。与受静电作用驱动组装的 SiO_2 介孔材料相比，S^0I^0 介孔结构的孔壁均一性好，但易形成孔道长程无序的胶束、液晶、乳状液、微孔或囊胞等。共价键也可以驱动无机和表面活性剂组装形成 S-I 型介孔结构[106]。

11.3.1.4　介孔材料的组装路线

介孔材料的组装过程包括两个主要步骤，既表面活性剂自组装以及无机物种与表面活性剂的共组装。常见表面活性剂自组装结构包括球状、层状、柱状及手性液晶结构，手性液晶结构对温度和压力敏感性高。无机物种与表面活性剂共组装路线主要包括直接沉积路线、液晶模板路线、挥发组装路线和外模板路线（图 11-17）。利用这些路线，研究人员已组装出大量形貌及孔道结构各异且孔径可调的介孔材料[100]。

1. 直接沉积路线

在直接沉积路线中，表面活性剂自组装与无机物种围绕自组装体水解、缩聚协同进行。控制无机物种水解和缩聚速度，促进无机物种与胶束相互作用是决定介孔结构的主要因素。严格控制组装条件（如溶剂、pH、反应温度、陈化时间等）为达到此目的提供必要条件。例如，严格控制硅酸酯水解速度，可使有序介孔 SiO_2 的组装在酸性或碱性介质中实现[65,69]。

2. 液晶模板路线

液晶诱导调控介孔材料组装通过三步实现：①胶束形成液晶排列；②无机物种渗透进入液晶排列；③无机质在液晶排列区域沉积[101]。由于酯类无机物种水解产生醇易破坏液晶排列，这在一定程度上限制了该路线的普遍使用。

3. 挥发组装路线

利用挥发技术调控起始反应溶液（含无机物种、表面活性剂、添加剂等）的挥发过程制备有序介孔材料的路线称为挥发组装路线[102]。这种路线适于制备不同形貌的介孔材料。例如，溶液浇筑法制备介孔凝胶，浸涂或旋涂技术制备介孔薄膜，喷雾技术制备介孔粒子等[103]。

4. 外模板路线

外模板路线适于不稳定胶束液晶排列和无机物种沉积易结晶体系的组装，外模板路线也称为硬模板路线。组装过程分两步实现：① 无机物种浸入表面活性剂溶液相；② 加热除去表面活性剂。许多介孔碳材料和介孔低价过渡金属氧化物的

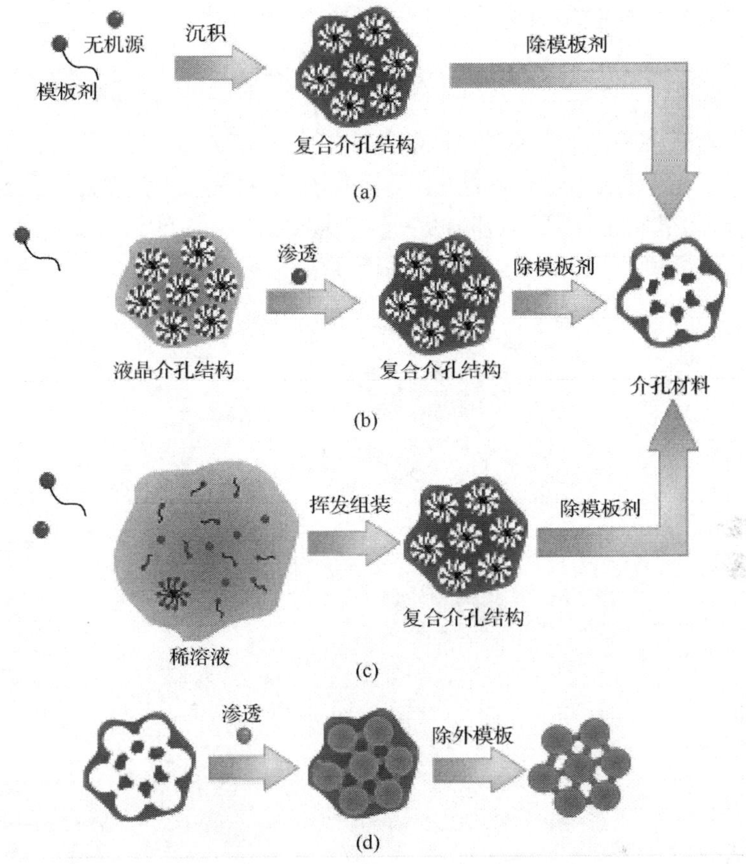

图 11-17　介孔材料的组装路线

(a) 直接沉积路线；(b) 液晶模板路线；(c) 挥发组装路线；(d) 外模板路线[100]

组装通过外模板路线实现[104，105]。

11.3.2　蛋白质与生物基孔材料

蛋白质在生物矿化中扮演重要角色。在磁细菌中，蛋白质精确控制铁离子的摄取，依照特定结构在温和条件下组装无机质，制备高磁矩粒度均一的 Fe_3O_4 和 Fe_3S_4 纳米晶粒[107]。深海海绵中，复合蛋白诱导调控生物硅化，组装刚韧并且性能优异的无定形 SiO_2 光纤材料[108]。虽然蛋白质诱导调控无机质矿化的机理尚不清楚，但可以肯定的是，蛋白质自组装结构及表面酸性氨基酸残基为无机质矿化提供所需的结构模板、催化中心及成键位点。蛋白质的分子识别能力和自组装特性，使它有能力将多种化学元素依照特定结构组装。组合生物学(combinational biology)和光刻蚀等微加工技术的出现使量身定制特定蛋白，诱导调控以功能为导向的复合功能体系的可控组装成为可能[109]。

11.3.2.1 蛋白质自组装特性及无机-蛋白质共组装

蛋白质具有独特的自组装特性（图 11-18），研究结果显示蛋白质表面氨基酸排序影响其自组装结构特征和性能[110]。调控蛋白表面化学性质及活性位点分布，可以实现无机质拓扑、反拓扑或完全复制蛋白质结构的目的。其中，控制过程参数是精确拓扑蛋白质预构体结构的关键[119]。

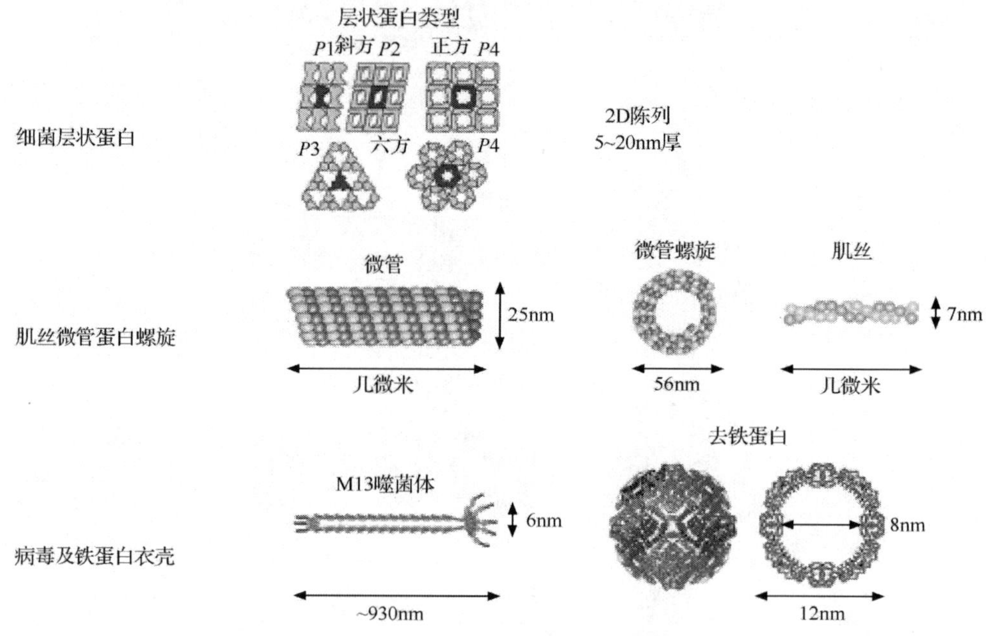

图 11-18 几种常见的蛋白质自组装结构示意图[111, 112]

不同氨基酸残基的排列组合对同种无机质可以表现出相同结合力，在现阶段，解析无机-蛋白质组装机理还为时尚早[113]。研究结果显示，20 种天然氨基酸排列组合为诱导调控常见无机质矿化（如金属、氧化物、半导体等），组装特定结构和功能的无机质提供了宝贵的模板剂。氨基酸中的杂原子（如氮、硫等）为无机和蛋白质结合提供了适当的键合位点。依照软硬酸碱理论（HSAB），软金属倾向与氨基酸的硫或氮原子成键，如金属离子易与半胱氨酸、蛋氨酸、组氨酸、色氨酸、赖氨酸、脯氨酸等结合[114-116]。组装体系的酸度对无机-蛋白质结合位点有很大影响。例如，甘氨酸及天门冬氨酸能有效调控烟草花叶病毒（TMV）表面电荷分布及 Ag 的沉积位点[117]；带负电荷的甘氨酸为 Fe^{2+} 提供结合位点，是诱导调控 FeO 成核的理想模板剂[118, 119]。蛋白质与无机物种间的作用力以弱相互作用（如静电作用、氢键、范德华力等）为主。

1. 一维结构

一维线性蛋白(如微管蛋白、肌动蛋白丝等)是许多甲壳虫类物种的骨骼及外壳的主要成分。微管蛋白（直径为 25nm,长约几微米,中空）含有丰富且排序规则的酸性氨基酸残基,它是 α-,β-丝管蛋白的非均质高聚物。微管蛋白的形貌特征、分子识别能力及蠕动性能使无机离子很容易围绕其表面活性位点沉积、成核并进一步生长成纳米粒子。研究人员利用微管蛋白作为模板,通过化学镀技术(electroless deposition technique）制备包覆金属纳米粒子的微管蛋白（Au[120]、Ag[121]、Pd[122]、Ni[123]）,如图 11-19 所示。

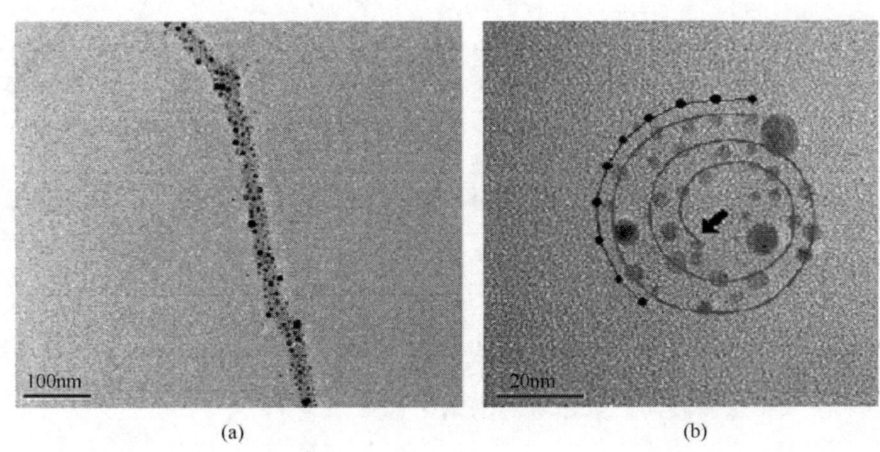

图 11-19　蛋白质诱导调控 Ag 纳米粒子组装的 SEM 图[121, 124]

(a) Ag 纳米粒子围绕微管蛋白沉积;(b) Ag 纳米线围绕螺旋状丝管蛋白沉积

2. 二维结构

细胞膜表层中发现的二维层状结构蛋白质,称为 surface-layers 或 S-layers,它们是天然二维晶态蛋白质,大量存在于细菌中。S-layers 是相同蛋白质亚单元自组装产物,常见对称性包括正方(P_1,P_2)、四方(P_4)、六方(P_3,P_6）等。S-layers 的晶胞参数为 5～30nm,层状结构上布满分布均匀的纳米孔(孔径 2～8nm),易于大分子、金属离子和纳米粒子等通过。S-layers 的有序孔结构,表面酸性氨基酸残基和分子识别能力,使其成为图案化无机质的理想模板剂[112, 125, 126]。Mark 等利用六方堆积中间层(HDI)和 S-layers(P_3对称性）为模板,使带有不同巯基配体的 Au 及 CdSe/ZnS 量子点等无机纳米粒子在其表面有序堆积[127]。HDI 和S-layers 可诱导调控树状聚合物包覆的 Pt 纳米粒子沿其表面有序排列。

3. 三维结构

病毒是复杂的分子生物体,呈核壳结构,核心是携带遗传信息的 DNA 或 RNA,鞘壳由复合蛋白构成,偶尔蛋白质鞘壳外涂有油脂层。烟草花叶病毒

(TMV) 是一种植物病毒，核心是 RNA，鞘壳由 2130 种蛋白质组成，蛋白质自组装体呈螺旋柱状（内径 4nm，外径 18nm，长 300nm）。1999 年，Mann 等首次将 CdS、PbS、SiO_2 和 Fe_2O_3 沉积到 TMV 表面，组装无机-TMV 纳米柱状复合材料[128]。后继工作拓展了 TMV 模板组装无机-TMV 纳米柱状复合材料的应用领域。Culver 等利用经半胱氨酸修饰的 TMV 为模板，将其垂直排列在金衬底上，然后利用化学镀法（electroless plating）将 TMV 表面包覆 Ni 或 Co 纳米粒子（图 11-20）。功能测试显示，与未改性电池相比，含 Ni-TMV-Au 电极的 NiO-Zn 电池容量高出 1 倍[129]。

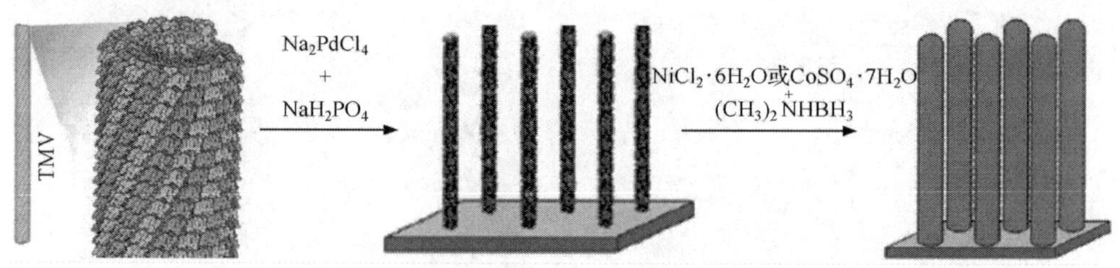

图 11-20 经半胱氨酸修饰的 TMV 在金衬底竖直排列，包覆 Ni 或 Co 纳米粒子过程示意图[129]

11.3.2.2 蛋白质与生物基孔材料的可控组装

蛋白质具有精确调控无机质拓扑结构的能力。研究工作显示牛血清白蛋白(BSA)、溶菌酶(lysozyme)、明胶(gelatin)、胰蛋白酶(typsin)、K 型蛋白酶(proteinase K)等受氢键和静电作用驱动自组装构建蛋白质预构体，SiO_2围绕蛋白质预构体沉积形成 SiO_2-蛋白质复合材料[130-133]。利用蛋白质调控组装生物基孔材料是材料学家多年的追求。2011 年，Khripin 等在 ACS Nano 上首次发表用 MDML (mask-directed multiphoton lithography)技术刻蚀蛋白质水凝胶，构建任意拓扑结构和形貌的蛋白质预构体（图 11-21）[134]。它们利用 MDML 技术，选取 BSA 及溶菌酶为模板，在酸性条件下诱导 SiO_2纳米粒子(20～60nm)围绕蛋白质预构体均匀沉积。热处理除去蛋白质获得具有蛋白质拓扑结构的 SiO_2多孔材料。令人惊奇的是，热处理并未明显改变 SiO_2的体积，氮气吸附结果显示其表面积约为 $625m^2/g$，孔径分布为 5～25nm。

11.3.3 多糖与生物基孔材料

多糖自组装体及其在可控组装生物基孔材料方面的研究起步虽晚但初步结果令人鼓舞。糊精是淀粉降解获得的水溶性低聚糖，热稳定性好且具还原性。Mann 等将糊精与无机物种[如 $AgNO_3$、$AuCl_3$、$Cu(NO_3)_2$ 等]制成糊状物，加热该糊状

(a)　(b)　(c)

图 11-21　MDML 法制备人造硅藻外壳结构(a)、MDML 法制备人工放射线虫外壳结构(b)、人工硅藻外壳(c)以及它们的 SEM、TEM 及 AFM 图[134]

物到不同温度使糊精脱气、膨胀，获得海绵状多孔银、金及合金等(多孔银孔径约 2μm～50μm)，如图 11-22 所示。为催化、电化学、散热及生物过滤领域提供了一种经济环保且行之有效的材料制备方法[135]。

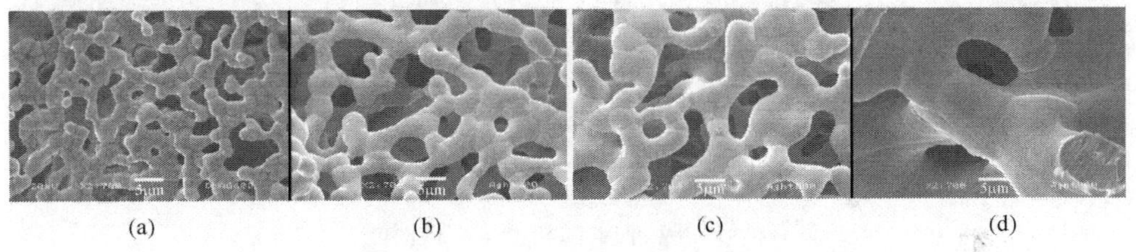

(a)　(b)　(c)　(d)

图 11-22　不同温度处理无机-糊精获得海绵状多孔 Ag 材料[135]
(a) 600℃；(b) 700℃；(c) 800℃；(d) 900℃

2010 年，Berglund 等在 *Nature Nanotechnology* 报道了利用细菌纤维素 (BC) 自组装体诱导调控 $CoFe_2O_4$-BC 复合铁磁材料共组装，获得低密度弹性多孔铁磁材料 (图 11-23)。为开拓微流体装置和电子执行器提供了一条可持续性的设计组装路线[136]。

2010 年，Shopsowitz 等在 *Nature* 报道了利用晶态纤维素自组装手性液晶结构诱导调控二氧化硅-纤维素共组装，获得了长程有序且光学性质可调的介孔光子晶体膜材料[137]。以上工作充分肯定了多糖自组装体诱导调控生物基孔材料，产生新功能的可行性和意义。迄今，共组装工作围绕纤维素和二氧化硅，有关其他多糖及功能无机质的共组装研究鲜为报道。另外，有关多糖自组装及无机-多糖共组装机制和二者协同规律方面的工作还很少，是一片亟待开发且极具前景的研究领域。

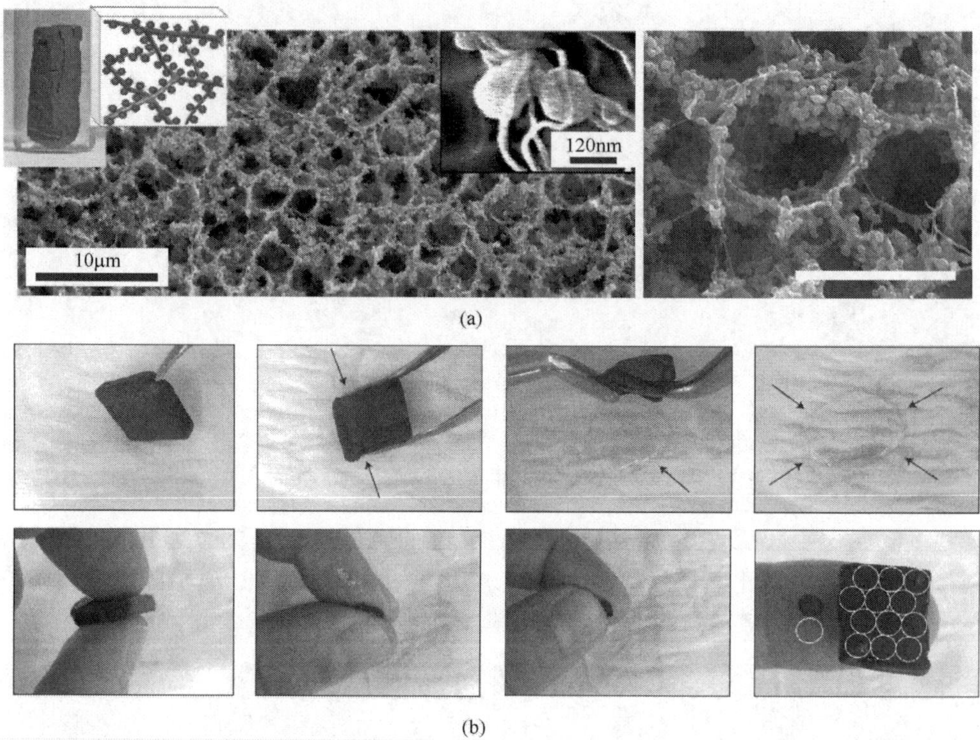

图 11-23　(a) $CoFe_2O_4$-BC 多级孔铁磁材料的 SEM 图(孔隙率约 98%，$CoFe_2O_4$ 95%，质量分数)，围绕 BC 生长(尺度为 4μm)；(b) 展示了 $CoFe_2O_4$-BC 多级孔铁磁材料具有良好的吸、脱水性和可调机械性能[136]

天然多糖是一类具有重要生物功能，可再生、可生物降解的生物高分子。以纤维素和几丁质(又叫甲壳质、壳多糖)为代表的多糖在生物矿化中起着重要作用。木质纤维素中不乏 SiO_2-多糖生物基孔材料，几丁质是贝壳珍珠层形成过程的重要结构模板剂。纤维素和几丁质（下称多糖）是自然存储量最大的生物大分子。它们的常见自组装结构包括：①多级孔道结构。多糖链在多位点弥漫型氢键网络驱动下构建无序多级孔道结构，孔径在几十纳米至几百纳米范围；②手性液晶结构。多糖链在弱键（疏水、亲水、范德华力）及协同作用驱动下呈手性液晶排列(图 11-24)，半螺距在几百纳米到几微米范围。中性多糖手性液晶结构具有双亲性，垂直多糖链伸展方向呈疏水性，沿多糖链伸展方向呈亲水性。酸水解制备的晶态多糖受静电作用驱动自组装成手性液晶结构。温度、离子强度和外场力等可解体手性液晶排列，撤除干扰因素，多糖再组装呈手性液晶结构[138]。

在多糖存在时，无机物种受氢键和静电作用驱动围绕多糖表面羟基脱水缩聚

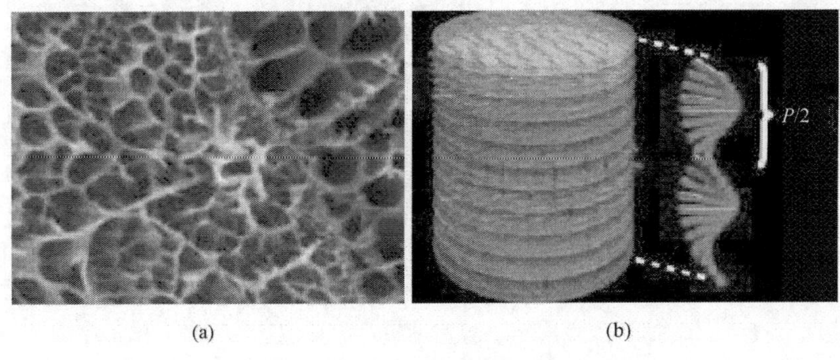

图 11-24　常见多糖自组装结构
(a) 多级孔道结构；(b) 手性液晶结构

形成无机-多糖共组装体(图 11-25)。多糖自组装与无机-多糖共组装协同作用，是无机质拓扑多糖自组装结构的必要条件。

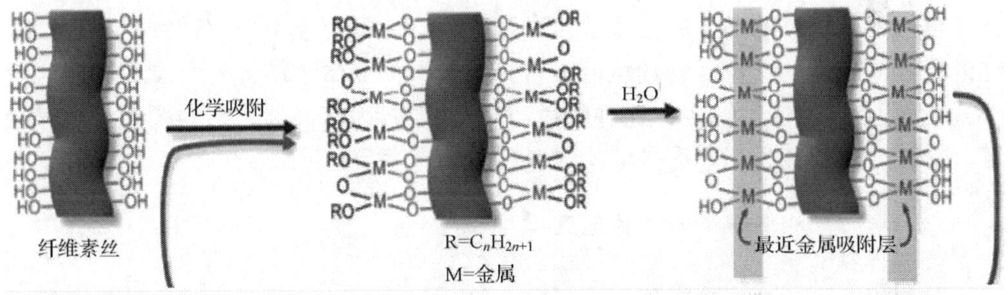

图 11-25　无机物种围绕多糖活性官能团脱水缩聚示意图

作者课题组围绕无机-多糖有序多级孔材料的调控组装展开系统的研究工作。我们利用多糖自组装体为模板，以 A 型、X 型、Y 型分子筛和半导体氧化物为代表，组装出一系列兼具微孔和一定秩序介孔的生物基孔材料(图 11-26)。调变组装条件可获得机械性能可调及吸脱水性能良好的分子筛-多糖共组装材料。由于无机-多糖共组装消耗羟基，共组装导致多糖多级孔道结构重组，A 型分子筛-多糖共组装结构在 20～40nm 区域出现正态孔分布。结果显示，A 型、X 型、Y 型分子筛可以复制多糖多级孔结构。这意味着设计构建特定结构的多糖预构体，将有可能组装出具有特定结构特征和功能的生物基孔材料。

有序多级孔材料的可控组装将极大推动高效催化材料以及催化与分离相结合的共组装功能材料的创新。其中关键科学问题包括如何设计构建有序多级孔多糖预构体，制造适当化学环境，使无机质完全拓扑多糖自组装体结构。这是一个新兴研究领域，待解答的问题很多。化学交联及微加工技术不乏是构建特定结构多糖预构体的有效手段。

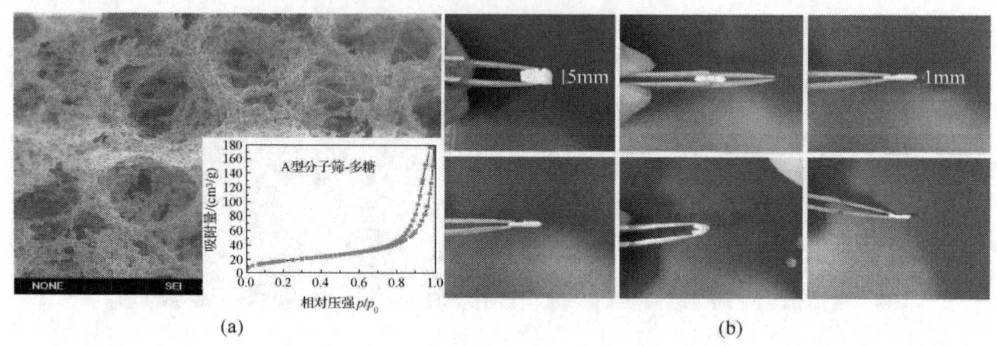

(a) (b)

图 11-26 A 型分子筛-多糖生物基孔材料

(a) 共组装导致多糖多级孔道结构重组，A 型分子筛-多糖共组装结构在 20～40nm 出现正态孔分布；(b)生物基孔材料具有良好弹性

11.3.4 生物体的结构颜色及多孔光子晶体材料

自然界中物种的颜色分为化学色和物理色。化学色通常指由物种所含色素对光的吸收而产生的颜色。物理色通常指光与物种的亚微米结构发生反射、散射、干涉或衍射所产生的颜色，由于这种颜色与结构有关，因此又称为结构颜色。蝴蝶翅膀、贝壳珍珠层、孔雀羽毛等是结构颜色的典型范例。

11.3.4.1 蝴蝶翅膀的结构颜色

结构颜色是导致蝴蝶翅膀动态色的主要原因。以蓝闪蝶为例，其翅膀由数以万计的鳞片构成。每个鳞片呈扁平状，前窄后宽，长约 150μm，宽约 60μm，与基底呈 15°角[图 11-27(b)]。沿基底方向鳞片呈周期性排列[图 11-27(c)]，垂直基底方向平行排列 35～40 层几丁质（称为梁），相邻梁间距离约 1μm[图 11-27(e)]。几丁质梁上有 50nm×60nm 的微腔，呈二维周期性排列，微腔与水平面呈 30°角[139]。具有结构颜色的生物体大都由光子晶体材料组装，光子晶体的纳微米周期性结构与结构颜色息息相关。因此，对结构颜色的深层认识，将对开拓新一代光子材料，储存材料及显示材料有重要指导意义。

11.3.4.2 生物基多孔光子晶体材料

2006 年，Wang 等以蓝闪蝶翅膀为模板，采用原子层沉积技术（ALD）制备出 Al_2O_3生物基多孔光子晶体[140]。当 Al_2O_3沉积厚度为 10nm、20nm、30nm 和 40nm 时，Al_2O_3-几丁质的颜色分别为绿色、黄色、橘红色和紫红色(图 11-28)。800℃焙烧除去几丁质，形成 Al_2O_3晶态空心管。Al_2O_3-几丁质及 Al_2O_3在紫外/蓝光区都有明显的反射峰，这些光子晶体材料在光波导或分光镜领域的应用潜能值得探索。

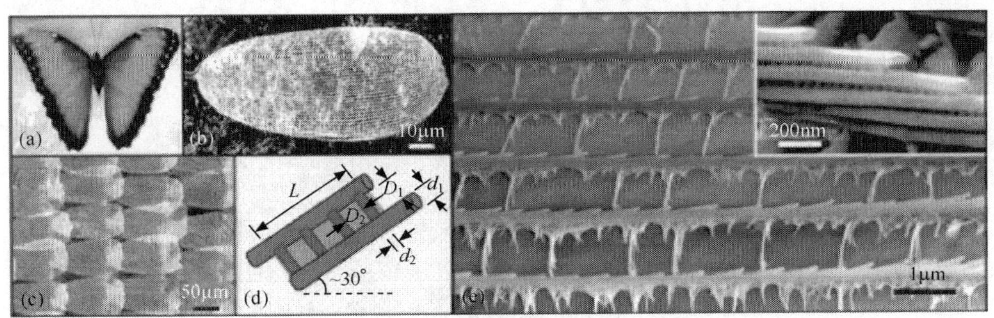

图 11-27　蓝闪蝶翅膀的形态及结构[140]

(a) 蓝闪蝶翅膀及其颜色；(b) 鳞片的 SEM 图；(c) 鳞片的周期性排列；(d) 几丁质微腔结构；(e) 翅膀表面结构的 SEM 图，插图是微腔结构

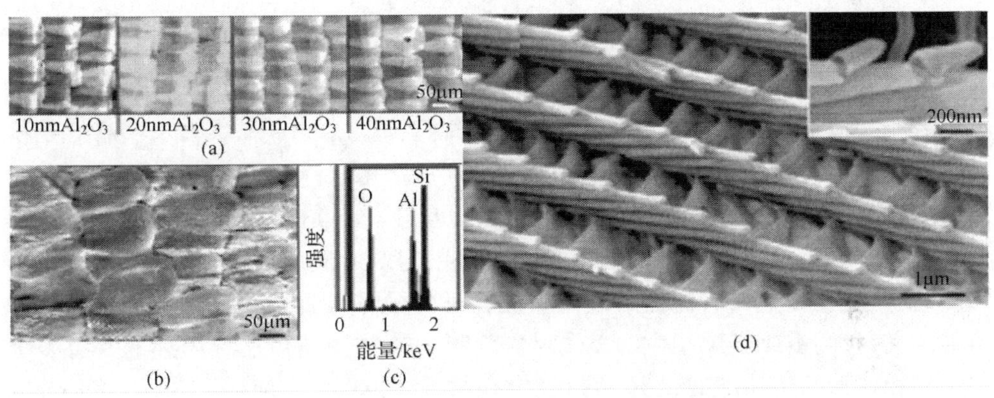

图 11-28　具有蓝闪蝶翅膀拓扑结构的 Al_2O_3 的颜色和微观结构[140]

(a) Al_2O_3 沉积厚度与相应颜色；(b)、(c) 除掉模板后 Al_2O_3 的 SEM 图像及相应 EDX 谱；(d) Al_2O_3 的高倍 SEM 图，插图显示 Al_2O_3 空心管结构

2012 年 Zhang 等采用溶胶-凝胶技术，以蓝闪蝶翅膀为模板制备出生物基 α-Fe_2O_3 多孔光子晶体。在 H_2/Ar 惰性气体 400℃ 条件下，将 α-Fe_2O_3 还原为具有磁光特性的 Fe_3O_4 光子晶体 (图 11-29)[141]。α-Fe_2O_3 和 Fe_3O_4 的介电常数不同，但结构相同。外磁场强度可导致 Fe_3O_4 光子带隙红移，表明 Fe_3O_4 材料具有磁光耦合特性，其在磁光器件领域的应用潜能值得探索。用同样的研究路线，Zhang 等制备出 SiO_2 及金属氧化物生物基多孔光子晶体材料[142-145]。

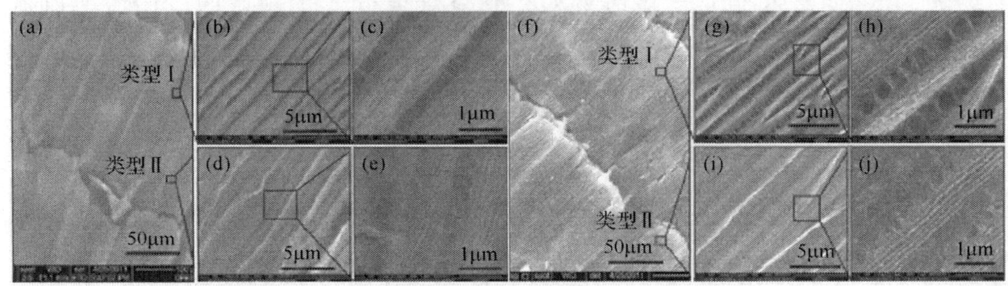

图 11-29　具有蓝闪蝶翅膀拓扑结构氧化铁的 SEM 图

(a) α-Fe_2O_3光子晶体的低倍 SEM 图；(b)、(c) α-Fe_2O_3光子晶体中类型-Ⅰ区不同放大倍数的 SEM 图；(d)、(e) α-Fe_2O_3光子晶体中类型-Ⅱ区不同放大倍数的 SEM 图；(f) 还原后 Fe_3O_4光子晶体的低倍 SEM 图；(g)、(h) Fe_3O_4光子晶体中类型-Ⅰ区不同放大倍数的 SEM 图；(i)、(j) Fe_3O_4光子晶体中类型-Ⅱ区不同放大倍数的 SEM 图[141]

11.4　结论与展望

硅藻和海胆等生物矿物质以复杂多级孔结构及与之相应的结构功能为无机孔材料研究领域翻开了崭新的一页。本章是作者在学习和分析许多具有特殊孔结构的生物矿物质，以及依据生物矿化原理构建生物基孔材料后提出的一些初步想法。与 IUPAC 定义的无机孔材料迥然不同，生物基孔材料是无机-有机复合材料，通过无机和有机相间多位点多种键合的协同作用构筑而成，结构空旷且孔径分布不均一，生物基孔材料具有优异的结构功能。目前国际科学界尚不存在生物基孔材料的定义，我们由此尝试用生物基孔材料泛指由生物预构体诱导组装的具有多级孔结构和特殊结构功能的无机-有机复合孔材料，并区别于 MOF、COF、POF 等以配位键为主的晶态无机-有机杂化骨架孔材料。生物基孔材料是组装材料，组装在温和条件下进行。生物预构体具有诱导调控无机质矿化的活性位点和理想拓扑结构，在生物矿化中起主导作用。调节组装条件，无机质可以拓扑生物预构体结构。因此，如何设计构建生物预构体，以实现可控组装特定孔径分布和功能的生物基孔材料是该研究领域的核心问题之一。

为了揭示生物孔材料孔结构的产生机理和挖掘有指导意义的因素，我们回顾了硅藻外壳中无定形二氧化硅-生物预构体复合孔结构的构筑过程。二氧化硅在改性双亲多肽 silaffins 的诱导调控下完成矿化。改性 silaffins 在静电作用驱动下自组装，通过相分离机理，构建二氧化硅-生物分子多级孔结构，为创新生物基孔材料提供了一条值得借鉴的组装路线。以硅藻外壳为硬模板已逐渐演变为制造生物基孔材料的重要纳米技术。磷脂是细胞膜的主要成分，是生物表面活性剂，在细胞膜中受亲水和疏水作用驱动自组装成双层结构。将此概念拓展，利用合成表面活性剂诱导调控无机介孔材料组装导致介孔材料的诞生与蓬勃发展。蛋白质具有独特的自组装结构和丰富的氨基酸残基，是生物矿化中最常见的矿化中心。选取适当氨基酸残基设计构建特定蛋白，利用光刻蚀技术制造特殊图案和多级孔结构，在特定氨基酸诱导下，组装具有特定表面图案和多级孔结构的二氧化硅-蛋白质生物基孔材料。蓝闪蝶翅膀及许多甲壳虫外壳具有多级孔结构，孔径分布在可见光范围，是优异的光子晶体材料。利用蓝闪蝶翅膀和甲壳虫外壳为硬模板，已成功制造出一系列颜色可调的光子晶体材料，为创新生物基孔材料和开拓新应用领域提供了一条可行路线。

基于目前在生物基孔材料领域绝大多数研究工作围绕利用生物硬模板及微乳模板法组装生物基孔材料的现状，我们认为似乎有必要注重发展生物预构体的设计和构建方法，深入研究和揭示可控组装生物基孔材料的过程与规律，进而提出相关理论模型。例如，利用多糖及衍生物自组装结构构建特定拓扑结构的多糖预构体以及利用微加工技术构建特定拓扑结构的生物预构体等。利用这些生物预构体，以功能为导向，调控组装特定生物基孔材料，总结有普遍意义的组装规律，为发展和功能化生物基孔材料开辟新路线。

生物孔材料以孔径分布不均一及精确生物功能为特征，如骨骼的离子输送和钙离子储存以及硅藻的光学特性等，与人工合成无机孔材料形成鲜明对比。深层认识生物孔材料的孔径分布与相应结构功能之间的关系，对创新具有生物活性和生物响应性的生物材料，开拓生物基孔材料研究领域和开发新功能将起到极大的推动作用。

我们还建议尝试用生物学观点思考无机材料化学的发展。生物矿化是在遗传信息严格操纵和微生物参与下发生的连续化学过程，这些化学过程以高效、低能、高选择性、零废物等为特色。揭示形态变化、复制、自组装、转录、环境响应能力以及自修复能力等现象的本质，并将其应用到多尺度高级有序结构的构建和可控组装，将为光电磁材料、光子晶体材料及催化分离相结合的功能生物基孔材料的创新带来革命性的改变，也将为深层认识仿生材料化学翻开新的一页。

（吉林大学：王　宇、徐　雁）

参 考 文 献

[1] Neethirajan S, Gordon R, Wang L J. Trends Biotechnol, 2009, 27: 461-47.

[2] Kröger N, Poulsen N. Annu Rev Genet, 2008, 42: 83-107.

[3] Losic D, Mitchell J G, Voelcker N H, Adv Mater, 2009, 21: 2947-2958.

[4] 王宇，林海昕，丁松园，等. 中国科学：化学，2012，42：525-547.
[5] Jeffryes C，Campbell J，Li H Y. Energy Environ Sci，2011，4：3930-3941.
[6] O'Regan B，Grätzel M. Nature，1991，353：737-740.
[7] Listorti A O，Regan B，Durrant J R. Chem Mater，2011，23：3381-3399.
[8] Ito S，Murakami T N，Comte P. Thin Solid Films，2008，516：4613-4619.
[9] Koudriachova M V，Harrison N M，de Leeuw S W. Phys Rev B，2002，65：235-423.
[10] Mann S. Nature，1988，332：119-124.
[11] Mann S，Ozin G A. Nature，1996，382：313-318.
[12] Meldrum F C，Wade V J，Nimmo D L. Nature，1991，349：684-687.
[13] Li M，Schablegger H，Mann S. Nature，1999，402：393-395.
[14] Mann S. Nature Materials，2009，8：781-792.
[15] Mann S，Heywood B R，Rajam S. Nature，1988，334：692-695.
[16] Hildebrand M. Chem Rev，2008，108：4855-4874.
[17] Sumper M. Science，2002，295：2430-2433.
[18] Drum R W，Pankratz H S. J Ultrastruc Res，1964，10：217-223.
[19] Reimann B E F，Lewin J C，Volcani B E. J Phycol，1966，2：74-84.
[20] Stoermer E F，Pankratz H S，Bowen C C. Am J Bot，1965，52：1067-1078.
[21] Bauerlein E. Angew Chem Int Ed，2003，42：614-641.
[22] Kröger N，Sumper M. Protist，1998，149：213-219.
[23] Kröger N，Deutzmann R. Science，286：1129-1132.
[24] Edgar L A，Pickett-Heaps J D. J Phycol，1984，20：47-61.
[25] Kröger N，Deutzmann R，Bergsdorf C，et al. Proc Natl Acad Sci USA，2000，97：14 133-14 138.
[26] Kröger N，Lorenz S，Brunner E，et al. Science，2002，298：584-586.
[27] Poulsen N，Kröger N. J Biol Chem，2004，279：42 993-42 999.
[28] Sumper M，Lorenz S，Brunner E. Angew Chem Int Ed，2003，42：5192-5195.
[29] Herth W. Naturwissen，1979，65：260-261.
[30] Fowler V M，Luna E J，Hargreaves W R，et al. J Cell Biol，1981，88：388-395.
[31] Shimizu K，Cha J，Stucky G，et al. Proc Natl Acad Sci USA，1998，95：6234-6238.
[32] Su B L，Sanchez C，Yang X Y. Hierarchically Structured Porous Materials from Nanoscience to Catalysis，Separation，Optics，Energy，and Life Science. Weinheim：Wiley-VCH，2012：251-252.
[33] Amatani T，Nakanishi K，Hirao K，et al. Chem Mater，2005，17：2114-2119.
[34] Mann K，Poustka A J，Mann M. Proteome Science，2008：6，22-32.
[35] Wilt F H. J Struc Biol，1999，126：216-226.
[36] Ma Y R，Cohen S R，Addadi L，et al. Adv Mater，2008，20：1555-1559.
[37] Politi Y，Arad T，Klein E，Weiner S，et al. Science，2004，306：1161-1164.
[38] Aizenberg J，Lambert G，Addadi L，et al. Adv Mater，1996，8：222-226.
[39] Li C，Qi L M. Angew Chem Int Ed，2008，47：2388-2393.
[40] Mann S. Nature，1993，365：499-505.
[41] Colfen H，Mann S. Angew Chem Int Ed，2003，42：2350-2365.
[42] Mann S. Biomineralization：Principles and Concepts in Bioinorgnic Materials Chemistry. New York：Ox-

ford University Press, 2001:89-122.
[43] Lupulescu A I, Rimer J D. Angew Chem Int Ed, 2012, 51: 3345-3349.
[44] Arnal-Herault C, Banu A, Barboiu M, et al. Angew Chem Int Ed, 2007, 46: 4268-4272.
[45] Weiner S, Wagner H D. Annu Rev Mater, 1998, 28: 271-298.
[46] Hartgerink, Beniash E, Stupp S I. Science, 2001, 294: 1684-1688.
[47] Walsh D, Mann S. Chem Mater, 1996, 8: 1944-1953.
[48] Chung W J, Oh J W, Kwak K W, et al. Nature, 2011, 478: 364-368.
[49] Cevc G. Phospholipids Handbook. New York: Dekker, 1993:988.
[50] Epand R M. San Diego: Academic, 1997:568.
[51] Jones M N, Chapman D. Micelles, Monolayers, and Biomembranes. New York: Wiley-Liss, 1995:264.
[52] Israelachvili J N. Intermolecular and Surface Forces. London: Academic, 1992:450.
[53] Schnur J M. Science, 1993, 262: 1669-1676.
[54] Spector M S, Easvaran K R, Jyothi G, et al. Proc Natl Acad Sci USA, 1996, 93:12 943-12 946.
[55] Spector M S, Price R R, Schnur J M. Adv Mater, 1999, 11: 337-340.
[56] Warriner H, Idziak S, Slack N, et al. Science, 1996, 271: 969-973.
[57] Warriner H E, Keller S L, Idziak S H, et al. Biophys J, 1998, 75: 272-293.
[58] Walsh D, Hopwood J D, Mann S. Science, 1994, 264: 1576-1578.
[59] Waksh D, Mann S. Nature, 1995, 377: 320-323.
[60] Eftekharzadeh S, Stupp S. Chem Mater, 1997, 9: 2059-2065.
[61] Collier J H, Messersmith P B. Annu Rev Mater Res, 2001, 31: 237-263.
[62] Archlbald D D, Mann S. Nature, 1993, 364: 430-433.
[63] Baral S, Schoen. P Chem Mater, 1993, 5: 145-147.
[64] Kresge C T, Leonowicz M E, Roth W J, et al. Nature, 1992, 359: 710-712.
[65] Beck J S, Vartuli J C, Roth W J, et al. J Am Chem Soc, 1992, 114: 10 834-10 843.
[66] Huo Q S, Margolese D I, Ciesla U, et al. Nature, 1994, 368: 317-321.
[67] Zhao D Y, Feng J L, Huo Q S, et al. Science, 1998, 279: 548-552.
[68] Zhao D Y, Huo Q S, Feng J L, et al. J Am Chem Soc, 1998, 120: 6024-6036.
[69] Huo Q S, Margolese D I, Stucky G D. Chem Mater, 1996, 8: 1147-1160.
[70] Yang P D, Zhao D Y, Margolese D I, et al. Nature, 1998, 396: 152-155.
[71] Sims S D, Walsh D, Mann S. Adv Mater, 1998, 10: 151-154.
[72] Yuan Z Y, Six-Boulanger M F, Su B L. Angew Chem Int Ed, 2003, 42: 1572-1574.
[73] Jun S, Joo S H, Ryoo R, et al. J Am Chem Soc, 2000, 122: 10 712-10 713.
[74] Liu X Y, Tian B Z, Yu C Z, et al. Angew Chem Int Ed, 2003, 41: 3876-3878.
[75] Tian B Z, Liu X Y, Tu B, et al. Nat Mater, 2003, 2: 159-163.
[76] Wan Y, Zhao D Y. Chem Rev, 2007, 107: 2821-2860.
[77] Blin J L, Leonard A, Du B L. Chem Mater, 2001, 13: 3542-3553.
[78] Rankin S E, Bing T, Lehmler H J, et al. Micro Meso Mater, 2004, 73: 197-202.
[79] Meng X J, Di Y, Zhao L, et al. Chem Mater, 2004, 16: 5518-5526.
[80] Kim S S, Karkamkar A, Pinnavaia T J, et al. J Phys Chem B, 2001, 105: 7663-7670.
[81] Han Y, Ying J Y. Angew Chem Int Ed, 2005, 44: 288-292.

[82] Han Y, Li D F, Zhao L, et al. Angew Chem Int Ed, 2003, 42: 3633-3637.
[83] El Haskouri J, Cabrera S, Caldes M, et al. Chem Mater, 2002, 14: 2637-2643.
[84] Che S, Liu Z, Ohsuna T, et al. Nature, 2004, 429: 281-284.
[85] Kimura T, Kamata T, Fuziwara M, et al. Angew Chem Int Ed, 2000, 39: 3855-3859.
[86] Fan J, Yu C Z, Gao T, et al. Angew Chem Int Ed, 2003, 42: 3146-3150.
[87] Kleitz F, Liu D N, Anilkumar G M, et al. J Phys Chem B, 2003, 107: 14 296-14 300.
[88] Matos J R, Kruk M, Mercuri L P, et al. J Am Chem Soc, 2003, 125: 821-829.
[89] Kao H M, Ting C C, Chiang A S T, et al. Chem Commun, 2005, 1058-1060.
[90] Sakamoto Y, Kaneda M, Terasaki O, et al. Nature, 2000, 408: 449-453.
[91] Shen S D, Li Y Q, Zhang Z D, et al. Chem Commun, 2002:2212-2213.
[92] Gareia-Bennett A E, Miyasaka K, Terasaki O, et al. Chem Mater, 2004, 16: 3597-3605.
[93] Kleitz F, Choi S H, Ryoo R. Chem Commun, 2003: 2136-2138.
[94] Tanev P T, Pinnavaia T J. Science, 1995, 267: 865-867.
[95] Bagshaw S A, Prouzet E, Pinnavaia T J. Science, 1995, 269: 1242-1244.
[96] Ryoo R, Kim J M, KO C H, et al. J Phys Chem, 1996, 100: 17 718-17 721.
[97] Jansen J C, Shan Z, Marchese L, et al. Chem Commun, 2001: 713-714.
[98] Mokaya R, Jones W, Moreno S, et al. Catal Lett, 1997, 49: 87-94.
[99]Che S, Garcia-Bennett A E, Yokoi T, et al. Nat Mater, 2003, 2: 801-805.
[100] Galo J A A, Illia S, Azzaroni O. Chem Soc Rev, 2011, 40: 1107-1150.
[101] Attard G S, Glyde J C, Goltner C G. Nature, 1995, 378: 366-368.
[102] Brinker C J, Lu Y F, Sellinger A, et al. Adv Mater, 1999, 11: 579-585.
[103] Arcos D, Lopez-Noriega A, Ruiz-Hernandez E, et al. Chem Mater, 2009, 21: 1000-1009.
[104] Ryoo R, Joo S H, Kruk M, et al. Adv Mater, 2001, 13: 677-681.
[105] Roggenbuck J, Tiemann M. J Am Chem Soc, 2005, 127: 1096-1097.
[106] Soler-IIIia G J, Sanchez C, Lebeau B, et al. Chem Rev, 2002, 102: 4093-4138.
[107] Schuler D, Frankel R B. Appl Microbiol Biotechnol, 1999, 52: 464-473.
[108] Weaver J C, Aizenberg J, Fantner G, et al. J Struct Biology, 2007, 158: 93-106.
[109] Nielson R, Kaehr B, Shear J B. Small, 2009, 5: 120-125.
[110] Behrens S S. J Mater Chem, 2008, 18: 3788-3798.
[111] Nam K T, Peelle B R, Lee S W, et al. Nano Lett, 2004, 4: 23-27.
[112] Sleytr UB, Egelseer EM, Ilk N, et al. FEBS J, 2007, 274: 323-334.
[113] Tamerler C, Sarikaya M. Acta Biomater, 2007, 3: 289-299.
[114] Shi D, Hambley T W, Freeman H C. J Inorg Biochem, 1999, 73: 173-186.
[115] Lee A Y, Royston E, Culver J N, et al. Nanotechnol, 2005, 16: 435-441.
[116] Panagiotou K, Panagopoulou M, Karavelas T, et al. J Inorg Biochem, 2006, 100: 1399-1409.
[117] Dujardin E, Peet C, Stubbs G, et al. Nano Lett, 2003, 3: 413-417.
[118] Lu Y, Yin Y D, Xia Y N. Adv Mater, 2002, 14: 415-420.
[119] Shenton W, Mann S, Colfen H, et al. Angew Chem, 2001, 113: 456-459.
[120] Behrens S, Habicht W, Wu J, et al. Surf Interface Anal, 2006, 38: 1014-1018.
[121] Behrens S, Wu J, Habicht W, et al. Chem Mater, 2004, 16: 3085-3090.

[122] Behrens S, Rahn K, Habicht W, et al. Adv Mater, 2002, 14: 1621-1625.
[123] Kirsch R, Mertig M, Pompe W, et al. Thin Solid Films, 1997, 305: 248-253.
[124] Behrens S, Habicht W, Wagner K, et al. Adv Mater, 2006, 18: 284-289.
[125] Sleytr U, Messner P, Pum D, et al. Angew Chem Int Ed, 1999, 38: 1034-1054.
[126] Howorka S. J Mater Chem, 2007, 17: 2049-2053.
[127] Mark S, Bergkvist M, Yang X, et al. Langmuir, 2006, 22: 3763-3774.
[128] Shenton W, Douglas T, Young M, et al. Adv Mater, 1999, 11: 253-256.
[129] Royston E, Gosh A, Kofinas P, et al. Langmuir, 2008, 24: 906-912.
[130] Coradin T, Coupe A, Livage. J Colloids Surf B, 2003, 29: 189-196.
[131] Luckarift H R, Balasubramanian S, Paliwal S, et al. Colloids Surf B, 2007, 58: 28-33.
[132] Gautier C, Abdoul-Aribi N, Roux C, et al. Colloid Surf B, 2008, 65: 140-145.
[133] Bassindale A R, Taylor P G, Abbate V, et al. J Mater Chem, 2009, 19: 7606-7609.
[134] Khripin C Y, Pristinski D, Dunphy D R, et al. ACS Nano, 2011, 5: 1401-1409.
[135] Walsh D, Arcelli L, Ikoma T, et al. Nat Mater, 2003, 2: 386-390.
[136] Olsson R T, Samir M A S A, Salazar-Alvarez G, et al. Nat Nanotechnol, 2010, 5: 584-588.
[137] Shopsowitz K E, Qi H, Hamad W Y, MacL, et al. Nature, 2010, 468: 422-425.
[138] Stephanie B, Jean B, Richard B. US Patent,0 151 159. 2010.
[139] 梅欢,罗丁,汪晶,等. 高等学校化学学报, 2012, 33: 575-579.
[140] Huang J Y, Wang X D, Wang Z L. Nano Lett, 2006, 6: 2325-2331.
[141] Peng W H, Zhu S M, Wang W L, et al. Adv Funct Mater, 2012, 22: 2072-2080.
[142] Zhang W, Zhang D, Fang T X, et al. Chem Mater, 2009, 21: 33-40.
[143] Zhang W, Zhang D, Fang T X, et al. Micro Meso Mater, 2006, 92: 227-233.
[144] Chen Y, Gu J J, Zhu S M, et al. Appl Phys Lett, 2009, 94: 053 901-053 903.
[145] Chen Y, Zang X N, Gu J J, et al. J Mater Chem, 2011, 21: 6140-6143.